美国水质基准方法学概论

陈艳卿　韩　梅　王红梅　霍守亮　编译

武雪芳　吴丰昌　审校

中国环境出版社·北京

图书在版编目（CIP）数据

美国水质基准方法学概论 / 陈艳卿等编译；武雪芳，吴丰昌审校. —北京：中国环境出版社，2013.10

ISBN 978-7-5111-1566-9

I. ①美… II. ①陈…②武…③吴… III. ①水质标准—美国 IV. ①X-651

中国版本图书馆 CIP 数据核字（2013）第 215155 号

出 版 人 王新程
责任编辑 张维平 宋慧敏
封面设计 金 喆

出版发行 中国环境出版社
（100062 北京市东城区广渠门内大街 16 号）
网 址：http://www.cesp.com.cn
电子邮箱：bjgl@cesp.com.cn
联系电话：010-67112765（编辑管理部）
010-67112738（管理图书出版中心）
发行热线：010-67125803，010-67113405（传真）

印 刷 北京市联华印刷厂
经 销 各地新华书店
版 次 2014 年 2 月第 1 版
印 次 2014 年 2 月第 1 次印刷
开 本 787×1092 1/16
印 张 27.5
字 数 600 千字
定 价 98.00 元

前 言

水质基准是制定水质标准的基础和科学依据，是水环境保护和科学管理工作的基石。根据毒理学数据研究和制定水质基准，对于控制进入水环境的化学物质、维持良好的生态环境、保护生物多样性及整个生态系统的结构和功能具有重要意义。

如何借鉴国外的水质基准研究成果，科学地制定我国的水质基准是个值得探讨的问题。与欧美等发达国家相比，我国的水质基准研究相对滞后，尚未形成系统的理论基础与技术方法体系。

国际上系统开展水质基准的研究工作始于 20 世纪初期，美国是最早开展水质基准系统研究的国家之一。美国不制定全国统一的环境水质标准，而由美国国家环境保护局按照《清洁水法》的要求，负责制定并不断地修订水质基准，作为各州制定水质标准的科学依据。各州根据水域功能的特点，采纳相应的水质基准作为水体的水质标准。

经过多年的研究和不断的修订，美国国家环境保护局相继发布了一系列水质基准文件，形成了比较规范完整的水质基准制定方法，值得我国研究和借鉴。美国国家环境保护局 1985 年发布了《推导保护水生生物及其用途的国家数值水质基准技术指南》，2000 年起陆续发布了《推导保护人体健康水质基准方法学》及其 3 个配套技术支持文件：风险评价、国家生物累积系数的推导和特定地点生物累积系数的推导。

《推导保护水生生物及其用途的国家数值水质基准技术指南》目的在于指导制定并随时修订水质基准，使其准确地反映最新的科学知识，以防止污染物对重要的商业和娱乐业水生生物以及其他的重要物种（如河流、湖泊中的鱼类、底栖无脊椎动物和浮游生物）造成不可接受的长期和短期的影响。

《推导保护人体健康水质基准方法学》根据《清洁水法》第 304（a）条款提出了美国国家环境保护局在推导保护人体健康的国家环境水质基准方面所采取的技术指导和步骤，以指导各州和授权部落制定各自的水质基准。《推导保护人体健康水质基准方法学（2000 年）技术支持文件第 1 卷：风险评价》提供了有关 2000 年人体健康方法学中介绍的推导环境水质基准过程中所用到的风险评价的原则和建议的技术详情，同时也包括了解释美国国家环境保护局采用新的风险评价指南背后的思考过程的解说性案例。《推导保护人体健康水质基准方法学（2000 年）技术支持文件第 2 卷：国家生物累积系数的推导》旨在为制定美国人通常食用的不同营养级鱼类和贝类的国家生物累积系数方法提供技术依据，讨论这一方法的基本假设和内在不确定性，提供应用 2000 年人体健康方法学来确定生物累积系数的更多详细信息。

本书是美国国家环境保护局公开发布的下列 4 个水质基准方法学技术文件的中文编译本，旨在推动我国水质基准方法学的建立与发展，为我国开展水质基准研究工作提供技术支持:

（1）*Guidelines for Deriving Numerical National Water Quality Criteria for the Protection of Aquatic Organisms and Their Uses*（1985）, http: //water.epa.gov/scitech/swguidance/standards/criteria/aqlife/upload/85guidelines.pdf;

（2）*Methodology for Deriving Ambient Water Quality Criteria for the Protection of Human Health*（2000）, http: //water.epa.gov/scitech/swguidance/standards/upload/2005_05_06_criteria_human health_method_complete.pdf;

（3）*Methodology for Deriving Ambient Water Quality Criteria for the Protection of Human Health*（2000）*Technical Support Document Volume 1: Risk Assessment*, http: //water.epa.gov/scitech/swguidance/standards/criteria/health/methodology/upload/2005_05_06_criteria_human health_method_supportdoc.pdf;

（4）*Methodology for Deriving Ambient Water Quality Criteria for the Protection of Human Health*（2000）*Technical Support Document Volume 2: Development of National Bioaccumulation Factors*, http: //water.epa.gov/scitech/swguidance/standards/upload/2005_05_06_criteria_humanhealth_method_tsdvol2.pdf.

本书的编译工作主要由陈艳卿、韩梅、王红梅、霍守亮完成，审校工作由武雪芳、吴丰昌完成。在本书的编译过程中，苏婧、徐顺清、陈冠益、夏训峰、纪丹凤、何卓识、金小伟、刘琰、赵兴茹、王海燕、王宗爽、李晓倩、黄翠芳、季文佳、李琴、车飞、徐舒、王晟、陈奇、牛蒙、昝逢宇、张靖天等给予了很多支持，在此表示深深的感谢。

感谢国家重点基础研究发展计划项目（973 项目）（2008CB418200）、国家环保公益性行业科研专项（200709038）和国家水体污染控制与治理科技重大专项（2009ZX07106-001、2011ZX07101-002）等的资助。

编译者

2013 年 4 月 22 日

目　录

第1篇　推导保护水生生物及其用途的国家数值水质基准技术指南

第2篇　推导保护人体健康水质基准方法学（2000年）

第 3 篇 推导保护人体健康水质基准方法学（2000 年）技术支持文件

第 1 卷：风险评价

第 4 篇 推导保护人体健康水质基准方法学（2000 年）技术支持文件 第 2 卷：国家生物累积系数的推导

第 1 篇

推导保护水生生物及其用途的国家数值水质基准技术指南

1　概述

推导保护水生生物及其用途的国家数值水质基准是一个复杂的过程（图 1-1-1），该过程需应用水生毒理学等许多领域的信息。在确定要制定某一特定物质的国家基准之后，就要收集该化学物质对水生生物的毒性及其生物累积的所有可利用数据，审查其适用性并将其进行分类。在水生生物急性毒性数据充分已知的情况下，可以运用这些数据来估算不会对水生生物及其用途产生不可接受的影响的最高 1 h 平均浓度。如果估算正确，则这个浓度会随着酸碱度、盐度、硬度等水质特性参数的变化而改变。同样，可运用该化学物质对水生动物的慢性毒性数据来估算在长期暴露中不会产生不可接受的影响的最高 4 d 平均浓度。如果估算恰当，这个浓度同样会与水质特性参数相关。

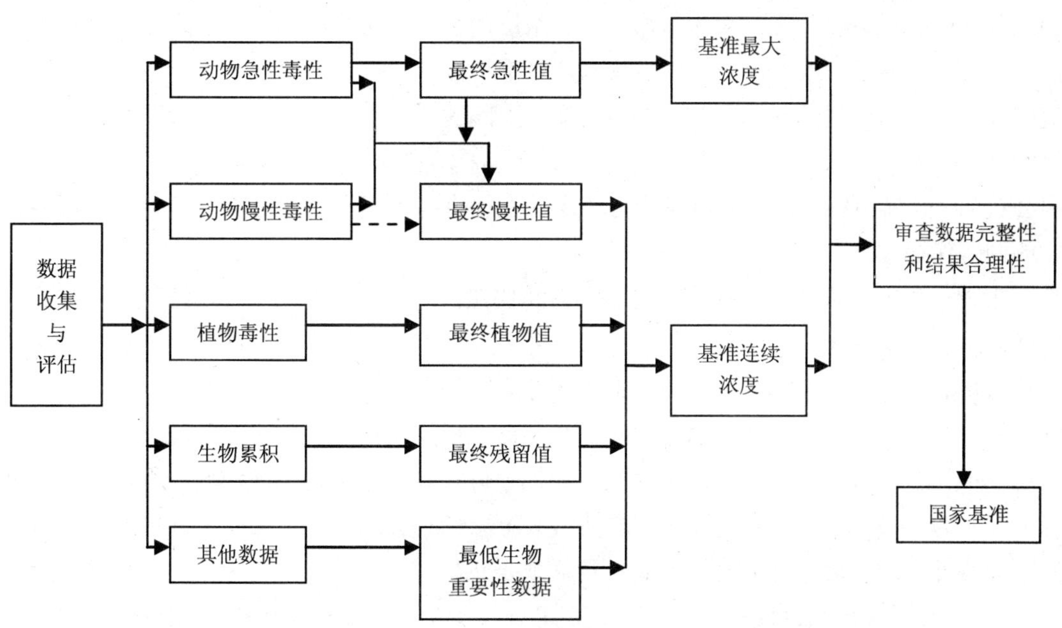

图 1-1-1　推导保护水生生物及其用途的国家数值水质基准

对水生植物的毒性数据进行审查，以确定不会对动物产生不可接受的影响的浓度是否有可能对植物产生不可接受的影响。运用水生生物的生物累积数据来确定残留物是否会使可食物种受到美国食品药品管理局（Food and Drug Administration，FDA）的限制，或者残留物是否会对野生的水生生物捕食者产生有害影响。对所有可能产生具有生物重要性的不利影响的其他可用数据进行审查。

如果对相关信息进行彻底审查的结果表明可供利用的数据是充足的、合格的，则可对淡水、海水或两者的国家数值水质基准进行推导，从而使水生生物及其用途免受短期较高浓度暴露造成的不可接受影响、长期较低浓度暴露造成的不可接受影响以及两者的综合影响。

2 引言

在几种可能的基准形式中，数值基准是最常见的一种形式，但如果无法获得数值基准或数值基准不够理想，则可以采用描述形式（例如，污染物不得以有害浓度存在）和运算形式（例如，污染物浓度不得超过 96 h LC_{50} 的 1/10）。如果可行的话，则应通过在各种各样的未受污染的淡水（或海水）中进行野外试验来确定一种物质的国家淡水（或海水）数值水生生物基准。为了确定对水生生物及其用途不会产生任何不可接受的长期或短期效应的最大浓度，有必要在每一水体中加入不同浓度的物质。这些最大浓度中的最小值将成为该物质的国家淡水（或海水）水生生物水质基准，但当一个或多个最小浓度被判断为异常值时除外。由于通过这种野外试验方法来确定国家基准并不可行，因此，《推导保护水生生物及其用途的国家数值水质基准指南》（以下简称《国家指南》）描述了一种客观的、国内公认的、切实可行的国家基准推导方法，旨在提供与上述不可行的野外试验方法所能达到的同等保护程度。

由于水生生态系统能够承受一定的压力和偶然出现的不利影响，所以没有必要对所有时间和地点的所有物种都进行保护。当来自多个分类和功能群体中的许多类群物种的大量数据可供利用时，如果除了这个类群中小部分之外的所有物种都可以得到保护，那么这个程度将会提供一个合理的保护水平，除非某个商业或娱乐业重要物种非常敏感。由于其他用于基准计算的部分与计算基准的数据集相比，可能导致基准过高或过低，所以将这一小部分设定为 0.05。用 0.05 来计算最终急性值并不意味着受到不利影响的类群百分比可用来判断在野外条件下这一基准是否过高、过低或是正好。

修订国家基准使之反映当地情况（USEPA，1983a，1983b，1985a），由此确定针对某一特定水体推导得出的基准的有效性，这应当基于一个工作定义，即“保护水生生物及其用途”，这个定义将野外监测项目的实际情况和公众所关心的问题纳入了考虑范畴。监测项目应该包括在足够时空条件下的取样点，在这个时空内，所有不可接受的改变，不管其是直接引起的还是间接引起的，都会被监测到。项目应该对公众所关心的物种（如淡水鱼、海水鱼和大型无脊椎动物）进行充分监测。如果无法在合理费用下对公众所关注的相关物种进行充分监测，那么应监测其替代物种。最有可能成为最佳替代物种的物种是：该物种是所监测物种的主要食物；或者该物种与所监测物种食用同样的食物；或者上述两种情况兼有。即使发生在相应替代物种上的主要不利影响并没有直接导致公众所关心的物种的不可接受的影响，但这也暗示着这种影响发生的可能性很高。

为了保证公众能够接受及其在野外条件下的实用性，保护水生生物及其用途应定义为防止对下列物种造成不可接受的长期和短期影响：商业、娱乐业和其他重要物种，河流、溪流中的鱼类以及底栖无脊椎动物，湖泊、水库、河口和海洋中的鱼类、底栖无脊椎动物和浮游动物。以监测不可接受影响为目标的监测项目应针对相关水体，这样可以在足够的时间和地点获取必需的样本，从而提供充足的重要物种的种群数据以及可以直接解释它们成为重要物种原因的数据。例如，对于限制残留的物质，应该监测被捕食物种中的污染物来保证对野生捕食者进行保护，不得超过 FDA 的管理阈值，也不能影响味道。监测项目还应该提供可以在合理费用下进行取样的上述类群数量和个体数量的数据。如果上述类群数量和个体数量的减少量是不可接受的，那么应该考虑水体及其水生群落的相应特性。因为大多数监测项目只能检测出 20%以上的减少量，所以任何统计学意义上的显著减少通常都应被认为是不可接受的。大多数监测项目的不灵敏性大大限制了其用于基准研究的有效性，这是因为有时不可接受的变化可能发生了却没有被监测出来。因此，尽管有时候有限的野外研究可能显示基准是处于欠保护状态，但是只有高质量的野外研究才能可靠地证明基准不是处于欠保护状态。

如果水质基准的目标只是为了对商业和娱乐业的重要物种进行保护，那么保护这些物种及其用途免受化学物质的直接不利影响的基准在多数情况下可能也会保护这些物种免受间接不利影响，这些不利影响是由该化学物质作用于生态系统中的其他物种而引起的。例如，在大多数情况下，食物链会比重要物种及其用途更加稳定，有时重要物种及其食物链有足够的适应性能够克服该化学物质对部分食物链产生的影响。

《国家指南》是建立在以下理论基础之上的，即在室内试验中对某个物种产生的影响通常会在相似的野外条件下作用于该物种。必须考虑所有北美水体和本地水生物种及其用途，其中小部分极其不典型的物种除外，例如大盐湖的咸水虾和苏必利尔湖的湖鳟亚种，它们肌肉中的脂肪含量高达 67%（Thurston，1962）。只有针对大盐湖和苏必利尔湖的基准推导，才需要分别考虑咸水虾和湖鳟。

使用《国家指南》得到的数值水生生物基准可以用两个数值来表示，而不是传统的一个数值，这就使得基准更加准确地反映了毒理学效应和实际情况。两个数值的基准不如一个数值的基准那么严格，但可以提供相同程度的保护，如果推导正确并使用得当，基准最大浓度和基准连续浓度两者结合可为水生生物及其用途提供适当程度的保护，使动物免受急性毒性和慢性毒性的危害，使植物免受毒性危害，使水生生物免受生物累积的影响。

通过《国家指南》得出的基准旨在有助于制定水质标准、混合区标准、排水限值等。但是，此类标准和限值的制定可能还需要考虑其他因素，例如社会、法律、经济和水利条件、该物质的环境化学和分析化学性质、从试验数据到野外条件下的推导、数据可知的物种和相关水体中的物种之间的关系。作为标准制定过程中的一个中间步骤，可通过修订国家基准来反映当地水质、温度或生态学意义上的重要物种，从而得到特定地点的基准（USEPA，1983a，1983b，1985a）。此外，如果能够得到相关化学物质对物种及其用途影响的充足数据，则经过适当修改的《国家指南》可以用来针对特定地理区域、特定水体（如大盐湖）或类似水体进行基准推导。

基准应试图提供合理而充分的保护，尽量避免过度保护或保护不足。如果国家基准只是在可供利用的数据基础上得出的最佳估算值，这是不够的；相当重要的是应当确保有足够的合格数据来进行基准的推导，这样才有理由相信基准是最佳估算值。因此，《国家指南》规定了用于推导数值基准应当满足的数据要求。在规定数据均不可知的情况下，通常不能够进行基准的推导。另一方面，即使所有规定数据都是可知的，也不能确保能够对基准进行推导。

通常人们认为国家基准是基于“最坏情况”的假设，对特定地点的考虑会使基准值升高而非降低。例如，人们通常认为如果一个水体中某一物质的浓度低于国家基准，那么不可接受的影响是不会发生的，不需要针对该特定地点推导基准。但是，如果水体中某一物质的浓度高于国家基准，则通常认为有必要针对该地点进行基准推导。为了防止国家基准“最坏情况”的假设导致过多水体的保护不足，国家基准必须旨在保护所有或几乎所有的水体。因此，如果水体和水体中的生物群落对某种物质表现出相当不同的敏感性，那么国家基准至少应在某种程度上对大多数水体进行过度保护。否则，不是要求推导针对特定地点的基准，即使该地区物质浓度大大低于国家基准；就是“最坏情况”的假设导致许多水体得不到保护。另一方面，国家基准可能使某些水体保护不足。

可能引起国家基准与特定地点基准最大区别的两个因素是受暴露的物种和水质特性。为了保证国家基准为水体提供恰当的保护，国家基准所需数据包含了某些对多种物质敏感的物种，并且国家基准应以在颗粒物和有机物含量相对较低的水中进行的试验为依据。因此，在由国家基准推导特定地点基准的过程中，通常要考虑这两个因素，利用这两个因素有助于确保国家基准为水体提供恰当的保护。

另一方面，某些地方条件可能要求特定地点基准低于国家基准。某些未经测试的地方重要物种可能对关注物质具有高度敏感性，并且地方水质可能不会减弱该物质的毒性。此外，野外条件下的水生生物可能受到疾病、寄生虫、捕食者、其他污染物、食物被污染或匮乏以及水流、水质和温度的变化和极端条件所困扰。而且，某些物质可能会降解为毒性更高的物质，因此即使低于对单个物种产生影响的浓度，也有可能会对某些重要的群落特性或物种间的相互作用产生不利影响。

要想在现实世界中达到预期的保护水平，基准的应用方法必须与其推导过程相一致。尽管水生生物水质基准的推导受到通常采用的毒性和生物富集试验方法的限制，但仍然有许多不同的方法来进行基准的推导以及基准的表述和应用。应以最佳的方法来推导和表述基准，此种方法应将毒性和生物富集相关的可供利用的数据类型与用于保护水生生物及其用途的基准的方法相联系。

主要问题是确定基准表述的最佳方式，以弥补在大多数毒性和生物富集试验中采用的近似恒定的浓度与现实世界中通常存在的浓度波动的差异。在任何时间或地点都不会被超过的数值基准的表述是不可接受的，因为即使有的话，也只有极少数的基准使用者会在字面意义上理解基准，且只有极少数的毒理学家会给出字面上的解释。与其试图重新解释一个既无用又无效的基准，不如建立一种更加合理的基准表述方法。

尽管某些物质没有阈值，但是对于许多物质来说，其阈值是可能存在的。对于任何一种有阈值的物质，持续暴露于浓度低于阈值的任何浓度都不会对水生生物及其用途产生不可接受的影响，除了必需的微量营养物质浓度过低的情况之外。但是，值得注意的是，这是不可接受影响的阈值，而不是不利影响的阈值，这一点很重要。某些不利影响，可能只是商业或娱乐业重要物种在生存、生长或繁殖过程中一个很小的减少量，但是有可能在处于或甚至低于阈值的情况下发生。基准连续浓度（criterion continuous concentration，CCC）旨在成为这种不可接受影响的阈值的一个最佳估算值。可以预期的是，对于超出基准连续浓度的任何浓度，如果持续保持这个浓度会产生不可接受的影响。另一方面，如果①高于基准连续浓度的浓度强度和持续时间得到了恰当的限制；②存在浓度低于基准连续浓度的补偿时间段，即使水体中污染物的浓度高于基准连续浓度，但并没有引起不可接受的影响。浓度超过基准连续浓度越多，可承受的时间就越短。但是，至于是否存在一个能够承受瞬间甚至只是 1 min 的上限浓度，这个并不重要，因为混合区外的浓度在如此短的时间内几乎不会发生实质性的变化。

对条件①和②进行定义的一个最佳通用方法是求浓度对时间的积分，应考虑到吸收和净化速率、在生物体内迁移至关键部位等。由于这种方法目前是不可行的，所以用一个近似的方法要求平均浓度不得超过基准连续浓度。平均浓度通常应当通过算术平均值的方法而不是几何平均值的方法进行计算（Hodson et al.，1983）。如果选择了一个合适的平均时间段，则高于基准连续浓度的强度和持续时间将会受到适当的限制，并且需要一段合适的低于基准连续浓度的补偿时间。

在上文提到的最佳方法中，吸收和净化速率将决定有效的平均时间段，但是，对于任何一种特定物质而言，这些速率可能会因暴露物种的不同而不同。因此，这个最佳方法可能不会为如何选择合适的平均时间段提供一个确切的答案。另外一个可供选择的方法认为，只有在允许的波动浓度不会比持续暴露于基准连续浓度引起的效应更为有害时，平均时间段的目的是允许浓度超过基准连续浓度。例如，如果基准连续浓度引起虹鳟鱼生长率下降 10%，或者牡蛎存活率下降 13%，或者细口鲈鱼繁殖率减少 7%，只有完全暴露于该浓度不会引起比持续暴露于基准连续浓度所引起的效应更加有害时，平均时间段允许高于基准连续浓度的浓度存在。

即使只有少数试验对恒定浓度与同样平均浓度的波动浓度造成的影响进行了比较，几乎所有的现有比较都表明大幅度的波动会加重不利影响（Hodson et al.，1983；Ingersoll and Winner，1982；Seim et al.，1984；Buckley et al.，1982；Brown et al.，1969；Thurston et al.，

1981）。因此，如果平均时间段不允许不利影响的增加，则必须阻止大幅度的波动。糠虾和水蚤类动物的生命周期试验及温水鱼类的早期生命阶段试验通常持续20～30 d。与试验时间长度相等的平均时间段显然允许最坏可能性波动的发生，并且很可能允许不利影响的增加。

4 d 的平均时间段似乎比较适用于基准连续浓度，原因有两点。首先，这个时间段大大短于20～30 d这个显然不可接受的时间段。其次，对于某些物种而言，很显然慢性试验的结果是在试验过程中的某些时间段存在的敏感生命阶段引起的（Horning and Neiheisel，1979），而不是受试物质对生物的长期压力或长期累积引起的。敏感生命阶段的存在可能是急性-慢性比的原因，这个比值不会远远超过1，但是比值远远超过1的可能性也是存在的。此外，某些试验测得的急性-慢性比有时小于1，这可能是因为慢性试验中的预暴露增加了敏感生命阶段的抵抗力（Chapman，1975，1982；Spehar，1976）。4 d 的平均时间段可能会通过限制浓度超过基准连续浓度的持续时间和强度来防止增加对敏感生命阶段的不利影响。

适用于基准连续浓度的解释的考虑事项也适用于基准最大浓度（Criterion Maximum Concentration，CMC）。基准最大浓度的平均时间段也应该大大小于测试时间，即远远小于 48～96 h。1 h 可能是较为恰当的平均时间段，因为当某个物种暴露于某些高浓度物质时，持续1～3 h就可能会引起该物种的死亡。即使第1个小时生物没有死亡，也不能确定由于短期暴露的延迟效应导致的物种死亡数量。因此，允许高于基准最大浓度的浓度存在长达1 h之久是不合理的。

国家基准中的平均时间段很短，足以限制受纳水体中污染物浓度在允许范围内的波动以及在受纳水体中浓度持续高于基准浓度的时间。基准的表述应明确规定：4 d 的平均时间段中不得发生超过基准连续浓度的情况，且1 h的平均时间段里不得有超过基准最大浓度的情况发生。但是，基准最重要的用途之一是用于设计废水处理设施。此类设施应基于概率进行设计，并且不应根据概率为0的情况来设计。因此，一个重要的设计参数是超过4 d平均时段或1 h平均时段的概率，或者，换句话说，就是允许的超过频率。

允许的超过频率应该以水生生态系统从超过状态中恢复过来的能力为依据，这种能力在一定程度上取决于超过范围和持续时间。有一点非常重要，那就是应当认识到泄漏或类似主要事件造成的高浓度并不是所谓的“超过浓度”，这是因为泄漏和类似事件并不在正常运行的废水处理设施的设计之中。更确切地说，超过浓度是环境浓度分布的极端值，这种分布是污水和受纳水体水流常规变化以及在污水和上游受纳水体中相关物质浓度变化的结果。由于超过现象是正常变化的结果，所以大多数超过浓度是很小的，而且超过浓度大于2倍的情况几乎不存在。此外，因为这些超过现象是随机变化的结果，所以它们在空间上不是均衡分布的。事实上，由于许多受纳水体存在1年和多年周期，并且许多处理设施存在日、周和年周期，所以超过现象常常会集中出现，而不是均衡分布或随机分布。如果受纳水体的流量通常远远大于污水流量，那么正常变化和流量循环将会导致环境浓度通常低于基准连续浓度，偶尔也会接近基准连续浓度，但是很少会高于基准连续浓度。此外，超过现象的发生会很集中。另一方面，如果污水的流量远远大于受纳水体的流量，那么大部分时间里浓度可能会接近基准连续浓度，但高出基准连续浓度的情况几乎不存在，超过情况的发生可能会呈随机分布状态。

生态系统的恢复能力有很大差异，这取决于污染物、超过强度和持续时间以及生态系统的物理学特性和生物学特性。生态系统恢复方面有所记录的研究不是很多，但是某些系统可以在 6 周内从较小压力中恢复过来，而其他系统从严重的压力中恢复过来则需要 10 年以上的时间（USEPA，1985a）。尽管多数超过浓度非常小，但是大的超过浓度偶尔也会发生。多数水生生态系统可能从多数超过情况中恢复过来需要大约 3 年时间。因此，专为那些压力大于基准连续浓度造成的平均每 3 年发生多于 1 次的压力进行设计似乎不太合理，这就好像要求这些压力平均每 5 年或 10 年只发生 1 次一样不合理。

如果水体没有受到除超过情况之外的人为压力，而且超过浓度等于 2 倍的情况很少发生，那么大多数水体可以承受平均每 3 年发生 1 次超过现象则显得较为合理。在超过现象集中发生的情况下，若干超过现象可能在 1 年或 2 年内发生，但是接着会出现这样的情况，举例说明，在之后的 10～20 年里 1 次超过情况也不发生，且浓度在大部分时间内将会大大低于基准连续浓度。在浓度时常接近基准连续浓度且超过现象随机分布的情况下，某些不利影响将会有规律地发生，小的不可接受的影响将会大约每 3 年发生 1 次。我们还不知道均衡分布和集中超过现象的相对长期的生态后果，但是由于多数超过浓度可能会比较小，所以长期后果在很长时间段内基本上保持一致。

基于上述考虑，基准可按频率-强度-持续时间的模式来表述，这种模式常用来描述降雨、降雪和暴雨径流，例如，1 周内平均每隔多长时间就有 1 次降雨超过 10 in（1 in=2.54 cm）？为频率（或平均发生间隔）、强度（如浓度）和持续时间（平均时间段）所选择的数值均适用于国家基准。在任何有充分证据的情况下，国家基准可能被特定地点的基准所替代（USEPA，1983a），该基准可能不仅包括特定地点的基准浓度（USEPA，1983b），还包括特定地点的平均持续时间和特定地点允许超过的频率（USEPA，1985a）。

基准中规定的浓度、持续时间和频率是依据生物、生态和毒理学数据，旨在保护水生生物及其用途免受不可接受的影响。在应用基准设计废水处理设施的过程中需要选择一个合理的废水负荷分配模型。动力学模型更加适用于水质基准，但是有些情况下可能会用稳态模型取代动力学模型。不管采用什么模型，要想达到预期的保护水平，必须正确运用平均持续时间和允许的超过频率。例如，基准表述中的频率指的是罕见事件（如超过现象）在长时间内的平均频率。但是，在某些学科中，频率通常被认为是长时间段中罕见事件发生的年平均频率，而不考虑多发年份中罕见事件每年发生的次数。对于多发年份中罕见事件（例如超过现象）趋于集中发生的情况而言，事件频率和年度频率之间的区分是很重要的。在每个罕见事件于不同年份发生的情况下，计算频率的两种方式会产生相同的结果，因为事件频率与事件多发年份的频率是相同的。

由于淡水和海水有着根本不同的化学成分，且淡水和海水（如河口和海洋）物种很少同时栖息于同一水体，所以《国家指南》为这两种水体提供了各自的基准推导方法。对于有些物质，可能无法获得充足的数据来进行一种或两种水体的基准推导。尽管绝对毒性可能在淡水、海水两种水体中有所不同，但诸如急性-慢性比和生物富集系数等相对数据在两种水体中通常很相近。当可供利用的数据表明这些比值和系数很相似时，可以互换使用。

对需要进行基准推导的化学物质而言，通常定义为特定化合物或离子，或一组极其相关的化合物或离子，但也有可能定义为污水。在指南所依据的数据可供利用的情况下，《国家指南》还可以用来推导温度、溶解氧、悬浮固体、酸碱度等的基准。

由于只有在做出需要为某种物质制定国家水生生物水质基准的决策之后才应用本指南，所以本指南没有涉及决策制定的基本原理。如果有关水生生物及其用途的不利影响的可能性是确定是否需要制定某一物质的水生生物基准的部分基础，那么本指南可能会有助于相关数据的收集和解释。诸如挥发性这样的特性可能会影响到某一物质在水环境中的归趋，并且对于确定某一物质是否需要制定基准也是很重要的；例如，在水中高挥发性和高降解性的物质可能就不需要制定水生生物基准。虽然此类特性可以改变从排放点经过允许的混合区进入到水环境中的物质含量的多少，也能改变水环境中影响区的大小，但是此类特性不会改变影响区内的水生生物对该物质的耐受量。

与前一版本相比，本版《国家指南》提供了物种分类、详细细节以及技术和版面编辑方面的变化（USEPA，1980a）。这些修订是根据对前一版本和随后草案（USEPA，1984a）的评论、美国国家环境保护局（United States Environmental Protection Agency，USEPA）在使用前一版本和草案中汲取的经验以及水生毒理学和相关领域的进展成果而做出的。新的概念和数据一旦被证明是有用的，未来的版本就会将其收编。本版《国家指南》所包含的主要技术变化如下：

（1）对淡水动物急性数据的要求包括了更多无脊椎动物物种的试验。无脊椎动物比脊椎动物在分类、功能甚至是毒理学上更具多样性，这一点应在所需数据中有所反映。

（2）96 h EC_{50}是指丧失活动能力的鱼所占的百分比加上死鱼的百分比，在其可知的情况下可用来替代鱼类 96 h LC_{50}；同样其他物种的 EC_{50} 可用来替代 LC_{50}。如此合理定义的 EC_{50} 可以比 LC_{50} 或狭义的 EC_{50} 更好地反映受试物质对受试物种所产生的总体严重急性不利影响。基于毒性效应的急性 EC_{50} 是不严重的，例如贝壳沉积物的减少和生长的下降，不能用于计算最终急性值。

（3）现在定义的最终急性值是指属平均急性值而不是种平均急性值。属平均急性值是该属中所有可供利用的物种的种平均急性值的几何平均值。一般来说，同一个属中的物种与不同属中的物种相比在毒理学上更为相似，因此属平均急性值的应用可以防止数据集由于一个或几个属中的物种过多造成数据偏离。

（4）现在最终急性值的计算方法不同于以前的方法，此方法不受偏离和异常行为的影响（Erickson and Stephan，1985）。一个很低的数值对新方法的影响也很小，因为新方法给

0.05 的累积概率提供大部分信息的 4 个值赋予了相等的权重。尽管 4 个值得到了最大的权重，其他值对最终急性值也具有相当大的影响（见附录 2 中的示例）。

（5）对使用水生植物试验结果的要求更加严格。

（6）基准最大浓度不等于最终急性值，而是等于最终急性值的一半。基准最大浓度旨在保护多个种属 95%的群体，除非商业或娱乐业重要物种非常敏感。但是，一个严重危害第 5 个百分点的 50%或敏感性重要物种的 50%的浓度不能被认为可以对此百分点或此物种具有保护作用。将最终急性值除以 2 是为了得到一个不会对太多生物产生严重不利影响的浓度值。

（7）基准的两个浓度中，较低的一个现在称为基准连续浓度，而不是基准平均浓度，这是为了更加准确地反映毒理学数据的本质。

（8）基准的表述变更为：①包括基于水生生物及其用途所能承受的平均持续时间和允许超过现象的频率；②确定了可能需要制定特定区域基准（USEPA，1983a，1983b，1985a）的特定条件。

此外，附录 1 有助于确定一个物种是否是北美常栖物种及其分类学上的类别。附录 2 解释了最终急性值的计算。

本版《国家指南》的条款数量已经有所增加，但是许多必需的条款是定性的而不是定量的；所规定的许多判断通常是为了推导保护水生生物及其用途的水质基准。此外，尽管本版《国家指南》试图涵盖前一版本和草案在使用过程中所存在的全部主要问题，但毫无疑问的是它不可能涵盖未来可能发生的全部情况。所有必要的决策都应当基于水生毒理学的全部知识以及对指南的理解，并且应当与指南的精神相一致，即充分运用可供利用的数据来推导最佳基准。一旦有可靠的科学证据显示运用指南制定的国家基准有可能在全国范围内对水生生物及其用途造成明显的过保护和欠保护时，就应该对《国家指南》进行修订。水生生物及其用途的国家数值水质基准的推导是一个复杂的过程，需要方方面面的水生毒理学知识；应仔细斟酌对本《国家指南》的任何偏离，以确保与本《国家指南》的其他部分相一致。

3　对关注物质的定义

（1）通常认为在大多数自然水体中基本上不能电离的各种化学物质就是一种单独的物质，但可能要排除那些只作为各化合物的商业混合物而大量存在且明显具有相似的生物、化学、物理和毒理学性质的结构相似的有机化合物。

（2）对于在大多数自然水体中基本上以离子形式存在的化学物质（例如某些酚类和有机酸类、某些酚和有机酸的盐类以及大多数无机盐类和金属配位络合物），其在化学平衡中的所有形式通常都被认为是一种物质。金属的各种不同的氧化态和各种不同的非离子共价有机金属化合物通常被认为是单独的物质。

（3）物质的定义应该包括一种可操作的分析成分。简单的物质识别，例如，“钠”明显是指“总钠”，但是仍然有让人不解的地方。如果“总”是有所指的话，那么应当对其进行明确的表述。实际上“总”有不同的工作定义，其中某些定义中不需要对所有样本的“所有存在的成分”进行测定。因此，有必要引用或描述所采用的分析方法。可操作的分析组分应该考虑到该物质的分析化学和环境化学性质，也应考虑是否希望对来自室内试验、环境水体和污水的样本采用同样的分析方法以及各种实际考虑因素（如人员和设备要求），还要考虑到方法是否需要进行野外测定或者是否允许样本在运送到实验室后再进行测定。

对于可操作分析组分的基本要求是，合理地运用受纳水体的样本，与可利用的毒理学和生物累积数据相一致而不需进行假定性过强的推断，且几乎不会导致对水生生物及其用途的过保护或欠保护。因为一种理想的分析方法是很难得到的，所以通常不得不使用一种折中的测定方法。这种折中的测定方法必须符合以下总体思路：如果环境浓度低于国家基准，则不可接受的影响可能不会发生，也就是说，当测定方法用于地表水监测时，这个折中方法必须不能出现欠保护的误差。因为污水和受纳水体的化学及物理特性通常有很大差异，一种针对污水的分析方法可能并不适用于对受纳水体进行分析，反之亦然。如果根据污水的测定浓度计算的环境浓度高于国家基准，那么可以有另外一种选择，即用受纳水稀释污水后再对浓度进行测定，以此确定经过络合或吸附等现象之后所测定的浓度是否有所降低。当然，还有一种选择就是推导一个特定区域的水质基准（USEPA，1983a，1983b，1985a）。因此，基准应该根据合理的分析方法，但是当理想的测定方法无法得到或并不可行时，基准也不会变得毫无用处。

注释：当定义物质或判断某些毒理学试验的合理性时，需要考虑该物质的分析化学性质，但是基准并不应当受到分析方法的灵敏性的影响。当水生生物比常规分析方法更为灵敏时，恰当的解决方案是建立更好的分析方法，而不是使水生生物处于欠保护状态。

4 数据的收集

（1）收集相关物质的所有可利用数据：①对水生动物和植物的毒性及其生物累积；②FDA 的管理阈值（USFDA，1981）；③针对以水生生物为食的野生物种而进行的慢性饲喂研究和长期野外研究。

（2）所有采用的数据应来源于标注时间并署名的打印文件（如出版物、手稿、书信、备忘录等），并提供足够的信息来说明试验程序合理，且所得结果可靠。如果可能的话，有些情况下还应当从调查者那里另外获取文字信息，但不应使用保密的、需要特许的或不可发布的信息。

（3）不应使用发布或是尚未发布的可疑数据。例如，通常应该拒绝使用来自下列试验的数据：试验没有设置对照处理组；在对照处理组中生物死亡过多或显示出压力、疾病迹象的试验；试验过程中使用了未加入适量盐类的蒸馏水或去离子水作为稀释水。

（4）在适当的情况下可以使用工业级物质的数据，但是不能使用来自相关物质的配方混合物和乳状浓缩物的数据。

（5）对于某些高挥发性、水解性或可降解物质，比较适宜的做法是只采用流水式试验的结果，在此试验过程中，经常使用合理的分析方法对试验溶液中的受试物质浓度进行测定。

（6）应当拒绝使用通过下述生物获得的数据：①咸水虾，因为它们通常只出现在盐度高于 35 g/kg 的水体中；②在北美没有繁殖野生种群的物种（见附录 1）；③试验之前可能已经暴露于高浓度的受试物质或其他污染物的生物。

（7）有疑问的数据，即来自配方混合物和乳状浓缩物的数据、北美非本地物种或曾经受到暴露的生物的数据，可用来提供辅助信息，但是不能用于基准推导。

5　数据需求

（1）应获得某些特定数据，以有助于确保对 4 类主要的可能不利影响都得以充分考虑。必须有代表性水生动物物种的急性和慢性毒性试验结果，从而将受试物种的可得数据可以作为合适的敏感未试物种的有用指示。对水生植物毒性的相关数据要求较少，这是因为进行植物试验的程序和此类试验结果的解释还不够完善。只有在获得水生生物体内残留显著的相关数据的情况下，才需要水生生物生物累积的相关数据。

（2）为了推导保护淡水水生生物及其用途的基准，应当获知下列信息：

①合理的急性试验结果（参见第 6 章），该急性试验要求在至少 8 个不同的科中选用至少 1 种淡水动物，这 8 个科包括：

a．硬骨鱼纲的鲑科；

b．硬骨鱼纲的第 2 个科，最好是商业或娱乐业重要的温水物种（如蓝鳃太阳鱼、斑点叉尾鮰等）；

c．脊索动物门的第 3 个科（可能是硬骨鱼纲，也可能是两栖纲等）；

d．浮游甲壳类动物（如水蚤类、桡足类动物等）；

e．底栖甲壳类动物（如介形类甲壳动物、等足类动物、片足类动物、小龙虾等）；

f．昆虫类（如蜉蝣、蜻蜓、蜻蛉、石蝇、石蛾、蚊子、蚋等）；

g．除节肢动物门或脊索动物门之外的 1 个门中的 1 科（如轮虫门、环节动物门、软体动物门等)；

h．昆虫纲任一目中的 1 科或尚未提到的任一门中的 1 科。

②急性-慢性比（参见第 8 章）采用至少 3 个不同科的水生动物物种，假设这 3 个物种是：

至少有 1 种是鱼类；

至少有 1 种是无脊椎动物；

至少有 1 种是极其敏感的淡水物种（另外 2 种可以是海水物种）。

③至少有 1 个可接受的淡水藻类或维管束植物的试验结果（参见第 10 章)。如果该植物属于对该物质极其敏感的水生生物，则还应得到另 1 门植物的试验结果。

④如果可获得最大许可组织浓度（参见第 11 章)，至少要有 1 个由合适的淡水物种得出的可接受的生物富集系数。

（3）为了推导保护海水水生生物及其用途的相关基准，应当获知下列信息：

①合理的急性试验结果（参见第 6 章)，该急性试验要求在至少 8 个不同的科中选用至少 1 种海水动物，这 8 个科包括：

a．脊索动物门的 2 个科；

b．除脊索动物门或节肢动物门外的任一门中的 1 科；

c．糠虾科或对虾科；

d．除脊索动物门之外的另外 3 个科（可能包括糠虾科或对虾科，不管是哪一科，要保证是上面没有使用过的)；

e．任一其他科。

②急性-慢性比（参见第 8 章）采用至少 3 个不同科的水生动物物种，假设这 3 个物种是：

至少有 1 种是鱼类；

至少有 1 种是无脊椎动物；

至少有 1 种是极其敏感的海水物种（另外 2 种可以是淡水物种)。

③至少有 1 个可接受的海水藻类或维管束植物的试验结果（参见第 10 章。如果该植物属于对该物质极其敏感的水生生物，则还应得到另 1 门植物的试验结果。

④如果可获得最大许可组织浓度（参见第 11 章)，至少要有 1 个由合适的海水物种得出的可接受的生物富集系数。

（4）在所有规定数据已知的情况下，通常可以推导出数值基准，但特殊情况除外。例如，如果可得到的急性-慢性比的变化大于 10 倍，且无明显规律，那么基准的推导是不可能的。同时，如果基准与水质特性相关（参见第 7 章和第 9 章)，则还需要更多的数据信息。

同样，如果所需数据无法获得，则无法进行数值基准的推导，但特殊情况除外。例如，即使没有足够的急性和慢性数据，当已知数据清楚地表明最终残留值远远低于最终慢性值或最终植物值，则可以进行基准推导。

（5）基准的可靠性通常随着相关可利用数据量的增加而增加。因此，通常希望得到更多的数据。

6　最终急性值

（1）最终急性值的计算过程中需要利用物质对各种水生动物的急性（短期）毒性测定值。最终急性值是当属的急性毒性值累积概率为 0.05 时对受试物质浓度的一个估算值。但是，在某些情况下，如果某种商业或娱乐业重要物种的平均急性值低于计算所得的最终急性值，则应用该物种的平均急性值来替代计算得到的最终急性值，以达到保护该重要物种的目的。

（2）应该采用标准的试验方法进行急性毒性试验（ASTM Standard E 724 and ASTM Standard E 729）。

（3）除了用海水环节动物和糠虾进行的试验之外，不应使用试验期间饲喂受试生物的急性毒性试验的结果，除非有数据表明食物不会影响受试物质的毒性。

（4）不能使用在异常稀释水中进行的急性试验的结果，例如，不应使用总有机碳或颗粒物超过 5 mg/L 的稀释水，除非急性毒性和有机碳或颗粒物之间形成了一种相关关系或者有数据证明有机碳、颗粒物等不影响毒性。

（5）急性值应该以毒性终点为依据，毒性终点反映了试验中的受试物质对受试生物的总体严重急性不利影响。因此，只应使用以下类型的水生动物毒性数据：

①用水蚤和其他枝角类进行的试验（应使用龄期小于 24 h 的生物开始试验），以及用蚊类进行的试验（应使用第 2 龄期或第 3 龄期的幼虫开始试验）。结果应该以 48 h EC_{50} 来表示，即不能活动的生物百分比加上死亡生物的百分比。如果试验无法得出此类 EC_{50}，则应该用 48 h LC_{50} 来代替规定的 48 h EC_{50}。如果在试验结束时，没有喂养动物且对照组动物是可以接受的，则可以使用 48 h 以上的 EC_{50} 或 LC_{50}。

②用藤壶、双壳类软体动物（蛤、贻贝、牡蛎和扇贝）、海胆、龙虾、螃蟹、褐虾和鲍鱼的胚胎和幼体进行的试验，所得结果应该用 96 h EC_{50} 来表示，即壳发育不完全的生物的百分比加上死亡生物的百分比。如果试验无法得到此类 EC_{50}，则应该用 96 h EC_{50}（基于壳发育不完全的生物的百分比）和 96 h LC_{50} 中较低的那个值来替代规定的 96 h EC_{50}。如果试验持续时间在 48～96 h，那么应该用试验结束时的 EC_{50} 或 LC_{50}。

③用其他淡水和海水动物以及老龄期的藤壶、双壳类软体动物、海胆、龙虾、螃蟹、褐虾和鲍鱼进行的试验，得到的急性值应为 96 h EC_{50}，即失去平衡能力的生物的百分比加上不能运动的生物的百分比再加上死亡生物的百分比。如果试验无法得到此类 EC_{50}，则应该用 96 h LC_{50} 替代规定的 96 h EC_{50}。

④用单细胞生物所做的试验不是急性试验，即使持续时间为 96 h 或者更短。

⑤如果试验操作合理，则急性值按“大于”某值的形式报告，且应该使用高于受试物质溶解度的数值，这是因为拒绝这种急性值就排除了抗性物种的急性值从而不必要地降低了最终急性值。

（6）如果物质对水生动物的急性毒性明显与水质特性有关，例如，对淡水动物而言，与水的硬度或颗粒物有关，对海水动物而言，与水的盐度或颗粒物有关，则应该根据水质特性来推导最终急性方程。见第 7 章。

（7）如果可利用的数据显示，一个或多个生命阶段要比同物种的一个或多个其他生命阶段的抵抗力至少大 2 倍，则不应使用抵抗力较强的生命阶段的数据来进行种平均急性值的计算，这是因为只有所有生命阶段能够得到保护，才可以认为该物种处于免受急性毒性危害的保护状态。

（8）应该对物种内和物种间的数据一致性进行考虑。在与同一物种或同一属中的其他物种的急性和慢性数据的比较过程中出现疑问的急性值不得用于种平均急性值的计算。例如，当可利用的一个物种或属的急性值的变化大于 10 倍时，则某些数值或全部相关数值均不得用于计算。

（9）对于至少可以得到一个急性值的物种，种平均急性值（species mean acute value，SMAV）应当通过计算在试验过程中测定受试物质浓度的所有流水式试验所得结果的几何平均值得出。对于无法获得此类数据的物种，SMAV 应该通过计算所有可用的急性值的几何平均值得出，即未进行浓度测定的流水式试验结果以及基于初始浓度的静态和半静态试验的结果（对大多数受试物质来说，如果无法得到测定的浓度，则标称浓度也是可以接受的）。

注释：不应将原始调查者的报告数据进行四舍五入。所有中间计算结果应该保留 4 位有效数字（Huth et al.，1978）。

注释：*N* 个数值的几何平均值是 *N* 个数值乘积的 *N* 次方根，另外一种几何平均值的计算方法是将 *N* 个数值的对数相加，再将总数除以 *N*，然后取商的反对数。两个数值的几何平均值是两个数值乘积的平方根，而一个数值的几何平均值就是该数值本身。无论是自然对数（底数为 e）还是常用对数（底数为 10）都可以用来计算几何平均值，只要它们在每个数据集内的运用保持一致，也就是说，反对数的运用一定要与对数的运用相匹配。

注释：这里使用的是几何平均值而不是算术平均值，这是因为毒性试验中单个生物对大多数物质的敏感性分布以及同一属中物种的敏感性分布很可能是呈对数正态分布而不是正态分布。同样，急性-慢性比和生物富集系数使用的也是几何平均值，因为商呈对数正态分布的可能性要远远大于正态分布。此外，一组分子的几何平均值除以其对应分母的几何平均值可以得到一组相关商的几何平均值。

（10）对于有一个或多个种平均急性值（SMAV）的每一个属来说，属平均急性值（genus mean acute value，GMAV）应当按该属可得到的种平均急性值的几何平均值计算。

（11）从高到低对 GMAV 进行排序。

（12）指定序号 *R*，将 GMAV 从低到高按 1 到数字 *N* 排出序号。如果有两个或多个

GMAV 相同，则将它们任意连续排序即可。

（13）按 $P = R/(N+1)$，计算每个 GMAV 的累积概率 P。

（14）选出 4 个累积概率接近 0.05 的 GMAV（如果 GMAV 的数量小于 59，那么应该总是取那 4 个最小值）。

（15）运用选出的 GMAV 和 P 值进行计算：

$$S^2 = \frac{\sum\left[(\ln \mathrm{GMAV})^2\right] - \left\{\left[\sum(\ln \mathrm{GMAV})\right]^2/4\right\}}{\sum(P) - \left\{\left[\sum(\sqrt{P})\right]^2/4\right\}}$$

$$L = \left\{\sum(\ln \mathrm{GMAV}) - S\left[\sum(\sqrt{P})\right]\right\}/4$$

$$A = S(\sqrt{0.05}) + L$$

$$\mathrm{FAV} = \mathrm{e}^A$$

［见计算程序的研发（Erickson and Stephan，1985）和附录 2 计算与计算程序示例。］

注释：自然对数（对数底数为 e，标记为 ln）仅用于此，因为它在某些人工手算和计算机中比常用对数（底数为 10）更加方便。两者前后一致的运用会得到相同的结果。

（16）如果商业或娱乐业重要物种在测定受试物质浓度的流水式试验中得出的急性值的几何平均值低于计算得出的最终急性值，则这个几何平均值应该用作最终急性值，来替代计算得出的最终急性值。

（17）见第 8 章。

7　最终急性方程

（1）如果可得到的足够数据表明两个或多个物种的急性毒性类似地表现为与水质特性相关，就应当根据下文第（2）～（7）条或者是运用协方差分析（Dixon and Brown，1979；Neter and Wasserman，1974）对这种关系加以考虑。这两种方法是等效的，得到的结果也是相同的。下文所述的手算方法便于更好地理解协方差分析的运用，但是电子版的协方差分析方法在对大量数据集的分析上更为方便。如果毒性受到两个或多个因素的影响，那么就应当运用多元回归分析。

（2）对于急性毒性值可以由两个或多个不同的水质特性值得出的每一物种，将急性毒性值与对应的水质特性值进行最小二乘回归分析，从而得出每一物种的斜率及其 95%置信限。

注释：由于有文献证明的最佳关系为淡水中金属的急性毒性和硬度之间的关系，并且这些数据与对数-对数关系相符，因此本部分以下内容中采用了毒性和水质的几何平均值与自然对数。至于建立在其他水质特性上的关系，例如，酸碱度、温度或盐度，由于没有更符合这些数据的变换或不同的变换关系，所以有必要对本部分内容做些适当的变动。

（3）要确定某一物种的数据是否有用，需要考虑水质特性测定值的范围和数量以及物种之间和物种内部的一致性程度。例如，如果斜率只是根据非常狭小范围内的水质特性值的数据，那么基于6个数据点的斜率可能是1个有限的数值。但是，只基于2个数据点的斜率却可能非常有用，只要斜率与其他信息一致且2个点覆盖的范围足以包括水质特性的范围。此外，在将急性值与同一物种以及同一属中的其他物种的急性和慢性数据进行比较的过程中，可疑的急性值是不得使用的。例如，在判断水质特性之后，如果某一物种或属的急性值的差异大于 10 倍，那么可能就应当拒绝使用某些或全部数值。如果无法得到至少一种鱼类和一种无脊椎动物的有用斜率，或者可用的斜率偏差太大，或者可利用的数据太少，从而无法对急性毒性和水质特性之间的关系进行恰当的定义，那么则返回到第6章第（7）条，使用那些与常规的物种毒性试验相类似的条件和水中进行的试验结果。

（4）分别计算每一物种急性值的几何平均值，然后将每一物种的每个急性值除以物种平均值。这个过程使急性值标准化，从而使每个物种个体和任何物种集合体的标准化值的几何平均值为1.0。

（5）使用同样的方法将每一物种个体的水质特性值进行标准化处理。

（6）分别对每一物种的标准化急性毒性值与相应的标准化水质特性值进行最小二乘回归分析。得出的斜率和 95%置信限与上文第（2）条的所得结果相同。但是，现在如果将数据实际绘制出来，对每个单独的物种来说，其最佳拟合曲线将经过图中心的（1，1）点。

（7）把所有标准化的数据看作好像它们是来自同一物种的数据，将所有的标准化急性值与相应的标准化水质特性值进行最小二乘回归分析，从而获得综合急性斜率 V 以及 95%置信限。如果将所有的标准化数据实际绘制出来，则最佳拟合曲线将经过图中心的（1，1）点。

（8）计算每一物种急性毒性值的几何平均值 W，以及水质特性值的几何平均值 X[这些数值已由上文第（4）、（5）条计算得出]。

（9）运用公式：$Y = \ln W - V(\ln X - \ln Z)$，计算在水质特性选定值 Z 条件下每一物种 SMAV 的对数值 Y。

（10）运用公式：$\mathrm{SMAV} = \mathrm{e}^{Y}$，计算在选定值 Z 条件下每一物种的 SMAV。

注释：另外一种可供选择的方法是，根据选定值 Z 对 SMAV 值的计算可以跳过上述第（8）条，直接使用第（9）、（10）条中的公式依据 Z 分别对每个急性值进行校正，然后分别计算每一物种校正值的几何平均值。这个可供选择的方法允许对每一物种校正后的急性值范围进行检验。

（11）按照第6章第（10）～（15）条中描述的步骤得出 Z 条件下的最终急性值。

（12）如果商业或娱乐业重要物种在 Z 条件下的 SMAV 值低于在 Z 条件下计算得出的最终急性值，那么应该把 SMAV 值而不是计算得出的最终急性值当做是 Z 条件下的最终急性值。

（13）最终急性方程：

$$\mathrm{FAV} = \mathrm{e}^{\{V[\ln(\text{水质特性值})]+\ln A - V[\ln Z]\}}$$

式中，V 为综合急性斜率，A 为 Z 条件下的最终急性值。由于 V、A、Z 已知，所以可以根据任一水质特性选定值计算得出最终急性值。

8　最终慢性值

（1）根据可利用的水生动物慢性毒性数据，最终慢性值的计算可以运用和最终急性值相同的计算方法，或者可以运用最终急性值除以最终急性-慢性比的方法。但有些情况下，可能无法计算出最终慢性值。

注释：从字面上看，急性-慢性比（acute-chronic ratio，ACR）是联系急性和慢性毒性的一种方式。急性-慢性比从根本上来说就是应用系数的倒数，但这个新名词更好些，因为它更具描述性且有助于防止“应用系数”和“安全系数”之间的混淆。急性-慢性比和应用系数都是描述某一物质对水生生物的急性和慢性毒性的方式。安全系数用来提供更高的安全程度，这个安全程度超过了已知的或估算的水生生物敏感性范围。急性-慢性比的另一个优点是它通常大于 1，这样可以避免混淆一个大的应用系数是一个接近 1 的数或者是一个分母远远大于分子的数。

（2）慢性值应根据流水式慢性试验（大型溞换水式试验除外）结果，试验过程中对试验溶液中的受试物质浓度在适当的时间进行准确测定。

（3）在慢性试验中，对照处理组的存活率、生长率或繁殖率低得不合常理，那么不应该使用此试验结果。可接受的限度取决于物种。

（4）不应使用在异常稀释水中进行的慢性试验的结果，例如，不应使用总有机碳或颗粒物超过 5 mg/L 的稀释水，除非慢性毒性和有机碳或颗粒物之间形成了一种相关关系或者有数据显示有机碳、颗粒物等不影响毒性。

（5）慢性值应该根据物种的合理暴露终点和暴露时间。因此，只应使用以下类型的慢性毒性试验结果：

①生命周期毒性试验，包括在整个生命周期中，将每一物种的两组或多组的每组个体暴露于不同浓度的受试物质中。为了保证所有生命阶段和生命过程中均暴露于受试物质中，在使用鱼类进行试验时，应选择胚胎或刚孵化的小于 48 h 的仔鱼进行试验，接着经历成熟期和繁殖期，且试验至少要在下一代孵化后的 24 d（鲑鱼为 90 d）之后方可停止。在使用溞类进行试验时，应选择小于 24 h 的幼体进行试验，且至少要持续 21 d 以上。在使用糠虾进行试验时，应选择小于 24 h 的幼体进行试验，持续 7 d 至对照组初次孵化中期。对鱼类来说，应当获得并分析成体和幼体的存活率和生长率、雌性和雄性的成熟度、每一

雌性的产卵量、胚胎存活率（只针对鲑鱼）以及孵化率的相关数据。对于溞类来说，应该获得并分析存活率和雌性个体的幼溞数。对于糠虾来说，应该获得并分析存活率、生长率和雌性个体的仔虾数。

②部分生命周期毒性试验，包括在生命周期中的大部分时间里，将每种鱼类的两组或多组的每组个体暴露于不同浓度的受试物质中。部分生命周期试验允许采用需要 1 年以上的时间进入性成熟期的鱼类物种，这样所有主要的生命阶段可以在 15 个月内都暴露于受试物质中。在暴露于受试物质的初始阶段，个体应处于活跃的性器官发育之前至少 2 个月的未成熟稚鱼期，接着经历成熟期和繁殖期，且试验至少要在下一代孵化后的 24 d（鲑鱼为 90 d）之后方可停止。应该获得并分析幼体和成体的存活率和生长率、雌性和雄性的成熟度、每一雌性的产卵量、胚胎存活率（只针对鲑鱼）以及孵化率的数据。

③早期生命周期毒性试验，包括鱼类在其受精后经过胚胎、仔鱼和稚鱼的早期生命周期内的 28～32 d（鲑鱼为孵化后 60 d）处于暴露之中。应当获得并分析存活率和生长率的数据。

注释：早期生命周期试验的结果可以预测同一物种生命周期和部分生命周期的试验结果。因此，当生命周期或部分生命周期的结果可知时，就不应使用同一物种早期生命周期试验的结果。同样，如果在早期生命周期试验的后期死亡率或畸形率大大增加，那么也不应采用这个试验结果，因为这种试验的结果不能很好地预测相应的生命周期或部分生命周期试验的结果。

（6）慢性值可以通过计算慢性试验的慢性下限值和上限值的几何平均值来获得，或者是通过运用回归分析法对慢性数据加以分析从而获得慢性值。慢性下限值是指在合理的慢性试验中的最高试验浓度：①这个浓度不会对任何特定的生物测定引起不可接受的不利影响；②低于这个浓度的任何试验浓度都不会产生不可接受的影响；慢性上限值是指在合理的慢性试验中的最低试验浓度：①这个浓度不会对一个或多个特定的生物测定产生不可接受的不利影响；②高于这个浓度的所有试验浓度都会产生不可接受的不利影响。

注释：因为不同的作者通常使用不同的术语和定义来解释和描述慢性试验的结果，所以应对描述的结果进行认真审查。不可接受影响的程度通常是基于统计学上的假设检验，但是也可能定义为与对照相比具体减少的百分比。即使试验组与对照组相比有显著差异，但较小的减少百分比（如 3%）可能被认为是合理的，反之，即使试验组与对照组相比无显著差异，但较大的减少百分比（如 30%）也可能被认为是不合理的。

（7）如果物质对水生动物的毒性明显与水质特性有关，例如，对淡水动物来说，与硬度或颗粒物有关，对海水动物来说，与盐度或颗粒物有关，则应该根据水质特性对最终慢性方程进行推导。参见第 9 章。

（8）如果可以获得第 5 章第（2）①条或第 5 章第（3）①条中所述 8 个科中的物种的慢性值，那么就能够对每一物种的种平均慢性值（species mean chronic value，SMCV）进行计算，通过计算所有可知物种慢性值的几何平均值至少可以获得一个慢性值，并应对属平均慢性值进行计算。然后运用第 6 章第（10）～（15）条中的步骤可以得出最终慢性值。

见第 8 章第（13）条。

（9）对于至少可以获得一个相关急性值的每一慢性值而言，急性-慢性比是通过对在浓度已知的同一稀释溶液中进行的所有合理的流水式急性试验（大型溞除外，其适合静水式试验）结果的几何平均值作为分子进行计算而得出的。对鱼类来说，急性试验应采用仔鱼。急性试验应为同一研究的慢性试验的一部分。如果急性试验没有在同一研究中进行，则可采用同一实验室和稀释水中进行的不同研究的急性试验结果。如果无法得到这种急性试验结果，也可采用不同实验室在同一稀释水中进行的急性试验结果。如果这种急性试验结果也无法得到，那么就无法对急性-慢性比进行计算。

（10）对于每个物种来说，种平均急性-慢性比就是可获得的该物种所有急性-慢性比的几何平均值。

（11）对某些物质来说，急性-慢性比似乎对于所有物种都是相同的，但是，对另外一些物质来说，比值会随着种平均急性值（SMAV）的增大而增大或减小。因此，根据可知数据，最终急性-慢性比可以通过下列 4 种方法来获得。

①如果物种平均急性-慢性比随着 SMAV 的增大而增大或减小，那么最终急性-慢性比应通过对 SMAV 与最终急性值接近的物种的急性-慢性比的几何平均值进行计算而得出。

②如果主要趋势不明显，且大量物种的急性-慢性比在 10 倍以内，则最终急性-慢性比应为所有淡水和海水物种的平均急性-慢性比的几何平均值。

③对利用藤壶、双壳类软体动物、海胆、龙虾、螃蟹、褐虾和鲍鱼的胚胎及幼体所进行的金属和其他物质的急性试验来说［见第 6 章第（5）②条］，则假设急性-慢性比为 2 或许是较为合理的。大多数这类物种的慢性试验很难进行，但是胚胎和幼体的敏感性很可能决定了生命周期试验的结果。因此，如果可知的最小 SMAV 是通过这些物种的胚胎和幼体确定的，那么最终急性-慢性比应当很可能被假定为 2，则最终慢性值等于基准最大浓度［见第 13 章第（2）条］。

④如果多数物种的平均急性-慢性比小于 2.0，甚至小于 1.0，很可能是在慢性试验中已经产生了适应。因为不能确定持续暴露和适应在野外条件下提供了充足的保护，所以最终急性-慢性比应被假定为 2，以便使最终慢性值等于基准最大浓度［见第 13 章第（2）条］。

如果可利用的物种平均急性-慢性比不符合上述任一情况，则很可能无法得到最终急性-慢性比，且无法对最终慢性值进行计算。

（12）最终慢性值的计算方法是通过最终急性值除以最终急性-慢性比实现的。如果存在最终急性方程但不存在最终急性值，那么则参见第 9 章第（1）条。

（13）如果商业或娱乐业重要物种的种平均慢性值低于计算得出的最终慢性值，那么最终慢性值应为该物种的平均慢性值而不是计算得出的最终慢性值。

（14）参见第 10 章。

9 最终慢性方程

（1）可以运用两种方法来推导最终慢性方程。本章第（1）条描述的步骤会导致慢性斜率与急性斜率相同，而第（2）～（14）条描述的步骤通常会导致慢性斜率与急性斜率不同。

①如果存在充足的物种急性-慢性比和水质特性值来表明急性-慢性比很可能对所有物种是一样的且很可能与水质特性无关，则最终急性-慢性比可以通过计算物种平均急性-慢性比的几何平均值得出。

②根据选定的水质特性值 Z［见第 7 章第（13）条］得出的最终急性值除以最终急性-慢性比，可以得到基于 Z 值的最终慢性值。

③把 V［综合急性斜率，见第 7 章第（13）条］换成 L（综合慢性斜率）。

④见第 9 章第（13）条。

（2）当有充足的数据表明至少一个物种的慢性毒性与水质特性有关，则应根据第（2）～（7）条中的描述或者运用协方差分析（Dixon and Brown，1979；Neter and Wasserman，1974）对这种关系加以考虑。这两种方法是等效的，且可以得到相同的结果。下文描述的手算方法是对协方差分析应用的理解，协方差分析的电子版本对大量数据集的分析更为方便。如果有两个或更多的因素对毒性产生影响，则应运用多元回归分析。

（3）对于每一物种来说，其慢性毒性值可以由两个或多个不同的水质特性值得出，那么应将慢性毒性值与相应的水质特性值进行最小二乘回归分析，得出每一物种的斜率和 95%置信限。

注释：由于最佳证明关系为淡水中金属的急性毒性和硬度之间的关系，并且这些数据符合对数-对数关系，因此本部分的下列内容中采用了毒性和水质特性的几何平均值与自然对数。至于建立在其他水质特性基础上的关系，例如，酸碱度、温度或盐度，没有更加适合这些数据的转换，所以需要对本部分内容做些适当的变动。采用第 7 章中的急性值用到的相同转换可能是更可取的，但不是必需的。

（4）要确定某一物种的数据是否有用，需要考虑水质特性试验值的范围和数量以及某一物种内或物种间的一致性程度。例如，如果斜率只是基于一个非常狭小范围内的水质特性值的数据，那么基于 6 个数据点的斜率可能是一个有限的数值。然而，如果斜率只基于 2 个数据点，但是如果斜率与其他信息保持一致，并且这 2 个点覆盖的水质特性范围很广，则基于这 2 个数据点的斜率就可能是非常有用的。此外，在将慢性值与同一物种或同一属其他物种的其他可利用的急性和慢性数据进行比较时，不应采用有疑问的慢性值。例如，经过水质特性调整后，如果一个物种或属的慢性值的差异超过 10 倍，那么比较合适的做法是拒绝使用某些或全部数据。如果无法得到至少一个物种的慢性斜率，或者已知斜率偏差很大，再或者如果没有足够的数据能够对慢性毒性和水质特性之间的关系进行合理的推导，那么适宜的做法是假定慢性斜率与急性斜率相同，这样做相当于假定急性-慢性比与水质特性无关。另一种做法是返回到第 8 章第（8）条，采用那些在类似于物种毒性试验的通常条件和水中进行的试验结果。

（5）分别计算每一物种慢性值的几何平均值，然后用每一物种慢性值除以该物种的平均值。这个过程可以使慢性值标准化，从而使每一单个物种和物种集合体的标准化值的几何平均值均为 1.0。

（6）采用同样的方法将每一单个物种的水质特性值进行标准化处理。

（7）分别对每一物种的标准化慢性毒性值与相对应的标准化水质特性值进行最小二乘回归分析，得出的斜率和 95%置信限与上文第（2）条所得出的结果相同。但是，现在如果将数据实际标出绘图，则每一单个物种的最佳拟合曲线将通过图中心位置的（1，1）点。

（8）把所有标准化数据看做是针对同一物种的数据，并对所有标准化慢性值与相对应的标准化水质特性值进行最小二乘回归分析，获得综合慢性斜率 L 和 95%置信限。如果将所有标准化数据标出绘图，那么最佳拟合曲线将通过图中心的（1，1）点。

（9）计算每一物种毒性值的几何平均值 M，以及水质特性值的几何平均值 P［这些数值已由第（5）、（6）条计算得出］。

（10）根据选定的水质特性值 Z，运用方程：$Q = \ln M - L(\ln P - \ln Z)$，计算每一物种的种平均慢性值的对数值 Q。

注释：尽管不是必需的，但是通常最佳做法是采用与第 7 章第（9）条相同的水质特性值。

（11）运用方程：$\mathrm{SMCV} = \mathrm{e}^{Q}$，计算每一物种基于 Z 的种平均慢性值。

注释：另外一个可供选择的方法是，基于 Z 的种平均慢性值的获得可以回到上文第（10）条，采用第（10）、（11）条中的方程，根据 Z 值对每一急性值进行调整，然后分别计算每一物种调整值的几何平均值。这一替代方法允许对每一物种调整后的慢性值范围进行检验。

（12）采用第 6 章第（10）～（15）条中描述的步骤获得基于 Z 的最终慢性值。

（13）如果商业或娱乐业重要物种的基于 Z 的种平均慢性值低于计算得出的最终慢性值，那么应当将该物种的平均慢性值而不是计算得出的最终慢性值看做是基于 Z 的最终慢性值。

（14）最终慢性方程：

$$\mathrm{FCV} = \mathrm{e}^{\{L[\ln(\text{水质特性值})] + \ln S - L[\ln Z]\}}$$

式中，L 为综合慢性斜率，S 为基于 Z 的最终慢性值。因为 L、S 和 Z 已知，所以可以根据任一水质特性选定值进行计算从而得出最终慢性值。

10 最终植物值

（1）合理地测定物质对水生植物的毒性，并用于比较水生植物和水生动物的相对敏感性。尽管还没有建立完善的步骤用于进行植物毒性试验并对其结果进行解释，但是植物试验结果通常表明，能够对水生动物及其用途起到恰当的保护作用的基准也很可能对水生植物及其用途起到保护作用。

（2）植物值是通过对藻类进行 96 h 试验而得出的，或者是水生维管束植物慢性试验的结果。

注释：如果介质中含有可能会对金属毒性产生影响的过量络合剂，如 EDTA，通常不应采用金属对植物的毒性试验结果。EDTA 浓度超过 200 μg/L 时就应认定其过量。

（3）最终植物值可以通过对重要水生植物物种试验（需测定受试物质浓度，且试验终点具有重要的生物学意义）中的最小结果进行选择而获得。

11 最终残留值

（1）最终残留值旨在①防止商业或娱乐业重要水生物种由于物质浓度超过 FDA 的管理阈值而影响其可销售性；②保护食用水生生物的野生动物免受不可接受的影响，其中包括鱼类和鸟类。最终残留值是残留值的最小值，而残留值则通过最大许可组织浓度除以生物富集系数或生物累积系数而得到。最大许可组织浓度可以是①鱼油或鱼类和贝类动物可食部分的 FDA 管理阈值（USFDA，1981），或者可以是②在野生动物慢性饲喂研究或长期野生动物野外研究中对生存、生长或繁殖情况进行观察，并在此基础上得出的最大可接受的食物摄取量。如果最大许可组织浓度无法获得，则参见第 12 章（因为无法得到最终残留值）。

（2）生物富集系数（bioconcen tration factor，BCF）和生物累积系数（bioaccumulation factor，BAF）是由水生生物的一个或多个组织中的物质浓度除以生物生存液体中的平均浓度而得出的比值。BCF 值旨在说明直接来自水体的净摄取量，且其只能在实验室中进行测定。如果受试生物在摄取食物之前，食物已经吸收了一些受试物质，则生物富集试验中的某些摄取量就有可能不是直接来自于水体。BAF 旨在说明在真实的生活场景下来自于食物和水体的净摄取量。BAF 基本上必须由野外条件下测得，在野外条件下，捕食者直接从水体并通过捕食对物质进行累积，而其所摄取的被捕食者本身也已经通过食物和水体对物质进行了累积。对于具有低 BCF 的物质而言，其 BCF 和 BAF 有可能很相近，但是对于具有高 BCF 的物质而言，其 BAF 很可能远远高于 BCF。尽管 BCF 不是太难测定，但是 BAF 却很难测得，因为它需要对水体中的物质浓度进行充分测定，以表明生物栖息地范围内的浓度长期保持十分恒定。由于可供利用的合理的 BAF 十分有限，所以只对 BCF 进行深入讨论。但是，当某一物质的 BAF 可供利用时，则应使用 BAF 而不是可供利用的 BCF。

（3）如果可以得到某一物质的最大许可组织浓度（例如初始物质、初始物质及其代谢产物等），那么在 BCF 计算过程中应采用同一物质的组织浓度，或者采用物质及其代谢产物的组织浓度，但代谢产物必须与初始物质结构相似，且在水中的溶解性不比初始物质更强。

（4）①只应采用流水式试验得出的 BCF，BCF 的计算是以组织和试验溶液中的受试物质的测定浓度为依据的，并且至少要使暴露持续到稳定阶段或达到 28 d。在一段时间内，例如 2 d 或暴露时间的 16%或更长时间，BCF 不发生明显变化时，则认为达到了稳定阶段。所采用的来自试验的 BCF 应为最高值：如果达到稳定阶段的话，是稳定阶段的 BCF；如果没有达到稳定阶段，则为得到的最高 BCF 值；如果是计算的话，则为预期的稳定阶段的 BCF。

②如果为某一亲脂性物质测定 BCF 值，则应测定组织中的脂质百分比。

③受试生物在受到不利影响的暴露期内得出的 BCF 只能在一种情况下进行使用，即该值与同一物种中未受影响的生物在没有产生有害效应的低浓度时获得的 BCF 相接近的情况。

④因为最大许可组织浓度几乎是从来不以干重来计算，所以通过干组织重量计算的 BCF 必须转化为湿组织重量的形式。如果在报告中只有 BCF 而没有给出转化系数，那么浮游生物则用干重 BCF 乘以 0.1，鱼类和无脊椎动物的单个物种则用干重 BCF 乘以 0.2 的方法进行计算（McDiffett，1970；Brocksen et al.，1968；Cummins et al.，1973；USFDA，1969；Love，1957；Ruttner，1963；Sculthorpe，1967）。

⑤如果某一物种可供利用的 BCF 不止一个，则采用可利用 BCF 值的几何平均值，不过如果 BCF 值来自不同暴露期限，并且 BCF 随着暴露期限延长而增加，则应采用暴露期限最长的 BCF 值。

（5）如果存在足够的相关数据，则用最大许可组织浓度除以 BCF 可以得到下列残留值：

①对于野生动物（包括鸟类和水生生物）的慢性饲喂研究和长期野外研究中推导得到的每一最大摄入量而言，其合理的 BCF 是基于水生物种的整个躯体，躯体构成或许代表了受试野生动物物种食物的主要部分。

②对于鱼类和贝类的 FDA 管理阈值而言，其合理的 BCF 是指被摄食物种可食部分（十足类动物的肌肉、鱼类带皮或不带皮的肌肉、扇贝的内收肌、其他双壳类软体动物的整个软组织）的最高几何平均物种 BCF。使用最高的物种 BCF 是因为 FDA 管理阈值的应用基

础是单个物种。

（6）对于亲脂性物质而言，也许需要计算其附加残留值。因为亲脂性物质稳定状态的BCF 似乎与一个组织到另一个组织（或一个物种到另一个物种）的脂质百分比成比例（Hamelink et al.，1971；Lunsford and Blem，1982；Schnoor，1982）。根据脂质百分比，可以进行受试组织或物种到未试组织或物种的推断。

①对于脂质百分比已知的同一组织的BCF而言，可以通过BCF除以脂质百分比将BCF进行标准化处理，使其基于1%脂质。进行1%脂质调整的目的是使某一物质的所有测定的BCF 具有可比性，而不用考虑测定 BCF 的物种或组织。

②计算标准化 BCF 的几何平均值。采用淡水和海水物种的数据来确定标准化 BCF 平均值，但当有数据表明标准化 BCF 可能不相近时除外。

③最大许可组织浓度除以标准化 BCF 平均值，再除以与最大许可组织浓度相应的脂质百分比，进而得出所有可能的残留值。

$$残留值=\frac{最大许可组织浓度}{标准化BCF平均值\times 相应的脂质百分比}$$

a. 对于鱼油的 FDA 管理阈值而言，合理的脂质百分比为 100%。

b. 对于鱼类的 FDA 管理阈值而言，如果是淡水基准，则合理的脂质百分比是 11%，如果是海水，基准则是 10%，这是因为 FDA 管理阈值的应用基础是通常被摄食的单个物种。就重要的被摄食物种可食部分的最高脂质含量而言，淡水大鳞大麻哈鱼和湖红点鲑大约为 11%，海水大西洋鲱鱼大约为 10%（Sidwell，1981）。

c. 对于野生动物慢性饲喂研究或长期野外研究中推导得出的最大可接受饮食摄入量而言，合理的脂质百分比是指构成野生动物物种食物的主要部分的水生物种或水生种群的脂质百分比。

（7）通过选择最低残留值来得出最终残留值。

注释：在某些情况下，最终残留值没有达到足够低的程度。例如，由 FDA 管理阈值计算而得出的残留值可能是在那个管理阈值上的某一高脂质含量物种可食部分的一个平均浓度。某些生物个体和某些物种的残留浓度高于平均值，但却没有任何机制来为其提供合理的额外保护。同时，一些野生动物的慢性饲喂研究和长期野外研究能够识别出引起不利影响的浓度，但对不引起不利影响的浓度却无法识别；而且同样没有机制来提供适度的额外保护。对于这些物种及其用途并不会随时随地得到保护。

12 其他数据

其他数据指不能在上述部分中使用的、对水生生物及其用途有不利影响的相关信息，这些信息中最重要的是有关累积和延迟毒性、味道损害、物种生存、生长和繁殖的下降以及被证实具有生物重要性的其他不利影响的数据。对于没有其他数据可供利用的物种而言，这些数据尤为重要。行为、生物化学、生理、微宇宙和野外研究的数据也是可供利用的。另外，可能得到在异常稀释水中进行试验［见第 6 章第（4）条和第 8 章第（4）条］得出的试验数据、未测定浓度的慢性试验数据［见第 8 章第（2）条］、用预先暴露的生物进行试验所得的数据［见第 4 章第（6）条］以及配方混合物或乳状浓缩物的试验数据［见第 4 章第（4）条］。如果数据是由重要物种获得、已测定试验浓度以及毒性终点在生物学上是非常重要的，那么这种数据可能影响基准。

13　基准

（1）基准由 2 个浓度组成：基准最大浓度和基准连续浓度。

（2）基准最大浓度（CMC）等于最终急性值的一半。

（3）在没有其他数据（见第 12 章）表明有更低数据可供利用的情况下，基准连续浓度（CCC）等于最终慢性值、最终植物值和最终残留值中最小的那个值。如果毒性与水质特性有关，那么 CCC 可以通过在最终慢性方程、最终植物值和最终残留值中选择一个或综合得出的结果，这样会得到水质特性正常范围内的最低浓度，但如果有其他数据（见第 12 章）表明有更低数值可供利用时除外。

（4）对 CMC 和 CCC 进行四舍五入（Huth et al.，1978），保留 2 位有效数字。

（5）基准的表述如下：

《推导保护水生生物及其用途的国家数值水质基准指南》中描述的程序表明，除了可能存在本地敏感的重要物种之外，如果①的 4 d 平均浓度超过②μg/L 的频率和 1 h 平均浓度超过③μg/L 的频率均不大于平均每 3 年 1 次，则④水生生物及其用途不会受到不可接受的影响。

此处：① —— 物质名称；

② —— 基准连续浓度；

③ —— 基准最大浓度；

④ —— “淡水”或“海水”。

14　最终审查

（1）应当通过再次审核本《国家指南》的每个步骤，来认真审查基准的推导过程。需要特别进行审查的项目如下：

①如果使用了未发布的数据，那么这些数据是否已被充分证明？

②所有规定数据是否均可得到？

③任一物种的急性值的范围是否大于 10 倍？

④任一属的种平均急性值的范围是否大于 10 倍？

⑤4 个最低属之间的平均急性值的差异是否大于 10 倍？

⑥4 个最低属的平均急性值是否存在可疑数值？

⑦最终急性值在与种平均急性值和属平均急性值进行比较时是否合理？

⑧对于任何商业或娱乐业重要物种而言，由测定受试物质浓度的流水式试验所得急性值的几何平均值是否低于最终急性值？

⑨慢性值中是否存在可疑数值？

⑩急性敏感物种是否有慢性值可供利用？

⑪急性-慢性比的范围是否大于 10 倍？

⑫最终慢性值在与可利用的急性和慢性数据比较时是否合理？

⑬任何商业或娱乐业重要物种的测定或预期慢性值是否低于最终慢性值？

⑭是否存在其他重要数据？

⑮是否存在明显异常数据？

⑯是否存在偏离指南的地方？它们是否合理？

（2）在所有可供利用的相关试验和野外信息的基础上，确定基准是否与可靠的科学证据一致。如果不一致，则应利用《国家指南》的合理修正来推导另外一个基准，这个基准可以比原来的基准更为严格，也可以更为宽松。

15 参考文献

[1] U.S. EPA. 1983. Water Quality Standards Regulation. Federal Register 48：51400-51413. November 8.

[2] U.S. EPA. 1983. Water Quality Standards Handbook. Office of Water Regulations and Standards，Washington，DC.

[3] U.S. EPA. 1985. Technical Support Document for Water Quality-Based Toxics Control. Office of Water，Washington，DC.

[4] Thurston C. E.. 1962. Physical Characteristics and Chemical Composition of Two Subspecies of Lake Trout. J. Fish. Res. Bd. Canada 19：39-44.

[5] Hodson P. V.，et al.. 1983. Effect of Fluctuating Lead Exposure on Lead Accumulation by Rainbow Trout（*Salmo gairdneri*）. Environ. Toxicol. Chem. 2：225-238.

[6] For examples，see：Ingersoll C. G.，Winner R. W.. 1982. Effect on *Daphnia pulex*（De Geer） of Daily Pulse Exposures to Copper or Cadmium. Environ. Toxicol. Chem. 1：321-327；Seim W. K.，et al.. 1984. Growth and Survival of Developing Steelhead Trout（*Salmo gairdneri*） Continuously or Intermittently Exposed to Copper. Can. J. Fish. Aquat. Sci. 41：433-438；Buckley J. T.，et al.. 1982. Chronic Exposure of Coho Salmon to Sublethal Concentrations of Copper- Ⅰ. Effect on Growth，on Accumulation and Distribution of Copper，and on Copper Tolerance. Comp. Biochem. Physiol. 72C：15-19；Brown V. M.，et al.. 1969. The Acute Toxicity to Rainbow Trout of Fluctuating Concentrations and Mixtures of Ammonia，Phenol and Zinc. J. Fish Biol. 1：1-9；Thurston R. V.，et al.. 1981. Effect of Fluctuating Exposures on the Acute Toxicity of Ammonia to Rainbow Trout（*Salmo gairdneri*） and Cutthroat Trout（*S. clarkii*）. Water Res. 15：911-917.

[7] For examples，see：Horning W. B.，Neiheisel T. W.. 1979. Chronic Effect of Copper on the Bluntnose Minnow，*Pimephales notatus*（Rafinesque）. Arch. Environ. Contam. Toxicol. 8：545-552.

[8] For examples，see：Chapman G. A.. 1982. Letter to Charles E. Stephan. U.S. EPA，Duluth，Minnesota. December 6；Chapman G. A.. 1975. Toxicity of Copper，Cadmium and Zinc to Pacific Northwest Salmonida. Interim Report. U.S. EPA，Corvallis，Oregon；Spehar R. L.. 1976. Cadmium and Zinc Toxicity to Flagfish，*Jordanella floridae*. J. Fish. Res. Board Can. 33：1939-1945.

[9] U.S. EPA. 1980. Water Quality Criteria Documents；Availability. Federal Register 45：79318-79379. November 28.

[10] U.S. EPA. 1984. Water Quality Criteria；Request for Comments. Federal Register 49：4551-4554. February 7.

[11] Erickson R. J.，Stephan C. E.. 1985. Calculation of the Final Acute Value for Water Quality Criteria for Aquatic Organisms. National Technical Information Service，Springfield，Virginia. PB 88-214994.

[12] U.S. Food and Drug Administration. 1981. Compliance Policy Guide. Compliance Guidelines Branch，Washington，DC.

[13] For good examples of acceptable procedures，see：

ASTM Standard E 729，Practice for Conducting Acute Toxicity Tests with Fishes，Macroinvertebrates，and Amphibians.

ASTM Standard E 724，Practice for Conducting Static Acute Toxicity Tests with Larvae of Four Species of Bivalve Molluscs.

[14] Huth E. J.，et al.. 1978. Council of Biology Editors Style Manual，4th Ed. Council of Biology Editors，Inc.，Bethesda，Maryland. 117.

[15] Dixon W. J.，Brown M. B..（eds.）. 1979. BMDP Biomedical Computer Programs，P-series. University of California，Berkeley. pp. 521-539.

[16] Neter J.，Wasserman W.. 1974. Applied Linear Statistical Models. Irwin，Inc.，Homewood，Illinois.

[17] The values of 0.1 and 0.2 were derived from data published in：

McDiffett W. F.. 1970. Ecology 51：975-988.

Brocksen R. W.，et al.. 1968. J. Wildlife Management 32：52-75.

Cummins K. W.，et al.. 1973. Ecology 54：336-345.

Pesticide Analytical Manual，Volume Ⅰ，Food and Drug Administration，1969.

Love R. M.. 1957. In：M. E. Brown（ed.），The Physiology of Fishes，Vol. Ⅰ. Academic Press，New York. 411.

Ruttner F.. 1963. Fundamentals of Limnology，3rd Ed. Trans. by D. G. Frey and F. E. J. Fry. University of Toronto Press，Toronto.

Some additional values can be found in：

Scuthorpe C. D.. 1967. The Biology of Aquatic Vascular Plants. Arnold Publishing，Ltd.，London.

[18] Hamelink J. L.，et al.. 1971. A proposal：Exchange Equilibria Control the Degree Chlorinated Hydrocarbons are Biologically Magnified in Lentic Environments. Trans. Am. Fish. Soc. 100：207-214.

[19] Lunsford C. A.，Blem C. R.. 1982. Annual Cycle of Kepone Residue in Lipid Content of the Estuarine Clam，*Rangia cuneata*. Estuaries 5：121-130.

[20] Schnoor J. L.. 1982. Field Validation of Water Quality Criteria for Hydrophobic Pollutants. In：Pearson J. G.，et al..（eds.），Aquatic Toxicology and Hazard Assessment. ASTM STP 766. American Society for Testing and Materials，Philadelphia. pp.302-315.

[21] Sidwell V. D.. 1981. Chemical and Nutritional Composition of Finfishes，Whales，Crustaceans Mollusks，and Their Products. NOAA Technical Memorandum NMFS F/SEC-11. National Marine Fisheries Service，Southeast Fisheries Center，Charleston，South Carolina.

附录 1　毒性试验和生物富集试验中采用的北美常栖水生动物物种

引　言

本表列出了在北美洲繁殖野生种群，并在毒性试验或生物富集试验中采用过的水生动物的鉴定物种。“北美洲”只包括 48 个相邻州、加拿大和阿拉斯加州，不包括夏威夷州和波多黎各。海水（即河口和海洋）物种是北美常栖物种，无论它们栖息在或有规律地潜入大陆架 200 m 深的近岸海域。物种不一定必须是本地的，但必须是常栖的。如果它们可被确定或者如果受试生物是来自北美的野生种群，那么未在下表中列出的物种也应当被认为是北美常栖物种。

鱼类的排序源自美国和加拿大鱼类通用名和拉丁名目录。对于其他物种来说，门、纲与科的排序均源自 NODC 分类编码（第三版，国家海洋地理数据中心，NOAA，华盛顿，DC 20235，1981 年 7 月），且表中给出的数据也源自此处以便查证。科内的属按字母顺序排列，同样属内的种也是按字母顺序排列。

本表中列出的参考文献可用来确定物种是北美常栖物种（NODC 分类编码包括外来物种和北美物种）。如果找不到此类参考文献，则把该物种认定为非常栖物种。没有被鉴定到种的生物没有列出参考文献；这些生物只有来自北美野生种群时才被认为是常栖物种。少部分非常栖物种也列于此表括弧内，且标注为“非常栖”，这是因为过去常常错误地将其鉴定为常栖物种，以避免其他研究人员再对同一物种进行文献检索。

淡水物种（Freshwater Species）

Class 纲	Family 科	Species 物种		备注
		Common Name 通用名	Scientific Name 拉丁名	
Phylum：Porifera（36）门：海绵动物门				
Demospongia 寻常海绵纲 3660	Spongillidae 针海绵科 366301	Sponge 海绵	*Ephydatia fluviatilis* 河轮海绵	P93
Phylum：Cnidaria（Coelenterata）（37）门：腔肠动物门				
Hydrozoa 水螅纲 3701	Hydridae 水螅科 370602	Hydra 水螅	*Hydra oligactis* 寡柄水螅	E318，P112
		Hydra	*Hydra littoralis*	E321，P112

Class 纲	Family 科	Species 物种		备注
		Common Name 通用名	Scientific Name 拉丁名	
Phylum：Platyhelminthes（39）门：扁形动物门				
Turbellaria 涡虫纲 3901	Planariidae 真涡虫科	Planarian 扁涡虫	*Dugesia dorotocephala* 杜氏扁虫	D22
		Planarian	*Dugesia lugubris* （*Dugesia polychroa*） 三角涡虫	D24
		Planarian	*Planaria gonocephala* 真涡虫	备注 1
		[Planarian]	[*Polycelia felina*] 多目涡虫	非常栖
	Dendrocoelidae 枝肠涡虫科 391501	Planarian	*Procotyla fluviatilis*（*Dendrocoelum lacteum*） 乳白涡虫	E334， P132，D63
Phylum：Gastrotricha（44）门：腹毛动物门				
Chaetonotoida 4402	Chaetonotidae 鼬虫科 440201	Gastrotrich 腹毛动物	*Lepidodermella squamatum*	E413
Phylum：Rotifera（Rotatoria）（45）门：轮虫动物门				
Bdelloidea 双巢纲 4503	Philodinidae 旋轮科 450402	Rotifer 轮虫	*Philodina acuticornis* 锐角旋轮虫	Y
		Rotifer	*Philodina roseola* 玫瑰旋轮虫	E487
Monogononta 单巢纲 4506	Brachionidae 臂尾轮虫科 450601	Rotifer	*Keratella cochlearis* 螺形龟甲轮虫	E442，P188
		Rotifer	*Keratella* sp. 龟甲轮虫	备注 2
Phylum：Annelida（50）门：环节动物门				
Archiannelida 原环虫纲 5002	Aeolosomatidae 颗体虫科 500301	Worm 蠕虫	*Aeolosoma headleyi* 赫德莱颗体虫	E528，P284
Oligochaeta 寡毛纲 5004	Lumbriculidae 带丝蚓科 500501	Worm	*Lumbriculus variegatus* 夹杂带丝蚓	E533，P290
	Tubificidae 颤蚓科 500902	Tubificid worm	*Branchiura sowerbyi* 苏氏尾鳃蚓	E534， P289，GG
		Tubificid worm	*Limnodrilus hoffmeisteri* 霍甫水丝蚓	E536，GG
		Tubificid worm	*Quistadrilus multisetosus* （*Peloscolex multisetosus*）	E535，GG
		Tubificid worm	*Rhyacodrilus montana* 河蚓	GG

Class 纲	Family 科	Species 物种 Common Name 通用名	 Scientific Name 拉丁名	备注
Oligochaeta 寡毛纲 5004	Tubificidae 颤蚓科 500902	Tubificid worm	*Spirosperma ferox* （*Peloscolex ferox*） 猛癞颤蚓	GG
		Tubificid worm	*Spirosperma nikolskyi* （*Peloscolex variegatus*） 尼氏癞颤蚓	E534，GG
		Tubificid worm	*Stylodrilus heringianus* 柱丝蚓	GG
		Tubificid worm	*Tubifex tubifex* 正颤蚓	E536，P289，GG
		Tubificid worm	*Varichaeta pacifica*	GG
	Naididae 仙女虫科 500903	Worm	*Nais* sp. 仙女虫	备注 2
		Worm	*Paranais* sp. 拟仙女虫	备注 2
		Worm	*Pristina* sp. 吻盲虫	备注 2
Hirudinea 蛭纲 5012	Erpobdellidae 石蛭科 501601	[Leech] 水蛭	[*Erpobdella octoculata*] 八目石蛭	非常栖 （BB16）
Phylum：Mollusca（5085）门：软体动物门				
Gastropoda 腹足纲 51	Viviparidae 田螺科 510306	Snail 蜗牛	*Campeloma decisum*	P731，M216
	Bithyniidae （Amnicolidae） （Bulimidae） （Hydrobiidae） 沼螺科 510317	Snail	*Amnicola* sp. 河边螺	备注 2
	Pleuroceridae 肋蜷科 510340	Snail	*Goniobasis livescens*	P732
		Snail	*Goniobasis virginica*	E1137
		Snail	*Leptoxis carinata* （*Nitocris carinata*） （*Mudalia carinata*）	X，E1137
		Snail	*Nitocris* sp.	备注 2
	Lymnaeidae 椎实螺科 511410	[Snail]	[*Lymnaea acuminata*] 尖头椎实螺	非常栖
		Snail	*Lymnaea catascopium* （*Lymnaea emarginata*） （*Stagnicola emarginata*） 滞水螺	M328

Class 纲	Family 科	Species 物种		备注
		Common Name 通用名	Scientific Name 拉丁名	
Gastropoda 腹足纲 51	Lymnaeidae 椎实螺科 511410	Snail	*Lymnaea elodes* (*Lymnaea palustris*) 沼泽椎实螺	E1127，M351
		[Snail]	[*Lymnaea luteola*]	非常栖（M266）
		Snail	*Lymnaea stagnalis* 静水椎实螺	E1127，P726，M296
		Snail	*Lymnaea* sp. 椎实螺	备注 2
	Planorbidae 扁蜷科 511412	[Snail]	[*Biomphalaria glabrata*] 红扁蜷	非常栖（M390）
		Snail	*Gyraulus circumstriatus* 旋螺	P729，M397
		Snail	*Helisoma campanulatum* 旋节螺	M445
		Snail	*Helisoma trivolvis* 高背红螺	P729，M452
	Physidae 囊螺科 511413	Snail	*Aplexa hypnorum* 无褶螺	E1126，P727，M373
		[Snail]	[*Physa fontinalis*] 泉膀胱螺	非常栖（M373）
		Snail	*Physa gyrina*	E1126，P727，M373
		Snail	*Physa heterostropha*	M378
		Snail	*Physa integra*	P727
		Snail	*Physa* sp. 囊螺	备注 2
Bivalvia 双壳纲（Pelecypoda）瓣鳃纲 55	Margaritiferidae 珍珠蚌科 551201	Mussel	*Margaritifera margaritifera* 淡水珍珠贝	E1138，P748，J11
	Amblemidae	Mussel	*Amblema plicata* 三脊珍珠蚌	AA122
	Unionidae 蚌科 551202	Mussel	*Anodonta imbecillus* 无齿蚌	J72，AA122
		Mussel	*Carunculina parva* (*Toxolasma texasensis*)	J19，AA122
		Mussel	*Cyrtonaias tampicoenis*	P759，AA122
		Mussel	*Elliptio complanata* 贻贝	J13

Class 纲	Family 科	Species 物种		备注
		Common Name 通用名	Scientific Name 拉丁名	
Bivalvia 双壳纲 (Pelecypoda) 瓣鳃纲 55	Corbiculidae 蚬科 551545	Asiatic clam 亚细亚蛤	*Corbicula fluminea* 河蚬	E1159
		Asiatic clam	*Corbicula manilensis* 淡水青蛤	P749
	Pisidiidae (Sphaeriidae) 珠蚬科 551546	Fingernail clam 指甲蛤	*Eupera cubensis* (*Eupera singleyi*)	E1158，P763，G9
		Fingernail clam	*Musculium transversum* (*Sphaerium transversum*) 二枚贝	M160，G11
		Fingernail clam	*Sphaerium corneum* 欧洲泥蚬	G12
Phylum：Arthropoda（58-69）门：节肢动物门				
Crustacea 甲壳纲 61	Lynceidae 锐眼蚌虫科 610701	Conchostracan 介甲动物	*Lynceus brachyurus*	E580，P344
	Sididae 仙达溞科 610901	Cladoceran 水蚤	*Diaphanosoma* sp. 秀体溞	备注 2
	Daphnidae 溞科 610902	Cladoceran	*Ceriodaphnia acanthina*	E618
		Cladoceran	*Ceriodaphnia reticulata* 棘爪网纹溞	E618，P368
		Cladoceran	*Daphnia ambigua* 含糊溞	E607，P369
		Cladoceran	*Daphnia carinata* 隆线溞	备注 3
		[Cladoceran]	[*Daphnia cucullata*] 僧帽溞	非常栖
		Cladoceran	*Daphnia galeata mendotae* 盔形透明溞	E610，P370
		Cladoceran	*Daphnia hyalina* 透明溞	备注 4
		Cladoceran	*Daphnia longispina* 长刺溞	备注 5
		Cladoceran	*Daphnia magna* 大型溞	E605，P367
		Cladoceran	*Daphnia parvula*	E611
		Cladoceran	*Daphnia pulex* 蚤状溞	E613，P367
		Cladoceran	*Daphnia pulicaria* 多蚤溞	A

Class 纲	Family 科	Species 物种 Common Name 通用名	Species 物种 Scientific Name 拉丁名	备注
Crustacea 甲壳纲 61	Daphnidae 溞科 610902	Cladoceran	*Daphnia similis* 同形溞	E606，P367
		Cladoceran	*Moina macrocopa* 多刺裸腹溞	E622，P372
		Cladoceran	*Moina rectirostris* 直额裸腹溞	E623
		Cladoceran	*Simocephalus serrulatus* 锯顶低额溞	E617，P370
		Cladoceran	*Simocephalus vetulus* 老年低额溞	E617，P370
	Bosminidae 象鼻溞科 610903	Cladoceran	*Bosmina longirostris* 长额象鼻溞	E624，P373
	Polyphemidae 大眼溞科 610905	Cladoceran	*Polyphemus pediculus* 虱形大眼溞	E599，P385
	Cyprididae （Cypridae） 腺状介虫科 611303	[Ostracod]	[*Cypretta kawatai*] 介形虫	非常栖（U）
		Ostracod	*Cypridopsis vidua* 无偶拟腺介形虫	E720，P430
	Diaptomidae 镖水蚤科 611818	[Copepod] 桡足类动物	[*Eudiaptomus padanus*]	非常栖
	Temoridae 宽水蚤科 611820	Copepod	*Epischura lacustris*	E751，P407
	Cyclopidae 剑水蚤科 612008	[Copepod]	[*Cyclops abyssorum*]	非常栖
		Copepod	*Cyclops bicuspidatus* 二刺剑水蚤	E807，P405
		Copepod	*Cyclops vernalis*	E804，P405
		Copepod	*Cyclops viridis* （*Acanthocyclops viridis*） 绿剑水蚤	E803，P397
		Copepod	*Acanthocyclops* sp. 刺剑水蚤	备注 2
		Copepod	*Diacyclops* sp.	备注 2
		Copepod	*Eucyclops agilis* 真剑水蚤	P403
		Copepod	*Mesocyclops leuckarti* 广布中剑水蚤	E812，P403

Class 纲	Family 科	Species 物种		备注
		Common Name 通用名	Scientific Name 拉丁名	
Crustacea 甲壳纲 61	Asellidae 栉水虱科 616302	[Isopod] 等足类动物	[*Asellus aquaticus*] 栉水虱	非常栖（I2）
		Isopod	*Asellus bicrenata* （*Caecidotea bicrenata*）	HH（I1，2）
		Isopod	*Asellus brevicaudus*	E875，P447，I
		Isopod	*Asellus communis* 居栉水虱	E875，P448，I
		Isopod	*Asellus intermedius*	E875，P448，I
		[Isopod]	[*Asellus meridianus*] 子午水虱	非常栖
		Isopod	*Asellus racovitzai*	P449，I
		Isopod	*Lirceus alabamae*	E875，I
	Gammaridae 钩虾科 616921	Amphipod 跳虾	*Crangonyx pseudogracilis*	P459，T68，FF28
		Amphipod	*Gammarus fasciatus*	E877，P458，T53
		Amphipod	*Gammarus lacustris* 湖泊钩虾	E877，P458，FF23
		Amphipod	*Gammarus pseudolimnaeus*	E877，P458，T48
		[Amphipod]	[*Gammarus pulex*] 蚤状钩虾	非常栖
		Amphipod	*Gammarus tigrinus*	L51，FF17
		Amphipod	*Gammarus* sp. 钩虾	备注 2
	Hyalellidae （Talitridae） 绿钩虾科 616923	Amphipod	*Hyalella azteca* （*Hyalella knickerbockeri*） 美洲钩虾	E876，P457，T154
	Palaemonidae 长臂虾科 617911	[Prawn] 虾	[*Macrobrachium lamarrei*]	非常栖
		Malaysian prawn	*Macrobrachium rosenbergii* 罗氏沼虾	备注 6
		Prawn	*Palaemonetes kadiakensis* 草虾	E881，P484
	Astacidae 螯虾科 618102	Crayfish 小龙虾	*Cambarus latimanus*	E897
		Crayfish	*Faxonella clypeatus*	E890
		Crayfish	*Orconectes immunis* 伊米奈斯螯虾	E894，P482
		Crayfish	*Orconectes limosus* 利莫斯螯虾	E893，P482

Class 纲	Family 科	Species 物种		备注
		Common Name 通用名	Scientific Name 拉丁名	
Crustacea 甲壳纲 61	Astacidae 螯虾科 618102	Crayfish	*Orconectes propinquus*	E894，P482
		Crayfish	*Orconectes nais* 纳斯螯虾	E894
		Crayfish	*Orconectes rusticus* 罗洛斯锈斑螯虾	E893，P482
		Crayfish	*Orconectes virilis* 莫里斯绿螯虾	E894，P483
		Crayfish	*Pacifastacus trowbridgii*	E883
		Crayfish	*Procambarus acutus* 亚克特巨手螯虾	P482
		Crayfish	*Procambarus clarki* （*Procambarus clarkii*） 克氏原螯虾	E885，P482
		Crayfish	*Procambarus simulans*	E888，P482
		Crayfish	*Procambarus* sp. 龙纹虾	备注 2
Insecta 昆虫纲 62-65	Heptageniidae 扁蜉科 621601	Mayfly 蜉蝣	*Stenonema ithaca*	S173，O205
		Mayfly	*Stenonema rubrum*	S178，O205
	Baetidae 四节蜉科 621602	Mayfly	*Callibaetis skokianus*	S116，N9
		Mayfly	*Callibaetis* sp.	备注 2
		Mayfly	*Cloeon dipterum* 双翼二翅蜉	O173
	Leptophlebiidae 褐蜉科 621701	Mayfly	*Paraleptophlebia praepedita*	S89，O233
	Ephemerellidae 小蜉科 621702	Mayfly	*Ephemerella doddai*	O245
		Mayfly	*Ephemerella grandis*	O245
		Mayfly	*Ephemerella subvaria*	N9，O248，S71
		Mayfly	*Ephemerella* sp. 小蜉	备注 2
	Caenidae 细蜉科 621802	Mayfly	*Caenis diminuta*	S51，O268
	Ephemeridae 蜉蝣科 622003	Mayfly	*Ephemera simulans*	S36，N9，O283
		Mayfly	*Hexagenia bilineata* 二纹蜉蝣	N9，S39，O290
		Mayfly	*Hexagenia rigida*	O290，S41，N9
		Mayfly	*Hexagenia* sp. 蜉蝣	备注 2

Class 纲	Family 科	Species 物种		备注
		Common Name 通用名	Scientific Name 拉丁名	
Insecta 昆虫纲 62-65	Libellulidae 蜻科 622601	Dragonfly 蜻蜓	*Pantala hymenea* （*Pantala hymenaea*） 薄翅蜻蜓	N15，V603
	Coenagrionidae 细蟌科 （Agrionidae） 豆娘科	Damselfly 豆娘	*Enallagma aspersum*	DD
	（Coenagriidae） 蟌科 622904	[Damselfly]	[*Ischnura elegans*] 长叶异痣蟌	非常栖
		Damselfly	*Ischnura verticalis*	N15，E918
		Damselfly	*Ischnura* sp. 弱蟌	备注 2
	Pteronarcidae （Pleronarcyidae） 大石蝇科 625201	Stonefly 石蝇	*Pteronarcella badia*	L172
		Stonefly	*Pteronarcys californica* 加州石蝇	L173
		Stonefly	*Pteronarcys dorsata*	E947
		Stonefly	*Pteronarcys* sp. 石蝇	备注 2
	Nemouridae 短尾石蝇科 625204	[Stonefly]	[*Nemoura cinerea*]	非常栖
	Perlidae 石蝇科 625401	Stonefly	*Acroneuria lycorias*	N4，E953
		Stonefly	*Acroneuria pacifica*	E953，L180
		Stonefly	*Claassenia sabulosa*	E953
		Stonefly	*Neophasganophora capitata* （*Phasganophora capitata*）	E953，CC407
	Perlodidae 网石蝇科 625402	Stonefly	*Arcynopteryx parallela*	E954
	Nepidae 蝎蝽科 627206	Water scorpion 水蝎	*Ranatra elongate*	非常栖
	Dytiscidae 龙虱科 630506	Beetle 甲壳虫		备注 2
	Elmidae （Elminthidae） 溪泥甲科 631604	Beetle	*Stenelmis sexlineata*	W21

Class 纲	Family 科	Species 物种 Common Name 通用名	Scientific Name 拉丁名	备注
Insecta 昆虫纲 62-65	Hydropsychidae 纹石蛾科 641804	Caddisfly 石蛾	*Arctopsyche grandis*	L251，II98
		Caddisfly	*Hydropsyche betteni*	N24
		Caddisfly	*Hydropsyche californica*	L253
		Caddisfly	*Hydropsyche* sp. 纹石蛾	备注 2
	Limnephilidae 沼石蛾科 641807	Caddisfly	*Clistornia magnifica*	II206
		Caddisfly	*Philarctus quaeris*	II272
	Brachycentridae 短石蛾科 641815	Caddisfly	*Brachycentrus* sp. 短石蛾	备注 2
	Tipulidae 大蚊科 650301	Crane fly 大蚊	*Tipula* sp. 大蚊	备注 2
	Ceratopogonidae 蠓科 650504	Biting midge 蠓		备注 2
	Culicidae 蚊科 650503	Mosquito 蚊子	*Aedes aegypti* 埃及伊蚊	EE3
		Mosquito	*Culex pipiens* 尖音库蚊	EE3
	Chironomidae（Tendipedidae）摇蚊科 650508	Midge	*Chironomus plumosus*（*Tendipes plumosus*）羽摇蚊	L423
		Midge	*Chironomus tentans* 小蚊	Q
		[Midge]	[*Chironomus thummi*] 拟背摇蚊	非常栖
		Midge	*Chironomus* sp. 摇蚊	备注 2
		Midge	*Paratanytarsus parthenogeneticus*	备注 7
		Midge	*Tanytarsus dissimilis*	R11
	Rhagionidae（Leptidae）鹬虻科 651603	Snipe fly	*Atherix* sp.	备注 2
Phylum：Ectoprocta（Bryozoa）（78）门：外肛动物门（苔藓动物门）				
Phylactolaemata 护唇纲 7817	Pectinatellidae	Bryozoan 苔藓	*Pectinatella magnifica* 苔藓虫	E502，P269
	Lophopodidae 冠足科	Bryozoan	*Lophopodella carteri*	E502，P271

Class 纲	Family 科	Species 物种		备注
		Common Name 通用名	Scientific Name 拉丁名	
Phylactolaemata 护唇纲 7817	Plumatellidae 下分羽柄科 781701	Bryozoan	*Plumatella emarginata*	E505，P272
Phylum：Chordata（8388）门：脊索动物门				
Agnatha 无颌纲 86	Petromyzontidae 七鳃鳗科 860301	Sea lamprey 七鳃鳗	*Petromyzon marinus* 海七鳃鳗	F11
Osteichthyes 硬骨鱼纲 8717	Anguillidae 鳗鲡科 874101	American eel 美洲鳗	*Anguilla rostrata* 美洲鳗	F15
	Salmonidae 鲑科 875501	Pink salmon 大麻哈鱼	*Oncorhynchus gorbuscha* 驼背大麻哈鱼	F18
		Coho salmon	*Oncorhynchus kisutch* 银鲑	F18
		Sockeye salmon	*Oncorhynchus nerka* 红大麻哈鱼	F19
		Chinook salmon	*Oncorhynchus tshawytscha* 大鳞大麻哈鱼	F19
		Mountain whitefish 白鲑	*Prosopium williamsoni* 山地柱白鲑	F19
		Golden trout 金鳟	*Salmo aguabonita* 金鳟	F19
		Cutthroat trout 切喉鳟	*Salmo clarki* 黑斑鳟	F19
		Rainbow trout （Steelhead trout） 虹鳟	*Salmo gairdneri* 虹鳟	F19
		Atlantic salmon	*Salmo salar* 大西洋鲑	F19
		Brown trout 褐鳟	*Salmo trutta* 褐鳟	F19
		Brook trout 溪鳟	*Salvelinus fontinalis* 溪红点鲑	F19
		Lake trout 湖鳟	*Salvelinus namaycush* 湖红点鲑	F19
	Esocidae 狗鱼科 875801	Northern pike	*Esox lucius* 白斑狗鱼	F20
	Cyprinidae 鲤科 877601	Chiselmouth	*Acrocheilus alutaceus* 美洲锐唇鲴	F21
		Longfin dace	*Agosia chrysogaster* 长鳍鲅	F21

Class 纲	Family 科	Species 物种		备注
		Common Name 通用名	Scientific Name 拉丁名	
Osteichthyes 硬骨鱼纲 8717	Cyprinidae 鲤科 877601	Central stoneroller	*Campostoma anomalum* 曲口鱼	F21
		Goldfish 金鱼	*Carassius auratus* 金鱼	F21
		Common carp 鲤鱼	*Cyprinus carpio* 鲤鱼	F21
		[Zebra danio] [（Zebrafish）] 斑马鱼	[*Danio rerio*] [（*Brachydanio rerio*）] 斑马鱼	非常栖（F96）
		Silverjaw minnow	*Ericymba buccata* 银颌鱼	F21
		Golden shiner	*Notemigonus crysoleucas* 金体美鳊	F23
		Pugnose shiner	*Notropis anogenus* 无颏美洲鲅	F23
		Emerald shiner	*Notropis atherinoides* 银侧美洲鲅	F23
		Striped shiner	*Notropis chrysocephalus* 金头美洲鲅	F23
		Common shiner	*Notropis cornutus* 普通闪鲅	F23
		Pugnose minnow	*Notropis emiliae* 埃米美洲鲅	F24
		Spottail shiner	*Notropis hudsonius* 斑尾美洲鲅	F24
		Red shiner	*Notropis lutrensis* 彩虹精灵	F24
		Spotfin shiner	*Notropis spilopterus*	F25
		Sand shiner	*Notropis stramineus* 沙美洲鲅	F25
		Steelcolor shiner	*Notropis whipplei*	F25
		Northern redbelly dace	*Phoxinus eos* 曙鲅	F25
		Bluntnose minnow	*Pimephales notatus* 钝吻胖头鲅	F25
		Fathead minnow	*Pimephales promelas* 黑头软口鲦	F25
		Northern squawfish	*Ptychocheilus oregonensis* 俄勒冈叶唇鱼	F25
		Blacknose dace	*Rhinichthys atratulus* 黑吻鲅	F25

Class 纲	Family 科	Species 物种		备注
		Common Name 通用名	Scientific Name 拉丁名	
Osteichthyes 硬骨鱼纲 8717	Cyprinidae 鲤科 877601	Speckled dace	*Rhinichthys osculus* 小点吻鲅	F25
		Bitterling	*Rhodeus sericeus* 丝鳑鲏	F26
		Rudd	*Scardinius erythrophthalmus* 红眼鱼	F26
		Creek chub	*Semotilus atromaculatus* 黑斑须雅罗鱼	F26
		Pearl dace	*Semotilus margarita* 珍珠鱼	F26
		Tench	*Tinca tinca* 丁鲅	F26
	Catostomidae 胭脂鱼科 877604	White sucker	*Catostomus commersoni* 白亚口鱼	F26
		Mountain sucker	*Catostomus platythynchus* 扁吻亚口鱼	F26
	Ictaluridae 鮰科 877702	Black bullhead	*Ictalurus melas* 黑鮰	F27
		Yellow bullhead	*Ictalurus natalis* 黄鮰	F27
		Brown bullhead	*Ictalurus nebulosus* 棕鮰	F27
		Channel catfish	*Ictalurus punctatus* 斑点叉尾鮰	F27
	Clariidae 胡鲶科 877712	Walking catfish	*Clarias batrachus* 胡鲶	F28
	Oryziidae 青鳉科	Medaka	[*Oryzias latipes*] 青鳉	非常栖（F96）
	Cyprinodontidae 鳉科 880404	Banded killifish	*Fundulus diaphanus* 带鳉	F33
		Flagfish	*Jordanella floridae* 旗鱼	F33
	Poeciliidae 花鳉科 880408	Mosquitofish	*Gambusia affinis* 食蚊鱼	F33
		Amazon molly	*Poecilia formosa* 亚马逊花鳉	F34
		Sailfin molly	*Poecilia latipinna* 茉莉花鳉	F34
		Molly	*Poecilia* sp. 花鳉	F34

Class 纲	Family 科	Species 物种		备注
		Common Name 通用名	Scientific Name 拉丁名	
Osteichthyes 硬骨鱼纲 8717	Poeciliidae 花鳉科 880408	Guppy	*Poecilis reticulata* （*lebistes reticulatus*，*Obs.*） 孔雀鱼	F34
		Southern platyfish	*Xiphophorus maculatus* 花斑剑尾鱼	F34
	Gasterosteidae 刺鱼科 881801	Brook stickleback	*Culaea inconstans* 溪刺鱼	F35
		Threespine stickleback	*Gasterosteus aculeatus* 三刺鱼	F35
		Ninespine stickleback	*Pungitius pungitius* 九刺鱼	F35
	Percichthyidae 鲈科	White perch	*Morone Americana* （*Roccus americanus*，*Obs.*） 美洲狼鲈	F36
		Striped bass	*Morone saxatilis* （*Roccus saxatilis*，*Obs.*） 条纹鲈	F36
	Centrarchidae 刺臀鱼科 883516	Rock bass	*Ambloplites rupestris* 岩钝鲈	F38
		Green sunfish	*Lepomis cyanellus* 绿太阳鱼	F38
		Pumpkinseed	*Lepomis gibbosus* 驼背太阳鱼	F38
		Orangespotted sunfish	*Lepomis humilis* 橙点太阳鱼	F38
		Bluegill	*Lepomis macrochirus* 蓝鳃太阳鱼	F38
		Longear sunfish	*Lepomis megalotis* 长耳太阳鱼	F38
		Redear sunfish	*Lepomis microlophus* 小冠太阳鱼	F38
		Smallmouth bass	*Micropterus dolomieui* 小口鲈鱼	F39
		largemouth bass	*Micropterus salmoides* 大口黑鲈	F39
		White crappie	*Pomoxis annularis* 白刺盖太阳鱼	F39
		Black crappie	*Pomoxis nigromaculatus* 黑刺盖太阳鱼	F39

Class 纲	Family 科	Species 物种		备注
		Common Name 通用名	Scientific Name 拉丁名	
Osteichthyes 硬骨鱼纲 8717	Percidae 鲈科 883520	Rainbow darter	*Etheostoma caeruleum* 蓝镖鲈	F39
		Johnny darter	*Etheostoma nigrum* 黑镖鲈	F40
		Orangethroat darter	*Etheostoma spectabile* 橙胸镖鲈	F40
		Yellow perch	*Perca flavescens* 黄金鲈	F41
		Walleye	*Stizostedion vitreum vitreum* 大眼梭鲈	F41
	Sciaenidae 石首鱼科 883544	Freshwater drum	*Aplodinotus grunniens* 淡水石首鱼	F45
	Cichlidae 慈鲷科 883561	Oscar	*Astronotus ocellatus* 地图鱼	F47
		Blue tilapia	*Tilapia aurea* 蓝罗非鱼	F47
		Mozambique tilapia	*Tilapia mossambica* 莫桑比克罗非鱼	F47
	Cottidae 杜父鱼科 883102	Mottled sculpin	*Cottus bairdi* 斑点杜父鱼	F60
Amphibia 两栖纲 89	Ranidae 蛙科 890302	Bullfrog	*Rana catesbeiana* 牛蛙	B206
		Green frog	*Rana clamitans* 青铜蛙	B206
		Pig frog	*Rana grylio* 美国青蛙	B206
		River frog	*Rana heckscheri* 河蛙	B206
		Leopard frog	*Rana pipiens* 豹蛙	B205
		Wood frog	*Rana sylvatica* 林蛙	B206
		[frog]	[*Rana temporia*] 哈什蚂	非常栖
		Leopard frog	*Rana spenocephala* 南方豹蛙	JJ

Class 纲	Family 科	Species 物种		备注
		Common Name 通用名	Scientific Name 拉丁名	
Amphibia 两栖纲 89	Microhylidae 姬蛙科 890303	Narrow-mouthed toad	*Gastrophryne carolinensis* 东方狭口蟾	B192
	Bufonidae 蟾蜍科 890304	American toad	*Bufo americanus* 美洲蟾蜍	B196
		[Toad]	[*Bufo bufo*] 蟾蜍	非常栖
		Green toad	*Bufo debilis* 美国绿背蟾蜍	B197
		Fowler's toad	*Bufo fowleri* 福勒蟾蜍	B196
		Red-spotted toad	*Bufo punctatus* 斑点蟾蜍	B198
		Woodhouse's toad	*Bufo woodhousei* 庭园蟾蜍	B196
	Hylidae 树蛙科 890305	Northern cricket frog	*Acris crepitans* 北方蟋蟀蛙	B203
		Southern gray treefrog	*Hyla chrysoscelis* 灰树蛙	B201
		Spring peeper	*Hyla crucifer* 春雨蛙	B202
		Barking treefrog	*Hyla gratiosa* 斑背树蛙	B201
		Squirrel treefrog	*Hyla squirella* 松鼠蟾	B201
		Gray treefrog	*Hyla versicolor* 灰树蛙	B200
		Northern chorus frog	*Pseudacris triseriata* 三锯拟蝗蛙	B202
	Pipidae 负子蟾科	African clawed frog	*Xenopus laevis* 非洲爪蟾	Z16
	Ambystomatidae 钝口螈科 890502	Spotted salamander	*Ambystoma maculatum* 斑点钝口螈	B176
		[Mexican axolotl]	[*Ambystoma mexicanum*] 美西螈	非常栖
		Marbled salamander	*Ambystoma opacum* 黄星点蝾螈	B176

Class 纲	Family 科	Species 物种		备注
		Common Name 通用名	Scientific Name 拉丁名	
Amphibia 两栖纲 89	Salamandridae 蝾螈科 890504	Newt	*Notophthalmus viridescens* (*Triturus viridescens*) 赤水蜥	B179

注：（1）很明显这是一个已过时的名称（D19，20）。这类生物只有当其来自北美洲时才可使用。

（2）没有鉴定到种的生物，只有当其来自北美的野生种群时才被认为是常栖物种。

（3）如果该物种来自北美洲，则认为它是常栖的，并应称为 *D.similis*（C）。如果不是来自北美洲，则认定为非常栖物种。

（4）如果该物种来自北美洲，则认为它是常栖的，并可能是许多物种中的任意一个，如 *D. Laevis*，*D. dubia* 或 *D. galeata mendota*（C）。如果不是来自北美洲，则被认定为非常栖物种。

（5）如果该物种来自北美洲，则认为它是常栖的，并可能是许多物种中的任意一个，如 *D.ambigua*，*D.longiremis* 或 *D.rosea*（C）。如果不是来自北美洲，则被认定为非常栖物种。

（6）该物种可能栖息在美国南部部分地区。

（7）该物种以及其属和类似的属的分类还没有确定，但是该物种应认定为常栖物种。

淡水物种参考文献

A. Brandlova J.，Brandl Z.，Fernando C. H.. 1972. The Cladocera of Ontario with remarks on some species and distribution. Can. J. Zool. 50：1373-1403.

B. Blair W. F.，et al.. 1968. Vertebrates of the United States. 2nd Ed. McGraw-Hill，New York.

C. Brooks J. L.. 1957. The Systematics of North American Daphnia. Memoirs of the Connecticut Academy of Arts and Sciences，Vol. XIII.

D. Kenk R.. 1972. Freshwater Planarians（Turbellaria）of North America. Biota of Freshwater Ecosystems Identification Manual No. 1. U.S.G.P.O. #5501-0365.

E. Edmondson W. T.（ed.）. 1965. Fresh-water Biology. 2nd Ed. Wiley，New York.

F. Committee on Names of Fishes. 1980. A List of Common and Scientific Names of Fishes from the United States and Canada. 4th Ed. Special Publication No. 12. American Fisheries Society. Bethesda，MD.

G. Burch J. B.. 1972. Freshwater Sphaeriacean Clams（Mollusca：Pelecypoda）of North America. Biota of Freshwater Ecosystems Identification Manual No. 3. U.S.G.P.O. #5501-0367.

H. Foster N.. 1972. Freshwater Polychaetes（Annelida）of North America. Biota of Freshwater Ecosystems Identification Manual No. 4. U.S.G.P.O. #5501-0368.

I. Williams W. D.. 1972. Freshwater Isopods（Asellidae）of North America. Biota of Freshwater Ecosystems Identification Manual No. 7. U.S.G.P.O. #5501-0390.

J. Burch J. B.. 1973. Freshwater Unionacean Clams（Mollusca：Pelecypoda）of North America. Biota of Freshwater Ecosystems Identification Manual No. 11. U.S.G.P.O. #5501-00588.

K. Kudo R. R.. 1966. Protozoology. 5th Ed. Thomas，Springfield，Illinois.

L. Usinger R. L.. 1956. Aquatic Insects of California. University of California Press，Berkeley.

M. Clarke A. H.. 1973. The Freshwater Molluscs of the Canadian Interior Basin. Malacologia 13：1-509.

N. Hilsenhoff W. L.. 1975. Aquatic Insects of Wisconsin. Technical Bulletin No. 89. Dept. of Natural Resources. Madison，Wisconsin.

O. Edmunds G. F. Jr.，et al.. 1976. The Mayflies of North and Central America. University of Minnesota Press，Minneapolis.

P. Pennak R. W.. 1978. Fresh-Water Invertebrates of the United States. 2nd Ed. Wiley，New York.

Q. Wentsell R.，et al.. 1977. Hydrobiologia 56：153-156.

R. Johannsen O. A.. 1937. Aquatic Diptera. Part Ⅳ. Chironomidae：Subfamily Chironominae. Memoir 210. Cornell Univ. Agricultural Experimental Station，Ithaca，NY.

S. Burks B. D.. 1953. The Mayflies，or Ephemeroptera，of Illinois. Bulletin of the Natural History Survey Division. Urbana，Illinois.

T. Bousfield E. L.. 1973. Shallow-Water Gammaridean Amphipods of New England. Cornell University Press，Ithaca，New York.

U. Sohn I. G.，Kornicket L. S.. 1973. Morphology of *Cypretta kawatai* Sohn and Kornicker. 1972，(Crustacea，Ostracoda），with a Discussion of the Genus. Smithsonian Contributions to Zoology，No. 141.

V. NeedhamJ. G.，Westfall M. J. Jr. 1955. A Manual of the Dragonflies of North America. Univ. of California Press，Berkeley.

W. Brown H. P.. 1972. Aquatic Dryopoid Beetles（Coleoptera）of the United States. Biota of Freshwater Ecosystems Identification Manual No. 6. U.S.G.P.O. #5501-0370.

X. Parodiz J. J.. 1956. Notes on the Freshwater Snail *Leptoxia*（*Mudalia*）*carinata*（Bruguiere）. Annals of the Carnegie Museum 33：391-405.

Y. Myers F. J.. 1931. The Distribution of Rotifera on Mount Desert Island. Am. Museum Novicates 494：1-12.

Z. National Academy of Sciences. 1974. Amphibians：Guidelines for the breeding，care，and management of laboratory animals. Washington，DC.

AA. Horne F. R.，McIntoah S.. 1979. Factors Influencing Distribution of Mussels in the Blanco River in Central Texas. Nautilus 94：119-133.

BB. Klemm D. J.. 1972. Freshwater Leeches（Annelida：Hirudinea）of North America. Biota of Freshwater Ecosystems Identification Manual No. 8. U.S.G.P.O. #5501-0391.

CC. Frison T. H.. 1935. The Stoneflies，or Plecoptera，of Illinois. Bull. Ill. Nat. History Survey，Vol. 20，Article 4.

DD. White A. M.. Manuscript. John Carroll University，University Heights，Ohio.

EE. Darsie R. F. Jr.，Ward R. A.. 1981. Identification and Geographical Distribution of the Mosquitoes of North America，North of Mexico. American Mosquito Control Association，Fresno，California.

FF. Holsinger J. R.. 1972. The Freshwater Amphipod Crustaceans（Gammaridae）of North America. Biota of Freshwater Ecosystems Identification Manual No. 5. U.S.G.P.O. #5501-0369.

GG. Chapman P. M.，et al.. 1982. Relative Tolerance of Selected Aquatic Oligochaetes to Individual Pollutants and Environmental Factors. Aquatic Toxicology 2：47-67.

HH. Bosnak A. D.，Morgan E. L.. 1981. National Speleological Society Bull. 43：12-18.

II. Wiggens G. B.. 1977. Larvae of the North American Caddisfly Genera（Tricoptera）. University of Toronto Press，Toronto，Canada.

JJ. Hall R. J.，Swineford D.. 1980. Toxic Effects of Endrin and Toxaphena on the Southern Leopard Frog *Rana sphenocephala*. Environ. Pollut.（Series A）23：53-65.

海水物种（Saltwater Species）

Class 纲	Family 科	Species 物种		备注
		Common Name 通用名	Scientific Name 拉丁名	
Phylum：Cnidaria（Coelenterata）（37）门：腔肠动物门				
Hydrozoa 水螅纲 3701	Campanulariidae 钟螅水母科 370401	Hydroid	*Campanularia flexuosa*	B122，E81
		Hydroid	*Laomedea loveni*	非常栖
		Hydromedusa	*Phialidium* sp. 杯水母	备注 1（E81）
	Campanulinidae 钟线螅科 370404	[Hydroid]	[*Eirene viridula*] 和平水母	非常栖
Phylum：Ctenophora（38）门：栉水母动物门				
Tentaculata 触手纲 3801	Pleurobrachiidae 侧腕水母科 380201	Ctenophore	*Pleurobrachia pileus* 侧腕水母	B218，E162
	Mnemiidae 380302	Ctenophore	*Mnemiopsia mccrdayi*	C39，I94
Phylum：Rhynchocoela（43）门：纽形动物门				
Heteronemertea 异纽目 4303	Lineidae 纵沟纽虫科 430302	Nemertine worm	*Cerebratulus fuscus*	B252
Phylum：Rotifera（Rotatoria）（45）门：轮虫动物门				
Monogononta 单巢纲 4505	Brachionidae 臂尾轮虫科 450601	Rotifer 轮虫	*Brachionus plicatilis* 褶皱臂尾轮虫	B272

Class 纲	Family 科	Species 物种		备注
		Common Name 通用名	Scientific Name 拉丁名	
Phylum：Annelida（50）门：环节动物门				
Polychaeta 多毛纲 5001	Phyllodocidae 叶须虫科 500113	Polychaete worm	*Phyllodoce maculata* （*Anaitides maculata*） （*Nereiphylla maculata*）	E334
	Nereidae 沙蚕科 500124	Polychaete worm	*Neanthes arenaceodentata* （*Nereis arenaceodentata*） 刺沙蚕	E377
		[Polychaete worm]	[*Neanthes vaali*]	非常栖
		Polychaete worm	*Nereis diversicolor* （*Neanthes diversicolor*] 杂色刺沙蚕	E337，F527
		Sand worm	*Nereis virens* （*Neanthes virens*） 双齿围沙蚕	B317，E337，C58
		Polychaete worm	*Nereis* sp. 沙蚕	
	Dorvilleidae 窦维沙蚕科 500136	Polychaete worm	*Ophryotrocha diadema*	P23
		[Polychaete worm]	[*Ophryotrocha labrunica*]	非常栖
	Spionidae 海稚虫科 500143	Polychaete worm	*Polydora websteri*	E338
	Cirratulidae 丝鳃虫科 500150	Polychaete worm	*Cirriformia spirabranchia*	G253
	Ctenodrilidae 栉微虫科 500153	Polychaete worm	*Ctenodrilus serratus* 栉蝙虫	G275
	Capitellidae 小头虫科 500160	Polychaete worm	*Capitella capitata* 小头虫	B358，E337
	Arenicolidae 沙蠋科 500162	Polychaete worm	*Arenicola marina* 沙蠋	B369，E337
	Sabellidae 缨鳃蚕科 500170	Polychaete worm	*Eudistylia vancouveri* 温哥华真旋虫	DD
Oligochaeta 寡毛纲 5004	Tubificidae 颤蚓科 500902	Oligochaete worm	*Limnodriloides verrucosus* 多疣沼蚓	Z
		Oligochaete worm	*Monopylephorus cuticulatus*	Z
		Oligochaete worm	*Tubificoides gabriellae*	Z

Class 纲	Family 科	Species 物种		备注
		Common Name 通用名	Scientific Name 拉丁名	
Phylum：Mollusca（5085）门：软体动物门				
Gastropoda 腹足纲 51	Haliotidae 鲍科 510203	Black abalone	*Haliotis cracherodii* 黑鲍	C88，D17
		Red abalone	*Haliotis rufescens* 红鲍	D18
	Calyptraeidae 舟螺科 510364	Common Atlantic slippershell	*Grepidula fornicata* 大西洋舟螺	C90，D141
	Muricidae 骨螺科 510501	Oyster drill	*Urosalpinx cinerea* （*Urosalpinx cinereus*） 海蜗牛	B646，D179，E264
	Melongenidae （Neptuneidae） 香螺科 510507	Channeled whelk	*Busycon canaliculatum* 沟槽香螺	B655，D223，E264
	Nassariidae （Nassidae） 织纹螺科 510508	Mud snail	*Nassarius obsoletus* （*Nassa obsoleta*） （*Lcyanassa obsoleta*） 东泥织纹螺	B649，D226，E264
Bivalvia 双壳纲 （Pelecypoda） 瓣鳃纲 55	Mytilidae 贻贝科 550701	Northern horse mussel	*Modiolus modiolus* 偏顶蛤	D434
		Blue mussel	*Mytilus edulis* 紫贻贝	B566，C101，D428，E299
		[Mediterranean mussel]	[*Mytilus galloprovinciallis*] 地中海贻贝	非常栖
	Pectinidae 扇贝科 550905	Bay scallop	*Argopecten irradians* 海湾扇贝	D447
	Ostreidae 牡蛎科 551002	Pacific oyster	*Crassostrea gigas* 真牡蛎	C102，D456，E300
		Eastern oyster	*Crassostrea virginica* 美东牡蛎	D456，E300
		Oyster	*Crassostrea* sp. 巨牡蛎	备注 1
		Oyster	*Ostrea edulis* 欧洲牡蛎	E300
	Cardiidae 鸟蛤科 551522	[Cockle]	[*Cardium edule*] 鸟蛤	非常栖

Class 纲	Family 科	Species 物种		备注
		Common Name 通用名	Scientific Name 拉丁名	
Bivalvia 双壳纲 （Pelecypoda） 瓣鳃纲 55	Macridae 马珂蛤科 551525	Clam	*Mulina lateralis*	D491
		Common rangia	*Rangia cuneata* 河口马珂蛤	D491，E301
		Surf clam	*Spisula solidissima* 大西洋浪蛤	B599，D489，E301
	Tellinidae 樱蛤科 551531	Clam	*Macoma inquinata* 白樱蛤	D507
		[Bivalve]	[*Tellina tenuis*] 粉红樱蛤	非常栖
	Veneridae 帘蛤科 551547	Quahog clam	*Mercenaria mercenaria* 硬壳蛤	D523，E301
		Common Pacific littleneck	*Protothaca staminea* 加拿大布纹帘蛤	D526
		Japanese littleneck	*Tapes philippinarum* 菲律宾帘蛤	D527
	Myidae （Myacidae） 海螂科 551701	Soft-shell clam	*Mya arenaria* 海螂	B602，D536，E302
Phylum：Arthropoda（58-69）门：节肢动物门				
Merostomata 肢口纲 58	Limulidae 鲎科 580201	Horseshoe crab	*Limulus polyphemus* 美国鲎	B533，E403，H30
Crustacea 甲壳纲 61	Artemiidae 卤虫科 610401	[Brine shrimp]	[*Artemia salina*] 卤虫	备注 2 非常栖
	Calanidae 哲水蚤科 611801	Copepod	*Calanus helgolandicus* 海岛哲水蚤	Q25
		Copepod	*Undinula vulgaris* 普通波水蚤	Q29
	Eucalanidae 真哲水蚤科 611803	Copepod	*Eucalanus elongatus* 瘦长真哲水蚤	AA
		Copepod	*Eucalanus pileatus* 帽状真哲水蚤	AA
	Pseudocalanidae 伪哲水蚤科 611805	Copepod	*Pseudocalanus minutus* 小伪哲水蚤	E447，I155，Q43
	Euchaetidae 真刺水蚤科 611808	Copepod	*Euchaeta marina* 海洋真刺水蚤	Q63

Class 纲	Family 科	Species 物种		备注
		Common Name 通用名	Scientific Name 拉丁名	
Crustacea 甲壳纲 61	Metridiidae 长腹水蚤科 611816	Copepod	*Metridia pacifica* 太平洋长腹水蚤	X179，Y
	Pseudodiaptomidae 伪镖水蚤科 611819	Copepod	*Pseudodiaptomus coronatus*	E447，I154，Q101
	Temoridae 宽水蚤科 611820	Copepod	*Eurytemora affinis* 近亲真宽水蚤	E450，I155，Q111
	Pontellidae 角水蚤科 611827	Copepod	*Labidocera scotti*	R157
	Acartiidae 纺锤水蚤科 611829	Copepod	*Acartia clausi* 克氏纺锤水蚤	E447
		Copepod	*Acartia tonsa* 汤氏纺锤水蚤	E447，I154
	Harpacticidae 猛水蚤科 611910	Copepod	*Tigriopus californicus* 加州虎足水蚤	J78
		[Copepod]	[*Tigriopus japanicus*] 日本虎足水蚤	非常栖
	Tisbidae 日角猛水蚤科 611913	Copepod	*Tisbe holothuriae* 参形猛水蚤	BB
	Canthocamptidae 异足猛水蚤科 611929	Copepod	*Nitocra spinipes* 美丽猛水蚤	Q240
	Balanidae 藤壶科 613402	Barnacle	*Balanus balanoides* 藤壶	B424，E457
		Barnacle	*Balanus crenatus* 缺刻藤壶	B426，E457
		Barnacle	*Balanus eburneus* 象牙藤壶	B424，E457
		Barnacle	*Balanus improvisus* 致密藤壶	B426，E457
	Mysidae 糠虾科 615301	Mysid	*Heteromysis formosa*	E513，K720
		Mysid	*Mysidopsis bahia* 糠虾	U173
		Mysid	*Mysidopsis bigelowi*	E513，K720
		Mysid	*Neomysis* sp. 新糠虾	备注 1

Class 纲	Family 科	Species 物种		备注
		Common Name 通用名	Scientific Name 拉丁名	
Crustacea 甲壳纲 61	Idoteidae 盖鳃水虱科 616202	Isopod	*Idotea baltica*	B446，E483
		[Isopod]	[*Idotea emarginata*]	非常栖
		[Isopod]	[*Idotea neglecta*]	非常栖
	Janiridae 616306	[Isopod]	[*Jaera albifrons*]	非常栖
		[Isopod]	[*Jaera albifrons sensu*]	非常栖
		[Isopod]	[*Jaera nordmanni*]	非常栖
	Ampeliscidae 藤钩虾科 616902	Amphipod	*Ampelisca abdita*	E488，L136
	Eusiridae （Pontogeneiidae） 细腕钩虾科 616920	Amphipod	*Pontogeneia* sp.	备注 1
	Gammaridae 钩虾科 616921	Amphipod	*Gammarus duebeni* 迪氏钩虾	L56
		Amphipod	*Gammarus oceanicus*	E489，L50
		Amphipod	*Gammarus tigrinus*	L51
		[Amphipod]	[*Gammarus zaddachi*]	非常栖
		Amphipod	*Marinogammarus obtusatus*	L58
	Lysianassidae 琴钩虾科 616934	Amphipod	*Anonyx* sp.	备注 1
	Euphausiidae （Thysanopodidae） 磷虾科 617402	Euphausiid	*Euphausia pacifica* 太平洋磷虾	M15
	Penaeidae 对虾科 617701	Brown shrimp	*Penaeus aztecus* 棕虾	E518，N17
		Pink shrimp	*Penaeus duorarum* 桃红对虾	E518，N17
		White shrimp	*Penaeus setiferus* 白对虾	E518，N17
		Blue shrimp	*Penaeus stylirostris* 蓝对虾	非常栖
	Palaemonidae 长臂虾科 617911	[Shrimp]	[*Leander paucidens*]	非常栖
		[Prawn]	[*Leander squilla*] [（*Palaemon elegana*）] 美丽长臂虾	非常栖
		Prawn	*Macrobrachium rosenbergii* 罗氏沼虾	[备注 3]

Class 纲	Family 科	Species 物种		备注
		Common Name 通用名	Scientific Name 拉丁名	
Crustacea 甲壳纲 61	Palaemonidae 长臂虾科 617911	Korean shrimp	*Palaemon macrodactylus* 巨指长臂虾	T380
		Grass shrimp	*Palaemonetes pugio* 草虾	E521，N59
		Grass shrimp	*Palaemonetes vulgeris* 小虾	B500，E521，N56
	Hippolytidae 藻虾科 617916	Sargassum shrimp	*Latreutes fucorum*	N78
	Pandalidae 长额虾科 617918	Coon stripe shrimp	*Pandalus danae*	T306，W163
		Shrimp	*Pandalus goniurus* 驼背长额虾	W163
		Pink shrimp	*Pandalus montagui* 蒙氏长额虾	B494，E522，W163
	Crangonidae 褐虾科 617922	[Sand shrimp]	[*Crangon crangon*] 褐虾	非常栖
		Bay shrimp	*Crangon franciscorum* （*Crago franciscorum*）	V176，W164
		Shrimp	*Crangon nigricauda*	V176，W164
		Sand shrimp	*Crangon septemspinosa* 七刺褐虾	B500，E522
	Nephropsidae （Nephropidae） （Homaridae） 拟海螯虾科 618101	American lobster	*Homarus americanus* 大西洋龙虾	B502，E532
		[Lobster]	[*Homarus gammarus*] 欧洲龙虾	非常栖
	Paguridae 寄居蟹科 618306	Hermit crab	*Pagurus longicarpus* 长腕寄居蟹	B514，E537，N125
	Cancridae 黄道蟹科 618803	Rock crab	*Cancer irroratus* 岩黄道蟹	B518，E543 N175
		Dungeness crab	*Cancer magister* 首长黄道蟹	T166，V185，W177
	Portunidae 梭子蟹科 618901	Blue crab	*Callinectes sapidus* 蓝蟹	B521，C80，E543，N168
		Green crab	*Carcinus maenas* 青蟹	C80，E543
	Xanthidae （Pilumnidae） 扇蟹科 618902	Mud crab	*Eurypanopeus depressus*	B522，E543，N195
		Crab	*Leptodius floridanus*	S80
		Mud crab	*Rhithropanopeus harrisii* 泥蟹	E543，N187

Class 纲	Family 科	Species 物种		备注
		Common Name 通用名	Scientific Name 拉丁名	
Crustacea 甲壳纲 61	Grapsidae 方蟹科 618907	Shore crab	*Hemigrapsus nudus* 紫色食草蟹	CC
		Shore crab	*Hemigrapsus oregonensis* 黄色食草蟹	CC
		Drift line crab	*Sesarma cinereum* 灰色相手蟹	B526，E544，N222
		[Crab]	[*Sesarma haematocheir*] 红螯相手蟹	非常栖
	Ocypodidae 沙蟹科 618909	Fiddler crab	*Uca pugilator* 拳手招潮蟹	B526，E544，N232
Phylum：Echinodermata（81）门：棘皮动物门				
Asteroidea 海星纲 8104	Asteriidae 海盘车科 811703	Starfish	*Asterias forbesi* 福氏海盘车	B728，E578，O392
Ophiuroidea 蛇尾纲 8120	Ophiothricidae 刺蛇尾科 812904	Brittle star	*Ophiothrix spiculata*	O672，T526
Echinoidea 海胆纲 8136	Arbaciidae 皇冠海胆科 814701	[Sea urchin]	[*Arbacia lixula*]	非常栖
		Sea urchin	*Arbacia punctulata* 棘海胆	B762，E572
	Toxopneustidae 毒棘海胆科 814802	Sea urchin	*Lytechinus pictus*	T253
		[Sea urchin]	[*Pseudocentrotus depressus*] 红海胆	非常栖
	Echinidae 海胆科 814901	[Echinoderm]	[*Paracentrotus lividus*] 普通海胆	非常栖
	Echinometridae 长海胆科 814902	[Coral reaf echinoid]	[*Echinometra mathaei*] 梅氏长海胆	非常栖 仅夏威夷
	Strongylocentrotidae 球海胆科 814903	Sea urchin	*Strongylocentrotus purpuratus* 紫海胆	O574，T202
	Dendrasteridae 树星海胆科 815501	Sand dollar	*Dendraster excentricus* 沙钱	O537，V363
Phylum：Chaetognatha（83） 门：毛颚动物门		Arrow worm	*Sagitta hispida* 多刺箭虫	E218

Class 纲	Family 科	Species 物种		备注
		Common Name 通用名	Scientific Name 拉丁名	
Phylum：Chordata（8388）门：脊索动物门				
Chondrichthyes 软骨鱼纲 8701	Rajidae 鳐科 871304	[Thornback ray]	[*Raja clavata*] 背棘鳐	非常栖
Osteichthyes 硬骨鱼纲 8717	Anguillidae 鳗鲡科 874101	American eel	*Anguilla rostrata* 美洲鳗	A15
	Clupeidae 鲱科 874701	Atlantic menhaden	*Brevoortia tyrannus* 大西洋油鲱	A17
		Gulf menhaden	*Brevoortia patronus* 大鳞油鲱	A17
		Atlantic herring	*Clupea harengus harengus* 大西洋鲱鱼	A17
		Pacific herring	*Clupea harengus pallasi* 太平洋鲱鱼	A17
		Herring	*Clupea harengus* 鲱鱼	A17
	Engraulidae 鳀科 874702	Northern anchovy	*Engraulis mordax* 美洲鳀	A18
		[Nehu]	[*Stolephorus purpureus*] 夏威夷半棱鳀	非常栖 仅夏威夷
	Salmonidae 鲑科 875501	Pink salmon	*Oncorhynchus gorbuscha* 驼背大麻哈鱼	A18
		Chum salmon	*Oncorhynchus keta* 大麻哈鱼	A18
		Coho salmon	*Oncorhynchus kisutch* 银鲑	A18
		Sockeye salmon	*Oncorhynchus nerka* 红大麻哈鱼	A19
		Chinook salmon	*Oncorhynchus tshawytscha* 大鳞大麻哈鱼	A19
		Rainbow trout （Steelhead trout）	*Salmo gairdneri* 虹鳟	A19
		Atlantic salmon	*Salmo salar* 大西洋鲑	A19
	Gadidae 鳕科 879103	Atlantic cod	*Gadus morhus* 大西洋鳕	A30
		Haddock	*Melanogrammus aeglefinus* 黑线鳕	A30

Class 纲	Family 科	Species 物种		备注
		Common Name 通用名	Scientific Name 拉丁名	
Osteichthyes 硬骨鱼纲 8717	Cyprinodontidae 鳉科 880404	Sheepshead minnow	*Cyprinodon variegatus* 杂色鳉	A33
		Mummichog	*Fundulus heteroclitus* 侧边底鳉	A33
		Striped killifish	*Fundulus majalis* 条带底鳉	A33
		Longnose killifish	*Fundulus similis* 长吻底鳉	A33
	Poeciliidae 花鳉科 880408	Mosquitofish	*Gambusia affinis* 食蚊鱼	A33
		Sailfin molly	*Poecilia latipinna* 茉莉花鳉	A34
	Atherinidae 银汉鱼科 880502	Inland silverside	*Menidia beryllina* 美洲原银汉鱼	A34
		Atlantic silverside	*Menidia menidia* 大西洋银汉鱼	A34
		Tidewater silverside	*Menidia peninsulae* 潮间美洲原银汉鱼	A34
	Gasterosteidae 刺鱼科 881801	Threespine stickleback	*Gasterosteus aculeatus* 三刺鱼	A35
		Fourspine stickleback	*Apeltes quadracus* 四刺鱼	A35
	Syngnathidae 海龙科 882002	Northern pipefish	*Syngnathus fuscus* 棕海龙	A36
	Percichthyidae 鲈科	Striped bass	*Morone saxatilis* （*Roccus sexatilis*，*Obs.*） 美洲狼鲈	A36
	Kuhliidae 汤鲤科 883514	[Mountain bass]	[*Kuhlia sandvicensis*] 夏威夷汤鲤	非常栖 仅夏威夷
	Carangidae 鲹科 883528	Florida pompano	*Trachinotus carolinus* 北美鲳鲹	A43
	Sparidae 鲷科 883543	Pinfish	*Lagodon rhomboides* 菱体兔牙鲷	A45
	Sciaenidae 石首鱼科 883544	Spot	*Leiostomus xanthurus* 黄尾平口石首鱼	A46
		Atlantic croaker	*Micropogonias undulatus* 大西洋黄鱼	A46

Class 纲	Family 科	Species 物种		备注
		Common Name 通用名	Scientific Name 拉丁名	
Osteichthyes 硬骨鱼纲 8717		Red drum	*Sciaenops ocellatus* 美国红鱼	A46
	Embiotocidae 海鲫科 883560	Shiner perch	*Cymatogaster aggregata* 海鲫	A47
		Dwarf perch	*Micrometrus minimus* 小海鲫	A48
	Pomacentridae 雀鲷科 883562	Blacksmith	*Chromis punctipinnis* 斑鳍光鳃鱼	A48
	Labridae 隆头鱼科 883901	Cunner	*Tautogolabrus adspersus* 珠光拟梳唇隆头鱼	A49
		Bluehead	*Thalassoma bifasciatum* 蓝头锦鱼	A49
	Mugilidae 鲻科 883601	[Mullet]	[*Aldrichetta forsteri*] 福氏厚唇鲻	非常栖
		Striped mullet	*Mugil cephalus* 鲻鱼	A49
		White mullet	*Mugil curema* 库里鲻	A49
	Ammodytidae 玉筋鱼科 884501	Pacific sand lance	*Ammodytes hexapterus* 六斑玉筋鱼	A53
	Gobiidae 鰕虎鱼科 884701	Longjaw mudsucker	*Gillichthys mirabilis* 长腭泥鰕虎鱼	A54
		Naked goby	*Gobiosoma bosci* 薄氏鉤鰕虎鱼	A54
	Cottidae 杜父鱼科 883102	Tidepool sculpin	*Oligocottus maculosus* 寡杜父鱼	A61
	Bothidae 鲆科 885703	Speckled sanddab	*Citharichthys stigmaeus* 眼点副棘鲆	A64
		Summer flounder	*Paralichthys dentatus* 大西洋牙鲆	A64
	Pleuronectidae 鲽科 885704	[Dab]	[*Limanda limanda*] 欧洲黄盖鲽	非常栖
		[Plaice]	[*Pleuronectes platessa*] 鲽	非常栖
		English sole	*Parophrys vetulus* 副眉鲽	A65

Class 纲	Family 科	Species 物种		备注
		Common Name 通用名	Scientific Name 拉丁名	
Osteichthyes 硬骨鱼纲 8717	Pleuronectidae 鲽科 885704	Winter flounder	*Pseudopleuronectes americanus* 美洲拟鲽	A65
	Balistidae 鳞鲀科 886002	Planehead filefish	*Monacanthus hispidus* 多刺单棘鲀	A66
	Tetraodontidae 四齿鲀科 886101	Northern puffer	*Sphoeroides maculatus* 斑点圆鲀	A66

注：（1）没有鉴定到种的生物，只有当其来自北美的野生种群时才被认为是常栖物种。

（2）不能使用该物种，因其不是典型物种。

（3）该物种可能栖息在美国南部部分地区。

海水物种参考文献

A. Committee on Names of Fishes. 1980. A List of Common and Scientific Names of Fishes from the United States and Canada，4th Ed. Special Publication No. 12. American Fisheries Society，Bethesda，MD.

B. Miner R. W.. 1950. Field Book of Seashore Life. Van Rees Press，New York.

C. George D.，George J.. 1979. Marine Life：An Illustrated Encyclopedia of Invertebrates in the Sea. Wiley-Interscience，New York.

D. Abbott R. T.. 1974. American Seashells. 2nd Ed. Van Nostrand Reinhold Company，New York.

E. Gosner K. L.. 1971. Guide to Identification of Marine and Estuarine Invertebrates：Cape Hatteras to the Bay of Fundy. Wiley-Interscience，New York；Gosner K. L.. 1979. A Field Guide to the Atlantic Seashore. Houghton Mifflin，Boston.

F. Hartmann O.. 1968. Atlas of the Errantiate Polychaetous Annelids from California. Allan Hancock Foundation，University of Southern California，Los Angeles，California.

G Hartmann O.. 1969. Atlas of the Sedentariate Polychaetous Annelids from California. Allan Hancock Foundation，University of Southern California，Los Angeles，California.

H. Cooley N. R.. 1978. An Inventory of the Estuarine Fauna in the Vicinity of Pensacola，Florida. Florida Marine Research Publication No. 31. Florida Department of Natural Resources，St. Petersburg，Florida.

I. Zingmark R. G..（ed.）1978. An Annotated Checklist of the Biota of the Coastal Zone of South Carolina. University of South Carolina Press，Columbia，South Carolina.

J. Monk C. R.. 1941. Marine Harpacticoid Copepods from California. Trans. Amer. Microsc. Soc. 60：75-99.

K. Wigley，R.，Burns B. R.. 1971. Distribution and Biology of Mysids（Crustacea，Mysidacea）from the

Atlantic Coast of the United States in the NMFS Woods Hole Collection. Fish. Bull. 69（4）：717-746.

L. Bousfield E. L.. 1973. Shallow-Water Gammaridean Amphipods of New England. Cornell University Press，Ithaca，New York.

M. Ponomareva L. A.. Euphauside of the North Pacific，their Distribution，and Ecology. Jerusalem：Israel Program for Scientific Translations. 1966. Translated from the Russian by S. Nemchonok. TT 65-50098. NTIS，Springfield，VA.

N. Williams A. B.. 1965. Marine Decapod Crustaceans of the Carolinas. Fish. Bull. 65（1）：1-298.

O. Hyman L. H.. 1955. The Invertebrates：Echinodermata. Vol. Ⅳ. McGraw-Hill，New York.

P. Akesson B.. 1976. Morphology and Life Cycle of *Ophryotrocha diadema*，a New Polychaete Species from California. Ophelia 15（1）：23-25.

Q. Wilson C. B.. 1932. The Copepods of the Woods Hole Region，Massachusetts. U.S. Nat. Mus. Bull. 158：1-635.

R. Fleminger A.. 1956. Taxonomic and Distributional Studies on the Epiplanktonic Calanoid Copepods（Crustacea）of the Gulf of Mexico. Dissertation. Harvard University，Cambridge.

S. Menzel R. W.. 1956. Annotated Checklist of the Marine Fauna and Flora of the St. George's Sound – Apalachee Bay region，Florida Gulf Coast. Contrib. No. 61. Fla. State Univ. Oceanogr. Inst.

T. Ricketts E. F.，Calvin J..（Revised by Joel W. Hedgpath）. 1968. Between Pacific Tides. Stanford University Press，Stanford，California.

U. Price W. W.. 1978. Occurrence of *Mysidopsis almyra* Bowman，*M. Bahia* Molenock and *Bowmaniella brasiliensis* Bacescu（Crustacea，Mysidacea）from the Eastern Gulf of Mexico. Gulf Res. Reports 6（2）：173-175.

V. Light S. F..（Revised by R. I. Smith，et al.）. 1961. Intertidal Invertebrates of the Central California Coast. University of California Press，Los Angeles，California.

W. Kozloff E. N.. 1974. Keys to the Marine Invertebrates of Puget Sound，the San Juan Archipelago，and Adjacent Regions. University of Washington Press，Seattle，Washington.

X. Calcofi Atlas. No. 19. California Cooperative Oceanic Fisheries Investigations，State of California Marine Research Committee. pp. 179-185.

Y. Brodskii K. A.. 1967. Calanoida of the Far Eastern Seas and Polar Basin of the U.S.S.R. Jerusalem Series，Keys to the Fauna of the U.S.S.R. Zoological Inst.，Academy Sciences，U.S.S.R. No. 35.

Z. Chapman P. M.，et al.. 1982. Relative Tolerances of Selected Aquatic Oligochaetes to Individual Pollutants and Environmental Factors. Aquatic Toxicology 2：47-67.

AA. Venkataramisk A.，et al.. 1982. Studies on Toxicity of OTEC Plant Components on *Eucalanus* sp. from the Gulf of Mexico. Ocean Science and Engineering.

BB. Zingmank R. G.（ed.）. 1978. An Annotated Checklist of the Biota of the Coastal Zone of South Carolina. University of South Carolina Press.

CC. Thatcher T. O.. 1978. The Relative Sensitivity of Pacific Northwest Fishes and Invertebrates to Chlorinated Sea Water. In：Jolley R. L. et al..（eds.），Water Chlorination：Environmental Impact and Health Effects. Vol. 2. Ann Arbor Science Publishers，Ann Arbor，Michigan. p. 341.

DD. Young J. S.，et al.. 1979. Effects of Copper on the Sabelled Polychaete，*Eudistylia vancouveri*：1. Concentration Limits for Copper Accumulation. Arch. Environ. Contam. Toxicol. 8：97-106.

附录 2　最终急性值的计算程序与结果示例

（1）计算示例

$$N = \text{数据集中 MAV的总数} = 8$$

排序	MAV	ln MAV	（ln MAV）^{2}	$P=R/(N+1)$	$\sqrt{p}$
4	6.4	1.856 3	3.445 8	0.444 44	0.666 67
3	6.2	1.824 5	3.329 0	0.333 33	0.577 35
2	4.8	1.568 6	2.460 6	0.222 22	0.471 40
1	0.4	−0.916 3	0.839 6	0.111 11	0.333 33
合计		4.333 1	10.075 0	1.111 10	2.048 75

$$S^2 = \frac{10.075\,0 - (4.333\,1)^2/4}{1.111\,10 - (2.048\,75)^2/4} = 87.134$$

$$S = 9.334\,6$$

$$L = (4.333\,1 - 9.334\,6 \times 2.048\,75)/4 = -3.697\,8$$

$$A = 9.334\,6 \times \sqrt{0.05} - 3.697\,8 = -1.610\,5$$

$$\text{FAV} = \mathrm{e}^{-1.610\,5} = 0.199\,8$$

（2）计算 FAV 的 BASIC 语言计算机程序示例

```
10   REM This Program Calaulates the FAV When There are less than
20   REM 59 MAVs in the data set.
30   X=0
40   X2=0
50   Y=0
60   Y2=0
70   PRINT “How many MAVs are in the data set？”
80   INPUT N
90   PRINT “What are the four lowest MAVs？”
100  FOR R=1 TO 4
110  INPUT V
120  X=X+LOG（V）
130  X2=X2+（LOG（V））*（LOG（V））
140  P=R/（N+1）
```

```
150  Y2=Y2+P
160  Y=Y+SQR（P）
170  NEXT R
180  S=SQR（(X2-X*X/4）/（Y2-Y*Y/4))
190  L=（X-S*Y）/4
200  A=S*SQR（0.05）+L
210  F=EXP（A）
220  PRINT “FAV =” F
230  END
```

（3）打印输出程序示例

```
How many MAVs are in the data set?
? 8
What are the four lowest MAVs?
? 6.4
? 6.2
? 4.8
? 0.4
FAV = 0.199 8

How many MAVs are in the data set?
? 16
What are the four lowest MAVs?
? 6.4
? 6.2
? 4.8
? 0.4
FAV = 0.436 5
```

第 2 篇

推导保护人体健康水质基准方法学

（2000 年）

1　引言

1.1　水质基准与水质标准

《清洁水法》（Clean Water Act，CWA）第 304（a）（1）条款要求美国国家环境保护局（EPA）发布并于其后不断修订水质基准，以准确反映水污染物对人体健康造成的可识别影响的类型和程度的最新科学知识。

一直以来，环境水质基准[ambient water quality criteria，AWQC 或 304（a）基准]包含两个方面的基本信息：①有关污染物对公众健康和福利、水生生物以及娱乐方面的影响的可用科学数据的讨论；②对水中污染物水平进行浓度定量或定性评价，只要不超标，通常能保证水质满足所指定的水体用途。根据第 304（a）条款制定的水质基准完全基于污染物浓度及其对环境和人体健康影响之间的关系的数据与科学判断。304（a）基准没有考虑经济影响或水环境达到基准的技术可行性。这些 304（a）基准可用来指导各州和授权部落制定水质标准，并最终为控制环境水体的污染物排放提供依据。

1980 年，根据 EPA 制定的指南，推导出了 64 项污染物的环境水质基准，以衡量水污染物对水生生物和人体健康造成的影响。该指南包含了污染物对水生生物、非人哺乳动物以及人类的急性和慢性不利影响的有效、适当数据进行评价的系统性程序。

1.2　本文件的目的

《推导保护人体健康环境水质基准方法学》（2000 年）（以下简称《2000 年人体健康方法学》）描述了环境水质基准的制定方法，以达到保护人体健康的目的。EPA 试图运用《2000 年人体健康方法学》制定新增污染物的环境水质基准并修订现行环境水质基准。在未来几年内，EPA 试图重点制定重要的优先化学物质（包括但不仅限于汞、砷、多氯联苯和二噁英）的环境水质基准。此外，EPA 期望今后制定的 304（a）基准将主要针对 EPA 高度重视的生物累积性化学物质和污染物。《2000 年人体健康方法学》还试图通过提供科学有效的多种选择方法使各州和授权部落在制定水质标准的过程中能够考虑当地具体情况灵活地制定各自的水质基准。鼓励各州和授权部落运用本方法学来制定各自的环境水质基准。《2000 年人体健康方法学》还按照《清洁水法》的要求规定了 EPA 试图用来评价和确定各州水质标准一致性的默认系数。EPA 试图应用这些默认系数来计算《清洁水法》第 304（a）

条款中的国家水质基准，并依据《清洁水法》第 303（c）条款在颁布各州或部落的水质标准时以本方法学作为指导依据。

本方法学不可替代《清洁水法》和 EPA 法规，其本身也并不属于法规范畴。因此，《2000 年人体健康方法学》对 EPA、州、部落以及管理机构均不具有法律约束力，且视情况而定可能并不适用于某一特定情形。EPA 和州/部落决策人保留使用不同的科学方法的决策权，从而在适当的情况下具体问题具体分析，制定出不同于本方法学的人体健康基准。EPA 今后可能会随着科学研究进展或机构政策变化不断地改进本方法学。

《2000 年人体健康方法学》吸收了过去 20 年来取得的科学进展。本方法学的应用是 EPA 致力于改善国家水体质量的一个重要组成部分。EPA 相信本方法学将会加强水质基准的总体科学基础。此外，本方法学将有助于各州和部落解决各自的特定水质问题并做出风险管理决策，为他们制订水质计划提供了极大的灵活空间。

《2000 年人体健康方法学》的配套技术支持文件有 3 个：风险评价技术支持文件、暴露评价技术支持文件和生物累积技术支持文件。这些文件的目的是进一步支持各州和部落因地制宜地制定环境水质基准。风险评价技术支持文件（USEPA，2000）和本方法学一同发布，而暴露评价和生物累积技术支持文件预计将于 2001 年发布。

1.3 环境水质基准（AWQC）方法学的历史

1980 年，EPA 发布了在《清洁水法》第 307（a）条款中确认的 64 种污染物/污染物类别的环境水质基准，并提供了基准推导方法学（USEPA，1980）。这个以保护人体健康为目的制定环境水质基准的《1980 年环境水质基准国家指南》（或《1980 年方法学》）有三个类型的终点：非致癌效应、致癌效应以及感官（味觉和嗅觉）效应。预防非致癌和致癌效应的水质基准是通过运用基于风险评价程序估算出来的，包括动物毒性外推或人类流行病学研究。基本的人体暴露假设值被应用于基准公式中。

由于致癌和非致癌的效应终点不同，基于风险评价、用于推导保护人体健康的环境水质基准的程序也有所区别。当采用致癌效应作为关键的风险评价终点时（假设终点无阈值），环境水质基准以与特定增量终生风险水平①相关的一系列浓度的形式表示。当以非致癌效应作为关键终点时，环境水质基准反映的是对“无效应”水平的评价，因为通常认为非致癌效应是有阈值的。下列段落对每项程序的主要特征做简要描述。

（1）致癌效应。如果针对某项污染物的人类或动物研究表明该污染物造成了统计学上的显著致癌效应，1980 年的环境水质基准国家指南会将这种污染物作为致癌物质，并运用线性多级模型（linearized multistage model，LMS）从可利用的动物数据中推导低剂量致癌潜力系数。线性多级模型对于低剂量风险采用线性无阈值假设，被 EPA 作为一项科学政策

① 在整个文件中，与采用线性法进行致癌评价有关的“风险水平”一词是指终生致癌风险增量的上限估算值。

用于保护公众健康，为低剂量风险给出了一个合理的上限。致癌潜力系数用终生风险增量随污染物摄入量的变化而变化来表示，结合暴露假设以水环境浓度的形式来表述风险。在 1980 年的《环境水质基准国家指南》中，EPA 提出了与 10^{-7}～10^{-5} 致癌风险增量（即 1 000 万人中额外出现 1 例癌症病例～10 万人中额外出现 1 例癌症病例的风险）相对应的一系列污染物浓度。

（2）非致癌效应。如果认为污染物对人类没有潜在致癌性（后来在 1986 年的《致癌物质风险评价指南》中划分为已知的、很可能的或可能的人类致癌物质，USEPA，1986d），1980 年的《环境水质基准国家指南》会将这种污染物作为非致癌物质，并运用非致癌有害效应的阈值浓度来推导出基准。由非致癌效应数据推导出的基准是以每日允许摄入量（acceptable daily intake，ADI）[现称为参考剂量（reference dose，RfD）]为基础的。每日允许摄入量通常是由动物研究得出的无可见有害效应剂量推导出来的，但如果有可用的人类数据可随时采用。每日允许摄入量是由无可见有害效应剂量除以不确定性系数计算得出的，由此导致了由有限的毒理学数据外推至人类所固有的不确定性。根据美国国家研究委员会 1977 年的建议（NRC，1977），采用的安全系数（safety factor，SF）为 10、100 或 1 000（后来被重新定义为不确定性系数），这取决于数据的质量。

（3）感官效应。感官特征也用于制定某些污染物的基准，以控制污染物对水环境带来的令人不快的气味和/或味道。在某些情况下，基于感官效应的水质基准要比基于毒理学终点的基准要求更加严格。1980 年的《环境水质基准国家指南》强调以感官终点推导出来的基准不是建立在毒理学信息基础上的，与有害的人体健康效应没有直接关系，因此，没有必要给出人类可接受风险水平的近似值。

1.4　水质标准与环境水质基准的关系

《清洁水法》第 303（c）条款规定，各州在制定水质标准过程中负有首要责任，该法规定了水体区划分段的指定有益用途和支持这些用途所必需的水质基准。此外，美国土著部落经授权来执行水质标准计划，依据《联邦法典》第 40 卷第 131.8 条款（40 CFR 131.8）为其管辖范围内的水体制定水质标准。这个法定框架允许各州和授权部落与当地团体协作，采纳适当的指定用途，并且采用保护这些指定用途的基准。当州或部落标准与《清洁水法》的相应要求以及生效的联邦法规不一致或 EPA 认为只有联邦标准才能满足《清洁水法》的要求时，第 303（c）条款为 EPA 提供了审核水质标准以及颁布废止联邦法规的权限。第 303（c）（2）（B）条款明确要求各州和授权部落要采纳有毒物质的水质基准，EPA 已依据第 304（a）条款发布了有毒物质的基准，有毒物质的排放或存在很有可能干扰州或部落采用的指定用途。在采纳这类基准时，各州和授权部落必须依据下列中的一项建立数值：①304（a）基准；②修订的 304（a）基准以反映特定地点的条件；③其他的科学方法制定的基准。此外，当数值基准无法确定时，各州和授权部落可以制定描述性基准。

必须注意的是，那就是“基准”一词以两种不同的方式出现在《清洁水法》中。在第303（c）条款中，这一术语是水质标准定义的一部分。具体来说，一项水质标准是由指定用途和保护这些用途所必需的基准所构成的。因此，各州和授权部落必须采用包含法律强制性基准的规定。但是，在第304（a）条款中，“基准”一词则被用来描述EPA制定的、用以指导各州、授权部落和EPA依照第303（c）条款制定水质标准的科学信息。因此，304（a）基准有着两个明显不同的目的。一是指导各州和授权部落制定和采纳保护指定用途的水质基准，二是必要时作为颁布替代联邦法规的基础。

1.5 修订环境水质基准方法学的必要性

自1980年以来，EPA风险评价实践在所有的主要方法学领域（致癌和非致癌风险评价、暴露评价和生物累积）都取得了显著进展。在制定《1980年方法学》时，EPA还没有制定正式的致癌性或非致癌性风险评价指南。自那时起，EPA相继发布了若干风险评价指南。在致癌风险评价中，在作用模式（mode of action，MOA）信息应用方面的进展为潜在人类致癌物质的识别以及应用低环境相关暴露水平对风险进行描述的程序选择提供了支持。EPA发布了《致癌物质风险评价推荐指南》（USEPA，1996a；以下简称《1996年致癌推荐指南》）。该《指南》提出了低剂量定量致癌风险的修订程序，替代了目前线性多级模型的默认应用。在经环境保护局科学顾问委员会（Science Advisory Board，SAB）审查之后，EPA于1999年7月发布了修订的《致癌物质风险评价指南审查草案》（USEPA，1999a；以下简称《1999年致癌指南修订草案》）。在非致癌风险评价中，EPA倡导运用基准剂量法（benchmark dose，BMD）和其他剂量-效应法来替代传统的无可见有害效应剂量法来估算参考剂量（RfD）或参考浓度（reference concentration，RfC）。《诱变性风险评价指南》于1986年发布（USEPA，1986b）。1991年，EPA发布了《发育毒性风险评价指南》（USEPA，1991），并于1996年发布了《生殖毒性风险评价指南》（USEPA，1996b）。1998年，EPA发布了《神经毒性风险评价指南》（终稿）（USEPA，1998），并于1999年发布了《开展化学混合物健康风险评价指南》（草案）（USEPA，1999b）。

1986年，EPA面向公众推行综合风险信息系统（Integrated Risk Information System，IRIS）。综合风险信息系统是一个包含化学物质的致癌和非致癌效应风险信息的数据库。该系统对化学物质的评价经过了同行评议，并代表EPA对环境保护局计划和地区办公室的一致性观点。

新的研究讨论了水的消费量和鱼类组织的消费量，这些研究更为综合地描述了目前国家、地区和特定人群的消费模式，EPA已将此体现在《2000年人体健康方法学》中。此外，在建立环境水质基准这种只针对一个暴露源的健康目标时，目前多种正式的程序可用来阐明多种来源的人体暴露。1986年，EPA发布了《总暴露评价方法学（Total Exposure Assessment Methodology，TEAM）研究：总结与分析，第一卷，最终报告》（USEPA，1986c），提供了进行人体暴露综合评价的方法。1992 年，EPA 发布了修订版的《暴露评价指南》（USEPA，1992），描述了暴露评价的总体概念，包括定义和相关单位，为制定暴露评价方案与进行暴露评价提供了指导。1997 年，发布了《暴露系数手册》升级版（USEPA，1997a）。同样是在 1997 年，EPA 制定了《蒙特卡罗分析法指南原理》（USEPA，1997b），并发布了《风险评价中概率分析法的运用决策》（http：//www.epa.gov/ncea/mcpolicy.htm）。《蒙特卡罗指南》可应用于暴露评价和风险评价中。EPA 最近为评价污染物对人体总暴露以及分配相关介质的参考剂量制定了相对源贡献（relative source contribution，RSC）决策，并在本方法学中首次发布。

EPA 已提议采用反映鱼类和贝类从所有来源（如摄食、沉积物）摄入的污染物的生物累积系数（BAF）来替代《1980 年方法学》中仅仅来源于水体的生物富集系数（BCF）。EPA 还为估算生物累积系数值制定了详细的程序和指南。

制定《2000 年人体健康方法学》的另一个原因是需要在 EPA 水办公室依据《清洁水法》推导环境水质基准和依据《安全饮用水法》（Safe Drinking Water Act，SDWA）制定最大污染物浓度目标（maximum contaminant level goal，MCLG）时应用的风险评价与风险管理方法的差异之间建立桥梁。其中三个显著的差异是：对被指定为 C 组的化学物质的处理、1996 年推荐的《致癌指南》中可能的人类致癌物、在针对非致癌物制定环境水质基准或最大污染物浓度目标时对非水源暴露和致癌风险范围的考虑。这三点差异在下列三节中分别予以描述。

1.5.1　C 组化学物质

根据现行的 EPA 致癌物质分类方案（1986），对于符合下面任意一项的化学物质，通常将其分类到 C 组，即可能的人类致癌物：

（1）致癌性的记载仅来自一个测试物种和/或一个致癌生物试验，结果不符合“充足证据”的要求。

（2）由于不够充分的设计和报告，肿瘤反应的统计学意义不显著。

（3）化合物在各种短期诱变试验中无反应，但有良性、非恶性肿瘤发生。

（4）在已知有高的或多变背景值的组织中存在统计学意义不显著的反应。

1986 年的《致癌物质风险评价指南》（以下简称《1986 年致癌指南》）明确指出在量化 C 组可能的人类致癌物质的风险的过程中需要灵活处理。《1986 年致癌指南》指出，被归到 C 组可能的人类致癌物质的化合物通常比较适合进行定量风险评价，但是必须要具体问题具体分析。

EPA 水办公室依据《清洁水法》和《安全饮用水法》对 C 组化学物质历来有不同方式。有必要指出的是，为制定环境水质基准而发布的《1980 年环境水质基准国家指南》是根据 EPA 致癌物质分类系统之前的《清洁水法》而制定的，此系统于 1984 年被提议（USEPA，1984），1986 年最终确定（USEPA，1986a）。《1980 年环境水质基准国家指南》没有明确区分各个化合物可能被判定为人类致癌物质的证据效力。对于有充足数据进行致癌风险量化的所有污染物质（包括那些目前被分类到 C 组的污染物），环境水质基准是根据癌症发病率数据推导出来的。在《1980 年环境水质基准国家指南》中，EPA 强调，为最大限度地保护人体健康，致癌物质的环境水质基准的推荐浓度应该规定为零。同时，针对某种特定致癌物质发布的基准提供了与个体终生致癌风险增量水平范围为 10^{-7}～10^{-5} 相对应的污染物水中浓度。

在根据《安全饮用水法》制定国家一级饮用水法规的过程中，EPA 必须发布基于健康的各种污染物的最大污染物浓度目标。EPA 把与水源暴露相关的已经被有力地证明了其致癌力的化学物质的最大污染物浓度目标设定为零。对于具有有限致癌证据的化学物质，包括许多 C 组化合物，其最大污染物浓度目标通常是基于污染物的非致癌效应的参考剂量，并应用不确定性系数 1～10 得出以阐明化学物质的致癌潜力。如果 C 组化合物没有有效的建立参考剂量的非致癌性数据，但是定量的致癌风险数据却很充足，那么最大污染物浓度目标就会建立在 10^{-6}～10^{-5} 范围（100 万人中出现 1 例～10 万人中出现 1 例）的终生致癌风险增量的基础上。即使在参考剂量法已被用于推导 C 组化合物的最大污染物浓度目标的情况下，也会提供与致癌风险增量在 10^{-6}～10^{-5} 范围内相关的饮用水浓度以便进行比较。

还应当指出的是，EPA 杀虫剂计划采用了前文描述的在依据《联邦杀虫剂、杀真菌剂和灭鼠剂法》（Federal Insecticide Fungicide，and Rodenticide Act，FIFRA）采取的行动中针对 C 组化学物质的两种方法，并且发现这两种方法在个案分析的基础上都是适用的。但是，与饮用水计划不同，在应用参考剂量法时，杀虫剂计划没有额外增加不确定性系数来解释潜在致癌性。

在《1999 年致癌指南修订草案》中，在评价致癌风险时，不再使用字母数字，而是使用一致的描述性术语对危险特征进行较长的记述。

1.5.2 有关非水源暴露的考虑

《1980 年环境水质基准国家指南》建议将非水源贡献（即来自空气和非鱼类食物的摄入量）从每日允许摄入量（ADI）中扣除，从而使每日允许摄入量中的水源摄入量有所下降。但是，在实际操作中，在计算人体健康基准时，通常不会考虑其余的这些暴露，这是因为不容易得到有关这些暴露途径的可靠数据。因此，环境水质基准的推导通常以饮用水和鱼类摄入量作为全部的每日允许摄入量（现称为“参考剂量”）。

在饮用水计划中，与此类似的“扣除”法曾被用于 20 世纪 80 年代中期饮用水法规中提出并发布的最大污染物水平目标的推导。最近，饮用水计划在推导非致癌物质的最大污染物浓度目标时应用了一种“百分数”法。在这一方法中，将通常由饮用水得出的总暴露百分数称为相对源贡献率（RSC），用于确定参考剂量中分配给饮用水部分的最大限量，以最大污染物浓度目标值来表示。在应用百分数法的过程中，饮用水计划还采用了参考剂量的 80%上限和 20%下限，即最大污染物浓度目标不能超过参考剂量的 80%，也不能低于参考剂量的 20%。

在没有足够的暴露数据时，饮用水计划通常采用 20%参考剂量的相对源贡献率这种对公众健康负责的保守方法，假设总暴露的主要部分（80%）来自于其他来源，如饮食。

《2000 年人体健康方法学》为非水源暴露[摄入暴露（如食物）和非经口暴露（如呼吸）]的日常考虑提供了指南。这一方法称为暴露决策树。EPA 用这一方法进行相关源贡献率的估算，该方法允许根据特定化学物质在如上所述的 20%～80%的范围内使用扣除法或百分数法。

1.5.3 致癌风险范围

除了上面讨论的针对 C 组化合物推导环境水质基准和最大污染物浓度目标的风险评价方法之外，在制定致癌物的健康基准时，还可以通过饮用水和地表水计划的终生额外风险值采用不同的风险管理方法。地表水计划针对致癌物质推导出了通常与 10^{-7}～10^{-5} 终生额外风险浓度相对应的环境水质基准。饮用水计划针对 C 组化合物在不太严格的 10^{-6}～10^{-5} 的风险范围的基础上设立了最大污染物浓度目标，而针对具有强有力的致癌性证据的化学物质（即被分类到 A 组“已知”或 B 组“很有可能”的人类致癌物质）设定的最大污染物浓度目标为零。饮用水计划现在遵循的是《1999 年致癌指南修订草案》，并基于作用模式来确定低剂量外推法的类型。

还需要着重指出的是，根据饮用水计划，对于最大污染物浓度目标为零的物质，通常已经发布了与致癌风险浓度 10^{-6}～10^{-4} 相对应的强制性最大污染物浓度（maximum contaminant levels，MCLs）。与环境水质基准和最大污染物浓度目标这些严格的人体健康基准不同的是，最大污染物浓度是考虑到为达到这些标准而降低水中污染物浓度所需成本和技术可行性而制定的。

依据《2000 年人体健康方法学》，EPA 将发布更适合普通人群的风险浓度为 10^{-6} 的国家 304（a）水质基准。考虑到《清洁水法》和《安全饮用水法》规定的细微差异，EPA 正在提高饮用水计划和水环境计划的一致性。

1.6 环境水质基准方法学修订概况

用于推导环境水质基准的下列公式包括了从科学分析、科学政策和风险管理决策角度得出的毒理学和暴露评价参数，例如，野外测定的生物累积系数或动物研究的起始点等的参数值[表达方式：最低可见有害效应剂量（lowest-observed-adverse-effect level，LOAEL）/无可见有害效应剂量（no-observed-adverse-effect level，NOAEL）/10%额外风险剂量的 95%置信下限（lower 95 percent confidence limiton a dose arsociated with a 10 percent extra risk，LED_{10}）]是运用科学方法凭经验测定出来的。相比之下，在人体数据缺乏的情况下，决定用动物效应替代人体效应，这个决策包含 EPA 有关运用最佳实践的观点（其他机构也是如此）。因此，这一决策属于科学政策问题。为保护一定百分比（例如，第 90 百分位）的普通人群而进行的默认鱼类消耗量的选择很显然是一项风险管理决策。在很多情况下，当所有参数被集合在一起时，EPA 通过作为结果的环境水质基准所提供的总体保护运用最佳判断来选择参数值。有关科学、科学政策和风险管理之间的不同点的进一步讨论，请参阅本文件第 2 章。第 2 章中还提供了本方法学中有关风险特征描述的更多具体细节，并着重解释了总体风险评价的不确定性。

在非致癌效应基础上推导环境水质基准的通用公式为：

非致癌效应[①]

$$AWQC = RfD \cdot RSC \cdot \left(\frac{BW}{DI + \sum_{i=2}^{4} \left(FI_i \cdot BAF_i \right)} \right) \tag{2-1-1}$$

致癌效应：非线性低剂量外推法

$$AWQC = \frac{POD}{UF} \cdot RSC \cdot \left(\frac{BW}{DI + \sum_{i=2}^{4} \left(FI_i \cdot BAF_i \right)} \right) \tag{2-1-2}$$

致癌效应：线性低剂量外推法

$$AWQC = RSD \cdot \left(\frac{BW}{DI + \sum_{i=2}^{4} \left(FI_i \cdot BAF_i \right)} \right) \tag{2-1-3}$$

式中：AWQC——环境水质基准，mg/L；

RfD——非致癌效应的参考剂量，mg/（kg・d）；

POD——致癌物质非线性低剂量外推法的起始点，mg/（kg・d），通常为 LOAEL、NOAEL 或 LED_{10}；

UF——致癌物质非线性低剂量外推法的不确定性系数，量纲为 1；

RSD——致癌物质线性低剂量外推法的特定风险剂量（与目标风险如 10^{-6} 相关的剂量），mg/（kg・d）；

RSC——用于解释非水源暴露的相对源贡献率（不适用于线性致癌物质），可以是一个百分数（相乘），也可以是一个被减数，由多重基准是否与化学物质相关决定。

BW——人体体重（默认值为 70 kg，成人）；

---

① 在公式中相对源贡献以一个被乘因子的形式出现，但也可以作为一个被减数。参见公式下方的说明。

DI——饮用水摄入量（默认值为 2 L/d，成人）；

FI_i——营养级（trophic level，TL）i（i=2，3，4）的鱼类摄入量（总摄入量默认值 = 0.017 5 kg/d，普通成年人群和垂钓者；0.142 4 kg/d，以捕鱼为生的渔民）。普通成年人群和垂钓者各营养级鱼类摄入量：TL_2 = 0.003 8 kg/d；TL_3 = 0.008 0 kg/d；TL_4 = 0.005 7 kg/d。

BAF_i——营养级 i（i=2，3，4）的生物累积系数，脂质标准化，L/kg。

对于可以忽略水源摄入的具有高度生物累积性的化学物质，EPA 目前正在对制定和实施以水生生物组织浓度表示其环境水质基准的可行性进行评价。特别是在环境水质基准等于或低于对水中化学物质进行定量的实际操作极限时，这种组织残留基准可作为以水中浓度表示的环境水质基准的另一选择。尽管组织残留基准在其推导过程中不需要用到生物累积系数，但是在实施这类基准的过程中仍需要把化学物质在水中和沉积物中的负荷和浓度与适当的鱼类、贝类组织中的浓度联系起来的机理（例如生物累积系数或生物累积模型）。目前，为制定基于鱼类组织的水质基准提供特定指导的方法学还没有修订计划。但是，将来会发布一个单行文件或依据这种方法的特定化学物质的 304(a)水质基准文件提供指导。

制定保护人体健康的环境水质基准是为了将来自饮用水摄入和地表水鱼类消费的化学物质对人类造成的慢性（终生）暴露所产生的有害效应的风险最小化。EPA 不推荐制定其他的与“饮用水卫生建议值”相类似的、重视急性或短期效应的水质基准；通常认为它们在水质基准和标准计划中没有什么意义。但是，如下所述，可能有某些实例，在推导其环境水质基准的过程中，要考虑急性或短期毒性以及暴露。

尽管环境水质基准是以慢性健康效应数据（既有致癌效应也有非致癌效应）为基础的，但基准也能保护人类免受由于增加的急性或短期暴露而很有可能出现的有害效应。即通过对毒性和暴露参数的保守假设的应用，得出的环境水质基准不仅能为终生暴露期间的普通人群提供足够的保护，而且也能为由于高的水或鱼类摄入量或由于生物敏感性而引发不良反应的剂量风险增加的特定亚群提供足够的保护。EPA 认识到，可能在某些情况下以慢性毒性为基础的环境水质基准不能保护人类亚群免于短期暴露引发的特定风险。EPA 鼓励各州、部落和其他各方运用《2000 年人体健康方法学》，并在推导基准时考虑到这些情况来确保所有人类亚群都得到足够的保护（有关这些人类亚群的更多讨论参见第 4.3 节“环境水质基准计算过程中所采用的暴露系数”）。

EPA 正在修订《致癌指南》，包括对人类致癌潜力的描述。指南终稿一旦发布，它将成为应用本方法学进行评价的基础。同时，在《1999 年致癌指南修订草案》中运用并广泛讨论了《1986 年指南》中的原则。这些原则的产生得益于最近 15 年来有关癌症的最新科学发现以及近年来 EPA 的政策，即对普通人群和诸如儿童这种潜在敏感人群的危险和风险进行全面特征描述的支持政策。与《1986 年指南》保持一致，这些原则被运用到了最近正在进行中的诸如对二噁英的再评价中。在指南终稿发布之前，将按照旧的《指南》和《修订草案》提出信息来描述风险。按照《1986 年指南》进行的剂量-效应评价中采用了线性多级模型来推断在动物或人类研究中观测到的一直降到零剂量、零额外风险的肿瘤剂量-效应。根据 EPA《1999 年致癌指南修订草案》，剂量-效应评价过程分为两个步骤。第一步，在经验观测的范围内利用效应数据建立模型。运用生物学模型或适当的曲线拟合模型，在观测范围内建立模型。第二步，如果有足够的数据或通过默认程序（线性、非线性或两者兼有），观测范围以外的推断将由生物学模型来完成。外推法的起始点（point of departure，POD）是由建模观测数据估算出来的。10%额外风险剂量的 95%置信下限（LED_{10}）是低剂量外推法的标准起始点。线性默认程序从起始点到原点（即零剂量，零额外风险）是直线外推法，即在可观测效应范围内确认的 LED_{10}。应用此程序得出的结果通常与根据《1986 年指南》运用线性多级模型得出的结果具有可比性（2 倍以内）。线性低剂量外推法适用于作用模式具有最佳线性假设特征的各种化合物（例如直接诱导 DNA 突变的物质）。当没有足够信息或没有信息来解释致癌物质的作用模式时也会用到线性法，这是一项公众健康利益方面的科学政策选择。如果已经确认作用模式是完全支持非线性外推法的，那么环境水质基准是可以运用以暴露边界分析为基础的非线性默认值来推导的，暴露边界分析采用 LED_{10} 为起始点，并且应用不确定性系数（uncertainty factor，UF）来得出合理的暴露边界。可能有时候兼用线性和非线性默认程序更为合理（例如，在较高剂量下可作为 DNA 反应活性促进因子的化合物）。

对于致癌性物质，尤其是那些低剂量时作用模式表现为非线性的物质，EPA 建议应采取综合方法来看待致癌和非致癌效应。如果一种效应不占主导地位，环境水质基准值应当由致癌和非致癌终点来决定。应采用较低的推导值作为环境水质基准。

在运用非线性低剂量外推法推导非致癌物质和致癌物质的环境水质基准时，会引入一个系数来解释其他非水暴露源[摄食暴露（如食物）和非经口暴露（如吸入）]，所以总参考剂量或起始点/不确定性系数不只是由饮用水和鱼类消耗量来决定的。《2000 年人体健康方法学》为确定特定化学物质所采用的系数（即相对源贡献率）提供了指导。EPA 推荐运用暴露决策树程序来帮助确定某个指定水污染物的合理的相对源贡献率。在数据缺失的情况下，EPA 试图根据第 303（c）条款运用 20%的参考剂量（或起始点/不确定性系数）作为计算 304（a）基准或颁布州、部落水质标准的相对源贡献率的默认值。

运用线性低剂量外推法推导致癌物质的环境水质基准，EPA 将发布 10^{-6} 风险水平的推荐基准值。各州和授权部落常常选择更为严格的风险水平，如 10^{-7}。EPA 还相信，只要各州和授权部落保证高暴露人类亚群（垂钓者或以捕鱼为生的渔民）的风险不超过 10^{-4} 的水平，那么建立在 10^{-5} 风险水平上的基准对于普通人群是可以接受的。有关风险管理决策在本文件第 2 章有所描述。

《2000 年人体健康方法学》中默认的普通成年人群的鱼类消耗量是 17.5 g/d，这是依据美国农业部 1994—1996 年个体食物摄入连续调查（Continuing Survey of Food Intake by Individuals，CSFII）的数据（USDA，1998），代表了美国成年人群第 90 百分位的消耗量估算值。EPA 在国家 304（a）基准的推导或修订过程中采用这一默认摄入量。选择此默认值是为了保护大多数普通人群。但是，要求各州和授权部落在推导环境水质基准时，可采用由当地鱼类消耗数据推导出来的鱼类摄入量来替代这一默认值，以确保鱼类摄入量的选择可以保护人群中高度暴露的个体。在对垂钓者和以捕鱼为生的渔民的大量研究进行审核的基础上，EPA 为缺乏地方或区域消耗模式足够信息的各州和授权部落提供了默认值。EPA 针对这些人群的默认值是根据他们的平均消耗量估算出来的。EPA 为垂钓者推荐的默认值为他们的平均消耗量估算值 17.5 g/d，以捕鱼为生的渔民的默认值是这一群体的平均值 142.4 g/d，同时也提供了育龄期妇女和 14 岁以下儿童的消耗量，以便在有可能存在极大风险的情况下最大限度地保护这些人类亚群。

在《2000 年人体健康方法学》中，基准是运用生物累积系数而不是生物富集系数推导出来的。各州和授权部落可以运用 EPA 提供的方法学或与本方法学一致的任何方法来推导生物累积系数。在确定生物累积系数的过程中，EPA 的最高优先选择是在当地鱼类野外测定数据的基础上所确定的生物累积系数。

1.7　参考文献

[1] NRC（National Research Council）. 1977. Drinking Water and Health. Safe Drinking Water Committee. National Academy of Sciences，National Academy Press. Washington，DC.

[2] USDA. 1998. U.S. Department of Agriculture. 1994–1996 Continuing Survey of Food Intakes by Individuals and 1994–1996 Diet and Health Knowledge Survey. Agricultural Research Service，USDA. NTIS CD–ROM，accession number PB98–500457.

[3] USEPA（U.S. Environmental Protection Agency）. 1980. Guidelines and methodology used in the preparation of health effect assessment chapters of the consent decree water criteria documents. Federal Register 45：79347，Appendix 3.

[4] USEPA（U.S. Environmental Protection Agency）. 1984. Proposed guidelines for carcinogen risk assessment. Federal Register 49：46294.

[5] USEPA（U.S. Environmental Protection Agency）. 1986a. Guidelines for carcinogen risk assessment. Federal Register 51：33992-34003.

[6] USEPA（U.S. Environmental Protection Agency）. 1986b. Guidelines for mutagenicity risk assessment. Federal Register 51：34006-34012.

[7] USEPA（U.S. Environmental Protection Agency）. 1986c. Total Exposure Assessment Model（TEAM）Study：Summary and Analysis，Volume I. Final Report. EPA/600/6-87/002a.

[8] USEPA（U.S. Environmental Protection Agency）. 1986d. Guidelines for exposure assessment. Federal Register 51：34042-34054.

[9] USEPA（U.S. Environmental Protection Agency）. 1991. Guidelines for developmental toxicity risk assessment. Federal Register 56：63789- 63826.

[10] USEPA（U.S. Environmental Protection Agency）. 1992. Guidelines for exposure assessment. Federal Register 57：22888-22938.

[11] USEPA（U.S. Environmental Protection Agency）. 1996a. Proposed guidelines for carcinogen risk assessment. Federal Register 61：17960-18011.

[12] USEPA（U.S. Environmental Protection Agency）. 1996b. Guidelines for reproductive toxicity risk assessment. Federal Register 61：6274-56322.

[13] USEPA（U.S. Environmental Protection Agency）. 1997a. Exposure Factors Handbook. Office of Research and Development. Washington，DC. EPA/600/P-95/002Fa.

[14] USEPA（U.S. Environmental Protection Agency）. 1997b. Guiding Principles for Monte Carlo Analysis. Risk Assessment Forum. Washington，DC. EPA/630/R-97/001.

[15] USEPA（U.S. Environmental Protection Agency）. 1998. Guidelines for neurotoxicity risk assessment. Federal Register 63：26926.

[16] USEPA（U.S. Environmental Protection Agency）. 1999a. 1999 Guidelines for Carcinogen Risk Assessment. Review Draft. Office of Research and Development. Washington，DC. NCEA-F-0644.

[17] USEPA（U.S. Environmental Protection Agency）. 1999b. Guidance for Conducting Health Risk Assessment of Chemical Mixtures. Final Draft. Risk Assessment Forum Technical Panel. Washington，DC. EPA/NCEA-C-0148. September. Website：http：//www.epa.gov/ncea/raf/rafpub.htm.

[18] USEPA（U.S. Environmental Protection Agency）. 2000. Methodology for Deriving Ambient Water Quality Criteria for the Protection of Human Health（2000）. Technical Support Document Volume 1：Risk Assessment. Office of Science and Technology，Office of Water. Washington，DC. EPA-822-B-00-005. August.

2 基准制定方法学、风险特征描述以及其他事项的说明

2.1 确定环境水质基准应保护的人类亚群

推导水质基准是为了确定环境中的污染物浓度，如果不超过这一浓度，将保证普通人群的身体健康不会由于食用水生生物或饮水（包括娱乐活动中偶然的水摄入）而受到污染物的不利侵害。对每一污染物来说，推导慢性基准是为了反映食物和水的长期消费。在建立环境水质基准的过程中，需要作出的一个重要决定就是选择所需保护的特定人群。例如，可以建立基准保护那些普通的或典型的暴露人群，或者可以建立基准对那些高暴露人群提供更多的保护。EPA 已经选择了代表若干特定人群的默认参数值，这些人群包括：普通人

群中的成年人、垂钓者（娱乐型）、以捕鱼为生的渔民、育龄期妇女（年龄为 15～44 岁）以及儿童（14 岁及以下）。在确定默认参数值方面，EPA 意识到在环境水质基准计算的过程中将会综合运用多个参数（例如摄入量和体重）。本文件第 4 章对由默认暴露参数值代表的预估人群百分数进行了描述。

EPA304（a）基准的推导通常是为了保护大多数普通人群免受慢性有害健康影响。EPA 综合运用中位数、平均值和百分数进行参数默认值估算，进而得出国家 304（a）基准，确信其假设值为高端普通人群（即目标人群或基准人群）提供了综合保护水平，并相信这也合理、保守且恰当地满足了《清洁水法》和 304（a）基准计划的目标。EPA 认为，当基准与水环境相符合时，如果人群作为一个整体受到人体健康基准的充分保护，那么针对性的保护目标就可以实现。但是，基准推导与特定人群百分数相结合是十分困难的，而且这样的定量描述通常需要具体的暴露分布和剂量信息。EPA 发布的《暴露评价指南》（USEPA，1992）记述了准确进行暴露评价的艰巨性，并指出了分布末端急剧增加的不确定性。在有关人群暴露/风险量化方面，《指南》明确指出：

在实际操作中，由于许多复杂因素，包括采用动物数据来确定人体剂量-效应关系的不确定性、剂量-效应曲线的非直线性以及从一个群体到另一个群体的预测发病率数据等，准确建立人群的健康效应风险是不容易的。尽管估算病例数量是一种很常见的做法，尤其是在癌症方面，但是对于暴露于化学物质的人群，应当知道的是这些估算值并不是真实病例的精确值，估算值是以一种易于理解的方式呈现的系统假设风险，而不是术语“病例”的任何字面意义上的解释。

尽管估算值不可能经过严密的分析（例如，制定一个准确的为第 90 百分位数的人群提供保护的基准值），但 EPA 认为综合的参数假设值达到了其既定目标，而且不是过度保守。国家 304（a）基准的标准假设如下，在有效数据存在时，假设的体重值和其他暴露（如非鱼类食物）的相对源贡献摄入估算值采用的都是算术平均值。生物累积系数的组成数据（例如与脂质值、颗粒性及溶解性有机碳有关的数据）是以中位数（如第 50 百分位数）为基础的。饮用水摄入量大约为第 90 百分位数估算值，鱼类摄入量为第 90 百分位数估算值。EPA 相信这些数值的运用可以使 304（a）基准保护大多数人群，这也是 EPA 的目标所在。

但是，EPA 坚信各州和授权部落应当享有制定基准的灵活性，根据具体情况，为高暴露人群提供适当的额外保护。EPA 意识到普通暴露模式，特别是鱼类消耗量，有着极大的不同。EPA 了解到高暴露人群有可能在某个州或部落地区有着广泛的地理分布，并建议优先确定并充分保护最高暴露的人群。也就是说，如果州或部落决定以普通人群为基础制定的基准，特别是国家 304（a）基准，不能对处于较大风险之中的高暴露人群提供足够的保护时，EPA 建议州或部落采用替代性的暴露假设值来制定更为严格的基准。

EPA 已经为州和部落提供了针对各类人群的推荐默认摄入量，但并不打算让这些可供选择的默认值作为规定，并着重强调各州和部落可以优先使用地方或区域数据来替代 EPA 提供的默认值，这样的选择更能代表所关注的人群。

在完善《2000 年人体健康方法学》的过程中，EPA 遇到了一些与基准制定有关的人群问题。EPA 没有计划针对每种化学物质为所有人类亚群来推导 304（a）多重基准。如上所述，能说明慢性有害健康效应的基准是最适用于《清洁水法》304（a）基准计划以及此计划中所评价的化学物质。如果 EPA 将孕妇/胎儿或儿童确定为某一化学物质参考剂量或起始点/不确定性系数的目标人群（或基准基础人群），那么可以使用暴露参数为这个亚群制定 304（a）基准。这只与急性或亚慢性毒性相关，而且与慢性健康效应可能反映一个人在童年和成年时期的暴露情况这一事实不相冲突。

对于基于参考剂量和起始点/不确定性系数的化学物质，总的来说，EPA 的政策是，不应超过参考剂量（或起始点/不确定性系数），而且所使用的暴露假设值应当对关注人群有所反映。建议州或授权部落在制定特定水体的环境水质基准时，可考虑通过水和鱼类而受到最多暴露的人群。EPA 有关致癌风险管理目标的政策在第 2.4 节有所论述。

儿童健康风险：认识到儿童对于许多有毒物质表现得尤为娇弱，EPA 负责人于 1995 年规定在所有的风险评价、风险特征描述以及制定美国公众健康标准的过程中都必须明确地、始终如一地将婴儿和儿童的环境健康风险考虑进去。1997 年 4 月，克林顿总统签署了关于保护儿童远离环境健康风险的第 13045 号执行令，该法令高度重视儿童风险问题。1997 年 5 月，EPA 成立了儿童健康保护办公室，以确保总统执行令的实施。EPA 已经加大力度，以确保其指导和规定对儿童风险加以考虑。在某些情况下，应当依据《2000 年人体健康方法学》对儿童风险加以考虑，这些情况在第 3.2 节非致癌效应（在发育和生殖毒性方面）和第 4 章暴露（合适的暴露摄入参数）中有所论述。

上面所述的风险特征描述以及指导原则在下列文件中都有所论述：1994 年 3 月 21 日 EPA 政策声明、风险特征描述探讨（USEPA，1995）、《1999 年致癌物质风险评价指南审查草案》（USEPA，1999a）以及 1996 年发布的《生殖与毒性风险评价指南》（USEPA，1996b）。

2.2 科学、科学政策与风险管理

正如第 2.7 节所述，风险特征描述的一个重要方面就是使风险评价透明化，这意味着科学结论需得到政策判断和风险管理决策的支持，并且默认值、各种方法以及风险评价中各种假设的运用都是互相关联的。在本方法学中，EPA 试图将科学分析与科学政策和风险评价决策明确地区分开来。这就应该让各州和授权部落（可能也是本方法学的使用者）准确清楚地理解本方法学的原理，并且毫不费力地将科学决策从科学政策和风险管理决策中区分开来。这一点是重要的，因为当基准执行者在被问到有关环境水质基准的科学价值、有效性或明显的严格性或宽松性的问题时，可以清楚地解释在制定悬而未决的基准时，作出什么样的判断，而且在多大程度上这些判断依赖于科学、科学政策和风险管理。在某种程度上，这一过程将会在以后的环境水质基准文件中有所展示。

当 EPA 提到科学或科学分析时，指的是收集毒理学或暴露研究调查分析的数据，并从可利用的证据中尽可能少地运用判断作出推论。例如，如果 EPA 依据动物研究（如最低可见有害效应剂量）描述起始点，通常是由引起可见有害效应的最低剂量决定。这是一个科学测定，但是适用于科学政策的判断也可能融入这个测定中。例如，几个科学家也许对于什么是有害的效应有着不同的看法，这样反过来可能会影响对一个特定研究中最低可见有害效应剂量的选择。在缺乏人体数据的情况下，运用动物研究预测在人体中产生的影响是一贯的科学政策决定。当确定参考剂量时，选择具体的不确定性系数是科学政策的另一个范例。在任何一项风险评价中，当发生在人体上的风险只能通过可利用的证据进行推断时，就会出现许多决策点。在进行风险评价需要从若干个可能的推论中进行选择时，可能会涉及科学判断和政策选择。

风险管理是选择最适当的指导或监管行动的过程，通过集合技术数据、社会、经济以及政治因素与风险评价的结果来作出决策。在本方法学中，为 90%的普通人群提供保护的默认鱼类消耗量的选择是一项风险管理决策。州或部落所选择的可接受的致癌风险是一项风险管理决策。

《2000 年人体健康方法学》中的许多组成部分是科学、科学政策和/或风险管理的混合体。例如，EPA 所选择的大多数默认值是以科学数据调查与科学政策或风险管理的应用为基础的。其中包括每天饮水量 2 L 的默认假设值、成人体重 70 kg 的假设值、为制定国家生物累积系数而使用的默认脂质百分数和颗粒性有机碳/溶解性有机碳（particulate organic carbon / dissolved organic carbon，POC/DOC）含量、普通人群及垂钓者和以捕鱼为生的渔民的默认鱼类消耗量以及默认的致癌风险水平的选择。某些决策主要依据科学和科学政策（如生物累积系数默认值的选择），其余的则是较为明显的风险管理决策（如鱼类消耗量和致癌风险水平默认值的确定）。在《2000 年人体健康方法学》中，EPA 已经明确了用来制定默认值的必要决策类型和决策依据。有关科学分析、科学政策和风险管理的概念以及它们是如何被引入到风险评价中的更多细节在《联邦政府风险评价：管理过程》（NRC，1983）中有所记述。

2.3 建立基准免受多种化学物质的多重暴露（累积风险）

EPA 非常清楚问题的复杂性以及累积风险意味着什么，并且已经开始致力于寻求一个机构水平上的总体解决方案。如果多种化学物质表现出相同的毒性终点和作用模式，那么多种化学物质的多重暴露是相加作用的假设从科学角度来讲是正确的。与累积风险相关的许多出版物可以帮助各州和部落理解与累积风险有关的复杂问题。这些出版物包括：

（1）Durkin P.R.，Hertzberg R.C.，Stiteler W.，et al.. 1995. The identification and testing of interaction patterns. Toxicol. Letters 79：251-264.

（2）Hertzberg R.C.，Rice G.，Teuschler L.K.. 1999. Methods for health risk assessment of combustion mixtures. In：Hazardous Waste Incineration：Evaluating the Human Health and

Environmental Risks. Roberts S.，Teaf C，Bean J. （eds）. CRC Press LLC，Boca Raton，FL. 105-148.

（3）Rice G.，Swartout J.，Brady-Roberts E. et al.. 1999. Characterization of risks posed by combustor emissions. Drug and Chem. Tox. 22：221-240.

（4）USEPA. 1999. Guidance for Conducting Health Risk Assessment of Chemical Mixtures. Final Draft. Risk Assessment Forum Technical Panel. Washington，DC. NCEA-C-0148. September. Web site：http：//www.epa.gov/ncea/raf/rafpub.htm.

（5）USEPA. 1998. Methodology for Assessing Health Risks Associated with Multiple Pathways of Exposure to Combustor Emissions.（Update to EPA/600/6-90/003 Methodology for Assessing Health Risks Associated with Indirect Exposure to Combustor Emissions）. National Center for Environmental Assessment. Washington，DC. EPA-600-R-98-137. Website http：// www.epa.gov/ncea/combust.htm.

（6）USEPA. 1996. PCBs：Cancer Dose-Response Assessment and Application to Environmental Mixtures. National Center for Environmental Assessment. Washington，DC. EPA/600/P-96/001F.

（7）USEPA. 1993. Review Draft Addendum to the Methodology for Assessing Health Risks Associated with Indirect Exposure to Combustor Emissions. Office of Health and Environmental Assessment，Office of Research and Development. Washington，DC. EPA/600/AP-93/003. November.

（8）USEPA. 1993. Provisional Guidance for Quantitative Risk Assessment of Polycyclic Aromatic Hydrocarbons. Office of Research and Development. Washington，DC. EPA/600/R-93/089. July.

（9）USEPA. 1990. Technical Support Document on Health Risk Assessment of Chemical Mixtures. Office of Research and Development. Washington，DC. EPA/600/8/90/064. August.

（10）USEPA. 1989a. Risk Assessment Guidance for Superfund. Vol. 1. Human Health Evaluation Manual（Part A）. Office of Emergency and Remedial Response. Washington，DC. EPA/540/1-89/002.

（11）USEPA. 1989b. Interim Procedures for Estimating Risks Associated with Exposures to Mixtures of Chlorinated Dibenzo-p-Dioxins and -Dibenzofurans（CDDs and CDFs）and 1989 Update. Risk Assessment Forum. Washington，DC. EPA/625/3-89/016. March.

在制定一套稳妥的战略并最终得出针对累积风险的具体指南的同时，EPA 项目办公室也参与到了正在进行的异常复杂问题、方法学挑战、数据充足需求和其他信息缺口以及所需制定的科学政策和风险管理决策的讨论之中。至于内部政策，作为水质基准计划的一个组成部分，EPA 致力于优化方法学使其与相关的科学进展接轨。

2.4　致癌风险范围

为了制定 304（a）基准或颁布各州和部落的水质基准，根据第 303（c）条款并依据《2000 年人体健康方法学》，EPA 试图运用 10^{-6} 的风险水平，当局认为这一风险水平反映了普通人群的适度风险。EPA 项目办公室近些年来的指导和监管行动目标一直是以 10^{-6} 风险水平作为普通人群的适度风险。EPA 最近对政策、管理法规等其他机构法令（如《1990 年清洁空气法修正案》、《食品质量保护法》）进行了重审，认为 10^{-6} 风险水平的目标与当局的实践是相一致的。

EPA 认为，对于普通人群 10^{-6} 和 10^{-5} 的风险水平都是可以接受的，而高暴露人群则不应超过 10^{-4} 的风险水平。如果高暴露人群至少可以在 10^{-4} 的风险水平下得到保护，那么采用 10^{-5} 风险水平基准的各州或部落可以继续执行这一标准。但是，EPA 并不机械地认为 10^{-5} 的风险水平可以保护 10^{-4} 风险水平上的“最高消费者”，也没有倡导各州和部落在针对 10^{-4} 风险水平的高暴露人群假设值的基础上机械地建立基准。不过当局正在试图补充制定一项具体决策来确保高暴露人群不超过 10^{-4} 的风险水平。EPA 了解到鱼类消耗量的变化范围很大，尤其是在以捕鱼为生的人群当中，对于那些在 10^{-6} 或 10^{-5} 风险水平上得到保护的人群与在 10^{-4} 风险水平上的人群相比，这种变化更为巨大。因此，根据指定州或部落管辖范围内的消耗模式，10^{-6} 或 10^{-5} 的风险水平可能是恰当的。在高暴露人群的鱼类消耗量极大有可能超过 10^{-4} 的风险水平的情况下，就应当选择一个更具有保护性的风险水平。这种决策应由州或部落的权威部门制定，经 EPA 审核并根据《清洁水法》第 303（c）条款决定是否批准。

迄今为止，各州和授权部落在制定水质标准的过程中都选择采用 10^{-6} 或 10^{-5} 的风险水平，这是一个被广泛认可的风险管理决策，EPA 计划为各州和部落继续提供这一机动权。EPA 认为，如果州或授权部落已经确定了最高暴露人类亚群，证明所选择的风险水平足以保护最高暴露人类亚群，并且已经完成了所有必要的公众参与部分，那么州或部落的这种决策就符合第 303（c）条款的规定。各州和授权部落在如何表示这种保护和获取这类信息方面同样享有机动权。州或授权部落在作出这一决定的过程中可以运用现有信息也可以收集新的信息。此外，如果州或授权部落不相信 10^{-6} 的风险水平可以充分保护暴露人类亚群，则可以采用建立在更为严格的风险水平上的水质基准。这项判断要综合考虑 10^{-6} 的风险水平和高暴露人群的鱼类消耗量。

有一点很重要，那就是要清楚致癌物质的基准是以所选风险水平为基础的，而风险水平本质上部分地反映了用于推导这些基准值的暴露参数。因此，改变暴露参数，风险也会随之改变。具体来说，致癌风险水平增量是相对的，意味着任何与特定致癌风险水平相关的给定基准都是和具体参数假设值（如摄入量、体重）联系在一起的。当这些暴露参数值发生改变时，相关风险也会随之改变。对于在 10^{-6} 的致癌风险水平基础上推导出来的基准，个体消耗量高达鱼类摄入量假设值的 10 倍也不会超过 10^{-5} 的风险水平。同理，个体消耗量高达摄入量假设值的 100 倍也不会超过 10^{-4} 的风险水平。因此，对于以 EPA 的默认鱼类摄入量（17.5 g/d）和 10^{-6} 的风险水平为基础的基准，每天消耗 1 lb（即 454 g/d）可能遭受 10^{-5}～10^{-4} 的潜在风险水平（近似于 10^{-5} 的风险水平）（注：高达 1 750 g/d 的鱼类消费者的风险水平不会超过 10^{-4}）。如果基准是以高端摄入量和 10^{-6} 的相对风险为基础，那么一个普通鱼类消费者将会受到大约为 10^{-8} 致癌风险水平的保护。要点在于不同人群有着不同程度的风险。

2.5 微生物环境水质基准

推导微生物环境水质基准指南不是本方法学的一个组成部分。1986 年，EPA 发布了《1986 年细菌环境水质基准》(USEPA，1986a)，更新修订了先前于 1976 年在《水质基准》中发布的细菌基准（USEPA，1976)。1992 年的国家专题研讨会认识到需要制定推导微生物环境水质基准的指南并开始致力于修订《1980 年方法学》，此方法学于 1993 年由科学顾问委员会推荐。但是，自那时起，重心从方法学的修订转移到了微生物环境水质基准。本节的目的就是简要描述一下 EPA 当前的建议和行动。

EPA《1986 年细菌环境水质基准》推荐运用埃希氏大肠杆菌和肠球菌来替代粪大肠菌群（USEPA，1986a)。EPA 的基准建议如下：

（1）淡水：埃希氏大肠杆菌数不得超过 126 个/100 ml 或肠球菌数不得超过 33 个/100 ml;

（2）海水：肠球菌数不得超过 35 个/100 ml。

这些基准应根据 30 d 的采样周期的 5 个平行样本的几何平均值计算出来。

此外，EPA 建议各州根据预期的使用频率来制定单个样品最大值。所有采集的样本都不得超过这个值。EPA 在 1986 年基准文件中具体规定了合理的单个样品最大值。

当前行动和未来工作计划如下。

EPA 已经认识到制定微生物水质基准是通过控制水体中的病原体并保护诸如娱乐和公共水源等指定用途来控制水生微生物疾病战略的一部分。本计划提供了一个保护地下水和地表水源的综合途径。EPA 计划对微小隐孢子虫和埃希氏大肠杆菌进行额外监测，并根据监测结果确定行动计划。

EPA 建议严格的娱乐用水细菌基准目前不做改变，现有基准与 1986 年制定的方法学仍将适用。针对埃希氏大肠杆菌和肠球菌的推荐方法已经得到改进。正如《海滩与娱乐用水行动计划》(简称“海滩行动计划”，见下文）所概括的那样，为了制定新的基准，EPA 计划进行一项与指标改进有关的全国性研究以及流行病学研究（USEPA，1999b)。EPA 还在计划建立起完善的时空监测方案。

在海滩行动计划中，EPA 提出了一项多年战略来监测娱乐用水的质量并向公众发布与可能受病菌污染的娱乐用河流、湖泊以及海滩相关的公众健康风险信息。这表达了环境保护局解决具体问题的理论基础和目标，并综合了所有相关计划、政策、研究需求和方向。海滩行动计划还提供了时间安排、成果、每项行动的领导机构等信息，包括计划实施、风险交流、水质指标研究、建模和监测研究以及暴露和健康效应研究领域中所采取的行动和取得的成果。

最近，EPA 通过了一项针对娱乐用水的 24 h 埃希氏大肠杆菌和肠球菌试验新方法，有可能替代 48 h 试验方法（USEPA，1997）。EPA 预计于 2000 年秋季提议将此方法编入《联邦法典》第 40 卷第 136 条款（40 CRF 136）。EPA 还发布了针对肠球菌和埃希氏大肠杆菌的原始方法和新方法的视频与配套手册（USEPA，2000）。

作为海滩行动计划的一部分，EPA 就未来机构研究提出下列建议：

（1）未来的基准制定应该考虑到肠胃炎以外的疾病风险。在微生物的健康效应研究方面，EPA 计划将吸入和皮肤吸收作为水源暴露途径加以考虑并进行评价。除典型的水生病原体以外的其他病原体，其性质及意义在某种程度上与废水来源的特定类型有关。

（2）如果证明在相同的热带条件下，目前的粪便指示生物在土壤和水中可自行生长发育的细胞群体能维持一段有意义的时间周期，那么对热带水体来说可能需要开发一批新的指示生物。正在全面探索的某些可能替代指标为大肠杆菌噬菌体、其他噬菌体和产气荚膜杆菌。

（3）由于引发人类传染病的来源于动物的相关病原体（如兰伯氏贾第鞭毛虫、微小隐孢子虫和埃希氏大肠杆菌 0157:H7 菌株）可能是水生生物或有可能是被冲入水中从而成为潜在传染源，所以在风险评价过程中都不应被忽视。一个可能的途径就是系统发生分化，也就是说，指示生物相对于动物来源是具体的，或者可以按动物来源进行区分。

（4）EPA 计划通过可能的流行病学研究和各类暴露（例如贝类消费、饮用水、娱乐暴露）引起的流行病爆发得到次级感染途径和感染率的补充数据。

（5）EPA 需要完善娱乐用水监测的采样方案，包括对降雨和触发采样的污染事件的考虑。

2.6 风险特征描述的考虑事项

1995 年 3 月 21 日，EPA 发布了《EPA 风险特征描述政策与指南》（USEPA，1995）。该《政策与指南》的目的是确保风险评价每一阶段的特征描述信息都被用于有关风险结论的形成，使信息从风险评价者传达到风险管理者，从 EPA 传达到公众。这项政策也为贯穿于环境保护局计划的风险评价更加清晰、透明、合理和一致奠定了基础。构成风险特征描述基础的基本原则如下：

（1）风险评价应透明化，由科学得出的结论应与决策判断明确区分开来，风险评价过程中默认值或方法的运用以及假设值的运用要进行明确清楚的表述。

（2）风险特征描述应包括关键问题的综述和风险评价过程中每个其他部分的结论以及对危害可能性的描述。其中综述部分应该包括对评价和结论的总体优势与局限性（包括不确定性系数）的描述。

（3）风险特征描述应与常规格式相一致，但也要识别每一具体情况的独有特征。

（4）风险特征描述应包括（至少定性描述）如何将一项特定风险及其内容与类似风险相比较的讨论，这可能通过与 EPA 已决定采取行动的其他污染物或情况或公众可能熟悉的其他情况相比较来实现。这项讨论应强调这种比较的局限性。

（5）风险特征描述是风险交流的一个重要组成部分，风险交流是一个涉及信息和专家意见在个体、群体和机构内交换的互动过程。

其他指南原则包括：

（1）风险特征描述集合了危害识别、剂量-效应和暴露评价的信息，联合运用定性信息、定量信息以及不确定性系数信息。

（2）风险特征描述包括对风险评价过程中不确定性系数及变化的讨论。

（3）均衡良好的风险特征描述为其他风险评价者、EPA 决策者和公众提供有关评价的优势与局限性的结论和信息。

在制定本文所述方法学的过程中，EPA 严格遵循了上述风险特征描述指南，并极力鼓励各州和部落在运用《2000 年人体健康方法学》制定基准的过程中，遵循 EPA 制定的风险特征描述指南。风险特征描述原则适用于方法学和基准制定过程中的诸多方面：

（1）在制定一项基准时，将致癌和非致癌评价与暴露评价相结合，包括生物累积潜力决策在内，从本质上来说，就是将风险评价作为一个整体来衡量其优势与不足之处。

（2）在与普通人群相比的目标人群（如敏感人群）中选择一项鱼类消耗量，地方推导值或国家默认值均可。

（3）提出致癌和/或非致癌风险评价观点。

（4）在危害识别、剂量-效应和暴露评价中描述不确定性系数及变化。

2.7 不确定性系数的讨论

2.7.1 毒性观测范围与环境暴露范围的比较

当描述一项风险评价特征时，重要的一点就是将有害效应（由流行病学或动物研究得出）的观测范围与污染物环境暴露（或预期的人体暴露）的观测范围相区分。在许多情况下，EPA 试图用默认系数来解释用非线性低剂量外推法制定参考剂量或致癌风险评价中的不确定性或不完整性的知识，以提供一定程度的保护。事实上，实际效应水平和环境暴露水平可能存在几个数量级的差别。特别是在将基准与污染物环境水平相比较时，风险评价者和管理者应当描述导致某种可见效应的剂量与预期的人体暴露剂量之间的差异。

2.7.2　优先数据集/默认值的应用

在毒理学和暴露评价中，EPA 对用于毒理学评价的优先数据集作出规定，范围从享有最高优先权的慢性人体数据（例如人体长期暴露于化学物质的调查研究通常来自职业和/或居住暴露）以及许多暴露参数值的现场实测数据（例如地方推导出来的鱼类消费量、特定水体的生物体内累积量），到优先权较低的默认值。EPA 在《2000 年人体健康方法学》中已经提供了所有风险评价参数的默认值；但是，需要着重指出的是，要注意，在使用默认值时，最终的风险评价会有更高的不确定性，最后导致基准可能并不符合当地情况，而只是一项由人体/实测数据推导出来的风险评价。应用默认值就是假定一般条件，但可能并没有获取人群（例如敏感亚群和高端消费者）的实际变化情况。如果选择默认值作为基准的基础，那么应当将这些内在不确定性传达给风险管理者和公众。虽然这是 EPA 的优先权表述，但这并不意味着其中的任何一项选择是不可接受的或在科学意义上是站不住脚的。

2.7.3　有效数字

数值中的有效数字位数就是一定的数字位数加上某个估算数字。数字不应与小数位数相混淆。例如，15.1、0.015 1 和 0.015 0 都有 3 个有效数字。小数位数可用来保证有效数字的正确数值，但他们本身并不是有效数字（Brinker，1984）。因为有效数字中必须且只能包括一位估算数字，所以应当结合它们提供的数据审核输入参数（如鱼类消费量和饮水量）的来源来确定有效数字的位数。但是，用于确定输入参数中有效数字位数的原始测算值可能无法获得，在这种情况下，EPA 建议运用已提交的数据。

在制定基准时，EPA 建议在基准计算结束时将有效数字的位数四舍五入到与最低精度参数的有效数字同样的位数。这是一个普遍的习惯做法，更多细节可参见美国公共卫生协会（1992）和 Brinker（1984）的描述。一般原则是，无论是乘法还是除法，作为结果的数值不应含有多于与计算因子相关的最低精度的有效数字。在数字相加或相减时，含有最少小数位数的数字，不一定是最少有效数字，以和或差中的合理位数来表示。将一个数值四舍五入就是去掉一个或多个数字的过程，从而使数值只含有在随后的计算中有效的或需要的数字（Brinker，1984）。推荐的修约法则如下：①如果舍掉数字 6、7、8 或 9，就在前一个数字上加 1；②如果舍掉数字 0、1、2、3 或 4，前一个数字不变；③如果舍掉数字 5，则将前一个数字变为与之最近似的偶数（例如 2.25 变为 2.2、2.35 变为 2.4）（APHA，1992；Brinker，1984）。

EPA 建议在进行水质基准计算的过程中不要对中间步骤值进行四舍五入。作为结果的基准可以修约到可做到的小数位数。但是，任何情况下，显示的数字位数不应超过计算所用数据的有效数字的位数。“中间步骤值”一词指的是式（2-1-1）～式（2-1-3）中的参数值。最后一步就是经过深思熟虑得出环境水质基准。尽管环境水质基准依次用于国家污染物排放削减系统（National Pollutant Discharge Elimination System，NPDES）许可证下建立基于水质的污水排放限值（water quality-based effluent limits，WQBEL）、计算每日最大总负荷（total maximun daily loads，TMDL）以及对超级基金来说适用的或相关的适当要求，这些被认为是本方法学的最后一步，此处应该四舍五入，这是本次讨论的目的所在。

合理地确定有效数字不可避免地涉及某些判断，因为有些公式参数采用了默认暴露值。具体来讲，默认饮水量 2 L/d 是大多数人群在整个生命过程中的一个代表值。尽管有饮用水消耗调查数据的支持，但是这个值作为一项方针决策被采用，因此在确定最低精度参数的过程中不需对此加以考虑。也就是说，作为结果的环境水质基准不必总是被简化为一个有效数字。同样，70 kg 的成人体重在整个机构中得到应用，代表了一项默认的方针决策。

下列带有环境水质基准简化公式的示例对上述规定加以说明。这是一个有关六氯丁二烯（hexachloro butadiene，HCBD）的示例，EPA 曾用它来说明《1998 年方法学修订草案》（USEPA，1998b）。用于计算（即非决策值）的参数值包括含有 2 位有效数字的数值（起始点和相对源贡献率）、含有 3 位有效数字的数值（不确定性系数）和含有 4 位有效数字的数值（鱼类摄入量和生物累积系数）。根据《2000 年人体健康方法学》，最终的基准应当被四舍五入成 2 位有效数字。括号中的数字指的是有效数字的位数，带有星号的数字指的是 EPA 采用的决策值。

$$\mathrm{AWQC} = \frac{\mathrm{POD}}{\mathrm{UF}} \bullet \mathrm{RSC} \bullet \left(\frac{\mathrm{BW}}{\mathrm{DI} + \mathrm{FI} \bullet \mathrm{BAF}} \right) \tag{2-2-1}$$

示例[有关起始点/不确定性系数、相对源贡献率和生物累积系数的数据详情可参阅六氯丁二烯文件草案（EPA 822-R-98-004）。注意：本示例中的鱼类摄入量是一个修订值]。

$$\mathrm{AWQC} = \left(\frac{0.054(2)}{300(3)} - 1.2 \times 10^{-4}(2) \right) \times \left(\frac{70(2^*)}{2(1^*) + 0.01750(4) \times 3180(4)} \right)$$

$\mathrm{AWQC} = 7.3 \times 10^{-5}$ mg/L（0.073 μg/L，由 7.285×10^{-2} μg/L 四舍五入）

* 代表 EPA 所采用的决策值。

公式中用到的许多数值可能会产生小数点后面多于 4 位数字的中间步骤值，并可能贯穿于整个计算过程中。但是，小数点后面带有 4 位以上的数字（相当于最精确参数）是没有必要的，因为它对作为结果的基准值没有影响。

2.8 其他考虑事项

2.8.1 最少数据量的考虑

对上述的许多技术领域来说，为了保证毒理学和暴露评价中的数据质量，很多需要考虑的事项被提了出来。有关最少数据建议的更多细节和讨论，请读者参见本方法学有关致癌和非致癌风险评价的特定章节（特别是引用的 EPA 风险评价指南文件）、暴露评价和生物累积评价以及它们各自的技术支持文件。

2.8.2　特定地点的基准计算

《2000 年人体健康方法学》允许各州和部落进行特定地点的修改，以反映地方环境条件和人体暴露模式。“地方”可以指普通水环境或暴露模式存在的任何适当的地理区域。也就是说，“地方”可以指整个州、地区、一条河段或者整条河。

只要特定地点的数据是合理的，无论是有关毒理学的还是与暴露相关，那么特定地点的基准就可以被推导出来。例如，在运用特定地点的鱼类消费量时，州应当采用至少代表被调查人群（垂钓者或以捕鱼为生的渔民，或者两者兼有）的集中趋势数值。如果特定地点的垂钓者或以捕鱼为生的渔民的鱼类消费量低于 EPA 默认值，则可以用它来计算环境水质基准。但是，为了证明这一水平是正确的（无论是高于还是低于 EPA 默认值），各州都应收集适当的调查数据，得出能站得住脚的特定地点鱼类消费量。

在依据第 303（c）条款来确定是否批准州或部落的水质标准时，必须将这类数据提交 EPA 进行审核。相同情况也适用于特定地点的生物累积系数、鱼类脂质百分数或相对源贡献率的计算。在偏离毒理学数值（即综合风险信息系统值：经审核的非致癌和致癌评价）的情况下，EPA 强烈建议在基准制定之前将偏离的数据向 EPA 提供并获得认可。

有关《2000 年人体健康方法学》中特定地点修订的补充指南在三个技术支持文件中都有所涉及。

2.8.3　感官基准

感官基准规定了给水带来不良味道和/或气味的化学品或物质的浓度。感官影响，从审美学观点来看很有意义，但并不具有重要的健康意义。在制定和运用这类基准的过程中，必须重视两个因素：①大多数感官数据的局限性；②感官特性的人体健康意义。过去，对于感官数据有效的每项特定污染物，EPA 都制定了感官基准。《1980 年环境水质基准国家指南》明确指出感官基准和毒理学基准是由完全不同的终点推导出来的，由于没有毒理学基础，没有证据能证明感官基准与潜在有害的人体健康效应有关。EPA 认为，如果感官效应（即令人不快的味道和气味）引起人们对水及其指定用途的抵制，那么公众实际上是被剥夺了享有自然资源的权利。强烈的感官特性也有可能导致液体摄入量下降，反过来，由于液体消耗下降有可能导致间接的人体健康影响。尽管 EPA 以前曾经并且以后可能还要制定感官基准，但它并不是水质基准计划的一个重要组成部分。当州和部落认为有必要时，EPA 鼓励制定感官基准。但是，EPA 警告各州和部落，在制定健康基准时，感官数据的质量往往远不如毒理学数据。因此，应当对可利用的感官数据进行综合评价，并在可靠的科学判断的基础上选择制定基准的最佳数据库。

1980 年，在两类数据兼有的情况下，EPA 提供了推荐性的基准概括术语。以下格式曾被运用过，此处再次提及：

出于比较的目的，运用两种方法来推导____的基准浓度。以有效的毒理学数据为基础，以保护公众健康为目的，所推导出的浓度为____。运用有效的感官数据，为控制不良味道和气味，环境水体的质量估算浓度为____。应当认识到的是，作为制定水质基准的基础，感官数据与潜在有害的人体健康效应并不存在明显关系。

同样，《1980 年方法学》建议在那些无法推导限制毒性的浓度的实例中，应提供如下陈述：

没有____的充足数据可用于推导预防此化合物的潜在毒性的浓度。

2.8.4 化学物质类别基准

《2000 年人体健康方法学》同样允许制定化学物质类别基准，只要通过对机理数据、毒物代谢动力学数据、结构-活性关系数据以及有限的急性和慢性毒性数据进行分析得出正当理由。当一个类别的化合物之间性质差别较大时（如氯代二噁英和呋喃），可能更适宜推导毒性当量系数（toxicity equivalency factor，TEF）而不是一个类别基准。

化学物质类别是指化学结构和生物活性相近的化合物群体，并且常常由于产生于相同的工业化生产过程而同时频繁地在环境中出现。在基准制定过程中，异构体应当看成是一个化学类别的一部分，而不是一个单独的化合物。因此，类别基准就是适用于同一类别中所有化学物质的一项风险/安全评价。它涉及运用同一类别中一种或多种化学物质的可用数据，在没有充足数据用于推导特定化合物的基准时，来推导同一类别中其他化合物的基准。健康基准可适用于同一类别中每一化合物的水浓度，或者适用于同一类别中所有化合物的水浓度之总和。由于同一类别中化合物较小的结构变化就能对它们的生物活性产生显著影响，所以应根据可用数据最小限度地依赖类别基准。

在考虑制定类别基准时，还应当遵循下列指导。

（1）认真研究同组内的化学物质的化学和物理性质。同一类别在化学活性方面的密切关系意味着它们具有相似的潜力可到达组织内共有的生物点位。同样，相似的脂质溶解度意味着会有相似的吸收与分布。

（2）认真审核同组内的化学物质的定性和定量的毒理学数据。相对于同组中一种或几种化学物质的极少数据而言，同组中许多化合物的充足毒理学数据为外推到同一类别中其他化学物质提供了更加合理的基础。

（3）同一类别中的化学物质的毒理学反应性质是相似的，这为该类别中其他化学物质可能具有类似反应的预测提供了额外支持。相反，如果同一类别中的化学物质在定性和定量方面表现出明显不同的生物学反应，那么对于其他化学物质来说基准的外推就不适用了。

（4）同一类别中某些化学物质相似的新陈代谢和毒物代谢动力学数据可为同一类别其他化学物质应用基准外推的有效性提供额外支持。

其他指导详见《化学混合物健康风险评价技术支持文件》（USEPA，1990）。

2.8.5 必需元素的基准

制定必需元素的基准，特别是金属元素，必需协调好毒性与有益健康需求之间的作用关系。环境水质基准必需对此加以必要考虑，并且不能设立有可能导致人群中元素缺乏的浓度。确定致癌物质特定风险水平或非致癌物质参考剂量所推荐的每日允许量与每日剂量的差异界定了可以用于推导基准的每日剂量的范围。由于在界定必要的有害效应浓度的过程中误差是不可避免的，所以由剂量水平推导出来的基准接近这个剂量范围的中心。

制定必需元素基准的过程应当与其他化学物质基准制定过程相类似，但有一些细微的变化。参考剂量代表了对暴露范围（毒性）一端的关注，而推荐的每日摄入量则代表了另一端（基本的最低量）。虽然推荐的每日摄入量和参考剂量有可能偶尔呈现数量级上相近的数值，但这既不意味着两种方法是不兼容的，也不意味着任何一种计算方法是不精确的或者是有误差的。

2.9 参考文献

[1] APHA. American Public Health Association. 1992. Standard Methods：For the Examination of Water and Wastewater. 18th Edition. Prepared and published jointly by：American Public Health Association，American Water Works Association，and Water Environment Federation. Washington，DC.

[2] Brinker R.C.. 1984. Elementary Surveying. 7th Edition. Cliff Robichaud and Robert Greiner，Eds. Harper and Row Publishers，Inc. New York，NY.

[3] NRC（National Research Council）. 1983. Risk Assessment in the Federal Government：Managing the Process. National Academy Press. Washington，DC.

[4] USEPA（U.S. Environmental Protection Agency）. 1976. Quality Criteria for Water. Office of Water and Hazardous Materials. Washington，DC. July.

[5] USEPA（U.S. Environmental Protection Agency）. 1986a. Ambient Water Quality Criteria for Bacteria – 1986. Office of Water Regulations and Standards. Washington，DC. EPA/440/5-84/002. January.

[6] USEPA（U.S. Environmental Protection Agency）. 1986b. Test Methods for *Escherichia coli* and Enterococci in Water by the Membrane Filter Procedure. Office of Research and Development. Cincinnati，OH. EPA/600/4-85/076.

[7] USEPA（U.S. Environmental Protection Agency）. 1990. Technical Support Document on Health Risk Assessment of Chemical Mixtures. Office of Research and Development. Washington，DC. EPA/600/8-90/064. August.

[8] USEPA（U.S. Environmental Protection Agency）. 1992. Guidelines for exposure assessment. Federal Register 57：22888-22938.

[9] USEPA（U.S. Environmental Protection Agency）. 1995. Policy for Risk Characterization. Memorandum

of Carol M. Browner，Administrator. March 21，1995. Washington，DC.

[10] USEPA（U.S. Environmental Protection Agency）. 1996a. Draft revisions to guidelines for carcinogen risk assessment. Federal Register 61：17960.

[11] USEPA（U.S. Environmental Protection Agency）. 1996b. Guidelines for reproductive toxicity risk assessment. Federal Register 61：6274-56322.

[12] USEPA（U.S. Environmental Protection Agency）. 1997. Method 1600：Membrane Filter Test Method for Enterococci in Water. Office of Water. Washington，DC. EPA/821/R97/004. May.

[13] USEPA（U.S. Environmental Protection Agency）. 1998a. Draft Water Quality Criteria Methodology：Human Health. Office of Water. Washington，DC. EPA-822-Z-98-001.（Federal Register 63：43756.

[14] USEPA（U.S. Environmental Protection Agency）. 1998b. Ambient Water Quality Criteria for the Protection of Human Health. Hexachlorobutadiene（HCBD）. Draft. Office of Water. Washington，DC. EPA 882-R-98-004. July.

[15] USEPA（U.S. Environmental Protection Agency）. 1999a. 1999 Guidelines for Carcinogen Risk Assessment. Review Draft. Office of Research and Development. Washington，DC. NCEA-F-0644.

[16] USEPA（U.S. Environmental Protection Agency）. 1999b. Action Plan for Beaches and Recreational Waters. Reducing Exposures to Waterborne Pathogens. Office of Research and Development and Office of Water. Washington，DC. EPA-600-R-98-079. March.

[17] USEPA（U.S. Environmental Protection Agency）. 2000. Improved Enumeration Methods for the Recreational Water Quality Indicators：Enterococci and Escherichia coli. Office of Water，Office of Science and Technology. Washington，DC. EPA-821-R-97-004. March.

3 风险评价

本章论述了用于保护人体健康免受致癌化学物质（第 3.1 节）和非致癌化学物质（第 3.2 节）危害的环境水质基准的评价方法。

3.1 致癌效应

3.1.1 EPA 致癌风险评价指南背景

现行的 EPA《致癌物质风险评价指南》发布于 1986 年（USEPA，1986a；以下简称《1986 年致癌指南》)。《1986 年致癌指南》将化学物质按字母数字分组：A 组为已知的人类致癌物质（流行病学研究或者其他人类研究证据充分）；B 组为很有可能是人类致癌物质（动物证据充分而人类证据有限或不充分）；C 组为可能是人类致癌物质（动物致癌性证据有限而人类数据缺乏）；D 组为不可分类的物质（动物致癌性证据不充分或不存在）；E 组为对人类无致癌性的物质（至少在两项科学的不同物种的动物试验或流行病学和动物研究中未发现致癌性证据）。其中 B 组可以分成两个亚组：B1 亚组和 B2 亚组。B1 亚组指流行病学研究中致癌性证据有限的化合物。B2 亚组通常指动物研究证据充分而流行病学研究证据不充分或无相关数据的化合物（USEPA，1986）。本系统与国际癌症研究机构所采用的分类系统相似。

《1986 年致癌指南》为证据充分的、有限的或不充分的物质提供了指导。在流行病学研究中，证据充分表示化合物与人类癌症之间存在因果关系；证据有限表示因果关系是可信的，但是也不能完全排除其他解释，如偶然性、倾向性或混淆性；证据不充分表示缺乏相关数据或因果关系解释不可信。总的来说，尽管单个研究可以表明因果关系，但是当几个独立的研究在因果关系方面表现出一致性时，推断因果关系的可信度就会提高。在动物研究中，证据充分包括恶性肿瘤或良恶兼性肿瘤的发病率增加：

（1）在多个物种或品种中；

（2）在多个实验中（例如不同给药途径或采用不同的剂量水平）；

（3）在单个试验中有异常的高发病率、异常部位或肿瘤类型或发病期早；

（4）有关剂量-效应、短期试验或结构活性关系的补充数据。

在《1986 年致癌指南》中，危害识别和证据效力过程的重点是肿瘤的发现。有关致癌危害判断的证据效力法分别分析了人类和动物的肿瘤数据，然后将它们综合起来作出潜在人类致癌性的总体结论。危害分析的下一步是对支持性证据（例如致突变性、细胞转化）进行评价来决定是否应该对证据效力的总体结论进行修正。

对于致癌风险量化而言，《1986 年致癌指南》推荐运用线性多级模型（LMS）作为唯一的默认方法。《1986 年致癌指南》还提到，从生物学角度来看，低剂量外推模型比线性多级模型可能更为合适，但是并没有对其他方法的选择进行指导。《1986 年致癌指南》推荐采用 2/3 权重（$BW^{2/3}$）的体重作为物种间的剂量定比系数。

3.1.2 EPA《致癌物质风险评价推荐指南》和《致癌指南修订草案》

1996 年，EPA 发布了《致癌物质风险评价推荐指南》（USEPA，1996a；以下简称《1996 年致癌推荐指南》）。在《1996 年致癌推荐指南》发布之后，美国科学顾问委员会（SAB）于 1997 年 2 月和 1999 年 1 月进行了复审，1999 年 7 月发布了修订版《1999 年致癌物质风险评价指南审查草案》（以下简称《1999 年致癌指南修订草案》；USEPA，1999a），并召开了科学顾问委员会会议来审议这个修订文件。《指南》终稿在发布之时替代《1986 年致癌指南》。进行修订旨在确保 EPA 致癌风险评价方法能够反映最新的科学信息和风险评价方法学进展。

同时，在《1999 年致癌指南修订草案》中讨论了运用与扩展《1986 年指南》的原则。

这些原则来源于过去 15 年来有关癌症方面的科学发现以及近年来 EPA 的相关政策，即充分支持对普通人群和包括儿童在内的潜在敏感人群进行充分的危险和风险特征描述。这些政策与《1986 年指南》保持一致，并被用于近期正在进行的评价中，如二噁英的再评价。在《指南》终稿发布之前，用于风险描述的信息既要遵循《1986 年致癌指南》又要遵循《1999 年致癌指南修订草案》。

《1999 年致癌指南修订草案》要求充分运用所有相关信息来表述显示特定危害的环境或条件（例如暴露途径、持续时间、模式或量级），强调对化合物诱发肿瘤的作用模式的理解。作用模式是危害评价的基础，也是剂量-效应评价的基本原理。

《1999 年致癌指南修订草案》的主要原则包括：

（1）危害评价是基于对所有生物学信息的分析，而不仅仅是肿瘤的发现。

（2）强调化合物诱发癌症的作用模式，以降低在描述危害的可能性和确定剂量-效应方式时的不确定性。

（3）《1999 年致癌指南修订草案》强调表述危害所依据的条件（例如暴露途径、模式、持续时间和量级）。此外，《指南》倡议通过危害特征描述将所有相关研究的数据分析与危害证据效力的描述相结合，得出有关化合物诱发肿瘤发生的作用模式的初步结论。

（4）附有说明的证据效力陈述（第 3.1.3.1 节）将会替代现有的字母数字分类系统。证据效力陈述总结了致癌性的关键证据，叙述了化合物的作用模式，描述了包括暴露途径在内的危害表达环境特征以及对人类亚群（例如儿童）的不相称影响，推荐了适当的剂量-效应方法，也强调了证据的重要性、缺点与不确定性。

（5）生物学外推模型是风险定量的首选方法。这些模型综合了在致癌过程中从低剂量到高剂量的剂量-效应范围有关事件的数据和结论。但是，对于大多数化学物质来说可以预期的是此类模型中所用参数的必要数据是无法获得的。《1999 年致癌指南修订草案》允许采用包括若干默认方法在内的替代定量法。

（6）剂量-效应评价过程分为两步。第一步，在可观测数据范围内用响应数据建立模型，从可观测范围外推到低剂量确定起始点（POD）。第二步，由起始点外推，估算低剂量下的剂量-效应。除了将肿瘤数据模型化，《1999 年致癌指南修订草案》建议，如果其他反应类型是能够提供更多的致癌风险信息的措施，可以运用并使其模型化。表面来看，这些反应反映了致癌过程中化合物作用模式的关键事件。

（7）当不具备建立生物学模型的充足数据时，可以运用三种默认方法：线性法、非线性法或者两者兼用。作为所有方法的第一步，在观测范围内运用曲线拟合来确定起始点。标准起始点是指与 10%额外风险剂量的 95%置信下限（LED_{10}）相对应的有效剂量①。线性法：线性默认法是指从 LED_{10} 的反应到原点的直线外推法（零剂量、零额外风险）。非线性法：非线性默认法由确定起始点开始，提供暴露边界分析，而不是估算低剂量影响的可

① 与《1999 年致癌指南修订草案》一致，本方法学推荐采用 LED_{10} 作为起始点。

能性。用暴露边界分析确定起始点与所关注的暴露水平之间的合理范围，在本方法学中，指的就是环境水质基准。暴露边界分析的主要目的是为风险管理者描述反应是如何随着剂量快速递减的。暴露边界分析还应该考虑其他因素（例如反应性质、剂量-效应曲线的斜率、与实验动物相比人类的敏感性、人类敏感性和暴露差异的性质与程度）。线性和非线性法：线性和非线性默认法的运用条件见第 3.1.3.4（5）节。

（8）在以动物试验进行评价时，用于计算人类经口等效剂量的方法已经得到优化，包括种间剂量缩放比例的默认假设方面的变化。《1999 年致癌指南修订草案》运用的体重占到了 3/4 权重。

EPA 有关致癌和非致癌终点的健康风险评价正逐步采纳最近的一些提议，着重强调风险评价过程中对作用模式的理解，并在可观测范围内将反应数据模型化以推导数据集的起始点和个体研究的基准剂量（BMD）。用标准方法将可观测的反应数据建模来确定起始点将有助于协调致癌和非致癌剂量-效应法，并且允许致癌和非致癌风险估算值进行比较。

3.1.3　《1999 年致癌指南修订草案》环境水质基准①推导方法学

《水质基准方法学草案：人体健康》（USEPA，1998a）和配套技术支持文件（USEPA，1998b）发布之后，EPA 广泛听取公众意见。EPA 还进行了针对方法学草案的外界同行审查。无论是同行审查者还是普通公众都建议 EPA 将新方法纳入环境水质基准方法学中。

在新指南发布之前，《1986 年致癌指南》将与《1999 年致癌指南修订草案》中的原则共同发挥作用。《1986 年致癌指南》是综合风险信息系统中风险数据的基础，这些数据可用于推导现阶段环境水质基准。运用《1999 年致癌指南修订草案》的原则进行的每项新评价在成为环境水质基准的制定基础之前必需接受同行审查。

根据《1999 年致癌指南修订草案》（USEPA，1999a），第 3 章的余下部分阐明了运用《1999 年致癌指南修订草案》推导环境水质数值基准的方法学。针对致癌物质的修订方法学进行的讨论主要集中在环境水质基准值的定量推导方面。重要的是，要注意在《1999 年致癌指南修订草案》中所描述的致癌风险评价过程并不仅仅局限于定量方面。致癌物质的环境水质基准值推导是以适当的危害特征描述及风险特征描述信息为依据的。

本节内容包括对证据效力陈述的讨论，描述了与致癌风险评价相关的所有信息，讨论了致癌物质环境水质基准值推导定量方面的问题。通常认为进行合理的动物试验或人类流行病学研究所得出的数据为环境水质基准值的推导奠定了基础。讨论重点如下：①有关证据效力的陈述；②作用模式的分析框架及常规考虑事项；③剂量估算；④在观测范围内及低环境相关剂量下描述剂量-效应关系特征；⑤计算环境水质基准值；⑥风险特征描述；⑦毒性当量系数和相对潜力估算值的应用。其中前三点围绕致癌物质的环境水质基准推导的定量事宜。

① 有关评价致癌物质的修订方法的其他信息可参见《推导保护人体健康环境水质基准方法学（2000 年）技术支持文件，第 1 卷：风险评价》（USEPA，2000）。

3.1.3.1 证据效力陈述[①]

《1999 年致癌指南修订草案》包括以生物学和化学/物理学考虑的总体判断为依据的证据效力陈述。脚注中以证据效力陈述的形式描述了致癌物质的危害评价信息和环境水质基准值。特别重要的是，基于人类研究、动物试验和其他重要证据的证据效力陈述显然可以为判断一种物质是否或是否可能通过饮用水和/或鱼类摄入暴露对人类具有致癌力的结论提供充分支持。EPA 强调在数据可知的情况下，重要的是对证据效力陈述中所涉及物质的作用模式进行详尽讨论，包括将作用模式与用于推导环境水质基准的定量程序联系起来的讨论。

3.1.3.2 作用模式——分析的总体考虑与框架

作用模式包括关键事件和过程，这些事件和过程源于化合物与细胞之间的相互作用，并通过功能和解剖学变化最终导致癌症的形成。与作用“方式”不同，作用“机理”指的是对事件进行更为详尽的分子学描述。

作用模式分析是建立在生理学、化学和生物学信息基础之上的，这些信息有助于解释化合物对肿瘤形成产生影响的关键事件[②]。作用模式分析输入的数据包括人类、动物的肿瘤数据以及其他关键性数据。

可能的致癌作用模式有多种，例如诱变、有丝分裂、抑制细胞死亡、与修复细胞增殖有关的细胞毒性以及免疫抑制。在对作用模式进行分析时，需要回顾所有相关的研究，并对证据进行综合权衡，列出其优缺点和不确定性以及可能的替代部位和基本原理。确定数据缺口和研究需求也是评价过程中的一个重要组成部分。

作用模式结论通常用来解释人类与动物肿瘤反应的关联性问题，解释预期的人群反应差异（如儿童和成人之间的差异以及男人和女人之间的差异），并以此为基础来确定剂量-效应关系的预期状态。

在得出结论的过程中，作用模式的“普遍认可”问题作为独立同行审查的一部分经过审核，以便 EPA 得到其评价与结论。

假定致癌作用模式的评价框架：本框架旨在作为一个分析工具，来判断有效的数据是否支持假定的化合物致癌作用模式，本框架包括九个要素：①概述假定的致癌作用模式；②识别关键事件；③关联的强度、一致性与特异性；④剂量-效应关系；⑤时间关系；⑥生物学的合理性与一致性；⑦其他作用模式；⑧结论；⑨包括人类亚群在内的人类相关性。

---

① 证据效力陈述是向风险管理者用非技术性语言对关键数据和结论以及危害表达条件进行解释。潜在人类致癌性结论通过暴露途径来显示。此陈述中包含了简单的可能性说明词，从本质上辨别出是否有足够的证据来预测对人类的危险（即对人类具有致癌性；可能对人类具有致癌性；有关致癌性的提示性证据存在但不足以对人类潜在致癌性进行评价；对人类潜在致癌性进行评价的数据不充分；不可能是人类致癌物质）。由于有关化合物的数据集多种多样，所以不能独立地看待这些说明词；证据效力陈述的内容旨在为生物学证据和结论的推导提供明确的解释。此外，不应将这些说明词看作是经常将有关化学物质的主要科学差异模糊化的分类系统（如字母数字系统）。新的证据效力陈述还对化合物如何引发肿瘤以及对人类的作用模式的关联性给出了结论，并建议在理解作用模式的基础上运用剂量-效应法（USEPA，1996a，1997a）。

② “关键事件”是指凭经验可观测的先兆步骤，即它本身是作用模式的必需要素，或者是这一要素的标志。

3.1.3.3　剂量估算

（1）确定人类经口等效剂量

剂量-效应评价的一个重要目标就是在可能的靶位应用内部剂量或给付剂量进行测定，这一点在致癌效应信息由动物研究外推到人类的那些案例中尤为重要。通常来讲，经口暴露途径，由基础的人类研究或动物实验得出的剂量测定值就是应用剂量，通常以单位质量/（单位体重・单位时间）的形式表示，如 mg/（kg・d）。在运用动物实验数据时，有必要对应用剂量值进行调整来诠释动物和人类之间在毒物代谢动力学上的差异，这种差异将影响作用于靶器官的应用剂量和给付剂量之间的关系。

《1999 年致癌指南修订草案》建议，在估算人类等效剂量的过程中，当有充足的有效数据时，可以运用特定化合物的毒物代谢动力学信息将用于动物研究的剂量调整为人类等效剂量。但是，在大多数情况下，无法获得充足的有效数据进行物种间的剂量比较。在这种情况下，人类等效剂量的估算是以科学政策默认假设为依据的。为了从动物数据推导出人类经口等效剂量，《1999 年致癌指南修订草案》中的默认程序规定了一生中的每日应用经口剂量，它与体重的权重比上升到 3/4（$BW^{3/4}$）。这里用到了调整系数，因为新陈代谢率以及对剂量分布起着决定作用的大多数生理学过程速率都是以这种方式标定的。因此，这个系数的基本原理是根据生理学过程速率一直倾向于将体重的权重值维持在 3/4 的比例这一经验观测结果（USEPA，1992a，1999a）。

体重权重值 2/3 的缩放系数依据基于表面积校正，并被列于《1980 年环境水质基准国家指南》和《1986 年致癌指南》之中，体重权重值 3/4 的运用就是以此为起点的。

（2）剂量-效应分析

如果有充分的化合物数据来支撑生物学模型参数，且评价目的是为了证明投入的资源以支持其用途，那么无论对于可观测肿瘤和相关反应数据，还是对于动物或人类研究中低于可观测数据范围的外推法，这都是一个首选方法。

3.1.3.4　在可观测范围和低环境相关剂量下对剂量-效应关系的描述

致癌物质环境水质基准制定的第一个定量组成部分就是可观测范围内的剂量-效应评价。对大多数化合物来说，当缺乏建立生物学模型的充足数据时，可观测范围内的剂量-效应关系可以通过对反应数据进行曲线拟合来解释。应该注意的是，《1999 年致癌指南修订草案》不仅要求对可观测范围内的肿瘤数据进行建模，而且要求对肿瘤形成之前的其他重要反应（如 DNA 加合物、细胞增殖、受体结合和激素变化）进行建模。为这些数据建模的目的是试图通过对低于可观测范围的肿瘤反应暴露（或剂量）关系的洞悉来更好地为剂量-效应评价提供信息。如果化合物的致癌作用模式可以被恰当地理解，那么这些非肿瘤反应数据只可能在剂量-效应评价和前期事件中发挥作用。

《1999 年致癌指南修订草案》推荐计算肿瘤或非肿瘤反应预计增加 10%的 95%剂量置信下限（LED_{10}）对观测范围内的剂量-效应关系进行定量建模。LED_{10} 的估算值可以作为以下讨论的低剂量外推法的起始点。这个标准起始点（LED_{10}）作为科学决策被采用，以便尽可能地保持具体案例的一致性和可比性。它也是非致癌终点的一个很实用的比较点。支持运用 LED_{10} 的基本原理是在大多数长期的啮齿类动物研究中，10%的反应正处于或低于区别肿瘤反应有统计学意义的敏感边界，并且处于其他毒性研究的可观测范围之内。下限值的应用考虑到了实验差异和样本容量。ED_{10}（中间估算值）也可作为比较的参照，特别适用于化合物的相对危害/潜力优先排序方面。

对于某些数据集来说，选择起始点（POD）而不是 LED_{10} 或许更为合适。其目标是为剂量-效应评价的第二步确定外推范围的起点来确定剂量-效应曲线的最不可靠部分。因此，如果观测反应低于 LED_{10}，那么选择一个较低的点也许会更好（例如 LED_5）。因为人类研究具有较大的样本量，所以多数情况下会比动物研究更加支持较低的起始点。

当暴露边界分析采用非线性剂量-效应法时，无可见有害效应剂量（NOAEL）可以作为起始点。有效数据的类型和评价环境均有助于决定采用无可见有害效应剂量或最低可见有害效应剂量（LOAEL），这两者虽然不如曲线拟合那样严谨和完美，但是却很适合。如果化合物的关键事件和肿瘤反应的几个数据集是可用的，且它们是连续发病数据的混合体，那么同时对它们进行评价的最切实可行的方法通常就是 NOAEL/LOAEL 法。

由动物数据估算出来的 LED 值作为起始点时，通常用种间剂量校正法或毒物代谢动力学分析法将其调整为人类等效剂量，这一点在第 3.1.3.3 节有所记述。

可观测范围内的人类研究分析是基于特定案例而设计的，这取决于研究的类型以及研究中的剂量和效应是如何测定的。

（1）低环境剂量相关的外推法

多数情况下，环境水质基准的推导要求在环境暴露水平远远低于基础研究中所采用的水平的情况下对致癌风险进行评价。许多方法可用来推断可观测实验数据范围以外的风险。在《1999 年致癌指南修订草案》中，外推法的选择在很大程度上取决于作用模式。应当注意的是，“作用模式”（MOA）一词是专门从《1999 年致癌指南修订草案》中挑选出来替代“机理”一词的，与“机理”的含义一样，它是指利用充足的知识作出合理的工作总结而不必要了解过程中的细节。如果模型参数可以不依赖于肿瘤数据而通过数据源计算得出，则《1999 年致癌指南修订草案》更倾向于建立生物学模型。预计大多数化学物质的这类必要参数数据都不是可知的，因此，《1999 年致癌指南修订草案》准许几种默认外推方法（低剂量线性法、非线性法或两者兼用）。

（2）生物学模型法

如果运用生物学方法描述可观测范围内的剂量-效应关系，且模型的置信度较高，那么可以用它来从剂量-效应关系中推知环境相关剂量。为了推导环境水质基准，环境相关剂量大概是与致癌物 10^{-6}～10^{-4} 范围内的终生致癌风险增量相关的特定风险剂量（risk-specific dose，RSD），这个剂量的推导应用的是线性外推法①。用特定风险剂量和起始点/不确定性

① 有关致癌风险范围的讨论，见第 2.4 节。

系数来计算环境水质基准的方法在第 3.1.3.5 节有所描述。尽管生物学方法对于描述可观测的剂量-效应关系和推知环境相关剂量都是适用的，但是大多数物质都不可能有充足的数据来为这些方法的运用提供支持。当缺乏这些数据时，可以运用默认线性法、非线性法，或者线性法和非线性法两者兼用。

（3）默认线性外推法

默认线性外推法替代了 EPA 在致癌风险评价中默认的线性多级模型法。下列任一推论都应选择线性剂量-效应评价法：①没有足够的有关肿瘤作用模式的信息。②化学物质有直接的 DNA 诱变效应或其他线性 DNA 效应迹象。③人体暴露或体内负荷较高，近似于致癌过程中关键事件的相关剂量（如 2,3,7,8-四氯二苯并-*p*-二噁英）。④作用模式分析不支持直接的 DNA 效应，但是预期的剂量-效应关系呈线性（如某些受体介导的效应）。

执行默认线性法的程序由上述起始点的估算开始。起始点 LED_{10} 反映了到人类等效剂量的种间转换以及短于终生的实验持续期的校正。在低环境相关暴露下，用来估算反应速率的外推法在多数情况下可以用一条起始点与原点之间的直线来表示（例如零剂量、零额外风险）。用数学法表示如下：

$$y = mx + b \qquad (2\text{-}3\text{-}1)$$

$$b = 0$$

式中：y —— 反应或发病率；

m —— 直线斜率（致癌潜力系数），$m=\dfrac{\Delta y}{\Delta x}$；

x —— 剂量；

b —— 斜率截距。

直线斜率 m（低剂量下的预期致癌潜力系数）可按下式计算：

$$m = \frac{0.10}{\mathrm{LED}_{10}} \qquad (2\text{-}3\text{-}2)$$

对具体增量目标的终生致癌风险（在 10^{-6}～10^{-4} 范围内）的特定风险剂量按下式计算：

$$\mathrm{RSD} = \frac{\text{目标增量致癌风险}}{m} \qquad (2\text{-}3\text{-}3)$$

式中：RSD —— 特定风险剂量，mg/（kg・d）；

目标增量致癌风险[①] —— 取值范围 10^{-6}～10^{-4}；

m —— 致癌潜力系数，[mg/（kg・d）]$^{-1}$。

运用特定风险剂量计算环境水质基准在第 3.1.3.5 节有所描述。

---

① 1980 年，目标终生致癌风险范围被定在 10^{-7}～10^{-5}。但是，环境水质基准专题研讨会专家组（USEPA，1993）和同行审查专题研讨会专家（USEPA，1999c）都建议 EPA 将风险范围改为 10^{-6}～10^{-4}，以便与《安全饮用水法》中的计划决策保持一致。详见第 2.4 节。

（4）默认非线性法

如《1999 年致癌指南修订草案》所述，下列任一推论都应选择非线性剂量-效应评价法：①支持非线性法应用的肿瘤作用模式（例如某些具有细胞毒性和激素的化合物，包括激素动态平衡的破坏剂），且化学物质并不呈现线性诱变效应。②支持非线性法的作用模式已得到证明，且有迹象表明化学物质具有诱变活性，但其不是肿瘤形成的主要原因。

因此，在没有线性证据但是有充足的证据支持非线性假设的情况下，可以采用默认非线性假设。作用模式可能导向非线性剂量-效应关系，反应随剂量下降的速度比线性法更快，或者在很大程度上受到个体敏感性差异的影响。此外，作用模式理论上会有一个阈值（例如致癌性可能是毒性或者是引发生理学变化的次级效应，这本身就是一个阈值现象）。

在有些情况下可以采用非线性法，例如，膀胱肿瘤诱变剂这种化学物质不具有诱变性而只是在高剂量情况下引起雄性大鼠膀胱内形成结石。这种变化导致肿瘤只在高剂量的情况下形成。当剂量不足以引发形成结石的生理学变化时，则不会出现结石和继发肿瘤（有关这种化学物质的详情可参阅风险评价技术支持文件有关癌症的章节；USEPA，2000）。EPA 一般不会试图将有可能暗示“真正阈值”的作用模式和与非线性剂量-效应关系相关的其他作用模式加以区分，因为从以往经验来看通常不会有充分的信息用以区分这些可能的事情。

1986 年发布的《致癌指南》中的非线性暴露边界法通过计算可观测反应速率（如 LED_{10}、NOAEL 或 LOAEL）与令人关注的实际的或假设的环境暴露两者之间的比值进行比较。在推导环境水质基准的背景下，环境相关暴露是假设目标而非实际暴露。

如果有证据表明化合物属于非线性范畴（例如，在有阈值的情况下，当致癌性相对于其他毒性来说属于次级毒性时），那么对毒性的暴露边界分析则类似于对非致癌终点的分析，且在致癌评价中可能也会估算并考虑到毒性参考剂量或参考浓度，但是没有必要评价致癌反应的阈值。应当注意的是，对于致癌评价而言，暴露边界分析是由通过调整种间毒物代谢差异而得出的人类等效剂量这个起始点开始的。

为了支持暴露边界法的应用，风险评价信息对剂量（暴露）下降明显低于观测数据可能产生的现象的当前认识进行评价，并给出了风险随着暴露下降而降低的有关信息。对暴露边界法中影响不确定性系数的选择的各种因素在下文中还会有所讨论。

暴露边界法包括两个主要步骤。第一步是选择起始点。对于肿瘤发病率或肿瘤初期，起始点可以是 LED_{10}，有些情况下起始点也可以选择 NOAEL 或 LOAEL 值。在使用动物数据时，起始点要通过种间剂量调整（如第 3.1.3.3 节所述）或毒物代谢动力学分析转化为人类等效剂量或浓度。

运用暴露边界分析建立环境水质基准的第二步是选择适当的边界或不确定性系数并应用于起始点。风险评价中的有关暴露边界的讨论分析可以为其提供支撑。当运用暴露边界法（特定情况下其他方法或许同样适用）来设定用于推导环境水质基准的所有不确定性系数时，应考虑以下几点：①剂量-效应评价中所采用的反应性质，无论是初期效应还是肿瘤反应，后者可以支持较大的暴露边界。②起始点的可观测剂量-效应关系的斜率以及与暴露降低相关的风险下降的不确定性和含义（斜率大意味着风险随着暴露降低会下降更多，可支持较小的暴露边界）。③与实验动物相比的人类敏感性。④人类变化性和敏感性的本质与程度。⑤人体暴露。暴露边界评价还要考虑到暴露量级、频率和持续期。如果暴露于某一特定情况的人群全部或很大程度上由特定关注人类亚群（如儿童）组成，且证据表明这一群体对化合物的作用模式有着特殊的敏感性，那么合适的暴露边界也许比普通人群暴露边界要大一些。

（5）线性和非线性法

下述任一推论均可选择线性和非线性法用于剂量-效应评价。每种剂量-效应法的相关支持和信息应用建议都需要编入环境水质基准文件中。在某些情况下，证据对于某一作用模式要比其他作用模式更加有力，这时可以重点运用其中一种剂量-效应法。在其他情况下，两种作用模式都有同等程度的可能性，这时两种剂量-效应法都应得到重视。

①与单一肿瘤类型有关的作用模式在剂量-效应曲线的不同部分支持线性和非线性剂量反应（如 4,4-二氯甲烷）。②肿瘤的作用模式在高剂量和低剂量时支持不同的方法；例如高剂量时为非线性，而低剂量时则为线性（如甲醛）。③化合物不具备 DNA 反应活性，且所有可能的作用模式均符合非线性，但是还没有完全建立起来。④不同的肿瘤类型的作用模式支持不同的方法，例如，一种肿瘤类型适用非线性法，而另一种类型由于缺乏作用模式信息则适用线性法（如三氯乙烯）。

3.1.3.5　环境水质基准的计算方法

（1）线性法

下列公式用来计算致癌物的环境水质基准，式中的特定风险剂量可通过线性法获得：

$$\mathrm{AWQC}=\mathrm{RSD}\cdot\left(\frac{\mathrm{BW}}{\mathrm{DI}+\sum_{i=2}^{4}\left(\mathrm{FI}_i\cdot\mathrm{BAF}_i\right)}\right) \tag{2-3-4}$$

式中：AWQC——环境水质基准，mg/L；

RSD——特定风险剂量，mg/（kg・d）；

BW——人体体重，kg；

DI——饮用水摄入量，L/d；

FI_i——营养级 i（i=2，3，4）的鱼类摄入量，kg/d；

BAF_i——营养级 i（i=2，3，4）的生物累积系数，脂质标准化，L/kg。

（2）非线性法

当使用非线性暴露边界法时，可采用类似的公式来计算环境水质基准①：

① 尽管在此公式中以乘数的形式出现，相对源贡献也可以是一个被减数。

$$AWQC = \frac{POD}{UF} \cdot RSC \cdot \left(\frac{BW}{DI + \sum_{i=2}^{4} \left(FI_i \cdot BAF_i \right)} \right) \tag{2-3-5}$$

式中，变量与式（2-3-4）中定义相同，且：

POD——起始点，mg/（kg·d）；

UF——不确定性系数，量纲为 1；

RSC——相对源贡献（百分比或被减数）。

应当注意的是，由线性法和非线性法所得出的环境水质基准值之间的差异。首先，运用默认线性法得出的环境水质基准值与 10^{-6}～10^{-4} 范围内估算出的特定增量终生致癌风险水平是相对应的。与此相反的是，运用非线性法得出的环境水质基准不对特定致癌风险进行描述。上述环境水质基准的计算方法适用于作为饮用水水源的水体。

实际上，保护人体健康的环境水质基准是基于对包括致癌和非致癌数据在内的所有相关信息进行审核的基础上选择得出的。在环境水质基准最终定值的过程中，环境水质基准可以利用或者不利用由癌症分析得出的数值。所选择的环境水质基准的终点将基于对证据效力的考虑和对所有毒性终点的全面分析。

3.1.3.6 风险描述

风险评价是一个编写风险特征描述概要文件的综合过程。风险特征描述是风险评价过程的最后一个步骤，在此过程中，将前面进行的所有分析（例如危害、剂量-效应和暴露评价）综合起来对潜在人类风险作出总体结论。风险评价过程这一组成部分用非技术性术语对数据进行描述，同时说明证据效力的程度、解释说明和基本原理中的要点以及证据的优缺点，并对可选方法、结论、不确定性和多变性等一些值得认真考虑的问题进行讨论。

风险特征描述信息和环境水质基准值共同来说明由于数据的可得性和目前对致癌过程认识的局限性而进行评价的主要优缺点。讨论危害评价和剂量-效应分析（包括常用的低剂量外推法程序）中与置信度有关的主要问题。无论何时都支持有关致癌性证据效力或剂量-效应特征描述的多种解释，从它们当中进行选择显得很困难时，提供可供选择的观点以及环境水质基准值推导过程中选择的解释的基本原理。如果可能的话，还要给出数据定量分析的不确定性，至少要对重要的不确定性进行定性讨论。

3.1.3.7 毒性当量系数和相对潜力估算值的运用

《1999 年致癌指南修订草案》中规定：

毒性当量系数（TEF）程序可用来定量推导一类化合物中各种化合物的剂量-效应估算值。毒性当量系数以共有特性为基础，当致癌生物测定数据不充分时，可以利用这些特性对同一类别中的化学物质进行致癌潜力排序。此类排序参考了同一类别中已经被充分研究的化学物质的特性和潜力。根据生成毒性当量系数的一个或多个共有特性将其他物质编入参考化合物索引。

此外，《1999 年致癌指南修订草案》规定毒性当量系数只用于在不能得到更好的数据的情况下对环境介质中的化合物或化合物的混合物进行评价。当化合物有更好的数据可供利用时，应当对毒性当量系数进行替代或修正。迄今为止，只有二苯并呋喃（二噁英）和共面多氯联苯已经找到充足的数据来支持毒性当量系数的运用（USEPA，1989，1999b）。

在运用毒性当量系数法时，必需对其不确定性进行说明。当混合物中单个成分的肿瘤数据不可知时，则默认这一方法的运用。同样可推导出相对潜力系数（relative potency factor，RPF）并应用于具有致癌性或其他支持性数据的化合物。相对潜力系数与毒性当量系数在概念上有着相似性，但却不具有相同水平的支持性数据，所以它不具备毒性当量系数那样严格的定义。毒性当量系数和相对潜力系数法只有在没有更好的替代方法时才被运用。在运用时，需要对其相关的假设和不确定性进行讨论。到目前为止，只有三类化合物的相对潜力法通过 EPA 审查：二苯并呋喃（二噁英）、多氯联苯和多环芳烃。毒性当量系数和相对潜力系数法的运用存在局限性，运用它们的时候还需要多加小心。在 EPA 风险评价论坛上发布的草拟文件中可以找到更多的化学物质混合物健康风险评价的相关指导（USEPA，1999b）。

3.1.4　致癌效应参考文献

[1] Barnes D.G.，Daston G.P.，Evans J.S.，et al.. 1995. Benchmark dose workshop：Criteria for use of a benchmark dose to estimate a reference dose. Regul. Toxicol. Pharmacol. 21：296-306.

[2] USEPA（U.S. Environmental Protection Agency）. 1980. Water quality criteria documents. Federal Register 45：79318-79379.

[3] USEPA（U.S. Environmental Protection Agency）. 1986. Guidelines for carcinogen risk assessment. Federal Register 51：33992-34003.

[4] USEPA（U.S. Environmental Protection Agency）. 1989. Interim Procedures for Estimating Risks Associated with Exposures to Mixtures of Chlorinated Dibenzo-p-dioxins and -Dibenzofurans（CDDs and CDFs）and 1989 Update. Risk Assessment Forum. Washington，DC. EPA/625/3-89/016.

[5] USEPA（U.S. Environmental Protection Agency）. 1992a. Draft report：a cross-species scaling factor for carcinogen risk assessment based on equivalence of mg/kg$^{3/4}$/day. Federal Register 57：24152-24173.

[6] USEPA（U.S. Environmental Protection Agency）. 1993. Revision of Methodology for Deriving National Ambient Water Quality Criteria for the Protection of Human Health：Report of Workshop and EPA's Preliminary Recommendations for Revision. Submitted to EPA Science Advisory Board Drinking Water Committee，January 8，1993. Office of Science and Technology，Office of Water. Water Docket W-97-20.

[7] USEPA（U.S. Environmental Protection Agency）. 1996. Proposed Guidelines for Carcinogen Risk Assessment. Office of Research and Development. Washington，DC. EPA/600/P92/003C.（Federal

Register 61：17960）.

[8] USEPA（U.S. Environmental Protection Agency）. 1998a. Draft Water Quality Criteria Methodology：Human Health. Federal Register Notice. Office of Water. Washington，DC. EPA-822-Z-98-001.

[9] USEPA（U.S. Environmental Protection Agency）. 1998b. Ambient Water Quality Criteria Derivation Methodology - Human Health. Technical Support Document. Final Draft. Office of Water. Washington，DC. EPA-822-B-98-005.

[10] USEPA（U.S. Environmental Protection Agency）. 1999a. Guidelines for Carcinogen Risk Assessment. Review Draft. Risk Assessment Forum. Washington，DC. EPA/NCEA-F0644. July.

[11] USEPA（U.S. Environmental Protection Agency）. 1999b. Guidance for Conducting Health Risk Assessment of Chemical Mixtures. External Peer Review Draft. Risk Assessment Forum. Washington，DC. EPA/NCEA-C-0148. April.

[12] USEPA（U.S. Environmental Protection Agency）. 1999c. Revisions to the Methodology for Deriving Ambient Water Quality Criteria for the Protection of Human Health. Peer Review Workshop Summary Report. Office of Water. Washington，DC. EPA-822-R-99-015. September.

[13] USEPA（U.S. Environmental Protection Agency）. 2000. Methodology for Deriving Ambient Water Quality Criteria for the Protection of Human Health（2000）. Technical Support Document Volume 1：Risk Assessment. Office of Science and Technology，Office of Water. Washington，DC. EPA-822-B-00-005. August.

3.2 非致癌效应

3.2.1 《1980 年环境水质基准国家指南》有关非致癌效应

在《1980 年环境水质基准国家指南》中，EPA 运用每日允许摄入量（ADI）对来自化学污染物暴露产生的非致癌人体健康影响进行评价。用 NOAEL 除以安全系数（SF）得出每日允许摄入量，它是在终生暴露过程中预计不会引起有害影响的化学物质剂量的估算值。根据 1977 年美国国家研究委员会的报告（NRC，1977），EPA 采用 10、100 或 1 000 的安全系数，这取决于整个数据库的质量和大小。一般来说，当人类研究中用于确定 NOAEL 的优质数据可知时，建议采用安全系数 10。当人类数据无法得到，但是数据库中含有有效的慢性动物数据时，则建议采用安全系数 100。对于那些无人类数据且动物数据同样缺乏的化学物质，推荐采用安全系数 1 000。位于这些分类之间的数据库也可以使用中间的安全系数。

环境水质基准是由每日允许摄入量水平和人类对水与鱼类摄入量有关的标准暴露假设值，也考虑其他来源的摄入量共同计算得出的[见引言中的式（2-1-1）]。当地表水浓度等于或低于计算出的基准浓度时，就可以认为人体暴露水平等于或低于每日允许摄入量。

这些计算的前提是通常假设来自非致癌物质的不良影响有一个阈值存在。

3.2.2　1980 年以来非致癌物质风险评价进展

1980 年以来，化学物质的非致癌性风险评价已经发生了变化。去除了以“允许”和“安全”等词所暗指的数值判断，每日允许摄入量和安全系数已被参考剂量和不确定性系数/修正系数所分别替代。

对于一般系统毒性的风险评价，EPA 目前运用的指南包含在综合风险信息系统（IRIS）背景文件中，文件题目为《参考剂量（RfD）：在健康风险评价中的描述与应用》（以下简称“综合风险信息系统背景文件”）。此文件中将参考剂量定义为“人群（包括敏感亚群）可能终生都没有明显的有害影响风险的日暴露估算值（不确定性跨度大约为一个数量级）”（USEPA，1993a）。推导参考剂量的最常规方法不涉及剂量-效应模型。特定化学物质的参考剂量的计算通常首先确定大多数敏感的已知毒性终点的 NOAEL，即最低剂量产生的毒性影响。这一影响被称为临界影响。为了在化学物质数据库中从所有已知研究中筛选出最合适的 NOAEL，许多因素如研究方案、实验动物物种、用于评价的毒性终点性质及其与人类影响的关联度、暴露途径和暴露持续期都要经过严格评价。如果在任何研究中都不能识别出合适的 NOAEL，那么就采用临界效应终点的 LOAEL，同时运用从 LOAEL 到 NOAEL 外推法中的不确定性系数。在运用这一方法时，参考剂量等于 NOAEL（或 LOAEL）除以不确定性系数和修正系数（偶尔采用）的乘积：

$$\text{RfD}[\text{mg}/(\text{kg}\cdot\text{d})]=\frac{\text{NOAEL(或 LOAEL)}}{\text{UF}\cdot\text{MF}} \tag{2-3-6}$$

《综合风险信息系统背景文件》中给出了不确定性系数和修正系数的定义与应用指南，见表 2-3-1。

《综合风险信息系统背景文件》中有关参考剂量的章节（USEPA，1993a）对严格的化学物质非致癌效应评价和参考剂量的推导提供了指导。有关这一主题的另一个参考文献是杜尔松的一篇论文（Dourson，1994）。此外，EPA 对特定毒性终点评价还发布了指南单行本，如发育毒性（USEPA，1991a）、生殖毒性（USEPA，1996a）以及神经毒性风险评价（USEPA，1995）。这些特定终点指南将会在危害评价阶段中应用于它们各自的领域，并将进一步完善总体的毒理学评价。但是，应该注意的是，通常认为运用最敏感的已知终点推导出来的参考剂量可以防范所有的非致癌效应。

与《1980 年环境水质基准国家指南》中运用的程序类似，推导非致癌物质环境水质基准的修订方法将参考剂量与来自水源和非水源暴露的污染物摄入量的各种假设同时运用。非致癌物质环境水质基准的目标是确保人类受到的来自于地表水中存在的相关物质的暴露以及其他来源的暴露不超过参考剂量。非致癌物质环境水质基准的推导方法中采用了参考剂量，见引言中的式（2-1-1）。

表 2-3-1 不确定性系数和修正系数

不确定性系数	定义
UF_H	由长期暴露研究的有效数据外推至普通健康人群时，采用系数 1、3 或 10。此系数用来解释人群个体中的敏感性差异（种内差异）
UF_A	当人体暴露研究结果不可知或不充分，由长期实验动物研究的有效结果进行外推时，采用系数 1、3 或 10。此系数用来解释由动物数据外推至人类时的不确定性（种间差异）
UF_S	在缺乏有用的长期人类数据，由亚慢性暴露的实验动物结果进行外推时，采用系数 1、3 或 10。此系数用来解释由亚慢性的 NOAEL 外推到慢性的 NOAEL 过程中的不确定性
UF_L	由 LOAEL 替代 NOAEL 来推导参考剂量时，采用系数 1、3 或 10。此系数用来解释由 LOAEL 外推到 NOAEL 过程中的不确定性
UF_D	由“不完整”的数据库推导参考剂量时，采用系数 1、3 或 10。此系数用来解释任何单个研究类型都不能考虑到的所有毒性终点。中间系数 3（大约为 1/2 lg 单位，即 10 的平方根）常常用于除慢性数据外的单个数据缺失情况。通常称为 UF_D
修正系数（modifying factor，MF）	修正系数由专业判断来决定，是一个大于 0 而小于或等于 10 的不确定性系数。修正系数的大小取决于对前面未明确处理的研究和数据库（如受试物种的数量）的科学不确定性的专业评价。修正系数的默认值是 1

注：大家公认的是，每确定一个不确定性系数或修正系数，都必需用到专业的科学判断。所得出的不确定性系数和修正系数的乘积不应超过 3 000。

3.2.3 有关非致癌物质环境水质基准推导的问题与建议

在《1980 年环境水质基准国家指南》（USEPA，1993b）的重审期间，EPA 发现了几个必需解决的问题，以便研发出基于非致癌效应推导环境水质基准的最终修订方法。正如下面所提到的，这些问题大部分都与作为环境水质基准的基础参考剂量的推导有关。其中最主要的问题是 EPA 是应该修订现有的方法还是完全采纳运用定量的剂量-效应模型来推导参考剂量的新方法。其他问题包括：

（1）用单个点的数值或范围表示参考剂量来反映其内在的不准确性；

（2）有关推导非致癌健康效应剂量的指南文件的选择；

（3）在确定参考剂量的过程中对效应的严重程度的考虑；

（4）以持续期少于 90 d 的研究作为参考剂量的依据；

（5）在计算参考剂量时综合运用生殖/发育、免疫毒性和神经毒性方面的数据；

（6）在风险评价过程中运用毒物代谢动力学数据；

（7）考虑到某些非致癌效应可能不存在阈值。

3.2.3.1 运用现行的建立在NOAEL/不确定性系数基础上的参考剂量法或采用更加定量的方法来进行非致癌风险评价

现行的建立在 NOAEL/不确定性系数基础上的参考剂量法或之前的每日允许摄入量/

安全系数法，自 1980 年以来一直被沿用。该方法假设有一个暴露阈值，低于阈值则不会产生不利的非致癌健康效应。高于此阈值的暴露会对暴露个体带来某些风险；但是，现行方法并没有对高于阈值水平（即阈值之上的剂量-效应曲线形状）的风险性质和量级进行说明。建立在 NOAEL/不确定性系数基础上的参考剂量法的首要目的是确保由可用数据推导出的参考剂量值低于人群效应阈值。但是，此法是有局限性的。具体来说，此法要求将关键性研究中研究人员实际采用的实验剂量中的一个选择出来作为 NOAEL 或 LOAEL 值。确定一个剂量是 NOAEL 还是 LOAEL，这取决于所采用的生物学终点和数据的统计学意义，而统计学意义又取决于剂量组的数量和间隔以及每个剂量组中所采用的动物数量。如果研究中用到的动物数量比较少，就会对区分剂量组和对照组中可检测反应的统计学上的显著差异的能力有所限制。此外，确定一个剂量是 NOAEL 还是 LOAEL 还取决于研究中的剂量间隔。剂量通常跨度很大，一般有 3～10 倍的差别。一个研究可以从所研究的剂量中确定 NOAEL 和 LOAEL，但是“真正的”效应阈值却无法从研究结果中获得。研究的规模和剂量间隔极限也对描述暴露于可观测的 NOAEL 和 LOAEL 值之间的预期反应的性质的能力有所限制。

NOAEL/不确定性系数法的局限性使得其他融合了更多量化剂量-效应信息的方法得以迅速发展。传统的用于非致癌风险评价的 NOAEL 法已经常常成为一个争议的源头并以多种方式被评判。举个例子，涉及动物较少的实验经常会得出较高的 NOAEL，从而可以得出较高的参考剂量。相反，如果样本规模较大，则会导致较高的实验敏感性和较低的 NOAEL。NOAEL 法的关键点是作为 NOAEL 的剂量必需是实验剂量之一。这种方法忽略了剂量-效应曲线的形状，即剂量-效应曲线的斜率对确定人类可接受的暴露量几乎没有影响。因此，除了前面提到的建立在 NOAEL/不确定性系数基础上的参考剂量法，EPA 在适当的情况下将会采纳融合了更多量化剂量-效应信息的其他方法来对非致癌效应进行评价并对参考剂量进行推导。但是，EPA 希望强调的是他们仍然相信建立在 NOAEL/不确定性系数基础上的参考剂量法是有效的而且依然可以用来确定参考剂量。

两种可供选择的方法可能在协助推导化学物质的参考剂量的过程中具有关联性，它们分别为基准剂量法和分类回归法。这些替代性方法可以克服 NOAEL/不确定性系数法的某些固有局限性。例如，有关发育影响的基准剂量分析表明来自研究的 NOAEL 与 5%的效应剂量有很好的相关性（Allen et al.，1994）。基准剂量法和分类回归法与参考剂量法相比通常有更大的数据需求。因此，任何一种方法不可能适用于所有情形；在某些情况下，为了制定化学物质的水质基准，可能需要应用不同的方法来适应处于不断变化之中的数据库。一种方法是否可行要看它是否符合下列标准：①满足相应的风险评价目标；②可充分描述毒性的数据库及其质量；③恰当地描述终点的特性；④当剂量-效应分析中使用模型时对模型的“拟合”质量进行测定；⑤描述关键性假设和不确定性。

（1）基准剂量法

基准剂量是指与对照组相比可以引起预期水平的反应变化的剂量估算值（基准效应剂

量，benchmark response level，BMR）。基准剂量置信下限是指基准剂量统计学意义上的置信下限。在推导参考剂量的过程中，采用基准剂量置信下限作为剂量时应用的是不确定性系数而不是 NOAEL。基准剂量法首先运用可用的实验数据为关键效应模拟出一条剂量-效应曲线。多个数学运算法可以用于剂量-效应曲线的模拟，如多项式或威布尔函数。为了将模拟曲线中的基准剂量定义为量子数据，评价人员首先要选择基准效应剂量。基准效应剂量的选择非常关键。对于量子终点来说，要选择特定的效应剂量（如 1%、5%或 10%）。对于连续性终点来说，基准效应剂量就是与对照组相比的变化程度，是基于公认的生物学重大变化。基准剂量是运用理想的置信限计算方法由基准效应剂量推导出来的。参考剂量可以通过基准剂量除以一个或多个不确定性系数来得到，与 NOAEL 法相类似。由于基准剂量和 NOAEL 一样，可以用来计算参考剂量，所以应该在一个有代表性规模的研究中可检测出的增量风险范围的低端或其附近选择基准效应剂量。一般来讲，这个值处于 1%额外风险剂量（ED_1）与 10%额外风险剂量（ED_{10}）之间的范围内。

在化合物有充足数据库的情况下，EPA 将会同意运用基准剂量法来推导这些化合物的参考剂量。与基准剂量法应用相关的技术决策有若干个，包括：①有害效应的定义；②用于模型的效应数据选择；③运用数据的方式（连续式还是量子式）；④增量风险的计量选择（额外风险还是附加风险）；⑤数学模型的选择（包括异常数据集的非标准模型的运用）；⑥基准效应剂量的选择；⑦置信区间的计算方法；⑧选择适当的基准剂量作为参考剂量的基础（当多个终点由单一研究模拟出来时，当多个模型适用于单个效应时，当多重基准剂量由不同的研究计算得出时）；⑨基准剂量法中不确定性系数的运用。

对这些论题的讨论详情可以参阅 Crump 等的著作（1995）和风险评价技术支持文件（USEPA，2000）。已有多位作者（Gaylor，1983；Crump，1984；Dourson et al.，1985；Kimmel and Gaylor，1988；Brown and Erdreich，1989；Kimmel，1990）对基准剂量法的应用进行了全面讨论。国际生命科学学会（International Life Sciences Institute，ILSI）也于 1993 年 9 月召开了一次有关基准剂量法的专题研讨会；国际生命科学学会（1993）和 Barnes 等（1995）总结了研讨会取得的进展。如需了解更多技术信息，读者可查阅前面提到的出版物。

基准剂量法解决了 NOAEL 法中定量的或统计学上的一些缺点。这些在 Crump 等的著作中（1995）有大量论述，此处给出简要概述。首先，基准剂量法运用了所选择的研究中的所有剂量-效应信息而不仅仅是单个的数据点，如 NOAEL 或 LOAEL。基准剂量法通过运用来自所有剂量组的效应数据来模拟出一条剂量-效应曲线，并在估算 ED_{10} 时考虑到了曲线斜率的倾斜度。运用完整的数据集也使得基准剂量法对数据的微小变化不像依赖于单个剂量组的统计学比较的 NOAEL 法那样敏感。基准剂量法在对跨越终点的影响水平（如 10%的反应速率）的考虑上也具有一致性。

与 NOAEL 法相比，基准剂量法能够更恰当地对每个剂量组的大小进行说明。由于反应速率在统计学上的显著差异是较难发现的，所以如果实验室试验中每个剂量组都只有较少的动物，就容易产生较高的 NOAEL，从而得出偏高的参考剂量。因此，在 NOAEL 法中，较少动物的剂量组会得出较高（较不保守）的参考剂量。相对而言，在基准剂量法中，较小的剂量组会有置信区间在 ED_{10} 附近扩展的效应趋向，因此，有关 ED_{10}（基准剂量）的置信下限就会较低。在运用基准剂量法时，不确定性越高（试验组较小），参考剂量就会越低（较为保守）。

在基准剂量法被常规运用之前需要解决一些问题。这些问题曾在 1996 年同行咨询研讨会（USEPA，1996b）上被明确提出。EPA 目前正在制定基准剂量的常规运用方法。EPA 综合风险信息系统数据库包括多个基于基准剂量法的参考浓度和参考剂量。其中包括基于人类延迟性出生后发育的甲基汞、基于神经毒性的二硫化碳、基于大鼠睾丸效应的 1,1,1,2-四氟乙烷和基于雌性大鼠慢性肺间质性炎症的三氧化锑的参考值。

人们已提出多种数学方法对用于计算基准剂量的发育毒性数据进行建模（如 Crump，1984；Kimmel and Gaylor，1988；Rai and Van Ryzin，1985；Faustman et al.，1989）。类似方法可用来为其他类型的毒性数据“如神经毒性数据”建立模型（Gaylor and Slikker，1990，1992；Glowa and MacPhail，1995）。数学模型的选择不要太严格，只要是在可观测剂量范围内进行估算即可。由于模型是使数学公式与观测数据相符，所以一个特定模型中有关效应阈值是否存在的各种假设可能是不相关的（USEPA，1997）。因此，任何符合经验数据的模型都有可能提供出合理的基准剂量估算值。但是，研究结果表明，在估算基准剂量时，灵活的非对称模型（如威布尔模型）要优于对称模型（如正态分布模型），这是因为高剂量的数据点比低剂量数据点对曲线形状的影响较小。此外，模型应该与基本的已知的生物学参数（如与发育毒性数据有关的窝内相关性）相结合以便尽可能多地解释数据的变化性。目前 EPA 在风险评价过程中运用的是基准剂量法，但前提是要有数据支持。有关基准剂量法应用的指南草案正在由 EPA 制定。

基准剂量法的应用涉及使数学模型与主要由毒理学研究所得出的剂量-效应数据相符。当选择用于基准剂量分析的可用模型时，重要的是选择与数据最相符的、生物学上最适合的模型。经过多年的研究与开发、专家同行评审、公众评论、后续修订以及质量保证试验，EPA 已研发出了一款软件。软件（BMDS，版本 1.2）下载地址 http：//www.epa.gov/ncea/bmds.htm。通过提供简单的数据管理工具、综合性帮助手册、在线帮助系统以及易于使用的界面，可以方便地操作 BMDS 软件，并可在同样的剂量-效应数据上运行多个模型。

作为这个软件包的组成部分，EPA 已将 16 个不同的模型包括进来用于分析二元（量子）数据（伽马、对数、对数-对数、多级、正态分布、对数-正态分布、量子-线性、量子-二次、威布尔）、连续数据（线性、多项式、幂、希尔）以及嵌套式发育毒理学数据（NLogistic，NCTR，Rai & Van Ryzin）。所有模型的结果包括模型公式的重复和使用者所选择的模型运行选项、拟合优度信息、基准剂量、基准剂量置信下限估算值。模型结果以文字和图形输出文件的形式呈现，可被打印或保存、归入其他文件之中。

（2）分类回归法

分类回归法是一个可用于推导参考剂量或预测高于参考剂量的风险的新方法（Dourson et al.，1997；Guth et al.，1997）。与基准剂量法一样，分类回归法可用于估算与给定概率的有害效应相对应的剂量，随后此剂量除以不确定性系数就可以得出参考剂量。但是，与基准剂量法不同的是，分类回归法可以将不同健康终点的信息融入同一个剂量-效应分析中。在现有的健康效应研究中，将所讨论物质的反应严格地分类；例如，①无效应；②无有害效应；③轻度-中度有害效应；④显著效应。这些类别与目前建立参考剂量所采用的剂量类别相对应，分别是无可见效应剂量（no-observed-effect level，NOEL）、无可见有害效应剂量（NOAEL）、最低可见有害效应剂量（LOAEL）和显著效应剂量（frank-effect level，FEL）。可用对数转化或其他应用数学运算为某类效应随剂量的变化概率建立模型（Harrell，1986；Hertzberg，1989）。模型对于数据拟合的“可接受性”可运用一些统计学方法来判断，其中包括 χ^2 统计、相关系数以及模型参数估算值的统计学意义。

用于结果运算的数学公式可以得出不超过选定剂量（如 10%）的不良反应概率的一个剂量（或剂量的置信下限）。这个剂量（与 NOAEL 或基准剂量一样）除以相关的不确定性系数就可以计算出一个参考剂量。有关如何运用分类回归法的更多细节详见风险评价技术支持文件中的讨论部分（USEPA，2000）。

与基准剂量法相比，分类回归法的优势是可以运用更多的可用的剂量-效应数据来解释反应的多变性以及通过置信区间的应用来解释由于样本大小而产生的不确定性。分类回归法的其他优势还包括建模之前数据集的整合，从而可以同时计算多种有害效应（而不仅仅是一种效应）的剂量-效应曲线的斜率。另一个优势是可以对超过参考剂量的暴露引起的不同严重程度的风险进行估算。

另一方面，与基准剂量法相比，它们在运用方法时对于必需数据的数量和质量有着不同的看法。分类回归法还需要对整合的数据集进行判断，判断拟合的可接受性，指定特定效应的严重程度。此外，该方法仍处于研发阶段，不推荐作为常规方法运用，但当数据可用且证明需要进行广泛分析时，该方法是可以运用的。

（3）总结

不管建立在 NOAEL/不确定性系数基础上的方法、基准剂量法、分类回归模型或其他方法是否被用于确定参考剂量，风险评价过程的剂量-效应-评价步骤应包括对毒性数据的性质及其对人体暴露与毒性的适应性的进一步讨论。讨论应当提出特定化合物产生毒性的有效剂量范围；暴露途径、暴露时间和暴露持续期；物种的效应特异性；以及从毒性数据外推到人体健康的环境水质基准与毒物代谢动力学或其他方面有关的考虑事项。这些信息应当总是伴有对数据质量特征的描述。

3.2.3.2 用单个数值或范围表示参考剂量来推导环境水质基准

尽管参考剂量传统上一直是以单个数值的形式来表示并运用，但是其定义中含有“……一个估算值（其不确定性分布可能为一个数量级）……”的措词（USEPA，1993a）。

之所以这样定义是因为用于推导参考剂量的关键效应和总不确定性系数都是基于“最佳”科学判断选择出来的，而且即使是有能力的科学家在审查同一数据库推导参考剂量时也可能会出现一个数量级的差别。

举例来说，综合风险信息系统曾经使用带有范围的数值来表示参考剂量。EPA 推导出砷的参考剂量是一个数值[0.3 μg/（kg・d）]，但是补充提到“目前有关推荐参考剂量值的 2 倍或 3 倍系数内的各种值[即 0.1～0.8 μg/（kg・d）]可能有激烈的科学争论”（USEPA，1993c）。EPA 注意到制定规章的管理者应当意识到这一规定带给他们的灵活性。

在有些情况下，风险管理者可以选择其他数值来替代参考剂量并用于环境水质基准的计算过程中。这一替代值的选择范围被限定在估算值附近的一个明确范围内。在下面的进一步解释中，EPA 认为有时采用除计算的参考剂量估算值以外的数值可以更恰当地对风险特征进行描述。由于许多因素可以对替代值的选择产生影响，所以适当范围内的替代值选择必需依据每个具体情况而定。对几种动物（包括人类）的类似效应的观测可以增加关键效应选择的置信度并缩小不确定性的范围。许多其他因素可以对精确度产生影响，其中包括剂量-效应曲线的斜率、被观测效应的严重程度、剂量间隔以及实验剂量的可能途径。剂量间隔和实验中各研究组所采用的动物数量也会影响到参考剂量的置信度。

为了推导环境水质基准，将计算所得的参考剂量估算值设为默认值。根据对可用数据的考虑，在某些具体情况下在由不确定性系数（修正系数，如果采用的话）的乘积确定的范围内选用其他数值可能更加合理。这意味着风险补偿的存在，表明某些范围值要比点值可能更为合适，这是出于对人体健康或环境归趋的考虑。例如，污染物在鱼类组织中的生物有效性就是一个需要考虑的因素。如果由鱼类组织中得出的生物有效性远远低于水中得出的数值，而且推导参考剂量的研究中的污染物暴露是由饮用水引起的，那么计算所得的参考剂量应该从范围的高端进行选择，并且要运用生物有效性的定量差别来证明其合理性。

大多数无机污染物，尤其是二价阳离子，通过饮食暴露，其生物利用率等于或小于 20%，但是来自水中的生物利用率要高得多（约为 80%或以上）。因此，对于一个由饮食而非饮用水引起的暴露研究，能产生毒性的体内剂量所必需的外部剂量可能要高得多。所以，如果采用同样的外部剂量，那么由饮食研究所得出的参考剂量比由饮用水研究所得出的值可能相对较大。相反，如果作为参考剂量基础的 NOAEL 是由饮食研究得出的，那么替代值可能会略小于计算得出的参考剂量。

由于外推过程中剂量-效应关系的不确定性会随着可观测数据向下外推的增加而增加，所以应用范围内的替代值或许比采用计算所得的参考剂量更适于对风险特征进行描述，尤其是在不确定性很高的情况下更是如此。因此，《2000 年人体健康方法学》作出一项决策，如果能够充分证明替代值的合理性，则允许在计算所得参考剂量的周边范围内选择单一数值并用作环境水质基准的基础。有关这一选择（包括范围跨度的限定）的更多全面讨论详见风险评价技术支持文件（USEPA，2000）。

3.2.3.3 非致癌健康效应值推导指南

EPA 目前运用《综合风险信息系统背景文件》作为化学物质非致癌效应风险评价的总体基础（USEPA，1993a）。EPA 建议继续在风险评价过程中使用此文件。但是，需要注意的是，对综合风险信息系统中的化学物质进行评价的过程正处于修订之中（USEPA，1996c）。许多化学物质的修正评价可以在综合风险信息系统中查到，可按参考剂量推导案例和所需支持文件进行查阅。

3.2.3.4 在参考剂量的推导与验证过程中对不确定性系数与效应的严重程度的处理

在推导参考剂量和毒理学审核的过程中，EPA 认识到动物物种之间及物种内个体之间进行外推的不确定性，以及与数据库的完整性有关的具体的不确定性。在选择与最低可见有害影响效应有关的不确定性系数值时，EPA 参考剂量工作组在审核过程中历来非常重视由化学物质导致的可观测效应的严重程度。例如，在推导和验证锌的参考剂量的过程中（USEPA，1992），用低于标准系数 10 的不确定性系数（不确定性系数 3）来表示人类受体中红细胞超氧化物歧化酶活性的相对轻微下降。在推导参考剂量时，EPA 建议对关键效应的严重程度进行评价，且风险管理者应对参考剂量制定过程中的效应的严重程度及其权重有一个明确的认识。

3.2.3.5 用低于 90 d 的研究来推导参考剂量

一般来讲，低于 90 d 的实验研究不应当用于参考剂量的推导过程。这是因为许多毒性效应可能会因为低于 90 d 的研究持续期太短而检测不出来。但是，在某些情况下，EPA 利用低于 90 d 的研究推导出了参考剂量。例如，铀的非放射性影响的参考剂量就是依据一个对兔子进行的为期 30 d 的研究（USEPA，1989）。之所以采用短期的暴露时间，是因为它足以确定造成慢性毒性的剂量。在其他情况下，如果关键效应可以在 90 d 之内显现，那么低于 90 d 的研究也是适用的。例如，硝酸盐的参考剂量的推导和验证采用的就是持续期小于 3 个月的研究（USEPA，1991b）。对硝酸盐来说，婴幼儿的高铁血红蛋白血症的关键效应就在 90 d 之内发生。当毒理学数据库中的其他数据能够证明关键的不利影响于研究期间内可以显现，且较长的暴露持续时间不会使可观测效应加重或引发其他的一些不利影响的显现，那么 EPA 可以选择少于 90 d 的研究作为参考剂量的基础。这样的数值应当谨慎使用，因为如果其他影响在暴露持续 90 d 以上的情况下表现出来就会增加确定过程中的不确定性。

3.2.3.6 用生殖/发育、免疫毒性和神经毒性的数据作为推导参考剂量的基础

所有相关的毒性数据都与参考剂量的推导与验证有一定关系且受到 EPA 重视。“关键”效应是指与人类最为相关的有害效应，或是在对人类的相关影响未知而动物研究中出现于最低剂量的有害效应。如果关键效应是神经毒性，EPA 将运用该终点作为推导和验证参考剂量的依据，正如丙烯酰胺的参考剂量的推导。此外，EPA 一直不断地修订其非致癌风险评价程序。例如，EPA 已经发布了推导发育毒性的参考剂量（RfD_{DT}，USEPA，1991a）、运用风险评价中的生殖毒性（USEPA，1996a）和神经毒性（USEPA，1995）数据的指南。

EPA目前正在制定运用免疫毒性数据推导参考剂量的指南。此外，EPA在现有指南的基础上，正在处于制定急性暴露情况下危险物质产生的合理应急健康剂量的进程中（NRC，1993）。

3.2.3.7　风险评价中毒性动力学数据的应用

包括毒性动力学和机理数据在内的所有相关毒性数据都应用于风险评价过程中。EPA已经运用毒性动力学数据推导出了镉和其他化合物的参考剂量，并且正在运用毒性动力学数据，以便在参考浓度的推导和验证过程中由动物吸入试验来更好地描述人类吸入暴露的特征。与参考剂量类似，通常认为参考浓度是指在终生的吸入暴露期内不会引起不良的非致癌效应的一个大气浓度估算值（USEPA，1994；Jarabek，1995a）。对参考浓度来说，作出不同的剂量测定调整来说明实验动物和人类之间在气体摄入与处置或者在粒子清除和残留方面的差异。这一程序可以计算得出“人类当量浓度”。根据这些程序的应用，在推导参考浓度的过程中，采用种间不确定性系数3（即大约为$10^{0.5}$）来替代标准系数10（Jarabek，1995b）。

化学物质的毒性动力学与毒性动态学都有助于形成化学物质的可观测毒性，特别是敏感性在物种内的可观测差异。毒性动力学对化学物质在体内的沉积、吸收、分布、代谢和清除进行了描述，可采用毒性动力学模型进行相近的表达。毒性动态学描述了化合物与靶细胞的毒性交互作用。在缺乏化合物对物种中观测到的毒性效应相对贡献的具体数据的情况下，人们认为它们各自解释了人类与实验动物相比大约一半的可观测效应的差异。这一假设意味着在有效的毒性动力学数据和模型可以用来获得经口“人类当量应用剂量”时，种间的不确定性系数3可以替代系数10来进行参考剂量的推导（Jarabek，1995b）。如果任何一方对可观测效应的相对贡献的具体数据存在，将会采用这一比例关系。暴露持续期的作用，以及化学物质或其危害是否会在特定情况下随着时间而累积，这些都需要慎重考虑（Jarabek，1995c）。

3.2.3.8　非致癌化学物质的线性（或无阈值）考虑

具有非致癌终点的化学物质很可能没有效应阈值。以铅为例，铅对神经发育的效应阈值一直未能确定。其他的例子还包括遗传毒性致畸剂和生殖细胞诱变剂。遗传毒性致畸剂在器官形成、组织发生或其他发育阶段通过引发突变事件而起作用。生殖细胞诱变剂与生殖细胞相互作用而发生诱变，这种诱变可以传导到受精卵并在一个或多个发育阶段进行表达。但是，目前有关这些可能的作用模式的机理信息已被充分了解的化学物质几乎是不存在的。应当认识到的是，尽管线性作用模式是可能的（特别是对于已知的具有诱变性的化合物），但是对于除癌症以外的大多数毒性终点来说，这一点还没有得到合理的证明。

EPA已经认识到无阈值非致癌终点的可能性，在《发育毒性风险评价指南》（USEPA，1991a）和《1986年诱变风险评价指南》中对这个问题进行了讨论。应当建立起有关致畸或诱变效应可能性的意识，以便对这样的数据进行处理。但是，由于没有充足的数据来作为发育或生殖效应的遗传或变异的支撑基础，于是便默认不确定性系数法或作用模式法，也就是假定有阈值的非致癌物质所采用的程序。因此，虽然传统的不确定性系数法是计算化学物质产生发育或生殖效应之基准或数值的一般规定，但是遗传毒性致畸剂和生殖细胞诱变剂应当被看做是一个例外。对于特定情况来说，由于没有建立健全的机制用于计算保护人体健康免受这些化合物影响的基准，那么将会依据具体情况制定基准。其他类型的无阈值非致癌物质也必需具体情况具体分析。

3.2.3.9 最少数据指南

有关制定参考剂量的最少数据指南，详见风险评价技术支持文件（USEPA，2000）。

3.2.4 非致癌效应参考文献

[1] Allen B. C.，Kavlock R.T.，Kimmel C.A.，et al.. 1994. Dose-response assessment for developmental toxicity. Fund. Appl. Toxicol. 23：496-509.

[2] Barnes D.G.，Daston G.P.，Evans J.S.，et al.. 1995. Benchmark dose workshop：criteria for use of a benchmark dose to estimate a reference dose. Reg. Toxicol. Pharmacol. 21：296-306.

[3] Brown K.G.，Erdreich L.S.. 1989. Statistical uncertainty in the no-observed-adverse-effect level. Fund. Appl. Toxicol. 13：235-244.

[4] Crump K.S.，Allen B.，Faustman E.. 1995. The Use of the Benchmark Dose Approach in Health Risk Assessment. Prepared for U.S. Environmental Protection Agency's Risk Assessment Forum. EPA/630/R-94/007.

[5] Crump K.S.. 1984. A new method for determining acceptable daily intakes. Fund. Appl. Toxicol. 4：854-871.

[6] Dourson M. L.. 1994. Methodology for establishing oral reference doses（RfDs）. In：Risk Assessment of Essential Elements. Mertz W.，Abernathy C.O.，Olin S.S.（eds.）ILSI Press. Washington，DC. 51-61.

[7] Dourson M. L.，Hertzberg R.C.，Hartung R，et al.. 1985. Novel approaches for the estimation of acceptable daily intake. Toxicol. Ind. Health 1：23-41.

[8] Dourson M. L.，Teuschler L.K.，Durkin P.R.，et al.. 1997. Categorical regression of toxicity data，a case study using aldicarb. Regul. Toxicol. Pharmacol. 25：121-129.

[9] Faustman E.M.，Wellington D. G.，Smith W. P.，et al.. 1989. Characterization of a developmental toxicity dose-response model. Environ. Health Perspect. 79：229-241.

[10] Gaylor D. W.. 1983. The use of safety factors for controlling risk. J. Toxicol. Environ. Health 11：329-336.

[11] Gaylor D. W.，Slikker W.. 1990. Risk assessment for neurotoxic effects. Neurotoxicology 11：211-218.

[12] Gaylor D. W.，Slikker W.. 1992. Risk assessment for neurotoxicants. In：Neurotoxicology. Tilson H.，Mitchel C.（eds）. Raven Press. New York，NY. 331-343.

[13] Glowa J. R.，MacPhail R.C.. 1995. Quantitative approaches to risk assessment in neurotoxicology. In：Neurotoxicology：Approaches and Methods. Academic Press. New York，NY. 777-787.

[14] Guth D. J.，Carroll R. J.，Simpson D.G.，et al.. 1997. Categorical regression analysis of acute exposure to

tetrachloroethylene. Risk Anal. 17（3）：321-332.

[15] Harrell F.. 1986. The logist procedure. SUGI Supplemental Library Users Guide，Ver. 5th ed. SAS Institute. Cary，NC. Hertzberg R.C.. 1989. Fitting a model to categorical response data with application to species extrapolation of toxicity. Health Physics 57：405-409.

[16] ILSI（International Life Sciences Institute）. 1993. Report of the Benchmark Dose Workshop. ISLI Risk Science Institute. Washington，DC.

[17] Jarabek A. M.. 1995a. The application of dosimetry models to identify key processes and parameters for default dose-response assessment approaches. Toxicol. Lett. 79：171-184.

[18] Jarabek A. M.. 1995b. Interspecies extrapolation based on mechanistic determinants of chemical disposition. Human Eco. Risk Asses. 1（5）：41-622.

[19] Jarabek A. M.. 1995c. Consideration of temporal toxicity challenges current default assumptions. Inhalation Toxicol. 7：927-946.

[20] Kimmel C. A.. 1990. Quantitative approaches to human risk assessment for noncancer health effects. Neurotoxicology 11：189-198.

[21] Kimmel C. A.，Gaylor D.W.. 1988. Issues in qualitative and quantitative risk analysis for developmental toxicity. Risk Anal. 8：15-20.

[22] NRC（National Research Council）. 1977. Decision Making in the Environmental Protection Agency. Vol. 2. National Academy of Sciences. Washington，DC. 32-33 and 241-242.

[23] NRC（National Research Council）. 1993. Guidelines for Developing Emergency Exposure Levels for Hazardous Substances. Subcommittee on Guidelines for Developing Community Emergency Exposure Levels（CEELs）for Hazardous Substances. Committee on Toxicology，NRC. National Academy Press. Washington，DC.

[24] Rai K.，Van Ryzin J.. 1985. A dose-response model for teratological experiments involving quantal responses. Biometrics 41：1-10.

[25] USEPA（U.S. Environmental Protection Agency）. 1986. Guidelines for mutagenicity assessment. Federal Register 51：34006-34012. September 24.

[26] USEPA（U.S. Environmental Protection Agency）. 1989. Reference dose（RfD）for oral exposure for uranium（soluble salts）. Integrated Risk Information System（IRIS）. Online.（Verification date 10/1/89）. Office of Health and Environmental Assessment，Environmental Criteria and Assessment Office. Cincinnati，OH.

[27] USEPA（U.S. Environmental Protection Agency）. 1991a. Final guidelines for developmental toxicity risk assessment. Federal Register 56：63798-63826. December 5.

[28] USEPA（U.S. Environmental Protection Agency）. 1991b. Reference dose（RfD）for oral exposure for nitrate. Integrated Risk Information System（IRIS）. Online.（Verification date 10/01/91）. Office of Health and Environmental Assessment，Environmental Criteria and Assessment Office. Cincinnati，OH.

[29] USEPA（U.S. Environmental Protection Agency）. 1992. Reference dose（RfD）for oral exposure for inorganic zinc. Integrated Risk Information System（IRIS）. Online.（Verification date 10/1/92）. Office of Health and Environmental Assessment，Environmental Criteria and Assessment Office. Cincinnati，OH.

[30] USEPA（U.S. Environmental Protection Agency）. 1993a. Reference dose（RfD）：Description and use in health risk assessments. Integrated Risk Information System（IRIS）. Online. Intra-Agency Reference Dose（RfD）Work Group，Office of Health and Environmental Assessment，Environmental Criteria and Assessment Office. Cincinnati，OH. March 15.

[31] USEPA（U.S. Environmental Protection Agency）. 1993b. Revision of Methodology for Deriving National Ambient Water Quality Criteria for the Protection of Human Health：Report of Workshop and EPA's Preliminary Recommendations for Revision. Submitted to the EPA Science Advisory Board by the Human Health Risk Assessment Branch，Health and Ecological Criteria Division，Office of Science and Technology，Office of Water. Washington，DC. January 8.

[32] USEPA（U.S. Environmental Protection Agency）. 1993c. Reference dose（RfD）for oral exposure for inorganic arsenic. Integrated Risk Information System（IRIS）. Online.（Verification date 02/01/93）. Office of Health and Environmental Assessment，Environmental Criteria and Assessment Office. Cincinnati，OH.

[33] USEPA（U.S. Environmental Protection Agency）. 1994. Methods for Derivation of Inhalation Reference Concentrations and Application of Inhalation Dosimetry. Office of Health and Environmental Assessment，Environmental Criteria and Assessment Office. Research Triangle Park，NC. EPA/600/8-90/066F.

[34] USEPA（U.S. Environmental Protection Agency）. 1995. Proposed guidelines for neurotoxicity risk assessment. Federal Register 60：52032-52056. October 4.

[35] USEPA（U.S. Environmental Protection Agency）. 1996a. Reproductive toxicity risk assessment guidelines. Federal Register 61：56274-56322. October 31.

[36] USEPA（U.S. Environmental Protection Agency）. 1996b. Report on the Benchmark Dose Peer Consultation Workshop. Risk Assessment Forum. Washington，DC. EPA/630/R96/011.

[37] USEPA（U.S. Environmental Protection Agency）. 1996c. Integrated Risk Information System（IRIS）；announcement of pilot program；request for information. Federal Register. 61：14570. April 2.

[38] USEPA（U.S. Environmental Protection Agency）. 1997. Mercury Study：Report to Congress. Volume 5：Health Effects of Mercury and Mercury Compounds. Office of Air Quality Planning and Standards，and Office of Research and Development. Research Triangle Park，NC. EPA-452-R-97-007.

[39] USEPA（U.S. Environmental Protection Agency）. 2000. Methodology for Deriving Ambient Water Quality Criteria for the Protection of Human Health（2000）. Technical Support Document Volume 1：Risk Assessment. Office of Science and Technology，Office of Water. Washington，DC. EPA-822-B-00-005. August.

4 暴露

推导保护人体健康的环境水质基准需要用到有关水污染物的毒理学终点和人体暴露于这些污染物的途径的信息。在推导环境水质基准的过程中已被考虑的人体暴露于特定水环境污染物的两个主要途径分别为从水中直接摄入饮用水和消费水中的鱼类/贝类。水源途径还包括其他家庭用途的暴露（如淋浴）。环境水质基准的推导包括对污染物最高水浓度的计算（即水质基准浓度），以确保饮用水和/或鱼类摄入暴露不会导致人类的污染物摄入量超过基于毒理学终点的特定水平。

此处以简化方式再次显示非致癌效应公式，着重强调暴露相关参数（以粗体表示）。[注：相对源贡献参数适用于致癌效应非线性低剂量外推法，其他暴露参数适用于全部 3 个公式（见第 1.6 节）]。

$$\mathrm{AWQC} = \mathrm{RfD}\boldsymbol{\cdot}\mathbf{RSC}\boldsymbol{\cdot}\left(\frac{\mathbf{BW}}{\mathbf{DI} + (\mathbf{FI}\boldsymbol{\cdot}\mathrm{BAF})}\right) \quad (2\text{-}4\text{-}1)$$

式中：AWQC ——环境水质基准，mg/L；

RfD ——非致癌效应的参考剂量，mg/（kg • d）；

RSC ——非水源暴露的相对源贡献系数；

BW ——人体体重，kg；

DI ——饮用水摄入量，L/d；

FI ——鱼类摄入量，kg/d；

BAF ——生物累积系数，L/kg。

下列各节讨论了与《2000 年人体健康方法学》相关的暴露问题：暴露政策问题；有关非水源暴露的考虑（相对源贡献法）；以及环境水质基准计算所采用的系数。EPA 作出的科学政策和风险管理决策在相关章节中有所讨论。

4.1 暴露政策问题

本节对暴露政策问题进行了广泛的讨论，这些问题与 EPA 认为在建立环境水质基准过程中应达到的主要目标有关。

暴露评价技术支持文件对本指南中讨论的众多专题提供了更多细节：对污染物浓度来源和暴露摄入信息的建议；对推导环境水质基准所需暴露数据的获取和分析调查方法的建议；对有关垂钓者和以捕鱼为生的渔民的鱼类消费量的研究总结；对参数值（如鱼类消费量、体重）的更多详细介绍；对相对源贡献方法应用的补充指导。

4.1.1 水环境暴露源

4.1.1.1 环境水质基准推导过程中包含饮用水途径的合理性

自《1980年环境水质基准国家指南》首次发布以来，EPA一直尝试继续将饮用水暴露途径包含在国家默认人体健康基准（环境水质基准）的推导过程之中。

当饮用水作为指定用途时，EPA建议包含饮用水暴露途径，理由如下：①根据《清洁水法》，饮用水是地表水的指定用途，因此，需要制定基准来确保这一指定用途能够得到保护和维持；②尽管这种情况很少，但是确实存在某些以未经处理的地表水源作为饮用水提供的公共供水情况；③即使是在大多数地表水进行处理的供水中，现有处理技术可能并不能够有效地降低某些特定污染物的浓度；④考虑到EPA的污染防治目标，环境水体的污染程度不应达到将实现健康目标的责任由污染物排放责任者转移到下游使用者来负担水的改善或追加的处理成本。

这项政策决策已经得到各州、大多数公共利益相关者以及外部同行审查者的支持。与其他暴露参数一样，如果各州和授权部落认为饮用水消耗量与EPA所推荐的成人2 L/d和儿童1 L/d的默认假设有着很大区别的话，那么他们可以灵活地采用可供选择的摄入量。EPA建议各州和授权部落所采用的摄入量要保护大多数消费者，并且要考虑到替代的假设值基于EPA审查州和部落水质标准上报稿时提供的信息或依据是否可以对州或部落人群进行足够的保护。

4.1.1.2 分别制定与饮用水和鱼类消耗有关的环境水质基准

在明确将饮用水途径包含于保护人体健康环境水质基准的推导过程中之后，EPA计划继续采取实践行动制定饮用水和鱼类/贝类消耗的环境水质基准，并单独制定基于鱼类/贝类摄入量的环境水质基准。其中第二个基准适用的情况包括《清洁水法》第101（a）条款中的支持可垂钓用途和人类的鱼类或贝类消耗而非饮用水源（例如非饮用的河口水域）的水体的指定用途。

EPA并不认为保护饮用水用途的国家水质基准是唯一的特定用途，原因有二。第一，州和部落制定的人体健康标准是为了保护《清洁水法》第101（a）条款中的用途（例如“可垂钓、可游泳用途”）。第二，大多数水域都有多个指定用途。此外，水质标准计划对水生生物进行保护。对于水生生物较为敏感的情况（即当人体健康基准不能提供充分的保护时）或鱼/水的摄入不会对人体健康产生影响的情况，《2000年人体健康方法学》修订本并没有改变EPA适用于水生生物基准的政策来对水生物种进行保护。

4.1.1.3 地表水的偶然摄入

《2000年人体健康方法学》并没有按照惯例包括针对娱乐用途的偶然性水摄入的基准。EPA已经考虑到仅仅基于鱼类摄入量的保护人体健康的水质基准（或者仅为保护水生生物的基准）是否足以保护娱乐性的使用者免受由偶然性的水摄入所带来的健康影响。

EPA 对提供一段时期内的偶然性平均水摄入量估算值的信息进行了审核。EPA 通常认为这个平均值是可以忽略的，且不会对典型的饮用水和鱼类摄入的化学物质基准值产生任何影响。除非化学物质表现出没有生物累积潜力，否则仅仅基于鱼类消耗的化学物质基准对基准值可能同样不会产生真正的影响。但是，EPA 同时认为偶然性/意外性的水摄入对于微生物水质基准的制定是很重要的，此外对于游泳和划船这些娱乐用途明显高于全国平均水平的州来说，偶然性/意外性的水摄入对化学物质或微生物基准的制定也是很重要的。EPA 还指出，一些州表示他们已经建立起了用于制定基准的偶然性摄入量。因此，尽管 EPA 不会在制定国家第 304（a）条款的化学物质基准时采用这个摄入参数，但是会在暴露评价技术支持文件中提供有限的指导，以便在这个摄入参数可能具有重大意义的情况下对各州和授权部落提供指导。

4.2 在制定环境水质基准时对非水源暴露的考虑

4.2.1 政策背景

《2000 年人体健康方法学》在建立保护人体健康的环境水质基准的过程中立足相关毒理学终点，运用不同的方法来研究非水源暴露途径。对于那些适用的毒性终点基于线性低剂量外推法的致癌物质，其环境水质基准的推导过程中只考虑到了两种水源暴露（即饮用水和鱼类摄入），而没有明确考虑非水源暴露。对于基于线性低剂量外推法的致癌物质来说，其环境水质基准是由水中存在的物质导致的增量终生风险决定的，而不是由所有暴露源的个体总风险决定的。因此，环境水质基准代表的是因暴露于特定污染物而可能增加的低于百万分之一的个体终生致癌风险的水浓度，而不考虑其他来源（如果存在的话）的特定物质暴露引起的额外终生致癌风险。

此外，基于线性低剂量外推法由一种介质得到的健康基准值在浓度值上明显不同于其他介质所得到的值，在大多数情况下与相关的风险水平有关。因此，除非所有基于线性低剂量外推法的特定致癌物质的风险评价得出的浓度值与风险水平均相同，否则相对源贡献概念即使在理论上都是不能适用的；也就是说，所作分配需要基于单一风险值和风险水平。

如果物质的环境水质基准是以基于非线性低剂量外推法的致癌物质为基础的，或者认为其非致癌终点的阈值是假定存在的，那么在采用相对源贡献方法推导环境水质基准的过程中要考虑到非水源暴露。这个方法的基本原理是对于表现为有阈值效应的污染物，环境水质基准的目标是确保个体的总暴露不超过阈值水平。

事实上，在计算表现为有阈值效应的污染物的环境水质基准时，人们对于在大多数情况下是否有必要明确考虑其他暴露源已经进行过诸多讨论。有人主张由于用作环境水质基准推导基础的参考剂量（或起始点/不确定性系数值）基本上是保守的假设，所以略超过参考剂量的总暴露不大可能产生不良影响。

EPA 强调，相对源贡献的用途就是确保在与其他已确定的关注人群常见相关暴露源相结合时，一个基准或多重基准所容许的化学物质水平不会导致超过参考剂量或起始点/不确定性系数的暴露。在推导健康基准的过程中，多个暴露源政策通常会在 EPA 项目办公室的风险特征描述、基准和标准制定过程中得到全面考虑。众多 EPA 工作组已经对这些暴露的分解合理性进行了评价，EPA 得出的结论是充分保护人体健康具有重要意义。因此，EPA 的风险管理政策在过去六年中取得了重大发展。EPA 已经制定出了各种有关集合暴露和累积风险的计划行动和政策文件，包括对吸入暴露和皮肤暴露的考虑。此外，考虑到新近出台的法规（例如《食品质量保护法》）中都涉及其他暴露，因此，这成为对 EPA 的一个需求。暴露决策树方法已经与 EPA 其他办公室所共享，并且在适当的情况下已经开始致力于对集合暴露政策进行协调。对于相对源贡献问题以及如果与基准允许更高的暴露水平相结合可能会超过参考剂量或起始点/不确定性系数，从而使人体健康可能无法得到充分保护的担忧，EPA 计划继续制定政策指导。EPA 还计划不久的将来对《2000 年人体健康方法学》进行修订，包括与有关吸入和皮肤暴露的其他指南相结合。如前所述，EPA 必需根据《清洁水法》第 304（a）条款来推导国家水质基准，但并不计划推导特定地点的水质基准。但是，各州和授权部落可以灵活地以地方数据为依据来制定可供替代的暴露和相对源贡献估算值，EPA 非常支持这种做法。

在推导参考剂量（或起始点/不确定性系数）的过程中用于说明种内和种间差异以及毒性数据集/动物研究不完整性的各种不确定性系数与化学物质的内在毒理学作用尤其相关，而与人类可能经历的暴露源无关。为了制定保护性的健康基准，EPA 的政策是对其他暴露源加以考虑并进行说明。EPA 认为，当与参考剂量相关的不确定性系数很小的时候，多个途径暴露可能会特别重要。尽管 EPA 相当清楚在推导过程中参考剂量并非完全相等，但当局并不认为毒理学数据的不确定性会由于忽略暴露源而导致基准不够严格。但是，当多个暴露源不可预料时，相对源贡献政策方法允许采用不够严谨的假设。

制定环境水质基准的目的是为了使其成为基本适用于美国各类水域的保护性基准。由于 EPA 无法对与高于参考剂量或起始点/不确定性系数的综合暴露相关的实际人体健康风险进行定量预测，所以超过参考剂量或起始点/不确定性系数的多个介质健康基准的组合可能并不具有足够的保护性。因此，在基于非线性低剂量外推法为非致癌物质和致癌物质建立环境水质基准时，EPA 的政策是通常要考虑到非职业暴露的所有来源和所有途径。EPA 认为，将总暴露维持在参考剂量（或起始点/不确定性系数）以下是一个合理的健康目标，并且无论是单独的（如果只有一个基准是相关的，其他摄入来源均视为本底暴露）还是混合的，化学物质的健康基准不应超过参考剂量（或起始点/不确定性系数）。EPA 相信其相对贡献源政策可以确保这一目标。

同时，考虑到对暴露模式的未来变化进行合理预测是非常困难的、典型数据的匮乏会导致暴露估算值的不确定性、可能的但却未知的暴露源、某些人群遭受比可利用数据表明的更多暴露的可能性，EPA 认为运用总参考剂量（或起始点/不确定性系数）并不能够保证起到充分的保护作用。

4.2.2　暴露决策树法

正如第 1 章所述，EPA 以前曾使用“扣除法”来计算污染物的多个暴露源。在扣除法中，其他暴露源（即除饮用水和鱼类暴露之外的那些暴露源）都要从参考剂量（或起始点/不确定性系数）中扣除。但是，EPA 之前也曾为了相同的目的而使用过“百分数法”。在这一方法中，通常由决定基准的暴露源来计算被称为相对源贡献的总暴露百分数，并将其应用于参考剂量来确定“分配”给这一来源的参考剂量最大数值。在这两个方法中，采用的是参考剂量的 80%上限和参考剂量的 20%下限。

当一特定化学物质只与一个基准相关时，就可以考虑扣除法。而当化学物质面临多介质基准问题时，则推荐使用百分数法。百分数法不只是简单地取决于预期的基准来源中的污染物量，它还试图反映健康方面要考虑的事项、其他来源的相对比例以及那些多个暴露源中的每个水平千变万化的可能性（由于排放源的不断变化）。EPA 试图用多源暴露间的相互比较来估算它们对总量所作出的相对贡献，而不是在每个案例中都简单采用默认值，要想了解它们的浓度变化程度或者作出任何分布分析，通常是不大可能的。在面临多重基准时，基准浓度是以实际浓度为基础的，并假设存在足够的相对可变性从而使比例分配（将百分数与参考剂量相关联）成为解释与可变性有关的不确定性的一种可行方法。

EPA 推荐具体的相对源贡献方法，这一方法将用于推导使用非线性低剂量外推法进行评价的致癌物质和非致癌物质的环境水质基准，称为暴露决策树法，并在下文对其进行描述。在建立环境水质基准的过程中对来自其他介质的暴露进行计算时（即非饮用水/非鱼类摄入暴露以及吸入或皮肤暴露），用暴露决策树法来确定建议的参考剂量或起始点/不确定性系数的比例分配，并成为水质基准制定过程中对化学物质进行综合评价的一种方法。该方法考虑到了可用暴露数据的充分性、暴露水平、相关暴露源/介质以及监管规程（即相同的化学物质是否有多重健康基准或监管标准）。决策树法解决了单独运用百分数法或扣除法所带来的主要缺点，因为在对下列事宜作出决定之前，它们不能被任意选择：特定关注人群、这些人群是否与所讨论化学物质的多源暴露相关（即人群是否正在确实或可能经受多源暴露）以及暴露水平、监管规程或其他情况下对可取的参考剂量或起始点/不确定性系数进行比例分配。暴露决策树法可能在不同的情况下运用了扣除法和百分数法，虽然推荐使用决策树法，但是有个概念要知道，即如果所讨论污染物的有关信息表明不适合于采用决策树法，那么可以相当灵活地转而采用其他方法。EPA 认识到除决策树法之外还有可能存在其他有效方法。

暴露决策树法可以对各种暴露源的参考剂量（或起始点/不确定性系数）灵活地进行比例分配。当有充足的数据可供利用时，可以用来计算所关注人群的保护性暴露估算值。当其他暴露源或途径可能存在但却没有充足的数据时，更加需要确保公众健康得到保护。对这些情况来说，可以采用一系列的定性替代方法（用不太充分的数据或默认假设）来弥补数据的不充分性并对人体健康进行保护。具体来讲，当实际的监测数据不充分时，决策树法会运用到化学物质信息。该方法考虑到了化学/物理性质的相关信息、化学物质的用途、环境归趋与转化以及在各种介质中存在的可能性。在可能的情况下对这些信息进行审核，并确定化学物质的合理暴露特征描述，从而可以得到比自动采用默认值更加准确地反映暴露的水质基准。尽管20%的默认值通常仍旧在信息不充分的情况下被使用，但是应当减少其使用频率。还有一些情况下，EPA会考虑采用80%的默认值（见第4.2.3节）。

决策树法同样允许应用扣除法或百分数法来对其他暴露进行计算，这取决于是否有一个或多个健康基准与所讨论的化学物质相关。当只有一个基准与特定化学物质相关时，可以考虑应用扣除法。在这种情况下，其他暴露源可以看做是“背景”并可以从参考剂量（或起始点/不确定性系数）中扣除。

在这种情况下使用扣除法时，EPA对各州和部落提出警示。扣除法得出的基准值是指在扣除其他暴露源之后化学物质在水中的最大可能浓度。同样，它排除了前基准水平（即实际的“当前”水平）和参考剂量之间的缓冲成分，因此制定的基准处于不超过参考剂量的最高水平。这在某种程度上有悖于《清洁水法》中维护和恢复国家水体的目标。它还与EPA在众多计划中明确提出的有关污染预防的政策有直接冲突。EPA主张这是一项很好的健康政策，可以用来建立基准，从而在当前暴露水平已经很低的情况下维持其低水平。扣除法得出的特定介质的污染物基准浓度与百分数法相比通常会处在一个显著较高的水平，从而在此方面有悖于这些目标。事实上，许多化学物质在环境介质中的前基准水平会比作为结果的基准所允许的值要低得多（与参考剂量相比）。

当不止一个基准与特定化学物质相关时，适合通过百分数法来分配参考剂量（或起始点/不确定性系数）并确保基准的组合，从而使作为结果的暴露可能性不会超过参考剂量（或起始点/不确定性系数）。暴露决策树（带有编号框）如图2-4-1所示。本文下面几页中的解释需要配合暴露决策树图解进行阅读；图中每个框中的文字只是对确定决策树各步骤结果的过程和条件进行了象征性的说明。其根本目的是在普遍避免单一介质只是在名义上代表总暴露的超低极限的同时将总暴露维持在参考剂量（或起始点/不确定性系数）之下。为了实现这个目标，所有被推荐的数值极限均介于参考剂量（或起始点/不确定性系数）的20%～80%。此外，EPA在推导环境水质基准的过程中将运用暴露决策树方法，并且认识到在某些情况下偏离此方法可能是恰当的做法。EPA很清楚在对所讨论化学物质的性质、用途和来源进行考虑之后，决策树程序对于某些情况或许并不可行或者根本不相关。在制定替代性水质基准的过程中，为了选择更为合适的建立健康基准以及分配参考剂量或起始点/不确定性系数的其他方法，只要能够给出为什么暴露决策树方法不适用的理由，只要清楚地描述了评价潜在暴露源和暴露水平的步骤，EPA认可各州和授权部落的这种灵活性。然而，为了制定某一特定化学物质的人体健康水质基准，通常化学物质的多个暴露源的常见情况可能值得运用决策树法进行评价。

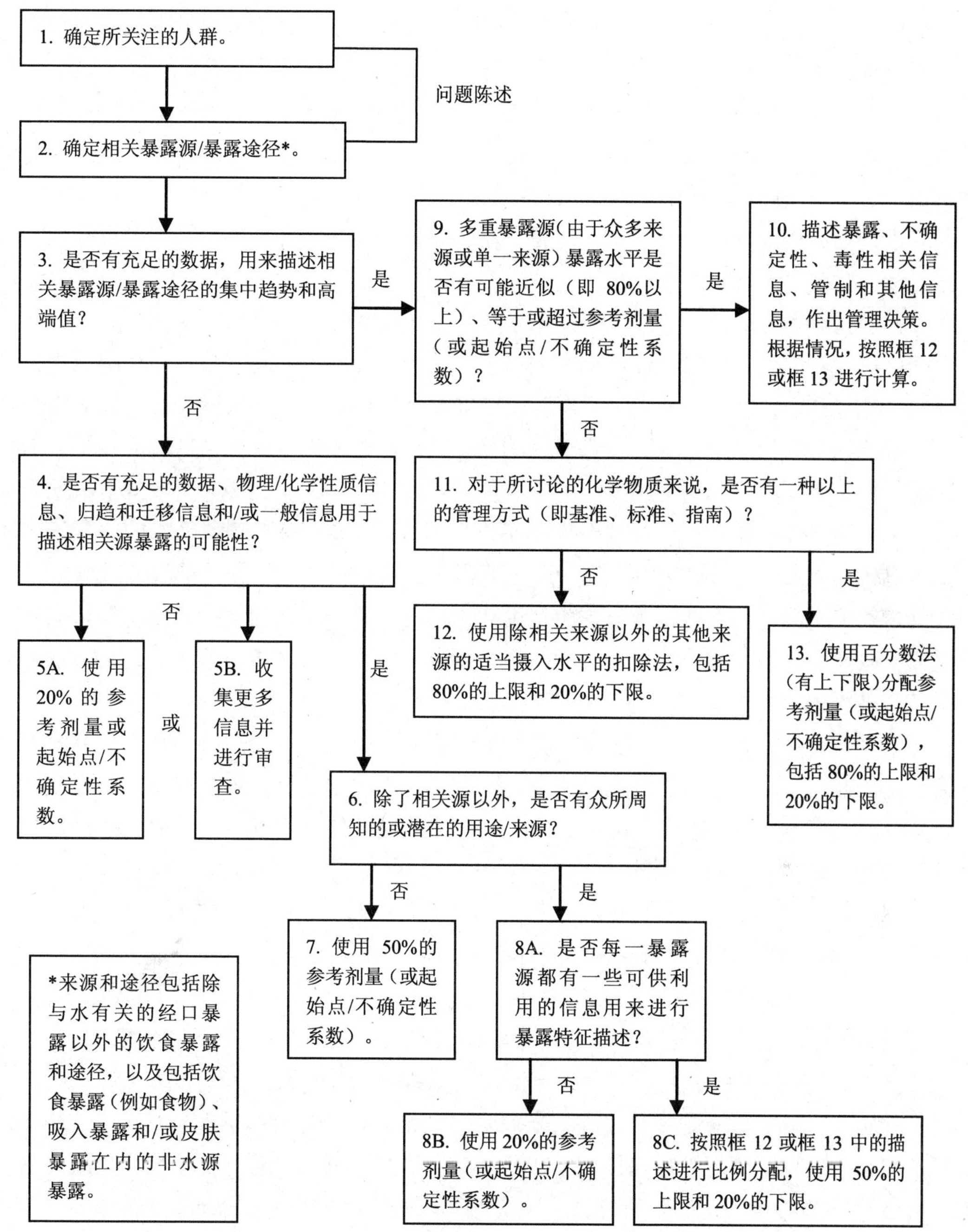

图 2-4-1　确定推荐的参考剂量（或起始点/不确定性系数）比例分配的暴露决策树

很显然，这是一个互动程序；考虑到管理问题（即成本/可行性）、环境公正问题等可能具有重要意义，暴露评价者的输入信息将会通过此程序提供给风险管理者并从中获得反馈。在不选择决策树法的情况下，有关决策的基本原理和替代性水质基准的交流与合作则尤为重要。

决策树框中的描述由以下程序标题分隔开来以便更好地理解所涉及的主要考虑事项。在应用决策树法的过程中，不管决策是否执行，都会做出具体的几点分配。通过这个过程的运作非常有助于识别可能的暴露源和暴露可能性，以确定决策树法与制定某一化学物质的环境水质基准之间的关联性，并且可能的话，确定运用替代性方法来计算总暴露的适用性。这里的“关联性”是指确定所讨论化学物质是否有一个以上的基准、标准或其他指南已被列于计划或已经存在。对于希望使用暴露决策树法的各州和部落，暴露评价技术支持文件为他们提供了补充指导。

4.2.2.1 问题陈述

开始决策树的讨论集中在前两个框的内容：确定所关注的人群（框 1）和确定相关暴露源与途径（框 2)。“问题陈述”是指以一种方式对人群和暴露源进行评价，以便确定所关注人群遭受所讨论化学物质的多源暴露的可能性。同时，所讨论化学物质的数据必需是典型的每种暴露源/介质并与确定的人群有关联。评价内容包括确定浓度、多重基准或监管标准，或其他事项对参考剂量或起始点/不确定性系数的分配是否合理。开始的问题陈述还可以确定暴露参数的选择、为每个途径所选的摄入假设值以及环境公正或其他社会问题以便有助于确定所关注的人群。本节中所使用并讨论的“数据”一词是指环境采样数据（无论是来自联邦、区域、州或特定地方的研究）而非人体内的暴露测定数据。

4.2.2.2 数据的充分性

在框 3 中，如果人们想避免使用默认程序，那么与暴露源/途径相关的充分数据就很有必要。数据的充分性是对每个相关化学物质的专业判断，但是 EPA 推荐框 3 中的最低可接受的数据是暴露分布，可用来确定每个源合理的 95%置信区间、集中趋势和高端暴露水平。事实上，许多或大多数暴露源的分布数据都有可能存在。

为了确定数据集是否充分，需要对众多因素加以考虑，包括：①样本大小（即数据点的数量）；②数据集是否是代表目标人群的随机样本（如果不是，不管样本多大，由此得出的估算值可能会出现偏差）；③估算值中所允许的误差量级（估算者的精确度）；④为达到给定参数的给定精度所需的样本大小（例如，精确地估算上限百分数比平均值或中位值需要更大的样本）；⑤合格的分析方法检测限；⑥基础分布的函数形式和变化性来确定估算者的精确度(例如,分布是否是正态分布或呈对数正态分布以及标准偏差是否为1或10)。信息的缺乏可能会阻碍对上述每项因素进行评价；监测研究报告常常不能包含全面描述数据充分性特征的背景信息或充分的总结性统计（原始数据极少）。因此，可能需要逐个案例确定数据的充分性。

正如下面介绍的那样，若干指南指导人们运用粗糙的经验法则对有着“充分”样本容量的物质进行暴露评价。此外，首先而且首要的是，数据对所评价人群的代表性和数据的分析质量必需合格。如果合格的话，那么其后的首要目标就是依据随机样本分布来估算一个上限百分位（例如第 90 百分位）和某些暴露分布的集中趋势值。假设暴露分布是未知的，就需要进行第 90 百分位的非参数估算。所需的估算值是依据从目标人群获得的 n 个随机观测样本，将数据从最小到最大进行排列并选择排序比 0.9 与 n 的乘积中的最大整数大 1 的观测值。例如在 25 点的数据集中，第 90 百分位的非参数估算值是处于第 23 位的最大观测值。

除了点估算值，第 90 百分位的置信上限也是很有用处的。为了找到第 90 百分位 95%置信上限的排序统计，需确定满足下列公式的最小值 r。

$$0.95 \approx \sum_{i=0}^{r-1} \binom{n}{i} \ 0.9^{i} \ 0.1^{n-i} \tag{2-4-2}$$

式中：r —— 观测值排序；

n —— 观测值数量；

i —— 从 0 到 $r-1$ 的整数。

对于较小的数据集来说，上述公式会倾向于选择最大观测值作为第 90 百分位的置信上限。但是，使用最大值的问题在于，在很多数据集中，最大观测值是一个离群值，可能给出一个不切实际的第 90 百分位的上限。因此，如果样本容量 n 足够大，使得公式得出的第二大观测值作为置信限则是比较可取的（Gibbons，1971）。

这促使建立下列准则来设定“足够的”样本容量：挑选最小值 n 这样的非参数第 90 百分位的 95%置信上限作为第二大值。应用上述公式并将 r 设定为 n−1 得出最小样本容量为 n=45。

为了使 95%的置信上限成为一个有用的高端暴露指示者，必需是不极度保守的（相对于第 90 百分位过大）。因此，估算 95%置信上限占第 90 百分位的比例的预期量级是令人感兴趣的。由于它是未知分布的一项函数，所以这个量通常不能被计算出来。但是，要得到此值的一个大概值，要考虑正态分布的特定情况。如果变异系数（即标准偏差除以平均值）在 0.5～2.0，样本容量为 45 的比例预期值大约为 1.17～1.31；即 95%的置信上限平均只比第 90 百分位大 17～31 个百分点。

应该注意的是，即使数据集只有两个检测值（假设这两个检测值均大于所有非检测值的检测限），基于第二大值的 95%置信上限的非参数估算值是可以得到的。因为参数方法的应用需要更多的检测值，所以对于使用非参数估算值而不用参数估算值这个问题一直存在争议。另一方面，如果非检测值不成问题且基础分布是已知的，那么使用第 90 百分位的参数估算值通常会更加精确。

如上所述，充分性还取决于样本是否与处于风险中的人群相关并具有代表性。因此，数据对于某些决策可能是充分的而对于其他决策却是不充分的；这个决定需要一些专业判断。

如果框 3 的答案为“否”，基于上面对充分性的确定，决策树将会移动到框 4。正如分框所示，在框 4 中被审核的可用数据并不符合框 3 中的必要条件。在框 4 中，对任何可用的有限数据（除了化学物质的化学/物理性质、用途、环境归趋和转化以及其他描述各种介质的暴露特征的可能性信息）进行评价并对一种暴露源与另一种暴露源的关联性进行定性确定。尽管此信息总是在一开始就应该被审核，但还是建议用这个信息来估算基于健康的水质基准。考虑到这个估算值不是基于实际的监测数据或者也不是基于可得出精确定量估算值的非充足数据，因而此估算值应该保守一些（如决策树中所表明的那样）。因此，更大的不确定性是存在的，并且对变异性进行计算并不是切实可行的。不管可用数据是否充足并具有充分代表性，它都可能因化学物质的不同而不同，并有可能取决于所关注的人群。如果存在某些数据和/或其他信息能够对暴露特征进行描述，那么可以确定除所关注的暴露源（此处指与环境水质基准制定有关的饮用水和鱼类摄入）以外化学物质/暴露源是否有重要的已知的或可能的用途存在需要对这些暴露进行预测/定量（框 6）。如果不存在，那么建议将参考剂量或起始点/不确定性系数的 50%安全地分配给相关暴露源（框 7）。尽管这使得参考剂量或起始点/不确定性系数的一半无法进行分配，但是由于缺乏所需要的较为精确的实际的或可能的暴露定量数据，所以建议以上为最大分配量。如果框 6 中的问题答案为“是”（存在多个相关暴露源信息可供利用），且每一暴露源的许多信息都是可知的（框 8A），那么可以应用框 12 或框 13 中的步骤（这取决于是否有一个或多重基准与这个化学物质相关），采用 50%的上限（框 8C）——再次由于缺乏充足的数据。如果框 8A 中的问题答案为“否”（没有可供利用的信息来对暴露特征进行描述），则使用 20%的参考剂量或起始点/不确定性系数这个默认值（框 8B）。

如果框 4 中问题的答案为“否”，即没有充分的数据/信息对暴露特征进行描述，EPA 在推导或修订环境水质基准时通常倾向采用 20%的参考剂量或起始点/不确定性系数的“默认”假设值（框 5A）。可能更好的做法是收集更多的数据或信息，并且在信息可知时对其进行审核（框 5B）。当资源允许获得补充数据从而替代默认值得到更佳的暴露估算值时，EPA 采取的就是这种做法。如果这是不可行的，那么应采用 20%的参考剂量或起始点/不确定性系数的假设（框 5A）。框 5A 可能会在暴露决策树方法中较少被使用，因为框 4 中描述的信息在大多数情况下都是可以获得的。但是，EPA 尝试采用 20%的参考剂量（或起始点/不确定性系数）作为默认值，此值在以前的水计划管理中也曾经得到过应用。

4.2.2.3 监管行动

如果有充足的可用数据来描述每一暴露源/途径的集中趋势和高端值，那么可将暴露水平与参考剂量或起始点/不确定性系数进行比较（框 9）。如果被讨论化学物质的暴露水平并不近似（目前定义为大于 80%）、等于或超过参考剂量或起始点/不确定性系数，那么随后就要确定（框 11）是否有一种以上的健康基准或监管行动与给定的化学物质相关（即对化学物质来说有一种以上的特定介质基准、标准或其他指南正在计划、执行或已存在）。当只有一种基准（标准等）与特定化学物质相关时，可以考虑扣除法。在这种情况下，其他暴露源可以作为“背景”并且可以从参考剂量（或起始点/不确定性系数）中扣除。当一种以上的基准与特定化学物质相关时，则认为比较适当的做法是运用百分数法分配参考剂量（或起始点/不确定性系数）以确保健康基准的组合，进而使作为结果的暴露可能性不会超过参考剂量（或起始点/不确定性系数）。

正如第 2 章所述，在数据可知的前提下，EPA 国家 304（a）基准中非水源暴露的相对源贡献摄入估算值（例如非鱼类饮食暴露）将基于算术平均值得出。同样，用于计算国家基准的假设体重值也将在平均值的基础上得出。饮用水和鱼类摄入量均为第 90 百分位的估算值。EPA 认为这些假设值将对大多数人群起到保护作用并建议各州和部落对其进行应用。然而，各州和授权部落仍可灵活地选择其他摄入量和暴露估算假设值来对其所选择的特定人群加以保护。

4.2.2.4　分配决策

如果框 11 中的问题答案为“否”（不存在一种以上相关的特定介质基准/监管行动），则建议运用扣除法来建立基于健康的水质基准（框 12）。具体来说，就是扣除相关来源以外每个暴露源的适当摄入量。EPA 通常采用食物摄入量和吸入量的平均值，并与平均污染物浓度值相结合，来计算需要扣除的相对源贡献估算值。或者，可以基于每一来源的浓度变化性来选择污染物浓度。因为可以预料的是每个被评价的化学物质的各个摄入来源的浓度会有不同的变化，这就意味着需要依据具体情况来确定变化性和作为结果的摄入量选择问题。但是，EPA 预计大多数污染物的可用数据将不能允许进行这一确定（基于以往的经验）。针对这种可能性的指南可参见暴露评价技术支持文件。由于组合数据可能不能代表任何一个特定的暴露人群或个体，所以 EPA 不建议每个暴露源的高端摄入量都被扣除。扣除法同样会采用 80%的上限和 20%的下限。

如果框 11 中的问题答案为“是”（存在一种以上的特定介质基准/相关规定），那么对健康水质基准的制定来说，推荐的方法是在那些暴露源中进行参考剂量或起始点/不确定性系数的分配，从而建立基于健康的水质基准（框 13）。这是通过百分数法（有上下限）实现的。这仅指由单个暴露源贡献的总暴露百分数。例如，假如对于一种特定化学物质而言，饮用水代表总暴露的一半，食物代表另一半，那么饮用水的贡献（或相对源贡献）就是 50%。反过来，基于健康的基准就会被设定为参考剂量或起始点/不确定性系数的 50%。这种方法还在 EPA 常用的食物摄入量和吸入量数值的基础上，与污染物浓度平均值相结合适当地将每一暴露源的摄入量进行组合。

最后，如果所讨论化学物质的暴露水平近似（目前定义为大于 80%）、等于或超过参考剂量或起始点/不确定性系数（即框 9 中的问题答案为“是”），那么估算暴露和相关的不确定性、推荐的分配方法（框 12 或框 13）、毒性相关信息、管制以及其他信息都应提交给管理者以便作出决策（框 10）。框 9 中提到的高水平可能是由单一暴露源导致的高水平（当其他来源贡献相对较小时）或是由多个暴露源以组合的形式导致的近似或超过参考剂量或起始点/不确定性系数的水平。由于管制方面的事宜（即相关的成本和可行性），尤其是在面临多重基准问题时，管理输入信息也许是必要的。实际上，风险管理者通常是监管行动决策的一部分，并且在暴露决策树或其替代方法的推荐结果中都会有所涉及。然而，由于暴露近似或超过参考剂量或起始点/不确定性系数并且由于管制不同暴露源的可行性是个复杂问题，所以风险管理者尤其需要直接参与到这些情况的最终决策中去。

这里强调一点，这些情况下的程序与暴露不等于或高于参考剂量（或起始点/不确定性系数）时的程序没有差异。因此，在这些情况下，应当按照框 11、框 12 和框 13 得出估算值。当所讨论的化学物质不属于框 10 的情形时，给出的建议应当只基于健康方面的考虑。如果化学物质只与一个健康基准或监管行动相关，那么其他暴露源就应当从参考剂量（或起始点/不确定性系数）中扣除来确定是否有建立基准的剩余量。如果化学物质有多重介质基准，那么就应当进行分配，尽管可能所有暴露源都需要降低。不管框 9 的结果如何，所有的比例分配（通过框 12 或框 13 中的方法）都应该在估算值和参考剂量或起始点/不确定性系数中包含对不确定性的介绍以便得出一个更为完整的特征描述。

对于框 10 中的这种情况（与此情况相对），其过程不同于框 12 和框 13 基于比例分配的陈述（在审核可知信息和确定适当的暴露参数之后），此过程必需针对附加的管制事宜，可能导致更多选择性降低。在框 10 中，一个或几个基准的可能性（“情境”）与各种管制选择的效果的意义进行比较。考虑到这些附加的管制事宜的复杂性，以这种方式将信息呈现给风险管理者是恰当的做法。

4.2.3 对建立环境水质基准的暴露决策树法的几点补充说明

对框 9 而言，如果框 8A 中作出的决定（即存在对暴露特征进行描述的信息）在可用信息的基础上暴露近似、等于或超过参考剂量（或起始点/不确定性系数），那么需要把所作出的比例分配提交给风险管理者进行决策。如果缺乏若干多个暴露源信息，那么 EPA 将会采用 20%的参考剂量或起始点/不确定性系数作为默认值（框 8B）。

框 12 和框 13 的结果取决于 80%的上限和 20%的下限。执行 80%的上限是为了确保基于健康的目标足够低，以便可以充分地保护那些由于暴露源而受到的污染物总暴露比目前的可用数据表明更高的个体。这样也增大了计算可能的未知暴露源的安全范围。20%的下限通常被合理化地用来防止正处于控制之中的小部分暴露的情况。也就是说，在此点以下，减少其他暴露源比发布总暴露中的最低削减标准更为合适。

如果能够证明所讨论污染物的其他暴露源和暴露途径没有被预测到（基于有关其已知的/预期的用途以及化学/物理性质的信息），那么 EPA 就会采用 80%的上限。EPA 将这项政策制度化，并且认识到随着累积风险评价政策的不断发展，可以证明 80%的相对源贡献是处于保护之中的。

在对污染物的所有预期暴露途径的暴露进行描述的大量数据集存在，并且已经在这些数据的基础上进行了概率分析的情况下，那么这些评价的结果将会作为暴露决策树方法的一部分被考虑来制定环境水质基准。

对于许多化学物质而言，来自摄食的吸收率与来自吸入的吸收率有着显著差异。一些化学物质的现有信息也表明，胃肠吸收的明显差异取决于化学物质是否通过水、土壤或食物摄入。对于某些化学物质而言，污染物通过植物性食物摄入与通过动物性食物摄入的吸收略微有所不同。不管运用什么分配方法，EPA 建议使用有关水、空气、土壤和不同食物之间的生物有效性差异的现有数据来估算总暴露并用于参考剂量或起始点/不确定性系数的分配。EPA 已经研发出了钙的暴露估算值（USEPA，1994）。在没有数据的情况下，EPA 假设不同的暴露途径和来源的吸收率是相同的。

4.2.4　定量暴露

在选择环境介质中的污染物浓度值和相对源贡献分析中的暴露摄入量时，重要的是要认识到每个选择值（包括环境水质基准公式中的那些推荐的默认假设值）都有可能与其参数值的分布有关。确定各个亚群如何处于总暴露的分布之中以及暴露变量的组合如何定义什么样的人群正处于保护之中是一个复杂并且有可能是难以处理的问题，这取决于有关包含每个暴露参数在内的可用信息量。很多时候，在 EPA 风险评价中所使用的默认假设值是由无数的研究评价推导出来的，通常认为代表一个特定人群或全国平均水平。因此，确切实描述一个受基准保护的特定人群的准确百分比常常是不太可能的。

总的来说，推导环境水质基准是为了保护大多数的普通人群免受慢性不良健康影响的侵害。但是，正如上文第 4.1.1.1 节所述，鼓励各州和授权部落考虑保护他们确定的处于较高风险的人群，其结果是运用替代性的暴露假设值对其进行更好的保护。相对源贡献估算中所采用的污染物浓度和暴露摄入量的最终选择需要用到专业判断。有关这一问题的详细讨论详见暴露评价技术支持文件。

4.2.5　将吸入暴露和皮肤暴露纳入范畴

为了明确地将吸入暴露和皮肤暴露纳入范畴，EPA 计划制定政策指南并应用于本方法学中。在对环境水质基准制定过程中的污染物总暴露进行估算时，EPA 认为应当根据具体情况将考虑中的吸入和皮肤暴露源这两种来自水的非经口暴露以及其他吸入和皮肤来源（例如环境或室内空气、土壤）包括进来。在完成政策指南后，本方法学将会得到进一步完善并包含相应的指导。

许多饮用水污染物都是挥发性的，因此由水中扩散到空气中并有可能会被吸入。此外，用饮用水来沐浴，因此水中的某些污染物最起码可能会被皮肤吸收。挥发作用会加剧吸入暴露同时会降低摄食暴露和皮肤吸收。在挥发性饮用水污染物的总暴露中，挥发作用和皮肤吸收的净效应在某些情况下是不清楚的，并且因化学物质的不同而不同。对于某些人群来说，如儿童和其他与土壤高度接触的人群，皮肤暴露也是重要的，需加以考虑。

很显然，对于其他非水源相关暴露，通过吸入、摄食和皮肤接触所产生的毒性类型和量级可能会有所不同，即暴露途径可能影响化学物质的吸收并可能改变其毒性。例如，当化学物质经口给予时，如氟化氢这种吸入类化学物质就有可能对肺产生局部化的不可观测影响（或者只有在较高剂量时才可观测到）。同样，化学物质的作用模式（和主要毒性）可能是母体化合物和/或一种或多种代谢产物。有关本方法学，EPA 建议应当测定由不同的暴露途径而产生的吸收和毒性差异，并在剂量估算中进行描述进而应用到暴露评价中。EPA

承认由吸入和摄食暴露而得到的剂量是否具有累积性（趋于同样的毒性阈值）是一个很复杂的问题。这类测定包括对化学物质的物理性质、形态和反应进行评价。吸入暴露与经口暴露相比，化学物质的代谢方式可能也会有所不同，并且可能不会在所有组织内都发生典型的代谢作用。此外，代谢产物可能会比母体化合物的毒性大得多或小得多。当然对于系统效应来说，如果化学物质通过不同途径被吸收进入血液，那么仍有某种可能作用到同样的靶器官。同时需要注意给定的事实是参考剂量和参考浓度都是在管理水平的基础上推导出来的。毒理学家通常认为化学物质的作用模式在作用点的有效浓度决定其毒性。如果暴露途径之间的具体差异是未知的，则假设所有途径在作用点的内部浓度所产生的效应是相等的，这样可能合理一些。在大多数情况下采用假设相等的吸收默认值。但是，对于许多已经 EPA 审核过的化学物质来说，有大量的已知信息可以确定其在吸收率方面的差异。例如，吸收在某种程度上来讲是血液溶解作用（即亨利常数），与默认值相比可以被更好地进行估算。

《2000 年人体健康方法学》中的相对源贡献分析提出将吸入暴露包括在内。尽管不同的暴露途径之间所涉及的靶器官不同，但是制定一项保守的政策将所有暴露保持在一定水平之下可能是比较恰当的。一个可能的选择就是建立允许的水平（通过公式），从而使超过摄食参考剂量的摄食总暴露与超过吸入参考浓度的吸入总暴露相加不得大于 1 [注意：参考剂量通常以 mg/（kg・d）的形式表示，而参考浓度则是 mg/m^3]。此外，EPA 计划制定本方法学指南以便明确地将吸入和皮肤暴露纳入在内，并在指南完成时进一步完善此方法学。

4.3 环境水质基准计算过程中所采用的暴露系数

本节介绍 EPA 在推导环境水质基准过程中所采用的特定暴露系数值，其中包括人体体重、饮用水消耗量和鱼类摄入量。

在选择用于推导给定污染物的基准所涉及的暴露系数值时，EPA 建议考虑那些与最易受此污染物影响的人群相关的数值。此外，在建立基准的过程中还应考虑到遭受高度暴露的人群。通常，在确定基准以保护人群免受长期暴露的影响时，总的来说，就是推导保护人体健康的基准，成人和终生暴露相关的特定暴露系数值是要考虑的最恰当的数值。但是，与成人相比，婴儿和儿童每单位体重的水和食物的摄入量可能会更高，并且也可能对某些污染物比成人更为敏感（USEPA，1997a）。可能在有些实例中急性或亚慢性发育毒性使得儿童成为受关注的人群。此外，孕妇受到某些有毒化学物质的暴露可能会对胎儿产生发育影响（USEPA，1997b）。对某些污染物来说暴露导致的发育影响可能是值得关注的，在建立环境水质基准的过程中应该将其与适当的长期健康效应信息放在一起加以考虑（见第 3.2 节对此问题的深入讨论）。短期暴露可包括持续一个星期左右的多个间歇性或者持续性暴露。可能导致不良健康影响的暴露系数值将在以下章节中有所讨论，包括与慢性毒性以及与短期暴露所关注的发育问题相关的暴露系数值。在适当的情况下，EPA 可能会考虑在儿童或育龄期妇女的特定暴露系数值的基础上制定有关发育健康影响的基准。当健康风险与短期暴露相关时，EPA 鼓励各州和部落采取同样的行动。

EPA 认识到为处于慢性暴露中的成人推荐的暴露系数默认摄入量可以为人群提供终生的充分保护。在为高度暴露亚群（例如垂钓者、以捕鱼为生的渔民）提供另外的暴露摄入量的同时，EPA 明确地为各州和授权部落提供建立基准的机动权以便运用有关体重、饮用水摄入量和鱼类消耗量的暴露参数调整值来提供额外的保护。针对育龄期妇女和儿童所给出的暴露系数值只有在上述情况下才可使用。

下列各节推荐了暴露参数值用于制定环境水质基准。这些参数的基础是应用最佳可用数据的科学政策决策以及环境水质基准推导过程中选择提供的有关全面保护的风险管理判断。EPA 将运用这些参数来推导新的或者修订现有的 304（a）国家基准。

4.3.1　有关剂量计算的人体体重值

用于推导环境水质基准的默认人体体重的数据源自于《第三次国家健康与营养检测调查》[简称《健康与营养调查》（三）]。《健康与营养调查》（三）描述了国家卫生统计中心（National Center for Health Statistics，NCHS）会同疾病控制中心（Centers for Disease Control，CDC）参与的大量访谈和检测工作。《健康与营养调查》（三）对美国 30 000 多人的平民人群进行了概率采样。调查始于 1988 年 10 月，完成于 1994 年 10 月（WESTAT，2000；McDowell，2000）。体重数据来源于《健康与营养调查》（三）中的检测数据文件。正如《健康与营养调查》的数据分析者所推荐的那样，采样重量适用于在移动检测中心和在家中接受调查的所有人（WESTAT，2000）。

《健康与营养调查》（三）具有很多优势而缺点极少。其主要优势是全国的代表性、大样本容量以及由于大样本容量而得出的精确估算值。另外一个优势是其高回应率；检测率总体占 73%，1 岁以下的儿童是 89%，1～5 岁的儿童大约为 85%（McDowell，2000）。访谈回应率则更高一些，但是体重数据是来自《健康与营养调查》中的检测；也就是说，所有体重值都是由调查人员认真测定过，而不是采用自报体重。《健康与营养调查》数据仅有的一个重要的潜在缺点就是事实上数据距今已有 6～12 个年头之久了。考虑到《健康与营养调查》（三）中的体重相对于《健康与营养调查》（二）有上升趋势，并且国家卫生统计中心已经指出所有年龄组中超重人数增加的现象很普遍，如果这种趋势持续下去的话，就会出现数据可能低估当前体重的情况（WESTAT，2000）。

《健康与营养调查》（三）收集了样本受试者的标准人体测定结果，包括身高和体重，并于一天当中的不同时间和一年当中的不同季节进行测定。之所以采用这种方法是因为一个人的体重可能会在冬天和夏天有所变化，并且有可能会随着食物和水的摄入以及其他日常活动的变化而有所波动（McDowell，2000）。

对其他暴露假设来说，鼓励各州和授权部落采用除普通人群以外的人群的替代性体重假设值，并采用更能代表其目标人群的地方或区域数据来替代默认数值。

4.3.1.1 保护人体健康免受慢性暴露侵害的数值

EPA 建议在计算环境水质基准时继续采用 70 kg 的默认体重来代表男性和女性成年人的平均值。正如先前所述，曾经推荐成人的特定暴露系数值来保护人群免受长期暴露的影响。70 kg 的数值是基于以下信息得出的。在《健康与营养调查》（三）的数据库分析中，女性成人（18～74 岁）的中位值和平均值分别是 65.8 kg 和 69.5 kg（WESTAT，2000）。对于相同年龄范围的男性来说，中位值和平均值分别是 79.9 kg 和 82.1 kg。本次调查中的 18～74 岁的男女平均体重值为 75.6 kg（WESTAT，2000）。这一平均值高于国立癌症研究所（National Cancer Institute，NCI）进行的以饮用水摄入测定为主的研究中的年龄在 20～64 岁的成人平均值 70.5 kg（Ershow and Cantor，1989）。国立癌症研究所的研究在下面的饮用水摄入量一节中有所描述（第 4.3.2 节）。《健康与营养调查》（三）数据库中的数值也高于修订后的 EPA《暴露系数手册》（USEPA，1997）中的规定值，这本手册依据旧版《健康与营养调查》（二）中的数据推荐成人体重为 71.8 kg。该手册同样认可常用的 70 kg 这个值并鼓励风险评价者采用最能准确地反映受暴露人群的数值。但是，也指出 70 kg 这个值曾经在致癌斜率系数的推导和综合风险信息系统的单位风险中被采用。提倡剂量-效应关系与暴露系数假设之间的一致性。因此，如果采用大于 70 kg 的值，评价者就需要按照手册第 1 卷第 1 章的附录部分对剂量-效应关系进行调整（USEPA，1997b）。

4.3.1.2 保护人体健康免受发育影响的数值

正如前文所述，由于存在对胎儿发育影响的可能性，所以某些情况下对环境水体中的化学物质暴露进行风险评价时，孕妇可能是一个比较合适的代表人群。在这种情况下，育龄期妇女的代表性体重可以恰当地对后代进行充分保护使他们免受这类的健康影响。为了确定适用于这一人群的平均体重值，对《健康与营养调查》（三）中年龄组在 15～44 岁这个范围内妇女的单个体重值进行了分析（WESTAT，2000）。所得出的结果体重中位数和平均值分别为 63.2 kg 和 67.3 kg。Ershow 和 Cantor（1989）明确提出了调查中涉及的孕妇的体重值，中位数和平均体重分别为 64.4 kg 和 65.8 kg。但是，Ershow 和 Cantor（1989）并没有指明这些孕妇的年龄。基于育龄期妇女和孕妇的这一信息，在孕妇属于特定关注人群且相关化学物质显示出生殖和/或发育影响的情况下（即关键影响取决于作为基础的参考剂量或起始点/不确定性系数），EPA 建议采用 67 kg 的体重值。采用 67 kg 的假设值与以 70 kg 得出的基准相比会更低（更具保护性）。

正如前面所讨论的那样，与成人相比，由于婴儿和儿童每单位体重的水和食物的消耗量通常比较高，所以在以参考剂量作为儿童健康影响的基础将估算的暴露剂量与临界剂量相比较时，有可能需要较高的单位体重摄入量。计算这类影响的相关摄入量，应当采用儿童体重。与孕妇的默认体重一样，EPA 不推荐制定以急性或短期效应为重点的环境水质基准（即与饮用水健康咨询类似），因为通常认为其不会在水质基准计划中发挥重要作用。但是，可能在有些情况下要保证对这些人群的暴露加以考虑。尽管环境水质基准基本上是以慢性健康效应数据为基础的，但是对于升高的短期暴露引起的不良影响也是具有保护作用的。EPA 将其作为可能的行为过程，因此，EPA 考虑在适当的环境下推荐各州和授权部落在这类情况下使用这些默认值。

当相关化学物质显示会对儿童健康产生显著影响时（即试验结果表明，由于免疫系统、神经系统尚未发育完全以及/或者体重较轻，儿童相对来说更为敏感），EPA 建议将 30 kg 的假设值作为计算环境水质基准的默认儿童体重，从而为儿童提供额外保护。该值依据 1～14 岁儿童的平均体重值 29.9 kg，综合了这个较大群体中的各个年龄组的体重值。平均值是依据《健康与营养调查》（三）中 1～14 岁各个年龄组的体重信息（WESTAT，2000）。28 kg 的平均体重是采用来自 Ershow 和 Cantor（1989）针对 0～14 岁范围内的 5 个年龄组的体重值并应用美国人口普查局的不同年龄人口百分比的权重法得出的。30 kg 的假设值与估算鱼类摄入量时所采用的儿童年龄范围也是一致的。遗憾的是，由于鱼类摄入调查的取样基础有限，所以不可能得出针对更详细年龄分组的鱼类摄入量；也就是说计算此类详细年龄组的摄入量（如平均数）的自信心是有限的。考虑到这一限制，对默认的鱼类摄入假设值来说，大概的儿童体重年龄分类是比较适用的。

考虑到与鱼类摄入信息运用有关的参数选择层级（见第 4.3.3 节），州可能会有更全面的数据且倾向于锁定范围更窄更加年轻的群体。如果有的州将评价对象特定为初学走路的孩子，EPA 则建议将 1～3 岁儿童的默认体重假设值定为 13 kg。基于对《健康与营养调查》（三）中数据库的分析，1～3 岁儿童的体重中位数和平均值分别为 13.2 kg 和 13.1 kg（WESTAT，2000）。《健康与营养调查》（三）中的 1～3 岁女孩的体重中位数和平均值分别为 13.0 kg 和 12.9 kg，男孩则分别为 13.4 kg 和 13.4 kg。根据先前 Ershow 和 Cantor（1989）针对 1～3 岁儿童进行的研究，体重中位数和平均值分别为 13.6 kg 和 14.1 kg。最后，如果专门评价婴儿，EPA 基于《健康与营养调查》（三）的分析建议采用 7 kg 的默认体重。2 个月大的男女婴儿的体重中位数和平均值分别是 6.3 kg 和 6.3 kg，3 个月大的婴儿分别是 7.0 kg 和 6.9 kg。在 2～6 个月的更为宽泛的男女婴儿的年龄分组中，体重中位数和平均值分别为 7.4 kg 和 7.4 kg。《健康与营养调查》的分析没有包括 2 个月以下的婴儿。尽管 EPA 没有推荐新生儿体重值，但是国家卫生统计中心发布的《国家重要统计报告》指出，根据 WESTAT（2000），1997 年出生体重的中位数范围是 3～3.5 kg。

暴露评价技术支持文件为那些希望在各组中使用体重值的各州和授权部落列出了 0～14 岁这个较大范围内的各个年龄组的体重值。各州和部落可能会希望对某些常规的发育年龄段（例如婴儿期、青春期之前等）或某些具体的发育标志（例如最初 4 年的神经发育）加以考虑，这取决于所关注的化学物质。如果各州和授权部落认为某一特定年龄亚组更为合适，EPA 则鼓励他们从技术支持文件展示的表格中选择体重摄入量。

4.3.2　饮用水摄入量

饮用水摄入量的依据（也是第 4.3.3 节中介绍的鱼类摄入量的依据）是美国农业部开

展的 1994—1996 年个体食物摄入连续调查（USDA，1998）。这项调查收集了来自全国居住在美国家庭的普通人的代表性样本的饮食摄入信息。这些全国调查中的家庭采样来自 50 个州和哥伦比亚地区。每项调查都收集了涉及 9 个食物种类大约 10 000 个食物编码的日常消费记录。这些食物种类是：①牛奶和牛奶制品；②肉类、禽类和鱼类；③鸡蛋；④干豆、豌豆、豆荚、坚果和种子；⑤谷物制品；⑥水果；⑦蔬菜；⑧肥肉、油和色拉调料；⑨糖果、食糖和饮料。此项调查还询问了每个受访者在调查期间每天喝多少盎司的饮用水。此外，个体食物摄入连续调查还收集了家庭信息，包括单纯饮用水、制备饮料用水以及制备食物用水的来源。数据提供了“美国人用于政策制定、规章、计划设计与评价、教育以及研究的有关食物摄入的最新信息”。此项调查是“国家营养监测和相关研究计划的基石，是尝试提供美国人营养状况定期信息的一套相关的联邦行动”（USDA，1998）。

1994—1996 年个体食物摄入连续调查是依据一个分层的、多区概率样本来进行的，这个样本是运用 1990 年美国人口估算值组成的。分层是依据地理位置、都市化程度和社会经济来划分的。每年的调查都过多地对低收入家庭进行采样。

调查参与者提供了非连续 24 h 的 2 天的饮食数据。2 天的饮食回忆信息由一名室内采访者收集。采访者为参与者提供了指导小册子以及标准量杯和量匙来帮助他们充分描述所摄入的食物类型和数量。如果参与者提及他们自己家的杯或碗，就会提供一种二杯量杯来帮助他们计算消耗量。采样人会用水填满他们自己的碗或杯来代表饮食量或饮水量，随后采访者会将其倒入二杯量杯来测定消耗量。在第 1 天采访的 3～10 天之后进行第 2 天的采访，但不能是星期中的同一天。采访允许参与者 3 次机会将日常摄入经历尽最大限度地进行回忆（USDA，1998）。代理采访的实施对象是由于智力或体力的限制而不能进行报告的 6 岁及以下儿童和采样个体。第 1 天摄入量的平均问卷执行时间是 30 min，而第 2 天平均为 27 min。

在为期 3 年的调查中，15 303 人提供了 2 天的饮食回忆数据。这构成了总体 75.9%的 2 天回应率。美国农业部对未回应部分的调查影响力进行了修正。

1994—1996 年的所有 3 次个体食物摄入连续调查都是多级、分层整体采样。样本的影响力是代表人口采样个体的数据，是以每个采样设计时段被抽取作为样本的个体的概率为基础的。样本的影响力与每个个体报告的 2 天消耗数据相关，并对其进行了调整以修正未回应所造成的偏离。

在估算人均水（或鱼类）消耗量时，1994—1996 年个体食物摄入连续调查有其优势也有其局限性。调查的主要优势是由美国农业部设计并实施，以支持美国和哥伦比亚地区人群食物消耗的公正的估算值。其次，此次调查的目的是记录食物和营养物的每日摄入量以支持食物消耗量的估算。

1994—1996 年个体食物摄入连续调查的一个局限性是只收集了 2 天短期的个体食物消耗数据，所以并不能完全代表“日常摄入量”。日常饮食摄入量被定义为“个体每日摄入量的长期平均值”。上限百分位估算值可能会由于长期与短期数据的不同而不同，因为短期的食物消耗数据本身趋于更为多变。但是，需要重点指出的是，由于调查持续期的变化不会导致总体平均消耗水平估算值的偏差。同样，由于在样本中的代表稀少，所以多级调查设计对许多相关亚群的区间估算值并不支持。代表稀少的亚群包括美国土著印第安人和某些部落种族。虽然这些个体都是调查参与者，但是他们存在的数量并不足以支持消耗量的估算。

尽管有这些局限性，但个体食物摄入连续调查仍然被认为是当前水和包含鱼类在内的食物的消耗信息的最佳来源之一。通过美国人口估算人均水和鱼类消耗的目标与个体食物摄入连续调查的统计学设计和范围是相互协调的。

4.3.2.1　保护人体健康免受慢性暴露侵害的数值

EPA 建议继续采用 2 L/d 的默认饮用水摄入量来保护大多数消费者免受饮用水中的污染物侵害。EPA 认为 2 L/d 的假设值可以代表一生中的多数人群。EPA 还指出，与鱼类摄入量相比，人群中水摄入量的变化相对小一些（即饮用水摄入量的变化总的来说大约在 3 倍范围内，而鱼类摄入量的变化幅度可以达到 100 倍）。EPA 认为 2 L/d 的假设值仍然代表合适的风险管理决策。1994—1996 年个体食物摄入连续调查分析结果表明针对 20 岁及以上成人的算术平均值、第 75 百分位和第 90 百分位数值分别为 1.1 L/d、1.5 L/d 和 2.2 L/d（USEPA，2000a）。2 L/d 这个值代表成人第 86 百分位。这些值也可以与先前国立癌症研究所的研究数据进行比较，这些数据以美国农业部开展的 1977—1978 年全国性食物消耗调查（Nationwide Food Consumption Survey，NFCS）为依据来估算在美国的自来水摄入量。20～64 岁成人的算术平均值、第 75 百分位和第 90 百分位数值分别为 1.4 L/d、1.7 L/d 和 2.3 L/d（Ershow and Cantor，1989）。根据国立癌症研究所的研究，2 L/d 这一数值代表成人第 88 百分位。

最初的《1980 年环境水质基准国家指南》采用的是 2 L/d 的假设值，EPA 饮用水计划也采用这个值。EPA 认为新近的研究支持运用 2 L/d 作为一个合理的、具有保护性的消耗值，并且代表了普通人群中大多数水消费者的摄入量。但是，对于在炎热气候下工作或锻炼的人们来说，其水消耗量会大大高于 2 L/d，EPA 认为各州和授权部落在水消耗量上应考虑到地区或职业的差别。

4.3.2.2　保护人体健康免受发育影响的数值

根据 1994—1996 年个体食物摄入连续调查的研究数据，EPA 建议对育龄期妇女也为 2 L/d。对育龄期妇女（15～44 岁）的分析表明，其平均值、第 75 百分位和第 90 百分位的数值分别为 0.9 L/d、1.3 L/d 和 2.0 L/d。这些值与 Ershow 等（1991）根据美国农业部先前有关 15～49 岁妇女的数据对孕妇和哺乳期妇女的自来水摄入量分析所得的数值非常相符。对孕妇来说其算术平均值、第 75 百分位和第 90 百分位的数值分别为 1.2 L/d、1.5 L/d 和 2.2 L/d。对哺乳期妇女来说其算术平均值、第 75 百分位和第 90 百分位的数值分别为 1.3 L/d、1.7 L/d 和 1.9 L/d。

如上所述，由于与成人相比，婴儿和儿童有着较高的单位体重每日水摄入量，所以当参考剂量基于儿童健康影响时推荐采用对儿童测定的水消耗量。在建立婴儿和儿童的健康影响基准时采用这个水消耗量将会使这一目标人群得到充分保护。EPA 推荐 1 L/d 的饮用水摄入量来代表大多数儿童消耗饮用水的情况。1994—1996 年个体食物摄入连续调查的分析结果表明对于 1～10 岁的儿童来说，其算术平均值、第 75 百分位和第 90 百分位的数值分别为 0.4 L/d、0.6 L/d 和 0.9 L/d（USEPA，2000a）。1 L/d 的数值代表了这个群体的第 93 百分位。对于 1～3 岁的较小儿童来说，其算术平均值、第 75 百分位和第 90 百分位的数值分别为 0.3 L/d、0.5 L/d 和 0.7 L/d。1 L/d 的数值代表了 1～3 岁这个群体的第 97 百分位。对于小于 1 岁的婴儿来说，其算术平均值、第 75 百分位和第 90 百分位的数值分别为 0.3 L/d、0.7 L/d 和 0.9 L/d。这些数据可以与先前国立癌症研究所的研究数据作类似的比较。在国立癌症研究所的研究中，1～10 岁儿童的算术平均值、第 75 百分位和第 90 百分位的数值分别为 0.74 L/d、0.96 L/d 和 1.3 L/d。1～3 岁儿童的平均值、第 75 百分位和第 90 百分位的数值分别为 0.6 L/d、0.8 L/d 和 1.2 L/d。最后，小于 6 个月的婴儿的平均值、第 75 百分位和第 90 百分位的数值分别为 0.3 L/d、0.3 L/d 和 0.6 L/d（Ershow and Cantor，1989）。

4.3.2.3 基于体重的饮用水摄入量

作为对体重和饮用水摄入量分别进行考虑的另一个选择，EPA 在暴露评价技术支持文件中提供了以单位体重的摄入量数据（单位为 ml/kg）为基础的数值，并对其应用进行了讨论。这些值的依据是个体食物摄入连续调查中 1994—1996 年本人报告的体重数据。而 EPA 计划制定或修订单独的摄入量和体重的国家默认基准，其部分原因是来自国家利益相关者的强大投入，为各州或授权部落制定的技术支持文件中提供了更符合其意愿的 ml/（kg •d）的数值。应当注意的是在 1993 年审核中，EPA 科学顾问委员会认为采用单位体重的饮用水摄入量假设值会更为准确，但并不认为这一变化将会对基准值有任何影响（USEPA，1993）。

4.3.3 鱼类摄入量

鱼类摄入量的依据是 1994—1996 年美国农业部实施的个体食物摄入连续调查，上文第 4.3.2 节有所记述。

4.3.3.1 保护人体健康免受慢性暴露侵害的数值

依据 1994—1996 年美国农业部个体食物摄入连续调查的数据，EPA 建议继续采用 17.5 g/d 的默认鱼类摄入量来对普通鱼类消费者进行充分保护。在推导或修订国家 304（a）基准时 EPA 将采用这一数值。该值代表了 1994—1996 年个体食物摄入连续调查数据的第 90 百分位。该值还代表了来自个体食物摄入连续调查数据的未经烹调的食物重量估算值，且只代表淡水和河口有鳍鱼类以及贝类的摄入量。为了推导环境水质基准，EPA 还考虑到了州和部落的需要，除了普通人群之外，为诸如垂钓者和以捕鱼为生的渔民这些高度暴露人群提供充分保护使其免受不良健康影响。根据对鱼类消费者特征描述的有效研究，垂钓者和以捕鱼为生的渔民是摄入量高于普通人群的两个独特的群体。因此，EPA 决定除普通人群之外对这两个群体的摄入量进行讨论。

EPA 建议对垂钓者和以捕鱼为生的渔民分别采用 17.5 g/d 和 142.4 g/d 的默认鱼类摄入量。这些数值也是只基于淡水和河口鱼类以及贝类的未经烹调的重量。但是，由于高度暴露人群的鱼类摄入量因地理位置的不同而不同，所以在推导消耗量时 EPA 向各州和授权部落建议按照 4 个选择层次，并鼓励他们采用地方、州或区域的可用数据。有关这项政策方法和相关数据源的研发的深入讨论见暴露评价技术支持文件。分层内容也在此文件进行了介绍，因为 EPA 极力强调各州和授权部落应当考虑制定基准来保护高度暴露人群，并且运用更能代表其目标人群的地方或区域数据来替代默认值。这 4 个选择层次是：①采用地方数据；②采用反映类似地理/人群的数据；③采用来自全国调查的数据；④采用 EPA 的默认摄入量。

所推荐的 4 个选择层次的目的是为了评价仅来自淡水和河口物种的鱼类摄入量。因此，在计算与饮食摄入有关的相对源贡献时，为了保护那些额外食用海洋鱼类的人们，应当把海产品部分作为其他的暴露源来考虑。请查阅暴露评价技术支持文件的深入讨论。在评价一种污染物造成的总暴露时，各州和授权部落需要确保海洋鱼类的摄入量不会与其他所采用的饮食摄入估算值被重复计算。如果海洋摄入部分没有随着相对源贡献估算值被重复计算，那么沿海各州和授权部落则认为计算鱼类总消耗量（即淡水/河口和海洋鱼类）对于保护所关注人群来说这样做可能是更为合适的。根据个体食物摄入连续调查在技术支持文件中的鱼类消耗摄入量表格给出了淡水/河口物种、海洋物种和总量，以便各州和部落进行选择。本节使用了“鱼类摄入量”或“鱼类消耗量”这两个术语。这些术语指的是鱼类和贝类的消耗量，个体食物摄入连续调查包括这两个方面。如果暴露人群既是鱼类消费者又是贝类消费者，那么各州和部落在选择地方或特定区域研究时就应当保证将鱼类和贝类都包括进去。

EPA 的第一个选择是各州和授权部落运用其管辖范围内地方水域的鱼类摄入调查结果来建立可以代表受特定水体影响的界定人群的鱼类摄入量。此外，EPA 建议指示淡水/河口物种的相关数据总的来说只有在最适于制定环境水质基准的情况下才能使用。EPA 还建议使用未经烹调的重量摄入量，这一点在第四个选择中有更为详细的论述。各州和授权部落既可以使用高端值（例如第 90 百分位或第 95 百分位的数值），也可以使用已确定的受保护人群的平均值（例如以捕鱼为生的渔民、垂钓者或普通人群）。EPA 通常建议在对基准推导过程中所采用的摄入量进行选择时，算术平均值应当是各州或部落所认为的最小值。在考虑由鱼类消耗研究得出的几何平均值（中位值）时，由于以消费者和非消费者为基础的调查经常会产生零的中位值，所以各州和授权部落需要确保分布应基于调查回应者所报告的鱼类消耗量。如果州或部落是从专门针对高端消费者进行的研究中选择数值（不管是集中趋势还是高端值），那么这些值应当与普通人群的高端鱼类摄入量进行比较来确保所选择的摄入量可以对普通人群中的高端消费者进行充分保护。EPA 认为这是一个合理的步骤，并且也与最近发布的《五大湖水质倡议》（USEPA，1995）相一致。各州和授权部落可能希望进行他们自己的鱼类摄入量调查，EPA 在《鱼类和野生生物消耗调查指南》（USEPA，1998）中为指导此类研究提供了可行的方法指导。来自州或部落更广泛的地理区域的结果同样可以被采用，但有可能不如地方水域所得的数值那样合适。由于这些研究最终将成为州或部落的环境水质基准的基础，所以作为第 303（c）条款中 EPA 对水质标准进行审查的一部分，EPA 将会对每一个鱼类摄入量调查进行审核以确保其与 EPA 的指导原则相一致。

如果在州或部落的地理区域进行的调查是不可用的，那么 EPA 的第二个选择是各州和授权部落可以对反映类似的地理和人群的现有鱼类摄入调查结果加以考虑（例如邻近州或部落或类似的水域类型），并按照上述有关目标值的方法来推导鱼类摄入量。此外，EPA 建议使用未经烹调的重量摄入量并且只使用淡水/河口物种的数据。对现有地方和区域调查结果的详细讨论见技术支持文件。

如果来自地方、州或地区的调查无法获知适用的消耗量，EPA 的第三个选择是各州和授权部落从全国食物消耗调查中选择不同人群的摄入量假设值。EPA 曾经分析过一个这样的全国性调查：1994—1996 年个体食物摄入连续调查。正如第 4.3.2 节所述，这项由 EPA 实施的年度调查从所有 50 个州的人口概率样本中收集食物消耗信息。此项调查的回应者提供了 2 天的饮食回忆数据。在 EPA 的一个单行本报告（USEPA，2000b）中对 1994—1996 年个体食物摄入连续调查、统计学方法以及 EPA 的分析结果和不确定性进行了详细描述。有关此方法学的暴露评价技术支持文件给出了来自这个报告的选择结果，其中包括相加的鱼类和贝类消耗量的平均值、第 50 百分位（中位值）、第 90 百分位、第 95 百分位和第 99 百分位的点和区间估算值。鱼类消耗量按鱼类栖息地（即淡水/河口、海洋和所有栖息地）与下列人群方式来表示：①所有个体；②18 岁及以上的个体；③15～44 岁的妇女；④14 岁及以下儿童。提供了 3 种类型的鱼类消耗量估算值：①人均值（即基于调查期间鱼类消费者和非消费者的数值，参阅技术支持文件的深入讨论）；②仅仅针对消费者的数值（基于 2 天报告期间报告鱼类或贝类消耗量的回应者的数值）；③根据体重计算的人均消耗量[即以 mg/（kg・d）的形式报告的人均值]。

EPA 的第四个选择是各州和授权部落使用基于 1994—1996 年个体食物摄入连续调查数据的下列默认值作为鱼类摄入量假设值，EPA 认为其代表了不同人群的鱼类摄入量：普通成年人群和垂钓者是 17.5 g/d，而以捕鱼为生的渔民是 142.4 g/d。这些是 EPA 在对许多鱼类摄入量调查进行评价之后所作出的风险管理决策。这些值代表未经烹调的淡水/河口鱼类和贝类的摄入量。与其他选择一样，EPA 要求各州和授权部落在制定特定地点的估算值时，通常要考虑是否存在大量的垂钓者或以捕鱼为生的渔民，而不是机械地以他们作为代表性的人群。由于 1994—1996 年个体食物摄入连续调查的范围是全国性的，所以 EPA 会运用这个调查的结果来估算用于制定国家基准的鱼类摄入量。EPA 已经认识到在作出默认建议的过程中与 1994—1996 年个体食物摄入连续调查分析相关的数据缺口和不确定性问题。成人的淡水和河口鱼类摄入量的估算平均值为 7.50 g/d，而中位值是 0 g/d。第 90 百分位估算值是 17.53 g/d；第 95 百分位估算值是 49.59 g/d；而第 99 百分位估算值是 142.41 g/d。0 g/d 的中位值可能反映了人群中从来（以及对摄入量进行测定的有限报告期的 2 天内）不食用鱼类的个体部分。通过应用 17.5 g/d 作为普通成年人群的默认值，EPA 计划选择一项可以对多数人群进行保护的摄入量（此外，根据 1994—1996 年个体食物摄入连续调查的消费者和非消费者的第 90 百分位）。营养级界限值：第 2 营养级为 3.8 g/d；第 3 营养级为 8.0 g/d；第 4 营养级为 5.7 g/d。根据暴露评价技术支持文件所介绍的经研究审核的平均值，EPA 进一步认为 17.5 g/d 可以代表垂钓者的平均消耗量。与此类似，根据经审核的研究，EPA 认为 142.4 g/d 的假设值位于以捕鱼为生的渔民的平均消耗估算值的范围之内。1992 年国家专题研讨会的专家开始致力于修订此方法学，并公认全国性调查中的高端值代表了高度暴露群体的平均值，这个群体包括以捕鱼为生的渔民、特定种群或其他高度暴露人群。EPA 意识到某些地方和区域的研究表明美国土著人、太平洋亚裔美国人和其他生活消费者有着更高的消耗量，并且正如在选择 1 和选择 2 中所指出的那样，建议在适当情况下对这些研究加以利用。另一方面，各州和授权部落针对这些人群可以灵活地选择高于平均值的摄入量。如果州或授权部落还没有确定出不同的定义明确的高端消费人群，并且认为来自 1994—1996 年个体食物摄入连续调查中的全国性数据具有代表性，他们可以选择这些推荐值。

正如前面所指出的那样，默认摄入量是以被分析鱼类的未烹调重量为基础的。在推导环境水质基准的过程中，对鱼类摄入量是采用烹调的重量还是未烹调的重量仍存在一些争议。研究表明，通常来说，鱼肉或鱼排在烹调过程中大约会有 20%的重量损失；也就是说，未烹调的重量大概高出 20%（Jacobs et al.，1998）。很显然，这意味着采用未烹调的重量会导致略高的摄入量和更为严格的环境水质基准。在为此提议而对消耗调查进行研究的过程中，EPA 发现某些调查报告的是经烹调的鱼类数值，而其他调查有报告未经烹调的数值，更多的调查则未指明使用的是烹调的还是未烹调的数值。个体食物摄入连续调查的基础是加工好的或消耗的摄入量；即调查回应者估计他们消耗的鱼类重量。《五大湖水质倡议》同样是如此真实的（明确地以描述经过烹调的鱼类摄入量的研究为基础），人类消耗的基本上是经过烹调的鱼类。但是，EPA 发布的《鱼类报告中所用化学污染物数据评价指南》推荐基于未烹调的鱼类进行分析和报告（USEPA，1997a）。EPA 认识到在鱼类报告程序中存在采用未经烹调的重量的事实的可能混乱状态。此外，适用于实施监督和许可程序的鱼类组织样本中污染物的测定都是与未经烹调的重量有关的。摄入量的选择还因许多因素而变得复杂化，如烹调过程的影响、化学物质可能在鱼类的不同部位累积以及加工方法。

在对所有上述问题（除认可的公众输入数据之外）进行考虑之后，EPA 将会以未经烹调的鱼类摄入量为基础来推导其国家默认基准。暴露评价技术支持文件为特定地点的修正工作提供了补充指导。具体来说，替代方法是用消耗量来描述环境水质基准的计算，更直接地与人体暴露和风险相关联，然后按照大约 20%的损失率将这个值调整为未经烹调的量（从而代表与消耗值一样的相对风险）。此方法会产生不同的环境水质基准值（相对于采用未经烹调的重量），并且可以更直接地表示将消耗的风险转化为未经烹调的等量风险。但是，EPA 认识到，对于各州和部落来说，这是一个更为科学严谨并且可能是高度信赖的一个程序。技术支持文件中介绍的可选择方法为各州和授权部落制定各自的水质标准计划提供了较大的灵活性。

默认的鱼类摄入量还考虑到按照物种生命周期的有关信息或依据美国海洋渔业局的登录信息对物种分类进行具体指定。最重要的是，鲑鱼由淡水/河口物种被重新划分为海洋物种。1994—1996 年个体食物摄入连续调查显示从海洋中捕获的鲑鱼大约占鲑鱼消耗量的 99%，这项移动使淡水/河口鱼类总消耗量下降了 13%。尽管它们代表淡水/河口摄入量的一个非常小的百分比，但是由 1994—1996 年个体食物摄入连续调查的回应者所消耗的内陆和养殖鲑鱼仍然包含在内。暴露评价技术支持文件对默认的摄入物种指定的基本原理进行了解释。EPA 再次强调，各州和授权部落可以在地方或区域数据的基础上灵活地运用其他假设值来更好地代表所关注的人群。

4.3.3.2 保护人体健康免受发育影响的数值

暴露所导致的儿童健康影响或婴儿发育影响可能是最为关注的。正如本节开始对所采用的暴露系数的讨论，在参考剂量（起始点/不确定性系数）基于急性或亚慢性毒性和暴露的情况下，EPA 会考虑将儿童或育龄期妇女作为国家默认基准的基础，这取决于处于最大风险中的目标人群。EPA 建议各州和授权部落在这种情况下运用针对儿童或育龄期妇女的暴露系数进行计算。如前所述，EPA 并不推荐制定补充的环境水质基准，但承认以这些人群为基础建立基准是一项可能的行动过程，因此，针对这类情况推荐下列默认摄入量。

EPA 为各州和授权部落在选择儿童摄入量时所提供的 4 个选择与前面所讨论的为建立慢性影响的平均日消耗量所提供的选择是相同的，即选项按照递减的顺序依次为：地方水域调查所得的鱼类摄入结果；反映类似地理和人群的现有鱼类摄入调查结果；全国性调查（如个体食物摄入连续调查）的摄入量分布；EPA 的默认值。当参考剂量以儿童健康影响为基础时，EPA 建议使用 156.3 g/d 的默认摄入量来对那些产生不良影响的污染物进行评价。根据 1994—1996 年个体食物摄入连续调查的综合结果，这个数值代表了消耗淡水/河口鱼类和贝类的 14 岁及以下的儿童这个具体消费群体的第 90 百分位的消耗量。此值是仅以在 2 天的调查期间食用鱼类的那些儿童的数据为基础计算出来的，并且将摄入量根据实际的消耗鱼类天数进行了平均。EPA 认为，通过选择只针对消费者的数据，第 90 百分位大概是短时期内淡水/河口鱼类和贝类消耗的一个合理摄入量，在对儿童的不良影响成为首要关注的情况下可以将其应用于评价过程中。如前所述，EPA 将会针对儿童消耗鱼类所造成的潜在急性或亚慢性影响采用 30 kg 的默认体重值。当 EPA 认为应当根据儿童的健康影响制定基准时，他们也为各州和授权部落提供了选择这些更具保护性的默认摄入量。这与最近发布的《五大湖水质倡议》（USEPA，1995）的基本原理是相一致的，并且是 EPA 认为比较合理的一个方法。暴露评价技术支持文件中提供了当关注儿童的健康影响时与评价暴露有关的摄入量的分布信息。

同样有些情况下孕妇可能会成为最受关注的人群，这是因为母亲暴露于有毒物质有可能导致发育影响。在这种情况下，对发育毒物进行暴露评价时，特定的育龄期妇女的鱼类摄入量是最适用的。当参考剂量是建立在发育毒性的基础上时，EPA 建议使用 165.5 g/d 的默认摄入量为污染物对育龄期妇女造成的发育影响进行暴露评价。根据 1994—1996 年个体食物摄入连续调查的综合结果，这个值相当于消耗淡水/河口鱼类和贝类的 15～44 岁妇女这一特定人群的第 90 百分位消耗量。与儿童的摄入量一样，这个值只代表在 2 天的调查期间食用鱼类的那些妇女。如前所述，EPA 将会对育龄期妇女采用 67 kg 的默认体重。

4.3.3.3　基于体重的鱼类摄入量

与饮用水摄入量一样，EPA 在暴露评价技术支持文件中以人均体重为基础提供鱼类摄入量（单位为 mg/kg）。这些值使用的是 1994—1996 年个体食物摄入连续调查中的自报体重。此外，EPA 计划对单独的摄入量和体重值的国家默认基准进行推导或修订，而且在技术支持文件中为各州和授权部落提供了 mg/（kg・d）的数值来供他们选择使用。

4.4　参考文献

[1] Ershow A.G., Brown L.M., Cantor K.P.. 1991. Intake of tapwater and total water by pregnant and lactating women. Am. J. Public Health. 81：328-334.

[2] Ershow A.G., Cantor K.P.. 1989. Total Water and Tap Water Intake in the United States: Population-based Estimates of Quantities and Sources. National Cancer Institute. Bethesda，MD. Order #263-MD-810264.

[3] Gibbons J. D.. 1971. Nonparametric Statistical Inference. Chapter 2：Order Statistics. McGraw-Hill，Inc. New York，NY.

[4] Jacobs H. L.，Kahn H. D.，Stralka K. A.，et al.. 1998. Estimates of per capita fish consumption in the U.S. based on the continuing survey of food intake by individuals（CSFII）. Risk Analysis：An International Journal 18（3）.

[5] McDowell M.. 2000. Personal communication between Denis R. Borum，U.S. Environmental Protection Agency, and Margaret McDowell, Health Statistician, National Health and Nutrition Examination Survey, National Center for Health Statistics. March 24，2000.

[6] USDA. 1998. U.S. Department of Agriculture. 1994–1996 Continuing Survey of Food Intakes by Individuals and 1994–1996 Diet and Health Knowledge Survey. Agricultural Research Service，USDA. NTIS CD–ROM，accession number PB98–500457. [Available from the National Technical Information Service，5285 Port Royal Road，Springfield，VA 22161. Phone：（703）487–4650.]

[7] USEPA. 1993. Review of the Methodology for Developing Ambient Water Quality Criteria for the Protection of Human Health. Prepared by the Drinking Water Committee of the Science Advisory Board. EPA-SAB-DWC.

[8] USEPA. 1994. Reference dose（RfD）for oral exposure for cadmium. Integrated Risk Information System

（IRIS）. Online.（Verification date 02/01/94.）Office of Health and Environmental Assessment，Environmental Criteria and Assessment Office. Cincinnati，OH.

[9] USEPA. 1995. Great Lakes Water Quality Initiative Technical Support Document for the Procedure to Determine Bioaccumulation Factors. Office of Water. Washington，DC. EPA/820/B-95/005.

[10] USEPA. 1997a. Guidance for Assessing Chemical Contaminant Data for Use in Fish Advisories. Volume II：Risk Assessment and Fish Consumption Limits. Second Edition. Office of Water. Washington DC. EPA/823/B-97/009.

[11] USEPA. 1997b. Exposure Factors Handbook. National Center for Environmental Assessment，Office of Research and Development. Washington，DC. EPA/600/P-95/002Fa. August.

[12] USEPA. 1998. Guidance for Conducting Fish and Wildlife Consumption Surveys. Office of Science and Technology，Office of Water. Washington，DC. EPA-823-B-98-007. November.

[13] USEPA. 2000a. Estimated Per Capita Water Ingestion in the United States：Based on Data Collected by the United States Department of Agriculture's 1994-96 Continuing Survey of Food Intakes by Individuals. Office of Science and Technology，Office of Water. Washington，DC. EPA-822-00-008. April.

[14] USEPA. 2000b. Estimated Per Capita Fish Consumption in the United States：Based on Data Collected by the United States Department of Agriculture's 1994-1996 Continuing Survey of Food Intake by Individuals. Office of Science and Technology，Office of Water，Washington，DC. March.

[15] WESTAT. 2000. Memorandum on Body Weight Estimates Based on NHANES III data，Including Data Tables and Graphs. Analysis conducted and prepared by WESTAT，under EPA Contract No. 68-C-99-242. March 3，2000.

5 生物累积

5.1 引言

当暴露于水、食物和其他来源中的化学物质时，水生生物体内可能会累积一定的化学物质。这个过程叫做生物累积。水生生物的生物累积量级因化学物质的不同而有很大差异，某些高持久性和疏水性化学物质的生物累积量极高。对于这类高度生物累积的化学物质来说，即使水中的浓度非常低，不会只因为饮用水消耗而引起不可接受的健康风险，但在水生生物体内的浓度则会通过鱼类和贝类消耗而可能引发不可接受的人体健康风险。这些化学物质还可能会在水生食物链中产生生物放大作用，这是一个随着饮食暴露不断增加而使每一连续营养级中的水生生物的化学物质浓度逐渐增加的过程（例如，浓度从藻类到浮游动物，到食草鱼类，再到食肉鱼类不断增加）。

为了防止通过摄入被污染的鱼类和贝类而受到水中化学物质的有害暴露，保护人体健康的国家 304（a）水质基准必需涉及水生生物体内化学物质的生物累积。为了推导国家 304（a）基准来保护人体健康，EPA 通过运用国家生物累积系数来解释化学物质在鱼类和贝类体内的潜在生物累积。国家生物累积系数是将化学物质在水中的浓度与其在通常被消耗的特定营养级水生生物体内的预期浓度联系起来的一个比值（以 L/kg 表示）。下列公式对于如何运用线性低剂量外推法将国家生物累积系数用于推导致癌物质的 304（a）基准进行了说明。

$$\mathrm{AWQC} = \mathrm{RSD} \bullet \left(\frac{\mathrm{BW}}{\mathrm{DI} + \sum_{i=2}^{4} \left(\mathrm{FI}_i \bullet \mathrm{BAF}_i \right)} \right) \tag{2-5-1}$$

式中：RSD——特定风险剂量，mg/（kg · d）；

BW——人体体重，kg；

DI——饮用水摄入量，L/d；

FI_i——营养级 i 的鱼类摄入量，i=2，3 和 4；

BAF_i——营养级 i 的国家生物累积系数，i=2，3 和 4。

本章目的是介绍 EPA 推荐的推导国家生物累积系数的方法学，以便建立保护人体健康的国家 304（a）水质基准。生物累积技术支持文件中提供了推荐的国家生物累积系数方法学的详细科学基础。本章对方法学进行了详细描述，EPA 计划将其用于国家生物累积系数的推导过程中，并鼓励各州和授权部落在适当的情况下制定具体到一定区域或水体的生物累积系数。生物累积技术支持文件为各州和授权部落提供了推导特定地点生物累积系数的指导方法。

5.1.1　生物累积和生物富集的重要概念

在推导用于制定国家 304（a）基准的国家生物累积系数时，对生物累积过程中的几个概念的理解是非常重要的。首先，“生物累积”是指水生生物从所有环境介质（例如水、食物、沉积物）中吸收和保留化学物质。“生物富集”是指水生生物只从水中吸收和保留化学物质。对于某些化学物质（尤其是那些高持久性和疏水性化学物质）来说，水生生物的生物累积量级可能相当大地高于生物富集量级，因此，仅仅对生物富集进行评价会低估这些化学物质在水生生物体内的累积程度。与此相应的是，本章中介绍的 EPA 指南强调了水生生物体内化学物质生物累积的测定，而 EPA《1980 年方法学》强调的则是生物富集的测定方法。

生物累积过程中另一个值得注意的方面是稳态条件。具体来讲，生物累积和生物富集都可以被简单地看成是水生生物吸收和净化（化学损失）化学物质的竞争速率的结果。化学物质吸收和净化的速率可能受到各种因素的影响，其中包括化学物质的性质、所讨论生物的生理机能、水质和其他环境条件、水体的生态特征（如食物链结构）以及化学物质的浓度与负荷史。当化学物质吸收和净化的速率相等时，组织浓度会在一定时期内保持不变，表明化学物质在生物体和其污染源之间的分布处于一个稳定状态。对于持续性的化学物质暴露和其他条件来说，生物体内的稳态浓度代表了在这些条件下化学物质在这种生物体内的最大累积潜力。化学物质达到稳态所需要的时间表现出依据化学物质的性质和其他因素的不同而有所变化。例如，某些高疏水性化学物质可能需要很长一段时间来达到与其所处环境之间的稳定状态（例如好几个月），而高亲水性化学物质通常相对较快地达到稳定状态（如几个小时至几天）。

由于保护人体健康的国家 304（a）基准通常是为保护人类免受有害的终生或长期水污染物暴露而设计制定的，所以对相当于或近似于稳态累积的生物累积进行评价是推导国家生物累积系数的一个基本原则。对于某些需要较长时间才能在水生生物组织中达到稳态的化学物质来说，水体中的浓度变化可能要比组织中相应的浓度变化更为快速。因此，如果系统大大背离稳态条件且水中浓度没有在足够的时间内达到平衡状态，则组织浓度与水浓度的比值也许不会与稳态比值相同，而且对于长期生物累积潜力没有多少预测价值。所以，生物累积系数的测定应当以在足够的时间（例如，化学物质达到稳态所需要的相应持续时间）达到平衡的水体平均浓度为基础。此外，生物累积系数的测定应当以组织和水体浓度充分的空间平衡为基础，并被用于推导保护人体健康的 304（a）基准。

基于这个原因，在本方法学中将生物累积系数定义为表示生物组织中的化学物质浓度与生物体及其食物经受暴露的水环境中的化学物质浓度的比值（以 L/kg 表示），并且这个比值不会随着时间的推移而发生大的变化（即这一反映生物累积的比值达到或近似于稳态）。生物富集系数是指生物体在仅仅受到水暴露的情况下，水生生物组织中的物质浓度与水环境中浓度的比值（以 L/kg 表示），并且这一比值不会随着时间的推移而发生大的变化。

5.1.2 国家生物累积系数的目的

EPA 制定国家生物累积系数是为了表示美国各地人们通常消耗的水生生物的可食性组织中化学物质长期的、平均的生物累积可能性。国家生物累积系数不是为了反映短期（如几天）生物累积的波动，因为 304（a）人体健康基准通常是为保护人类免受水中化学物质的长期暴露而设计的。国家生物累积系数还要考虑可能对美国境内水体中的生物累积产生影响的某些主要的化学、生物学和生态学特性。例如，根据化学物质的类别（如非离子性有机物、离子性有机物、无机物和有机金属化学物质）规定不同的程序来推导国家生物累积系数。此外，考虑到某些化学物质在水生食物链中的潜在生物累积以及营养级之间可能影响生物累积的明显的生理学差异，EPA 为每一营养级单独推导其国家生物累积系数。因为水生生物的脂质含量与水体中的有机碳含量已经被证明能够对非离子性有机化学物质的生物累积产生影响，所以 EPA 将其国家生物累积系数进行了调整来反映日常消耗的鱼类和贝类的脂质含量以及这些化学物质在水环境中的自由溶解态分数。

5.1.3　《1980 年方法学》的变化

自从《1980 年推导保护人体健康的环境水质基准方法学》（USEPA，1980）发布以来，生物累积领域取得了许多科学进展。这些进展显著增强了我们对水生生物体内化学物质的生物累积进行评价和预测的能力。因此，EPA 对《1980 年方法学》中的生物累积部分进行了修订，以此来反映科学的最新进展并提高对生物累积评价的准确性，以建立保护人体健康的 304（a）基准。《2000 年人体健康方法学》中生物累积部分包括的变化的主要目的是：

（1）提高能力，将来自沉积物和水生食物链的化学物质暴露与生物累积潜力评价相结合；

（2）扩展能力，对影响生物累积的特定地点因素加以考虑；

（3）将最新数据和评价手段与生物累积评价过程相结合。

《2000 年人体健康方法学》生物累积部分的主要变化以及与《1980 年方法学》的适当比较总结如下。

5.1.3.1　方法概述

用于推导保护人体健康 304（a）基准的《1980 年方法学》通过运用生物富集系数来对生物富集（仅从水中吸收）评价加以强调。根据《1980 年方法学》，除非野外数据显示出生物累积持续高于或低于实验室数据，否则生物富集系数的测定通常是由实验室数据来确定的。在这种情况下，推荐采用“野外生物富集系数”（目前被称为“野外测定的生物累积系数”）。对于实验室和野外测定数据均难以获得的亲脂性化学物质来说，EPA 推荐辛醇-水分配系数和下列公式（Veith et al.，1979）：“ $\lg \mathrm{BCF} = (0.85 \lg K_{\mathrm{ow}}) - 0.70$ ”来对生物富集系数进行预测。

本章中所包括的《2000 年人体健康方法学》修订本通过运用生物累积系数来强调对生物累积（从水、沉积物和食物中吸收）的测定。与《1980 年方法学》一致的是，通常优先使用测定数据而不是预测法来确定生物累积系数（即野外测定的生物累积系数通常优先于预测得出的生物累积系数）。但是，《2000 年人体健康方法学》包含了 1980 年版本中所没有的用于推导国家生物累积系数的补充方法。由于化学物质的类别和性质不同，所选用的生物累积系数方法也有所不同。例如，下列 3 个被广义界定的每一类别的生物累积系数的推导程序是有所差异的：①非离子性有机物；②离子性有机物；③无机物和有机金属化学物质。此外，在非离子性有机化学物质这一类别当中，根据化学物质的疏水性以及化学物质在水生生物体内有可能发生的新陈代谢程度，采用了不同的程序来推导生物累积系数。

5.1.3.2　脂质标准化

在《1980 年方法学》中，亲脂性化学物质的生物富集系数通过鱼类和贝类组织中的脂质分数标准化来确定。脂质标准化使生物富集系数在组织和生物体内均衡化。在平均脂质标准化生物富集系数确定之后，就可以根据美国人日常食用的水生生物的消耗加权脂质含量对其进行调整来获得一个综合消耗加权的生物富集系数。《2000 年人体健康方法学》中保留了类似的程序，那就是将非离子性有机化学物质的生物累积系数进行脂质标准化，再根据日常食用的生物的消耗加权脂质含量对其进行调整来获得一个用于基准计算的生物累积系数。不过，《2000 年人体健康方法学》将更多的最新脂质数据和消耗数据应用于消耗加权的生物累积系数的推导过程中。

5.1.3.3 生物有效性

根据《1980 年方法学》，亲脂性和非亲脂性化学物质的生物富集系数都是以水中化学物质的总浓度为基础来推导的。在《2000 年人体健康方法学》中，运用最大生物利用分数（即自由溶解态分数）推导非离子性有机化学物质的生物累积系数来说明颗粒物和可溶性有机碳对化学物质的生物有效性所产生的影响。然后将生物累积系数进行调整来反映所关注地点的预期生物有效性（即根据所关注地点的有机碳浓度进行调整）。EPA 先前在《五大湖水质倡议》（USEPA，1995a，b）编制中曾经发布过用于说明有机碳对生物累积影响的程序。在确定《2000 年人体健康方法学》中定义的其他化学物质类别（如离子性有机物、无机物/有机金属物质）的生物累积系数时也要考虑到生物有效性，但是要根据每个化学物质来确定。

5.1.3.4 对营养级的考虑

在《1980 年方法学》中，在确定生物富集系数并将其应用于基准推导的过程中没有明确地关注到水生生物的营养级问题（例如底栖滤食性动物、草食性鱼类、肉食性鱼类）。20 多年来，综合许多信息都表明生物在水生食物链中所处的营养级位置对于某些化学物质的生物累积量级可能产生重要影响。为了说明由生物营养级位置引起的生物累积差异，《2000 年人体健康方法学》建议在特定营养级的基础上确定并应用生物累积系数。

5.1.3.5 特定地点的调整

《1980 年方法学》几乎没有涉及将国家生物富集系数进行调整以反映特定地点或区域条件的指导内容。《2000 年人体健康方法学》在这方面进行了极大的扩展来指导各州和授权部落对国家生物累积系数进行调整以反映当地条件。生物累积技术支持文件中包括此指导方法，并提供了用于调整国家生物累积系数的指导和数据来反映当地消耗的水生生物中的脂质含量以及所关注水体中的有机碳含量。这一指导方法允许采用适当的生物累积模型来推导特定地点的生物累积系数。EPA 还计划就设计和实施测定生物累积系数以及生物-沉积物累积系数的野外生物累积研究发布详细的指导方法。通常来说，如果调整可以起到科学的防御作用并且充分保护水体的指定用途，那么 EPA 鼓励各州和授权部落将 EPA 的国家生物累积系数针对特定地点进行修改。

虽然上述修订是 EPA 用于推导保护人体健康的国家 304（a）基准的方法学新内容，但是其中许多修订内容在此前的 EPA 指南和规定中都有所涉及。例如，当测定数据难以获得的时候，应用食物链倍增系数（food chain multiplier，FCM）来说明非离子性有机化学物质在水生食物链中的生物放大作用，EPA 就曾经在 3 个文件中介绍过这一方法：《基于水质的毒物控制技术支持文件》（USEPA，1991）、一份名为《地表水域生物富集性污染物评价与控制》的草拟文件（USEPA，1993）以及《五大湖水质倡议》（USEPA，1995b）。同样，运用生物-沉积物累积系数并结合有机碳对生物有效性的影响来预测生物累积系数的程序曾被用于推导《五大湖水质倡议》中的水质基准。

5.1.4　本章的结构

下列几节介绍了用于推导国家生物累积系数进而推导出国家 304（a）人体健康环境水质基准的方法学。本章采用的重要术语定义见第 5.2 节。生物累积系数推导指南的概要叙述见第 5.3 节。推导非离子性有机化学物质的国家生物累积系数的详细程序介绍见第 5.4 节，离子性有机化学物质见第 5.5 节，无机物和有机金属化学物质见第 5.6 节。

5.2　定义

本章采用下列术语和定义。

（1）生物累积：生物体从所有环境来源摄取的化学物质的净累积。

（2）生物富集：水生生物通过腮膜或其他体表直接从水环境摄取的化学物质的净累积。

（3）生物累积系数（BAF）：生物组织中的化学物质浓度与水环境中的化学物质浓度的比值（以 L/kg 表示），前提是生物体及其食物均处于暴露状态，且此比值在一定时间内不会发生显著变化。生物累积系数按下式计算：

$$\text{BAF} = \frac{C_t}{C_w} \tag{2-5-2}$$

式中：C_t——化学物质在特定湿生物组织中的浓度；

C_w——化学物质在水中的浓度。

（4）生物富集系数（BCF）：水生生物组织中的化学物质浓度与水环境中的化学物质浓度的比值（以 L/kg 表示），前提是生物体只经受水暴露，且此比值在一定时间内不会发生显著变化。生物富集系数按下式计算：

$$\text{BCF} = \frac{C_t}{C_w} \tag{2-5-3}$$

式中：C_t——化学物质在特定湿生物组织中的浓度；

C_w——化学物质在水中的浓度。

（5）基线生物累积系数（baseline BAF，BAF_l^{fd}）：对于非离子性有机化学物质（以及具有类似脂质和有机碳分配特性的某些离子性有机化学物质），依据水环境中自由溶解的化学物质浓度和组织中的脂质标准化浓度计算出来的生物累积系数（以 L/kg 表示）。

（6）基线生物富集系数（baseline BCF，BCF_l^{fd}）：对于非离子性有机化学物质（以及具有类似脂质和有机碳分配特性的某些离子性有机化学物质)，依据水环境中自由溶解的化学物质浓度和组织中的脂质标准化浓度计算出来的生物富集系数（以 L/kg 表示）。

（7）生物放大：通过一系列的捕食行为，主要是通过与饮食有关的累积机制，连续营养级的生物组织中化学物质浓度增加的现象。

（8）生物放大系数（biomagnification factor，BMF）：在特定水体和化学物质暴露过程中，化学物质在特定营养级的捕食者体内的组织浓度与其在低一营养级的被捕食者体内的组织浓度的比值。对于非离子性有机化学物质（以及具有类似脂质和有机碳分配特性的某些离子性有机化学物质），可以运用两个连续营养级的生物组织中的脂质标准化浓度来计算生物放大系数。

$$\mathrm{BMF}_{(\mathrm{TL},\ n)}=\frac{C_{\mathrm{l}(\mathrm{TL},\ n)}}{C_{\mathrm{l}(\mathrm{TL},\ n-1)}} \tag{2-5-4}$$

式中：$C_{\mathrm{l}(\mathrm{TL},\ n)}$——特定营养级（营养级 n）捕食者组织中的脂质标准化浓度；

$C_{\mathrm{l}(\mathrm{TL},\ n-1)}$——捕食者低一营养级（营养级 $n-1$）被捕食者组织中的脂质标准化浓度。

对于脂质和有机碳分配理论不适用的那些无机物、有机金属物质和某些离子性有机化学物质来说，可以运用两个连续营养级的生物组织中的化学物质浓度来计算生物放大系数：

$$\mathrm{BMF}_{(\mathrm{TL},\ n)}=\frac{C_{\mathrm{t}(\mathrm{TL},\ n)}}{C_{\mathrm{t}(\mathrm{TL},\ n-1)}} \tag{2-5-5}$$

式中：$C_{\mathrm{t}(\mathrm{TL},\ n)}$——营养级 n 中的捕食者组织中的浓度（可以是湿重也可以是干重浓度，只要捕食者和被捕食者组织中的浓度以相同的方式表达即可）；

$C_{\mathrm{t}(\mathrm{TL},\ n-1)}$——捕食者低一营养级中被捕食者组织中的浓度（可以是湿重也可以是干重浓度，只要捕食者和被捕食者组织中的浓度以相同的方式表达即可）。

（9）生物-沉积物累积系数（biota-sediment accumulation factor，BSAF）：对于非离子性有机化学物质（以及具有类似脂质和有机碳分配特性的某些离子性有机化学物质），依据水生生物组织中化学物质的脂质标准化浓度与表层沉积物中化学物质的有机碳标准化浓度计算出来的比值（以 kg/kg 表示），前提是此比值在一定时间内不会发生显著变化，生物体及其食物均处于暴露状态，表层沉积物为生物体附近的普通表层沉积物。生物-沉积物累积系数可按下式计算。

$$\mathrm{BSAF}=\frac{C_{\mathrm{l}}}{C_{\mathrm{soc}}} \tag{2-5-6}$$

式中：C_{l}——化学物质在生物组织中的脂质标准化含量，μg/g；

C_{soc}——化学物质在表层沉积物中的有机碳标准化含量，μg/g。

（10）净化：生物体通过主动或被动过程所造成的化学物质减少的行为。

（11）食物链倍增系数（FCM）：对于非离子性有机化学物质（以及具有类似脂质和有

机碳分配特性的某些离子性有机化学物质），依据特定营养级中生物体的基线生物累积系数与基线生物富集系数计算出来的比值（通常由第 1 营养级中的生物确定）。对于脂质和有机碳分配理论不适用的那些无机物、有机金属物质和某些离子性有机化学物质，可根据化学物质在组织中的总浓度（湿重或干重）推算出食物链倍增系数。

（12）自由溶解态浓度（freely dissolved concentration，C_w^{fd}）：对于非离子性有机化学物质，化学物质溶解于水环境中的浓度，但不包括吸附在颗粒性或溶解性有机碳上的部分。通常认为化学物质的自由溶解态浓度代表了水中有机化学物质的最佳生物有效性，因此是预测生物累积的最佳方式。自由溶解态浓度可按下列公式确定。

$$C_w^{fd} = C_w^t \cdot f_{fd} \tag{2-5-7}$$

式中：C_w^{fd}——有机化学物质在水环境中的自由溶解态浓度；

C_w^t——有机化学物质在水环境中的总浓度；

f_{fd}——化学物质在水环境中自由溶解的总浓度分数。

（13）亲水性：指化学物质被吸引并分配至水相中的程度。与疏水性化学物质相比，亲水性有机化学物质分配至极性相（如水）中的趋势更大。

（14）疏水性：指化学物质避免分配至水相中的程度。与低疏水性化学物质相比，高疏水性有机化学物质分配至非极性相（如脂质、有机碳）中的趋势更大。

（15）脂质标准化浓度（lipid-normalized concentration，C_l）：污染物在组织或整个生物体中的总浓度除以同一组织或整个生物体中的脂质分数。脂质标准化浓度可按下列公式计算：

$$C_l = \frac{C_t}{f_l} \tag{2-5-8}$$

式中：C_t——化学物质在湿组织中的浓度（整个生物体或特定组织）；

f_l——生物体或特定组织中的脂质含量分数。

（16）辛醇-水分配系数（octanol-water partition of coefficient，K_{ow}）：在两相平衡的辛醇-水系统中，化学物质在正辛醇相中的浓度与其在水相中的浓度的比值。对 $\lg K_{ow}$ 来说，辛醇-水分配系数的对数是以 10 为底的对数。

（17）有机碳标准化浓度（erganic carbon-normalized concentration，C_{soc}）：对沉积物来说，污染物在沉积物中的总浓度除以沉积物中的有机碳分数。有机碳标准化浓度可按下式计算：

$$C_{soc} = \frac{C_s}{f_{oc}} \tag{2-5-9}$$

式中：C_s——化学物质在沉积物中的浓度；

f_{oc}——沉积物中的有机碳分数。

（18）吸收：生物体通过主动或被动过程从环境中获取物质的行为。

5.3 国家生物累积系数的确定框架

5.3.1 4种不同方法

根据化学物质的类别及其性质，可以运用下列某种或全部4种方法来测定或预测用于推导国家生物累积系数的生物累积系数。这4种方法是：

（1）野外研究得到测定的生物累积系数（即野外测定的生物累积系数）；

（2）野外测定的生物-沉积物累积系数预测生物累积系数；

（3）实验室测定的生物富集系数预测生物累积系数（通过或不通过食物链倍增系数进行调整）；

（4）化学物质的辛醇-水分配系数预测生物累积系数（通过或不通过食物链倍增系数进行调整）。

下面对这4种方法逐一进行简要概述。有关这4种方法应用的更多细节见第5.4节（非离子性有机物）、第5.5节（离子性有机物）和第5.6节（无机物和有机金属物质）。

（1）野外测定的生物累积系数。野外测定的生物累积系数（生物累积的最直接测定）的应用是可用于推导所有类别的化学物质（即非离子性有机物、离子性有机物、无机物和有机金属化学物质）的国家生物累积系数的唯一方法。野外测定的生物累积系数是由运用测定水生生物及其水环境中的化学物质浓度的野外研究而确定的。由于野外研究是在自然水生生态系统中进行的，所以野外测定的生物累积系数反映了生物通过所有相关暴露途径（即水、沉积物和饮食）暴露于化学物质中，此外还反映了在水生生物或其食物链中有可能发生的化学物质代谢。因此，不管化学物质在生物体内的代谢程度如何，野外测定的生物累积系数适用于所有化学物质。

（2）野外测定的生物-沉积物累积系数。对于非离子性有机化学物质（以及具有类似脂质和有机碳分配特性的某些离子性有机化学物质），生物累积系数可以通过生物-沉积物累积系数来进行预测。生物-沉积物累积系数与野外测定的生物累积系数的相似点是生物体中的化学物质浓度都是在野外测定的并反映了生物的所有相关途径暴露。生物-沉积物累积系数还反映了任何有可能在水生生物或食物链中发生的化学物质代谢。但是，不同的是，野外测定的生物累积系数涉及的是生物浓度与水体浓度，而生物-沉积物累积系数涉及的是生物浓度与沉积物浓度。生物-沉积物累积系数的应用仅限于中高疏水性有机化学物质。

（3）实验室测定的生物富集系数。实验室测定的生物富集系数也可用来估算有机和无机化学物质的生物累积系数。但是，与野外测定的生物累积系数或由生物-沉积物累积系数得出的生物累积系数所不同的是，实验室测定的生物富集系数只反映了经水暴露途径的化学物质累积。因此当来自沉积物或饮食的累积很重要时，实验室测定的生物富集系数可能会低估化学物质的生物累积系数。在这种情况下，实验室测定的生物富集系数可以与食物链倍增系数相乘以反映来自非水（即食物链）暴露途径的累积。由于实验室测定的生物富集系数是运用在水生生物及其周围水环境中测定的化学物质浓度来确定的，所以它反映了生物体内而不是食物链中所发生的化学物质代谢。

（4）辛醇-水分配系数。化学物质的辛醇-水分配系数（K_{ow}）也可用来预测非离子性有机化学物质的生物累积系数。此程序只适用于非离子性有机化学物质（以及具有类似脂质和有机碳分配特性的某些离子性有机化学物质）。辛醇-水分配系数与在水生生物体内不易代谢的非离子性有机化学物质的生物富集系数有广泛的相关性。因此，当已知生物体内发生的代谢显著时，则不用辛醇-水分配系数来预测生物累积系数。对于食物链的化学暴露是不可忽视的非离子性有机化学物质来说，单独使用辛醇-水分配系数会低估生物累积系数。在这种情况下，与上述生物富集系数程序类似，可用食物链倍增系数来调整辛醇-水分配系数。

5.3.2　生物累积系数推导框架概述

尽管上节中描述了 4 种可以用来推导生物累积系数的方法，但是很显然这些方法不能对所有类别的化学物质同等适用。此外，经验表明应用所有的适用方法来推导生物累积系数所需的数据通常是无法获得的。因此，EPA 制定了下列指南来指导使用者选择出最适于推导国家生物累积系数的方法。

图 2-5-1 显示了 EPA 国家生物累积系数方法学的总体框架。这个框架对运用图 2-5-1 底部显示的 6 个分级程序之一指导最终计算出国家生物累积系数的主要步骤和决策进行了说明。每一程序都包含了上述生物累积系数推导方法的分级结构，而生物累积系数推导方法的构成又取决于化学物质的类别和某些化学性质（例如其疏水性程度以及新陈代谢和生物放大作用的预期程度）。程序中的每一种生物累积系数方法前所标注的数字表明它们用于推导国家生物累积系数值的常规优先顺序。这个框架和配套指南的目的是使推导国家生物累积系数值的可用数据与方法得到充分应用，同时适当地限制使用某些本身有局限性的方法。

这个框架的第一步是定义所关注的化学物质。如第 5.3.3 节所述，用于推导国家生物累积系数的化学物质应当与用于推导临界健康评价值的化学物质相一致。第二步是收集并审核所关注化学物质的生物富集和生物累积的所有相关数据（见第 5.3.4 节）。在进行数据审核之后，第三步就是将所关注的化学物质归类到 3 个广义界定的化学物质类别中的某一类：①非离子性有机化学物质；②离子性有机化学物质；③无机物和有机金属化学物质。第 5.3.5 节给出了将化学物质归类到这 3 个类别的指导方法。

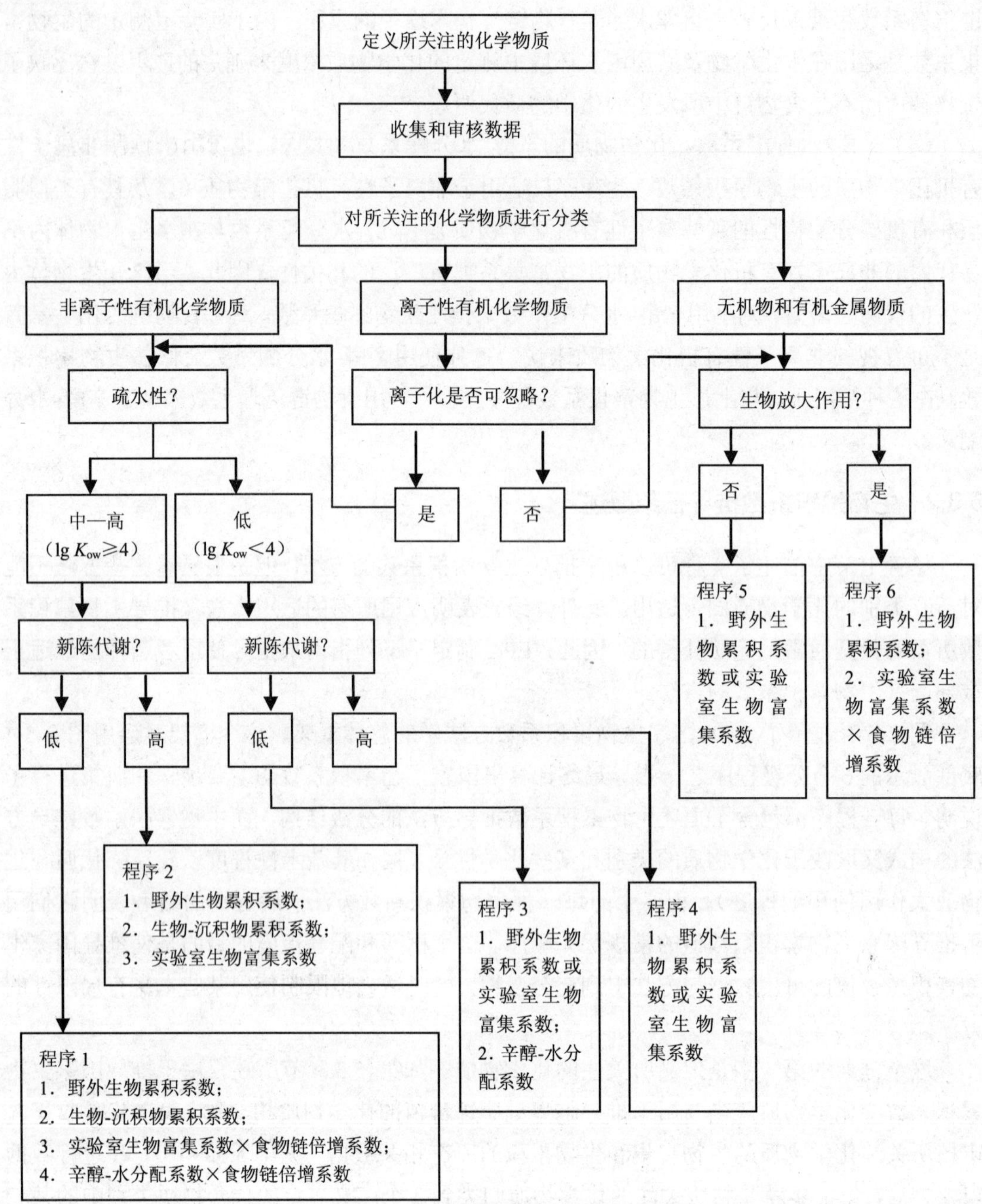

图 2-5-1 国家生物累积系数推导框架

在将化学物质归类到 3 个类别中的某一类之后，使用其他信息在 6 个分级程序中选择 1 个来推导国家生物累积系数。对推导各类化学物质的生物累积系数的特定程序进行了讨论，非离子性有机物质见第 5.4 节，离子性有机物质见第 5.5 节，无机物和金属有机物质见第 5.6 节。下列 3 节对推导过程的前 3 步（即定义所关注的化学物质、收集和审核数据以及对所关注的化学物质进行分类）提供了详细指导。

5.3.3　定义所关注的化学物质

推导国家生物累积系数的第一步为定义所关注的化学物质。这一步包括对用于推导国家生物累积系数值的化学物质形态进行准确的定义。尽管这一步通常是针对单一的化学物质，但当所关注的化学物质为混合物时就会变得复杂。在定义所关注的化学物质时应当遵循下列指导。

（1）在基准推导的过程中，应该从健康和暴露评价部分获得定义所关注的化学物质的信息。用于推导国家生物累积系数的化学物质应当与用于推导参考剂量、起始点/不确定性系数或致癌潜力系数的化学物质相一致。

（2）在多数情况下，参考剂量、起始点/不确定性系数或致癌潜力系数是以单一的化学物质为基础的。但在有些情况下，则是以化合物的混合物为基础的，通常是在同一类别的化学物质内（如毒杀芬、氯丹）。在这种情况下，国家生物累积系数的推导方式应当与用于表示健康评价的混合物保持一致。

①如果可以获得充足的数据来对混合物中包含的每一相关化合物的生物累积进行可靠的评价，那么应当用混合物中的单个化合物的生物累积系数来推导国家生物累积系数，并适当加权以反映用于建立参考剂量、起始点/不确定性系数或致癌潜力系数的混合物成分。《五大湖水质倡议》中提供了一个用这种方法推导多氯联苯的生物累积系数的示例（USEPA，1997）。②如果不能获得充足的数据来对混合物中的每一化合物的生物累积进行可靠的评价，那么应当运用相同或类似的化学物质混合物的生物累积系数来推导国家生物累积系数，就像用来建立参考剂量、起始点/不确定性系数或致癌潜力值的方法那样。

5.3.4　收集和审核数据

推导国家生物累积系数的第二步是对所关注化学物质的所有生物累积相关数据进行收集和审核。在收集和审核用于推导国家生物累积系数的生物累积数据的过程中应当遵循下列指导。

（1）应当对所关注的化学物质在水生动植物中的残留与累积的所有数据进行充分的收集和审核。

（2）应当采用综合的文献搜索策略来收集生物累积相关数据。生物累积技术支持文件中提供了综合的文献搜索策略的一个示例。

（3）所有的应用数据都应含有充足的支持信息以显示所采用的测定方法是合理的且所得结果是基本可靠的。有些情况下还可能需要从调查者那里获得补充的书面信息。

（4）不管是发布的还是未经发布的可疑数据都不应使用。对生物累积和生物富集研究的合理性进行评价的指导方法见第 5.4 节、第 5.5 节和第 5.6 节。

5.3.5 对所关注的化学物质进行分类

推导国家生物累积系数的下一步是将所关注的化学物质划分到 3 个类别中的某一类：非离子性有机物、离子性有机物、无机物与有机金属物质（图 2-5-1）。这一步有助于确定第 5.3.1 节所描述的 4 种方法中的哪种方法更适于推导生物累积系数。在将所关注的化学物质进行分类时可应用下列指导。

（1）非离子性有机化学物质。就《2000 年人体健康方法学》而言，非离子性有机化学物质是指在自然水体中本质上不发生电离的有机化合物。科学文献中将这些化学物质称为中性或非极性有机物。由于是中性的，非离子性有机化学物质容易与水生生态系统（如脂质、有机碳）中的其他中性（或近似中性）的同类物质相结合。在生物累积方面被广泛研究的非离子性有机化学物质包括多氯联苯、多氯二苯并-*p*-二噁英和呋喃、多种氯代类农药以及多环芳烃。非离子性有机化学物质的国家生物累积系数推导程序见第 5.4 节。

（2）离子性有机化学物质。就《2000 年人体健康方法学》而言，离子性有机化学物质是指含有可质子交换官能团（如羟基、羧基、磺酸基）以及易于接受质子的官能团[如氨基和芳香含氮杂环基（嘧啶基）]的化学物质。离子性有机化学物质在水中电离，其电离程度取决于化学物质的 pH 值（酸碱度）和酸度系数（pK_a）。由于电离的化学物质与中性的化学物质的行为不同，所以提供了推导离子性有机化学物质的生物累积系数的指导方法。离子性有机化学物质的国家生物累积系数推导程序见第 5.5 节。

（3）无机物和有机金属化学物质。通常认为无机物和有机金属化学物质包括无机矿物、其他无机化合物和元素、金属（如铜、镉、铬、锌）、类金属（硒、砷）和有机金属化合物（如甲基汞、三丁基锡、四烷基铅）。无机物和有机金属化学物质的推导程序见第 5.6 节。

5.4 非离子性有机化学物质的国家生物累积系数

5.4.1 概述

本节描述了第 5.3.5 节提到的用于推导非离子性有机化学物质的国家生物累积系数的方法学。本方法学的 4 个主要步骤是：

（1）选择生物累积系数的推导程序；

（2）计算单个基线生物累积系数；

（3）选择最终基线生物累积系数；

（4）由最终基线生物累积系数计算国家生物累积系数。

这 4 个步骤的过程示意图见图 2-5-2。

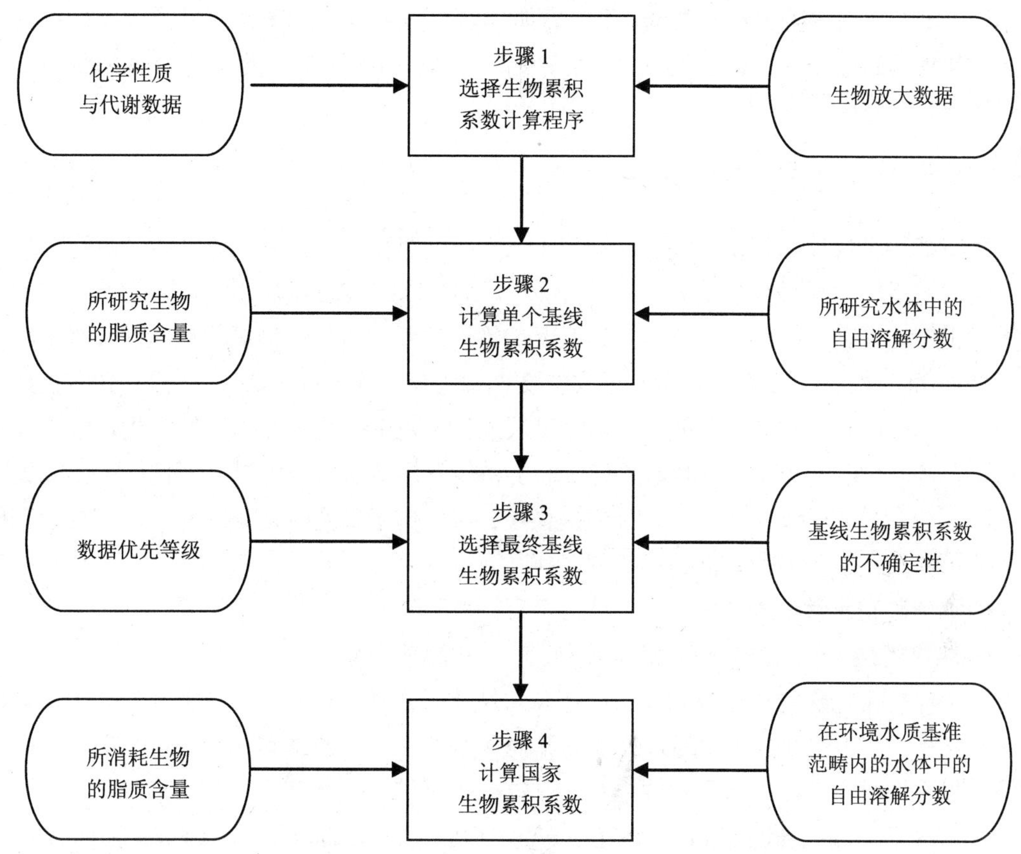

图 2-5-2　非离子性有机化学物质生物累积系数的推导程序

方法学步骤 1（选择生物累积系数推导程序）确定图 2-5-1 总结的 6 个生物累积系数程序中的哪一个程序更适合于推导国家生物累积系数。步骤 2 包括应用所选择的生物累积系数推导程序中的所有可用方法对单个、特定物种的基线生物累积系数进行计算。单个基线生物累积系数的计算涉及现场数据或实验室数据的应用，在现场或实验室收集原始数据来对特定地点的影响因素进行说明，这些因素可影响化学物质对水生生物的生物有效性（例如所研究生物的脂质含量以及在所研究水域中的自由溶解态浓度）。方法学步骤 3 包括从单个基线生物累积系数中选择最终基线生物累积系数，这个过程要考虑到单个生物累积系数的不确定性以及步骤 1 中所选择的数据优先等级。最后一步是计算用于推导 304（a）基准的生物累积系数（即国家生物累积系数）。此步骤包括对最终基线生物累积系数进行调整，用以反映影响化学物质对国家 304（a）基准适用水域中的水生生物的生物有效性的某些因素（例如在美国水域中预期的自由溶解态分数和所消耗水生生物的脂质含量）。在推导 304（a）基准的过程中不直接运用基线生物累积系数，这是因为它们不能反映影响美国水域生物有效性的条件。

第 5.4.2 节给出了如何选择合适的生物累积系数推导程序的详细指导（程序中的步骤

1)。对于单个基线生物累积系数的计算、最终基线生物累积系数的选择以及国家生物累积系数的计算（程序中的步骤 2～4），其指导方法在 4 个生物累积系数推导程序的每一节中单独提供。

5.4.2 选择生物累积系数推导程序

本节描述了应该如何作出决策来选择 4 个可用分级程序之一来推导非离子性有机化学物质的国家生物累积系数（图 2-5-1 中的程序 1～4）。如图 2-5-1 所示，在选择生物累积系数推导程序的过程中有两个决策点。第一个决策点需要知道化学物质的疏水性（即化学物质的辛醇-水分配系数）。生物累积技术支持文件中为化学物质的辛醇-水分配系数的选择提供了指导。辛醇-水分配系数提供了评价生物放大作用是否可能与非离子性有机化学物质有关的最初基础。第二个决策点的基础是目标生物体内化学物质的代谢率。下文第 5.4.2.3 节为评价所关注的化学物质代谢率的高低提供了指导。有了这两个决策点的适当信息，应按照下列指南选择生物累积系数的推导程序。

5.4.2.1 中高疏水性化学物质

（1）就《2000 年人体健康方法学》而言，辛醇-水分配系数的对数值等于或大于 4.0 的非离子性有机化学物质应被归类为中高疏水性化学物质。对于中高疏水性非离子性有机化学物质来说，可用数据表明通过饮食和其他非水途径产生的暴露在确定水生生物体内化学物质残留的过程中可能起着重要作用（如 Russell et al.，1999；Fisk et al.，1998；Oliver and Niimi，1983；Oliver and Niimi，1988；Niimi，1985；Swackhammer and Hites，1988）。对于不易被水生生物代谢的那些非离子性有机化学物质来说，饮食和其他非水途径的暴露可能会变得尤为重要（如某些多氯联苯同系物、氯代类农药和多氯二苯并-*p*-二噁英和呋喃）。

（2）程序 1：在下列情况下应当用程序 1 来推导具有中高疏水性的非离子性有机化学物质的国家生物累积系数：

①目标水生生物的化学物质代谢率极低以至于生物放大作用不可忽视；②目标水生生物的化学物质代谢率并不充分了解。

在适当的野外数据可得到的情况下，程序 1 通过运用生物累积（即野外测定的生物累积系数或生物-沉积物累积系数）和食物链倍增系数的野外测定值来说明非水源暴露和水生食物链的生物放大作用可能性。应用程序 1 推导国家生物累积系数的指导见第 5.4.3 节。

（3）程序 2：在下列情况下应当用程序 2 来推导具有高疏水性的非离子性有机化学物质的国家生物累积系数：

目标水生生物体内的化学物质代谢率极高以至于不用考虑生物放大作用。

程序 2 放松了对使用食物链倍增系数的要求且淘汰了用辛醇-水分配系数法来估算生物累积系数，程序 2 最适用于易代谢的非离子性有机化学物质。应用程序 2 推导国家生物累积系数的指导见第 5.4.4 节。

5.4.2.2　低疏水性化学物质

（1）就本指南而言，辛醇-水分配系数的对数值小于 4.0 的非离子性有机化学物质应被分类为低疏水性物质。对于表现为低疏水性的非离子性有机化学物质（即 lg K_{ow} <4.0）来说，现有数据表明这些化学物质的非水源暴露不太可能成为确定水生生物体内化学物质残留的重要因素（如 Fisk et al.，1998；Gobas et al.，1993；Connolly and Pedersen，1988；Thomann，1989）。对于此类化学物质而言，在确定国家生物富集系数的过程中，实验室测定的生物富集系数和辛醇-水分配系数预测的生物富集系数都不需要用食物链倍增系数进行调整（程序 3 和程序 4），除非有其他合理的数据显示出不同信息。

其他合理的数据包括可明确显示非水源暴露具有重要地位以至于如果使用生物富集系数会大大低估水生生物体内残留的研究成果。在这种情况下，应当使用程序 1 来推导辛醇-水分配系数的对数值小于 4.0 的非离子性有机化学物质的生物累积系数。此外，应当认真审核确定辛醇-水分配系数的支持数据的准确性及其相关解释，因为明显的差异可能来自于确定辛醇-水分配系数时的误差。

（2）程序 3：在下列情况下应当用程序 3 来推导具有低疏水性的非离子性有机化学物质的国家生物累积系数：

①目标水生生物体内的化学物质代谢率可以被忽略，以至于所关注的化学物质的组织残留不会显著低于无新陈代谢的假设值；②目标水生生物体内的化学物质代谢率并不充分了解。

程序 3 包括在缺乏实验室或野外测定数据时用辛醇-水分配系数来估算生物富集系数。应用程序 3 推导国家生物累积系数的指导见第 5.4.5 节。

（3）程序 4：在下列情况下应当用程序 4 来推导具有低疏水性的非离子性有机化学物质的国家生物累积系数：

目标水生生物体内的化学物质代谢率足够高，以至于所关注的化学物质的组织残留显著低于无新陈代谢的假设值。

程序 4 淘汰了用辛醇-水分配系数法来估算生物累积系数，因为化学物质在水生生物体内代谢显著时，辛醇-水分配系数可能会对累积预测偏高。应用程序 4 推导国家生物累积系数的指导见第 5.4.6 节。

5.4.2.3　评价新陈代谢

目前，各种因素使对水生生物体内化学物质新陈代谢程度的评价变得尤为复杂。第一，有关水生生物体内化学物质新陈代谢的令人信服的数据在很大程度上是缺乏的。这些数据包括全部的生物学研究，在这些研究当中，新陈代谢率和分解产物在与人类消耗有关的鱼类和其他水生生物体内被量化。但是，大多数新陈代谢信息是由体外肝脏微粒体样本推导出来的，可能识别出样本中的一级和二级代谢产物，但它们的形成速率不一定能被量化。由体外研究到整个生物体的外推结果有着相当大的不确定性。第二，在缺乏实测数据的情况下，没有对水生生物体内化学物质代谢进行可靠预测的通用方法。第三，水生生物体内化学物质代谢速率可能受物种和温度的影响。例如，众所周知多环芳烃很容易在水生脊椎动物（主要是鱼类）体内发生代谢，然而其代谢速率要大大低于哺乳动物的观测值。但是，无脊椎动物的代谢程度通常要比脊椎动物的代谢程度低得多（James，1989）。有关这种差异的假说之一是无脊椎动物体内缺乏许多脊椎动物所具有的解毒酶类和通道。

考虑到目前对水生生物体内化学物质代谢程度进行评价的局限性，应当根据具体情况运用证据效力法来进行新陈代谢评价。在评价一种化学物质在目标水生生物体内进行物质代谢的可能性时，应该对下列数据进行认真评价：

（1）体内化学物质代谢数据；

（2）生物富集和生物累积数据；

（3）化学物质在目标水生生物体内的残留数据；

（4）体外化学物质代谢数据。

（1）体内数据。水生生物体内代谢数据来自于运用整个生物体进行的化学物质代谢研究。这些研究通常运用大型鱼类，收集其血液、胆汁、尿液以及单个组织，对随着时间推移不断形成的代谢产物进行识别和定量。通常认为体内研究是对化学物质在生物体内的代谢程度进行评价的最为有效的方法，因为在这些研究中均可以对氧化代谢（阶段 I）和共轭代谢（阶段 II）进行评价。在质量平衡研究中，母体化合物的削减量可通过生物转化和代谢分别量化，计算出母体化合物到代谢产物的转化率以及代谢物的削减量。这方面的信息可以用来将代谢损失与母体化合物的削减量分别进行估算从而对辛醇-水分配系数预测的生物累积系数进行调整。但是，由于这些研究中提出的分析和实验都是具有挑战性的，所以此类数据的获得是有限的。对于要求不太严格的体内代谢研究来说，可以运用代谢阻滞剂来证明新陈代谢对母体化合物动力学产生的影响。但是，由于水生动物体内缺乏特异的源自哺乳动物的阻滞剂，所以应当谨慎解释来自这些数据的绝对速率（Miranda et al.，1998）。

（2）生物富集或生物累积数据。水生生物体内化学物质的生物富集或生物累积数据可以间接地用于新陈代谢的评价。这项评价将认可的实验室测定的生物富集系数或野外测定的生物累积系数（在应用下列程序转化为基线值之后）与化学物质基于辛醇-水分配系数的预测值进行比较。非离子性有机化学物质的生物富集和生物累积的理论基础表明，如果新陈代谢不发生或极其微弱，那么化学物质的基线生物富集系数应当与其辛醇-水分配系数的预测值相类似（见生物累积技术支持文件）。这一理论还指出，由于高疏水性化学物质常常表现出比辛醇-水分配系数值高的基线生物累积系数，所以对于不易代谢的有机化学物质来说，其基线生物累积系数应当近似或高于辛醇-水分配系数。因此，如果化学物质的基线生物富集系数或生物累积系数大大低于其辛醇-水分配系数，则可能表明化学物质正在被所关注的水生生物所代谢。但要注意的是，这种差异也可能表明是实验设计或分析化学方面的问题，且这种差异的辨别可能是很困难的。

（3）化学物质残留数据。虽然水生生物体内的化学物质残留数据（即残留研究）并不是决定性的，但可能为我们提供了另外一条有用的证据链来评价化学物质发生物质代谢的可能性。这类研究如果是长时间在广泛的地理区域内反复进行的则是最为有用的。如果这类研究的数据显示化学物质在水生食物链中出现生物放大现象，就表明这种化学物质是不易代谢的（即在连续营养级中有较高的脂质标准化残留）。相反，如果残留数据显示随着营养级上升残留物反而呈下降趋势，则表明化学物质正在经历相当大的新陈代谢。此外，有可能存在浓度随着营养级上升而增加或降低的其他原因，并应对其进行谨慎评价（例如，错误的食物链假设、暴露浓度的差异）。

（4）体外数据。体外新陈代谢数据包括来自于将特定亚细胞组分（如微粒体、胞浆）、细胞或生物组织进行体外试验（即试管中的细胞或组织培养）的研究数据。与化学物质在水生生物体内代谢的体内研究相比，文献中有更为丰富的体外研究记载，其中大多数是将氧化反应（阶段 I）与共轭代谢（阶段 II）分开进行特征描述的研究。虽然细胞、组织或器官水平的体外研究并不常见，但其可以提供更为完整的新陈代谢评价。虽然这类研究对于确认水生生物体内所产生的代谢物及其生成途径与生成速率和相关酶的参与以及新陈代谢对温度依赖性的差异是特别有用的，但是在将结果值推及整个生物体时就会受到不确定性的困扰。这种不确定性的产生是由于剂量测定（即将有毒物质转移到目标组织，并将代谢物移出目标组织），目前无法在实验室中充分再现，也不容易将其模型化。

在运用上述信息进行化学物质代谢评价时，应遵循下列指南。

①物质代谢的研究结果应当得到两个或两个以上的运用上述数据确定的证据链的支持。②至少一个证据链应当得到体内代谢数据或合理的生物富集或生物累积数据的支持。③在一种生物体内的物质代谢的研究结果不应被外推到其他生物或生物群，除非有数据表明在两种生物体内存在（或很有可能存在）类似的代谢途径。体外数据在跨物种外推时可能是特别有用的。④在缺乏充足数据对所关注的生物体内的重要代谢进行适当评价的情况下，应当假设化学物质极少或无新陈代谢发生。这一假设反映了在缺乏充足的新陈代谢信息时，EPA 在公众健康保护方面作出的方针决策。

5.4.3　应用程序 1 推导国家生物累积系数

本节是应用图 2-5-1 中的程序 1 来计算非离子性有机化学物质的国家生物累积系数的指南。最适合应用程序 1 的化学物质是中高疏水性且水生生物代谢率低（或未知）的非离子性有机化学物质（见第 5.4.2 节）。对于这一类别的化学物质来说，非水源污染物暴露及其引发的水生食物链中的生物放大作用是不可忽视的。适用程序 1 的某些非离子性有机化学物质举例如下：

（1）四氯苯、五氯苯和六氯苯；

（2）多氯联苯；

（3）八氯苯乙烯；

（4）六氯丁二烯；

（5）异狄氏剂、狄氏剂和艾氏剂；

（6）灭蚁灵、光化灭蚁灵；

（7）滴滴涕、滴滴伊和滴滴滴；

（8）七氯、氯丹和九氯。

根据程序 1，在推导国家生物累积系数的过程中可能会用到下列 4 种方法：

（1）使用合理的野外研究得到的生物累积系数（即野外测定的生物累积系数）；

（2）使用合理的野外测定的生物-沉积物累积系数来预测生物累积系数；

（3）使用合理的实验室测定的生物富集系数和食物链倍增系数来预测生物累积系数；

（4）使用合理的辛醇-水分配系数和食物链倍增系数来预测生物累积系数。

如图 2-5-2 所示，一旦选定推导程序之后，对特定营养级的国家生物累积系数进行推导的下一步骤是：计算单个基线生物累积系数（步骤 2），选择最终基线生物累积系数（步骤 3），由最终基线生物累积系数来计算国家生物累积系数（步骤 4）。下面对这三个步骤分别进行讨论。

5.4.3.1 计算单个基线生物累积系数

单个基线生物累积系数的计算涉及将野外测定的生物累积系数（或实验室测定的生物富集系数）标准化，以生物组织和水中的总浓度由所研究生物的脂质含量以及所研究水体的自由溶解态浓度为基础。无论是生物体内脂质含量还是自由溶解态浓度（由于受到水中有机碳的影响）都已经被证明是影响非离子性有机化学物质生物累积的重要因素（如 Mackay，1982；Connolly and Pederson，1988；Thomann，1989；Suffet et al.，1994）。因此，通常认为与用组织和水中总浓度来表示的生物累积系数相比，基线生物累积系数（在自由溶解和脂质标准化的基础上来表示）更适用于在不同物种和水体间进行推导。由于水生生物的营养级位置可能在很大程度上对生物累积产生影响（由于生物放大作用或生理学差异），基线生物累积系数的推导不应在不同营养级的物种间进行。

①对于每一物种的可用数据，逐一使用上述程序 1 的 4 种方法来计算所有可能的基线生物累积系数。②应当根据下列程序，用野外测定的生物累积系数、野外测定的生物-沉积物累积系数、实验室测定的生物富集系数以及辛醇-水分配系数来计算单个基线生物累积系数。

（1）由野外测定的生物累积系数得出基线生物累积系数

应当运用所研究生物相关组织中的脂质分数以及在所研究水体中化学物质的自由溶解态分数的信息得出的每个野外测定的生物累积系数来计算基线生物累积系数。

①基线生物累积系数计算公式。对于每个合理的野外测定的生物累积系数，运用下列公式计算基线生物累积系数。

$$\text{基线BAF}_l^{fd}=\left(\frac{\text{实测BAF}_T^t}{f_{fd}}-1\right)\cdot\frac{1}{f_l} \qquad (2\text{-}5\text{-}10)$$

式中：基线BAF_{l}^{fd}——基于自由溶解和脂质标准化的生物累积系数；

实测BAF_{T}^{t}——基于生物组织和水中总浓度的生物累积系数；

f_{l}——生物组织中的脂质分数；

f_{fd}——化学物质在水环境中的自由溶解态分数。

式（2-5-10）的技术基础参见生物累积技术支持文件。以下内容为式（2-5-10）中每个组成部分的确定提供了指导。

②确定野外测定的生物累积系数。式（2-5-11）所示的野外测定的生物累积系数应当以水生生物相应组织中的化学物质总浓度与采样现场水环境中的化学物质总浓度为基础计算出来。野外测定的生物累积系数的推导公式如下。

$$\text{实测}BAF_{T}^{t} = \frac{C_t}{C_w} \tag{2-5-11}$$

式中：C_t——特定湿生物组织中的化学物质总浓度；

C_w——水中化学物质总浓度。

应当对用于计算野外测定的生物累积系数的数据进行彻底审核来评价数据的质量和生物累积系数值的总不确定性。在运用程序 1 对用于推导国家生物累积系数的野外测定的生物累积系数进行合理性确定的过程中遵循下列一般准则。

a．用于计算野外测定的生物累积系数的水生生物应代表美国人通常食用的水生生物。对于美国人不常食用的水生生物，只有在认为此生物是通常所食用生物的合理替代品时才用于计算可接受的野外测定的生物累积系数。在评价一种生物是否为通常所食用生物的合理替代品时应当对有关生物的生态学、生理学和生物学信息进行审核。

b．所研究生物的营养级等级应当由其生命阶段、饮食、大小和研究地点的食物链结构来确定。在对营养状态进行评价时首选来自研究地点（或类似地点）的信息。如果缺乏这类信息，可以参考 EPA 发布的水生生物营养状态评价常规信息（USEPA，2000a，b，c）。

c．用于确定野外测定的生物累积系数的组织脂质分数应当通过测定或可靠计算进行化学物质组织浓度的脂质标准化得出。

d．推导野外测定的生物累积系数所进行的研究应当包含足够的支持信息以确定采用了适当、灵敏、正确而又精确的分析方法对组织和水的样本进行采集和分析。

e．野外研究地点应当具有普遍性，以便可以将生物累积系数合理地外推到生物累积系数及其作为结果的基准适用的其他地方。

f. 用于推导生物累积系数的水浓度应当反映的是与相关组织中的测定浓度相对应的水生生物平均暴露情况。对于非离子性有机化学物质来说，当辛醇-水分配系数增加时，则需要更大时间和空间的化学物质浓度平均值。此外，当水浓度可变性增加时，通常也需要更大时间和空间的化学物质浓度平均值。对易于迁移的生物通常也需要较大的空间平均值。

g. 所研究水体中的颗粒性有机碳和溶解性有机碳浓度应当通过测定或可靠的计算得出。

目前 EPA 正在针对确定野外测定的生物累积系数的野外研究的设计与实施制定指导方法，其中包括对最少数据要求的建议。在确定野外测定的生物累积系数时应当考虑因素的更多详细讨论参见生物累积技术支持文件。

③确定自由溶解态分数（f_{fd}）。如式（2-5-10）所示，在由野外测定的生物累积系数计算基线生物累积系数时，需要用到所研究水体中非离子性有机化学物质的自由溶解态分数。自由溶解态分数是指不会被吸附到颗粒性有机碳或溶解性有机碳的非离子性有机化学物质部分。而自由溶解的、吸附到溶解性有机碳和颗粒性有机碳的非离子性有机化学物质的浓度共同构成了水体中的总浓度。正如生物累积技术支持文件所进行的深入讨论，化学物质的自由溶解态分数被认为是非离子性有机化学物质对水生生物的生物有效性的最佳表达形式（如 Suffet et al.，1994；USEPA，1995b）。由于自由溶解的非离子性有机化学物质分数可能会因为水体中的溶解性有机碳和颗粒性有机碳的差异在不同水体中发生变化，所以水中化学物质总浓度的生物有效性从一个水体到另一个水体也会有所不同。因此，通常认为基于水中自由溶解态浓度（而非水中总浓度）的生物累积系数在推断和汇集不同水体的生物累积系数时更加可靠。目前，基于测定的自由溶解态浓度的生物累积系数的可得性是十分有限的，部分原因是分析测定自由溶解态浓度的困难性。因此，如果生物累积系数是基于特定研究中报告的水中总浓度，则应当采用所研究水体中的有机碳含量信息来预测自由溶解的化学物质分数。

a．自由溶解态分数确定公式。如果难以获得直接确定水中化学物质自由溶解态分数的可靠测定数据，则应使用下列公式来估算自由溶解态分数。

$$f_{fd} = \frac{1}{1 + \mathrm{POC} \cdot K_{ow} + \mathrm{DOC} \cdot 0.08 \cdot K_{ow}} \tag{2-5-12}$$

式中：POC——水中颗粒性有机碳浓度，kg/L；

DOC——水中溶解性有机碳浓度，kg/L；

K_{ow}——化学物质的辛醇-水分配系数。

在式（2-5-12）中，用辛醇-水分配系数来计算在颗粒性有机碳中的分配系数（即以 L/kg 为单位的颗粒性有机碳分配系数），用 $0.08 \cdot K_{ow}$ 来估算在溶解性有机碳中的分配系数（即以 L/kg 为单位的溶解性有机碳分配系数）。有关式（2-5-12）的推导与应用的技术基础、假设和不确定性的讨论参见生物累积技术支持文件。

b．颗粒性有机碳和溶解性有机碳浓度值。在运用式（2-5-12）将化学物质的总浓度转化为自由溶解态浓度时，颗粒性有机碳和溶解性有机碳浓度应当从确定野外测定的生物累积系数的原始研究中获得。如果在生物累积研究中没有报道颗粒性有机碳和溶解性有机碳浓度，则还可以利用生物累积系数研究相同地点的其他研究或同一水体中密切相关地点的研究来得到颗粒性有机碳和溶解性有机碳的可靠估算值。在使用来自同一水体的其他研究的颗粒性有机碳/溶解性有机碳数据时，应当谨慎确保可能对颗粒性有机碳或溶解性有机碳浓度造成影响的环境和水文条件（即径流事件、靠近地下水或地表水输入口、采样季节）

与生物累积研究中的那些环境和水文条件有适当的相似性。有关颗粒性有机碳和溶解性有机碳浓度值选择的补充信息参见生物累积技术支持文件。

有些情况下，用化学物质在过滤或离心水中的浓度来报告生物累积系数。在将这类生物累积系数转化为自由溶解态分数时，式（2-5-12）中颗粒性有机碳的浓度应当设定为零。样本经过滤或离心去除了颗粒物。

c．选择辛醇-水分配系数值。可用多种技术来测定或预测辛醇-水分配系数值。这些技术的可靠性在很大程度上取决于化学物质的辛醇-水分配系数。对于运用程序 1 中的其他 3 种方法计算非离子性有机化学物质的自由溶解态浓度及推导生物累积系数来说，辛醇-水分配系数是一个重要的输入参数，因此应当认真选择最可靠的辛醇-水分配系数值。用于估算自由溶解态分数的辛醇-水分配系数值和用来推导国家生物累积系数的其他程序的选择都应以生物累积技术支持文件中的指导为基础。

④确定脂质分数（f_1）。应用式（2-5-10）来计算非离子性有机化学物质的基线生物累积系数的过程还要求组织中测得的用于确定野外测定的生物累积系数的化学物质总浓度被同一组织中的脂质分数标准化。组织浓度的脂质标准化反映了非离子性有机化学物质的生物累积系数（和生物富集系数）与组织中的脂质百分数成正比的假设，这也是其基础所在。这个假设意味着脂质含量为 2%的生物在稳定状态下所累积的化学物质总量会是脂质含量为 1%的生物的 2 倍，其他同理。水生生物根据其脂质含量按比例累积非离子性有机化学物质的这一假设已经在文献中被广泛评价（Mackay，1982；Connell，1988；Barron，1990）并得到公认。由于水生生物体内的脂质含量在种内和种间可能有所不同，所以通常认为在汇集特定物种的多个生物累积系数时运用脂质标准化浓度（而非组织中的总浓度）表达的生物累积系数是最为稳妥的。脂质标准化所涉及的技术基础、假设和不确定性的补充讨论详见生物累积技术支持文件。

a．脂质分数通常在涉及非离子性有机化学物质的生物累积研究中已有报告。如果生物累积研究没有报告脂质分数，则可在适当数据可知的情况下应用下列公式进行计算。

$$f_1 = \frac{M_1}{M_t} \qquad (2\text{-}5\text{-}13)$$

式中：M_1——特定组织中的脂质质量；

M_t——特定组织的质量（湿重）。

b．由于脂质含量可能会因水生生物（以及生物体内部各组织之间）随着几个因素包括生物的年龄与性别、饮食成分的变化、采样季节和繁殖状态的变化而有所差异，所以用于计算基线生物累积系数的脂质分数应当在用于确定野外测定的生物累积系数的同一组织和生物体内进行测定，除非能证明生物之间的可比性。

c．经验表明在水生生物体内提取脂质进行分析测定时，采用不同的溶剂系统所提取的脂质含量会有所差异（Randall et al.，1991，1998）。因此，如果采用不同的溶剂系统进行脂质测定就可能会导致脂质标准化浓度和脂质标准化生物累积系数的明显差异。通常认为不同的溶剂系统对脂质提取物（以及脂质标准化浓度）的影响程度主要取决于溶剂、所关注的化学物质以及被提取组织的脂质构成。有关脂质含量的测定指导，包括溶剂系统的选择和不同的溶剂系统如何对脂质含量产生影响等内容详见生物累积技术支持文件。

（2）由生物-沉积物累积系数推导基线生物累积系数

程序1中用于确定所关注的化学物质的基线生物累积系数的第2种方法涉及生物-沉积物累积系数的应用。尽管生物-沉积物累积系数可以用于直接由表层沉积物中的化学物质浓度对生物累积进行测定和预测，但也可以用于估算生物累积系数（USEPA，1995b; Cook and Burkhard，1998）。由于生物-沉积物累积系数是以野外数据为基础的，汇集了化学物质的生物有效性、食物链结构、新陈代谢、生物放大作用、生长及其他因素的影响，所以由生物-沉积物累积系数得出的生物累积系数将会包括所有这些因素所产生的净效应。生物-沉积物累积系数法尤其有利于制定针对在鱼类组织和沉积物中可检出的而在水体中却难以进行精确检测或监测的化学物质的水质基准。

如式（2-5-14）所示，在运用生物-沉积物累积系数预测基线生物累积系数时，需要将常见的沉积物-水-生物数据集的某些类型的数据应用于相关化学物质（用于确定其生物累积系数）以及参照化学物质（用于测定其生物累积系数）。不同的有机化学物质之间的生物-沉积物累积系数的差异可以很好地衡量化学物质的相对生物累积潜力。当生物-沉积物累积系数是由普通的生物-沉积物样本集计算而得时，特定化学物质在生物-沉积物累积系数上的差异反映的是生物放大作用、新陈代谢、食物链、生物能量学和生物有效性因素对于每种化学物质在沉积物和生物之间的平衡/不平衡程度的净效应。在平衡状态下，生物-沉积物累积系数大约为1.0。但是，通常情况下都会偏离1.0这个值（反映了不平衡性），这是由于：使水与表层沉积物处于失衡状态的条件；水与表层沉积物中的有机碳含量差异；化学物质在沉积物和水中特定生物之间进行迁移的动力学限制；生物放大作用；生长或生物转化等生物学过程。当在稳态（或近似稳态）条件下进行测定时，生物-沉积物累积系数是最为有用的（即由一个地点推及到其他地点时最具预测性）。应用非稳态条件下的生物-沉积物累积系数（例如发现新的化学物质负荷或负荷迅速增加）增大了本方法中参照化学物质和目标化学物质之间的相对不平衡程度的不确定性。一般而言，事实是在化学物质负荷和分布方面，疏水性化学物质在沉积物中的浓度比在水中的浓度波动要小，因此，生物-沉积物累积系数法是健全的估算生物累积系数的方法。在安大略湖、福克斯河和绿湾、威斯康星河以及纽约哈德逊河进行的生物累积系数程序验证所得结果表明，实测的生物累积系数与生物-沉积物累积系数预测得出的生物累积系数在绝大多数所进行的比较中有着很好的一致性。有关生物-沉积物累积系数程序的验证研究的详细结果见生物累积技术支持文件。

在运用认可的生物-沉积物累积系数来计算相关化学物质的基线生物累积系数以及参照化学物质的沉积物-水的逸度（失衡）比值$(\Pi_{\text{socw}})_r/(K_{\text{ow}})_r$时，应当遵循下列指南。

①基线生物累积系数公式。对于认可的野外测定的生物-沉积物累积系数的每一物种，

可以在具备适当的逸度（失衡）比值$\left(\Pi_{\text{socw}}\right)_r/(K_{\text{ow}})_r$时，应用下列公式计算相关化学物质的基线生物累积系数。

$$\left(\text{基线BAF}_{\text{l}}^{\text{fd}}\right)_i=\left(\text{BSAF}\right)_i\frac{\left(D_{i/r}\right)\left(\Pi_{\text{socw}}\right)_r\left(K_{\text{ow}}\right)_i}{\left(K_{\text{ow}}\right)_r}\tag{2-5-14}$$

式中：$(\text{基线BAF}_{\text{l}}^{\text{fd}})_i$——化学物质 i 在自由溶解和脂质标准化基础上的生物累积系数；

$(\text{BSAF})_i$——化学物质 i 的生物-沉积物累积系数；

$(\Pi_{\text{socw}})_r$——参照化学物质 r 在沉积物有机碳和水中自由溶解态浓度基础上的比值；

$(K_{\text{ow}})_i$——化学物质 i 的辛醇-水分配系数；

$(K_{\text{ow}})_r$——参照化学物质 r 的辛醇-水分配系数；

$D_{i/r}$——化学物质 i 和 r 的 $\Pi_{\text{socw}}/K_{\text{ow}}$ 比值（通常选择 $D_{i/r}=1$）。

与式（2-5-14）相关的技术基础、假设和不确定性见生物累积技术支持文件。下列内容为式（2-5-14）中每一部分的确定提供指导。

②确定野外测定的生物-沉积物累积系数。应当使用下列公式将生物体内化学物质的相关脂质标准化浓度(C_{l})与表层沉积物样本中化学物质的有机碳标准化浓度(C_{soc})相关联来确定生物-沉积物累积系数。

$$\text{BSAF}=\frac{C_{\text{l}}}{C_{\text{soc}}}\tag{2-5-15}$$

a．脂质标准化浓度。生物体内化学物质的脂质标准化浓度应由下列公式确定。

$$C_{\text{l}}=\frac{C_{\text{t}}}{f_{\text{l}}}\tag{2-5-16}$$

式中：C_{t}——化学物质在湿组织（整个生物体或特定组织）中的浓度，μg/g；

f_{l}——组织中的脂质含量分数。

b．有机碳标准化浓度。沉积物中化学物质的有机碳标准化浓度应由下列公式确定。

$$C_{\text{soc}}=\frac{C_{\text{s}}}{f_{\text{oc}}}\tag{2-5-17}$$

式中：C_{s}——沉积物中的化学物质含量，μg/g；

f_{oc}——沉积物中的有机碳分数。

应当把表层沉积物样本中的化学物质有机碳标准化浓度与生物体内的平均暴露环境联系起来。

③沉积物-水分配系数$\left(\Pi_{\text{socw}}\right)_r$。参照化学物质的沉积物-水分配系数应由下列公式确定。

$$\left(\Pi_{\text{socw}}\right)_r=\frac{\left(C_{\text{soc}}\right)_r}{\left(C_{\text{w}}^{\text{fd}}\right)_r}\tag{2-5-18}$$

式中：$(C_{\text{soc}})_r$——经沉积物有机碳标准化的沉积物中参照化学物质的浓度；

$(C_{\text{w}}^{\text{fd}})_r$——自由溶解在水中的参照化学物质的浓度。

④选择参照化学物质。本方法首选与相关化学物质具有相似$(\Pi_{\text{socw}})/(K_{\text{ow}})$的参照化学物质。理论上讲，在不能得到符合逸度相当条件的可靠参照化学物质时，可以应用两种化学物质"i"和"r"的沉积物-水逸度比值$(D_{i/r})$之间的差异的知识。两种化学物质的$(\Pi_{\text{socw}})/(K_{\text{ow}})$相似性表现为水中相似的物理化学性质（持久性、挥发性）、相似的质量负荷史和相似的沉积物柱心浓度剖面。

验证研究显示，由于对几乎检测不出的化学物质进行测定的不确定性很高（见生物累积技术支持文件），所以选择已被充分定量化水浓度的参照化学物质是非常重要的。尽管最近的验证研究表明，只要化学物质结构相似并且在水中和沉积物中具有相似的持久性，此方法的准确性就不会因为使用辛醇-水分配系数存在很大差异的参照化学物质而明显降低，但是通常情况下理想的是参照化学物质与目标化学物质之间的辛醇-水分配系数值具有相似性。

⑤在使用野外测定的生物-沉积物累积系数来预测基线生物累积系数时，应确保满足下列数据、程序和质量保证要求。

a．参照化学物质和目标化学物质的数据应来自特定地点普通的生物-水-沉积物数据集。

b．目标化学物质和参照化学物质的物理化学性质以及在水中和沉积物中的持久性应当具有相似性。

c．参照化学物质和目标化学物质应具有相似的负荷史，且其沉积物-水失衡比值$(\Pi_{\text{socw}})/(K_{\text{ow}})$不应出现显著差异（即$D_{i/r}\approx 1$）。

d．只要具备充分定量化的浓度并满足选择参照化学物质的上述条件，在确定$(\Pi_{\text{socw}})_r$值时通常倾向于采用多个参照化学物质。在某些情况下，由于数据有限可能必需采用单个参照化学物质。

e．表层沉积物样本（0～1 cm是理想的）应来自沉积物有规律地沉积并可代表生物附近的平均表层沉积物情况的地点。

f．目标化学物质和参照化学物质的辛醇-水分配系数值应按照生物累积技术支持文件进行选择。

g．在确定野外测定的生物累积系数的过程中应当遵循第5.4.3.1（1）节中描述的所有其他数据质量和程序指南。

在由生物-沉积物累积系数预测生物累积系数的过程中对本方法的数据、假设和限制等更多详细要求请参见生物累积技术支持文件。

（3）由实验室测定的生物富集系数和食物链倍增系数得出基线生物累积系数

程序1中的第3种方法是运用实验室测定的生物富集系数（即基于组织和水中总浓度的生物富集系数）和食物链倍增系数来预测目标化学物质的基线生物累积系数。生物富集系数与食物链倍增系数共同联合应用是因为对于适用于程序1的化学物质类别来说，非水源暴露及其引发的生物放大作用是不可忽视的。实验室测定的生物富集系数本身可以解释用于计算生物富集系数的生物体内发生的化学物质新陈代谢效应，但是无法解释水生食物链中其他生物体内发生的新陈代谢。

①基线生物累积系数公式。对于每一认可的实验室测定的生物富集系数，运用下列公式计算基线生物累积系数。

$$\text{基线}BAF_{l}^{fd}=FCM\cdot\left(\frac{\text{实测}BCF_{T}^{t}}{f_{fd}}-1\right)\cdot\frac{1}{f_{l}} \tag{2-5-19}$$

式中：基线BAF_{l}^{fd}——基于自由溶解和脂质标准化的生物累积系数；

实测BCF_{T}^{t}——基于组织和水中总浓度的生物富集系数；

f_{l}——组织中的脂质分数；

f_{fd}——化学物质在测试用水中的自由溶解态分数；

FCM——由表 2-5-1 经线性外推法或恰当的野外数据得出的相应营养级的食物链倍增系数。

式（2-5-19）的技术基础见生物累积技术支持文件。下列内容为式（2-5-19）中每一部分的确定提供指导。

②确定测定的生物富集系数。应当采用生物组织中的化学物质总浓度和实验室测试用水中的化学物质总浓度的信息来计算式（2-5-19）所示的实验室测定的生物富集系数。测定的生物富集系数的推导公式如下。

$$\text{实测}BCF_{T}^{t}=\frac{C_{t}}{C_{w}} \tag{2-5-20}$$

式中：C_{t}——化学物质在特定湿生物组织中的总浓度；

C_{w}——化学物质在实验室测试用水中的总浓度。

应当对用于计算实验室测定的生物富集系数的数据进行彻底审核来评价数据质量和生物富集系数值的总不确定性。在确定实验室测定的生物富集系数的合理性时遵循下列一般准则。

a．不应使用患病的、不健康的或受到化学物质浓度不利影响的试验生物，这是因为相比于健康生物，这些因素会使化学物质的累积发生变化。

b．暴露期间测定的水中化学物质总浓度应当处于相对恒定的状态。

c．应当采用流水式或换水式试验将生物暴露于化学物质之中。

d．用于生物富集系数标准化的组织中的脂质分数应当通过测定或可靠的估算得出以获得化学物质的脂质标准化浓度。

e．所研究水体中的颗粒性有机碳和溶解性有机碳浓度应当通过测定或可靠估算得出。

f. 用于计算实验室测定的生物富集系数的水生生物应当代表美国人通常食用的水生生物。对于美国人不常食用的水生生物，只有在认为此生物是通常所食用生物的合理替代品时才用于计算可接受的实验室测定的生物富集系数。在评价一种生物是否为通常所食用生物的合理替代品时应当对有关生物的生态学、生理学和生物学信息进行审核。

g．只有当生物富集系数有可能包含代谢产物，确认母体化合物的代谢产物不会产生干扰或所进行的研究确定代谢程度的时候，才可能以放射性标记的母体化合物的放射性测定作为基础得出生物累积系数，以此方式作适当修改。

h．生长稀释有可能对不易净化的化学物质的生物富集系数的确定产生特别重要的影响，所以在生物富集系数的计算过程中应当适当考虑这个问题。

i．所应用到的本方法学的其他方面应与美国试验材料协会（ASTM，1999）和 EPA 制定的《生态效应测试指南》（USEPA，1996）中的描述相类似。

j．辛醇-水分配系数的量级和确证生物富集系数数据的可用性都应得到考虑。例如如果采用静态法来确定生物富集系数，那么高疏水性化学物质通常需要大于 28 d 的暴露期才能在水和生物之间达到稳定状态。

k．如果由实验室测定的生物富集系数推导得出的基线生物富集系数随着受试生物的试验溶液中化学物质浓度的增加而持续增加或下降，则应从试验浓度中选择出最符合 304（a）基准的生物富集系数。注意：生物富集系数不应由对照处理进行计算。

③选择食物链倍增系数。食物链倍增系数反映了化学物质在水生食物链中的生物放大作用趋势。数值大于 1.0 的食物链倍增系数表示生物放大作用的存在，通常适用于 $\lg K_{ow}$ 值在 4.0～9.0 的有机化学物质。对于一种给定的化学物质来说，营养级越高，食物链倍增系数越大，不过第 3 营养级的食物链倍增系数可能要比第 4 营养级高。

应用程序 1 对用于基线生物累积系数推导的食物链倍增系数可以在模型推导估算值和野外推导估算值中进行选择。

a．模型推导的食物链倍增系数。对于适用程序 1 的非离子性有机化学物质，EPA 运用 Gobas 生物累积模型（1993）计算出了不同的辛醇-水分配系数值和营养级的食物链倍增系数。表 2-5-1 中所示的食物链倍增系数是运用 Gobas 模型按照营养级 2、3、4 的基线生物累积系数与基线生物富集系数的比值计算得出的。

EPA 推荐运用 Gobas 生物放大作用模型（1993）来推导非离子性有机化学物质的食物链倍增系数，理由如下：第一，Gobas 模型既包括底栖食物链又包括水体中上层食物链，从而将生物来自沉积物和水体的化学物质暴露相结合。第二，运行模型所需的输入数据可以很容易被界定。第三，即使是 $\lg K_{ow}$ 非常高的化学物质，运用模型预测得出的生物累积系数与野外测定的生物累积系数都是一致的。第四，模型可预测底栖生物的化学残留，模型所应用的平衡分配理论与 EPA 的平衡分配沉积物指南相一致（USEPA，2000d）。

Gobas 模型需要有食物链结构和目标水体水质特征的具体数据输入。为了计算国家生物累积系数，假设水体中上层/底栖混合食物链结构由 4 个营养级组成。营养级 1 为浮游植物，营养级 2 为浮游动物，营养级 3 是草食性鱼类（如杜父鱼和银白鱼），营养级 4 是肉食性鱼类（如鲑鱼类）。另外的假设所涉及的问题包括水生物种的食物构成（如鲑鱼消耗 10%的杜父鱼、50%的灰西鲱和 40%的银白鱼）、水生物种的物理参数（如脂质值）和水质特征（如水温、沉积物有机碳）。

作出水体中上层/底栖混合食物链结构的假设是为了计算食物链倍增系数，因为它最能代表水生生态系统存在的食物链类型。运用水体中上层/底栖混合食物链结构推导出来的食物链倍增系数的量级大概在 100%水体中上层和 100%底栖驱动食物链之间中位数附近（见生物累积技术支持文件）。运用水体中上层/底栖混合食物链结构推导出来的食物链倍增系数的有效性已经在若干个不同的生态系统中得到评价，其中包括安大略湖、路易斯安那州受潮汐影响的地得河口、福克斯河和绿湾、威斯康星河以及纽约哈德逊河。有关 EPA 国家默认食物链倍增系数的验证、假设、不确定性和模型输入参数的更多细节请参见生物累积技术支持文件。

表 2-5-1　营养级 2、3 和 4 的食物链倍增系数（混合的浮游/底栖食物链结构，$\Pi_{socw}/K_{ow}=23$）

lg K_{ow}	营养级 2	营养级 3	营养级 4	lg K_{ow}	营养级 2	营养级 3	营养级 4
4.0	1.00	1.23	1.07	6.6	1.00	12.9	23.8
4.1	1.00	1.29	1.09	6.7	1.00	13.2	24.4
4.2	1.00	1.36	1.13	6.8	1.00	13.3	24.7
4.3	1.00	1.45	1.17	6.9	1.00	13.3	24.7
4.4	1.00	1.56	1.23	7.0	1.00	13.2	24.3
4.5	1.00	1.70	1.32	7.1	1.00	13.1	23.6
4.6	1.00	1.87	1.44	7.2	1.00	12.8	22.5
4.7	1.00	2.08	1.60	7.3	1.00	12.5	21.2
4.8	1.00	2.33	1.82	7.4	1.00	12.0	19.5
4.9	1.00	2.64	2.12	7.5	1.00	11.5	17.6
5.0	1.00	3.00	2.51	7.6	1.00	10.8	15.5
5.1	1.00	3.43	3.02	7.7	1.00	10.1	13.3
5.2	1.00	3.93	3.68	7.8	1.00	9.31	11.2
5.3	1.00	4.50	4.49	7.9	1.00	8.46	9.11
5.4	1.00	5.14	5.48	8.0	1.00	7.60	7.23
5.5	1.00	5.85	6.65	8.1	1.00	6.73	5.58
5.6	1.00	6.60	8.01	8.2	1.00	5.88	4.19
5.7	1.00	7.40	9.54	8.3	1.00	5.07	3.07
5.8	1.00	8.21	11.2	8.4	1.00	4.33	2.20
5.9	1.00	9.01	13.0	8.5	1.00	3.65	1.54
6.0	1.00	9.79	14.9	8.6	1.00	3.05	1.06
6.1	1.00	10.5	16.7	8.7	1.00	2.52	0.721
6.2	1.00	11.2	18.5	8.8	1.00	2.08	0.483
6.3	1.00	11.7	20.1	8.9	1.00	1.70	0.320
6.4	1.00	12.2	21.6	9.0	1.00	1.38	0.210
6.5	1.00	12.6	22.8				

尽管 EPA 运用表 2-5-1 中的食物链倍增系数来推导国家 304（a）基准，但是意识到了其他水体的食物链与用来计算国家生物累积系数的假设值可能会有所不同。在这种情况下，可能希望各州和授权部落运用其他食物链结构来计算用于建立州或部落水质基准的食物链倍增系数。应用其他食物链结构计算州、部落或特定地点的基准的补充指导详见生物累积技术支持文件。

b．野外推导的食物链倍增系数。除食物链倍增系数模型推导的估算值之外，野外数据也可以用来推导食物链倍增系数。由于适当的模型推导估算值还无法获得，所以运用野外推导的食物链倍增系数对无机物和有机金属化学物质进行估算是目前唯一推荐的方法（见第 5.6 节）。与前面描述的食物链倍增系数模型相比，野外推导的食物链倍增系数可以解释用于计算食物链倍增系数的水生生物体内所发生的关注化学物质的所有新陈代谢过程。

在运用适当的捕食者和被捕食者物种体内的非离子性有机化学物质的脂质标准化浓度来计算野外推导的食物链倍增系数时，应采用下列公式。

$$\mathrm{FCM_{TL2}} = \mathrm{BMF_{TL2}} \tag{2-5-21}$$

$$\mathrm{FCM_{TL3}} = \left(\mathrm{BMF_{TL3}}\right)\left(\mathrm{BMF_{TL2}}\right) \tag{2-5-22}$$

$$\mathrm{FCM_{TL4}} = \left(\mathrm{BMF_{TL4}}\right)\left(\mathrm{BMF_{TL3}}\right)\left(\mathrm{BMF_{TL2}}\right) \tag{2-5-23}$$

式中：FCM——选定营养级（营养级 2、3 或 4）的食物链倍增系数；

BMF——选定营养级（营养级 2、3 或 4）的生物放大系数。

食物链倍增系数和生物放大系数之间的根本差异是：食物链倍增系数与第 1 营养级相联系（或 Gobas 模型所假设的第 2 营养级，1993），而生物放大系数则总是与低一营养级相联系。对于非离子性有机化学物质，生物放大系数可根据下列公式由某地生物体中确定的组织残留浓度计算得出。

$$\mathrm{BMF_{TL2}} = \left(\mathrm{C_{l,TL2}}\right)/\left(\mathrm{C_{l,TL1}}\right) \tag{2-5-24}$$

$$\mathrm{BMF_{TL3}} = \left(\mathrm{C_{l,TL3}}\right)/\left(\mathrm{C_{l,TL2}}\right) \tag{2-5-25}$$

$$\mathrm{BMF_{TL4}} = \left(\mathrm{C_{l,TL4}}\right)/\left(\mathrm{C_{l,TL3}}\right) \tag{2-5-26}$$

式中：C_l——选定营养级（营养级 2、3 或 4）的相应生物组织中的化学物质脂质标准化浓度。

除了与野外测定的生物累积系数有关的合理性指南，下列程序和质量保证要求也适用于野外测定的食物链倍增系数。

①应当有可用的信息来识别某地相应营养级的水生生物以及捕食者-被捕食者关系以便确定食物链倍增系数。有关水生生物营养级确定的一般信息见 EPA 有关文件（2000a，b，c）。②每一营养级的水生生物样本应当能够反映出通过消耗水生生物导致人体暴露的最重要的暴露途径。对较高营养级（如营养级 3 和 4）来说，水生生物还应反映出人类日常消耗的那些生物。③推导食物链倍增系数的研究中应当包含充足的支持信息，从而确定采用恰当、灵敏、正确和精确的方法来对组织样本进行采集和分析。④用于确定食物链倍增系数的组织中的脂质分数应通过测定或可靠估算得出。⑤组织浓度应当反映在目标物种中达到稳态所需要的大概时间之后的平均暴露情况。

（4）由辛醇-水分配系数和食物链倍增系数得出基线生物累积系数

程序 1 中的第 4 种方法是运用辛醇-水分配系数和适当的食物链倍增系数来估算基线生物累积系数。此方法假设辛醇-水分配系数与基线生物富集系数相等。众多调查已经证明，对鱼类和其他水生生物来说，有机化学物质的生物富集系数的对数值与辛醇-水分配系数的对数值之间呈线性关系。Isnard 和 Lambert（1988）列出了许多回归方程来说明这种线性关系。在将脂质标准化的生物富集系数用于建立回归方程时，斜率不会显著偏离 1，而截距不会显著偏离 0（de Wolf et al.，1992）。生物富集系数和辛醇-水分配系数之间线性关系的基本假设是生物富集过程可以视为化学物质在水生生物脂质与水之间进行分配的过程，而辛醇-水分配系数是这一过程的一个有用的替代物（Mackay，1982）。考虑到生物放大作用，程序 1 要求辛醇-水分配系数值与适当的食物链倍增系数联合应用。

①基线生物累积系数公式。对于每一关注化学物质的认可的辛醇-水分配系数值和食物链倍增系数，运用下列公式计算基线生物累积系数。

$$\text{基线}\mathrm{BAF}_{1}^{\mathrm{fd}}=\mathrm{FCM}\bullet K_{\mathrm{ow}} \qquad (2\text{-}5\text{-}27)$$

式中：基线$\mathrm{BAF}_{1}^{\mathrm{fd}}$——选定营养级在自由溶解和脂质标准化基础上的生物累积系数；

FCM——表 2-5-1 中由线性外推法或野外数据得出的相应营养级的食物链倍增系数（只在程序 1 中应用）；

K_{ow}——辛醇-水分配系数。

不易被水生生物代谢的非离子性有机化学物质，也就是低代谢非离子性有机化学物质（即符合图 2-5-1 中程序 1 和程序 3 描述的化学物质）的生物富集系数与辛醇-水分配系数的关系已被首先确定。对于 $\lg K_{\mathrm{ow}}$ 高（>6）的低代谢非离子性有机化学物质，已知的 lg BCF 通常不等于 $\lg K_{\mathrm{ow}}$ 。EPA 认为造成这种非线性的原因主要是由于影响生物富集系数的几个因素没有被考虑进去。这些因素包括：生物富集系数没有建立在水中自由溶解态浓度的基础上、没有考虑到生长稀释、没有在稳态条件下对生物富集系数进行评价、吸收和清除常数的测定不准确以及暴露过程中溶剂介质的运用所造成的困难。应用式（2-5-27）来预测生物累积系数已经在几个不同的生态系统中得到实施，其中包括安大略湖、路易斯安那州受潮汐影响的地得河口、福克斯河和绿湾、威斯康星河以及纽约哈德逊河。有关式（2-5-27）

的验证、技术基础、假设和不确定性的更多细节详见生物累积技术支持文件。

②食物链倍增系数和辛醇-水分配系数。食物链倍增系数和辛醇-水分配系数值应当按照前面程序 1 中的描述进行选择。

5.4.3.2 选择最终基线生物累积系数

在运用程序 1 中尽可能多的方法计算出单个基线生物累积系数后，下一步就是由单个基线生物累积系数确定每一营养级的最终基线生物累积系数（见图 2-5-1 和图 2-5-2）。最终基线生物累积系数将在最后一个步骤中用于确定每一营养级的国家生物累积系数。在由单个基线生物累积系数确定的每一营养级的最终基线生物累积系数时，应考虑到程序 1 中定义的数据优先等级和数据的不确定性。程序 1 中的数据优先等级为（按优先顺序）：

（1）使用合理的野外测定的生物累积系数得出基线生物累积系数（方法 1）；

（2）使用合理的野外测定的生物-沉积物累积系数来预测基线生物累积系数（方法 2）；

（3）使用合理的生物富集系数和食物链倍增系数来预测基线生物累积系数（方法 3）；

（4）使用合理的辛醇-水分配系数和食物链倍增系数来预测基线生物累积系数（方法 4）。

这一数据优先等级反映了 EPA 对生物累积系数的选择倾向，即野外测定的生物累积系数（方法 1 和方法 2）要优先于实验室测定和/或预测的生物累积系数（方法 3 和方法 4）。但是，不应认为这一数据优先等级是不可动摇的。在一定程度上，当由不同方法推导而得的两个或多个基线生物累积系数的不确定性相类似的时候，应当把它当做对最终基线生物累积系数进行选择的一个指导。在运用程序 1 选择最终基线生物累积系数时应遵循下列步骤和指南。

（1）计算物种-平均基线生物累积系数。对某一特定物种来说，当一种生物累积系数方法可以获得一个以上合理的基线生物累积系数时，计算所有可用的单个基线生物累积系数的几何平均数作为物种-平均基线生物累积系数。在计算物种-平均基线生物累积系数时，应当认真审核单个基线生物累积系数并对生物累积值的不确定性进行评价。对于适用于程序 1 的高疏水性化学物质，应当特别注意在生物累积系数、生物-沉积物累积系数或生物富集系数的研究中是否可能达到了水和组织浓度均衡化所需要的充足空间和时间。不应使用高度不确定的基线生物累积系数。应对某一特定物种的单个基线生物累积系数间的较大差异（如大于 10 倍）进行进一步审查。在这种情况下，不应使用特定物种的某些或所有的基线生物累积系数。有关对生物累积系数值的合理性评价的其他讨论见生物累积技术支持文件。

（2）计算营养级-平均基线生物累积系数。当一种生物累积系数方法可以获得某一营养级内一个以上合理的物种-平均基线生物累积系数时，计算此营养级中合理的物种-平均基线生物累积系数的几何平均数作为营养级-平均基线生物累积系数。应当对第 2、第 3、第 4 营养级的营养级-平均基线生物累积系数进行计算，这是因为有关美国消费者鱼类和贝类的现有数据显示这些营养级的生物消耗量非常大。

（3）选择每一营养级的最终基线生物累积系数。对于每一营养级，在运用最佳专业判断选择最终基线生物累积系数时要考虑到：①前面提出的数据优先等级；②运用不同方法推导出来的营养级-平均基线生物累积系数的相对不确定性；③4 种方法的证据效力。

a．通常，对于某一特定营养级来说，当一个以上的营养级-平均基线生物累积系数可得到时，最终营养级-平均基线生物累积系数应当在按照程序 1 中的数据优先等级定义的最优先的生物累积系数方法中进行选择。

b．如果判断出基于较高等级（更优先）方法的营养级-平均基线生物累积系数的不确定性大大高于基于较低等级方法的营养级-平均基线生物累积系数的不确定性，而且不同方法的证据效力显示较低等级方法得出的生物累积系数值有可能更为精确，则应当选择运用来自较低等级方法的营养级-平均基线生物累积系数作为最终基线生物累积系数。

c．在考虑到不同的生物累积系数方法的证据效力，多种方法得出的特定营养级的生物累积系数相一致时，得出的最终基线生物累积系数通常更为可信。但是，方法间的不一致并不一定代表可信度低，只要能够对这种不一致性作出充分解释即可。例如，如果所关注的化学物质在水生生物体内进行新陈代谢且用生物累积系数值表示，那么野外测定的生物累积系数（最高优先级数据）与使用辛醇-水分配系数和模型推导的食物链倍增系数预测得出的生物累积系数之间可能会存在差异。因此，通常应对方法中的野外测定的生物累积系数赋予最大的权重，这是因为它们反映了生物累积的直接测定结果并且包括了可能在生物体及其食物链中发生的所有新陈代谢。

d．每一营养级应当按上述步骤执行直到为第 2、第 3、第 4 营养级选择出最终基线生物累积系数。

5.4.3.3　计算国家生物累积系数

对于每一营养级推导国家生物累积系数的最后一步是将前几步确定的最终基线生物累积系数转换成能够反映出国家 304（a）基准适用条件的生物累积系数（图 2-5-2）。从定义上看，由于基线生物累积系数是在脂质含量标准化且自由溶解的基础上来表示，所以需要将其进行调整来反映通常在美国所消耗的水生生物的脂质分数以及在美国水体中可能的自由溶解态分数。将最终基线生物累积系数转换成国家生物累积系数需要下列信息：①人类通常消耗的水生生物的脂质分数；②在令人感兴趣的水环境中所关注的化学物质的自由溶解态分数。对于每一营养级，在由最终基线生物累积系数来确定国家生物累积系数时应遵循下列指南。

①国家生物累积系数公式。对于每一营养级，运用下列公式计算国家生物累积系数。

$$\text{国家BAF}_{\text{TL},n}=\left[\left(\text{最终基线BAF}_{\text{l}}^{\text{fd}}\right)_{\text{TL},n}\cdot\left(f_{\text{l}}\right)_{\text{TL},n}+1\right]\cdot f_{\text{fd}} \qquad (2\text{-}5\text{-}28)$$

式中：$\left(\text{最终基线BAF}_{\text{l}}^{\text{fd}}\right)_{\text{TL},n}$——在自由溶解和脂质标准化基础上的第 n 营养级的最终营养级-平均基线生物累积系数；

$(f_1)_{TL,n}$——第 n 营养级中被消耗的水生生物的脂质分数；

f_{fd}——化学物质在水中的自由溶解态分数。

式（2-5-28）的技术基础见生物累积技术支持文件。下面为式（2-5-28）每一部分的确定提供指导。

②确定最终基线生物累积系数。本公式中用到的最终营养级-平均基线生物累积系数都是根据第 5.4.3.2 节中介绍的最终基线生物累积系数选择指南确定的。

③通常消耗的水生物种的脂质含量。如式（2-5-28）所示，要想准确描述由于摄入水生生物所引起的化学物质潜在暴露特征，需要用到人类消耗的水生物种的脂质分数。

国家默认脂质值。在计算国家 304（a）基准时，应当运用下列脂质分数国家默认值：1.9%（第 2 营养级生物），2.6%（第 3 营养级生物）和 3.0%（第 4 营养级生物）。

这些脂质含量国家默认值反映了美国国民人均鱼类消耗模式。具体来讲，这些值的计算运用了美国农业部 1994—1996 年个体食物摄入连续调查确定的日常消耗鱼类和贝类的消耗加权平均脂质含量。这些同样的国家调查数据被用来推导鱼类消耗的国家默认值。为了与鱼类消耗假设值保持一致，在推导国家默认脂质值的过程中只包括淡水和河口生物。与国家脂质分数默认值有关的技术基础、假设和不确定性的更多细节请见生物累积技术支持文件。

尽管 EPA 运用国家默认脂质值来建立国家 304（a）基准，但 EPA 鼓励各州和授权部落在将基准纳入各自的水质标准时运用有关被消耗的水生生物脂质含量的地方或区域数据，这是因为地方或区域消耗模式（和脂质含量）可能与国家消耗模式有所不同。制定特定地点脂质含量值的补充指南，包括多种日常消耗的水生生物脂质含量的数据库，请见生物累积技术支持文件。

④自由溶解态分数。推导国家生物累积系数所需的第三部分信息是美国水体中所关注的化学物质的自由溶解态分数。如前所述，以水中自由溶解态浓度表示的生物累积系数可以作为若干研究的生物累积系数求平均值的公同基础。但是，这些生物累积系数在用于基准制定时应转化为以水中总浓度表示的数值，以便与通常以水中化学物质总浓度表示的被监测水体和废水浓度保持一致。这就应当将自由溶解的基线生物累积系数与适用于基准的美国水体中自由溶解的化学物质分数相乘，如式（2-5-29）所示。

$$f_{fd} = \frac{1}{1 + \mathrm{POC} \cdot K_{ow} + \mathrm{DOC} \cdot 0.08 \cdot K_{ow}} \tag{2-5-29}$$

式中：POC——颗粒性有机碳浓度国家默认值，kg/L；

DOC——溶解性有机碳浓度国家默认值，kg/L；

K_{ow}——化学物质的辛醇-水分配系数。

式（2-5-29）与式（2-5-12）是相同的，用于确定在由野外测定的生物累积系数推导基线生物累积系数的过程中所需要的自由溶解态分数。但是，用于式（2-5-29）的颗粒性有机碳和溶解性有机碳浓度反映的是美国水体中的数值，而不是用于推导生物累积系数的所研究水体中的颗粒性有机碳和溶解性有机碳浓度值。下面是确定式（2-5-29）各部分时应遵循的指导。

a．颗粒性有机碳和溶解性有机碳浓度的国家默认值。为了估算美国水体中所关注的化学物质的自由溶解态分数，应当采用 0.5 mg/L（5×10^{-7} kg/L）的颗粒性有机碳浓度国家默认值和 2.9 mg/L（2.9×10^{-6} kg/L）的溶解性有机碳浓度国家默认值。这些值是在对 1980—1999 年 EPA STORET 数据库中存储的 110 000 多个溶解性有机碳浓度值和 85 000 多个颗粒性有机碳浓度值进行分析基础上的第 50 百分位值（中位值）。这些默认值反映了遍布美国境内的溪流、湖泊以及河口的综合数值。推导和应用颗粒性有机碳与溶解性有机碳浓度的国家默认值有关的技术基础、假设和不确定性的更多细节参见生物累积技术支持文件。

尽管如本文件所述，EPA 运用颗粒性有机碳和溶解性有机碳浓度的国家默认值来建立国家 304（a）基准，但是 EPA 鼓励各州和授权部落在将基准纳入各自水质标准时运用地方或区域的颗粒性有机碳和溶解性有机碳浓度的数据。EPA 鼓励各州和部落考虑运用地方或区域的颗粒性有机碳和溶解性有机碳浓度的数据是因为地方或区域条件可能会导致颗粒性有机碳或溶解性有机碳浓度与采用国家默认值之间的差异。有关制定地方或区域颗粒性有机碳和溶解性有机碳浓度值的补充指导，包括以水体类型区分的颗粒性有机碳和溶解性有机碳浓度值的数据库，请参见生物累积技术支持文件。

b．辛醇-水分配系数值。所关注的化学物质的辛醇-水分配系数值应当选择在以前计算中所用到的同样的数值（如在计算基线生物累积系数和食物链倍增系数时用到的辛醇-水分配系数值）。如何选择辛醇-水分配系数值的指导内容见生物累积技术支持文件。

5.4.4　应用程序 2 推导国家生物累积系数

本节为运用图 2-5-1 所示的程序 2 来计算非离子性有机化学物质的国家生物累积系数提供指导。最适合运用程序 2 的化学物质是中高疏水性且水生生物代谢率高的非离子性有机化学物质（见第 5.4.2 节）。对于这一类别的化学物质来说，非水源污染物暴露及其引发的水生食物链中的生物放大作用通常是不会受到关注的。因此，本程序中没有用到食物链倍增系数。此外，以辛醇-水分配系数来预测生物富集系数也不会应用于此程序中，这是因为辛醇-水分配系数/生物富集系数关系主要是以不易代谢的化学物质为基础的。还有一些可能适合运用程序 2 的非离子性有机化学物质，其中包括在鱼类体内代谢很强的某些多环芳烃（如苯并[*a*]芘、菲、荧蒽、芘、苯并[*a*]蒽和䓛；USEPA，1980；Burkhard and Lukasewycz，2000）。

根据程序 2，在推导国家生物累积系数时可以运用下列 3 种方法：

（1）使用合理的野外研究得出生物累积系数（即野外测定的生物累积系数）（方法 1）；

（2）使用合理的生物-沉积物累积系数来预测生物累积系数（方法 2）；

（3）使用合理的生物富集系数来预测生物累积系数（方法 3）。

这三种方法均以测定数据为基础来对生物累积进行评价，因此，生物累积系数估算中包含了所研究生物体中的化学物质新陈代谢影响。野外测定的生物累积系数和生物-沉积物累积系数法还包含了在水生食物链中发生的所有新陈代谢。

如图 2-5-2 所示，在选择推导程序之后，接下来可以采用下列步骤推导国家生物累积系数：①计算单个基线生物累积系数；②选择最终基线生物累积系数；③计算国家生物累积系数。以下对这三个步骤分别进行讨论。

5.4.4.1 单个基线生物累积系数的计算

正如前面程序 1 中所述，单个基线生物累积系数的计算包括根据所研究生物体中脂质含量和所研究水域中自由溶解的化学物质分数将测定的生物累积系数或生物富集系数（基于水和组织中的总化学物质）标准化的过程。之所以将测定的生物累积系数（或生物富集系数）转化为基线生物累积系数（或生物富集系数）值是考虑到由所研究生物体中的脂质含量差异和所研究水域中自由溶解的化学物质分数差异导致测定的生物累积系数的多变性。因此，相比于总的生物累积系数，对于跨越不同的物种和不同的研究水域来推导和计算生物累积系数的平均值，基线生物累积系数被认为是更为适合的。

①逐一应用上述程序 2 的 3 种方法来计算合理数据可用的每一物种所有可能的基线生物累积系数。②由野外测定的生物累积系数、野外测定的生物-沉积物累积系数和实验室生物富集系数来计算单个基线生物累积系数时应遵循下列步骤。

（1）由野外测定的生物累积系数得出基线生物累积系数

①除了下面的特别注明，应根据程序 1 中第 5.4.3.1（1）节（由野外测定的生物累积系数来确定基线生物累积系数）所概述的指导和公式，由野外测定的生物累积系数来计算基线生物累积系数。②由于适用程序 2 的非离子性有机化学物质在水生生物体内有较高的新陈代谢率，所以与有着类似的辛醇-水分配系数但新陈代谢极低或没有发生新陈代谢的非离子性有机化学物质相比，它们易于更快地达到稳定状态。因此，在确定野外测定的生物累积系数的过程中，水生生物体内可高度代谢的化学物质比不易代谢的化学物质通常需要更少的时间使其化学物质浓度达到均衡状态。

（2）由野外测定的生物-沉积物累积系数得出基线生物累积系数

应根据程序 1 中第 5.4.3.1（2）节（由野外测定的生物-沉积物累积系数确定基线生物累积系数）所概述的指导和公式，由野外测定的生物-沉积物累积系数计算基线生物累积系数。

（3）由实验室测定的生物富集系数得出基线生物累积系数

①除了下面的特别注明，应根据程序 1 中第 5.4.3.1（3）节（由实验室测定的生物富集系数和食物链倍增系数确定基线生物累积系数）所概述的指导和公式，由实验室测定的生物富集系数计算基线生物累积系数。②由于适用程序 2 的非离子性有机化学物质的生物放大作用不是首要关注点，所以在由实验室测定的生物富集系数推导基线生物累积系数时不使用食物链倍增系数。

5.4.4.2　选择最终基线生物累积系数

在运用程序 2 中尽可能多的方法计算出单个基线生物累积系数之后，下一步就是由单个基线生物累积系数来确定每个营养级的最终基线生物累积系数。在最后的步骤中，最终基线生物累积系数将用来确定每个营养级的国家生物累积系数。在由单个基线生物累积系数确定每个营养级的最终基线生物累积系数时，应考虑到程序 2 定义的数据优先等级和数据的不确定性。程序 2 的数据优先等级为（按优先顺序）：

（1）使用合理的野外测定的生物累积系数得出基线生物累积系数（方法 1）；

（2）使用合理的野外测定的生物-沉积物累积系数得出基线生物累积系数（方法 2）；

（3）使用合理的实验室测定的生物富集系数得出基线生物累积系数（方法 3）。

这一数据优先等级反映了 EPA 对生物累积系数的选择倾向，即野外测定的生物累积系数（方法 1 和方法 2）要优先于实验室测定的生物累积系数（方法 3）。但是，正如程序 1 中所解释的那样，不应认为这一数据优先等级是不可动摇的。在一定程度上，当由不同方法推导而得的两个或多个基线生物累积系数的不确定性相类似的时候，应当把它当做对最终基线生物累积系数进行选择的一个指导。尽管生物放大作用对于适用程序 2 的化学物质来说通常可以忽略，但是生物累积的营养级差异程度可能是很显著的，以至于不同营养级的生物体内化学物质代谢率会有所差别。例如，某些多环芳烃在有些鱼类体内的代谢程度远高于许多无脊椎动物（James，1989）。因此，在确定适用程序 2 的化学物质的最终基线生物累积系数时应以特定营养级为基础且遵循下列指南。

应当按照程序 1 中所描述的相同步骤来对程序 2 中的最终基线生物累积系数进行选择，但是数据优先等级要用程序 2 中的替代一下。具体来讲，物种-平均基线生物累积系数、营养级-平均基线生物累积系数以及最终基线生物累积系数应根据程序 1 中的指南进行确定（第 5.4.3.2 节）。

5.4.4.3　计算国家生物累积系数

如程序 1 所述，推导非离子性有机化学物质的国家生物累积系数的最后一个步骤是将上一步骤确定的最终基线生物累积系数转化为能够反映国家 304（a）基准适用条件的生物累积系数（图 2-5-2）。

应根据前面程序 1 中所描述的公式和步骤，由最终基线生物累积系数来计算第 2、第 3、第 4 营养级的国家生物累积系数（见第 5.4.3.3 节计算国家生物累积系数）。

5.4.5　应用程序 3 推导国家生物累积系数

本节为应用程序 3 计算非离子性有机化学物质的国家生物累积系数提供指导（如图 2-5-1 所示）。最适合应用程序 3 的化学物质是低疏水性（即辛醇-水分配系数的对数值小于 4.0）且水生生物代谢率低（或未知）的非离子性有机化学物质（见第 5.4.2 节）。对于这一类别的化学物质来说，非水源污染物暴露及其引发的水生食物链中的生物放大作用通常是可以忽略的（Fisk et al.，1998；Gobas et al.，1993；Connolly and Pedersen，1988；Thomann，

1989）。因此，本程序中不使用食物链倍增系数。

根据程序 3，下列 3 种方法可用于推导国家生物累积系数：

（1）使用合理的野外研究的生物累积系数（即野外测定的生物累积系数）；

（2）使用合理的实验室测定的生物富集系数来预测生物累积系数；

（3）使用合理的辛醇-水分配系数来预测生物累积系数。

在选择推导程序之后，接下来可以采用下列步骤推导特定营养级中非离子性有机化学物质的国家生物累积系数：①计算单个基线生物累积系数；②选择最终基线生物累积系数；③计算国家生物累积系数（图 2-5-2）。下面对这三个步骤分别进行讨论。

5.4.5.1 计算单个基线生物累积系数

计算单个基线生物累积系数包括根据所研究生物体中的脂质含量和所研究水域中的化学物质自由溶解态分数将每个测定的生物累积系数或生物富集系数（基于水和组织中的总化学物质）标准化的过程。有关基线生物累积系数计算的技术基础的更多讨论见程序 1 第 5.4.3.1 节。

①逐一应用上述程序 3 中的 3 种方法来计算合理数据可用的每一物种所有可能的基线生物累积系数。②由野外测定的生物累积系数、实验室测定的生物富集系数和辛醇-水分配系数值来计算单个基线生物累积系数时应遵循下列步骤。

（1）由野外测定的生物累积系数得出基线生物累积系数

①除了下面的特别注明，应根据程序 1 中第 5.4.3.1（1）节所概述的指导和公式，由野外测定的生物累积系数计算基线生物累积系数。

②自由溶解态分数。由于低疏水性（即辛醇-水分配系数的对数值小于 4.0），适用程序 3 的非离子性有机化学物质在大多数具有典型的溶解性和颗粒性有机碳浓度的野外生物累积系数研究中几乎完全以自由溶解形式存在于自然水域之中。因此，在野外生物累积研究中的溶解性和颗粒性有机碳浓度不是很高的情况下，应假定自由溶解态分数等于 1.0。如果研究中的溶解性和颗粒性有机碳浓度很高（如溶解性有机碳浓度大于 100 mg/L 或者颗粒性有机碳浓度大于 10 mg/L），那么自由溶解态分数可能会大大低于 1.0，因此，应按照式（2-5-12）进行计算。

③浓度均衡化所需时间。同样是由于低疏水性，适用程序 3 的非离子性有机化学物质与适用程序 1 的化学物质相比更快地达到稳定状态。因此，组织和水浓度达到均衡所需要的时间通常会比适用程序 1 的高疏水性化学物质少得多。此外，在用于计算这些化学物质的生物累积系数的野外研究中，水和组织样本应当在相似的时间点进行采集，这是因为组织浓度会对水浓度的变化作出快速反应。EPA 在即将发布的有关实施野外生物累积系数和生物-沉积物累积系数研究的指导文件中，对有关非离子性有机化学物质（包括适用程序 3 的化学物质）生物累积系数的研究设计提供补充指导。

（2）由实验室测定的生物富集系数得出基线生物累积系数

①除了下面的特别注明，应根据程序 1 中第 5.4.3.1（3）节所概述的指导和公式，由

实验室测定的生物富集系数计算基线生物累积系数。

②食物链倍增系数。由于生物放大作用对于适用程序 3 的低疏水性化学物质并不是首要关注问题，所以在由实验室测定的生物富集系数推导基线生物累积系数的过程中不使用食物链倍增系数。

③自由溶解态分数。由于低疏水性（即辛醇-水分配系数的对数值小于 4.0），适用程序 3 的非离子性有机化学物质在具有典型的溶解性和颗粒性有机碳浓度的实验室生物富集系数研究中几乎完全以自由溶解形式存在于水中。因此，通常假设自由溶解态分数等于 1.0。当实验室生物富集系数研究中的溶解性和颗粒性有机碳表现出异常高的浓度时（如溶解性有机碳浓度大于 100 mg/L 或颗粒性有机碳浓度大于 10 mg/L），那么自由溶解态分数则会大大低于 1.0。在这种情况下，应按照式（2-5-12）计算自由溶解态分数。

（3）由辛醇-水分配系数得出基线生物累积系数

①除了下面的特别注明，应根据程序 1 中第 5.4.3.1（4）节所概述的指导和公式，使用合理的辛醇-水分配系数计算出基线生物累积系数。

②由于生物放大作用对于低疏水性（即辛醇-水分配系数的对数值小于 4.0）非离子性有机化学物质并不是首要关注问题，所以在应用程序 3 由辛醇-水分配系数来推导基线生物累积系数的过程中不使用食物链倍增系数。

5.4.5.2　最终基线生物累积系数的选择

在应用程序 3 中尽可能多的方法计算出单个基线生物累积系数后，下一个步骤就是由单个基线生物累积系数来确定每一营养级的最终基线生物累积系数（图 2-5-2）。最终基线生物累积系数将在最后一个步骤中用来确定每一营养级的国家生物累积系数。在由单个基线生物累积系数确定每一营养级的最终基线生物累积系数时，应考虑到程序 3 中定义的数据优先等级和数据的不确定性。程序 3 中的数据优先等级为（按优先顺序）：

（1）使用合理的野外测定的生物累积系数或实验室测定的生物富集系数得出基线生物累积系数；

（2）使用合理的辛醇-水分配系数值来预测基线生物累积系数。

这一数据优先等级反映了 EPA 对生物累积系数的选择倾向，即基于测定数据（野外测定的生物累积系数和实验室测定的生物富集系数）的生物累积系数优先于基于预测法（辛醇-水分配系数）得出的生物累积系数。当由不同方法推导而得的两个或多个基线生物累积系数的不确定性类似的时候，这一数据优先等级应当被看做是对最终基线生物累积系数进行选择的一个指导。由于通过饮食摄入的生物累积及其造成的生物放大作用对于适用程序 3 的化学物质而言通常不是首要关注问题，所以野外测定的生物累积系数和实验室测定的生物富集系数在确定国家生物累积系数的过程中具有同等地位。

选择每一营养级的最终基线生物累积系数时应遵循下列步骤和指南。

（1）计算物种-平均基线生物累积系数。当一种生物累积系数方法（即野外测定的生物累积系数、由实验室测定的生物富集系数得出基线生物累积系数，或由辛醇-水分配系数得出基线生物累积系数）可以获得某特定物种一个以上合理的基线生物累积系数时，根据前面程序 1 所述的指导方法计算出物种-平均基线生物累积系数。

（2）计算营养级-平均基线生物累积系数。当一种生物累积系数方法可以获得某一特定营养级一个以上合理的物种-平均基线生物累积系数时，计算此营养级合理的物种-平均基线生物累积系数的几何平均数作为营养级-平均基线生物累积系数。

（3）选择每一营养级的最终基线生物累积系数。在使用最佳专业判断选择每一营养级的最终基线生物累积系数时要考虑到：①数据优先等级；②使用不同方法推导出来的营养级-平均基线生物累积系数的相对不确定性；③3 种方法的证据效力。

a．一般来说，当一个以上的营养级-平均基线生物累积系数对于某一特定营养级可用时，最终基线生物累积系数应当根据程序 3 的数据优先等级界定的最优先生物累积系数方法进行选择。在第一数据优先等级中，使用程序 3 推导最终营养级-平均基线生物累积系数时，野外测定的生物累积系数和实验室测定的生物富集系数都是同样可取的。如果由野外测定的生物累积系数和实验室测定的生物富集系数得出的营养级-平均基线生物累积系数都是可用的，则应选择运用总不确定性最小的营养级-平均基线生物累积系数或生物富集系数作为最终基线生物累积系数。

b．如果判断出基于较高等级（较优先）方法的营养级-平均基线生物累积系数的不确定性大大高于基于较低等级方法的营养级-平均基线生物累积系数的不确定性，则应当选择运用来自较低等级方法的营养级-平均基线生物累积系数作为最终基线生物累积系数。

c．每一营养级应当按上述步骤执行直到为第 2、第 3、第 4 营养级选择出最终基线生物累积系数。

5.4.5.3 计算国家生物累积系数

正如程序 1 中所述，推导特定营养级中非离子性有机化学物质的国家生物累积系数的最后一步是将上一步确定的最终基线生物累积系数转换成能够反映出国家 304（a）基准适用条件的生物累积系数（图 2-5-2）。在由最终基线生物累积系数确定每个国家生物累积系数时应遵循下列指南。

（1）国家生物累积系数公式。除了下面的特别注明，应使用式（2-5-28）和程序 1 中所述的相关指导，由最终营养级-平均基线生物累积系数计算出第 2、第 3、第 4 营养级的国家生物累积系数（见第 5.4.3.3 节）。

（2）自由溶解态分数。由于其低疏水性（即辛醇-水分配系数的对数值小于 4.0），在使用程序 3 计算非离子性有机化学物质的国家生物累积系数时，自由溶解态分数应当假定为 1.0。之所以应该将自由溶解态分数假定为 1.0 是因为当辛醇-水分配系数的对数值小于 4.0 时，99%以上的非离子性有机化学物质是以自由溶解形式存在于水中，此时颗粒性有机碳和溶解性有机碳的浓度对应的是美国水体的国家默认值（即分别为 0.5 mg/L 和 2.9 mg/L）。

5.4.6　应用程序 4 推导国家生物累积系数

本节为应用图 2-5-1 所示程序 4 计算非离子性有机化学物质的国家生物累积系数提供指导。最适合应用程序 4 的化学物质是低疏水性且水生生物代谢率高的非离子性有机化学物质（见第 5.4.2 节）。对于这一类别的化学物质来说，非水源污染物暴露及其引发的水生食物链中的生物放大作用通常是可以忽略的。因此，本程序中不使用食物链倍增系数。此外，以辛醇-水分配系数来预测生物富集系数也不会应用于此程序中，这是因为辛醇-水分配系数/生物富集系数关系主要是以不易代谢的化学物质为基础的。适用程序 4 的一个非离子性有机化学物质的例子是鱼类中的邻苯二甲酸丁苄酯。运用放射性同位素示踪技术并经层析分析法确认，Carr 等（1997）给出的证据表明邻苯二甲酸丁苄酯在翻车鱼体内被广泛代谢。Carr 等（1997）还报告了测定的生物富集系数（以及由此得出的脂质标准化生物富集系数）都大大低于用辛醇-水分配系数的对数值预测出的生物富集系数。在一项氯化苯胺（在周围酸碱度环境中基本上处于非离子状态）的研究中，de Wolf 等（1992）报告了测定的生物富集系数大大低于用辛醇-水分配系数预测出的生物富集系数。笔者认为胺类物质（NH_2）参与的生物转化（新陈代谢）是造成测定的生物富集系数较低的原因。

根据程序 4，在推导国家生物累积系数时可以应用下列 2 种方法：

（1）使用合理的野外研究得出的生物累积系数（即野外测定的生物累积系数）；

（2）使用合理的生物富集系数来预测生物累积系数。

在选择推导程序之后，接下来可以应用下列步骤来推导特定营养级中非离子性有机化学物质的国家生物累积系数：①计算单个基线生物累积系数；②选择最终基线生物累积系数；③计算国家生物累积系数（图 2-5-2）。下面对这三个步骤分别进行讨论。

5.4.6.1　计算单个基线生物累积系数

计算单个基线生物累积系数包括根据所研究生物体中脂质含量和所研究水域中自由溶解的化学物质分数将测定的生物累积系数或生物富集系数（基于水和组织中的总化学物质）标准化的过程。有关计算基线生物累积系数的技术基础的补充讨论见程序 1 第 5.4.3.1 节。

①逐一使用上述程序 4 的 2 种方法来计算合理数据可用的每一物种所有可能的基线生物累积系数。②由野外测定的生物累积系数和实验室测定的生物富集系数来计算单个基线生物累积系数时应遵循下列步骤。

（1）由野外测定的生物累积系数得出基线生物累积系数

①应根据程序 1 中第 5.4.3.1（1）节所概述的指导和公式由野外测定的生物累积系数计算出基线生物累积系数。

②自由溶解态分数。由于低疏水性（即辛醇-水分配系数的对数值小于 4.0），适用程序 4 的非离子性有机化学物质在具有典型的溶解性和颗粒性有机碳浓度的大多数野外生物累积系数研究中几乎完全以自由溶解形式存在于自然水域之中。因此，在野外生物累积研究

中的溶解性和颗粒性有机碳浓度不是很高的情况下，应假定自由溶解态分数等于 1.0。如果研究中的溶解性或颗粒性有机碳浓度很高（如溶解性有机碳浓度大于 100 mg/L，颗粒性有机碳浓度大于 10 mg/L），那么自由溶解态分数可能会大大低于 1.0，因此应按照式（2-5-12）进行计算。

③浓度均衡化所需时间。同样是由于低疏水性，适用程序 4 的非离子性有机化学物质同样会比适用程序 1 的化学物质更快地达到稳定状态。因此，组织和水浓度达到均衡所需要的时间通常会比适用程序 1 的高疏水性化学物质少得多。此外，在用于计算这些化学物质的生物累积系数的野外研究中，水和组织样本应当在相似的时间点进行采集，这是因为组织浓度会对水浓度的变化作出快速反应。EPA 在即将发布的有关实施野外生物累积系数和生物-沉积物累积系数研究的指导文件中，对有关非离子性有机化学物质（包括适用程序 4 的化学物质）生物累积系数的研究设计提供补充指导。

（2）由实验室测定的生物富集系数得出基线生物累积系数

①除了下面的特别注明，应根据程序 1 中第 5.4.3.1（3）节所概述的指导和公式，由实验室测定的生物富集系数来计算基线生物累积系数。

②食物链倍增系数。由于生物放大作用对于适用程序 4 的低疏水性化学物质并不是首要关注问题，所以在由实验室测定的生物富集系数推导基线生物累积系数的过程中不使用食物链倍增系数。

③自由溶解态分数。由于低疏水性（即辛醇-水分配系数的对数值小于 4.0），适用程序 4 的非离子性有机化学物质在具有典型的溶解性和颗粒性有机碳浓度的实验室生物富集系数研究中几乎完全以自由溶解形式存在于水中。因此，通常应假设自由溶解态分数等于 1.0。当实验室生物富集系数研究中的溶解性和颗粒性有机碳表现出异常高的浓度时（如溶解性有机碳浓度大于 100 mg/L 或颗粒性有机碳浓度大于 10 mg/L），那么自由溶解态分数则会大大低于 1.0。在这种情况下，自由溶解态分数应按照式（2-5-12）进行计算。

5.4.6.2 选择最终基线生物累积系数

在运用程序 4 中尽可能多的方法计算出单个基线生物累积系数之后，下一个步骤就是由单个基线生物累积系数确定每一特定营养级的最终基线生物累积系数（图 2-5-2）。最终基线生物累积系数将在最后一个步骤中用来确定每一营养级的国家生物累积系数。在由单个基线生物累积系数确定每一营养级的最终基线生物累积系数时，应考虑到程序 4 中定义的数据优先等级和数据的不确定性。程序 4 中的数据优先等级为（按优先顺序）：

使用合理的野外测定的生物累积系数或实验室测定的生物富集系数来预测基线生物累积系数。

由于通过饮食摄入的生物累积及其造成的生物放大作用对于适用程序 4 的化学物质而言通常不是首要关注问题，所以野外测定的生物累积系数和实验室测定的生物富集系数在确定国家生物累积系数的过程中占有同等地位。

选择每一营养级的最终基线生物累积系数时应遵循下列步骤和指南。

（1）计算物种-平均基线生物累积系数。当一种生物累积方法（即野外测定的生物累积系数或由实验室测定的生物富集系数得出基线生物累积系数）可以获得某一物种一个以上合理的基线生物累积系数时，根据前面程序 1 所述的指导方法计算出物种-平均基线生物累积系数。

（2）计算营养级-平均基线生物累积系数。当一种生物累积方法可以获得某一特定营养级一个以上合理的物种-平均基线生物累积系数时，计算此营养级合理的物种-平均基线生物累积系数的几何平均数作为该营养级-平均基线生物累积系数。

（3）选择每一营养级的最终基线生物累积系数。在使用最佳专业判断选择每一营养级的最终基线生物累积系数时要考虑到：①数据优先等级；②使用不同方法推导出来的营养级-平均基线生物累积系数的相对不确定性。

a．如上所述，野外测定的生物累积系数和实验室测定的生物富集系数在使用程序 4 推导最终营养级-平均基线生物累积系数时具有同等地位。如果由野外测定的生物累积系数和实验室测定的生物富集系数得出的营养级-平均基线生物累积系数都是可用的，则应选择使用总不确定性最小的营养级-平均基线生物累积系数或生物富集系数作为最终基线生物累积系数。

b．每一营养级应当按上述步骤执行直到为第 2、第 3、第 4 营养级选择出最终基线生物累积系数。

5.4.6.3　计算国家生物累积系数

如程序 1 中所述，推导特定营养级非离子性有机化学物质的国家生物累积系数的最后一个步骤是将上一个步骤确定的最终基线生物累积系数转换成能够反映出国家 304（a）基准适用条件的生物累积系数（图 2-5-2）。在由最终基线生物累积系数确定每个国家生物累积系数时应遵循下列指南。

（1）国家生物累积系数公式。除了下面的特别注明，应使用式（2-5-28）和程序 1 中所述步骤由营养级-平均基线生物累积系数计算出第 2、第 3、第 4 营养级的国家生物累积系数（见程序 1 中第 5.4.3.3 节）。

（2）自由溶解态分数。由于低疏水性（即辛醇-水分配系数的对数值小于 4.0），在使用程序 4 计算非离子性有机化学物质的国家生物累积系数时，自由溶解态分数应当假定为 1.0。之所以应该将自由溶解态分数假定为 1.0 是因为当辛醇-水分配系数的对数值小于 4.0 时，99%以上的非离子性有机化学物质以自由溶解形式存在于水中，此时颗粒性有机碳和溶解性有机碳的浓度对应的是美国水体的国家默认值（即分别为 0.5 mg/L 和 2.9 mg/L）。

5.5　离子性有机化学物质的国家生物累积系数

本节记述了推导离子性有机化学物质（即在水中大量电离的有机化学物质）的国家生物累积系数的指南。正如第 5.3.5 节中所定义的那样，离子性有机化学物质含有易于提供质子（如带有羟基、羧基和磺酸基的有机酸）或接受质子（如带有氨基和芳香杂环含氮基的有机碱）的官能团。离子性有机化合物的例子如下：

（1）氯代酚（如 2,4,6-三氯酚，五氯酚）；

（2）氯代苯氧酸[如 2,4-二氯苯氧乙酸（2,4-D）]；

（3）硝基酚（如 2-硝基酚，2,4,6-三硝基酚）；

（4）甲酚[如 2,4-二硝基邻甲酚（DNOC）]；

（5）吡啶（如 2,4-二甲基吡啶）；

（6）脂肪胺和芳香胺（如三甲胺、苯胺）；

（7）直链烷基苯磺酸盐（LAS）表面活性剂。

在推导国家生物累积系数的过程中将离子性有机化学物质分开考虑是因为与它们的中性（非电离）状态相比，这些化学物质的阴离子或阳离子状态在水环境中会表现出非常不同的性质。通常认为离子性有机化学物质的中性状态与非离子性有机化合物有着类似的性质（如分配到脂质和有机碳由疏水性决定）。但是，离子化（阳离子、阴离子）状态可以表现出更为复杂的性质，其中包括多个环境分配机制（如离子交换、静电和疏水性互相影响）以及由 pH 值和离子强度、离子组成等其他因素所决定（Jafvert et al.，1990；Jafvert，1990；Schwarzenbach et al.，1993）。因此，与非离子性有机化学物质的方法相比，研发并得到验证的预测有机阳离子和阴离子环境分配的方法比较少（Spacie，1994；Suffet et al.，1994）。

考虑到目前的科学技术在预测离子性有机化学物质离子态的分配和生物累积的局限性，因此推导这些化学物质的国家生物累积系数的程序是有所不同的，这取决于总化学物质可能以离子化（阳离子、阴离子）状态出现在美国地表水体的程度。当总化学物质浓度中相当大的一部分是以离子态出现在水中时，那么用于推导国家生物累积系数的程序应当以经验法（测定）（即第 5.6 节中的程序 5 和 6）为依据。当总化学物质浓度中相当小的一部分是以离子态出现在水中时（即化学物质基本上以中性形式存在），那么用于推导国家生物累积系数的程序将遵循为非离子性有机化学物质制定的程序（例如第 5.4 节中程序 1～程序 4）。在评价典型环境 pH 值范围内的阳离子和阴离子存在形式时应遵循下列指南。

（1）所关注的离子性有机化学物质的电离常数（pK_a）应与美国境内淡水和河口水体中的 pH 值范围进行比较。如果 pH 值等于电离常数，预计有机酸或碱的 50%会以离子态出现。美国境内淡水和河口水体中的 pH 值典型范围是 6～9，尽管有些水体中可能会略高一点或略低一点（如酸性沼泽和湖泊、高碱性和富营养化系统等）。

（2）当 pH 值比电离常数低 2 个以上单位时，有机酸基本上完全是以非离子形式存在。而对于有机碱，这种化学物质会在 pH 值比电离常数高 2 个以上单位时基本上完全以非离子形式存在。在这种情况下，化学物质的水溶液特性会与非离子性有机化学物质相类似。因此，通常应使用第 5.4 节中的程序 1～程序 4 来推导国家生物累积系数。

（3）如果有机酸的 pH 值大于电离常数减 2（或有机碱的 pH 值小于电离常数加 2），

总化学物质中可能主要以离子形式存在（即离子态≥1%）。在这种情况下，通常应当使用第 5.6 节中的程序 5 和程序 6 来推导国家生物累积系数。

（4）总之，大多数有机酸（如五氯酚和三氯苯氧丙酸）主要是以离子形式存在于水环境中，这是因为它们的电离常数（分别为 4.75 和 3.07）比水环境的 pH 值要小得多。与此相反，对于大多数有机碱（如苯胺），由于其电离常数（苯胺为 4.63）比水环境的 pH 值要小得多，所以基本上是以非离子形式存在于水环境中。

（5）上述指南旨在作为推导离子性有机化学物质的国家生物累积系数的常规指导，而不是一个僵化的规定。在特定情况的基础上，尤其是有测定生物累积或生物富集数据支持的时候，应当考虑对这些指南进行修正。例如，已经研发了用于预测某些有机酸的固相和有机相分配的初始模型（Jafvert，1990；Jafvert et al.，1990）。将来随着这些或其他模型逐渐被开发得更充分并经适当验证，它们会被应用到国家生物累积系数的推导过程之中。此外，由于 pH 值是离子性有机化学物质离解和分配的一个控制性因素，因此，当存在充足的数据来建立可靠的关系时，应当考虑用生物累积系数或生物富集系数取决于 pH 值（或其他因素）这种方式来表达。

5.6　无机物和有机金属化学物质的国家生物累积系数

本节为推导第 5.3.5 节中定义的无机物和有机金属化学物质的国家生物累积系数提供指导。无机物和有机金属化学物质生物累积系数的推导过程在很多方面不同于非离子性有机化学物质的推导程序。第一，组织中化学物质浓度的脂质标准化通常不适用于无机物和有机金属化学物质。因此，生物累积系数和生物富集系数不能像非离子性有机化学物质那样在脂质标准化浓度的基础上由一个组织推及到另一个组织。第二，水中无机物和有机金属化学物质的生物有效性依具体化学物质而定，所以基于自由溶解形式的非离子性有机化学物质浓度的表示方法通常也是不适用的。第三，与非离子性有机化学物质基于辛醇-水分配系数的模型不同，目前还没有通用的生物累积模型可以从整体上来预测无机物和有机金属化学物质的生物累积系数。虽然针对无机物和有机金属化学物质已经建立了某些特定化学物质的生物累积模型（如 Hudson 等的汞循环模型，1994），但是目前这些模型都需要特定地点数据作为模型输入数据且受限仅适用于特定地点。将来随着模型逐渐被充分开发成熟并得到验证，在特定案例情况的基础上按照下列步骤推导国家生物累积系数。

5.6.1　选择生物累积系数推导程序

如图 2-5-1 所示，可以用 2 种程序来推导无机物和有机金属化学物质的国家生物累积系数（程序 5 和程序 6）。生物累积系数推导程序的选择取决于化学物质是否在水生食物链中表现出生物放大作用。

（1）许多无机物和有机金属化学物质都不会存在生物放大作用且生物富集系数等于生

物累积系数。应使用程序 5 来推导这类化学物质的国家生物累积系数。程序 5 认为生物累积系数和生物富集系数在推导国家生物累积系数的过程中具有同等地位，并且在应用生物富集系数测定值时不需要使用食物链倍增系数。第 5.6.3 节对使用程序 5 推导生物累积系数提供指导。

（2）对于某些存在生物放大作用的无机物和有机金属化学物质（如甲基汞），应使用程序 6 来确定其国家生物累积系数。相对于实验室测定的生物富集系数和需要食物链倍增系数与生物富集系数测定值配合使用来预测生物累积系数而言，程序 6 通常更倾向于使用野外测定的生物累积系数。第 5.6.4 节为使用程序 6 推导生物累积系数提供指导。

（3）要确定无机物和有机金属化学物质是否存在生物放大作用，需要特定化学物质在水生生物及其所捕食生物体内的测定浓度数据。食物链中连续营养级的水生生物体内浓度增加显著，则意味着发生了生物放大作用。食物链中连续营养级的水生生物体内浓度保持不变或下降，则意味着未发生生物放大作用。在比较组织浓度来评价生物放大作用时，应注意确保所选择的水生生物确实能够代表捕食与被捕食的关系且所有主要的被捕食物种都要在比较中加以考虑。

5.6.2 生物有效性

无机物和有机金属生物有效性的特定化学性质可能部分是由于影响生物有效性和生物累积的几个因素的特定化学差异。这些因素包括水生生物的化学物质摄入机制的差异（如被动扩散、协同运输、主动运输）、生物和非生物配体吸附特性的差异以及水中化学物质形态的差异。某些无机物和有机金属化学物质以多种形态存在且其在水生生态系统中的价态在水生生物的利用过程中可能是不同的并且处于不同形式的转换过程中。举例来说，硒在水生生态系统中可以多种形式存在，其中包括无机亚硒酸盐（Se^{4+}）和硒酸盐（Se^{6+}）氧离子，还原态的元素硒（Se^{0}）（主要是在沉积物中）以及有机硒化合物-硒化物（Se^{2-}）。汞在自然界中的主要形式，包括有氧水中的无机汞（Hg^{2+}）化合物和甲基汞；通常认为后者比无机汞化合物在较高营养级的生物体内的生物有效性更高。虽然无机物和有机金属化学物质从整体上还不存在诸如针对非离子性有机化学物质那样的“自由溶解”转换通用系统，但是在推导国家生物累积系数的过程中应认真考虑到不同形式化学物质的存在和生物有效性。

（1）如果数据显示：①所关注的化学物质的某种特定形式（或多种形式）主要控制其在目标水生生物中的生物有效性；②运用所关注的化学物质的生物利用形式比其他形式更能可靠地对生物累积系数进行推导，那么生物累积系数和生物富集系数就应以适当的生物利用形式为基础。

（2）由于许多无机物和有机金属化学物质一旦释放到水环境中，就可能会在不同形式之间发生转换，所以出于管理和质量平衡的考虑，需要报告水中总浓度。在这种情况下，应具备充足的数据来进行水中总浓度和其他形式（可能更具生物有效性）之间的转换。

5.6.3　应用程序 5 推导生物累积系数

本节为应用图 2-5-1 所示的程序 5 推导无机物和有机金属化学物质的国家生物累积系数提供指导。适合应用程序 5 的化学物质是在水生食物链中不太可能存在生物放大作用的无机物和有机金属化学物质（见第 5.1 节）。在程序 5 中，可用 2 种方法推导某一特定营养级的国家生物累积系数：

（1）使用合理的野外研究得出生物累积系数（即野外测定的生物累积系数）；

（2）使用合理的实验室测定的生物富集系数来预测生物累积系数。

应使用下列指南由野外测定的生物累积系数或实验室测定的生物富集系数来确定单个生物累积系数。

5.6.3.1　确定野外测定的生物累积系数

（1）除了下面的特别注明，应根据程序 1 中第 5.4.3.1（1）节所提供的指导方法确定野外测定的生物累积系数。

（2）如前所述，由野外测定的生物累积系数到基于脂质标准化和自由溶解态浓度的基线生物累积系数的转化过程并不适用于无机物和有机金属化学物质。因此，程序 1 中所提供的有关将野外测定的生物累积系数转化为基线生物累积系数，从而得到国家生物累积系数的指南和公式通常不适用于无机化学物质。如第 5.6.2 节所述，在概念上可能需要类似的程序将所关注的无机物和有机金属化学物质的总生物累积系数转化成基于最佳生物利用形式的生物累积系数。这种程序应在特定化学物质的基础上进行应用。

（3）生物累积系数应以湿重来表示；在生物累积系数确定过程中以干重为基础报告的生物累积系数只有在生物组织中测定或可靠估算出来的转换系数转换为湿重后方可被使用。

（4）除非已经证明整个个体的生物累积系数与可食性组织的生物累积系数相类似，否则生物累积系数应以生物可食性组织浓度为基础。对于某些鱼类和贝类物种，其整个个体均可作为可食性组织。

（5）如果化学物质属于一种微量元素，则生物累积研究中的无机物或有机金属化学物质浓度应高于正常的背景水平并高于受试物种所需的正常营养水平，但是要低于对物种产生影响的水平。由于生物通过选择性累积来满足其自身的营养需求，如果浓度等于或低于正常背景水平，则对水生生物的营养来说是必不可少的无机物或有机金属化学物质的累积有可能被过高估计。

5.6.3.2　确定实验室测定的生物富集系数

（1）除了下面的特别注明，应根据程序 1 中第 5.4.3.1（3）节所提供的指导方法由实验室测定的生物富集系数来预测生物累积系数。

（2）如前所述，由实验室测定的生物富集系数到基于脂质标准化和自由溶解态浓度的基线生物富集系数的转化过程并不适用于无机物和有机金属化学物质。因此，程序 1 中所提供的有关将实验室测定的生物富集系数转化为基线生物富集系数从而得到国家生物富集系数的指导和公式通常不适用于无机物和有机金属化学物质。如前文第 5.6.2 节所述，在概念上可能需要类似程序将所关注的某些无机物和有机金属化学物质的总生物富集系数转化成基于最佳生物利用形式的生物富集系数。这种程序应在特定化学物质的基础上进行应用。此外，对于适用程序 5 的化学物质来说，并不适合用食物链倍增系数来推导生物富集系数。

（3）生物富集系数应以湿重来表示；在生物富集系数确定过程中以干重为基础报告的生物富集系数只有在生物组织中测定或可靠估算出来的转换系数转换为湿重后方可被使用。

（4）除非已经证明整个个体的生物富集系数与可食性组织的生物富集系数相类似，否则生物富集系数应以生物可食性组织浓度为基础。对于某些鱼类和贝类物种，其整个个体均可作为可食性组织。

（5）如果化学物质属于一种微量元素，则生物富集研究中的无机物或有机金属化学物质浓度应高于正常的背景水平并高于受试物种所需的正常营养水平，但是要低于对物种产生影响的水平。由于生物通过选择性累积来满足其自身的营养需求，如果浓度等于或低于正常背景水平，则对水生生物的营养来说是必不可少的无机物或有机金属化学物质的累积有可能被过高估计。

5.6.3.3 确定国家生物累积系数

在使用程序 5 中尽可能多的方法计算出单个生物累积系数后，下一步就是由单个生物累积系数确定每个营养级的国家生物累积系数。国家生物累积系数将用来确定国家 304(a)基准。在由单个生物累积系数确定国家生物累积系数时，应考虑到程序 5 中界定的数据优先等级和数据的不确定性。程序 5 中的数据优先等级为：

使用合理的野外测定的生物累积系数或实验室测定的生物富集系数得出生物累积系数。

由于通过饮食摄入的生物累积及其造成的生物放大作用对于适用程序 5 的化学物质而言通常不是首要关注问题，所以野外测定的生物累积系数和实验室测定的生物富集系数在确定国家生物累积系数的过程中占有同等地位。选择每一营养级的国家生物累积系数时应遵循下列步骤和指南。

（1）计算物种-平均生物累积系数。当一种生物累积系数方法可以获得某一特定物种一个以上合理的野外测定的生物累积系数（或由生物富集系数预测出生物累积系数）时，计算所有合理的单个测定的或由生物富集系数预测出的生物累积系数的几何平均数作为物种-平均生物累积系数。在计算物种-平均生物累积系数时，应当认真审核单个测定的或由生物富集系数预测出的生物累积系数并对生物累积系数值的不确定性进行评价。不应使用高度不确定的生物累积系数。应进一步研究某一特定物种的单个基线生物累积系数间的较大差异（如大于 10 倍），在这种情况下不应使用该特定物种某些或所有的生物累积系数。

有关生物累积系数和生物富集系数值的合理性评价的更多讨论见生物累积技术支持文件。

（2）计算营养级-平均生物累积系数。当一种生物累积系数方法可以获得某一特定营养级一个以上合理的物种-平均基线生物累积系数时，计算此营养级合理的物种-平均基线生物累积系数的几何平均数作为营养级-平均生物累积系数。应当对第 2、第 3、第 4 营养级的营养级-平均生物累积系数进行计算，这是因为有关美国人消耗鱼类和贝类的现有数据显示这些营养级的生物消耗量非常大。

（3）选择每一营养级的最终国家生物累积系数。在使用最佳专业判断选择每一营养级的最终国家生物累积系数时要考虑到：①程序 5 中的数据优先等级；②使用不同的方法推导出来的营养级-平均生物累积系数的相对不确定性。

a．如上所述，野外测定的生物累积系数和实验室测定的生物富集系数在使用程序 5 推导最终国家生物累积系数时具有同等地位。如果由野外测定的生物累积系数和由实验室测定的生物富集系数得出的营养级-平均生物累积系数都是可用的，则应选择使用总不确定性最小的营养级-平均生物累积系数作为最终国家生物累积系数。

b．每一营养级应当按上述步骤执行直到为第 2、第 3、第 4 营养级选择出国家生物累积系数。

5.6.4　应用程序 6 推导生物累积系数

本节为应用图 2-5-1 所示的程序 6 计算无机物和有机金属化学物质的国家生物累积系数提供指导。适合应用程序 6 的化学物质是在水生食物链中可能存在生物放大作用的无机物和有机金属化学物质（见第 5.6.1 节）。甲基汞就是适用程序 6 的有机金属化学物质的一个例子。根据程序 6，可用下列 2 种方法推导国家生物累积系数：

（1）使用合理的野外研究的生物累积系数（即野外测定的生物累积系数）；

（2）使用合理的实验室测定的生物富集系数和食物链倍增系数来预测生物累积系数。

单个生物累积系数应当按照下列指南通过野外测定的生物累积系数或实验室测定的生物富集系数和食物链倍增系数进行确定。

5.6.4.1　确定野外测定的生物累积系数

应按照程序 5 中第 5.6.3.1 节提供的指导方法确定野外测定的生物累积系数。

5.6.4.2　确定实验室测定的生物富集系数

（1）除了下面的特别注明，应根据程序 5 中第 5.6.3.2 节所提供的指导方法由实验室测定的生物富集系数来预测生物累积系数。

（2）由于生物放大作用对于适用程序 6 的化学物质是很重要的，所以生物累积系数应使用食物链倍增系数由实验室测定的生物富集系数预测得出。目前，还没有预测无机物或有机金属化学物质的食物链倍增系数的通用模型。因此，应使用程序 1 中第 5.4.3.1（3）节所描述的野外数据来确定食物链倍增系数。与非离子性有机化学物质不同，无机物或有机金属化学物质的野外推导食物链倍增系数并非基于组织中的脂质标准化浓度。为了计算无机物和有机金属化学物质的食物链倍增系数，组织中的浓度应是可食用组织中一致的湿重或干重浓度。应推导出第 2、第 3、第 4 营养级的食物链倍增系数。

5.6.4.3 确定国家生物累积系数

在使用程序 6 中尽可能多的方法计算出单个生物累积系数后，下一步就是由单个生物累积系数确定每个营养级的国家生物累积系数。国家生物累积系数将用来确定国家 304（a）基准。在由单个生物累积系数确定国家生物累积系数时，应考虑到程序 6 中定义的数据优先等级和数据的不确定性。程序 6 中的数据优先等级为（按优先顺序）：

（1）使用合理的野外测定的生物累积系数作为生物累积系数；

（2）使用合理的实验室测定的生物富集系数和食物链倍增系数来预测生物累积系数。

这一数据优先等级反映了 EPA 对生物累积系数的选择倾向，即野外测定的生物累积系数优先于由实验室测定的生物富集系数和食物链倍增系数预测得出的生物累积系数，这是因为野外测定的生物累积系数是对水生食物链中的生物累积和生物放大作用的直接测定。而由实验室测定的生物富集系数和食物链倍增系数预测得出的生物累积系数通过使用食物链倍增系数对生物放大作用进行间接说明。在确定每一营养级的国家生物累积系数时应遵循下列步骤和指南。

（1）计算物种-平均生物累积系数。当一种生物累积系数方法可以获得一个以上合理的野外测定的生物累积系数或由生物富集系数和食物链倍增系数预测得出生物累积系数时，根据前面程序 5 所述的指导方法计算出物种-平均生物累积系数。

（2）计算营养级-平均生物累积系数。当一种生物累积系数方法可以获得某一特定营养级一个以上合理的物种-平均生物累积系数时，根据程序 5 所述的指导方法计算出营养级-平均生物累积系数。

（3）选择每一营养级的最终国家生物累积系数。在使用最佳专业判断选择每一营养级的最终国家生物累积系数时要考虑到：①程序 6 中的数据优先等级；②使用不同的方法推导出来的营养级-平均生物累积系数的相对不确定性。

a. 当使用 2 种方法得出的营养级-平均生物累积系数对于某一特定营养级均可用时（即野外测定的生物累积系数和由实验室测定的生物富集系数和食物链倍增系数预测得出的生物累积系数），国家生物累积系数通常应当使用程序 6 中的数据优先等级定义的最佳生物累积系数方法选择采用野外测定的生物累积系数。

b. 如果认为使用野外测定的生物累积系数推导出的营养级-平均生物累积系数的不确定性大大高于使用实验室测定的生物富集系数和食物链倍增系数推导出的营养级-平均生物累积系数，则应当使用第二等级的方法（生物富集系数乘以食物链倍增系数）来选择此营养级的国家生物累积系数。

c. 每一营养级应当按上述步骤执行直到为第 2、第 3、第 4 营养级选择出国家生物累积系数。

5.7 参考文献

[1] ASTM（American Society of Testing and Materials）. 1999. Standard practice for conducting bioconcentration tests with fishes and saltwater bivalve molluscs. Designation E 1022 94. In：Annual Book of ASTM standards. Volume 11.05. 333-350.

[2] Barron M. G.. 1990. Bioconcentration：Will water-borne organic chemicals accumulate in aquatic animals？ Environ. Sci. Technol. 24：1612-1618.

[3] Burkhard L. P.，Lukasewycz M.T.. 2000. Some bioaccumulation factors and biota-sediment accumulation factors for polycyclic aromatic hydrocarbons in lake trout. Environ. Toxicol. Chem. 19：1427-1429.

[4] Carr K. H.，Coyle G.T.，Kimerle R.A.. 1997. Bioconcentration of [14C]butyl benzyl phthalate in bluegill sunfish（Lepomis Macrochirus）. Environ. Toxicol. Chem. 16：2200-2203.

[5] Connell D. W.. 1988. Bioaccumulation behavior of persistent organic chemicals with aquatic organisms. Rev. Environ. Contam. Toxicol. 101：117-159.

[6] Connolly J. P.，Pedersen C. G.. 1988. A thermodynamic-based evaluation of organic chemical accumulation in aquatic organisms. Environ. Sci. Technol. 22：99-103.

[7] Cook P. M.，Burkhard L.P.. 1998. Development of bioaccumulation factors for protection of fish and wildlife in the Great Lakes. In：National Sediment Bioaccumulation Conference Proceedings. U.S. Environmental Protection Agency，Office of Water. Washington，DC. EPA 823-R-002.

[8] de Wolf W.，de Bruijn J. H. M.，Seinen W.，et al.. 1992. Influence of biotransformation on the relationship between bioconcentration factors and octanol-water partition coefficients. Environ. Sci. Technol. 26：1197-1201.

[9] Fisk A. T.，Norstrom R.J.，Cymbalisty C.C.，et al.. 1998. Dietary accumulation and depuration of hydrophobic organochlorines：Bioaccumulation parameters and their relationship with the octanol/water partition coefficient. Environ. Toxicol. Chem. 17：951-961.

[10] Gobas F. A. P. C.，McCorquodale J. R.，Haffner G. D.. 1993. Intestinal absorption and biomagnification of organochlorines. Environ. Toxicol. Chem. 12：567-576.

[11] Gobas F. A. P. C.. 1993. A model for predicting the bioaccumulation of hydrophobic organic chemicals in aquatic food-webs：application to Lake Ontario. Ecol. Mod. 69：1-17.

[12] Hudson R. J. M.，Gherini A. S.，Watras C. J.，et al.. 1994. Modeling the biogeochemical cycle of mercury in lakes：the Mercury Cycling Model（MCM）and its application to the MTL Study Lakes，In：Watras C. J.，Huckabee J. W.（eds.），Mercury Pollution：Integration and Synthesis. Lewis Publishers. Boca Raton，FL. 473-523.

[13] Isnard P.，Lambert S.. 1988. Estimating bioconcentration partition coefficients and aqueous solubility. Chemosphere 17：21-34.

[14] Jafvert C. T.. 1990. Sorption of organic acid compounds to sediments：initial model development. Environ. Toxicol. Chem. 9：1259-1268.

[15] Jafvert C. T.，Westall J.C.，Grieder E.，et al.. 1990. Distribution of hydrophobic ionogenic organic compounds between octanol and water：Organic acids. Environ. Sci. Technol. 24：1795-1803.

[16] James M. O.. 1989. Biotransformation and disposition of PAH in aquatic invertebrates，In：U. Varanasi（ed.）. Metabolism of Polycyclic Aromatic Hydrocarbons in the Aquatic Environment. CRC Press，Inc. Boca Raton，FL. 69-92.

[17] Mackay D.. 1982. Correlation of bioconcentration factors. Environ. Sci. Technol. 16：274-278.

[18] Miranda C. L.，Henderson M.C.，Buhler D.R.. 1998. Evaluation of chemicals as inhibitors of trout cytochrome p450s. Toxicol. Appl. Pharmacol. 148：327-244.

[19] Niimi A. J.. 1985. Use of laboratory studies in assessing the behavior of contaminants in fish inhabiting natural ecosystems. Wat. Poll. Res. J. Can. 20：79-88.

[20] Oliver B. G.，Niimi A. J.. 1983. Bioconcentration of chlorobenzenes from water by rainbow trout：Correlations with partition coefficients and environmental residues. Environ. Sci. Technol. 17：287-291.

[21] Oliver B.G.，Niimi A. J.. 1988. Trophodynamic analysis of polychlorinated biphenyl congeners and other chlorinated hydrocarbons in the Lake Ontario ecosystem. Environ. Sci. Technol. 22：388-397.

[22] Randall R. C.，Lee II H.，Ozretich R.J.，et al.. 1991. Evaluation of Selected Lipid Methods for Normalizing Pollutant Bioaccumulation. Environ. Toxicol. Chem. 10：1431-1436.

[23] Randall R. C.，Young D. R.，Lee H.，et al.. 1998. Lipid methodology and pollutant normalization relationships for neutral nonpolar organic pollutants. Environ. Toxicol. Chem. 17：788-791.

[24] Russell R. W.，Gobas F. A. P. C.，Haffner G. D.. 1999. Role of chemical and ecological factors in trophic transfer of organic chemicals in aquatic food webs. Environ. Toxicol. Chem. 18：1250-1257.

[25] Schwarzenbach R. P.，Gschwend P. M.，Imboden D. M.. 1993. Environmental Organic Chemistry. John Wiley and Sons，Inc. New York，NY.

[26] Spacie L. L.. 1994. Interactions of organic pollutants with inorganic solid phases：are they important to bioavailability？ In：Bioavailability：Physical，Chemical and Biological Interactions. Hamelink J. L.，Landrum P. F.，Bergman H. L.，et al..（eds.）. Proceedings of the Thirteenth Pellston Workshop，Pellston，MI. August 17-22，1992. SETAC Special Publication Series. CRC Press，Inc. Boca Raton，FL. 73-82.

[27] Suffet I. H.，Jafvert C. T.，Kukkonen J.，et al... 1994. Synopsis of discussion sessions：influence of particulate and dissolved material on the bioavailability of organic compounds，In：Bioavailability：Physical，Chemical and Biological Interactions. Hamelink J. L.，Landrum P. F.，Bergman H. L.，et al..（Eds.）. Proceedings of the Thirteenth Pellston Workshop，Pellston，MI. August 17-22，1992. SETAC Special Publication Series. CRC Press，Inc. Boca Raton，FL. 93-108.

[28] Swackhamer D. L.，Hites R. A.. 1988. Occurrence and bioaccumulation of organochlorine compounds in fishes from Siskiwit Lake，Isle Royale，Lake Superior. Environ. Sci. Technol. 22：543-548.

[29] Thomann R. V.. 1989. Bioaccumulation model of organic chemical distribution in aquatic food chains. Environ. Sci. Technol. 23：699-707.

[30] USEPA（U.S. Environmental Protection Agency）. 1980. Appendix C–Guidelines and methodology used in the preparation of health effect assessment chapters of the consent decree water criteria documents. Federal Register 45：79347-79357. November 28.

[31] USEPA（U.S. Environmental Protection Agency）. 1991. Technical Support Document for Water Quality-Based Toxics Control. Office of Water. Washington，DC. EPA/505/290/001.

[32] USEPA（U.S. Environmental Protection Agency）. 1993. Assessment and control of bioconcentratable contaminants in surface water. Federal Register 56：13150.

[33] USEPA（U.S. Environmental Protection Agency）. 1995a. Final water quality guidance for the Great Lakes system；Final Rule. Federal Register 60：15366-15425. March 23.

[34] USEPA（U.S. Environmental Protection Agency）. 1995b. Great Lakes Water Quality Initiative Technical Support Document for the Procedure to Determine Bioaccumulation Factors. Office of Water. Washington，DC. EPA/820/B-95/005.

[35] USEPA（U.S. Environmental Protection Agency）. 1996. Ecological Effects Test Guidelines. OPPTS 850.1730 Fish BCF. Public Draft. Office of Prevention，Pesticides and Toxic Substances. Washington，DC. EPA/712/C-96/129. April.

[36] USEPA（U.S. Environmental Protection Agency）. 1997. Revisions to the polychlorinated biphenyl criteria for human health and wildlife for the water quality guidance for the Great Lakes system；Final Rule. Federal Register 62：11723-11731. March 12.

[37] USEPA（U.S. Environmental Protection Agency）. 2000a. Trophic Level and Exposure Analyses for Selected Piscivorous Birds and Mammals. Volume I：Analyses of Species for the Great Lakes. Draft. Office of Water. Washington，DC. August.

[38] USEPA（U.S. Environmental Protection Agency）. 2000b. Trophic Level and Exposure Analyses for Selected Piscivorous Birds and Mammals. Volume II：Analyses of Species in the Conterminous United States. Draft. Office of Water. Washington，DC. August.

[39] USEPA（U.S. Environmental Protection Agency）. 2000c. Trophic Level and Exposure Analyses for Selected Piscivorous Birds and Mammals. Volume III：Appendices. Draft. Office of Water. Washington，DC. August.

[40] USEPA（U.S. Environmental Protection Agency）. 2000d. Technical Basis for the Derivation of Equilibrium Partitioning Sediment Guidelines（ESGs）for the Protection of Benthic Organisms：Nonionic Organics. Office of Science and Technology，Office of Research and Development. Washington，DC. June Draft.

[41] Veith G. D.，DeFoe D. F. L.，Bergstedt B. V.. 1979. Measuring and estimating the bioconcentration factor in fish. J. Fish. Res. Board Can. 36：1040-1045.

第3篇

推导保护人体健康水质基准方法学（2000年）技术支持文件

第1卷：风险评价

1　引言

本文件提供了有关《推导保护人体健康环境水质基准方法学（2000 年）》（USEPA，2000a；以下简称《2000 年人体健康方法学》）中运用的致癌和非致癌风险评价方法的技术支持。

1.1　背景

根据《清洁水法》第 304（a）条款制定的环境水质基准（AWQC）是仅以污染物浓度与环境和人体健康影响之间关系的数据和科学判断为依据的。304（a）基准既没有考虑对经济的影响，也没有考虑达到水环境中化学物质浓度的技术可行性。正如下面所讨论的那样，304（a）基准由各州和授权部落用来制定水质标准，最终为控制污染物排放提供依据。

美国国家环境保护局（EPA）于 1980 年 11 月 28 日在《联邦公报》上公布了《清洁水法》第 307（a）条款中确定的 64 种有毒污染物和污染物类别的环境水质基准文件的可用性（USEPA，1980）。1980 年 11 月《联邦公报》通告（以下简称《1980 年方法学》）也总结了基准文件并详细讨论了推导这些污染物的环境水质基准所采用的方法。按照《清洁水法》第 304（a）（1）条款发布了这 64 种污染物和污染物类别的环境水质基准：

"管理者，……应制定和发布，……（并在其后不断修订）准确反映下列方面最新科学知识的水质基准：①所有对健康和福利可识别影响的类型和程度，包括但不限于，在有污染物存在的任何水体（包括地下水）中的浮游生物、鱼类、贝类、野生动物、植物、海岸线、沙滩、景观和娱乐；②污染物或通过生物、物理、化学过程其副产物的浓度与分布；③污染物对生物群落多样性、生产力和稳定性的影响，包括影响各种类型受纳水体的富营养化速率以及有机和无机沉积速率因素的相关信息。"

《1980 年方法学》提供了两类基本信息：①有关污染物对公众健康和福利、水生生物以及娱乐方面的影响的可用科学数据的讨论；②对水中污染物水平进行浓度定量或定性评价，只要不超标，通常能保证水质满足所指定的水体用途。

1980 年环境水质基准是采用 EPA 制定的用来计算水污染物对水生生物和人体健康影响的指南和方法学推导得出的。该指南和方法学包括污染物对水生生物、非人类哺乳动物以及人类的急性和慢性不利影响的有效、适当数据进行评价的系统性程序。有关该指南和方法学的详细描述见 1980 年 11 月《联邦公报》通告的附录 B（保护水生生物及其用途）和附录 C（保护人体健康）。

1.2 修订《1980 年人体健康方法学》以推导环境水质基准的必要性

1.2.1 自 1980 年以来的科学进展

自 1980 年以来，EPA 风险评价实践在致癌和非致癌风险评价、暴露评价与生物累积评价等领域取得显著的进展。

在致癌风险评价方面，在运用作用模式的信息来支持致癌物质识别和程序选择以描述环境低暴露浓度下的风险特征方面取得了进步。与此相关的是制定了低剂量下量化致癌风险的新程序来替代当前的默认线性多级模型。

在非致癌风险评价方面，EPA 正在致力于运用统计模型（如基准剂量法和分类回归法）来推导参考剂量，以替代传统的无可见有害效应浓度（NOAEL）方法。

在暴露分析方面，有几项新的研究是有关水和鱼类的消耗量。这些暴露研究更为全面地描述了目前国家、地区和特定人群的消耗模式，这在《2000 年人体健康方法学》（USEPA，2000）中有所体现。此外，当只针对一个暴露源设立健康目标时，现在有更多正式的程序可用来说明多源的人体暴露。

在生物累积方面，EPA 已开始运用生物累积系数来反映通过鱼类从所有来源摄取污染物，而不是运用《1980 年方法学》中的生物富集系数所反映的仅从水体中摄取污染物。EPA 还制定了估算生物累积系数值的详细程序和指南。

1.2.2 自 1980 年以来 EPA 风险评价指南的进展

在制定《1980 年方法学》的时候，EPA 还没有制定出正式的致癌或非致癌风险评价指南。自那时起，EPA 发布了几个风险评价指南文件。《致癌物质风险评价指南》于 1986 年发布（USEPA，1986a；以下简称《1986 年致癌指南》），《诱变性风险评价指南》也于 1986 年发布（USEPA，1986b）。1996 年，EPA 发布了《致癌物质风险评价推荐指南》（USEPA，1996a；以下简称《1996 年致癌推荐指南》），其后经广泛的外部审查，于 1999 年 7 月予以修订（USEPA，1999a；以下简称《1999 年致癌指南修订草案》）。在最终指南发布时，它们将替代现行的于 1986 年发布的《致癌物质风险评价指南》。

有关非致癌风险评价，EPA 于 1991 年发布了《发育毒性风险评价指南》（USEPA，1991），并于 1996 年发布了《生殖毒性风险评价指南》（USEPA，1996b）。1998 年，EPA 发布了《神经毒性风险评价指南》终稿（USEPA，1998），1999 年发布了《开展化学混合物健康风险评价指南草案》（USEPA，1999b）。此外，EPA 正在制定累积风险评价框架，农药计划办公室已制定了评价共性机理农药和其他物质累积风险的指南草案。

1.3　本文件的目的

本风险评价技术支持文件提供了有关《2000 年人体健康方法学》中介绍的推导环境水质基准过程中所用到的风险评价的原则和建议的其他技术详情。同时也包括了解释 EPA 采用新的风险评价指南背后的思考过程的解说性案例。例如，有一个案例是如何将《1999 年致癌指南修订草案》的原则应用到一种化学物质（其作用模式被认为是一个有阈值的过程）上[①]。对于非致癌评价，包括了一个如何运用基准剂量法的案例。

《2000 年人体健康方法学》的重点贯穿本文件全文，是制定环境水质基准来保护人体健康。EPA 旨在运用《2000 年人体健康方法学》为其他化学物质制定新的环境水质基准并修订现有的环境水质基准。

需要强调的是，《2000 年人体健康方法学》还旨在通过提供科学有效的多种选择使各州和授权部落考虑当地条件制定它们各自的水质基准，为各州和授权部落制定水质标准提供灵活性。鼓励各州和授权部落运用本方法学来制定它们各自的环境水质基准。《2000 年人体健康方法学》还规定了一些默认系数，EPA 在评价和确定各州和部落水质标准是否与《清洁水法》的要求一致以及在实施联邦法规（40 CFR 131）时将用到这些默认系数。在按照《清洁水法》第 303（c）条款为某个州或部落发布水质标准时，EPA 也将应用这些默认系数来计算 304（a）基准。

1.4　基准公式

推导环境水质基准的下列公式包括了从科学分析、科学政策和风险管理决策角度推导出的毒理学参数。一个凭经验测定、基于科学数值的案例就是动物研究的起始点[表达方式：最低可见有害效应剂量（LOAEL）/无可见有害效应剂量（NOAEL）/10%额外风险剂量的 95%置信下限（LED_{10}）]。当人类数据缺乏时，运用动物效应替代人类效应的决策涉及 EPA（以及其他机构）在有关遵循最佳实践方面所作出的判断。这一决策属于科学政策问题。另一方面，选择将环境水质基准建立在普通人群水消耗量第 90 百分位的保护是一项风险管理决策。在许多情况下，当所有参数被集合在一起时，EPA 通过作为结果的水环境质量基准所提供的总体保护运用最佳判断来选择参数值。该问题在《2000 年人体健康方法学》文件中进行了进一步讨论，包括与本方法学相关的描述风险特征的更多细节，重点放在解释总体风险评价的不确定性方面。

在非致癌和致癌效应基础上推导环境水质基准的通用公式如下：

① 在整个文件中，与采用线性法进行致癌评价有关的“风险水平”一词是指终生致癌风险增量的上限估值。

非致癌效应

$$AWQC = RfD \cdot RSC \cdot \left(\frac{BW}{DI + \sum_{i=2}^{4} (FI_i \cdot BAF_i)} \right) \tag{3-1-1}$$

致癌效应：非线性低剂量外推法

$$AWQC = \frac{POD}{UF} \cdot RSC \cdot \left(\frac{BW}{DI + \sum_{i=2}^{4} (FI_i \cdot BAF_i)} \right) \tag{3-1-2}$$

致癌效应：线性低剂量外推法

$$AWQC = RSD \cdot \left(\frac{BW}{DI + \sum_{i=2}^{4} (FI_i \cdot BAF_i)} \right) \tag{3-1-3}$$

式中：AWQC——环境水质基准，mg/L；

RfD——非致癌效应的参考剂量，mg/（kg·d）；

POD——致癌物质非线性低剂量外推法的起始点，mg/（kg·d），通常为 LOAEL、NOAEL 或 LED_{10}；

UF——致癌物质非线性低剂量外推法的不确定性系数，量纲为 1；

RSD——致癌物质线性低剂量外推法的特定风险剂量（与目标风险如 10^{-6} 相关的剂量），mg/（kg·d）；

RSC——用于解释非水源暴露的相对源贡献率（不适用于致癌物质线性低剂量外推法），可以是一个百分数（相乘），也可以是一个被减数，由多重基准是否与化学物质相关决定；

BW——人体体重（默认值为 70 kg，成人）；

DI——饮用水摄入量（默认值为 2 L/d，成人）；

FI_i——鱼类摄入量（默认值为 0.017 5 kg/d，普通成年人群和垂钓者；0.142 kg/d，以捕鱼为生的渔民）；

BAF_i——生物累积系数，脂质标准化，L/kg。

1.5 参考文献

[1] USEPA（U.S. Environmental Protection Agency）. 1980. Guidelines and methodology used in the preparation of health effect assessment chapters of the consent decree water criteria documents. Federal

Register 45：79347.

[2] USEPA（U.S. Environmental Protection Agency）. 1986a. Guidelines for carcinogen risk assessment. Federal Register 51：33992-34003. September 24.

[3] USEPA（U.S. Environmental Protection Agency）. 1986b. Guidelines for mutagenicity risk assessment. Federal Register 51：34006-34012. September 24.

[4] USEPA（U.S. Environmental Protection Agency）. 1986c. Guidelines for the health risk assessment of chemical mixtures. Federal Register 51：33992-34003. September 24.

[5] USEPA（U.S. Environmental Protection Agency）. 1991. Guidelines for developmental toxicity risk assessment. Federal Register 56：63798-63826.

[6] USEPA（U.S. Environmental Protection Agency）. 1996. Proposed guidelines for carcinogen risk assessment. Federal Register 61：17960.

[7] USEPA（U.S. Environmental Protection Agency）. 1998. Guidelines for neurotoxicity risk assessment. Federal Register 63：26926.

[8] USEPA（U.S. Environmental Protection Agency）. 1999a. 1999 Guidelines for Carcinogen Risk Assessment. Review Draft. Risk Assessment Forum. Washington，DC. EPA/NCEA-F0644. July.

[9] USEPA（U.S. Environmental Protection Agency）. 1999b. Guidance for conducting health risk assessment of chemical mixtures. Federal Register 64：23833.

[10] USEPA（U.S. Environmental Protection Agency）. 2000. Methodology for Deriving Ambient Water Quality Criteria for the Protection of Human Health（2000）. Office of Science and Technology，Office of Water. Washington，DC. EPA-822-B-00-004. August.

2 致癌效应

本章讨论了 EPA 采用的致癌风险评价方法学的现状，该方法学是基于最新科学进展以及 EPA 在该领域的经验之上的。讨论了以下内容：

（1）《1986 年致癌物质风险评价指南》（USEPA，1986；以下简称《1986 年致癌指南》）中有关当前致癌风险评价方法的背景信息；

（2）《致癌物质风险评价指南审查草案》（USEPA，1999a；以下简称《1999 年致癌指南修订草案》）①中推荐的新原则。当最终指南发布时，它们将替代《1986 年致癌指南》，包括其在推导致癌物质环境水质基准方法学中的应用。

① 这是对 1996 年发布的《致癌物质风险评价推荐指南》（USEPA，1996）的修订。

2.1 1986 年 EPA 致癌物质风险评价指南

1986 年，EPA 发布了《致癌物质风险评价指南》(以下简称《1986 年致癌指南》)。该指南依据科学与技术政策办公室的出版物（OSTP，1985），该出版物概述了致癌作用这一领域的知识现状，代表联邦政府阐述了致癌物质风险评价的广义科学原则。

《1986 年致癌指南》制定了分类方案，以描述癌症数据库的性质以及支持化合物的致癌性的证据。该分类方案是建立在国际癌症研究机构（International Agency for Research on Cancer，IARC）当时采用的类似方案之上的。下文对该方案进行了简要描述。更多详细信息可从《1986 年致癌指南》中获得。

根据化学物质对人类致癌的可能性的可用证据，该分类方案利用几个字母-数字组合对化学物质进行分类。

A 组：人类致癌物质；有充分的流行病学研究证据；

B 组：很有可能是人类致癌物质；动物证据充分而人类证据有限；

C 组：可能是人类致癌物质；动物致癌性证据有限而人类数据缺乏；

D 组：无法分类的物质；数据不充分或不存在；

E 组：对人类无致癌性的物质；在至少两个物种的科学研究或流行病学和动物研究中未发现致癌性证据。

B 组包括两个亚组：B1 和 B2。B1 亚组指流行病学研究中致癌性证据有限的化合物；B2 亚组通常指具有充分的动物研究证据，但流行病学研究证据不足或无相关数据的化合物。

《1986 年致癌指南》还包括了定义充分或有限证据的指南。当研究显示有因果关系时，来自人类研究的证据被评定为“充分证据”；当因果关系解释是可信的，但也不能完全排除其他解释时，人类证据被认为是“有限证据”。

当动物研究用来评价致癌性时，“充分”证据包括已被证实会引起下列后果的化合物：

（1）恶性肿瘤或良恶兼性肿瘤发病率上升；

①在多个物种或品系中；②在多个实验中（例如不同的给药途径或采用不同的剂量水平）；③在单个实验中有异常的高发病率、异常部位或肿瘤类型；

（2）发病期早。

对于致癌风险定量评价，《1986 年致癌指南》推荐运用线性多级模型（LMS）作为默认方法，该模型是建立在化学致癌物质会引起 DNA 突变的默认假设之上的。《1986 年致癌指南》同时还提到，根据生物学信息表明作用机制绝不是突变，低剂量外推模型和方法可能比线性多级模型更为适宜。但是，没有给出选择其他方法的指南。因此，在实践中背离线性多级模型程序的情况是极少的。《1986 年致癌指南》根据剂量由身体表面积大小决定这一想法，推荐采用高至 2/3 权重（$BW^{2/3}$）的体重作为物种间的剂量定比系数。

2.2　EPA 致癌物质风险评价指南的修订

1996 年，EPA 发布了《致癌物质风险评价推荐指南》（USEPA，1996；以下简称《1996 年致癌推荐指南》）。EPA 制定了《1999 年致癌指南修订草案》，以回应 1997 年 2 月和 1999 年 1 月 EPA 科学顾问委员会（SAB）对推荐指南的审核。当最终版本发布时，它们将替代《1986 年致癌指南》。这些修订旨在确保 EPA 致癌风险评价方法能够反映出风险评价方法学的最新科学信息与进展。

同时，《1999 年致癌指南修订草案》对应用并扩展《1986 年致癌指南》中的原则进行了讨论。这些原则的产生是来自于过去 15 年来在癌症方面的科学发现以及近年来 EPA 支持对普通人群和诸如儿童等潜在敏感人群的危害和风险进行充分的特征描述的政策。与《1986 年致癌指南》相一致，这些原则纳入了最近正在进行的评价中，例如二噁英的再评价。在最终指南发布之前，描述风险的有关信息既要遵循《1986 年致癌指南》又要遵循《1999 年致癌指南修订草案》。

《1999 年致癌指南修订草案》要求充分利用所有相关信息来表述显示特定危害的环境或条件（如暴露途径、持续时间、模式或量级）。《1999 年致癌指南修订草案》强调对化合物诱导肿瘤的作用模式的理解。作用模式是危害评价的基础，也是剂量-效应评价的基本原理。

《1999 年致癌指南修订草案》的主要原则包括：

（1）危害评价是基于对所有生物学信息的分析，而不仅仅是肿瘤的发现。

（2）强调化合物诱发癌症的作用模式，以降低在描述危害的可能性和确定剂量-效应方式时的不确定性。

（3）《1999 年致癌指南修订草案》强调表述危害所依据的条件（如暴露途径、模式、持续时间和量级）。此外，指南要求进行危害特征描述，将所有相关研究的分析与证据效力陈述相结合，以得出化合物引发肿瘤的作用模式的工作结论。

（4）附有说明的证据效力陈述（在第 2.3.1 节中列出）将替代目前的字母数字分类系统。证据效力陈述总结了致癌性的关键证据，叙述了化合物的作用模式，描述了包括暴露途径在内的危害表达环境特征以及对敏感亚群的不相称影响，推荐了适当的剂量-效应方法，也强调了证据的重要性、缺点和不确定性。

（5）生物学外推模型是量化风险的首选方法。这些模型综合了致癌过程中从高剂量至低剂量的剂量-效应范围中的事件。但是，对于大多数化学物质来说可以预期的是此类模型中所用参数的必要数据是无法获得的。《1999 年致癌指南修订草案》允许使用包括若干默认方法在内的替代定量法。

（6）在不运用生物学模型时，剂量-效应评价过程有两个步骤。第一步是评价观测到的数据以推导起始点，第二步是外推到观测范围以下。除了对肿瘤数据建模外，《1999 年致癌指南修订草案》建议，如果认为其他反应类型是能够提供更多信息反映致癌过程中关键事件的致癌风险方法，则可以加以运用并使其模型化（参见第 2.3.3 节）。

对于第二步外推步骤，提供了三个默认方法：线性法、非线性法和线性与非线性法。动物研究的标准起始点是对应于 10%额外风险相应剂量的 95%下限的有效剂量[①]（LED_{10}）。较低的起始点可用于大规模群体的人类研究。外推法的选择是依据第 2.3.3.2 节所描述的化合物的作用模式的结论。

线性法：线性默认法是指从起始点到原点（零剂量，零额外风险）的直线外推法。

非线性法：非线性默认法首先是确定起始点，进行暴露边界分析而不是估算低剂量影响的可能性。暴露边界分析用于确定起始点与相关暴露剂量（在本方法学中为环境水质基准）之间的适当边界。其目的是提供风险随着暴露降低以及合适的暴露边界而减小的信息。暴露边界分析考虑的因素包括反应性质、观测到的剂量-效应曲线的斜率、与实验动物相比人类的敏感性以及人类敏感性变化的性质和范围。欲了解有关暴露边界分析的更多信息，请参见第 2.3.3.2 节。

线性与非线性法：当不同的作用模式被认为是不同的肿瘤或其他关键事件反应的原因时，两种方法均可使用。

（7）在以动物试验为基础进行评价时，用于计算人类经口等效剂量的方法已经得到优化，包括种间剂量缩放比例的默认假设方面的变化。《1999 年致癌指南修订草案》运用的体重占到了 3/4 权重。

EPA 正在整合致癌与非致癌评价观测范围的建模方法。第 3.6 节简要描述的基准剂量模型法为观测到的反应数据进行建模，从而以标准方法确定两种反应类型的起始点。

在新的致癌指南发布之前，《1986 年致癌指南》与《1999 年致癌指南修订草案》的原则共同发挥作用。《1986 年致癌指南》是综合风险信息系统（IRIS）风险计算的依据，该风险计算曾用于推导现行的环境水质基准。应用《1999 年致癌指南修订草案》的原则进行的每项新评价在作为环境水质基准的依据之前必需经过同行审查。

第 2.3 节描述了应用《1999 年致癌指南修订草案》的原则来推导致癌物质数值环境水

---

① 文献中对定量数据提出了两个反应风险增加的方法：附加风险和额外风险（Crump，1984）。

附加风险被定义为 $P(d)-P(0)$；额外风险被定义为 $[P(d)-P(0)]/[1-P(0)]$，式中 $P(d)$ 是剂量d时反应的概率；$P(0)$ 是零剂量（无暴露）时反应的概率。因此，额外风险是附加风险除以无暴露时不反应的个体比例，即附加风险和额外风险在解释背景反应方面在数量上是不同的。

如果肿瘤的自发性发病率为零（或接近零），则观测到的肿瘤发病率反映了暴露于化学物质下的肿瘤风险。在这种情况下，额外风险和附加风险的估算值是相同的。如果自发性肿瘤的发病率大于零，则由于暴露于特定剂量的化学物质下而生成肿瘤的风险将不再是该剂量本身的肿瘤发病率，而是该剂量经自发性发病率修正后的肿瘤发病率。

附加风险指暴露组中患有肿瘤的个体比例减去对照组中患有肿瘤的个体比例，而额外风险指没有其他反应的反应个体的比例。这一假设是未暴露个体中肿瘤的发生过程与暴露动物中肿瘤的发生过程无关。背景发病率越大，额外风险与附加风险之间的差异就越大。如果对照组中没有肿瘤 $[P(0)=0]$，则额外风险与附加风险之间没有差别。

当背景发病率高时，额外风险为不利影响发生率提供了一个扩展的计量方法，当背景发病率增加时，影响变得更为明显。实际上，当肿瘤的自发性发病率高时，它提供了一个对化学物质的肿瘤反应更为敏感的测量方法。

质基准的方法学。这一有关经修订的致癌物质方法学的讨论主要以定量推导用数字表示的环境水质基准值为重点。重要的是要注意到《1999 年致癌指南修订草案》所概述的致癌风险评价过程并不仅仅局限于定量方面。推导出的致癌物质数值环境水质基准值是基于相应的危害特征描述以及所附风险特征描述信息之上的。

2.3　依据修订的致癌物质风险评价指南推导环境水质基准的方法学描述

在《水质基准方法学草案：人体健康》（USEPA，1998a）及其相关技术支持文件（USEPA，1998b）发布之后，EPA 收到了来自公众的评论。EPA 为此召集了一次包括癌症方法学在内的方法学草案的外部同行审查会。同行审查者和公众都建议 EPA 将致癌风险评价新方法融入环境水质基准方法学中。

推导致癌物质数值环境水质基准的《2000 年人体健康方法学》与《1986 年致癌指南》和《1999 年致癌指南修订草案》所包括的原则保持一致。将《2000 年人体健康方法学》应用到致癌物质的这一讨论主要以推导数值环境水质基准值的定量方面为重点，但也强调了对致癌风险评价过程来说起决定性作用的定性信息的重要性。

本节包括了对证据效力陈述的讨论，描述了与致癌风险评价和特征描述相关的信息。本节还包括对暴露边界的总体考虑与分析框架的讨论。这些主题之后是对推导致癌物质数值环境水质基准值定量方面的讨论。通常认为进行适当的动物试验或人体流行病学研究所得到的数据为推导环境水质基准值奠定了基础。对定量风险估算的讨论集中在下列主题：

（1）剂量估算；

（2）在观测范围内及环境低剂量下描述剂量-效应关系特征；

（3）计算环境水质基准值；

（4）风险特征描述；

（5）毒性当量系数（TEF）和相对潜力估算值的应用。

2.3.1　证据效力陈述

《1999 年致癌指南修订草案》包括以生物学、化学和物理学考虑的总体判断为依据的证据效力陈述。危害评价强调对所有相关信息的分析，而不仅仅是肿瘤的发现。证据效力陈述列出关键证据，包括对肿瘤数据、有关作用模式的信息、对包括敏感亚群在内的人体危害的含义以及剂量-效应评价的讨论。陈述以暴露途径和浓度以及与人类相关性为重点。此外，还包括对数据库优缺点的讨论。

证据效力陈述是以非技术性语言编写的。它提供关键数据和结论以及危害表达的条件。有关潜在人类致癌性的结论是通过暴露途径呈现的。此陈述中包括从本质上区分是否有足够的证据来预测人体危害的简单的可能性描述词（即对人类有致癌性、可能对人类有致癌性、存在有关致癌性的提示性证据但不足以评价对人类的致癌潜力、数据不足以评价人类致癌潜力以及不太可能对人类有致癌性）。因为人们会遇到有关化合物各种各样的数据集，所以不能独立地看待这些描述词。在一定程度上，证据效力陈述的内容旨在为生物学证据以及结论是如何推导出来的提供一个透明的解释。此外，这些描述词不应被视为分类类别（像字母数字系统那样），这样通常会掩盖化学物质彼此间的重要科学差异。新的证据效力陈述还介绍了有关化合物是如何诱导肿瘤以及作用模式与包括敏感亚群在内人类的相关性的结论，并根据对作用模式的理解推荐了一个剂量-效应方法。

2.3.1.1 作用模式：分析的总体考虑与框架

作用模式是对关键事件和过程的描述，从化合物与细胞间的相互作用开始，经过功能性的和解剖学上的变化，到导致癌症的形成。作用“模式”与作用“机理”不同，作用“机理”意味着与作用模式相比对事件进行更为详细的分子学描述。

作用模式的结论用于解决人类与动物肿瘤反应的关联性问题，处理人类之间（如儿童与成人或男人与女人）对预期反应的差异，并以此来确定剂量-效应关系的预期情形。

作用模式分析以物理学、化学和生物学信息为基础，这些信息有助于解释化合物对肿瘤形成产生影响的关键事件[①]。

有许多可能的致癌作用模式，例如诱变、有丝分裂、抑制细胞死亡、与修复细胞增殖有关的细胞毒性以及免疫抑制。在分析作用模式的过程中，要回顾所有的相关研究，并对证据进行综合权衡，列出案例的优点、缺点和不确定性以及可能的替代部位和基本原理。确定数据缺口和需要开展的研究也是评价工作的一个组成部分。

2.3.1.2 假定致癌作用模式的评价框架

本框架旨在作为一个分析工具，以判断可用的数据是否支持假定的化合物致癌作用模式，包括下列 9 个要素：

（1）概述假定的作用模式；

（2）确定关键事件；

（3）关联的强度、一致性和特异性；

（4）剂量-效应关系；

（5）时间关系；

（6）生物学的合理性和一致性；

（7）其他作用模式；

（8）结论；

（9）包括人口亚群在内的人类相关性。

在形成结论的过程中，作用模式的“普遍认可”问题需作为独立同行审查的一部分经过考验，以便 EPA 得到其评价和结论。

① “关键事件”是指凭经验可观测的先兆步骤，即它本身是作用模式的必需要素，或者是这一要素的标志。

2.3.2　经口途径的剂量估算与确定人体等效剂量

剂量-效应评价的一个重要目标就是在可用的数据充分时在靶位运用内部剂量或给付剂量进行测定。这在将动物研究的致癌反应信息外推到人类时尤为重要。一般情况下，在基础的人类研究和动物试验中测定的剂量就是应用剂量，通常以 mg/（kg・d）表示。当采用动物试验数据时，必需对给予的经口剂量值进行调整，以说明动物和人类之间在毒物代谢动力学上的差异，这种差异会影响对靶器官的应用剂量与给付剂量之间的关系，对人体等效剂量进行估算。

在估算人体等效剂量时，《1999 年致癌指南修订草案》推荐在可获得毒物代谢动力学数据时，应该用毒物代谢动力学数据将动物研究中采用的剂量转换为人体等效剂量。但是，在大多数情况下，没有足够的可用数据来进行物种之间的剂量比较。在这种情况下，人体等效剂量的估算是以科学政策默认假设为依据的。过去曾采用标准表面积转换；表面积的替代物是高至 2/3 权重的体重（$BW^{2/3}$）。为了从动物数据推导出人体等效剂量，新的默认程序按体重 3/4 权重（$BW^{3/4}$）的比例规定了一生中的每日应用经口剂量。

使用 $BW^{3/4}$ 调整系数是因为新陈代谢率以及决定剂量分布的生理学过程的大多数速率都是按这种方式标定的。因此，这个系数的基本原理在于生理学过程的速率与体重的比例关系始终倾向于维持在高达 3/4 权重的这一经验观测数据上。根据这一假设，动物研究中的应用经口剂量的“人体等效剂量”可按下列算法得出，式中剂量单位为 mg/（kg・d）：

$$\text{人体等效剂量} = \text{动物剂量} \times \frac{\text{动物体重}}{\text{动物体重}^{3/4}} \times \frac{\text{人体体重}^{3/4}}{\text{人体体重}} \tag{3-2-1}$$

该公式可简化为：

$$\text{人体等效剂量} = \text{动物剂量} \times \left(\frac{\text{动物体重}}{\text{人体体重}}\right)^{1/4} \tag{3-2-2}$$

有关支持 EPA 将标定系数从 $BW^{2/3}$ 变为 $BW^{3/4}$ 的基本原理和数据的更广泛讨论参见 USEPA（1992b）和《1999 年致癌指南修订草案》。

2.3.3　剂量-效应分析

剂量-效应分析是针对动物或人类研究中观测到的剂量与反应程度之间的关系的。当环境暴露在研究观测范围之外时，必需采用外推法。过去的反应观测以对肿瘤的观测作为重点。《1999 年致癌指南修订草案》提议反应也可以包括肿瘤前期或其他与致癌性相关的影响。这些影响可包括：DNA、染色体或其他关键大分子的变化、对生长信号转换的影响、诱导生理学或激素变化、对细胞增殖的影响或其他对致癌过程起作用的影响。非肿瘤影响是指下面讨论中提到的“前期数据”。

有关动物数据的使用、研究结果的表述、剂量-效应分析中所使用的最佳数据的选择的具体指南在《1999 年致癌指南修订草案》中进行了详细讨论。

2.3.3.1 在观测范围内描述剂量-效应关系特征

推导致癌物质环境水质基准过程中的第一个定量组成部分是对观测范围内的剂量-效应进行评价。这一部分的目的是确定低剂量外推的起始点。对观测范围内的评价有 2 个可用的方法：

（1）建立生物学模型；

（2）肿瘤或前期数据的曲线拟合。

如果数据广泛并足以将致癌过程中的特定关键事件与肿瘤形成定量地联系在一起，且评价目的足以证明投入必要的资源是合理的，则生物学模型可用于动物研究或人类研究中观测到的肿瘤和相关反应数据以及观测数据范围以下的外推。建立模型以及估算模型与观测到的特定化合物肿瘤形成的一致性均需要大量的数据。大部分化合物没有足够的数据来运用这些类型的模型。

当缺乏充足的数据来建立生物学模型时，可通过肿瘤或前期数据的曲线拟合程序得到观测范围内的剂量-效应关系。模型应当与观测范围内反应数据的类型相适合（参见网址 http：//www.epa.gov/ncea/bmds.htm）。

《1999 年致癌指南修订草案》不仅要求对可观测范围内的肿瘤数据建模，而且要求对肿瘤形成前期被认为是重要事件的其他反应建模（如 DNA 加合物、细胞增殖、受体结合和激素变化）。这些数据的建模旨在通过对暴露（或剂量）与可观测范围内的肿瘤反应关系的深刻见解，更好地为剂量-效应评价提供信息。如果能够合理地理解化合物的致癌作用模式，则这些非肿瘤反应数据以及前期事件只能在剂量-效应评价中发挥作用。

《1999 年致癌指南修订草案》推荐计算肿瘤或非肿瘤反应预计增长 10%相关的 95%剂量置信下限（LED_{10}）对观测范围内的剂量-效应关系进行定量建模。LED_{10} 的估算值可以用作以下讨论的低剂量外推法的起始点。这个标准起始点（LED_{10}）作为科学决策被采用，以尽可能保持不同案例间的一致性和可比性。它也是非致癌终点的一个合适的比较点。支持使用 LED_{10} 的基本原理是在大部分长期的啮齿类动物研究中，10%的反应正处于或低于区别肿瘤反应有统计学意义的敏感边界，并且处于其他毒性研究的可观测范围之内。下限值的应用考虑了实验差异和样本容量。ED_{10}（中间估算值）也可作为一个参考进行比较，尤其适用于化合物的相对危害/潜力的优先设定排序中。

对于某些数据集而言，选择起始点不是 LED_{10} 或许更为合适。其目的是为了确定剂量-效应曲线最不可靠的部分，以开始剂量-效应评价的第二步——确定外推范围。因此，如果观测到的反应低于 LED_{10}，那么选择较低的点位也许会更好（如 LED_5）。与动物研究相比，由于具有较大的样本容量，人类研究通常更加支持较低的起始点。

当暴露边界分析为非线性剂量-效应法时，起始点可以是 NOAEL。可用的数据类型和评价环境均有助于决定是运用 NOAEL 还是 LOAEL，虽然没有如曲线拟合那样严格和理想，但可能是适用的。如果可获得化合物的若干个关键事件和肿瘤反应的数据集，且它们是连续的影响范围数据的混合，那么一起评价它们的最可行方法通常是 NOAEL/LOAEL 法。

当起始点是从动物数据估算出来时，采用物种间的剂量调整或毒物代谢动力学分析将其调整为人体等效剂量。

观测范围内的人类研究分析是逐个案例进行设计的，这取决于研究的类型以及研究过程中剂量和反应是如何测定的。在有些情况下，分析可能包括对化合物与其他化合物相互影响的考虑。

2.3.3.2　环境低剂量的外推

在大多数情况下，环境水质基准的推导需要评价远低于基础研究中采用的环境暴露浓度下的致癌风险。用各种各样的方法来外推观测到的实验数据范围之外的风险。在《1999 年致癌指南修订草案》中，外推法的选择在很大程度上取决于作用模式。应当注意的是，“作用模式”（MOA）一词是《1999 年致癌指南修订草案》有意选来替代“机理”一词的，以表明采用足以得出合理的工作结论的知识，而不必知道详细过程，而“机理”一词则意味着要知道详细过程。如果生物学模型的参数能够从独立于肿瘤数据之外的数据来源计算得出，则《1999 年致癌指南修订草案》支持选择该模型。预计对于大多数化学物质而言，这类参数的必要数据将是不可获得的。因此，《1999 年致癌指南修订草案》考虑了几种默认外推方法（低剂量线性法、非线性法、线性与非线性法）。

（1）生物学模型法

如果采用生物学模型来描述观测范围内的剂量-效应关系的特征，且模型置信度高，则可用来外推观测数据范围之外的剂量-效应关系。虽然生物学模型既适用于描述观测的剂量-效应关系的特征，也适合于外推至与环境相关的剂量，但预计对于大多数物质而言将没有足够的可用数据来支持该方法。在没有这些数据时，采用默认线性法、非线性法（或暴露边界法）或线性与非线性法。

（2）默认线性外推法

默认线性法替代了作为 EPA 致癌风险评价默认的线性多级模型法。下列结论会导致选择线性剂量-效应评价法：①化学物质有直接的 DNA 诱变活性或其他符合线性的 DNA 影响的迹象；②作用模式分析不支持直接的 DNA 影响，但剂量-效应关系预计将是线性的（如某些受体介导的影响）；③人体暴露或身体负荷高，接近于致癌过程中关键事件的相关剂量（如 2,3,7,8-四氯二苯并-*p*-二噁英）；④没有足够的肿瘤作用模式的信息。

默认线性法的实施程序是由上述起始点的估算开始的。起始点 LED_{10} 反映了到人体等效剂量的种间转换过程以及对短于生命期的实验持续期的其他调整。在大多数情况下，估算环境相关的低暴露下的反应率的外推是由在起始点和原点（即零剂量、零额外风险）之间画一条直线来完成的。这在数学上按下式表示：

$$y = mx + b \tag{3-2-3}$$

$$b = 0$$

式中：y——反应或发病率；

m——直线斜率（致癌潜力系数），$m=\dfrac{\Delta y}{\Delta x}$；

x——剂量；

b——斜率截距。

直线斜率“m”（即 $\Delta y/\Delta x$，低剂量下的预期致癌潜力系数），按下式计算：

$$m=\frac{0.10}{\mathrm{LED}_{10}} \tag{3-2-4}$$

当不采用 LED_{10} 时，可采用直线斜率标准公式：

$$m=\frac{y_2-y_1}{x_2-x_1} \tag{3-2-5}$$

式中：y_2——起始点处的反应率；

y_1——原点（零点）处的反应率；

x_2——起始点处的剂量；

x_1——原点（零点）处的剂量。

由于 y_1 和 x_1 使用原点，公式简化为：

$$m=\frac{y_2}{x_2} \tag{3-2-6}$$

特定目标增量终生致癌风险（范围在 10^{-6}～10^{-4} 内）的特定风险剂量（RSD）按下式计算：

$$\mathrm{RSD}=\frac{\text{目标增量致癌风险}}{m} \tag{3-2-7}$$

式中：RSD——特定风险剂量，mg/（kg・d）；

目标增量致癌风险[①]——范围 10^{-6}～10^{-4} 内的典型值；

m——致癌潜力系数，[mg/（kg・d）]$^{-1}$。

运用特定风险剂量来计算环境水质基准请见第 2.3.4 节环境水质基准计算中的描述。

（3）默认非线性法

正如在《1999 年致癌指南修订草案》中讨论的那样，下列结论会导致选择非线性（暴露边界）剂量-效应评价法：①适用支持非线性的肿瘤作用模式（如某些细胞毒素和激素物质，如干扰激素动态平衡的干扰剂），且化学物质没有显示符合线性的诱变效应；②已证实支持非线性的作用模式，且化学物质具有诱变活性的某些迹象，但经判断没有在肿瘤形成中起到重要作用。

在没有线性证据而有足够的证据支持非线性假设时，适宜采用默认非线性假设。作用

① 1980 年，目标终生致癌风险范围被设定在 10^{-7}～10^{-5}。但是，环境水质基准专题研讨会专家组（USEPA，1992a）和科学咨询委员会都建议 EPA 将风险范围改为 10^{-6}～10^{-4}，以便与《安全饮用水法》保持一致。

模式可能导致剂量-效应关系是非线性的，且反应随剂量下降要比线性快得多，或反应极易受到个体敏感性差异的影响。或者，作用模式可能在理论上有一个阈值（如致癌性可能是毒性或诱导的生理学变化的次级效应，其本身是一个阈值现象）（参见 USEPA，1999a 中附录 C 示例 5 或附录 D 示例 2）。EPA 通常不会试图将可能蕴涵“真正阈值”的作用模式与其他具有非线性剂量-效应关系的作用模式进行区分。除了在有广泛的可用信息的特殊案例中，是不可能从经验上进行区分的。

作为该分析下的科学政策，非线性概率函数不适用于反应数据以定量外推低剂量风险估算值。这是因为不同的模型可得到非常广泛的结果，目前通常没有依据在它们之中作出选择。因此，非线性外推法默认程序进行暴露边界分析以评价有关的暴露水平。

暴露边界被定义为起始点除以相关环境暴露。估算暴露边界的相关环境暴露可能是实际的或预测的暴露水平。估算一个可接受的暴露边界。

如果数据足以推定一个含有斜率显著变化的非线性剂量-效应函数，则暴露边界分析适用。基于致癌过程关键的前期事件，可以估算和考虑类似参考剂量①或参考浓度的数值。

为支持风险管理者对暴露边界的考虑，所有相关危害、剂量-效应和人体暴露信息均需进行特征描述，以提供科学界对剂量（暴露）大幅降低至观测的数据之下所可能发生的现象的当前理解的见解。目的是根据科学输入提供尽可能多的有关随着暴露降低和作用模式恰当而风险减小的信息。

在操作上，暴露边界法有 2 个主要步骤：

①第一步是选择作为“最小影响剂量水平”的起始点。起始点在理想情况下是在各种人群中不会发生肿瘤形成关键事件的剂量，因此代表了实际的“无影响剂量”。如上所述，对于肿瘤发生或前期来说，起始点可以是 LED_{10}②。在有些情况下，运用来自前期的 NOAEL 或 LOAEL 可能也是适宜的。当使用动物数据时，起始点是一个通过种间剂量调整（如上所讨论的那样）或毒物代谢动力学分析得到的人体等效剂量或浓度。②运用暴露边界分析建立环境水质基准的第二步是选择适宜的限值或不确定性系数应用于起始点。这取决于风险评价中提供的暴露边界讨论中的分析。EPA 将会根据 EPA 技术咨询委员会在 1999 年 1 月的审查建议，制定更为具体的暴露边界法指南。指南将会经过同行审查，并作为 EPA 这些指南的实施活动的一部分单独发布。暴露边界分析中要考虑的一般原则和主要元素如下所列：a. 剂量-效应评价中所应用的反应性质，例如不管是一个前期影响还是一个肿瘤反应。肿瘤反应可支持一个更大的暴露边界。b. 在起始点处观测到的剂量-效应关系的斜率

---

① 非致癌毒性的参考剂量（RfD）或参考浓度（RfC）是一个估算值，其不确定性跨度可能为预计终生没有可预见的有害影响的人群（包括敏感亚群在内）每日暴露量的一个数量级。可通过将影响的经验数据除以考虑了种间和种内的变化、所有重要的慢性暴露毒性终点的数据范围以及相对于亚慢性数据而言的慢性数据的可得性等因素的不确定性系数而得出。

② LED_{10} 被用作非肿瘤关键事件或毒性发生数据的标准起始点，以便协调致癌和非致癌毒性评价的曲线拟合程序。由于非肿瘤毒性研究方案中的 NOAEL 范围可能大概是影响水平的 5%～30%，所以采用 10%的影响水平作为标准起始点将满足这些数据集的大部分，而不会偏离观测范围。LED_{10} 可被看作是经改进和统一的 NOAEL 估算值（USEPA，1999a）。

及其不确定性和风险降低与暴露减小有关系。较陡的斜率意味着随着暴露减小风险降低较大。这可支持一个较小的暴露边界。c. 与实验动物相比人类的敏感性。与实验动物相比人类的敏感性如何？要进行这种比较，所有剂量应已经采用毒物代谢动力学模型或默认的种间比例系数转换为人体等效剂量。这些剂量转换反映了物种间的毒物代谢动力学差异，而不是毒物效应动力学差异。与受试动物相比，当信息不足以量化毒物效应动力学的人类敏感性时，这一不确定性在讨论适当的暴露边界时要加以考虑。与非致癌性评价一样，默认假设是最敏感的人要比受试动物更为敏感。根据受试物种对化学物质的敏感性可用数据以及与人类相比的相关终点，暴露边界判断可能需要含有或多或少的保守成分。d. 人类变异性与敏感性的性质及程度。敏感个体作为各种人群的一部分是否有其信息？有关信息将来自人类研究，因为动物研究，特别是那些采用同类动物品系的研究，不能提供人类变异性的相关信息。当信息不足以量化人类敏感性的变异程度时，这一不确定性将在适当的暴露边界的讨论中有所反映（同时参见下文有关人体暴露的讨论）。e. 人体暴露。暴露边界评价也考虑暴露的量级、频率和持续时间。如果暴露于某个特定情景中的人群全部或大部分由需要特别关注的亚群（如儿童）组成，对这一亚群而言证据表明其对化合物的作用模式特别敏感，则其适当的暴露边界将大于普通人群暴露的暴露边界。

考虑到证据效力陈述中介绍的毒性和其他数据以及化学物质风险评价中提供的暴露边界分析，不确定性系数按照逐个案例进行选择①，并附有完整的依据说明。

不确定性系数用于修正最终公式中的起始点。见第 2.3.4 节有关环境水质基准的计算。

（4）线性与非线性法

下列结论可导致选择线性与非线性法来进行剂量-效应评价。需要陈述每种剂量-效应方法的相关支持与信息应用的建议。在有些情况下，一种作用模式的证据可能会比其他作用模式的证据更为有力，允许将重点放在该剂量-效应方法上。在其他情况下，两种作用模式可能是等同的，两种剂量-效应方法均应得到重视。

①单一肿瘤类型的作用模式在剂量-效应曲线的不同部分支持线性和非线性剂量-效应（如 4,4′-二氯甲烷）；②肿瘤的作用模式在高剂量和低剂量时支持不同的方法，如高剂量时为非线性，而低剂量时为线性（如甲醛）；③化合物不与 DNA 反应，且所有看似合理的作用模式均符合非线性，但关键事件不能被完全证实；④不同肿瘤类型的作用模式支持不同的方法，如一个肿瘤类型适用于非线性，而另一个类型由于缺乏作用模式信息而适用于线性（如三氯乙烯）。

2.3.4 环境水质基准计算

2.3.4.1 线性法

下列公式用来计算致癌物的环境水质基准，式中 RSD 是通过线性法获得的。

① 根据 EPA 技术咨询委员会 1999 年的建议，EPA 将制定更为具体的暴露边界法指南。该指南将经过同行审查并作为 EPA 实施《致癌指南最终修订稿》的一部分单独出版。

$$AWQC = RSD \cdot \left(\frac{BW}{DI + FI \cdot BAF} \right) \quad (3\text{-}2\text{-}8)$$

式中：AWQC——环境水质基准，mg/L；

RSD——特定风险剂量，mg/（kg • d)；

BW——人体体重，kg；

DI——饮用水摄入量，L/d；

FI——鱼类摄入量，kg/d；

BAF——生物累积系数，L/kg。

以上显示的环境水质基准计算适用于作为饮用水（和其他用途）水源的水体。

2.3.4.2　非线性法

在使用非线性、暴露边界法的案例中，采用类似的公式来计算环境水质基准。

$$AWQC = \frac{POD}{UF} \cdot RSC \cdot \left(\frac{BW}{DI + FI \cdot BAF} \right) \quad (3\text{-}2\text{-}9)$$

式中：AWQC——环境水质基准，mg/L；

POD——起始点，mg/（kg • d)；

UF——不确定性系数，量纲为 1；

BW——人体体重，kg；

DI——饮用水摄入量，L/d；

FI——鱼类摄入量，kg/d；

BAF——生物累积系数，L/kg；

RSC——相对源贡献（百分数或被减数）。

正如上述线性法所指出的那样，以上显示的环境水质基准计算适用于作为饮用水（和其他用途）水源的水体。

采用线性法与非线性法得到的环境水质基准值的差异在于，使用默认线性法得到的环境水质基准值与 10^{-6}～10^{-4} 范围内的特定预期增量终生致癌风险水平相当；相反，使用非线性法得到的环境水质基准值没有描述或暗示特定致癌风险。

实际选用的环境水质基准是基于对所有相关信息（包括致癌性、非致癌性、生态学和其他关键数据）的审查。如果从致癌分析中获得的数值不如从非致癌终点推导得出的数值更具有保护性，那么环境水质基准可能不会利用从致癌分析中获得的数值。

2.3.5　风险特征描述

风险特征描述信息附有数值性的环境水质基准数值，说明由数据的可用性以及对致癌发生过程认知的现有水平所作评价的主要优缺点。在危害评价和剂量-效应分析（包括所采用的低剂量外推法）方面讨论与置信度有关的关键问题。

当有关致癌性证据效力或剂量-效应特征描述的多个解释得到支持，并难以在它们中间作出选择时，要提供可供选择的观点以及环境水质基准值推导过程中选择的解释的理由。尽可能提供数据的定量不确定性分析；至少应对重要的不确定性进行定性讨论。

风险特征描述的重要特征包括重大的科学问题、重大的科学以及当存在可供选择的数据解释时作出的科学政策选择、数据的限制和知识的现状。概述对危害、剂量-效应和暴露的评价，以得出相关暴露情景的风险估算值。

《1999 年致癌指南修订草案》包括有关进行风险特征描述总结和分析的更多详细指南。

2.3.6 毒性当量系数和相对潜力估算值的应用

《1999 年致癌指南修订草案》指出：

“毒性当量系数程序是一个用来定量推导化合物的剂量-效应估算值的程序。毒性当量系数以共有特征为基础，在没有足够的致癌生物试验数据时，可以利用这些特征对同类中的化合物进行致癌潜力排序。排序是以被充分研究过的同类中的化合物的特征和潜力作为参照。同类中的其他化合物根据参照化合物的一个或多个共有特征所得出的指数生成它们自己的毒性当量系数。”

此外，《1999 年致癌指南修订草案》指出，毒性当量系数的产生与应用只限于在无法获得更有力数据的情况下，对环境介质中的化合物或混合物进行评价。当该化合物有更好的数据可用时，毒性当量系数应当被替代或修正。迄今为止，仅发现二苯并呋喃（二噁英）和共面的多氯联苯有足够的数据来支持毒性当量系数的应用（USEPA，1989，1999b）。

使用该方法时，必需对与毒性当量系数相关的不确定性进行讨论。当无法获得混合物中单个组分的肿瘤数据时，这是一个可用的默认方法。相对潜力系数（RPF）同样可被推导出，并可应用于具有致癌性或其他支持性数据的化合物。相对潜力系数和毒性当量系数在概念上有相似性，但却有着不同级别的数据作为支持。毒性当量系数和相对潜力系数仅在没有更好的替代方法时使用。使用时，必需讨论与它们相关的不确定性。迄今为止，只有三类化合物的相对潜力方法通过 EPA 审查：二噁英、多氯联苯和多环芳烃。毒性当量系数和相对潜力系数方法的应用都有局限性，应谨慎使用。更多指南见《开展化学混合物健康风险评价指南草案》（USEPA，1999b）。

2.4 案例研究（化合物 Z，一种啮齿类动物膀胱致癌物质）

本节以一种啮齿类动物膀胱致癌物质（化合物 Z）为例来说明非线性法（暴露边界法）的应用。下面对数据集进行了简要汇总，得出有关证据效力的结论：“可能是/不可能是人类致癌物质”——剂量范围有限，暴露边界外推。欲了解该化学物质的危害评价和作用模式评价的更多详情，请分别参见附录 A 和附录 B，它们是从《1999 年致癌指南修订草案》的案例研究中选择出来的。采用默认线性法和线性多级模型法得出环境水质基准仅为比较之目的而被包括在内，而不是用于描述化合物 Z 的特征。

2.4.1 化合物 Z 的背景和评价

化合物 Z 是一种在多个物种的急性、亚慢性、慢性、生殖、诱变和致癌试验中经受过测试的金属有机膦酸酯。仅在大鼠研究中观测到了肿瘤。没有可用的人类数据。根据下列对该化合物的毒性、机理、代谢和其他数据的汇总审查，得出的结论为非线性法是最适合的根据致癌性确定环境水质基准的方法（更多详情参见附录 A 和附录 B）。

化合物 Z 的终生致癌生物试验发现雄性大鼠饮食中剂量为 1 500 mg/（kg・d）或更高时发生膀胱肿瘤和增生。在剂量为 100 mg/（kg・d）和 400 mg/（kg・d）时，没有观测到这些影响。在为期 90 d 的评价肿瘤诱导机理的研究中，确认下列相关情形是大鼠膀胱肿瘤形成的关键环节：

（1）大剂量的化合物 Z 导致尿液中的钙/钾失衡；

（2）多尿，尿液的 pH 值急剧下降，形成尿结石；

（3）在肾盂、输尿管和膀胱上出现移行细胞增生。

这些影响在暴露开始后 2 周内发生，一直持续到暴露结束，在为期 90 d 的暴露停止后可以逆转。

化合物 Z 引起的病理活动是由于膀胱长期受到暴露而反应形成的结石的机械刺激。雄性大鼠在较高的不低于亚慢性剂量下，化合物 Z 导致血磷浓度升高；身体通过向尿液中释放过量的钙来作出反应。钙和磷在尿液中结合，在膀胱中沉淀为多个石粒。石粒对膀胱有很强的刺激性；膀胱内膜被侵蚀；细胞增殖发生，以弥补内膜的损耗。这会导致增生的形成，随后会形成肿瘤。膀胱细胞增殖速度长期增加已被认为是诱导膀胱肿瘤的一个重要步骤（Cohen and Ellwein，1990，1991）。因此，由于暴露于化合物 Z 所形成的尿结石与细胞增殖、增生和随后的癌症诱发之间的联系被认为是一种作用模式，在审查所有相关数据后，可能会证明使用暴露边界法等非线性法是合理的。

该化合物的单独成分（即金属和有机膦酸酯成分）的影响研究没有发现膀胱致癌性证据。在动物的代谢研究中，从母体分子上分离的金属成分在很大程度上没有被胃肠道吸收。

通过一系列致突变试验对化合物 Z 进行了评价，突变性试验均得出阴性结果；对化学结构的审查也未表明具有潜在的遗传毒性。化合物 Z 的代谢物在致突变试验中也是阴性结果，没有发现任何致癌性证据。化合物 Z 的遗传毒性阴性结果以及结构上相关的化合物为运用暴露边界法等非线性法来建立环境水质基准提供了进一步的支持。

2.4.2 暴露边界法对化合物 Z 的结论与应用

化合物 Z 是一种金属脂肪族膦酸酯，仅在经口和吸入暴露的高暴露条件下导致膀胱结石形成才可能对人类有致癌性，但在低暴露条件下可能是不会致癌的。它不可能通过皮肤途径对人类致癌，因为该化合物是一种易于离子化的金属共轭物，不会被皮肤吸收。证据效力依据：①膀胱肿瘤仅发生于高暴露下的雄性大鼠中；②在大鼠或小鼠的其他部位没有肿瘤；③在高暴露而不是低暴露下的雄性大鼠中形成含有钙磷的膀胱结石，膀胱结石侵蚀膀胱上皮细胞，导致细胞增殖严重增加，从而导致癌症；④没有致癌结构类似物或诱变活性。

化合物 Z 的高剂量需要一个强有力的作用模式为依据，此模式会导致尿液中钙过量并使酸度增加，造成膀胱结石沉淀以及随后的细胞增殖和肿瘤潜在危险的增加。低剂量不能扰乱尿液组分、形成结石、产生毒性或形成肿瘤。因此，剂量-效应评价应假定为非线性。

一个主要的不确定性是化合物 Z 的深刻影响是否只对大鼠有效。即使化合物 Z 在人体内形成结石，也只有有限的证据表明患有膀胱结石的人会发生癌症。

在导致肿瘤的病理学过程中，增生是早期的一个关键步骤，增生被选为前期影响，作为采用暴露边界法计算环境水质基准的依据。化合物 Z 在大鼠终生研究中的增生发生率数据是可以得到的。利用来自同一大鼠终生研究的肿瘤数据，采用默认线性法和线性多级模型法计算环境水质基准以便进行比较。所有三种方法采用的数据汇总见表 3-2-1。

2.4.2.1 确定化合物 Z 的起始点

为暴露边界计算所选择的起始点是 400 mg/（kg・d），这是不会产生可观测到的增生效应的最大动物剂量（表 3-2-1 中所示的 NOAEL）①。研究发现雄性大鼠比雌性大鼠更为敏感，雄性大鼠的增生结果用来计算环境水质基准。NOAEL 的人体等效剂量 106.4 mg/（kg・d）是采用体重高至 3/4 权重[如式（3-2-1）所示]的新比例系数计算得出的。

表 3-2-1 雄性大鼠终生暴露于化合物 Z 的研究结果

动物剂量/[mg/（kg・d）]（人体等效剂量）	组数	反应组数	
		肿瘤（乳头状瘤和癌症同时出现）	增生
0	73	3	5
400（$BW^{3/4}$ = 106.4）[a]（$BW^{2/3}$ = 68.4）[b]	78	2	5
1 500（$BW^{3/4}$ = 398.9）[a]（$BW^{2/3}$ = 256.5）[b]	78	21*	29*

a （BW）$^{3/4}$ 是以《1999 年致癌指南修订草案》为依据的。

b （BW）$^{2/3}$ 是以《1986 年致癌指南》为依据的，本节中与线性多级模型法一起使用以便比较。

* 与对照组相比，给药组中的肿瘤发生率和增生均有统计学意义上的显著增加（$p<0.05$）。

2.4.2.2 影响化合物 Z 不确定性系数选择的要点讨论

（1）反应的性质：用于剂量-效应评价的反应是增生，它是一个前期影响。因此，仅需要一个较小的不确定性系数。

① 这是基于大鼠从 mg/kg 至 mg/（kg·d）的饮食转换系数 0.05 得出的。

（2）剂量-效应关系的斜率：可用的数据表明在起始点处[400 mg/（kg・d）动物剂量]的斜率较陡。这意味着风险随着剂量降低而快速下降，不确定性系数较小。

（3）种内差异：人群对外源化合物的反应有差异，这可能由许多因素造成，包括健康状况、饮食、年龄和基因组成。对化合物 Z 的研究没有发现对化合物 Z 的致癌效应特别是易受影响的亚群所共有的健康或基因条件，也没有发现有异常高或异常低的种内差异。

（4）种间差异：由于动物和人类的生理学和新陈代谢不同，对化合物的反应可能有很大的差异。对人类案例研究和流行病学研究的审查表明，人类对膀胱刺激、结石形成和后续的肿瘤形成的影响的敏感性可能要大大低于雄性啮齿类动物。这意味着种间差异的不确定性系数较小。

（5）人体暴露：该暴露情景是慢性的，因此没有必要应用一个附加的不确定性系数。

在综合考虑了所有问题之后，对暴露的安全边界或不确定性系数作出决定。不确定性系数的大小是一个政策问题，考虑风险评价中提供的证据效力和暴露边界分析，逐个案例进行选择①。

总而言之，暴露边界计算中所用的总不确定性系数为 30。不确定性系数的选择是基于对以上讨论的所有因素的考虑之上的，例如种内差异（10）、种间差异（此处用 3 来说明毒物代谢动力学差异，高至 3/4 权重的体重比例系数已被用于调整毒物代谢动力学差异）。此外，该化学物质的数据库非常广泛，见附录 B 中的详细描述（选自《1999 年致癌指南修订草案》中的案例研究）。另外，用于定量的关键研究的持续时间是漫长的。因此，系数 30 被认为是足以保护人体健康的。剂量低于起始点时，风险可能会大大降低。雄性大鼠是一个非常敏感的模型（小鼠无反应）。生理学现象可能如剂量-效应曲线所显示的那样会随着剂量骤降。此外，膀胱结石和随后的肿瘤形成不是人类的一个普遍现象。

2.4.2.3　化合物 Z 的环境水质基准计算

用第 2.3.4.2 节中所示式（3-2-9）来计算化合物 Z 的环境水质基准。

$$\mathrm{AWQC}=\frac{\mathrm{POD}}{\mathrm{UF}}\bullet\left(\frac{\mathrm{BW}}{\mathrm{DI}+(\mathrm{FI}\bullet\mathrm{BAF})}\right)\bullet\mathrm{RSC} \tag{3-2-9}$$

采用下列输入参数：

POD——起始点，106.4 mg/（kg・d）（NOAEL）；

UF　不确定性系数，30；

BW——成人体重，70 kg；

DI——饮用水摄入量，2 L/d；

FI——鱼类摄入量，0.0175 kg/d；

BAF——假设的生物累积系数，300 L/kg；

RSC——相对源贡献率（假设为 20%）。

---

① EPA 将提供暴露边界法的具体指南。该指南将经过同行审查，并作为 EPA《致癌指南修订草案》实施活动的一部分单独出版。

该计算得出的环境水质基准为 6.7 mg/L。上述计算中所用的体重、水摄入量、鱼类摄入量、相对源贡献率百分比值均为现行的成人默认值。生物累积系数描述了化合物 Z 从水中通过食物链到鱼类组织中的累积，生物累积系数在该案例研究中是随意选择的。

以上所示环境水质基准的计算适用于作为饮用水（和其他用途）水源的水体。

2.4.3 默认线性法对化合物 Z 的应用

本节的目的是阐明依据致癌性应用默认线性法来推导环境水质基准，并将得到的环境水质基准与采用暴露边界法得到的数值进行比较。正如第 2.4.1 节所讨论的那样，重要的是要注意考虑到该物质的危害特征，默认线性法实际上是最不可能被推荐作为定量风险和推导化合物 Z 的环境水质基准的方法。

2.4.3.1 计算化合物 Z 的人体等效剂量

研究中采用的剂量经过了调整，以得到人体等效剂量，如表 3-2-1 所示。在缺乏毒物代谢动力学数据时，这是采用 $BW^{3/4}$ 的比例系数、雄性大鼠重量为 0.35 kg、人体体重为 70 kg 得到的[如式（3-2-1）所示]。

2.4.3.2 计算化合物 Z 的环境水质基准

为了描述观测范围内肿瘤发病率数据的剂量-效应，可采用曲线拟合模型，如适合数据的多级法或其他方法。对于化合物 Z 而言，多级模型（GLOBAL86）中采用了 3 个数据点[剂量为 0 mg/（kg • d）、400 mg/（kg • d）和 1 500 mg/（kg • d）]来计算 LED_{10}（10%额外风险剂量的 95%置信下限）。得到的 LED_{10} 值为 204 mg/（kg • d）。

采用式（3-2-4），将 0.10 除以 LED_{10} 计算致癌斜率系数（*m*）：

$$m = \frac{0.10}{LED_{10}} \qquad (3\text{-}2\text{-}4)$$

由此得出估算的致癌斜率系数 4.9×10^{-4}[mg/（kg • d）]$^{-1}$。致癌斜率系数随后与特定风险水平（本例中为 10^{-6}）一起用于式（3-2-7）中来计算 RSD。

$$RSD = \frac{\text{目标增量致癌风险}}{m} \qquad (3\text{-}2\text{-}7)$$

由此得出 RSD 为 2.0×10^{-3} mg/（kg • d）。

RSD 和暴露边界法中所采用的相同的输入参数（体重、饮用水摄入量、鱼类摄入量和生物累积系数）一起用于式（3-2-8）中：

$$AWQC = RSD \cdot \left(\frac{BW}{DI + FI \cdot BAF}\right) \qquad (3\text{-}2\text{-}8)$$

由此得出目标风险 10^{-6} 的环境水质基准为 0.019 mg/L（由 0.018 9 mg/L 四舍五入得到）。

2.4.4　线性多级模型法对化合物 Z 的应用

本节旨在对推导致癌物环境水质基准的暴露边界法与传统的线性多级模型法的应用进行比较。正如以上讨论的那样，考虑到该物质的危害特征，线性多级模型法实际上将不会被用于定量风险和推导化合物 Z 的环境水质基准。

首先，线性多级模型法用于运行计算机程序 GLOBAL86 来拟合表 3-2-1 中列出的雄性大鼠肿瘤数据。该程序计算低剂量范围内线性斜率第 95 百分位的置信上限（即 q_1*）。人体等效剂量采用 $BW^{2/3}$ 种间剂量比例系数计算得出，以验证应用 1980 年方法获得的结果。采用该比例系数得到的人体等效剂量列在表 3-2-1 中（同样的数据集，采用不同的定标剂量，运用了新的线性法和线性多级模型法）。采用线性多级模型法得到的 q_1*值为 6×10^{-4}[mg/（kg・d）]$^{-1}$。

式（3-2-7）与参考增量致癌风险 10^{-6} 一起用于计算出 RSD 为 1.7×10^{-3} mg/（kg・d）。式（3-2-8）随后与暴露边界法中所采用的相同的输入参数（体重、饮用水摄入量、鱼类摄入量和生物累积系数）一起计算环境水质基准。计算得出的环境水质基准为 0.016 mg/L，是由 0.015 7 mg/L 四舍五入得来。

2.4.5　有关化合物 Z 的方法和结果的比较

对化合物 Z 采用的三种方法的结果汇总在表 3-2-2 中。采用暴露边界法计算得出的环境水质基准要明显高于采用默认线性法和线性多级模型法得出的基准值。如果在暴露边界计算中采用较大或较小的不确定性系数，则采用暴露边界法得到的环境水质基准也会相应地减小或增大。根据数据集的性质的不同以及暴露边界法中选用的不确定性系数和起始点，采用不同的方法推导出的环境水质基准之间的定量关系也会有所变化。

表 3-2-2　用暴露边界法、默认线性法和线性多级模型法得出化合物 Z 的环境水质基准的比较

方　　法	环境水质基准/（mg/L）
暴露边界法：采用增生作为确定起始点的前期，不确定性系数为 30	6.7
默认线性法：采用线性外推法——从 LED_{10} 到原点画一条直线，目标风险水平 10^{-6}，种间比例系数基于 $BW^{3/4}$	0.019
线性多级模型法：采用线性多级法，风险水平 10^{-6}，种间比例系数基于 $BW^{2/3}$	0.016

2.5　参考文献

[1]　Barnes D. G.，Daston G. P.，Evans J. S.，et al. 1995. Benchmark dose workshop：criteria for use of a benchmark dose to estimate a reference dose. Regul. Toxicol. Pharmacol. 21：296-306.

[2]　Chen C. W.，Oberdorster G.. 1996. Selection of models for assessing dose-response relationship for

particle-induced lung cancer. Inhalation Toxicol. 8：259-278.

[3] Cohen S. W.，Ellwein L. B.. 1990. Cell proliferation in carcinogenesis. Science 249：1007-1011.

[4] Cohen S. W.，Ellwein L. B.. 1991. Genetic errors，cell proliferation and carcinogenesis. Cancer Res. 51：6493-6505.

[5] Crump K.. 1984. A new method for determining allowable daily intakes. Fund. Appl. Toxicol. 4：854-891.

[6] OSTP(Office of Science and Technology Policy). 1985. Chemical carcinogens：Review of the science and its associated principles. Federal Register 50：10372-10442.

[7] USEPA（U.S. Environmental Protection Agency）. 1986. Guidelines for carcinogen risk assessment. Federal Register 51：33992-34003.

[8] USEPA（U.S. Environmental Protection Agency）. 1989. Interim Procedures for Estimating Risks Associated with Exposures to Mixtures of Chlorinated Dibenzo-*p*-dioxins and Dibenzofurans（CDDs and CDFs）and 1989 Update. Risk Assessment Forum. Washington，DC. EPA/625/3-89/016.

[9] USEPA（U.S. Environmental Protection Agency）. 1991. Workshop Report on Toxicity Equivalency Factors for Polychlorinated Biphenyl Congeners. Risk Assessment Forum. Washington，DC. EPA/625/3-91/020.

[10] USEPA(U.S. Environmental Protection Agency). 1992a. Report of the National Workshop on Revision of the Methods for Deriving National Ambient Water Quality Criteria for the Protection of Human Health. Office of Water. Washington，DC.

[11] USEPA（U.S. Environmental Protection Agency）. 1992b. Draft report：A cross-species scaling factor for carcinogen risk assessment based on equivalence of mg/kg$^{3/4}$/day. Federal Register 57：24152-24173.

[12] USEPA（U.S. Environmental Protection Agency）. 1996. Proposed Guidelines for Carcinogen Risk Assessment. Office of Research and Development. Washington，DC. EPA/600/P92/003C.（Federal Register 61：17960）

[13] USEPA（U.S. Environmental Protection Agency）. 1998a. Draft Water Quality Criteria Methodology：Human Health. Federal Register Notice. Office of Water. Washington，DC. EPA-822-Z-98-001.

[14] USEPA（U.S. Environmental Protection Agency）. 1998b. Ambient Water Quality Criteria Derivation Methodology - Human Health. Technical Support Document. Final Draft. Office of Water. Washington，DC. EPA.

[15] USEPA（U.S. Environmental Protection Agency）. 1999a. Guidelines for Carcinogen Risk Assessment. Review Draft. Risk Assessment Forum. Washington，DC. NCEA-F-0644. July.

[16] USEPA（U.S. Environmental Protection Agency）. 1999b. Draft guidance for conducting health risk assessment of chemical mixtures. Federal Register 64：23833-23834.

3　非致癌效应

3.1　引言

非致癌化学物质的风险评价传统上是基于非致癌物质低于某个剂量或浓度将不会发生任何不利影响的这一假设之上的。EPA 为非致癌物质建立的风险估算值为参考剂量（RfD）。综合风险信息系统（IRIS）的背景文件标题为《参考剂量（RfD）：在健康风险评价中的描述与应用》（USEPA，1988；以下简称《1988 年 RfD 背景文件》）将参考剂量定义为“可能终生都没有可察觉的有害影响风险的人群（包括敏感亚群）每日暴露量的估算值（不确定性跨度大约为一个数量级）”。参考剂量是一个公认的估算值，因此，可能不会完全保护一个高度变化的种群中的每个个体；相反，高于参考剂量的暴露不一定是不安全的。有些个体可能比其他个体有更好的适应能力或保护能力，反应可能会随着年龄和健康状态的不同而有所不同，因此，个体对有毒物质暴露的反应是有所不同的（Barnes and Dourson，1988）。

推导水质基准以保护人体健康免受非致癌效应的危害的关键步骤是确定参考剂量。正如在第 1 章中描述的那样，参考剂量与有关该物质暴露和生物累积潜力的其他信息一起运用以推导非致癌效应的环境水质基准。本章包括 EPA《1988 年 RfD 背景文件》中介绍的采用试验得出的 NOAEL/LOAEL 法以推导参考剂量的程序。EPA 同时也在调研估算参考剂量的其他可供选择的方法。因此，本指南文件含有两个可供选择的方法的信息：基准剂量（BMD）法和分类回归法。EPA 继续开展有关这两种方法在非致癌风险评价过程中的应用研究，并推荐在数据充分的情况下应用这两种方法。EPA 采用基准剂量法推导甲基汞的参考剂量，参见《甲基汞经口暴露参考剂量（RfD）》（USEPA，1994a）。

本章先讨论了危害识别和剂量-效应特征描述，然后描述了选择用于风险评价的关键数据集所要考虑的因素。作为 EPA 采用并认可的当前风险评价实践，对运用传统的 NOAEL/LOAEL 法来推导一种物质的参考剂量的程序进行了介绍。接着讨论了用基准剂量法来推导参考剂量，并提供了一个应用案例以供说明。也包括对分类回归法的简短讨论及相关的参考文献。本章议定了几个与非致癌风险评价相关的问题，包括实际的无阈值效应以及来自短期暴露和混合物的风险。

虽然本指南旨在提供充足的信息来运用推导参考剂量的方法，但本文件并没有详述所有相关问题以及与这些方法相关的基础理论。欲了解更多信息，读者可参见参考文献清单中所引用的文献来源（特别是 USEPA，1988；Crump et al.，1995；Hertzberg and Miller，1985）。

3.2 危害识别

风险评价的第一步是对描述化学物质暴露相关的健康影响特征的可用数据进行审查，为危害识别作准备。《1988年RfD背景文件》概述了选择据此进行非致癌健康影响危害识别的数据所需考虑的事项①。评价人员应准备一份描述暴露性质、观测到的影响类型和严重性以及数据的质量与人类相关性等的危害识别文件。开展恰当的人体研究被认为是最适合于建立暴露于一种化合物与不利影响表现之间的联系的。在没有足够的人体数据时，EPA主要依赖于动物研究。在这种情况下，原理研究是从对实验室哺乳动物，最常见的是大鼠、小鼠、家兔、豚鼠、狗、猴子或仓鼠开展的实验中得出的。设计良好的动物研究有利于控制化学物质的暴露和明确的毒理学分析。支持性证据提供了剂量-效应评价的其他信息，可能来自很多来源，如新陈代谢和药物代谢动力学研究。体外研究很少提供决定性的危害识别数据，但它们通常可提供化合物可能对人体产生毒性的见解。

对危害识别来说重要的是要对观测到的影响的生物学与统计学意义加以考虑。确定一种影响是否是不利的需要专业判断。一般而言，不利的健康影响被认为是那些正在或可能使得有机体的正常功能变得衰弱、对有机体的正常功能有损害或有毒的有害影响，包括生殖和发育影响。不利的影响不包括诸如没有组织学或生物化学影响的组织污染或物质代谢中涉及的酶类诱导的这类影响。Hartung 和 Durkin（1986）提出了界定不利影响严重性的指南。EPA 也制定了观测到的影响排序指南（USEPA，1995），并给出了从轻微到严重影响的排序方案。在区分 NOAEL 和 LOAEL 时，将可逆的酶诱导和可逆的亚细胞变化等轻微影响与更为严重的影响区别开来是至关重要的。

评价一种影响的可逆性也是很重要的。可逆性是指一个变化在暴露期间或在暴露之后能否恢复正常或恢复到正常范围内。但是，即使是一种可逆的影响也可能对生物是不利的。在进行危害识别的过程中，应将不可逆的影响与不太严重但仍不利的可逆变化区分开来。

应在危害识别过程中讨论毒性试验的暴露条件，包括暴露途径（如吸入与摄入）、来源（如水与食物）、持续时间等。危害识别也应当包括对研究质量的评价。影响研究质量的要素包括研究方案的合理性、数据分析的充分性、所研究化合物的特征描述、所用的实验生物种类、每一研究组的个体数、研究组数、剂量间隔、记录的观测结果类型、动物的性别和年龄、暴露的途径和持续时间等（USEPA，1988）。

危害识别应通过对证据效力的讨论得出结论。一般情况下，讨论应审查不同研究的结果，得出化学物质毒性的总体情况。对人类可能有毒的证据可由不同的物种和不同的调查者的类似结果来支持。一个似乎可能的影响作用机制以及具有类似结构的化学物质的类似毒性活性也可添加到证据效力中。

---

① EPA 还制定了解释发育（USEPA，1991a）和生殖（USEPA，1994b）影响危害识别过程的指南。请参考 EPA 有关这些方面的指南文件。

3.3　剂量-效应评价

剂量-效应评价涉及对毒性数据的评价，以确定统计学上和/或生物学上发生显著影响的剂量，并确定 NOAEL 和/或 LOAEL 值。对影响数据的评价也是为了查看剂量与影响幅度之间是否有定量关系。剂量-效应关系可以是直线、曲线或 U 形的。参考剂量传统上是通过确定临界影响最合适的 NOAEL 来估算的。如果没有确定合适的 NOAEL，则可用 LOAEL 来估算参考剂量。

3.4　选择临界数据

3.4.1　临界研究

理想情况下，非致癌影响的科学数据应包括定量描述随着剂量增加反应的发生率和严重性的特征的足够信息。但是，完整的数据往往是缺乏的。取而代之的是，EPA 将参考剂量的推导建立在一个或一组临界研究得到的 NOAEL 或 LOAEL 之上。选择用于慢性参考剂量推导的临界研究需要对有关研究的质量、不利影响的界定及其发生剂量等方面的专业判断。作为危害识别的一部分，应当评价化学物质的所有相关毒性数据，以支持确定参考剂量。应考虑用代表最佳质量和最适宜数据的研究来界定不利影响及其发生剂量。

在选择用于推导参考剂量的研究时，EPA 推荐了一个可接受数据的分级体系。最可取的是能证实化学物质的定量暴露与人类疾病之间有正相关关系的实施良好的流行病学研究。使用可接受的人体研究避免了种间外推的问题，因此，估算的可信度通常较高。但在目前，只有几种化学物质的人体数据足以用作定量风险评价的依据。最为常见的是，对人体不利的健康影响的结论必需从动物实验得到的毒性信息中推导得出，而人体数据只作为定性的支持性证据。在这种情况下，健康影响数据必需从实施良好的动物研究中获得，并且必需依据与人类相关的站得住脚的生物学理论（如类似的代谢途径）。在缺乏来自更为“相关的”物种的数据时，来自最敏感受试动物（即通过相关暴露途径在最低给药剂量下显示出不利的健康影响的物种）的数据通常应作为临界研究。

在从高质量的毒性试验中选择临界研究时，必需考虑给药途径。化学物质的给药介质也是有关的。例如，在经口暴露途径中，从一个来源（如食物）摄入的化学物质的生物利用率可能与从另一个来源（如水）摄入的化学物质的生物利用率有所不同。通常，毒性数据库不会给出所有可能的给药途径、来源和/或持续时间的有关数据。一般情况下，首选的暴露途径是与环境暴露最为相关的途径。例如，在制定饮用水标准时，EPA 将更多的分量放在实验动物的经口研究上，尤其是那些污染物通过水给予的研究。但是，在没有相关暴露途径和/或来源的数据时，EPA 认为一个暴露途径和/或来源证明的潜在毒性可能与其他暴露途径和/或来源是有关系的。EPA《制定吸入参考剂量的暂行方法》（USEPA，1989）讨论了从途径至途径外推有关的具体问题。包括胃肠道的影响、相关途径的毒物代谢动力学可用数据、各个相关途径的吸收率测定、相关代谢途径相当时各个相关途径的可比性排泄数据以及当数据表明各个相关途径的影响相当时的可比性系统毒性数据等问题。

应优先考虑涉及动物寿命重要部分期间的暴露研究，因为期望的是反映最为相关的环境暴露。较短时间的研究可能会漏掉重要的影响。在所选案例中，不足 90 d 的研究可用于定量，但研究必需具有极高的质量。通常短期试验不得用于除临时性参考剂量或发育参考剂量之外的任何情况。然而，发育效应有时可能是临界效应，可作为参考剂量的基础。发育研究的持续时间通常不足 15 d。

3.4.2 临界数据和终点

在所有被评价物种中均证明没有不利影响的最高测试剂量所代表的实验暴露剂量应当用于基准制定。通过将基准建立在临界毒性效应上，假设所有的毒性效应均可避免（USEPA，1988）。在缺乏这类数据时，应采用最低的 LOAEL 剂量来制定基准，并运用从 LOAEL 至 NOAEL 外推的不确定性系数。当存在两个或两个以上具有相等质量和相关性的研究时，则可使用 NOAEL 或 LOAEL 的几何平均数。

通常一种化学物质可引起多种影响，每种影响均有一个不同的 NOAEL 和 LOAEL。从这些影响中，EPA 选择了一个临界终点。临界终点通常是显示最低的 LOAEL 的影响（USEPA，1988）。

3.5 用 NOAEL/LOAEL 法推导参考剂量

《1988 年 RfD 背景文件》描述了用来推导一种给定化学物质的参考剂量的方法以及选择临界 NOAEL 或 LOAEL 的准则。然后将适当的不确定性系数和修正系数（MF）应用于所选定的终点来推导参考剂量。

推导参考剂量的常规公式如下（USEPA，1988）：

$$\text{RfD}[\text{mg}/(\text{kg}\cdot\text{d})]=\frac{\text{NOAEL}}{\text{UF}\times\text{MF}}\text{或}\frac{\text{LOAEL}}{\text{UF}\times\text{MF}} \quad (3\text{-}3\text{-}1)$$

式中：NOAEL——在受暴露种群与其适当的对照组之间所观测到的不利影响的频率或严重性没有统计学上或生物学上显著增加时的暴露剂量。该剂量可能会产生一些影响，但是它们不被认为是不利的，也不被认为是特定不利影响的前期；

LOAEL——在暴露种群与其适当的对照组之间所观测到的不利影响的频率或严重性有统计学上或生物学上显著增加时的最低实验暴露剂量。如果不能确定 NOAEL，则可使用 LOAEL；

UF——使剂量降低的不确定性系数以解释大多数毒性数据库固有的科学的不确定性的若干方面。标准的不确定性系数用来解释人群内的敏感性差异、从动物研究至人类的外推以及从亚慢性 NOAEL 至慢性 NOAEL 的外推。如果用 LOAEL 来定义参考剂量，则可采用不确定性系数；

MF——采用专业判断确定的修正系数。修正系数规定了没有明确包括在不确定性系数中的不确定性，例如整个数据库的完整性以及受试物种的个数（修正系数值必需大于零，且小于或等于 10；其默认值为 1）。

参考剂量单位通常为 mg/（kg・d）。

3.5.1　选择不确定性系数和修正系数

必需由专家逐个案例进行判断以选择合适的不确定性系数和修正系数，应考虑影响不确定性的可用数据中不确定性的各个适用方面和细微差别。有几个报告描述了不确定性系数的基础依据（Zielhuis and van der Kreek，1979；Dourson and Stara，1983）以及对该领域的研究（Calabrese，1985；Hattis et al.，1987；Hartley and Ohanian，1988；Lewis et al.，1990；Dourson et al.，1992）。

表 3-3-1 中总结的不确定性系数考虑了大部分毒性数据库中固有的科学的不确定性的 5 个方面：人体间的差异性（H）（以考虑人群各个成员之间的敏感性差异）；实验动物至人类的外推（A）；亚慢性至慢性的外推（S）（以考虑从亚慢性 NOAEL（或 LOAEL）至慢性 NOAEL 外推的不确定性）；LOAEL 至 NOAEL 的外推（L）；数据库的完整性（D）（以考虑任何单个研究不能处理所有可能的不利后果）。通常 EPA 对这 5 个方面中的每一项采用的系数为 1、3 或 10，默认值为 10。

表 3-3-1　不确定性系数和修正系数

不确定性系数	定义
UF_H	由长期暴露研究的有效数据外推至普通健康人群时，采用系数 1、3 或 10。此系数用于解释人群个体间的敏感性差异（种内差异）
UF_A	当人体暴露研究结果不可知或不充分，由长期实验动物研究的有效结果进行外推时，采用系数 1、3 或 10。此系数用于解释由动物数据外推至人类的不确定性（种间差异）
UF_S	在缺乏有用的长期人体数据，由亚慢性暴露的实验动物结果进行外推时，采用系数 1、3 或 10。此系数用于解释由亚慢性 NOAEL 外推到慢性 NOAEL 的不确定性
UF_L	由 LOAEL 替代 NOAEL 来推导参考剂量时，采用系数 1、3 或 10。此系数用于解释由 LOAEL 外推到 NOAEL 过程中的不确定性
UF_D	由“不完整”的数据库推导参考剂量时，采用系数 1、3 或 10。化学物质通常会缺乏研究，如生殖研究。此系数用于解释任何单个研究类型都不能考虑到所有的毒性终点。中间系数 3（1/2 lg 单位）常常用于除慢性数据外的单个数据缺失情况。通常称为 UF_D
修正系数 MF	修正系数由专业判断来决定，是一个大于 0 而小于或等于 10 的不确定性系数。修正系数的大小取决于对前面未明确处理的研究和数据库（如受试物种的数量）的科学不确定性的专业评价。修正系数的默认值是 1

注：大家公认的是，每确定一个不确定性系数或修正系数，都必需用到专业的科学判断。

此外，可用修正系数来考虑采用标准的不确定性系数所没有明确考虑的不确定性方面。修正系数值大于 0，且小于或等于 10，但通常应当如同标准的不确定性系数那样运用常用对数（lg10）（即 0.3、1、3、10）。该系数的默认值为 1。

EPA 采用修正系数的推理是标记为 H、A、S、L 或 D 的科学不确定性并不代表估算参考剂量过程中的所有不确定性。例如，一个给药组中的动物数量越少，则越有可能观测不到在某个剂量点上的不利影响，而在一个较大的群体中可能会观测到这个不利影响。这类案例可能会支持修改通常的系数 10——如果一个慢性研究中所用到的动物太少，则不确定性系数 100 可能会增加至 250。虽然这一增加在科学上是合理的，但它引入了两个难题：风险评价人员之间应用的调整可能有所不同；应用的结果精确度可能不能被数据证明是合理的。例如，不确定性系数 250 意味着精确度为 2 位数，在涉及生物学反应的差异时是不合适的。EPA 旨在通过限制修正系数的选项（1、3、10）来避免这些难题。

在实践中，总不确定性系数的大小取决于对所有方面总不确定性的专业判断。当不确定性存在于 1 个、2 个或 3 个方面时，EPA 通常分别采用 10、100 和 1 000 的不确定性系数。当不确定性存在于 4 个方面时，EPA 通常采用不超过 3 000 的不确定性系数。EPA 认为，较弱小的且会导致不确定性系数超出 3 000 的毒性数据库是非常不确定的，不能用作定量依据。在这种情况下，EPA 不估算参考剂量，而是寻找或等待其他毒性数据。对少数化学物质来说，采用了 10 000 的不确定性系数。但是，在这类案例中，风险评价是在当前的最大不确定性系数政策发布之前完成的。

如果现有数据降低或避免了考虑某个不确定性方面的必要性，EPA 偶尔也会采用小于 10 或甚至等于 1 的系数。例如，采用一年期大鼠研究作为参考剂量的依据可能建议采用 3 而不是 10 的系数来考虑从亚慢性至慢性的外推，因为可从经验上证实一年期大鼠的 NOAEL 通常比 3 个月期的 NOAEL 在大小上更接近慢性值（Swartout，1990）。Lewis 等（1990）通过对预期值的分析更加全面地调研了变化的不确定性系数的这一概念。

修改不确定性系数的标准值应遵循总不确定性系数和不确定性系数总精确度为一位数的常规准则。与给定的数据库一起应用的总不确定性系数再次经专家严格地对逐个案例进行判断。应当足够灵活地考虑可能改变系数大小的可用数据的不确定性 5 个方面的各个适用性及任何的细微差别。EPA 在其综合风险信息系统（IRIS）中描述了其对总不确定性系数以及单个的参考剂量的子组成部分的选择。表 3-3-2 介绍了最近通过协商一致过程被综合风险信息系统接收的几种化学物质所采用的不确定性系数案例。由于在选择不确定性系数和修正系数的过程中涉及高度判断，风险评价的正当理由应当包括选择这些系数以及适用于这些系数的数据的详细讨论。

表 3-3-2 来自综合风险信息系统风险评价的不确定性系数和修正系数的案例

化学物质	总不确定性系数	修正系数	理论依据
钡	3	1	参考剂量以来自 2 个设计良好的动物研究得出的 NOAEL 和 LOAEL 所支持的 2 个人体研究得出的 NOAEL 为依据。应用不确定性系数 3 是由于成人和儿童之间有关临界影响（高血压）的差异数据不充分以及可能的发育影响的数据不全面
铍	300	1	参考剂量以来自狗的饮食研究得出的 BMD_{10} 为依据。不确定性系数包括种内和种间差异的 10 倍值以及一个 3 的值以考虑数据库在经口途径、生殖/发育以及免疫效应方面有关人体影响研究的不充分
六价铬	300	3	参考剂量以动物研究得出的 NOAEL 为依据。不确定性系数包括考虑种内和种间差异的 10 倍值以及一个 3 的值以适应原理研究中短于终生的暴露。增加了一个 3 的修正系数是由于考虑到报导的饮用水中大约 20 mg/L 的暴露值会引起人类急性胃肠反应
萘	3 000	1	参考剂量以来自亚慢性动物研究的持续时间经过调整的 NOAEL 为依据。不确定性系数包括种内和种间差异以及亚慢性研究的持续时间而设的 10 倍值。增加了一个 3 倍系数是由于缺少两代生殖的研究

3.5.2 基于 NOAEL/LOAEL 的参考剂量的置信度

如上所述，来自可接受的人体研究的充分数据在可获得时应作为参考剂量的依据。运用优良的流行病学研究通常会得出最可信的参考剂量。在缺少这类数据时，参考剂量可根据实验动物的研究结果进行估算。

EPA 通常认为用于计算非致癌健康影响效应的慢性参考剂量的一个“完整”数据库要包括下列内容：

（1）通过适当途径在不同的物种中开展的 2 个充分的哺乳动物慢性毒性研究，其中一个物种必需是啮齿类动物；

（2）通过适当途径进行的一个充分的哺乳动物多代生殖毒性研究；

（3）通过适当途径在不同的物种中开展的 2 个充分的哺乳动物发育毒性研究。

对于一个“完整的”数据库而言，其他毒性数据可能改变参考剂量的可能性低。因此，EPA 通常相信这样的参考剂量，因为其他毒性数据不太可能改变该值。

EPA 认为一个来自通过适当途径开展良好的哺乳动物亚慢性（90 d）研究的 NOAEL 可作为估算参考剂量的最小数据库。但是，对于这样的数据库而言，其他毒性数据可能改变参考剂量。因此，EPA 通常对这样的参考剂量不是那么相信。

对于某些化学物质而言，急性健康危害就是相关的临界影响。这些应包括污染物在环境浓度下的急性暴露的神经毒性、经口毒性或免疫毒性影响。在这种情况下，一般包括在毒性文献审查中的较长期研究（亚慢性或慢性）可能不能捕捉到临界终点。在此情况下，更主要的重点应放在描述相对于潜在慢性影响的急性阈值的特征上。

发育毒性数据如果是唯一的信息来源，则不被认为是慢性参考剂量估算的充足依据。这是因为这类数据通常是从短期的化学暴露中得出的，因此，在预测来自慢性暴露的可能不利影响的过程中，其相关性是有限的。但是，如果发育毒性终点是来自“完整”数据库确定的临界影响，则可从该数据推导出慢性参考剂量，通常需要应用不确定性系数和修正系数。发育数据是发育参考剂量（refernce dose for developmental effect，RfD_{DT}）[①]的依据。RfD_{DT}一词用来区分发育的参考剂量和慢性暴露情形的参考剂量。发育毒性的不确定性系数包括种间差异的 10 倍系数和种内差异的 10 倍系数；一般情况下，不应用不确定性系数来考虑暴露的持续时间。在有些情况下，由于数据库中存在各种不确定性，所以可能会应用其他系数。例如，发育毒性研究的标准研究设计要求用低剂量来证明 NOAEL，但是可能在有些情况下风险评价必需建立在一个发育毒性的 NOAEL 没有确定的研究结果之上。有关发育毒物风险评价的细节请参见 EPA《发育毒性风险评价最终指南》(USEPA，1991b)。

3.5.3 将参考剂量表示为一个单点或一个范围

虽然参考剂量传统上被表述并用作一个单点估算值，其定义含有短语“……一个估算值（其不确定性范围可能为一个数量级）……”(USEPA，1988)。这一概念的基础理论是：在推导参考剂量的过程中，临界影响和总不确定性系数的选择是依据 EPA 工作组的“最佳”科学判断，其他审查相同数据库的有能力的科学家小组得出类似的结论，在一个数量级之内。

将参考剂量表述成一个范围可能比将其表示为一个点估算值更为适宜，因为很少有足够的可用数据来精确确定人类的终生阈值。即使有良好可靠的数据，人群中反应的变化性也支持将参考剂量表示为一个范围。但是，虽然 EPA 支持大多数参考剂量采用跨度为一个数量级的范围，但“数量级”一词有如下所述的多种可能解释：

（1）范围 = x～$10x$（式中，x 为参考剂量的点估算值）。该观点获得了那些认为风险评价过程是如此固有保守以至于参考剂量应被认为是最低估算值且不确定性范围均位于该点估算值之上的人士的支持。

（2）范围 = $0.3x$～$3x$。该观点由制定参考剂量的许多 EPA 科学家所持有。参考剂量的点估算值 x 是跨越一个数量级的范围的中点。

（3）范围 = $0.1x$～x。这是由许多风险管理人员所持有的观点。管理决策（如设置标准或修复水平）是根据标准或修复水平只要不超过参考剂量就具有保护性这一假设作出的。

（4）范围 = $0.1x$～$10x$。该范围代表数量级范围可能在点估算值 x 任一侧的假设。

EPA 正在提议一个范围的上下限与不确定性相关的风险管理方法。由于有关剂量反应关系的不确定性随着低于观测数据外推的增大而增大，使用参考剂量范围内的另一个点可能比计算得出的点估算值更适合描述风险特征。因此，作为一项风险管理政策，建议如果

① 有关发育毒性的 RfD（RfD_{DT}）在 USEPA 文件（1991a）中进行了讨论。

用于推导参考剂量的不确定性系数和修正系数的乘积等于或小于 100，则可以不考虑范围。当大于 100 但小于 1 000 时，则可确定一个范围：lg10 的一半（3 倍）或一个从点估算值除以 1.5 到点估算值乘以 1.5 的数字范围。当不确定性系数等于 1 000 或以上时，范围可跨越从点估算值除以 3 到点估算值乘以 3 的一个数字范围（一个 10 倍的范围）。风险评价人员随后可在确定的范围内选择一个单点来作为计算得到的参考剂量的替代值。

使用由不确定性确定的范围内的替代值必需有正当理由。正如在本文件中用到的那样，正当理由意味着基于人体健康或环境归趋的考虑，有科学数据表明范围内除点估算值之外的某个值可能比点估算值更适合。一个可以应用一个点而不是计算得出的参考剂量的案例的情况就是污染物在鱼体内的生物可利用性要低于在水中的生物可利用性。在这种情况下，如果临界研究中污染物是通过饮用水摄入的，则鱼类组织内的生物利用率下降可用来支持选择一个大于计算值的参考剂量值。例如大多数无机污染物，特别是二价阳离子，来自食物的生物利用率为 20%或更少，但来自饮用水的生物利用率要高很多（约为 80%或更高）。因此，在通过饮食而不是饮用水而发生的暴露的研究中，产生一个有毒内部剂量所需的外部剂量可能要高些。结果，如果运用等量的外部剂量，来自饮食研究的参考剂量将可能高于来自饮用水研究的参考剂量。

在推导环境水质基准的过程中所考虑的暴露包括鱼（食物）和水。因此，当作为参考剂量依据的 NOAEL 是来自饮用水研究的情况时，可证明一个略高于参考剂量估算值的替代值是合理的；而如果 NOAEL 是来自饮食研究时，则略低于参考剂量估算值的替代值是合理的。

可以选择范围下限一个点的另一个情形是有一个明确界定的敏感人群，例如怀孕最初 3 个月的孕妇。在这种情况下，水和鱼中均存在污染物以及育龄妇女的平均体重低于 70 kg 默认值可证明来自参考剂量估算值范围下限的替代值是合理的。

表 3-3-3 给出了在确定是使用参考剂量点估算值还是高于或低于点估算值的数值时要考虑的几个因素的示例。在决定是否使用除点估算值之外的数值时应考虑表 3-3-3 中列出的因素。EPA 提倡使用参考剂量的点估算值作为推导环境水质基准的默认值。

表 3-3-3　在使用参考剂量范围时要考虑的一些科学因素

使用参考剂量的点估算值	默认位置 总不确定性系数/修正系数乘积≤100 基本营养物
使用参考剂量下限的点估算值	暴露介质的生物利用率高于参考剂量研究中采用的实验条件 影响的严重性及其是否是可逆的 观测值范围内的剂量-效应曲线较平 暴露组含有敏感的群体（如儿童或胎儿）
使用参考剂量上限的点估算值	人类的生物利用率低于实验动物 参考剂量基于最小 LOAEL 且不确定性系数/修正系数≥1 000 观测值范围内的剂量-效应曲线较陡 没有确定敏感群体

有许多因素可影响参考剂量的不确定性，从而影响范围内替代值的选择。数据库的完整性起到了非常重要的作用。在包括人类在内的几种动物中观测到相同的影响可提高参考剂量点估算值的置信度，从而缩小不确定性的范围。其他可能影响不确定性的因素为剂量-效应曲线的斜率、观测到的影响的严重性、剂量间隔以及暴露途径。例如，一个陡的剂量-效应曲线表示剂量发生较小的变化时会发生较大的影响差异，因此，数据将有更多的机会让科学家明确地区分（即在统计学上）产生影响的剂量和不产生影响的剂量。在参考剂量是根据一个严重影响的 LOAEL 推导得出的情况下，在参考剂量推导过程中通常采用不确定性系数，以防止受到可能在较低剂量发生的较不严重影响，从而降低评价的剂量。实验中采用的剂量间隔以及研究组的大小也可能影响参考剂量的置信度。“真正的”NOAEL 不能通过标准的毒理学研究确定。剂量间隔越宽，所研究的动物数量越少，则“真正的” NOAEL 可能面临的不确定性边界就越大。最后，对于某些参考剂量而言，实验中的暴露途径可能与人类的暴露途径不相符，可使用有关途径之间吸收率差异的假设来考虑途径间外推或毒物代谢动力学模型。

有些情况下不得采用范围内的替代值。例如，锌的参考剂量（USEPA，1992）是建立在营养数据、最小 LOAEL 和大小为 3 的不确定性系数的考虑之上的。如果用系数 3 来限制锌的参考剂量，则上限值将接近最小 LOAEL。必需避免这种情况，因为将标准设置在可能引起不利影响的浓度是不可接受的。风险管理人员必需获悉使用参考剂量范围在科学上是不正确的那些具体情形。表 3-3-3 为管理人员提供了运用参考剂量范围的科学依据指南。

3.6 用基准剂量法推导参考剂量

根据传统的 NOAEL/LOAEL 法制定参考剂量存在很多的问题。这些问题包括：

（1）传统方法没有包括剂量-效应曲线形状的信息，只是注重单个点（NOAEL 或 LOAEL）。

（2）NOAEL 值取决于实验的剂量个数与剂量间隔。可能的 NOAEL 值仅限于实验剂量的离散值。从理论上讲，实验的无不利影响剂量可以是实验的 NOAEL 和 LOAEL 之间的任意值，有时真正的 NOAEL 低于观测到的 NOAEL，尤其是在各个剂量组中动物个数有限的研究中。

（3）没有直接考虑数据的变化。例如，动物个数较多的研究可能会比动物个数较少的研究在更低的剂量上检测出影响；其结果是来自同一物种的一个小规模研究的 NOAEL 可能会高于来自一个类似的但大规模研究的 NOAEL。传统方法没有考虑此类数据变化的机制。

（4）NOAEL 的确定取决于在对照组动物中影响的背景发生率，因此，如果背景发生率较高，则剂量组和对照组之间的统计学显著差异是更难以检测出来的，即使发生了生物学的显著影响也是如此。

（5）与暴露数据相结合，可用基于 NOAEL 的参考剂量来估算处于风险中的人群大小，而不是风险的大小。

针对这些问题，已经建立了试图解决这些不足中的某些问题的备选方法。一个这样的备选方法——基准剂量法，是过去 10 年中广泛研究的主题（Crump 1984，1995；Gaylor，1983，1989；Dourson et al.，1985；Brown and Erdreich，1989；Kimmel，1990；Faustman et al.，1994；Allen et al.，1994a，1994b）。EPA 风险评价论坛正在制定有关基准剂量计算所用到的程序和模型的指南。下面的讨论介绍了使用基准剂量法计算参考剂量的一般方法。欲了解更广泛的讨论，读者可参考 Crump 等（1995）。到目前为止，EPA 已经采用基准剂量法推导了甲基汞的参考剂量（USEPA，1994a）以及几种化合物的参考浓度。

3.6.1　基准剂量法概述

基准剂量或基准浓度（benchmark concentration，BMC）指与对照组相比反应组中产生预定水平的变化的剂量的统计学置信下限（基准反应或 BMR）。基准剂量/基准浓度可用于替代 NOAEL 来推导低剂量外推的起始点。基准剂量/基准浓度是一个相对于背景的有关效应剂量所发生的某些变化的剂量，是不依赖于研究中使用的剂量。基准效应是基于生物学上的显著效应剂量或某个特定终点可观测范围下限的效应剂量之上的。基准剂量/基准浓度法不会降低从动物数据外推至人类所固有的不确定性（LOAEL 外推至 NOAEL 除外），不要求研究确定 NOAEL。基准剂量/基准浓度法只要求至少有一个剂量接近基准剂量/基准浓度的效应剂量范围。

剂量和反应建模是基准剂量法的核心。建模过程仅局限于实验范围，没有试图外推至远低于实验范围的剂量。一般情况下，基准剂量法中采用的模型是统计学模型，而不是生物学模型。因此，在没有有毒物质引起特定影响的建模机理的详细信息时，不能用它们可靠地外推至低剂量。

一旦建立了数学上的剂量-效应曲线以及相应的置信度曲线，评价人员可在置信剂量曲线下端选择一个对应于所选基准反应的点位。这个位于置信曲线下端的点位是该基准反应有效剂量的置信下限（表示为基准剂量，见图 3-3-1）。可计算有充分数据库的每个终点的基准剂量。

与用 NOAEL/LOAEL 除以不确定性系数推导参考剂量的传统方法相比，基准剂量法有许多优点。基准剂量法的某些优点如下：

（1）该方法考虑了剂量-效应曲线，包括其形状；

（2）该方法更好地考虑了数据的统计学变化；

（3）该方法对剂量间隔不太敏感，因此，该方法不局限于确定影响水平的实验剂量。但是，采用基准剂量法的数据要求比 NOAEL/LOAEL 法的数据要求更广泛。

小规模的分组研究以及评价有限数量的终点往往得出较低的基准剂量值，因为置信区间将更宽。因此，基准剂量法激励开展更为稳妥的研究，因为更好的研究将给出更窄的置信区间。

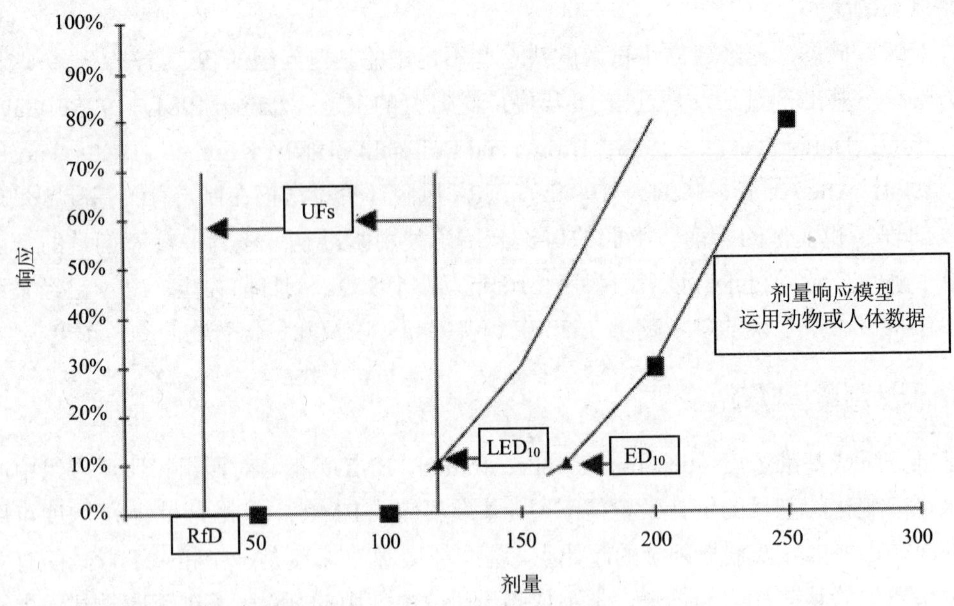

图 3-3-1 用基准剂量法推导参考剂量

3.6.2 用基准剂量法计算参考剂量

采用基准剂量法确定参考剂量涉及 4 个基本步骤。第一步选择用于基准剂量建模的实验和反应。第二步计算所选反应的基准剂量，应计算所有可能得出临界基准剂量的终点的基准剂量值。第三步是从这些计算得出的基准剂量中选出一个基准剂量。最后一步是通过将选中的基准剂量除以适当的不确定性系数来计算参考剂量。与这些步骤相关的决策点列于表 3-3-4 中。随后的讨论总结了基准剂量法所特有的关键问题，主要依据来自 Crump 等（1995）的信息。

表 3-3-4 基准剂量法必需的步骤和决策

步骤	决策
1. 选择研究/反应	1. 要包括的实验； 2. 要建模的反应
2. 剂量-效应模型	1. 数据格式； 2. 数学模型； 3. 处理模型拟合； 4. 测定变化的反应
3. 选择基准剂量	1. 临界的基准反应； 2. 置信限的计算
4. 计算参考剂量	1. 不确定性系数

来源：Crump et al.，1995。

3.6.2.1　选择反应数据建模

选择适合于基准剂量建模的实验和反应所需考虑的事项与确定作为 NOAEL 依据的合适研究相类似。一种化学物质可能有几个可建模的合适研究和相关的健康影响。理想的是，进行整套相关影响的基准剂量计算。但是，利用所有相关反应来计算基准剂量可能是资源密集型的。此外，解释大量的剂量-效应分析结果是很困难的。当选择数据建模时合适的做法是将注意力限制在有剂量-效应关系证据的那些反应上。从统计学上看，这种关系可由反应随着剂量水平增加的显著趋势（增加或减小）来显示。也可能需要考虑证明生物学意义。另一个可供选择的做法是将精力集中在建模最关键的影响上，如同在 LOAEL 中见到的那样。但是，限制建模的反应个数可能会不能如实地表示最小的基准剂量[①]。

3.6.2.2　使用分类与连续数据

选择数据来建模时的一个中心问题是所用数据的形式。分类数据，尤其是量子数据，可以较为直接地用于基准剂量法中，因为数据是以给定剂量下表现出确定反应的受试者个数（或百分比）来表示的。数据也可以是连续形式，其中结果是以连续的生物学终点的测定来表示的，例如器官重量或血清酶浓度的变化。采用连续数据时，结果通常是以剂量组的平均值或标准偏差来表示的，但在单个动物的数据可获得时是最有价值的。要进行此类数据的剂量-效应建模，必需确定正常反应与不良反应的界限。连续数据可以通过将各个剂量组的平均反应看做是对照组的平均反应的一部分或者作为在各个剂量水平表现出不良反应的动物百分比来进行建模（Gaylor and Slikker，1990；Crump，1995）。该方法利用了反应数据的连续性，但是以直接类似于从分类数据分析中推导得出的结果的方式表示结果，例如以附加风险或额外风险表示，而不是以平均反应的变化来表示。Crump（1995）提供了处理可应用于与量子终点分析所用的相同模型的连续数据的选项。该进展提高了任何一种具体化学物质不同终点间结果的一致性。在任何情况下，将基准剂量法应用于连续数据需要专业判断，以便确定哪个效应剂量或类别造成了异常（不良）影响。不推荐常规应用基准剂量法，但在数据可获得且有理由需要广泛分析时可以应用。

3.6.2.3　选择数学模型

各种数学方法已被提出用于确定基准剂量。表 3-3-5 列出了一些可与量子数据或连续数据一起估算基准剂量的剂量-效应模型。EPA 基准剂量模型程序（版本 1.2）包括了运用量子数据的伽马、对数、多级、正态分布、量子线性、量子二次和威布尔软件模型的方法。线性、多项式、幂和希尔模型可与连续数据一起使用。EPA 基准模型可从下列地址下载：http：//www.epa.gov/ncea/bmds.htm。EPA 也正在制定基准剂量模型结果应用指南。

分类数据（包括量子数据）应用于剂量-效应模型通常需要的信息包括实验剂量、各个剂量组中的动物数、其反应在各个反应类别中的个数。对于连续数据而言，则需要实验剂量、各个剂量组中的动物数、各个组中的平均反应以及各个剂量组中的反应样本差异。

---

① 这是由于下列事实：与在剂量-效应较陡的 LOAEL 剂量上发现的影响相比，仅在剂量-效应较平缓的高于 LOAEL 剂量上发现的影响可能会得出更低的基准剂量。

基准剂量法不得应用于只有 2 个实验组（一个对照组和一个阳性剂量组）的数据集。在这种情况下，基准剂量法有关考虑剂量-效应曲线形状方面的许多优势将会丧失；这样的数据提供了极少的有关剂量-效应曲线形状的信息。可用的剂量越多，尤其是在较低剂量时，基准剂量法与 NOAEL 法相比的预期优势就越大。

3.6.2.4 处理模型拟合

将模型与实验数据拟合将得到有助于确定数据拟合最佳模型的参数估算值。该拟合通常是由最大似然法完成的，估算各个剂量值的反应概率（量子数据）或平均反应（连续数据）。可用拟合优度检验来确定一个模型是否充分描述了剂量-效应数据。实验数据应根据模型设计绘图，从而提供拟合的可视化表示形式。

在许多情况下，有几个模型看起来好像都能很好地与数据拟合。在这种情况下，可用其他考虑因素来选择一个适当的模型。例如，支持模型的统计学假设对于给定数据应该是合理的。举例来说，假定量子结果为遵循剂量相关期望值的二项分布。该假设需要每个受试者的独立反应且所有受试者均有相等的反应概率。假定各个剂量值的连续反应遵循正态分布并且还假定是独立的。当生物学因素可能重要时（例如发育毒性数据的窝内相关性），它们也可用于选择适当的模型。另一个生物学考虑因素可能为是否存在一个假定的阈值。如果给定影响有一个期望的阈值，则可以选择一个考虑了阈值剂量的模型进行建模。剂量-效应曲线形状的生物学似真性应当总是模型选择过程中的一个考虑因素。

表 3-3-5 推荐的用于估算基准剂量的剂量-效应模型

模型	公式
量子数据	
量子线性回归模型（quantal linear regression，QLR）	$P(d)=c+(1-c)\{1-\exp[-q_1(d-d_0)]\}$
量子二次回归模型（quantal quadratic regression，QQR）	$P(d)=c+(1-c)\{1-\exp[-q_1(d-d_0)^2]\}$
量子多项式回归模型（quantal polynomial regression，QPR）	$P(d)=c+(1-c)\{1-\exp[-q_1d_1-\ldots q_kd^k]\}$
量子威布尔模型（quantal weibull，QW）	$P(d)=c+(1-c)\{1-\exp[-q_1d^k]\}$
对数正态模型（log-normal，LN）	$P(d)=c+(1-c)N(a+b\lg d)$
连续数据	
连续线性回归模型（continuous linear regression，CLR）	$m(d)=c+q_1(d-d_0)$
连续二次回归模型（continuous quadratic regression，CQR）	$m(d)=c+q_1(d-d_0)^2$
连续线性二次回归模型（continuous linear-quadratic regression，CLQR）	$m(d)=c+q_1d+q_2d^2$
连续多项式回归模型（continuous polynomial regression，CPR）	$m(d)=c+q_1d+\ldots+q_kd^k$
连续幂模型（contiunous power，CP）	$m(d)=c+q_1(d)^k$

注：$P(d)$是剂量 d 的反应概率；$m(d)$是剂量 d 的平均反应。在所有模型中，c 、$q_1\cdots q_k$ 和 d_0 为来自数据估算得出的参数。在量子模型中，$0\leqslant c\leqslant 1$ 和 $q_i\geqslant 0$。对于 Crump（1984）提出的 CPR 模型，所有的 q_i 有相同的标记。在 Gaylor 和 Slikker（1990）讨论的 CLQR 模型中，没有强制 q_1 和 q_2 具有相同的标记。对于所有模型而言，$d_0\geqslant 0$，$k\geqslant 1$。$N(x)$表示正态累积分布函数。

来源：Crump et al.，1995。

即使有这些考虑因素，通常可能有几个不同的模型可充分描述数据。在这种情况下，检查有关基准反应的拟合是很重要的。对整个数据集有相似拟合的模型可能在基准反应附近的预测值有所不同。可根据更局部的特性来从中选择一个模型。

对于某些数据集来说，没有一个标准的模型可合理地拟合数据。拟合通过比较模型预测值与观察值进行统计学上的评价。拟合优度统计使比较正式化，并提供了范围在 0 和 1 之间的 p 值作为拟合的量度。当运用 χ^2 统计时，较大的 p 值表示拟合较好；较小的 p 值表示拟合较差。足够小的 p 值（如小于 0.01 或 0.05）通常认为模型不足以描述所观测到的剂量-效应模式。

较差的拟合通常是由于较高剂量下的反应降低，这与较低剂量的剂量-效应趋势是不相符的，可能是由于竞争性的毒性过程或所关注的毒性反应有关的代谢系统饱和的缘故。在这种情况下，有几个程序可用来调整建模过程。例如，最高剂量下的反应可被排除，因为这些剂量通常对所关注的较低剂量区域的反应所提供的信息是最少的。当代谢途径饱和的情况下，毒物代谢动力学数据可用来估算输送到相关器官的剂量。随后可就有效剂量进行基准剂量建模（Andersen et al.，1987，1993；Gehring et al.，1978）。

与观测值有关的模型预测值的外观（图形）检查是一个与所有这些拟合问题相关的基本做法。这补充了拟合的正式统计学评价，实际上可能同样或更多地提供信息。生物学似真性是从几个选项中选出最佳基准剂量要考虑的另一个关键因素。

3.6.2.5　测定变化的反应

Crump（1984）提出了有关量子数据反应增加的两种量度，即附加风险和额外风险。附加风险是剂量 d 的反应概率 $P(d)$，减去零剂量（对照反应）的反应概率 $P(0)$。它描述了有剂量存在时发生反应的动物的增加比例。额外风险是附加风险除以 $[1-P(0)]$。它描述了有剂量存在时发生反应的动物的增加比例，除以在对照条件下不发生反应的动物比例。这两种量度的区别在于其考虑对照反应的方式。例如，如果一个剂量将反应从 0%增加到 1%，则附加风险和额外风险都是 1%。但是，如果一个剂量将风险从 90%增加到 91%，则附加风险仍然是 1%，但额外风险是 10%。额外风险与附加风险的选择在一定程度上是基于一种化合物是否增加背景风险的假设。将额外风险作为默认值，因为它更为保守。

有关连续数据的风险类似量度已被提出（Crump，1984）。第一种量度反应的变化可表示为剂量 d 的平均反应减去对照平均反应的差值。第二种量度只是剂量和对照的平均反应的差除以对照平均反应（即标准化），它将变化表示为对照反应的分数，而不是绝对变化量。

对连续终点基准剂量的最新考虑提出了其他选项。Allen 等（1994a，1994b）和 Kavlock 等（1995）决定采用平均反应乘以背景标准差对变化进行标准化，得到平均值与 NOAEL 相当的基准剂量。对于这些研究者研究的发育终点，标准差的最佳乘数为 0.5。

与背景（即额外风险）相比所表示的风险量度什么时候优于以绝对变化表示的量度还不清楚。需要其他研究来提供有关特定情形下最适合的反应变化量度的指导。

3.6.2.6 选择基准反应

推导基准剂量的一个关键决定就是选择基准反应（BMR）。由于基准剂量的运用如同推导参考剂量中的NOAEL一样，所以基准反应应当在研究所检测到的影响的范围下限附近选取。预期会导致受试群体中影响发生率增加10%的剂量（ED_{10}）通常被选为基准反应。对某些数据而言，可充分估算ED_5或ED_1，这是一个更接近真实的无影响剂量。但是，在许多情况下，ED_{10}是可从标准的毒性研究中估算出的最低风险剂量（Crump，1984）。

在EPA主办的基准剂量研讨会期间，与会者一致认为适当的基准反应应该或者为5%，或者为10%，但他们也承认未来的研究可能会证明从这两个值中选出一个值是更为明智的（ILSI，1993）。Allen等（1994a，1994b）和Faustman等（1994）的研究表明，基准剂量定义为反应概率增加10%平均说来往往是类似于量子发育毒性研究所对应的NOAEL。为了推导水质基准，EPA建议在推导基准剂量时采用ED_5或ED_{10}。

3.6.2.7 计算置信区间

基准剂量被定义为所选基准反应相应剂量的置信下限。采用统计学置信下限，而不是最大似然估算值（maximum likelihood estimate，MLE）有几个原因。运用置信限考虑了群体的变异性。大部分生物学反应在一个群体内是呈正态分布的。因此，如果要从群体中随机选出两组动物进行研究，一个研究组中的最低效应剂量的反应个体可能会与暴露于同样实验条件下的第二组的有所不同。使用置信区间下限提高了一个小规模动物组的研究结果可被外推至整个群体的置信度。

要计算反应的置信上限和有效剂量的置信下限，必需选择一个计算置信限和置信限大小的程序。推荐的用于计算曲线置信区间的方法取决于最大似然原理。该方法与EPA用于癌症剂量-效应模型计算机程序中的方法相同。该方法可用于运用EPA Benchmark软件以及其他商业上可获得的基准程序的基准剂量建模。支持该方法的理论的详细解释参见Crump（1984）。

通过转换，统计学置信限的大小范围可在90%～99%。置信限的计算方法以及置信区间的选择是至关重要的。EPA建议基准剂量模型采用单侧第95百分位置信限。这与癌症剂量-效应模型中采用的置信限的大小一致。

3.6.2.8 选择基准剂量作为参考剂量的依据

当计算得出多个基准剂量时，一个重要的决定就是选择用于参考剂量计算过程中合适的基准剂量。当不同的模型适合一个研究的反应数据时，当一个研究中不止一个反应被建模以及当来自不同研究的不同基准剂量存在时，均可计算出多个基准剂量。在由适合单一数据集的多个模型计算得出多个基准剂量时，分析人员可选择最小的基准剂量或通过几何平均值来综合得出基准剂量。当从检查同一终点的不同反应或不同研究计算得出多个基准剂量时，基准剂量的选择也可能涉及选择“临界影响”以及最适合的物种、性别或其他有关的实验设计特征。模型输出与实验数据的图形表示以及对生物作用模式的理解可有助于基准剂量的选择。

3.6.2.9　基准剂量法不确定性系数的应用

一旦选择了单一基准剂量或平均基准剂量，则可通过将基准剂量除以一个或多个不确定性系数来计算参考剂量。作为默认设置，应考虑所有的用于传统的基于 NOAEL 的参考剂量法中适用的不确定性系数，但 LOAEL-NOAEL 外推系数除外。其他系数（如基准反应和置信限）的大小、生物学考虑因素（如阈值的可能性）、建模影响的严重性以及剂量-效应曲线的斜率等均可能影响不确定性系数的选择和大小（参见 Crump et al.，1995，了解更为详细的讨论）。

3.6.3　基准剂量法的局限性

基准剂量法已被提议作为可以运用的一个替代程序，直到某些或所有效应的生物学方法可用为止。基准剂量法对基于 NOAEL 的方法做了具体改进，但绝没有解决非致癌风险评价相关的所有问题或难点。基准剂量法允许将动物反应数据客观地外推至人类非致癌风险评价中遇到的不同研究设计中的人体暴露。

3.6.4　基准剂量法应用案例

下面介绍一个将基准剂量法应用于量子毒性数据的简单案例。该案例摘自 Crump 等（1995）有关丙烯酰胺的案例。介绍该案例的目的旨在阐明该方法，既没有推导丙烯酰胺的实际风险值，也没有推导其环境水质基准。

3.6.4.1　选择数据建模

该案例介绍的是识别临界研究的方法，而不是有效研究中看到的所有终点的建模方法。对该案例来说，一个为期 2 年的大鼠慢性影响的饮用水研究被作为丙烯酰胺的临界研究（Johnson et al.，1986）。检查的终点为雄性大鼠的胫神经退化。研究人员将神经退化的发生分两类记录：无或轻微类；中等或严重类。因为轻微的神经退化自发发生在老年大鼠身上，且轻微的退化没有显示出剂量-效应关系，只将中等和严重退化记录为“反应”。数据以量子形式记录，将无或轻微退化记录为“无反应”，将中等至严重退化记录为“反应”。各个剂量组的剂量值和反应的动物个数列于表 3-3-6 中。

表 3-3-6　对丙烯酰胺剂量作出反应经历中等或严重神经退化的大鼠

剂量/[mg/（kg・d）]	受影响的个数	受试的个数
0	9	60
0.01	6	60
0.1	12	60
0.5	13	60
2.0	16	60

3.6.4.2 选择数学模型

我们可从表 3-3-5 中各种适用于量子数据的模型中选出一个。拟合是通过采用最大似然估算来估算各个剂量值的反应概率来完成的。实际的拟合操作是通过应用计算机软件来完成的。

3.6.4.3 上述信息的结果

可以尝试所有模型，以便发现哪个模型能达到最佳拟合。下列图示表明威布尔模型（图 3-3-2）和二次模型（图 3-3-3）是研究数据的最佳拟合模型。表 3-3-7 给出了这两个公式的最佳拟合模型参数。

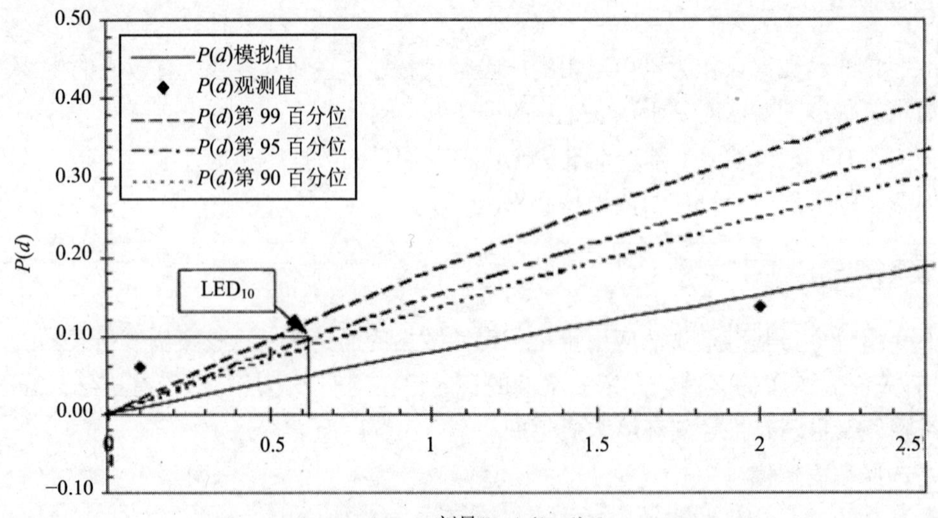

图 3-3-2 量子威布尔回归——额外风险

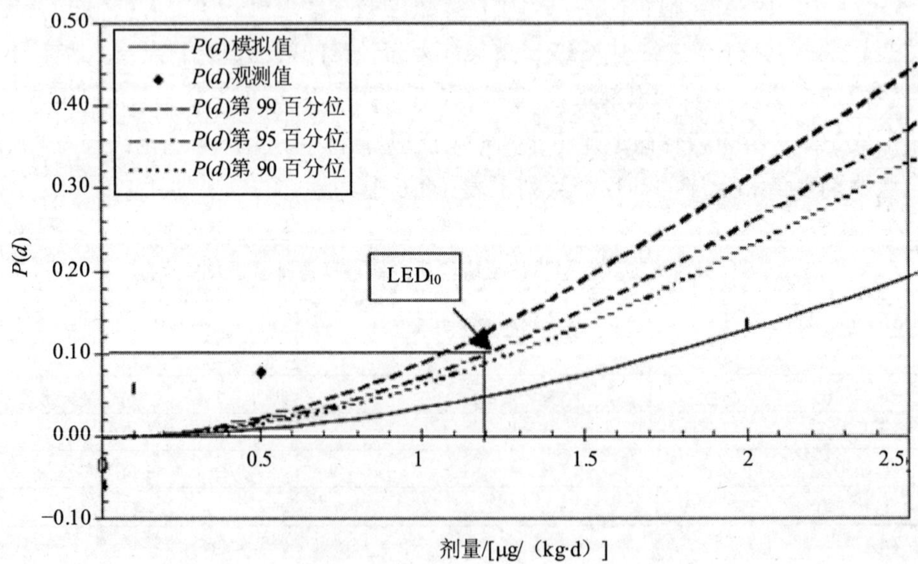

图 3-3-3 量子二次回归——额外风险

请注意此处给出的案例中，反应的变化量度是额外风险（extra risk，ER），可按下式计算。

$$\mathrm{ER}(d)=[P(d)-P(0)]/[1-P(0)] \tag{3-3-2}$$

式中：ER ——额外风险；

d ——剂量；

P ——概率。

额外风险是指暴露在剂量 d 时反应的动物占不反应的动物的比例。

两个模型都能与数据充分拟合，如表 3-3-7 所示。在这两种情况下，χ^2 拟合优度检验得到的 p 值大于 0.05。因此，这两个模型中的任何一个都可以用来推导基准剂量。拟合该数据集的两个模型中没有一个模型能给出该反应的阈值。但是，这两个模型确实都给出了在没有暴露于丙烯酰胺时的背景值。

表 3-3-7 丙烯酰胺数据建模的最佳拟合模型参数

模型	背景值	q_1	k	χ^2 检验 p 值
量子威布尔模型	0.15	0.08	1	0.48
量子二次模型	0.16	0.034	—	0.34

3.6.4.4 选择基准反应

对于上述数据集，采用量子威布尔模型和量子二次模型来计算 1%、5%和 10%额外风险的基准剂量[表 3-3-8 中的估算值单位为 mg/（kg • d）]。

表 3-3-8 采用量子威布尔模型和二次模型计算得出的基准剂量值

模型	BMR	基准剂量的置信限/[mg/（kg • d）]		
		第 90 百分位	第 95 百分位	第 99 百分位
量子威布尔模型	10	0.73	0.64	0.52
	5	0.35	0.31	0.25
	1	0.07	0.06	0.05
量子二次模型	10	1.28	1.19	1.06
	5	0.89	0.83	0.74
	1	0.39	0.37	0.33

计算得出的基准剂量大约是 BMD_{10} 值的 2 倍，但大约是 BMD_1 的 6 倍。这表明在选择低 BMR 值时模型对基准剂量值的依赖性。

3.6.4.5 计算置信区间

正如表 3-3-8 所示，计算了第 90 百分位、第 95 百分位和第 99 百分位置信限的基准剂量。量子二次模型置信限对估算的基准剂量的影响略低于量子威布尔模型。模型结果在第

90 百分位、第 95 百分位的置信限最具可比性，在第 99 百分位的置信限最不具可比性。这些结果表明基准剂量在较宽（较高百分位）的置信区间往往更具模型依赖性。对于该案例的其余部分，采用第 95 百分位的置信限估算值。

3.6.4.6 选择基准剂量作为参考剂量的依据

上述案例基于两个模型得到了不同的第 95 百分位 BMD_{10} 值。因为没有依据可用来排除其中的一个基准剂量（即拟合优度、统计学假设和生物学考虑），所以两者都必需考虑。既可采用较小的估算值，也可采用几何平均值。在这种情况下，选择使用哪个基准剂量是一个风险管理决定。在该案例中，选择两个基准剂量中较小的一个[0.64 mg/（kg・d）]来计算参考剂量，因为它是一个更为保守的值。

3.6.4.7 基准剂量法不确定性系数的应用

一旦选中基准剂量，则通过将基准剂量除以不确定性系数来推导参考剂量。采用与应用于 NOAEL 相同的不确定性系数。在该案例中，种间外推选择系数 10，人类种间变异选择系数 10。采用总不确定性系数 100 并将其应用到 10%反应的第 95 百分位基准剂量（采用量子威布尔模型推导）得出参考剂量为 0.006 mg/（kg・d）。

3.7 分类回归法

3.7.1 方法概述

分类回归法是估算与系统毒性相关风险的另一个正在调查研究中的方法（Dourson et al.，1997；Guth et al.，1997）。在该方法中，健康影响按严重性类别进行分组排序（范围从无影响到严重影响）。该简化使得量子数据和连续数据均可利用，定性报道而非定量报道的数据也可利用。此外，许多健康影响的信息可一并考虑。随后对数据应用逻辑回归分析：严重性类别的累积率为因变量；自变量为暴露浓度、暴露持续时间以及其他参数。运用回归结果，指定某个置信水平的不利影响概率足够小的剂量为参考剂量，与 NOAEL 和基准剂量法一样，由适当的不确定性系数进行修正。例如，相关剂量 D 指可以 95%肯定地推断出不利影响概率低于 0.01 的剂量。然后由不确定性系数对 D 值进行调整，以推导参考剂量[①]。

3.7.2 分类回归法的应用步骤

分类回归法首先是审查化学物质的毒理学数据库。对于每个有效的研究而言，根据生物学和统计学方面的考虑，将观察到的反应归类到几个排序的严重性类别中的一个。例如反应可分为 4 类：①无影响；②无不利影响；③轻微至中等不利影响；④严重或致死影响。

---

① 注意：逻辑回归可用于估算大于参考剂量的暴露的反应。也可类似地应用基准剂量模型，但在任一种情况下这样做时，都必须特别谨慎。

这些类别分别对应于建立参考剂量的过程中用到的剂量类别，即分别为无可见影响剂量（NOEL）、NOAEL、LOAEL 和直接显著影响剂量（FEL）。需要判断来定义对应于严重性类别的影响类型。

由于分类回归分析中用到了所有反应数据，所以不需要规定表示“轻微至中等”不利影响的最低剂量。因此，通常用一个更普通的术语“不利影响剂量（adverse-effect level，AEL）”来替代分类回归中的术语 LOAEL 来描述轻微至中等的影响。

特定剂量值按类别观察到的反应概率通过将该严重性类别中观察到的反应个数除以该剂量记录到的观察总数进行估算。分类回归需要各个类别中有足够数量的剂量组。

计算各个剂量和严重性的对数概率，然后进行剂量回归。得出的回归公式可用来计算任一剂量特定的严重性影响概率。

可用几个模型结构（对数、威布尔或其他）来进行分类回归。对排序类别的对数回归（Harrell，1986；Hertzberg，1989）允许因变量（如严重性参数）是类别的，而自变量是类别的或是连续的。

模型对数据的拟合优度可通过几个统计学方法来进行判断：χ^2 总值、模型参数标准误差及其 χ^2 显著性水平、整个模型的一致性统计检验和相关系数以及模型协变量（Hertzberg and Wymer，1991）。判断拟合优度的各种准则目前正在调研之中。

采用分类回归法推导参考剂量的若干优点是可包括一个以上的健康效应数据，且可评价高于参考剂量的暴露的可能反应。预测高于参考剂量的反应可以包括除临界效应以外的效应，而这是 NOAEL/不确定性系数和基准剂量法的一个局限性。

3.8　慢性、实际的无阈值影响

通常假定非致癌影响表现出一个阈值，低于该阈值则不可能发生不利影响。但是，这一通则也有例外。特别要关注的是可通过遗传机理产生作用的致畸毒物和生殖毒物。EPA 意识到遗传毒性致畸物和生殖细胞诱变剂的可能性，并在 1991 年《EPA 疑似发育毒物健康评价指南修订》（USEPA，1991a）和 1986 年《诱变性风险评价指南》（USEPA，1986）中讨论了这个问题。这些风险评价指南提出了后代可能会遗传化学诱导的生殖细胞突变或经受发生在子宫内的突变事件的担忧。此时，遗传毒性致畸物和生殖细胞诱变剂应被认为是阈值假设的一个例外。在没有足够的数据来支持发育或生殖影响的遗传或诱变依据时，默认法变为阈值法。对此类化学物质而言，本指南推荐假设有阈值的非致癌物质采用上述程序。无阈值法只适用于实质性科学数据支持毒性无阈值机理，如铅的神经发育影响。理想情况下，推荐的作用模式应可得到，并应支持无阈值假设。

当遗传或突变基本证据确实存在时，应假设遗传毒性致畸物和生殖细胞诱变剂为无阈值机理。因为没有计算保护人体健康不受这些化合物影响的基准的既定机制，所以应逐个案例制定基准。

3.9 急性、短期影响

各州可选择推导对应于急性或短期暴露的基准。这些基准应相当于“在某个较短时期内没有可察觉的有害影响风险”的暴露值（USEPA，1991c）。该值的推导遵循与上述基于慢性影响的基准相同的通用方法。主要的不同之处在于用作评价依据的毒性数据的类型。一般而言，模拟暴露模式和相关期限的研究与急性或短期基准制定更为相关。这在急性或短期影响与低水平慢性影响有本质上不同的性质时是尤其重要的。

水办公室已制定了推导 1 d、10 d 和较长期限的健康建议（health advisories，HA）程序。总体而言，健康建议是运用来自于相关暴露期类似期限的研究的 NOAEL 或 LOAEL 制定的，虽然就这一点而言有一些灵活性。用于健康建议的研究应提供有关临界终点的信息。不得应用只能识别直接显著毒性反应的研究，因为这些值远高于健康建议的目标保护值。有关推导健康建议的更多信息可参见 Ware 的论述（1988）。

在确定长期或终生的健康建议时，不应使用来自短期研究的数据。在数据库不足以支持长期或终生的健康建议时，则无法计算任何值。EPA 没有完全因为来自不足 90 d 研究的数据是唯一可获得数据就使用它们。在判断数据与健康建议推导的相关性时，应考虑毒物代谢动力学、潜在恢复期以及生物累积可能性等因素。

3.10 混合物

可能会同时暴露于多个污染物。混合物中化学物质之间可能的相互作用通常可归为以下三类中的一类：

（1）拮抗作用：化学混合物表现出的毒性小于各组分的毒性效应之和；

（2）协同作用：化学混合物表现出的毒性大于各组分的毒性效应之和；

（3）加成作用：化学混合物表现出的毒性等于各组分的毒性效应之和。

开展混合物风险评价的方法在 1999 年《化学混合物健康风险评价指南》（USEPA，1999）中进行了介绍。化学混合物的相互影响只在几个案例中进行了专门研究。当化学混合物的影响数据存在时，应当用于描述风险特性。当混合物的健康建议得出的毒性影响被证实大于单个影响的总和时，使用现有数据尤为重要。某些类别的污染物，尤其是共享一个共同的作用模式和/或目标组织的持久性有机污染物，当它们同时出现在鱼类和饮用水中时，需要高度关注。

当没有特定的化学混合物或类似的混合物相互影响的具体数据时，各州可采用下述方法来描述混合物中化学物质的风险特性。当多个化学物质的风险相加时，应明确陈述支持剂量相加假设的实验证据的质量（USEPA，1999），且该方法只应当在相同或类似的混合物数据不可获得时使用。

当混合物中的化学物质通过类似的作用模式引起相同影响时，则可假定污染物对风险的贡献是相加的（USEPA，1999），具体数据另有说明的除外。为了描述来自非致癌物多个化学暴露的风险特性，首先将具有类似影响的各个化学物质的剂量用其参考剂量的分数来表示。将所有化学物质的这些比例相加，得出化学混合物的危害指数。

$$\mathrm{HI}_{\mathrm{mix}}=\sum_{m=1}^{n}\frac{E_m}{\mathrm{RfD}_m} \tag{3-3-3}$$

式中：$\mathrm{HI}_{\mathrm{mix}}$——混合物的危害指数，量纲为 1；

E_m——化学物 m 的暴露量；

RfD_m——化学物 m 的参考剂量；

n——混合物中的化学物质数量。

危害指数大于 1 表示混合物的非致癌影响的风险增加。但是，危害指数的数值并不表示风险的量级和严重性（(USEPA，1999)。作用模式是一个重要的考虑因素。两个具有相同目标组织但完全不同作用模式的化学物质可能会/也可能不会以相加的方式增大风险。

有些化学混合物可能含有引起不同健康影响的化学物质。目前还不存在综合不同的健康影响以描述化学混合物总体健康问题特性的方法。各州应分别描述这些污染物的特性并提出来自这些污染物的风险。

3.11　参考文献

[1] Allen B. C.，Kavlock R. J.，Kimmel C. A.，et al.. 1994a. Dose response assessments for developmental toxicity：II. Comparison of generic benchmark dose estimates with NOAELs. Fundam. Appl. Toxicol. 23：487-495.

[2] Allen B. C.，Kavlock R. J.，Kimmel C.A，et al.. 1994b. Dose response assessments for developmental toxicity：III. Statistical models. Fundam. Appl. Toxicol. 23：496-509.

[3] Andersen M.，Clewell H.，Gargas M.，et al.. 1987. Physiologically based pharmacokinetics and risk assessment process for methylene chloride. Toxicol. Appl. Pharmacol. 87：185-205.

[4] Andersen M.，Mills J.，Gargas M.，et al.. 1993. Modeling receptor-mediated process with dioxin：Implications for pharmacokinetics and risk assessment. Risk Analysis 13：25-26.

[5] Barnes D. G.，Dourson M.. 1988. Reference Dose（RfD）：Description and use in health risk assessments. Regul. Toxicol. Pharmacol. 8：471-486.

[6] Brown K. G.，Erdreich L. S.. 1989. Statistical uncertainty in the no-observed-adverse-effect level. Fund. Appl. Toxicol. 13（2）：235-244.

[7] Calabrese E.. 1985. Uncertainty factors and interindividual variation. Regul. Toxicol. Pharmacol. 5：190-196.

[8] Crump K. S.. 1984. A new method for determining allowable daily intakes. Fund. Appl. Toxicol. 4：

854-871.

[9] Crump K.. 1995. Calculation of benchmark doses from continuous data. Risk Analysis 15：79-89.

[10] Crump K. S.，Allen B.，Faustman E.. 1995. The Use of the Benchmark Dose Approach in Health Risk Assessment. Prepared for USEPA Risk Assessment Forum. EPA/630/R94/007.

[11] Dourson M. L.，Stara J.. 1983. Regulatory history and experimental support of uncertainty（safety）factors. Regul. Toxicol. Pharmacol. 3：224-239.

[12] Dourson M. L.，Hertzberg R.C.，Hartung R.，et al.. 1985. Novel approaches for the estimation of acceptable daily intake. Toxicol. Ind. Health 1：23-41.

[13] Dourson M. L.，Knauf L. A.，Swartout J.C.. 1992. On reference dose（RfD）and its underlying toxicity database. Toxicol. Ind. Health 8（3）：171-189.

[14] Dourson M. L.，Teuschler L. K.，Durkin P. R.，et al.. 1997. Categorical regression of toxicity data，a case study using Aldicarb. Regulatory Toxicity and Pharmacology 25：121-129.

[15] Faustman E. M.，Allen B.C.，Kavlock R.J.，et al.. 1994. Dose response assessment for developmental toxicity：I. Characterization of database and determination of NOAELs. Fundam. Appl. Toxicol. 23：478-486.

[16] Gaylor D. W.. 1983. The use of safety factors for controlling risk. J. Toxicol. Environ. Health 11：329-336.

[17] Gaylor D. W.. 1989. Quantitative risk analysis for quantal reproductive and developmental effects. Environ. Health Perspect. 79：243-246.

[18] Gaylor D. W.，Slikker Jr W.. 1990. Risk assessment for neurotoxic effects. Neurotoxicology 11：211-218.

[19] Gehring P. J.，Watanabe P.J.，Park C.N.. 1978. Resolution of dose-response toxicity data for chemicals requiring metabolic activation：Example — vinyl chloride. Toxicol. Appl. Pharmacol. 44：581-591.

[20] Guth D. J.，Carroll R.J.，Simpson D. G.，et al.. 1997. Categorical regression analysis of acute exposure to tetrachloroethylene. Risk Analysis 17（3）：321-332.

[21] Harrell F.. 1986. The logist procedure. SUGI Supplemental Library Users Guide，Ver. 5th. Ed. SAS Institute. Cary，NC.

[22] Hartley W. R.，Ohanian E.V.. 1988. The use of short-term toxicity data for prediction of long-term health effects. In：Trace Substances in Environmental Health - XXII. D.D. Hemphil，(ed). University of Missouri. May 23-26. 3-12.

[23] Hartung R.，Durkin P.R.. 1986. Ranking the severity of toxic effects：Potential applications to risk assessment. Comments on Toxicology 1：49-63.

[24] Hattis D.，Erdreich L.，Ballew M.. 1987. Human variability in susceptibility to toxic chemicals -- A preliminary analysis of pharmacokinetics data from normal volunteers. Risk Analysis 7（4）：415-426.

[25] Hertzberg R. C.. 1989. Fitting a model to categorical response data with applications to species extrapolation of toxicity. Health Physics 57：405-409.

[26] Hertzberg R. C.，Miller M.E.. 1985. A statistical model for species extrapolation using categorical

response data. Toxicol. Ind. Health 1（4）：43-63.

[27] Hertzberg R. C.，Wymer L.. 1991. Modeling the severity of toxic effects. Presentation at the 84th Annual Meeting of the Air and Waste Management Association. June 16-21，1991.

[28] ILSI(International Life Sciences Institute). 1993. Report on the Benchmark Dose Workshop. International Life Sciences Institute，Risk Science Institute. Washington，DC.

[29] Johnson K. A.，Gorzinski S.J.，Bodner K.M.，et al.. 1986. Chronic toxicity and oncogenicity study on acrylamide incorporated in the drinking water of Fischer 344 rats. Toxicol. Appl. Pharmacol. 85：154-168.

[30] Kavlock R. J.，Allen B.C.，Faustman E.M.，et al.. 1995. Dose response assessment for developmental toxicity：IV. Benchmark doses for fetal weight changes. Fundam. Appl. Toxicol. 26：211-222.

[31] Kimmel C. A.. 1990. Quantitative approaches to human risk assessment for noncancer health effects. Neurotoxicology 11：189-198.

[32] Lewis S. C.，Lynch J.R.，Nikiforov A.I.. 1990. A new approach for deriving community exposure guidelines from no-observed-adverse-effect levels. Reg. Toxicol. Pharmacol. 11：314-330.

[33] Swartout. 1990. Personal Communication to M.L. Dourson of the Office of Technology Transfer and Regulatory Support on January 12 . Washington，DC.

[34] USEPA（U.S. Environmental Protection Agency）. 1986. Guidelines for mutagenicity risk assessment. Federal Register 51：34006-34012.

[35] USEPA（U.S. Environmental Protection Agency）. 1988. Reference dose（RfD）：Description and use in health risk assessments. Integrated Risk Information System(IRIS). Online. Intra Agency Reference Dose（RfD）Work Group. Office of Health and Environmental Assessment，Environmental Criteria and Assessment Office. Cincinnati，OH. February.

[36] USEPA（U.S. Environmental Protection Agency）. 1989. Interim Methods for Development of Inhalation Reference Doses. Office of Health and Environmental Assessment. Washington，DC. EPA/600/8-88-066F.

[37] USEPA（U.S. Environmental Protection Agency）. 1991a. Amendments to agency guidelines for health assessments of suspect developmental toxicants. Federal Register 56：6379863826. December 5.

[38] USEPA(U.S. Environmental Protection Agency). 1991b. Final guidelines for developmental toxicity risk assessment. Federal Register 56：63798-63826. December 5.

[39] USEPA（U.S. Environmental Protection Agency）. 1991c. General Quantitative Risk Assessment Guidelines for Noncancer Health Effects. Second External Review Draft. Technical Panel for Development of Risk Assessment Guidelines for Noncancer Health Effects. Cincinnati，OH. ECAO CIN-538.

[40] USEPA（U.S. Environmental Protection Agency）. 1992. Reference dose（RfD）for oral exposure for inorganic zinc. Integrated Risk Information System（IRIS）. Online.（Verification date 10/1/92）. Office of Health and Environmental Assessment，Environmental Criteria and Assessment Office. Cincinnati，OH.

[41] USEPA（U.S. Environmental Protection Agency）. 1993. Reference dose（RfD）for oral exposure for

inorganic arsenic. Integrated Risk Information System（IRIS）. Online.（Verification date 2/01/93）. Office of Health and Environmental Assessment，Environmental Criteria and Assessment Office. Cincinnati，OH.

[42] USEPA（U.S. Environmental Protection Agency）. 1994a. Reference dose（RfD）for oral exposure for methylmercury. Integrated Risk Information System（IRIS）. Online.（Verification date 11/23/94）. Office of Health and Environmental Assessment，Environmental Criteria and Assessment Office. Cincinnati，OH.

[43] USEPA（U.S. Environmental Protection Agency）. 1994b. Guidelines for Reproductive Toxicity Risk Assessment. External Review Draft. Risk Assessment Forum. Washington，DC. EPA/600/AP-94/001. February.

[44] USEPA（U.S. Environmental Protection Agency）. 1995. RQ Document for Solid Waste. Report on the Benchmark Dose Peer Consultation Workshop：Risk Assessment Forum. Office of Research and Development. Washington，DC. EPA/630/R-96/011. November.

[45] USEPA（U.S. Environmental Protection Agency）. 1999. Guidelines for the Health Risk Assessment of Chemical Mixtures. External Peer Review Draft. Risk Assessment Forum. Washington，DC. NCEA-C-0148. April.

[46] Ware G. W.（ed）. 1988. Reviews of Environmental Contamination and Toxicology：U.S. Environmental Protection Agency Office of Drinking Water Health Advisories. Vol. 104. Springer-Verlag，Inc. New York，NY.

[47] Zielhuis R. L.，van der Kreek F.W.. 1979. The use of a safety factor in setting health based permissible levels for occupational exposure. Int. Arch. Occup. Environ. Health 42：191-201.

附录A 案例研究示例
化合物Z的危害评价

A.1 人体数据

化合物Z是一种金属共轭膦酸酯。没有该化合物的人体肿瘤或毒性数据。

A.2 动物数据

在大鼠饮食含量为 30 000 mg/kg[3%，1 500 mg/（kg・d）]的长期研究中，化合物 Z导致雄性而不是雌性大鼠的膀胱肿瘤发病率呈现统计学意义上的显著增加。这些动物中有些还有尿道结石和毒性。在同一研究的2个较低剂量组[2 000 mg/kg 和 8 000 mg/kg 相当于100 mg/（kg·d）和 400 mg/（kg·d）]中没有发现膀胱肿瘤或不利的尿道影响。剂量与大鼠研究剂量相当的小鼠慢性饮食研究没有显示肿瘤反应或尿道影响。在狗中剂量高达40 000 mg/kg 的2年研究中没有发现不利的尿道影响。

A.3 其他关键数据

大鼠亚慢性给药证实了在剂量与慢性研究中导致癌症的剂量相当时，会在雄性大鼠膀胱中形成结石，但在较低剂量时则不会形成结石。尿道上皮细胞脱落并伴有结石。

缺乏与致癌性相关的突变。此外，化合物Z的化学结构没有显示DNA活性或致癌性。

化合物Z由金属、乙醇和简单的含有磷氧的成分组成。金属不被肠道吸收，但其他两种成分可被肠道吸收。在高剂量时，乙醇被代谢成二氧化碳，使尿液变得更酸；血液中的磷含量和尿液中的钙含量也会增加。大鼠慢性试验中只有含有磷氧的成分没有显示任何肿瘤或不利的尿道影响。

因为化合物Z是一种金属化合物，所以不大可能易被皮肤吸收。

A.4 评价

化合物Z在雄性大鼠体内形成膀胱癌和尿道毒性，但在雌性大鼠或小鼠体内则没有，狗也没有表现出在雄性大鼠中提到的毒性。从解释雄性大鼠的毒性和肿瘤的其他关键数据中得到的作用模式是形成膀胱结石。在对雄性大鼠给予高而不是低的亚慢性剂量时，化合物Z导致血液中磷含量升高，身体通过向尿液中释放多余的钙进行反应。钙和磷在尿液中结合，在膀胱中沉淀形成多个结石。结石对膀胱有很强的刺激性，膀胱内膜被侵蚀，通过细胞增殖来补偿内膜损失。细胞层堆积起来，最终形成肿瘤。结石形成不涉及化学物质本身，但是其化学物质成分对血液、最终对尿液的二次影响。无论是以何种原因形成的膀胱结石一般都会在啮齿类动物中形成膀胱肿瘤，尤其是在雄性大鼠中。

A.5 结论

化合物 Z：“可能/不可能的人类致癌物”有限的剂量范围，暴露边界外推。

化合物 Z，一种金属膦酸酯，只有在导致膀胱结石形成的经口和吸入暴露后的高暴露条件下才有可能对人类致癌，但是在低暴露条件下则不太可能具有致癌性。该化合物不可能通过皮肤途径对人类致癌，因为它是一种易于离子化的金属共轭物，可以预料的是不会经过皮肤吸收。证据效力依据：①只在雄性大鼠中发现膀胱肿瘤；②大鼠和小鼠中其他部位没有发现肿瘤；③只在侵蚀膀胱上皮细胞、导致细胞增殖和癌症显著增加的高暴露而非低暴露时，才在雄性大鼠体内形成含有钙磷的膀胱结石；④没有结构警示和诱变活性。

针对要求存在有力的作用模式依据：①化合物 Z 的高剂量；②导致过多的钙和尿液酸性增加；③导致结石沉淀；④结石对毒性影响和可能的肿瘤危害的必要性。低剂量不能扰乱尿液成分，不能导致结石、产生毒性或形成肿瘤。因此，剂量-效应评价应假设为非线性。

一个主要的不确定性是化合物 Z 的深刻影响是否可能只针对大鼠。即使化合物 Z 在人体内产生了结石，只有有限的证据表明患有膀胱结石的人才会患癌症。最为经常的情况是人体膀胱结石要么进入尿液中，要么产生一些症状而排出结石。但是，由于不能完全忽略在雄性大鼠体内的研究结果，强烈暴露后某些潜在危害可能会存在于人体内。需要有其他的研究来降低该不确定性。

附录 B 案例研究示例

作用模式评价：化合物 Z（膀胱肿瘤）

B.1 危害数据概述

B.1.1 数据可用性

数据包括一个大鼠慢性/致癌性饲喂研究、一个为期 18 个月的 CD-1 品系小鼠致癌性研究、一个大鼠三代生殖研究和一个为期 2 年的狗饲喂研究。没有人体暴露于化合物 Z 的影响数据。

为期 13 周的大鼠饲喂研究包括在第 2、4、8 周杀死一些动物，在第 8 周设立 16 周的恢复组，在第 13 周设立 21 周的恢复组。

B.1.2 肿瘤观察

B.1.2.1 肿瘤反应

大鼠：在雄性 SD（sprague-Dawley）大鼠的饮食中饲喂剂量为 30 000 mg/kg 或更高的化合物 Z 2 年，导致雄性大鼠的膀胱尿道上皮肿瘤增多。只在高剂量（40 000/30 000 mg/kg）2 年的 SD 大鼠生物试验中发现迁移性细胞乳头状瘤、癌症、乳头状瘤与癌症并发症、增生发生率呈现统计学意义上的显著增加（$p<0.05$）（见表 3-B-1）。在有些动物中发现了膀胱结石，但是最终解剖时发现结石与肿瘤之间的相关性并不明显。

小鼠：在为期 18 个月的小鼠生物试验中没有观察到肿瘤发生率升高。

狗：狗饲喂剂量高达 40 000 mg/kg 2 年后，没有发现该化合物引发肿瘤。

表 3-B-1 2 年期 SD 大鼠研究中雄性大鼠膀胱迁移性细胞病变和结石发生率

参数	剂量/（mg/kg）			
	0	2 000	8 000	40 000/30 000
N	73	75	78	78
病变				
乳头状瘤	1	1	1	5
癌症	2	2	1	16
并发症	3	3	2	21
增生	5	7	5	29
结石	0	0	0	5

B.1.3 诱变性

化合物 Z 在沙门氏菌（*Salmonella* sp.）和微核试验中均没有显示出诱变活性。没有证据表明该化合物会对 DNA 合成产生影响，或显示会导致染色体断裂。该化学物质没有潜在诱变性的结构属性。

B.1.4 毒性、尿结石和增生

在为期 13 周的研究中，中等剂量和高剂量（分别为 30 000 和 50 000 mg/kg）在动物的泌尿生理学干扰、毒性、尿结石与增生之间有很强的关联性（$p<0.05$）。在对照组和 8 000 mg/kg 组中，没有动物患有结石，也没有动物患有增生（见表 3-B-2）。

表 3-B-2 给药 13 周雄性 SD 大鼠膀胱增生和结石发生率

参数	2 周				8 周				13 周			
剂量[a]	1	2	3	4	1	2	3	4	1	2	3	4
N	10	10	10	10	10	10	10	9	10	10	10	6
乳头状增生	0	0	7	8	0	0	9	7	0	0	5	6
单纯性增生									0	0	2	0
结石	0	0	3	4	0	0	9	8	0	0	7	6

a 剂量（单位：mg/kg）：1 = 对照组，2 = 8 000，3 = 30 000，4 = 50 000。

B.1.4.1 为期 13 周的研究

尿道上皮细胞毒性和泌尿生理学的干扰在研究初期就表现出来。在给药 2 周后就观察到了泌尿生理学的早期变化（pH 值下降且阳离子浓度升高），且变化贯穿于整个研究期间。尿道上皮细胞毒性表现为水肿、膀胱炎和增生；随着给药持续进行，增生（单纯性和乳头状迁移性细胞并发症）的总发生率升高。暴露 2 周后，中等剂量（30 000 mg/kg）的动物中 70%出现增生，高剂量（50 000 mg/kg）的动物中 80%出现增生；暴露 13 周后，中等剂量组中 70%出现增生，高剂量组中 100%出现增生。与早期相比，在 13 周时增生的严重性有一些下降的迹象，因为在外观上乳头状增生向单纯性增生转变，在 30 000 mg/kg 动物组中增生的综合发病率下降。

早在暴露 2 周就发现出现了尿结石（4 个剂量组的发生率分别为 0%、0%、30%和 40%），且发生率在整个研究期间增加。在为期 13 周的研究结束时，4 个剂量组的尿结石发生率分别为 0%、0%、70%和 100%，但在 13 周时每个动物的结石大小和数量均有所下降。

B.1.4.2 大鼠三代生殖研究

高剂量（饮食中＞20 000 mg/kg）导致 F1、F2 和 F3 代的雄性和雌性尿道发生病变。病变包括膀胱壁出血、骨盆扩张和乳突状坏死。在 F3 代，肾脏组织中发现的其他影响为迁移性上皮细胞增生和尿道内壁细胞脱落。该变化与结晶或钙沉淀有关。

B.1.5 影响的可逆性

有确凿的证据表明膀胱结石和膀胱增生是可逆的。在给药 8 周后的动物恢复基础饮食 16 周时，发现 30 000 mg/kg 动物组中 30%有结石，高剂量动物组中 25%有结石。膀胱增生（乳突状和迁移性细胞并发症）在这 2 个剂量组中分别降至 25%和 30%（表 3-B-3）。单个动物数据的分析表明在恢复期结束时，尿结石和增生的发生率之间有很强的关联性。

表 3-B-3 给药 8 周恢复 16 周后膀胱增生和结石发生率的可逆性

参数	剂量/（mg/kg）			
	0	8 000	30 000	50 000
N	10	10	10	8
乳突状增生	0	0	2	1
单纯性增生	0	0	1	1
结石	0	0	3	2

B.1.6 血液和尿液化学

服用化合物 Z 导致血液中磷和二氧化碳增加（数据未列出）。尿液分析（表 3-B-4）显示钙含量增加、磷含量下降、尿液 pH 值（5.0）显著降低，这在 30 000 mg/kg 和 50 000 mg/kg 大鼠组内给药 2 周后开始，并贯穿整个为期 13 周的研究中。这些变化发生在膀胱结石出现的时候，据报道膀胱结石含钙 33%和磷 23%。

表 3-B-4 给药 13 周雄性 SD 大鼠的临床化学值（尿液）

参数	2 周				8 周				13 周			
剂量	1	2	3	4	1	2	3	4	1	2	3	4
N	10	10	10	10	10	10	10	9	10	10	10	6
钙/（g/dl）	6	11	56[b]	36[c]	11	11	18	65[b]	5	7	14[b]	58[b]
磷/（mg/dl）	90	62	2[b]	13[c]	109	90	19	1[b]	57	67	26	1[b]
pH 值	7	6.5	5[b]	5[b]	7.4	6.9	5.8[b]	5.0[b]	7.2	6.7	6.0[b]	5.0[b]
结石	0	0	3	4	0	0	9	8	0	0	7	6

a 剂量（单位：mg/kg）：1 = 对照组，2 = 8 000，3 = 30 000，4 = 50 000；

b $p<0.01$；

c $p<0.05$。

B.1.7 新陈代谢

一旦被大鼠摄取后，化合物 Z 的乙烷基部分很快被吸收，水解为一种亚磷酸盐，经由乙醛和乙酸被氧化为二氧化碳和水。亚磷酸盐部分的吸收导致血液磷含量升高。血液中钙含量也会升高，导致通过尿液排泄的钙增多。乙烷基亚磷酸盐部分和二氧化碳也通过尿液排出。由于尿液被二氧化碳酸化，所以尿液 pH 值（5.0）显著下降。母体化学物质中的铝不易被吸收，主要由粪便排出。主要的尿液代谢物，亚磷酸盐代谢物在高达 32 000 mg/kg 的剂量饲喂大鼠时，没有显示出潜在致癌性。它也没有表现出任何的潜在诱变性，也没有任何的结构警示。

B.1.8 结构-活性关系

没有相关化学物质的结构数据。

B.2 作用模式分析

B.2.1 假定的作用模式概要描述

化合物 Z 在雄性 SD 大鼠中产生迁移性细胞肿瘤。作用模式包括泌尿生理学的干扰，涉及钙和磷的沉淀以及膀胱结石的形成。结石刺激膀胱上皮，然后形成迁移性细胞增生和膀胱肿瘤。泌尿生理学的干扰是一个涉及下列代谢过程的结果：①乙烷基部分被吸收代谢生成二氧化碳，导致尿液 pH 值下降；②亚磷酸盐部分被吸收，导致血液磷含量升高，向尿液中释放的钙增多。水的消耗增加以及随后的尿量增多可能促进膀胱毒性，但是还没有确定尿量增多的准确作用。

化合物 Z 的作用模式与证实啮齿类动物膀胱中实体肿块的其他数据相一致，而与其起因无关。固体物质的插入（包括惰性颗粒）、服用的化学物质沉淀（如三聚氰胺）或泌尿生理学的干扰（如二甘醇），导致尿道上皮细胞毒性和肿瘤形成。

B.2.2 关键事件

在给大鼠服用化合物 Z 之后，与膀胱肿瘤形成相关的关键前期事件包括血液中磷和二氧化碳升高、尿钙和尿量增多、尿液 pH 值和磷含量下降、膀胱结石形成以及尿道上皮细胞刺激和增生。

B.2.3 肿瘤反应与关键事件相关联的强度、一致性和特异性

动物研究中唯一观察到的肿瘤反应是在雄性 SD 大鼠体内观察到的膀胱肿瘤。对狗和小鼠进行的研究显示对膀胱没有影响。大鼠肿瘤反应只在导致关键前期事件的高剂量下才会观察到：经改变的泌尿生理学（尿量、尿钙和 pH 值）导致结石，并引起尿道上皮毒性和增生。在大鼠的慢性、亚慢性和三代生殖研究中发现高剂量的变化。在亚慢性停止/恢复研究中观察到的包括增生在内的关键事件是可逆转的。服用化合物 Z 的主要代谢物次亚磷酸钠不会降低尿液 pH 值、增加尿量或产生膀胱非肿瘤或肿瘤病变。虽然缺乏有关结石成分以及饲喂次亚磷酸钠后没有毒性相关问题的更完整信息，但是化合物 Z 的数据库足以评价假定的作用模式。可以高度信任的是这些发现准确地反映了与服用化学物质相关的影响。没有发现会实质性地改变假定的作用模式评价的数据缺口。

B.2.4 剂量-效应关系

为期 2 年的生物试验显示在 40 000/30 000 mg/kg 剂量下发现尿道上皮增生、迁移性细胞乳头状瘤、迁移性细胞癌和少许膀胱结石。在 78 只高剂量动物中，37%显示有膀胱肿瘤。在 8 000 mg/kg 剂量下，肿瘤、增生和结石没有增加。一个专门的为期 13 周饲喂研究证明

关键事件：尿钙含量增加、尿磷含量下降、pH 值降低、膀胱结石、刺激、水肿和增生，只在剂量大于或等于 30 000 mg/kg 时才会发生。结石形成与尿钙过多、酸尿和膀胱增生之间显示有很强的剂量-效应关系。在大鼠生殖研究中，在 24 000 mg/kg 剂量时发现有膀胱影响，但在 12 000 mg/kg 时则没有。

B.2.5　时间相关性

亚慢性大鼠研究在第 2、4、8 和 13 周杀死大鼠，对 8 周后的 16 周恢复组和 13 周后的 21 周恢复组进行了评价。在给药 2 周后，化合物 Z 产生了塞满膀胱的结石，并导致晚期乳头状增生。结石在 2 周时最多、最大，经过 13 周数量和大小均逐渐降低。在给药 2 周后观测到泌尿生理学的早期变化（尿液 pH 值下降、钙浓度升高、磷浓度降低），并一直贯穿整个研究期间。对 8 周给药/16 周恢复组的观察显示，与在第 8 周被杀死的动物相比，结石和增生的发生率均显著降低。同样，在 13 周停止给药后，动物的结石发生率、乳头状增生发生率以及增生的严重程度在 21 周恢复期结束后均显著降低（数据未列出）。给药 2 周内观察到的变化似乎启动了一系列事件，先是尿钙浓度增加，然后或许伴有结石形成、膀胱尿道上皮刺激、增生，最终形成肿瘤。

B.2.6　生物学似然性与数据库一致性

化合物Z的长期和亚慢性研究证明雄性大鼠的结石形成和膀胱肿瘤形成之间存在剂量关系。来自 13 周研究的数据显示影响的快速发作（给药 2 周内的泌尿参数变化、结石形成与增生）和给药动物 13 周暴露对化合物 Z 的适应（每个动物的结石数量和大小均降低、增生的严重程度下降）。只在观察到关键事件的剂量下才发现了肿瘤。

其他生物试验数据也为大鼠肿瘤与大鼠中关键事件的关联性以及服用化合物Z的其他物种中没有肿瘤和类似的关键事件提供了支持。在三代生殖研究中，高剂量给药（饮食中＞20 000 mg/kg）导致雄性和雌性大鼠尿道产生病变。在给狗服用饮食中剂量高达 40 000 mg/kg 的化合物 Z 2 年后，化合物 Z 总体上产生了极小的毒性影响，对尿道没有影响，也没有产生肿瘤。在给小鼠服用饮食中剂量高达 20 000/30 000 mg/kg 的化合物 Z 2 年后，化合物 Z 也没有对小鼠产生影响。

化合物 Z 的观察结果与许多其他实验环境下观察到的结果相一致。无论结石的化学成分如何，结石均会刺激啮齿类动物的膀胱，引发刺激、增生并最终形成肿瘤。

服用化合物 Z 后有些发现的作用存在一定的不确定性。通常，大鼠尿液 pH 值升高与含有钙和磷的结石沉淀有关。但是，服用了化合物 Z 的大鼠的结石是在尿液 pH 值较低时形成的。尿液的酸性环境（最有可能是乙烷基部分在血液中转化为二氧化碳的结果）是否有助于或增强大鼠膀胱组织中发现的影响也是不清楚的。在为期 2 年的研究结束时，高剂量动物中有极少量结石，但是膀胱肿瘤的发病率较高，这表明膀胱结石可能不是膀胱肿瘤形成的病因。其他考虑对这一推测持怀疑态度。首先，大量高剂量动物表现出肾盂积水或输尿管扩张、尿道阻塞的疑似迹象。其次，13 周研究提供证据表明膀胱结石快速形成（2 周内），但随后频率和大小均下降。在服用 30 000 mg/kg 化合物 Z 的动物中，伴随着膀胱结石大小和数量下降的是膀胱增生的严重程度下降。再次，通常认为饮食中化合物的恒定浓度会随着动物的生长而导致每单位体重的剂量减小。最后，尿量增多或者尿液 pH 值降低可能导致结石随着时间的流逝而分解。

在服用主要代谢物次亚磷酸钠后没有发生膀胱结石和尿道上皮毒性是令人费解的，因为人们可能期待给大鼠服用次亚磷酸钠会产生与化合物 Z 类似的膀胱影响。但是，在给大鼠服用代谢物后，导致血液中磷含量升高，但是，没有像钠消耗增加所预期的那样改变尿量或 pH 值。考虑到给大鼠服用高剂量的代谢物（32 000 mg/kg），采用更高剂量的其他生物试验将会提供有用的信息是不太可能的。

B.2.7 其他作用模式

化合物 Z 在短期试验中没有诱变性，也没有表明有生物反应性的结构。除了假定的作用模式外，没有其他有说服力的作用模式。膀胱肿瘤是在大鼠中发现的唯一肿瘤以及没有其他物种表现出与大鼠类似的肿瘤或其他毒性的这一事实表明该化合物不大可能有另一种广义的作用模式。

B.2.8 结论

化合物Z生物试验的可用数据足以支持没有潜在诱变性的化学物质通过一系列关键事件，包括泌尿生理学的干扰，尤其是钙浓度升高、结石形成、尿道上皮刺激、增生以及肿瘤形成，导致雄性大鼠膀胱肿瘤形成的假定作用模式。

B.3 作用模式与人类相关性

细菌感染、泌尿结石或两者兼而有之可能是人体尿道癌症的风险因素（Burin et al.，1995；Davis et al.，1984；Gonzalez et al.，1991；Kawai et al.，1994；Hiatt et al.，1982）。膀胱感染埃及血吸虫（*Schistosoma haematobium*）会导致膀胱肿瘤，其部分作用可能与结石形成有关（IARC，1994）。脊髓受伤与膀胱癌之间也显示出有重要关系，在脊髓受伤的个体中发现了慢性感染和结石（Bickel et al.，1991；Broecker et al.，1981；Dolin et al.，1994；El-Marsi and Fellows，1981；Stonehill et al.，1996）。病例对照流行病学研究（相对风险小于 3）表明膀胱癌和尿道结石之间有关联（Burin et al.，1995；Gonzalez et al.，1991）。一个大的群体研究支持膀胱结石和膀胱癌之间表现出来的关联性（Chow et al.，1997）。总而言之，结石可能会在膀胱癌形成过程中起到一定的作用（尤其是与感染一起）。膀胱癌是一种随着年龄增长而容易罹患的疾病，大约 2/3 的患者年龄在 65 岁或以上（Hankey et al.，1993）。

结石发生在人体尿道上端比发生在膀胱中更为常见（大约 10%的尿结石发生在膀胱中），大概是因为人体直立姿势使得结石一旦从肾脏进入膀胱就可通过尿道排出结石（Hiatt et al.，1982；Johnson et al.，1979；DeSesso，1995）。这一特征以及伴随着结石的疼痛导致手术摘除结石。啮齿类动物膀胱中的结石往往会有所滞留，这是因为它们水平体位的缘故。这些发现意味着人体对与结石相关的尿道肿瘤形成的易感性可能要低于啮齿类动物。

尿道中化学物质沉淀和结石形成是一个普遍现象，大约 12%的男性和 5%的女性一生中至少会患有一次结石（Johnson et al.，1979）。与成人相比，儿童体内形成泌尿结石并不常见，除非是在有好发条件的个体中，例如各种先天性代谢缺损（例如胱氨酸尿）和先天性畸形（Gearhart et al.，1991）。泌尿结石在儿童中的发生率大约为每年每两万名儿童中有一例（0.005%）（Khoory et al.，1998）。只有大约 5%的结石会在 20 岁以前初次出现（Johnson et al.，1979）。儿童体内尿结石的成因与成人十分相似（Khoory et al.，1998；Stapleton，1996）。与成人一样，儿童尿液的 pH 值和渗透压会发生变化，尤其是在对饮食和生理学压力（例如锻炼和热）作出反应的时候。化学物质的尿液排泄在整个生命期间都会发生，但由于许多因素（包括疾病状态和营养状态）的影响，可能会有量的差别。发达国家中的儿童在过去患结石比现在更普遍，大部分是由于营养不良，这在现今的发展中国家仍然是一个问题（Trinchieri，1996）。

化合物Z通过简单水解转化为代谢产物，水解是一个不依赖于酶活性的化学转换过程。酶活性水平的不同（例如通过肝代谢或在其他组织中的代谢解毒），不太可能会定性地改变可能暴露于化合物 Z 的老年人、体弱者、婴儿和儿童等人类亚群的反应。

总而言之，不能完全排除化合物 Z 的化学潜在人类致癌危害性。化合物 Z 只在可导致膀胱结石形成的条件下才对人类产生致癌危害。有理由得出以下结论：为成年动物制定的涉及化合物 Z 结石形成的作用模式可能适用于年幼的动物和儿童。信息表明对年幼个体的影响可能不会大于成年个体的影响，事实上，年幼个体的易感性可能更低，除非有罕见的情有可原的因素。

B.4 参考文献

[1] Bickel A.，Culkin D. J.，Wheeler J. S.. 1991. Bladder cancer in spinal cord injury patients. J. Urol. 146：1240-1242.

[2] Broecker B. H.，Klein F. A.，Hackler R. H.. 1981. Cancer of the bladder in spinal cord injury patients. J. Urol. 125：196-197.

[3] Burin G. J.，Gibb H. J.，Hill，R. N.. 1995. Human bladder cancer：Evidence for a potential irritation-induced mechanism. Fd. Chem. Toxicol. 33：785-795.

[4] Chow W-H.，Lindbald P.，Gridley G.，et al.. 1997. Risk of urinary tract cancers following kidney or ureter stones. J. Natl. Cancer Inst. 89：1453-1457.

[5] Davis C. P.，Cohen M. S.，Gruber M. B.，et al.. 1984. Urothelial hyperplasia and neoplasia：A response to chronic urinary tract infections in rats. J. Urol. 132：1025-1031.

[6] DeSesso J. M.. 1995. Anatomical relationships of urinary bladders compared：their potential role in the development of bladder tumours in humans and rats. Food Chem Toxicol. 33：705-714.

[7] Dolin P. J.，Darby S. C.，Beral V.. 1994. Paraplegia and squamous cell carcinoma of the bladder in young women：findings from a case-control study. Br. J. Cancer 70：167-168.

[8] El-Masri W. S., Fellows G.. 1981. Bladder cancer after spinal cord injury. Paraplegia 19: 265-270.

[9] Gearhart, J.P., Herzberg, G.Z., Jeffs, R.D. 1991. Childhood urolithiasis: Experiences and advances. Pediatrics 87: 445-450.

[10] Gonzalez C. A., Errezola M., Izarzugaza I., et al.. 1991. Urinary infection, renal lithiasis and bladder cancer in Spain. Eur. J. Cancer 27: 498-500.

[11] Hankey B. F., Silverman D. T., Kaplan R.. 1993. Urinary bladder. In Miller B. A., Ries L. A. G., Hankey B. F., et al., eds. SEER Cancer Statistics Review: 1973-1990. NIH Pub. No. 93-789. Bethesda, MD: National Cancer Institute: XXXVI.1-17.

[12] Hiatt R. A., Dales L. G., Friedman G. D., et al.. 1982. Frequency of urolithiasis in a prepaid medical program. Amer. J. Epidemiol. 115: 255-265.

[13] IARC. 1994. Some Industrial Chemicals. In IARC Monographs on the Evaluation of Carcinogenic Risks to Humans. Lyon, France, 60: 13-33.

[14] Johnson C. M., Wilson D. M., O'Fallon W. M., et al.. 1979. Renal stone epidemiology: A 25-year study in Rochester, Minnesota. Kid. Internat. 16: 624-631.

[15] Kawai K., Kawamata H., Kemeyama S., et al.. 1994. Persistence of carcinogen-altered cell population in rat urothelium which can be promoted to tumors by chronic inflammatory stimulus. Cancer Res. 54: 2630-2632.

[16] Khoory B. J., Pedrolli A., Vecchni S., et al.. 1998. Renal caculosis in pediatrics. Pediatr. Med. Chir. 20: 367-376.

[17] Stapelton F. B.. 1996. Clinical approach to children with urolithiasis. Semin. Nephrol. 16: 389-397.

[18] Stonehill W. H., Dmochowski R. R., Patterson A. L., et al.. 1996. Risk factors for bladder tumors in spinal cord injury patients. J. Urol. 155: 1248-1250.

[19] Trinchieri A.. 1996. Epidemiology of urolithiasis. Arch. Ital. Urol. Androl. 68: 203-249.

附录 C　评价用于推导参考剂量的数据集的质量

推导参考剂量首先是彻底审查和评价毒理学数据库，以识别与化学物质相关的可能的不利健康影响的类型和大小。该评价应包括对所有可能的健康影响的检查，包括急性、短期（14～28 d）、亚慢性、生殖/发育和慢性影响。

为了有助于支持参考剂量的推导，研究必需满足一定的实验设计、实验操作和数据报告方面的标准。本附录提供了各种类型的毒性研究合理的研究设计准则的常规指导。这些指导为评价人员提供了评价数据质量和丰富度的方法。合理的研究既可用于评价化学物质的潜在危害，又可用于推导参考剂量。

C.1　急性毒性的确定

急性暴露研究（短时间内，如不到 24 h，发生一个或多个剂量的暴露）可广泛用于许多化学物质。急性毒性（常以半致死剂量或浓度，LD_{50} 或 LC_{50} 表示）通常是实验评价化学物质的毒性特征的最初步骤。此类研究用于确定亚慢性和其他研究的给药方式，可提供物质的毒性作用模式的最初信息。因为 LD_{50} 或 LC_{50} 研究时间短、费用低且易于实施，所以它们通常用于危害分类系统中。

但是，急性致死研究在推导慢性基准中的作用有限，因为确定慢性基准绝不应建立在接近急性致死浓度的暴露上。但是，来自这类研究的数据确实提供了可能产生于个体短期暴露的健康危害信息。这类研究提供了高剂量影响数据，从这些数据可评价可能暂时超出可接受的慢性暴露浓度的暴露的潜在影响。数据评价应包括所有异常的发生率和严重程度、观测到的异常而非致死性的可逆性、肉眼能够看到的损害、体重变化、死亡率的影响以及任何其他毒性影响。

近年来，已经制定了指南来改进质量和规定同样的试验条件。不幸的是，许多发布的 LD_{50} 或 LC_{50} 试验没有按照 EPA 或经济合作发展组织（Organization for Economic Cooperation and Development，OECD）现行指南（USEPA，1985；OECD，1987）实施，因为它们在这些指南发布之前就已经实施了。因此，审查各个试验或研究以确定研究是否以适当的方式实施变得很有必要。

下面是编自各种试验指南的理想条件列表，可用于确定急性毒性数据的丰富度。许多公布的研究没有报道试验条件的详情使得难以确定。但是，理想的试验条件指南可包括以下内容。

常规：

（1）确定动物年龄和品种；

（2）每个剂量组每个性别至少有 5 个动物（两个性别均应使用）；

（3）给药后 14 d 或更长的观察期；

（4）最少有 3 个适当间隔的剂量值（大部分统计学方法要求至少有 3 个剂量值）；

（5）确定所用试验材料的纯度或等级（在较早的研究中尤为重要）；

（6）若使用了介质，则所选介质已知是无毒的；

（7）受试动物的肉眼尸检结果；

（8）开始研究之前受试动物的驯化期。

经口 LD_{50} 的具体条件：

（1）强饲或胶囊给药；

（2）介质加试验材料的总量在所有剂量下保持恒定；

（3）给药之前禁止动物进食。

经皮 LD_{10} 的具体条件：

（1）暴露在完好、经修剪的皮肤上，涉及体表大约 10%；

（2）通过控制或覆盖试验场所，防止动物经口接触试验材料。

吸入 LC_{50} 的具体条件：

（1）暴露持续时间至少 4 h；

（2）如果是气雾剂（雾状物或颗粒），则应报告颗粒大小（中间粒径和绝对偏差）。

虽然一个完美实施的研究将包括上面列出的条件，但是并不是所有这些条件都需要包括在一个合理实施的研究之中。因此，审查这些研究的人员需要经过一番斟酌（USEPA，1985；OECD，1987）。

C.2 短期毒性研究（14 d 或 28 d 重复剂量毒性）

短期暴露通常是指在 14～28 d 发生的多个或连续暴露。短期重复性剂量研究的目的是提供在一个有限的时段内重复暴露引起的可能的不利健康影响的相关信息。

下列指南采用 OECD《化学物质测试指南》（OECD，1987）推导得出，用来确定重复性剂量短期毒性研究的设计和质量：

（1）最少给予 3 个剂量值，并采用合理的对照组；

（2）每个剂量组每个性别最少有 10 个动物（两个性别均应使用）；

（3）最高剂量在理想情况下应引起某些毒性迹象，而不会引发过多致死；而最低剂量在理想情况下不应产生任何毒性迹象；

（4）理想的给药方式，在 14 d 或 28 d 的期限内，每周给药 7 d；

（5）在整个实验期间，所有动物均应以同样的方法给药；

（6）在给药期间（即 14 d 或 28 d），应每天观察动物的中毒迹象。对研究期间死亡的动物进行尸检，在研究期结束时杀死给药组中所有幸存下来的动物并进行尸检；

（7）所有观测到的结果，包括定量的和偶然的结果，均应采用适当的统计学方法进行评价；

（8）临床检查应包括血液学和临床生物化学，当预期可提供毒性迹象时，可能需要进行尿液分析。病理学检查应包括肉眼尸检和组织病理学检查。

应当依据观测到的毒性影响以及尸检和组织病理学结果认真考虑短期重复性剂量毒性研究的结果。评价将包括异常的发生率和严重程度、肉眼能够看到的损害、体重变化、死亡率的影响以及其他常规或具体的毒性影响（OECD，1987）。

这些指南描绘了理想条件，但并不期望研究将满足所有的标准才被认为是合理的。例如，国家毒理学计划的癌症生物试验计划已经建成了一个真实的短期重复性剂量研究数据库。这些研究的研究期限为 14～20 d，有 5 个剂量水平和 1 个对照组，一般给药 12～15 次。由于该数据质量优良，所以应该考虑这些研究结果，尽管它们并不总是遵循研究方案。

C.3　亚慢性和慢性毒性

亚慢性暴露（通常超过 3 个月）和慢性暴露（涉及更长的时间期限或研究对象生命期中的一个重要阶段）的研究设计用来测定化学物质的连续或重复暴露相关的无可见影响剂量（NOEL）和毒性影响。亚慢性研究提供了一个有限时段内的重复暴露可能产生的健康危害信息。它们提供了靶器官和累积可能性的信息，在有适当的不确定性系数时，可用来制定保护人体健康的水质基准。慢性研究提供了在长期少量重复暴露后的潜在影响相关信息。这类影响可能需要很长的潜伏期或质的积累才能显现疾病。慢性试验的设计和开展应考虑一般毒性影响的检测，包括神经学、生理学、生物化学、血液学的影响以及与暴露相关的病理学影响。

下列指南采用 EPA《健康影响测试指南》（USEPA，1985）推导得出，用于确定亚慢性或慢性（长期）研究的质量。其他详细指导可参见该文件。这些指南代表了理想条件，但并不期望研究满足所有的标准才被考虑用作参考剂量推导的依据。理想情况下，亚慢性/慢性研究应包括：

（1）最少给予 3 个剂量值，并采用合理的对照组；

（2）每个剂量组每个性别亚慢性研究最少有 10 个动物，慢性研究最少有 20 个动物（两个性别均应使用）；

（3）最高剂量应引起某些毒性迹象，而不会引发过多致死；而最低剂量在理想情况下不应产生任何毒性迹象；

（4）理想的给药方式，在对啮齿类动物亚慢性研究的 13 周或更长时间内（90 d 或更长）以及啮齿类动物慢性研究至少 12 个月或更长时间内，每周给药 5～7 d。对于其他物种而言，重复给药理想情况是在亚慢性研究中给药期为动物生命期的 10%或更长；在慢性研究中，给药期为动物生命期的 50%或更长；

（5）在整个实验期间，所有动物均应以同样的方法给药；

（6）在给药期间（即 90 d 或更长），应每天对动物进行观察；

（7）对研究期间死亡的动物进行尸检，在研究期结束时，杀死幸存下来的动物并进行尸检，开展适当的组织病理学检查；

（8）结果应采用在实验设计中选定的适当的统计学方法进行评价；

（9）这类毒性试验应评价受试物质的剂量与异常（包括行为异常和临床异常）的发生、发生率和严重程度、肉眼能够看到的损害、识别靶器官、体重变化、死亡率的影响以及EPA（1985）中提到的所有其他毒性影响之间的关系。

C.4 发育毒性

生殖和发育毒性研究指南是由 EPA 制定的（USEPA，1985；OECD，1987）。发育毒性可通过在器官发育期间给药化合物的相对短期研究进行评价。根据 EPA《健康影响测试指南》（USEPA，1985），理想研究应包括：

（1）建议每个剂量组最少有 20 只年轻的、成年的怀孕大鼠、小鼠或仓鼠或 12 只年轻的、成年的怀孕家兔；

（2）最少给予 3 个剂量值，并采用合理的对照组；

（3）最高剂量应引发一些轻微的母体毒性，但死亡率不超过 10%。最低剂量不得在母体或胎儿中产生肉眼可见的影响。中等剂量在理想情况下将会产生最小可见的毒性影响；

（4）给药期应涵盖主要的器官发育期（大鼠和小鼠为妊娠期第 6～15 d；仓鼠为第 6～14 d；家兔为第 6～18 d）；

（5）应每天观察母体情况，应测定每周的食物消耗量和体重；

（6）尸检应包括对母体的肉眼和显微检查，应检查子宫，以计数胚胎或死胎和活胎的个数，应称取胎儿重量；

（7）每胎 1/3～1/2 的动物应进行骨骼异常检查，其他的动物应进行软组织异常检查。

与任何其他类型的研究一样，必需对研究数据进行适当的统计学分析，以确定该研究是否是一个高质量的研究。此外，从发育研究有两个可能的统计学分析的实验单位（每胎和单个胎儿）来看，它又是独特的。EPA 测试指南没有就采用哪个单位提出任何建议，但是《发育毒性风险评价指南》（USEPA，1991）提到“既然每胎通常被认为是大多数发育毒性研究的实验单位……统计学分析应被设计成根据每胎的发病率或具有特定终点的胎数来分析相关数据”。其他人也认为每胎是首选的实验单位（Palmer，1981；Madson et al.，1982）。

在评价发育影响时，母体毒性的信息是十分重要的，因为其有助于确定后代和母体之间是否存在不同的易感性。由于胎儿依赖母体进行某些生理学过程，所以中断母体的动态平衡可能会导致胎儿发育异常。影响胎儿发育而不会危及母体安全的物质被认为比在母体毒性剂量引起发育影响的化学物质所产生的发育危害更大。不幸的是，母体毒性的信息在早期研究中通常没有提及，只是在最近才成为研究的一个标准做法。在试图运用所有的可用数据时，如果发育影响严重到足以证明无需考虑母体毒性存在时，则可能不需要母体的毒性信息。

C.5 生殖毒性

EPA《健康影响测试指南》（USEPA，1985）包括生殖和生育力研究以及发育研究的指南。这些 EPA 指南可作为用来比较研究质量的理想实验条件。被评价的研究不需要精确匹配，但应足够类似，以至于确信化学物质经过了充分的测试，且结果是该化学物质真实的生殖或发育毒性的可靠评价。

这些指南还推荐进行两代生殖研究，以提供化学物质对性腺功能、受精、分娩以及后代的生长和发育等影响力的相关信息，也可提供有关受试化合物对新生儿发病率、死亡率和发育毒性的影响的其他信息。生殖试验的建议冗长而且相当详细，可在 EPA《健康影响测试指南》中进一步查看。一般而言，受试化合物至少在交配之前 10 个星期喂给作为父母（P）的动物（至少有 20 只雄性动物以及足以得到 20 只怀孕雌性的足够的雌性动物），一直喂到怀孕期直至后代（F1 或第 1 代）断奶。该化合物随后以类似方式喂给 F1 代，喂至第二代（F2）产生直至断奶。有关剂量组的个数和剂量水平的建议与发育研究中报道的类似。同时还应提供有关交配过程、同胎产仔数的标准化（尽可能从每胎中随机选择 4 只雄性和 4 只雌性）、观察、肉眼尸检和组织病理学的详情。建议对交配过程中采用的所有高剂量和对照 P 与 Fl 动物的下列器官进行全面的组织病理学检查：阴道、子宫、睾丸、附睾、精囊、前列腺、脑下垂体和靶器官。当病理学在高剂量动物中已被证实时，还应检查来自其他剂量组的动物的器官（USEPA，1985）。

C.6 参考文献

[1] Madson J. M.，et al.. 1982. Teratology test methods for laboratory animals. In：Principles and Methods of Toxicology. Hayes A. W.（ed）. Raven Press. New York，NY.

[2] OECD（Organization for Economic Cooperation and Development）. 1987. Guidelines for Testing of Chemicals. Paris，France.

[3] Palmer A K.. 1981. Regulatory requirements for reproductive toxicology：Theory and practice. In：Developmental Toxicology. Kimmel C. A.，Buelke-Sam J.（eds）. Raven Press. New York，NY.

[4] USEPA（U.S. Environmental Protection Agency）. 1985. Health Effects Testing Guidelines. 40 CFR Part 798.

[5] USEPA（U.S. Environmental Protection Agency）. 1991. Final guidelines for development toxicity risk assessment. Federal Register 56：63798-63826. December 5.

第 4 篇

推导保护人体健康水质基准方法学（2000 年）技术支持文件

第 2 卷：国家生物累积系数的推导

1 引言

2000 年，美国国家环境保护局（EPA）发布了《推导保护人体健康环境水质基准方法学（2000 年）》（USEPA，2000a）。该文件（简称《2000 年人体健康方法学》）根据《清洁水法》第 304（a）条款提出了 EPA 在推导保护人体健康的新的和修订的所推荐的国家环境水质基准（AWQC）方面将要采取的技术指导和步骤。《2000 年人体健康方法学》包括对化学物质的风险评价、暴露和生物累积等方面的指南。为了补充《2000 年人体健康方法学》，EPA 正在编制有关风险评价、暴露评价和生物累积等方面的系列技术支持文件（Technical Support Documents，TSD）。第 1 卷（风险评价，EPA-822-B-00-005）于 2000 年 10 月与《2000 年人体健康方法学》一起发布。本卷（即技术支持文件第 2 卷）为《2000 年人体健康方法学》有关化学物质生物累积评价的技术部分。

《2000 年人体健康方法学》融合了过去 20 年中所取得的许多科学进展，其中之一就是评价化学物质通过水生食物链途径对人体的暴露情况。对于某些化学物质，通过水生食物链的暴露要比从水中摄入的暴露更加重要。这类化学物质往往具有高疏水性，分布在表层沉积物的水生环境中，并通过生物累积过程以高浓度累积在鱼类和贝类体内。确定化学物质通过水生食物链对人体的暴露情况的一种方法是估算化学物质预期在美国人通常食用的鱼类和贝类动物中的生物累积量。以前，EPA 主要采用生物富集系数（BCF）来评价水中的化学物质在水生生物体内的累积情况。生物富集系数反映污染物只通过水体在鱼类和贝类体内的暴露和累积情况。然而，过去 20 年来，科学已经表明，高生物累积性的化学物质暴露于鱼类和贝类体内的所有途径（如食物、沉积物和水）对于确定生物体内的化学物质累积可能是非常重要的，当人类食用受污染的鱼类和贝类动物时，这些化学物质就会转移到人体当中。目前 EPA 估算鱼类和贝类动物中吸收量的方法强调采用生物累积系数（BAF），用该系数解释化学物质来自各种潜在暴露途径的累积情况。

非致癌效应的环境水质基准（AWQC）推导公式如式（4-1-1）所示，以此公式为例来说明如何运用 BAF 来计算所推荐的保护人体健康的国家环境水质基准（USEPA，2000）。在式（4-1-1）中，特定营养级的生物累积系数以及各营养级（i）每日鱼类摄入量（FI）用作分母，来估算通过水生食物链暴露于人体中的污染物。

$$\mathrm{AWQC} = \mathrm{RfD} \cdot \mathrm{RSC} \cdot \left(\frac{\mathrm{BW}}{\mathrm{DI} + \sum_{i=2}^{4} \left(\mathrm{FI}_i \cdot \mathrm{BAF}_i \right)} \right) \tag{4-1-1}$$

式中：RfD——非致癌效应的参考剂量，mg/（kg · d）；

RSC——非水源性暴露的相对源贡献率；

BW——人体体重，kg；

DI——饮用水摄入量，L/d；

FI_i——营养级 i（i=2，3，4）的鱼类摄入量，kg/d；

BAF_i——营养级 i（i=2，3，4）的生物累积系数，L/kg。

1.1 目的

本技术支持文件：

(1)为 EPA 制定人类通常食用的不同营养级鱼类和贝类的国家生物累积系数方法提供技术依据；

(2）讨论这一方法的基本假设和内在不确定性；

(3）提供应用《2000 年人体健康方法学》生物累积系数的更多详细信息。

正如第 1 章式（4-1-1）所表明的那样，EPA 在推导保护人体健康的环境水质基准时运用给定污染物的国家特定营养级生物累积系数。随后的一卷（第 3 卷：特定生境生物累积系数的推导）为各州和授权部落优先选择更能代表当地条件的生物累积系数、推导各营养级特定生境的生物累积系数提供了指南。推导生物累积系数时，不应只运用生物累积技术支持文件，而是应当与《2000 年人体健康方法学》一起运用。这些文件的目标读者包括负责推导水质基准的 EPA 科学家、各州和部落风险评价人员以及对 EPA 国家生物累积系数方法学的技术基础感兴趣的利益相关者，还包括那些对生物累积的其他应用感兴趣的其他读者。

1.2 范围

EPA 推导国家生物累积系数方法的目的是为了说明美国各地人们通常食用的水生生物中某种污染物的长期平均生物累积可能性。国家生物累积系数并非旨在反映短期（如几天）内的生物累积波动情况，因为人体健康的环境水质基准通常旨在保护人体长期（终生）免遭水中化学物质暴露的影响。

同时，国家生物累积系数旨在说明能够影响美国水体中生物累积的某些主要的化学、生物学和生态学特性。因此，EPA 提出的方法包括按照化学物质的类型（如非离子性有机物、离子性有机物、无机物和有机金属物质）推导国家生物累积系数的单个程序。对于《2000 年人体健康方法学》而言，非离子性有机化学物质被定义为在自然水体中基本不发生电离的有机化合物。这些化学物质在科学文献中也被称为“中性”或“非极性”有机物。离子性有机化学物质包括那些含有可交换质子的官能团[如羟基、羧基、磺酸基和含氮基团（吡啶）等]的化学物质。离子性有机化学物质在水中进行电离，电离程度取决于水的 pH 值和

pK_a 值。在推导国家生物累积系数时单独考虑离子性化学物质，因为在水生系统中这些化学物质的阴离子或阳离子的特性与其中性状态（非离子化）的特性有很大差异。无机物和有机金属化学物质包括无机矿物质、其他无机化合物和元素、金属、非金属和有机金属化合物。本技术支持文件主要集中讨论确定能够进行生物累积的非离子性有机化学物质的生物累积系数程序。非离子性有机化学物质生物累积的估算程序通常比离子性化学物质生物累积的估算程序更为完善。因此，这些程序的应用条件及其应用的局限性需更多的解释。

此外，EPA 国家生物累积系数是为各营养级单独推导的，以说明水生食物链中某些化学物质的潜在生物放大作用以及可能影响生物累积的生物体中广泛的生理学差异。正如第 3 章所讨论的那样，环境水体中水生生物的脂质含量和有机碳含量会影响水生食物链中非离子性有机化学物质的生物累积。国家特定营养级生物累积系数通过运用通常食用的鱼类和贝类的脂质含量以及化学物质在环境水体中的自由溶解分数这两个参数的国家平均值进行调整。有关这些参数的更多讨论见第 4 章。

1.3　生物累积和生物富集的重要概念

在制定用于建立保护人体健康所推荐的国家环境水质基准所采用的国家生物累积系数的方法时，对于生物累积过程中的若干概念的理解是非常重要的。首先，“生物累积”是指水生生物从周围介质（如水、食物和沉积物）中吸收和蓄积某种化学物质。“生物富集”是指水生生物仅通过水吸收和蓄积某种化学物质。对于某些化学物质（尤其是高持久性和疏水性化学物质），其水生生物累积量可大大高于生物富集量。对这类化学物质来说，只进行生物富集评价会低估其在水生生物体内的累积程度。因此，EPA《2000 年人体健康方法学》强调对化学物质在水生生物体内的生物累积加以考虑，而 EPA 1980 年的方法学则强调的是对生物富集的测定。

生物累积过程中的另外一个重要方面是稳态条件。具体来讲，生物累积可以被简单地看成是水生生物吸收和净化（化学损失）化学物质的竞争速率的结果。化学物质的吸收和净化速率可受到各种因素的影响，包括化学物质的性质、受试生物的生理学状态、水质和其他环境条件、水体的生态特征（如食物链结构）以及化学物质的浓度和负荷史。当化学物质吸收与净化的速率相等时，组织中的浓度会在一定时间内保持恒定，并认为化学物质在生物体与其来源之间的分布处于稳定状态。对于持续性的化学物质暴露和其他条件，生物体中的稳态浓度则代表化学物质在这些条件下在生物体内的最大累积潜力。化学物质在生物体内达到稳态所需要的时间依据化学物质的性质、环境条件的差异和其他因素的不同而有所差异。如某些高疏水性化学物质在环境各相之间需要很长一段时间来达到稳定状态（如几个月），而高亲水性化学物质通常相对较快地达到稳态（如几个小时至几天）。

保护人体健康所推荐的国家环境水质基准是为了保护人体免受水中污染物终生或长期的有害暴露。所以，对稳态或近似稳态的生物累积进行评价是推导国家生物累积系数的基本原则之一。对于那些需要较长时间才能在水生生物体内达到稳态的化学物质来说，化学物质在水体中的浓度变化可能比在组织中的浓度变化更快。因此，如果系统大大偏离稳态条件，且水中浓度在较长的时间内也未达到平衡状态，则化学物质在生物组织与水中的浓度比值与稳态时的比值不同，这对于长期潜在生物累积没有丝毫预测价值。因此，生物累积系数的测定应以足够的时间内受试化学物质在水体中平衡的浓度为基础。此外，在推导保护人体健康所推荐的国家环境水质基准的过程中所应用的生物累积系数应当以化学物质在食用的生物组织和水体中的浓度的充分的空间平衡为基础。

确定生物累积系数所运用的适当时间平衡概念如图 4-1-1 所示（Burkhard，2003）。图 4-1-1A 显示了运用简单的稀释模型和来自明尼苏达州圣保罗市密西西比河的日常流量数据得出的有待证实的非离子性有机化学物质的日常浓度。通过运用 Gobas 动力学模型（1993）可以将河水中这些化学物质的日常浓度转换为鱼体中化学物质的日常浓度。图 4-1-1B 显示了对于简单假定的食物链而言运用范围在 2～9 的正辛醇-水分配系数（K_{ow}）的对数得出的化学物质在肉食性鱼类中的转换结果。图 4-1-1 A 和 B 共同显示了在一定时间内相对于化学物质在水环境中的浓度而言，非离子性有机化学物质在鱼体中的浓度变化速度取决于化学物质的疏水性，即化学物质的 K_{ow} 系数。响应的大小程度不同，变化的速度随着 K_{ow} 系数的增加而降低。对于 K_{ow} 系数较低的化学物质（如 $\lg K_{ow}$ 为 2 和 3），变化的速度非常快，以至于鱼体中的化学物质浓度具有模拟水环境中化学物质浓度的趋势。对于 K_{ow} 系数较大的化学物质（如 $\lg K_{ow}$ 为 6 和 7），鱼体中的化学物质浓度相对于水中的浓度而言其变化速度较慢，通常，鱼体中的浓度遵循水中化学物质浓度变化的长期趋势。

显然，基于水中化学物质浓度不适当时间平衡的生物累积系数没有什么预测力，因此，生物累积系数应当基于化学物质在足够的时间内达到平衡时的水体中的浓度。基于这个原因，《2000 年人体健康方法学》将生物累积系数定义为化学物质在水生生物组织中的浓度与其在水环境中的浓度的比值（用 L/kg 表示），前提是生物体及其食物均处于暴露状态，且此比值在一定时间内不会发生显著的变化（即反映生物累积的比值处于或近似稳态）。类似的是，生物富集系数被定义为化学物质在水生生物组织中的浓度与其在水环境中的浓度的比值（用 L/kg 表示），前提是生物体仅经受水暴露，且此比值在一定时间内不会发生显著的变化。

从确定生物累积系数采样的角度来看，K_{ow} 系数较大的化学物质通常需要一定时间内许多水样的平均值，以便确定化学物质在水中的长期浓度。与此相反，对于 K_{ow} 系数较低的化学物质，由于鱼体中的浓度模拟水体中的浓度，确定水中化学物质浓度的时间尺度缩小到对鱼类和水体同时取样，现有的水中化学物质浓度为预测鱼体中的化学物质浓度提供了一个很好的预测。Burkhard（2003）对于生物累积系数采样设计提供了更多详细资料，EPA 将在技术支持文件第 3 卷：特定生境生物累积系数的推导中为确定生物累积系数的野外采样设计提供更多信息。

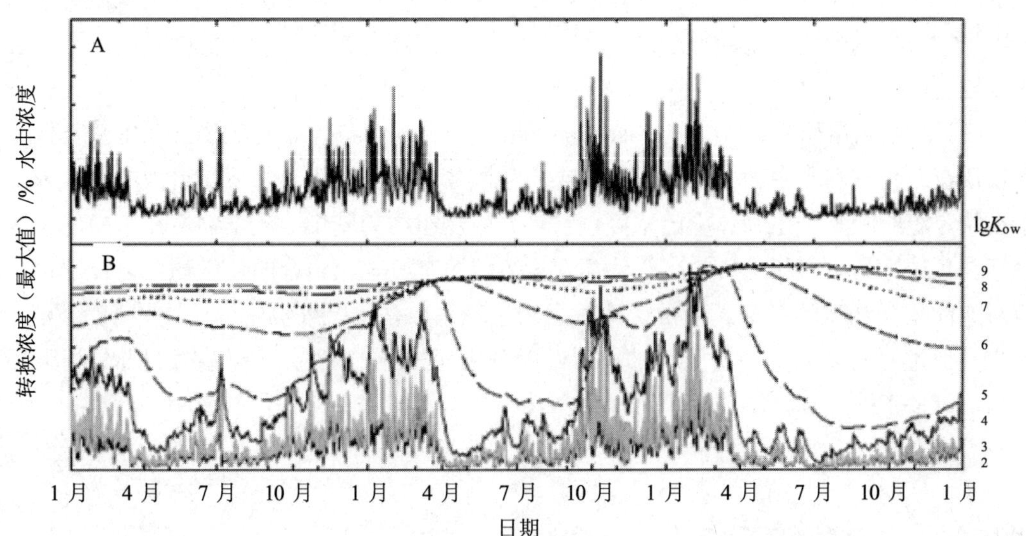

图 4-1-1 （A）运用简单的稀释模型和来自明尼苏达州圣保罗市密西西比河的日常流量数据预测在一定时间内水体中有待证实的非离子性有机化学物质的日常浓度；（B）运用 Gobas 食物链动力学模型（1993）和非离子性有机化学物质 $\lg K_{ow}$ 由水体中的化学物质日常浓度得出肉食性鱼类中的化学物质日常浓度

2 定义

本文件采用下列术语和定义。

2.1 生物累积

（1）生物累积：水生生物从所有环境来源摄取的化学物质的净累积。

（2）生物累积系数（BAF）：水生生物组织中的化学物质浓度与水环境中的化学物质浓度的比值（单位为 L/kg），前提是生物体及其食物均处于暴露状态，且此比值在一定时间内不会发生显著变化。生物累积系数按下式计算。

$$\mathrm{BAF}=\frac{C_{\mathrm{t}}}{C_{\mathrm{w}}} \tag{4-2-1}$$

式中：C_{t}——化学物质在特定湿生物组织中的浓度；

C_{w}——化学物质在水中的浓度。

由于组织和水中的化学物质浓度可以按照化学物质在不同的生物学或化学阶段（如在

组织或水中的总浓度、在脂质中的浓度、在水中自由溶解态浓度）的分配情况进行确定，所以生物累积系数的常规计算公式[式（4-2-1）]在下文进一步完善，以便对这些不同阶段加以描述。

（3）总生物累积系数（total bioaccumulation factor，BAF_T^t）：总生物累积系数是依据化学物质在生物体和水中的总浓度计算出来的生物累积系数。化学物质在组织中的总浓度是指在特定组织或整个生物体中的浓度，它以湿生物组织为基础。化学物质在水中的总浓度包括与颗粒性有机碳相结合的化学物质、与溶解性有机碳相结合的化学物质以及水中自由溶解态的化学物质的总和。通常认为总生物累积系数是“野外测定的生物累积系数”，因为它是通过对野外采集的组织和水样所做的分析而推导出来的。总生物累积系数用 L/kg 表示，可按下式计算。

$$BAF_T^t = \frac{C_t}{C_w} \tag{4-2-2}$$

式中：C_t——化学物质在组织中的总浓度；

C_w——化学物质在水中的总浓度。

（4）基线生物累积系数（基线 BAF 或 BAF_L^{fd}）：对于非离子性有机化学物质（以及具有类似脂质和有机碳分配特性的某些离子性有机化学物质[①]），依据化学物质在水中自由溶解态浓度和组织脂质分数中的浓度计算出来的生物累积系数。基线生物累积系数用 L/kg 表示，其计算公式如下。

$$\text{基线BAF} = BAF_L^{fd} = \left(\frac{BAF_T^t}{f_{fd}} - 1\right) \cdot \frac{1}{f_l} \tag{4-2-3}$$

式中：BAF_T^t——总生物累积系数；

f_{fd}——化学物质在水中自由溶解的总浓度分数；

f_l——组织中的脂质分数。

基线生物累积系数也可以定义如下。

$$\text{基线BAF} = BAF_l^{fd} - \frac{1}{f_l} \tag{4-2-4}$$

式中：BAF_l^{fd}——基于脂质标准化和自由溶解态的生物累积系数（见下列定义）；

f_l——组织中的脂质分数。

注释：附录 A 介绍了基线生物累积系数的推导情况，并称之为“BAF_L^{fd}”。下标“L”表示化学物质在脂质中的浓度，与之相比，“l”表示脂质标准化，指化学物质在整个组织中的浓度除以组织中的脂质分数（f_l）。上标“fd”表示在水中自由溶解态化学物质，而不是水中的总化学物质。基于化学物质在生物体和水中分布的平衡分配假设，基于“L”和“fd”表示的化学浓度可以分别通过运用测定的或预测

① 正如第 3.2.2 节和图 4-3-1 所指出的那样，某些离子性有机化学物质的基线生物累积系数可以运用为非离子性有机化学物质制定的方法推导出来，其依据是脂质和有机碳分配原理。在这种情况下，对于所讨论的离子性化学物质，应该知道或推断出类似的脂质和有机碳分配特性（即基于可以忽略不计的电离）。

的组织中的脂质分数值和自由溶解于水中的总化学物质的分数计算出来（见附录 A）。这避免了与直接分析测定脂质中的总化学物质浓度和水中自由溶解态化学物质浓度相关的实际限制。

（5）基于脂质标准化和自由溶解态的生物累积系数（BAF_l^{fd}）：生物组织中化学物质的脂质标准化浓度与水中自由溶解态化学物质浓度的比值（用 L/kg 表示），前提是生物体及其食物均处于暴露状态，且此比值在一定时间内不会发生显著变化。BAF_l^{fd} 按下列公式计算。

$$BAF_l^{fd} = \frac{C_l}{C_w^{fd}} \tag{4-2-5}$$

式中：C_l——化学物质在组织中的脂质标准化浓度；

C_w^{fd}——化学物质在水中的自由溶解态浓度。

（6）特定营养级的国家生物累积系数（国家 $BAF_{TL,n}$）：依据营养级 n 的国家平均脂质含量和水中有机碳的国家平均值计算出来的生物累积系数，用 L/kg 表示，其计算公式如下。

$$国家BAF_{TL,n} = [(最终基线BAF)_{TL,n} \cdot (f_l)_{TL,n} + 1] \cdot f_{fd} \tag{4-2-6}$$

式中：$(最终基线BAF)_{TL,n}$——营养级 n 的平均基线生物累积系数；

$(f_l)_{TL,n}$——营养级 n 中的水生生物组织的脂质分数；

f_{fd}——化学物质在水中自由溶解的总浓度分数。

2.2 生物富集

（1）生物富集：水生生物通过腮膜或其他体表直接从水环境摄取的化学物质的净累积。

（2）生物富集系数（BCF）：水生生物组织中的化学物质浓度与水环境中的化学物质浓度的比值（用 L/kg 表示），前提是生物体只经受水暴露，且此比值在一定时间内不会发生显著变化。生物富集系数的计算公式如下。

$$BCF = \frac{C_t}{C_w} \tag{4-2-7}$$

式中：C_t——化学物质在组织中的浓度；

C_w——化学物质在水中的浓度。

由于组织和水中的化学物质浓度可以按照化学物质在不同的生物学或化学阶段（如在组织或水中的总浓度、在脂质中的浓度、在水中自由溶解态浓度）的分配情况进行确定，所以生物富集系数的常规计算式（4-2-7）在下文进一步完善，以便对这些不同阶段加以描述。

（3）总生物富集系数（total bioconcentration factor，BCF_T^t）：总生物富集系数是依据化学物质在生物体和水中的总浓度计算出来的生物富集系数。化学物质在组织中的总浓度是指在特定组织或整个生物体中的浓度，它以湿生物组织为基础。化学物质在水中的总浓度包括与颗粒性有机碳相结合的化学物质、与溶解性有机碳相结合的化学物质以及水中自由溶解态的化学物质的总和。由于总生物富集系数只在实验室测定，通常称为“实验室测定的生物富集系数”，以 L/kg 表示，其计算公式如下。

$$\mathrm{BCF}_{\mathrm{T}}^{\mathrm{t}}=\frac{C_{\mathrm{t}}}{C_{\mathrm{w}}} \quad (4\text{-}2\text{-}8)$$

式中：C_{t}——化学物质在组织中的总浓度；

C_{w}——化学物质在水中的总浓度。

（4）基线生物富集系数（基线 BCF 或 $\mathrm{BCF}_{\mathrm{L}}^{\mathrm{fd}}$）：对于非离子性有机化学物质（以及具有相似脂质和有机碳分配特性的某些离子性有机化学物质[①]），依据化学物质在水中自由溶解态浓度和组织脂质分数中的浓度计算出来的生物富集系数，以 L/kg 表示，其计算公式如下。

$$\text{基线BCF}=\mathrm{BCF}_{\mathrm{L}}^{\mathrm{fd}}=\left(\frac{\mathrm{BCF}_{\mathrm{T}}^{\mathrm{t}}}{f_{\mathrm{fd}}}-1\right)\cdot\frac{1}{f_{\mathrm{l}}} \quad (4\text{-}2\text{-}9)$$

式中：$\mathrm{BCF}_{\mathrm{T}}^{\mathrm{t}}$——总生物富集系数；

f_{fd}——化学物质在水中自由溶解的总浓度分数；

f_{l}——组织中的脂质分数。

基线生物富集系数也可定义如下。

$$\text{基线BCF}=\mathrm{BCF}_{\mathrm{l}}^{\mathrm{fd}}-\frac{1}{f_{\mathrm{l}}} \quad (4\text{-}2\text{-}10)$$

式中：$\mathrm{BCF}_{\mathrm{l}}^{\mathrm{fd}}$——基于脂质标准化和自由溶解态的生物富集系数（见下列定义）；

f_{l}——组织中的脂质分数。

注释：附录 A 介绍了基线生物富集系数的推导情况，并称之为“$\mathrm{BCF}_{\mathrm{L}}^{\mathrm{fd}}$”。下标“L”表示化学物质在脂质中的浓度，与之相比，“l”表示脂质标准化，指化学物质在整个组织中的浓度除以组织中的脂质分数（f_{l}）。上标“fd”表示在水中自由溶解态化学物质，而不是水中的总化学物质。基于化学物质在生物体和水中分布的平衡分配假设，基于“L”和“fd”表示的化学浓度可以分别通过运用测定的或预测的组织中的脂质分数值和自由溶解于水中的总化学物质的分数计算出来（见附录 A）。这避免了与直接分析测定脂质中的总化学物质浓度和水中自由溶解态化学物质浓度相关的实际限制。

（5）基于脂质标准化和自由溶解态的生物富集系数（$\mathrm{BCF}_{\mathrm{l}}^{\mathrm{fd}}$）：生物组织中化学物质的脂质标准化浓度与水中自由溶解态化学物质浓度的比值（以 L/kg 表示），前提是生物体只经受水暴露，且此比值在一定时间内不会发生显著变化。其计算公式如下。

① 正如第 3.2.2 节和图 4-3-1 所指出的那样，某些离子性有机化学物质的基线生物富集系数可以运用为非离子性有机化学物质制定的方法推导出来，其依据是脂质和有机碳分配原理。在这种情况下，对于所讨论的离子性化学物质，应该知道或推断出类似的脂质和有机碳分配特性（即基于可以忽略不计的电离）。

$$\mathrm{BCF}_{\mathrm{l}}^{\mathrm{fd}} = \frac{C_{\mathrm{l}}}{C_{\mathrm{w}}^{\mathrm{fd}}} \tag{4-2-11}$$

式中：C_{l}——化学物质在组织中的脂质标准化浓度；

$C_{\mathrm{w}}^{\mathrm{fd}}$——化学物质在水中的自由溶解态浓度。

2.3　其他术语

（1）生物放大：通过一系列的捕食行为，主要是通过与饮食有关的累积机制，化学物质在生物组织中浓度增加的现象。

（2）生物放大系数（BMF）：在特定水体和化学物质暴露过程中，化学物质在特定营养级的捕食生物中的浓度与其低一营养级的被捕食生物中的组织浓度的比值（量纲为 1）。对于非离子性有机化学物质（以及具有类似脂质和有机碳分配特性的某些离子性有机化学物质），可以运用两个连续营养级生物组织中的化学物质脂质标准化浓度来计算生物放大系数。

$$\mathrm{BMF}_{(\mathrm{TL},\ n)} = \frac{C_{\mathrm{l(TL},\ n)}}{C_{\mathrm{l(TL},\ n-1)}} \tag{4-2-12}$$

式中：$\mathrm{BMF}_{(\mathrm{TL},\ n)}$——营养级 n 的生物放大系数；

$C_{\mathrm{l(TL},\ n)}$——化学物质在特定营养级捕食生物组织中的脂质标准化浓度；

$C_{\mathrm{l(TL},\ n-1)}$——化学物质在捕食生物低一营养级的被捕食生物组织中的脂质标准化浓度。

对于脂质和有机碳分配理论不适用的那些无机物、有机金属物质和某些离子性有机化学物质，可以运用两个连续营养级的生物组织中的化学物质浓度计算生物放大系数：

$$\mathrm{BMF}_{(\mathrm{TL},\ n)} = \frac{C_{\mathrm{t(TL},\ n)}}{C_{\mathrm{t(TL},\ n-1)}} \tag{4-2-13}$$

式中：$\mathrm{BMF}_{(\mathrm{TL},\ n)}$——营养级 n 的生物放大系数；

$C_{\mathrm{t(TL},\ n)}$——化学物质在特定营养级捕食生物组织中的浓度；

$C_{\mathrm{t(TL},\ n-1)}$——化学物质在捕食生物低一营养级中的被捕食生物组织中的浓度。

（3）生物-沉积物累积系数（BSAF）：对丁非离了性有机化学物质（以及具有类似脂质和有机碳分配特性的某些离子性有机化学物质），生物-沉积物累积系数是指化学物质在水生生物组织中的脂质标准化浓度与其在表层沉积物中的有机碳标准化浓度的比值（用 kg/kg 表示），前提是此比值在一定时间内不会发生显著变化，生物体及其食物均处于暴露状态，且表层沉积物为生物体附近的普通表层沉积物。其计算公式如下。

$$\mathrm{BSAF} = \frac{C_{\mathrm{l}}}{C_{\mathrm{soc}}} \tag{4-2-14}$$

式中：C_{l}——化学物质在组织中的脂质标准化浓度；

C_{soc}——化学物质在干沉积物中的有机碳标准化浓度。

（4）净化：生物通过主动或被动过程所造成的化学物质减少的行为。

（5）平衡：在一定的热力学条件下化学物质的活性或逸度在构成特定系统的各相中是相等的。在处于平衡状态的系统中，在一定的时间内，化学物质在各相中的浓度将保持不变。

（6）食物链倍增系数（FCM）：对于非离子性有机化学物质（以及具有类似脂质和有机碳分配特性的某些离子性有机化学物质），依据特定营养级生物的基线生物累积系数与基线生物富集系数计算出来的比值（通常由第 1 营养级中的生物确定）。对于脂质和有机碳分配理论不适用的那些无机物、有机金属物质和某些离子性有机化学物质，可根据第 4.4.1 节和第 4.4.2 节所描述的组织中的化学物质总浓度（湿重或干重）推算出食物链倍增系数。

（7）自由溶解态浓度（C_w^{fd}）：对于非离子性有机化学物质，化学物质溶解于水环境中的浓度，但不包括吸附在颗粒性或溶解性有机碳上的部分。通常认为化学物质的自由溶解态浓度代表了水中有机化学物质的最佳生物有效性，因此是预测生物累积的最佳方式。自由溶解态浓度可按下列公式确定。

$$C_w^{fd} = C_w^t \cdot f_{fd} \quad (4\text{-}2\text{-}15)$$

式中：C_w^t——化学物质在水中的总浓度；

f_{fd}——化学物质在水中自由溶解的总浓度分数。

（8）亲水性：对水有亲和性；化学物质被吸引并分配至水相中的程度。与疏水性化学物质相比，亲水性有机化学物质分配至极性相（如水）中的趋势更大。

（9）疏水性：缺乏对水的亲和性；化学物质避免被分配至水相中的程度。与亲水性化学物质相比，高疏水性有机化学物质分配至非极性相（如脂质、有机碳）中的趋势更大。

（10）脂质标准化浓度（C_l）：化学物质在生物组织或整个生物体内的总浓度除以该组织或整个生物的脂质分数。其计算公式如下。

$$C_l = \frac{C_t}{f_l} \quad (4\text{-}2\text{-}16)$$

式中：C_t——化学物质在组织中的浓度；

f_l——组织中的脂质含量分数。

（11）正辛醇-水分配系数（K_{ow}）：在两相平衡的正辛醇-水系统中，化学物质在正辛醇相中的浓度与其在水相中的浓度的比值。对 $\lg K_{ow}$ 来说，正辛醇-水分配系数的对数是以 10 为底的对数。

（12）沉积物有机碳标准化浓度（C_{soc}）：对沉积物来说，污染物在沉积物中的总浓度除以沉积物中的有机碳分数。其计算公式如下。

$$C_{soc} = \frac{C_s}{f_{soc}} \tag{4-2-17}$$

式中：C_s——干沉积物中的化学物质浓度；

f_{soc}——干沉积物中的有机碳分数。

（13）沉积物-水相浓度商（sediment-water column concentration quotient，Π_{socw}）：化学物质在沉积物中的浓度（以有机碳为基础）与其在水体中的浓度（以自由溶解态为基础）的比值（用 L/kg 表示）。对于给定的生态系统，当 Π_{socw} 除以化学物质的 K_{ow} 时，给出了该化学物质在沉积物和水体之间的热力学梯度的测定。沉积物-水相浓度商的计算公式为：

$$\Pi_{socw} = \frac{C_{soc}}{C_w^{fd}} \tag{4-2-18}$$

式中：C_{soc}——化学物质在干沉积物中的有机碳标准化浓度；

C_w^{fd}——化学物质在水中的自由溶解态浓度。

（14）稳定状态：化学物质在各相和各相内的反应的运动速度恒定时系统达到的状态，化学物质在系统各相中的浓度在一定时间内保持不变。处于稳定状态的系统不一定必然地处于平衡状态。当系统的某些相或各相中的化学物质具有不同的活性或逸度时，稳定状态往往仍然存在。

（15）吸收：生物体通过主动或被动过程从环境中获取化学物质的行为。

3　国家生物累积系数方法概述

本章概述了 EPA 为制定保护人体健康的环境水质基准而采用的推导国家生物累积系数的方法。正如第 1 章所提及的那样，国家生物累积系数旨在说明能影响美国境内水体的生物累积的某些主要的化学、生物学和生态学特征。因此，EPA 根据化学物质的类型（如非离子性有机物、离子性有机物、无机物和有机金属物质）采用不同的方法推导国家生物累积系数。此外，单独推导各营养级的国家生物累积系数，以解释其他因素，如生物放大和各营养级之间广泛的生理学差异。该方法为每种化学物质得出 3 个特定营养级的国家生物累积系数，即营养级 2、3 和 4 都有一个特定的生物累积系数（即 BAF_2、BAF_3 和 BAF_4）。

生物累积系数可以通过多种方法进行测定或估算，有依赖于测定水生生物及其周围环境介质（水和沉积物）中化学物质浓度的经验法，有依赖于食物链模型与有关化学物质和生态系统的特性信息相结合来估算生物累积的机械方法。EPA 在推导国家生物累积系数时所采用的 4 种方法见下文描述。对于特定的化学物质，选用哪种方法来推导国家生物累积系数取决于几个因素。这些因素包括所关注化学物质的特性、生物累积系数方法的相对优势和局限性以及与生物累积或生物富集测定有关的不确定性程度。由于选择特定化学物质和数据集所适用的最恰当的生物累积系数的方法涉及多个评价步骤，EPA 制定了推导国家生物累积系数的决策框架（图 4-3-1）。本框架显示了最终计算出国家生物累积系数的主要步骤和决策过程。运用此框架可选择 6 个程序中的一个来推导国家生物累积系数。每个程序包括了该程序适用的化学物质的类型和特性所适合的生物累积系数推导方法。下列内容可作为第 4 章～第 7 章所规定的国家生物累积系数方法详细讨论的序言。第 3.1 节介绍了推导国家生物累积系数可用的 4 种方法，包括对各方法的相对优势和局限性的讨论。第 3.2 节对适用于所有化学物质类型的生物累积系数推导框架做了进一步的讨论和说明。

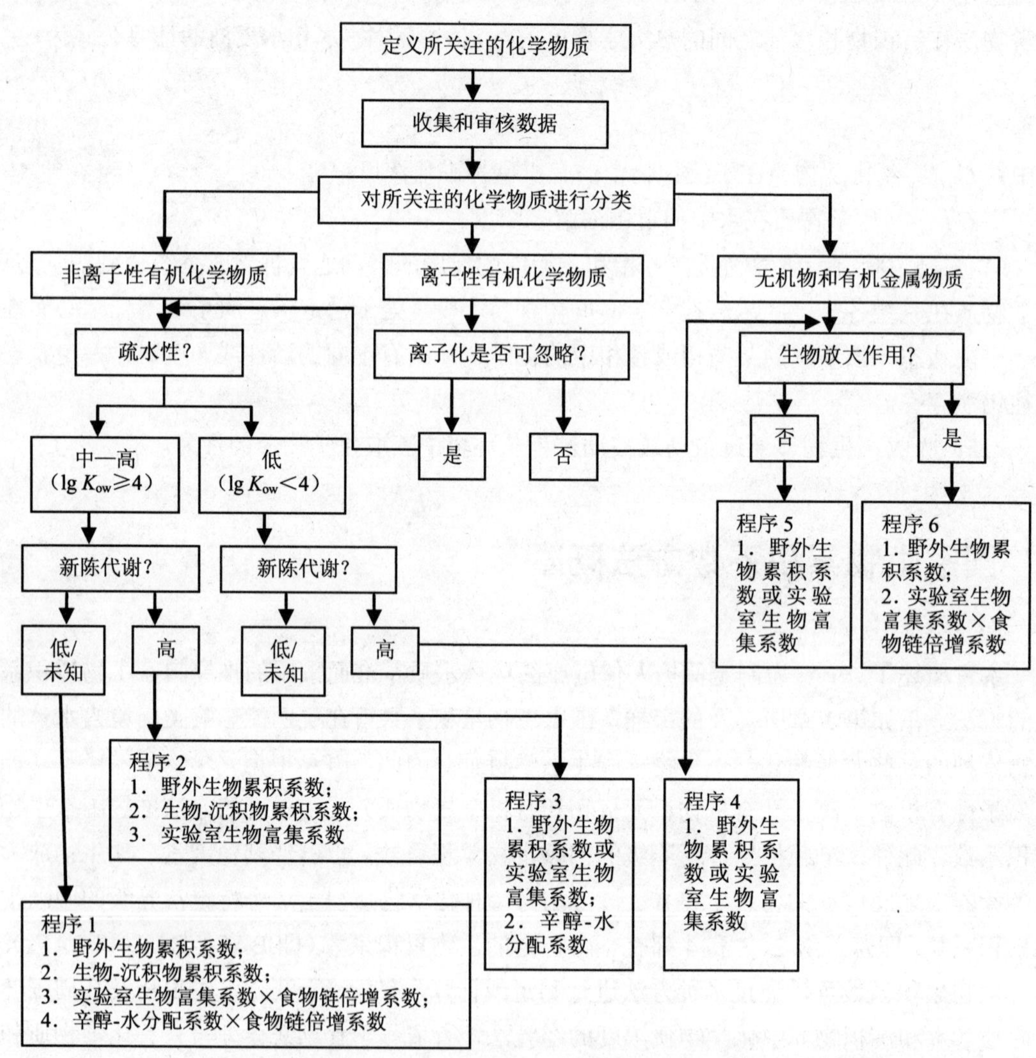

图 4-3-1　国家生物累积系数推导方法选择框架

3.1 4 种生物累积系数方法概要

根据化学物质的类型及其性质，可以运用下列 4 种方法中的一种或几种方法来测定或预测生物累积系数，以便推导出特定营养级的国家生物累积系数：

（1）用野外研究得到的数据推测的生物累积系数（即野外测定的生物累积系数）；

（2）用野外研究得到的生物-沉积物累积系数预测生物累积系数（即野外测定的生物-沉积物累积系数）；

（3）用实验室测定的生物富集系数预测生物累积系数，通过或不通过食物链倍增系数进行校正；

（4）用化学物质的正辛醇-水分配系数（K_{ow}）预测生物累积系数，通过或不通过食物链倍增系数进行校正。

下面对这 4 种方法逐一做简要概述。有关这 4 种方法的详细说明见第 5 章。

3.1.1 野外测定的生物累积系数

用野外采集的组织样品和水样得到的数据推导出的生物累积系数，称作野外测定的生物累积系数，是生物累积的最直接测定。它通过采集并测定来自同一野外场所的水生生物及其周围水环境中的化学物质浓度而确定。因为数据是从自然的水生生态系统中采集的，所以野外测定的生物累积系数反映了生物通过所有相关暴露途径（如水、沉积物和食物）对化学物质的暴露。野外测定的生物累积系数还反映了可能出现在水生生物体内或其食物链中影响化学物质的生物有效性与新陈代谢的所有因素。因此，不管化学物质在生物体内的代谢程度如何，野外测定的生物累积系数法适用于所有的化学物质。

3.1.2 用野外测定的生物-沉积物累积系数预测生物累积系数

对于非离子性有机化学物质（以及具有类似脂质和有机碳分配特性的某些离子性有机化学物质），其生物累积系数也可以通过生物-沉积物累积系数来预测。生物-沉积物累积系数和野外测定的生物累积系数的相似之处在于生物体内的化学物质浓度都是测定野外采集的样品并反映生物对所有相关暴露途径的暴露。生物-沉积物累积系数还解释了可能发生在水生生物体内或其食物链中化学物质的生物有效性和新陈代谢。生物-沉积物累积系数涉及的是生物体内的化学物质浓度与沉积物中的化学物质浓度，但是当化学物质在沉积物和水之间的分布能被估算出来时，可将生物-沉积物累积系数转换成生物累积系数。生物-沉积物累积系数法只用于预测中高疏水性有机化学物质的生物累积系数。

3.1.3 用实验室测定的生物富集系数预测生物累积系数

实验室测定的生物富集系数可以用来估算有机和无机化学物质的生物累积系数，是否需要通过食物链倍增系数进行校正，取决于非水暴露途径的重要性。然而，与野外测定的生物累积系数或野外测定的生物-沉积物累积系数不同的是，实验室测定的生物富集系数通常只反映水暴露途径的化学物质累积。因此，对于来自沉积物或食物源的累积较为重要的化学物质来说，实验室测定的生物富集系数可能低估了生物累积系数。在这种情况下，可用食物链倍增系数（FCM）对实验室测定的生物富集系数进行校正，以便更好地反映通过食物链来自食物暴露的累积。由于实验室测定的生物富集系数是运用水生生物体内及其周围水环境中的化学物质浓度测定结果确定的，所以在生物富集系数的测定过程中，通常反映了生物体中而非食物链中发生的化学物质代谢。

3.1.4 用辛醇-水分配系数预测生物累积系数

化学物质的辛醇-水分配系数（测定的或预测的）也可用来预测非离子性有机化学物质的生物累积系数。此方法适合于非离子性有机化学物质，但是也适用于具有与非离子性有机化学物质类似的脂质和有机碳分配特性的某些离子性有机化学物质。对于非离子性有机化学物质，尤其是在水生生物体内新陈代谢差的那些化学物质，辛醇-水分配系数与生物富集系数有密切的相关关系。对于非离子性有机化学物质，当食物链暴露十分重要时，只运用辛醇-水分配系数估算生物富集系数会使生物累积系数偏低，因为生物富集系数只代表了来自水中的化学物质暴露。在这种情况下，可用第 3.1.3 节中的生物累积系数法所描述的食物链倍增系数来调整辛醇-水分配系数。

3.1.5 生物累积系数法的优缺点

上述各种生物累积系数推导方法都有其各自的优缺点，在推导国家生物累积系数时要对各种方法加以考虑与权衡。这些优缺点（见表 4-3-1）为选择推导国家生物累积系数方法的框架（图 4-3-1）提供了依据，见第 3.2 节中的描述。如野外测定的生物累积系数法的应用优点在于它适用于所有的化学物质类型，并能解释影响生物有效性、生物放大和新陈代谢的特定地域因素。然而，就已推导的场所和化学物质的数量来说，可接受的野外测定的生物累积系数的现有数据库是相对有限的。此外，该方法对于在水体中非常难以准确测定的化学物质来说是不适用的（如 2,3,7,8-四氯二苯并二噁英）。野外测定的生物-沉积物累积系数法推导生物累积系数具有许多与野外测定的生物累积系数法相同的优点，例如考虑了生物放大、新陈代谢和影响生物有效性的特定地域因素。此外，生物-沉积物累积系数法是可用于水环境中难以测定的化学物质（如 2,3,7,8-四氯二苯并二噁英）的唯一实测方法。然而，在 EPA 的框架中，生物-沉积物累积系数法的应用目前局限于中高疏水性的非离子性有机化学物质。实验室测定的生物富集系数法预测生物累积系数适用于所有化学物质类型，且数据通常比野外测定的生物累积系数法充足。但是，实验室测定的生物富集系数法本身不能反映化学物质在食物链中的生物放大作用，除非用野外测定的或模型推导的食物链倍增系数进行校正。此外，高疏水性化学物质（$\lg K_{ow}>6$）可接受的生物富集系数非常有限，通常是由于缺少影响生物有效性（如溶解性有机碳）的辅助数据。最后，模型推导生物累积系数的推导方法（在适用的情况下运用辛醇-水分配系数和食物链倍增系数）有一个明显的优点，就是不需要实验室数据（辛醇-水分配系数除外）或实测数据来推导生物累积系数。但是，这种方法局限于非离子性有机化学物质，且由于目前缺乏化学物质的活体代谢数据而受到限制。

表 4-3-1 国家生物累积系数推导方法的优缺点

生物累积系数推导方法	优点	缺点
1. 野外测定的生物累积系数	• 适用于所有化学物质类型； • 能够反映化学物质的生物放大和代谢过程； • 可反映影响生物有效性和饮食暴露的特定地域特征	• 高质量数据目前仅限于个别地域和化学物质； • 难以对水中代表性的化学物质浓度进行定量
2. 野外测定的生物-沉积物累积系数推导生物累积系数	• 能够反映化学物质的生物放大和代谢过程； • 可反映影响生物有效性和饮食暴露的特定地域特征； • 适用于水中难以分析的化学物质； • 运用沉积物中的化学物质浓度可降低时间的变化性	• 仅限于 $\lg K_{ow} \geqslant 4$ 的非离子性有机化学物质； • 高质量数据目前仅限于个别地域和化学物质； • 准确性取决于对沉积物和水之间的化学物质分配评价的代表性和质量
3. 实验室测定的生物富集系数×食物链倍增系数推导生物累积系数	• 适用于所有化学物质类型； • 生物富集系数可以反映化学物质在受试生物体内的代谢过程； • 大量的生物富集系数数据库可用； • 标准的测定方法	• 通常不能反映食物链中的化学物质代谢过程； • 高质量数据目前仅限于高疏水性化学物质，部分原因是缺乏影响生物有效性的辅助数据
4. 辛醇-水分配系数×食物链倍增系数推导生物累积系数	• 只需少量的输入数据	• 仅限于非离子性有机化学物质； • 不能反映化学物质的代谢过程； • 准确性取决于 K_{ow}

3.2 国家生物累积系数推导框架

EPA 国家生物累积系数推导框架见图 4-3-1。此框架以及《2000 年人体健康方法学》中提出的生物累积系数指南的目的是为了便于充分利用可用的数据和方法来推导国家生物累积系数，同时依据第 3.1 节所概述的生物累积系数方法固有的优点和局限性择优选用或限制运用这些方法。依据化学物质的类型和性质运用这个决策框架可以从这 6 个程序中选择出一个程序，其中每个程序均可以用来对具有特定类型和性质的化学物质推导出国家生物累积系数。每个程序包括第 3.1 节所描述的一种或多种方法。在一个程序之内，每种生物累积系数推导方法旁边的数字表明其在计算国家生物累积系数时的常规优先顺序。如野外测定的生物累积系数在运用程序 1 推导国家生物累积系数时通常处于最优先运用的地位，其次分别是生物-沉积物累积系数推导生物累积系数、生物富集系数×食物链倍增系数推导生物累积系数以及最后的辛醇-水分配系数×食物链倍增系数推导生物累积系数。然而，每个程序内各种方法的等级并非不可改变，见第 6.1 节以及《2000 年人体健康方法学》中的解释。某些情况表明，在运用“较高优先”方法（如程序 1 中的野外测定的生物累积系数）推导生物累积系数时出现的不确定性可能会比运用“较低优先”方法（如程序 1 中的生物富集系数×食物链倍增系数推导生物累积系数）的不确定性更大，如相对于较低级别的方法而言，当运用较优先方法获得的数据在其代表性、数量或质量方面受到限制时就会出现这种情况。在这种情况下，应当选择较低级别但不确定性最小的方法得出的数据来推导国家生物累积系数。

国家生物累积系数推导框架的第一步是准确定义所关注的化学物质。此步骤的目的在于保证推导国家生物累积系数所采用的化学物质形式与作为健康评价基础（如参考剂量或起始点/不确定性系数）所采用的形式之间保持一致性。虽然这一步骤对于在环境中稳定的单一化学物质来说通常是明确的，但是如果评价作为混合物存在或在环境中发生复杂转化的化学物质时会出现复杂的情况。

本框架的第二步为收集并审核所关注化学物质的生物累积和生物富集的相关数据。第三步就是对化学物质按以下三个类型进行分类：非离子性有机化学物质、离子性有机化学物质和无机物/有机金属化学物质。这一步非常重要，因为第 3.1 节中所概述的 4 种生物累积系数方法是针对某些化学物质类型（如对于非离子性有机化学物质所运用的生物-沉积物累积系数法）。在《2000 年人体健康方法学》中，非离子性有机化学物质的定义为在自然水体中本质上不发生电离的有机化合物。这些化学物质在科学文献中也被称为“中性”或“非极性”有机物。离子性有机化学物质是指含有可交换质子的官能团[如羟基、羧基、磺酸基和含氮基团（吡啶）]的那些化合物。离子性有机化学物质可在水中电离，其电离程度取决于化学物质的 pH 值和 pK_a 值。在推导国家生物累积系数时，单独考虑离子性化学物质，因为这些化学物质的阴离子或阳离子与其中性状态（非离子）有很大差异。无机物和有机金属化学物质包括无机矿物、其他无机化合物和元素、金属、非金属及有机金属化合物。本框架前三个步骤的指南见《2000 年人体健康方法学》第 5.3 节。

当化学物质被划分为这三类化学物质中的某一类之后，还需采取其他的评价步骤，以确定在推导国家生物累积系数时应当运用哪种生物累积系数推导程序。这三种类型化学物质所采用的步骤分别概述如下。

3.2.1 无机物和有机金属化学物质的国家生物累积系数推导程序

对于无机物和有机金属化学物质，评价的主要因素是该类化学物质在食物链中发生生物放大作用的可能性。目前，这类化学物质生物放大可能性的评价主要局限于分析食物链暴露和生物放大的重要性经验数据确定水生生物体内的化学物质浓度。如可用的数据表明甲基汞在水生食物链中发生生物放大作用，而这一类型中的其他化学物质（如铜、锌、铅）

通常不发生生物放大作用。如果可能发生生物放大作用，那么野外测定的生物累积系数法是较优先的生物累积系数推导方法，其次是经食物链倍增系数校正的实验室测定的生物富集系数法。如果确定不太可能发生生物放大作用，且所有其他因素相同，那么野外测定的生物累积系数法与实验室测定的生物富集系数法这两种方法同样都适用于推导国家生物累积系数。确定无机物和有机金属化学物质的国家生物累积系数指南见《2000 年人体健康方法学》第 5.6 节。应当注意的是，由于许多因素包括生理学差异以及生物在其组织中吸收、分布、解毒、存储和清除金属的机制有所差异，不同的生物对金属的生物累积变化相当大。由于评价金属在环境中的归趋与影响的复杂性，EPA 已经发出倡议制定实施金属评价指南，包括水生生物对金属的生物累积（USEPA，2002）。

3.2.2 离子性有机化学物质的国家生物累积系数推导程序

对于离子性有机化学物质，主要评价步骤涉及估算其相对电离程度及评价它们对脂质和有机碳的分配行为。如果在美国地表水典型的 pH 值范围内可能发生的相对电离程度可以忽略（见《2000 年人体健康方法学》有关这一决定的指南），且离子性化学物质的非电离形式的行为类似于非离子性有机化学物质，即脂质和有机碳分配控制化学物质的行为，那么从推导国家默认的生物累积系数的角度出发，该化学物质基本上可按非离子性化学物质处理。如果化学物质的电离程度很大，或者非脂质和非有机碳机制控制着化学物质的行为，那么该离子性化学物质就按无机物和有机金属化学物质相同的方式处理来推导国家生物累积系数。离子性有机化学物质的国家生物累积系数推导指南见《2000 年人体健康方法学》第 5.5 节。

全氟烷基酸类化合物是离子性有机化学物质的例子。有些此类化学物质通过非脂质调节机制在食物链中发生生物富集和生物放大作用，换言之，在非离子性有机化学物质中观测到的脂质和有机碳分配特性是不适用的。对于全氟烷基酸类化合物，可用程序 6（图 4-3-1）推导国家默认的生物累积系数。

3.2.3 非离子性有机化学物质的生物累积系数推导程序

对于非离子性有机化学物质，推导国家生物累积系数比其他两类化学物质更为复杂。第一，4 种国家生物累积系数推导程序都适用丁非离了性有机化学物质。第二，选择最适当的推导程序在很大程度上取决于化学物质的特性，其特性按 2 个决策步骤进行评价（见图 4-3-1）。最后，选择推导程序之后，对生物累积系数进行校正，以便解释影响此类化学物质在水生生物体内生物累积因素的差异（如被测生物的脂质含量和水中的有机碳含量）。

非离子性有机化学物质的国家生物累积系数推导过程如图 4-3-2 所示。此过程分为 4 个步骤：

步骤 1：选择生物累积系数推导程序；

步骤 2：计算单个基线生物累积系数；

步骤 3：选择最终基线生物累积系数；

步骤 4：由最终基线生物累积系数计算国家生物累积系数。

每一步骤概述如下。

步骤 1：选择生物累积系数推导程序

此方法的步骤 1 是确定第 3.1 节中描述的 4 种生物累积系数程序中的哪一种适合于推导特定非离子性有机化学物质的国家生物累积系数。正如图 4-3-1 所示，有 2 个决策点。第一个决策点需要了解化学物质的疏水性知识（即化学物质的辛醇-水分配系数，K_{ow}）。对于非离子性有机化学物质，辛醇-水分配系数是评价非水（如食物链、沉积物）暴露和生物放大是否值得关注的基础。非水途径暴露可能的重要性知识决定了某些方法（如实验室测定的生物富集系数法、辛醇-水分配系数法推导生物累积系数）是否需要进行额外的校正来考虑这种暴露。化学物质辛醇-水分配系数选择指南见本技术支持文件附录 B。对于《2000 年人体健康方法学》而言，$\lg K_{ow}$ ≥4.0 的非离子有机化学物质被划分为中高疏水性化学物质。对于中高疏水性非离子性有机化学物质，可用的数据表明通过食物和其他非水途径的暴露在测定水生生物体内的化学物质残留时可能会非常重要（Russell et al.，1999；Fisk et al.，1998；Oliver and Niimi，1983，1988；Niimi，1985；Swackhammer and Hites，1988）。当 $\lg K_{ow}$ ＜4 时，可用的信息表明这些化学物质的非水暴露可能是不重要的。

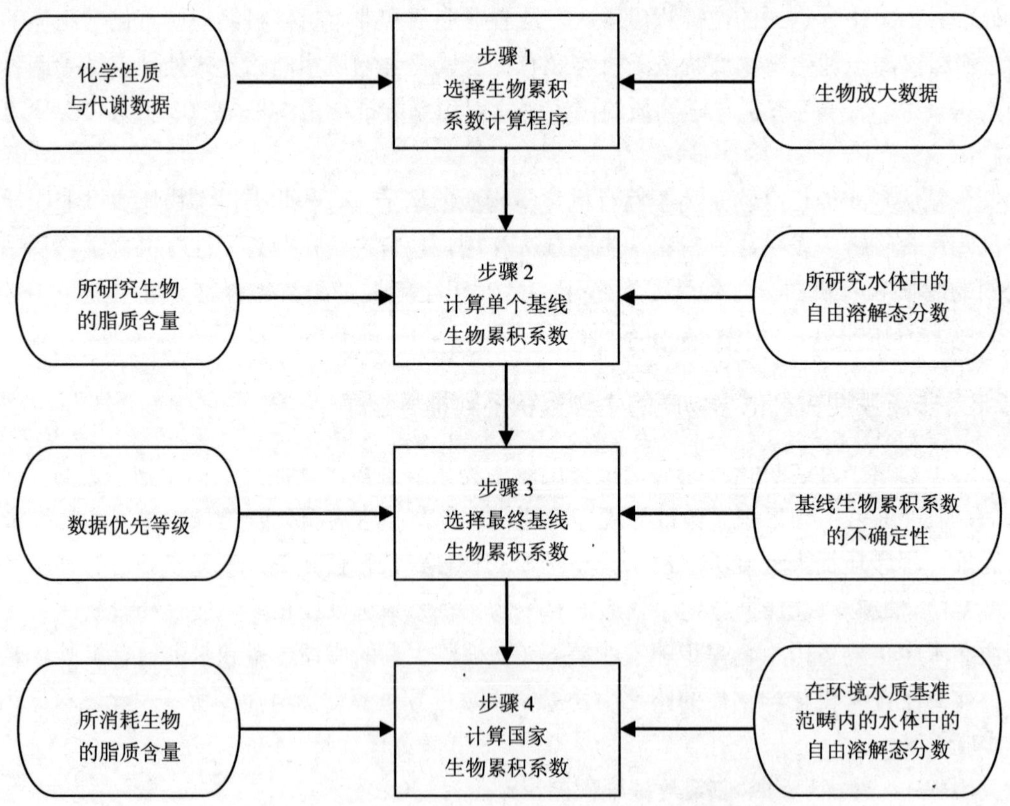

图 4-3-2 非离子性有机化学物质生物累积系数推导程序

第二个决策点是评价化学物质的新陈代谢对决定其在水生生物体内浓度的重要性，评价新陈代谢是重要的，因为它影响化学物质在水生食物链中的生物累积程度（和生物放大作用）。如某些多环芳烃的辛醇-水分配系数值（$\lg K_{ow}>4$）表明生物放大作用值得关注，但较高级生物（主要是鱼类）的化学物质新陈代谢常常导致其在鱼体中的浓度下降（Endicott and Cook，1994；Burkhard，2000）。特定化学物质新陈代谢评价指南见《2000 年人体健康方法学》第 5.4.2.3 节。

疏水性和新陈代谢决策点共同指引选择 4 个生物累积系数程序中的某一种程序。程序 1 适用于具有中高辛醇-水分配系数的化学物质，在此情况下①据推测化学物质的代谢影响较小（如多氯联苯、DDT、狄氏剂等）；或者②化学物质代谢方面的数据不足难以作出决定（这反映了一项政策决定在数据缺乏的情况下宁愿站在保护公众健康一边）。程序 2 适用于具有中高辛醇-水分配系数的化学物质，该化学物质的新陈代谢对生物累积的影响被认为是重要的（如选定的多环芳烃）。在此程序内，用辛醇-水分配系数（通过或不通过食物链倍增系数）来估算生物累积系数受到限制，因为辛醇-水分配系数可能会明显过高地预测被代谢的化学物质的生物累积。程序 3 适用于具有低辛醇-水分配系数的化学物质，该化学物质的新陈代谢并不重要。对于此类化学物质，并没有在野外测定的生物累积系数和实验室测定的生物富集系数之间作出优先选择（即 2 种方法均适用），因为对于辛醇-水分配系数低的化学物质而言，生物放大作用并不重要。程序 4 适用于具有低辛醇-水分配系数且新陈代谢是重要的化学物质。本程序如同程序 2，不推荐运用辛醇-水分配系数来估算生物累积系数，因为辛醇-水分配系数可能会明显过高地估计生物累积。

步骤 2：计算单个基线生物累积系数

步骤 2 采用选定的生物累积系数推导程序中所有的可用方法计算单个、特定物种的基线生物累积系数。计算单个基线生物累积系数涉及将野外测定的总生物累积系数（或实验室测定的总生物富集系数）标准化，通常依据所研究生物的脂质含量和环境水体中自由溶解态化学物质总分数所表示的组织和水中的总浓度。生物的脂质含量和自由溶解态化学物质浓度（受水中有机碳的影响）都是影响非离子性有机化学物质生物累积的重要因素（Mackay，1982；Connolly and Pederson，1988；Thomann，1989；Suffet et al.，1994）。因此，用组织的脂质分数和水中自由溶解态化学物质浓度表示的基线生物累积系数应用于不同的物种和水体时，比基于组织和水中总浓度表示的生物累积系数或生物富集系数更为合理。因为生物累积受水生生物营养等级的影响强烈（通过生物放大作用或生理学差异），所以基线生物累积系数的外推不应该在不同营养级的物种之间进行。由野外测定的总生物累积系数如何计算基线生物累积系数的公式如式（4-3-1）所示。根据生物累积系数推导方法，计算基线生物累积系数的各个公式有所不同。其他生物累积系数推导方法的基线生物累积系数公式见本技术支持文件第 5.1 节～第 5.4 节和《2000 年人体健康方法学》第 5.4.3 节～第 5.4.6 节。

$$基线BAF = BAF_L^{fd} = \left(\frac{BAF_T^t}{f_{fd}} - 1\right) \cdot \frac{1}{f_l} \quad (4\text{-}3\text{-}1)$$

式中：BAF_T^t——总生物累积系数；

f_{fd}——化学物质在水中自由溶解的总浓度分数；

f_l——组织中的脂质分数。

步骤 3：选择最终基线生物累积系数

本方法的步骤 3 是通过运用考虑单个生物累积系数的不确定性和数据优先等级（即野外测定的生物累积系数优先于运用其他方法推导的生物累积系数）的证据效力法从单个基线生物累积系数中选择出最终基线生物累积系数。在适当的生物累积系数推导程序下应该采用尽可能多的方法来计算单个基线生物累积系数。如前所述，《2000 年人体健康方法学》第 5.4.2 节所讨论的数据优先等级并不是不可改变的。在一定程度上，它试图指导在运用不同方法计算出的 2 个单个基线生物累积系数之间的不确定性相似时如何选择最适合的最终生物累积系数。有关本步骤的更多详细讨论参见本技术支持文件第 6.1 节和《2000 年人体健康方法学》第 5.4.3.2 节。

步骤 4：计算国家生物累积系数

计算非离子性有机化学物质的国家生物累积系数的步骤 4 即最后一步是计算 3 个特定营养级的生物累积系数，并用于计算保护人体健康所推荐的国家环境水质基准的公式中。这一步骤涉及对最终基线生物累积系数进行校正，以反映普遍食用的鱼类和贝类的平均脂质含量以及水中该化学物质的生物有效性。将基线生物累积系数转换为国家生物累积系数需要下列信息：①在美国普遍食用的水生生物的脂质百分比；②预计在所关注的水环境中存在的自由溶解态化学物质分数。基线生物累积系数并不直接用于推导国家环境水质基准，因为它们并不反映影响美国水体中化学物质的生物有效性的条件或由于受栖息在美国水体中的鱼类和贝类的脂质含量影响的化学物质累积。计算各营养级国家生物累积系数的公式如下。

$$国家BAF_{TL,n} = [(最终基线BAF)_{TL,n} \cdot (f_l)_{TL,n} + 1] \cdot f_{fd} \quad (4\text{-}3\text{-}2)$$

式中：$(最终基线BAF)_{TL,n}$——营养级 n 的平均基线生物累积系数；

$(f_l)_{TL,n}$——营养级 n 中的水生生物组织的脂质分数；

f_{fd}——化学物质在水中自由溶解的总浓度分数。

式（4-3-2）的技术基础见第 4 章。

4　脂质标准化、生物有效性和生物放大作用的背景信息

特定营养级的国家生物累积系数旨在反映美国人普遍食用的特定营养级（即第 2、第 3、第 4 营养级）水生生物中污染物的长期平均生物累积可能性。对于某些化学物质（例如非离子性有机物），化学物质的生物有效性、生物体脂质含量以及营养传递可影响生物累积的可能性，并最终影响生物累积系数的大小。由于化学物质的生物有效性、生物体脂质含量以及营养传递可随地点和物种的变化而有所变化，在推导国家生物累积系数时应当对这些因素进行说明。第 3.2.3 节图 4-3-2 介绍了在制定非离子性有机物的国家生物累积系数时 EPA 所采取的进阶式过程，其中的一个主要步骤是推导基线生物累积系数。

非离子性有机化学物质的脂质和自由溶解分数标准化的科学依据见第 4.1 节～第 4.3 节。第 4.4 节讨论了在某些生物累积系数方法中如何将生物放大作用纳入基线生物累积系数中。

4.1　脂质标准化

4.1.1　背景与理论

有关水生生物的脂质含量对非离子性有机化学物质生物累积的显著影响已被充分证明。Reinert（1969）和 Reinert 等（1972）的早期研究工作证明非离子性有机化学物质在生物的脂质中浓缩，当化学物质浓度经脂质含量标准化之后 DDT 浓度在不同的物种和规模分组之间的差异降低。许多其他研究确认了水生生物的脂质含量对有机化学物质的生物富集和生物累积的作用（Baron，1990；van den Heuvel et al.，1991；Leblanc，1995；Stow et al.，1997）。脂质成分是平衡分配理论和有机化学物质的大多数生物累积模型的基础，而生物富集被描述为化学物质在脂质和水相之间的分配过程（Mackay，1982；Barber et al.，1991；Gobas，1993；Thomann，1989；Di Toro et al.，1991）。虽然假设水生生物体内还存在其他成分（如间隙水、非脂质生物质），但是随着化学物质疏水性的增加，脂质分配变得越来越重要。

在评价和推导非离子性有机化学物质的生物累积时对脂质重要性的认识使得组织中的化学物质浓度被脂质含量标准化。脂质标准化是将组织中的化学物质总浓度除以组织的脂质分数（fraction lipid，f_l）的过程。通常用脂质分数解释不同物种（或一个物种的不同个体）之间由于脂质含量差异造成的生物累积的变化情况。虽然对化学物质的脂质浓度进行定量可以直接测定化学物质分配到脂质的情况，但是由于在水生生物组织中脂质的扩散

性，在技术上难以这样做到。至少自《1980 年推导保护人体健康环境水质基准方法学》（USEPA，1980）发布起已经开展了脂质标准化方面的工作，而且在编写《平衡分配沉积物基准》（USEPA，2000b）的过程中也开展了这方面的工作。

在《2000 年人体健康方法学》中，EPA 继续推荐通过组织中的脂质分数对生物累积系数进行调整，以解释水生物种之间的脂质含量变化造成的生物累积差异（USEPA，2000a）。如图 4-3-2 所示，生物累积系数是以 2 个单独的步骤通过脂质分数（f_l）进行校正的。在第一个步骤中，利用有关组织中的脂质分数（f_l）数据以及水中自由溶解态化学物质浓度（C_w^{fd}）数据来从野外测定的总生物累积系数或实验室测定的总生物富集系数计算基线生物累积系数。这一步骤可以通过式（4-3-1）野外测定的总生物累积系数进行说明。式中，进行脂质标准化可以通过解释脂质变化对总生物累积系数的影响更准确地估算多个地点和某个营养级内多个物种的生物累积系数。在第二个步骤中，将步骤 1 中计算得出的最终基线生物累积系数转换为能够反映普遍食用的水生生物的脂质分数（以及计算得出的美国地表水体中自由溶解态化学物质分数）情况的国家生物累积系数。这一步骤可以通过第 3.2.3 节式（4-3-2）加以说明。

4.1.2 假设与局限性

虽然理论和经验证据支持这样的概念，即通过脂质含量来校正生物累积系数和生物富集系数，以便于在物种和地点之间进行推断，然而这种做法涉及作出一系列需明确说明和评价的假设。这些假设可归纳为：

（1）对于特定物种和暴露条件，处于稳定状态或近似稳定状态的生物组织中非离子性有机化学物质的总浓度的变化与所关注组织中的脂质含量成正比。

（2）化学物质浓度与脂质含量的比例大小并不取决于组织中存在的脂质数量或构成。

正如第 4.1.1 节所述，第一个假设通常有经验证据以及支持多种广泛运用的生物累积模型的基本理论所支持。对于不能被代谢的有机化学物质其生物富集系数与辛醇-水分配系数有强烈的关联性，调查结果也支持了这一假设（Veith et al.，1979b；Isnard and Lambert，1988；de Wolf et al.，1992）。在确定辛醇-水分配系数的过程中，正辛醇被看做是脂质的替代品。Chiou（1985）运用三油精（三油酸甘油酯）作为脂质的替代品，发现生物富集系数与三油精/水分配系数之间有非常好的一致性。脂质标准化的实用性证据见第 5.1.3 节图 4-5-2 所示，该图显示通过组织中的脂质分数（f_l）和水中自由溶解态化学物质分数（fraction free dissolved，f_{fd}）的标准化大大降低了总生物累积系数的变化性。

虽然脂质标准化的一般用途已被充分确定，但这种调整作用并不能解释生物累积系数可能发生的所有变化。不同物种之间有所不同的其他因素，例如饮食构成、生长率、化学物质代谢和营养状态，可能会影响到生物累积。生态系统因素，例如化学物质的负荷史、食物链结构和生物有效性，也对生物累积系数的变化性起到了一定的作用（EPA 对基线生物累积系数和国家生物累积系数的计算考虑了营养状态和生物有效性方面的某些差异）。

因此，在脂质含量有相当大的差异但曾经历了类似的化学物质暴露状况的物种（或一个物种内的个体）之间进行计算时，脂质标准化在降低生物累积系数和生物富集系数的变化性方面的作用可能是最大的。在物种之间脂质含量的差异最小的情况下，或者在各地点之间上述因素（如负荷史、食物链结构）有相当大的差异时，脂质标准化的作用会被大大削弱或者被掩盖。这种情况对某些野外研究中从脂质标准化获得不多的或值得怀疑的有益的报告可能有所贡献（Amrhein et al.，1999；Bergen et al.，2001）。已经提出了其他程序（如协方差分析），以完善脂质标准化的统计学基础（Hebert and Keenleyside，1995）。当有充分的数据时，协方差分析可以完善脂质标准化的生物累积系数的统计学基础。但是，与典型的生物累积系数/生物富集系数研究有关的有限数据常常限制了这一方法在推导国家生物累积系数方面的应用。

第二个假设涉及脂质总含量作为一个标准化因子对具有广泛差异的脂质分数和脂质构成的物种和组织的作用。在组织中脂质总分数的基础上将生物累积系数和生物富集系数标准化的过程假设为脂质是单一、均匀的组分。实际上，鱼类的脂质总含量包括不同的脂质类别，如细胞膜中常见的相对极性磷脂和贮存脂质中常见的非极性甘油三酯（Henderson and Tocher，1987）。非离子性有机化学物质脂质分配特性的变化是随着脂质类别的极性差异而变化的，因为与贮存脂质相比，较少的化学物质与更加极性化的膜结合脂质相关联（Ewald and Larsson，1994；van Wezel and Opperhuizen，1995；Randall et al.，1998）。

实际上，脂质构成的差异可能会对化学物质分配和脂质标准化产生的潜在影响似乎与极瘦的组织（如总脂质低于 1%～2%的组织）关系最大。这一建议所依据的发现是某些鱼类的极瘦组织比多脂组织含有更大比例的极性磷脂（分别为：24%～65%，1.5%～8.7%；Ewald and Larsson，1994）。对肋偏贻贝种群进行了类似的观测，Bergen 等（2001）所做的报告指出，与较多脂质的种群相比，较瘦的种群含有更高的极性脂质分数。由于就脂质含量而言其极性较大，极瘦组织所表现出来的化学物质/脂质分配特性可能不同于多脂组织。据 Bergen 等（2001）报道，化学物质浓度与含较高的（非极性）总脂质含量的贻贝之间有较强的关联性，由此得出的启发是脂质标准化对脂质含量高于某个阈值可能会起到最佳的效果。然而，在他们的研究中所评价的脂质含量范围狭窄（大约是 2 倍）及对总多氯联苯测定的依赖性（相比于单个同系物）可能限制了他们在化学物质浓度与脂质含量之间确定有意义趋势的能力。

水生生物组织中的脂质成分差异还与用来确定脂质含量方法的复杂性有关。具体来说，用不同的溶剂来提取脂质，从而导致从同样的水生生物组织中提取出不同数量（和类型）的脂质。在 Randall 等（1991）所进行的一项研究中发现，在 4 种提取方法中脂质分数的变化接近 4 倍，但是在 2 个更为常见的提取方法（氯仿-甲醇法和丙酮-己烷法）中变化为 2 倍或更小。继其先前所开展的工作之后，Randall 等（1998）报告指出，如果用不同的溶剂来提取脂质和多氯联苯（PCB）同系物，脂质标准化浓度的差异变化可高达 5 倍，这取决于溶剂的组合。脂质提取方法之间的相对差异不仅取决于溶剂的极性，还取决于组织中的脂质含量。由于极瘦组织比多脂组织含有更大比例的极性脂质，因此不同溶剂在脂质提取效率方面的差异对于极瘦组织往往趋于最大（de Boer，1988；Ewald et al.，1998）。这一发现使得这些作者谨慎运用严格的非极性溶剂系统从极瘦组织中提取的脂质数据。特别值得注意的是，其他特性（如高温、pH 值、由于暴露于光和氧的脂质分解）可能也会影响脂质的提取，但是在这些方面开展的研究不如在提取溶剂方面开展的研究多。

尽管在脂质含量标准化组织中的化学物质浓度方面建议所采用的提取各类脂质的溶剂系统多种多样，但对哪种方法最适用于所有组织、物种和非离子性有机化学物质尚未达成明确的共识。尽管人们希望有一种标准化的脂质提取方法将非离子性有机化学物质的浓度标准化，但是看来好像不可能有一个单一的方法将平等地适用于所有化学物质和组织类型，因为不同的组织含有不同的脂质成分，而不同的脂质成分可能改变化学物质/脂质分配过程。从毒理学的角度来看，哪种类型的脂质（如磷脂、游离脂肪酸、甘油单酯、甘油二酯和甘油三酯）与不同的有机化学物质的相关性最大，科学上目前尚无定论。如据报道，DDT 易被相对极性膜结合的脂质所结合，这说明膜脂质可能与 DDT 的毒性有关（Chefurka and Gnidec，1987）。Randall 等（1998）曾报告，27%的可提取多氯联苯（PCB）与更大极性的膜结合的脂质层（可用氯仿/甲醇提取）有关联，而 73%与中性脂质层（可用己烷提取）有关联。同样，de Boer（1988）的报告指出氯代联苯与鱼体内结合的（膜）和未结合的（储存）脂质层均有关联。这些研究结果进一步表明，在选择脂质提取方法时不应忽视被膜结合的脂质。

为了提高野外研究测定的生物累积系数和生物-沉积物累积系数的一致性，EPA 建议继续运用氯仿/甲醇提取法（Bligh and Dyer，1959）或毒性更小的己烷/异丙醇溶剂系统（Hara and Radin，1978）并与脂质的重量测定相结合。之所以推荐 Bligh-Dyer 法，是因为这种方法被广泛应用于脂质测定，并能很好地表现出所提取脂质类型的特征。Bligh-Dyer 法既能提取极性脂质，也能提取非极性脂质。基于这些和其他考虑，Randall 等（1998）仍推荐将 Bligh-Dyer 法作为总脂质提取的一个标准方法，直到开展更多的研究以确定复杂的中性化学物质/脂质关系并制定出明确的标准方法。Randall 等（1998）还建议，如果运用其他脂质提取方法，其结果应与用 Bligh-Dyer 法获得的结果相比较，以允许将各种结果转换为 Bligh-Dyer 法相当的数值。在运用现有的脂质分数数据时，EPA 认为在基线生物累积系数或生物富集系数存在本质差异而且相信这主要是由于脂质提取方法的差异造成的情况下可排除某些数据。

4.2 水中自由溶解态化学物质浓度标准化的技术基础

推导非离子性有机化学物质的特定营养级国家生物累积系数的《2000 年人体健康方法学》在中间步骤运用了基线生物累积系数。基线生物累积系数的基础是水中自由溶解态化学物质浓度（$C_{\mathrm{w}}^{\mathrm{fd}}$）和生物的脂质分数（$f_{\mathrm{l}}$）。EPA 之所以运用这些校正，是因为它们在热力学或逸度基础上表示生物累积系数，并允许将生物累积系数从一个生态系统更好地外推到另一个生态系统。

将基线生物累积系数建立在自由溶解态化学物质浓度（C_w^{fd}）的基础之上，EPA 并没有忽视与水体中的化学物质相关联的溶解性有机碳（DOC）和颗粒性有机碳（POC）。正如下列各节所讨论的那样，假定与水体中的 DOC 和 POC 相关联的化学物质与水体中自由溶解态化学物质处于平衡状态（此假设由 EPA 作出，见第 4.2.3 节）。因此，从三相（即自由溶解态化学物质、与 DOC 相关联的化学物质以及与 POC 相关联的化学物质）中的任何一相中增加或去除化学物质均会使化学物质在这三相中重新达到平衡。由于在这三相中达到平衡状态，单独或联合应用三相中的任何一个所表示的水柱中化学物质浓度可指示出在特定生态系统条件下的其他水柱中的化学物质浓度。因此，生物累积系数可基于三相中的任何组合，并包括其他水体的影响。

下面介绍的自由溶解态化学物质以及与 DOC 和 POC 相关联的化学物质之间的关系假设在这些相中处于平衡状态。对于特定的生态系统，DOC 和 POC 可以精确地说明化学物质在三相中的分配情况。根据基线生物累积系数计算的国家生物累积系数需要美国人所食用的鱼类和贝类的平均脂质含量以及全国水体的 DOC 和 POC 平均值。利用这些必需的参数，在水体中的鱼类/贝类组织的重量（μg/kg）和总化学物质浓度（μg/L）的基础上推导出国家生物累积系数。

4.2.1　背景理论与基本公式

实验证据表明，疏水性有机化学物质存在于水体三相之中：①自由溶解相；②吸附至悬浮固体（颗粒性有机碳）；③吸附至溶解性有机物质（Hassett and Anderson，1979；Carter and Suffet，1982；Landrum et al.，1984；Gschwend and Wu，1985；McCarthy and Jimenez，1985a；Eadie et al.，1990，1992）。水中化学物质的总浓度为自由溶解态化学物质与吸附至化学物质的浓度之总和（Gschwend and Wu，1985；USEPA，1993）。

$$C_w^t = C_w^{fd} + POC \cdot C_{poc} + DOC \cdot C_{doc} \tag{4-4-1}$$

式中：C_w^t——水中的化学物质总浓度；

C_w^{fd}——水中自由溶解态化学物质浓度；

C_{poc}——分配到水环境中颗粒性有机碳的化学物质浓度；

C_{doc}——吸附至水中溶解性有机碳的化学物质浓度；

POC——水中颗粒性有机碳的浓度，kg/L；

DOC——水中溶解性有机碳的浓度，kg/L。

利用分配关系还可以将上述公式表达如下。

$$C_w^t = C_w^{fd} \cdot \left(1 + POC \cdot K_{poc} + DOC \cdot K_{doc}\right) \tag{4-4-2}$$

式中：

$K_{poc} = C_{poc} / C_w^{fd}$；

$K_{doc} = C_{doc} / C_w^{fd}$；

K_{poc}——化学物质在水中颗粒性有机碳相和自由溶解相之间的平衡分配系数，L/kg；

K_{doc}——化学物质在水中溶解性有机碳相和自由溶解相之间的平衡分配系数，L/kg。

从式（4-4-2），用下列公式可计算出水中自由溶解态化学物质分数。

$$f_{fd} = \frac{C_w^{fd}}{C_w^t} = \frac{1}{1 + POC \cdot K_{poc} + DOC \cdot K_{doc}} \quad (4\text{-}4\text{-}3)$$

Eadie 等（1990，1992）、Landrum 等（1984）、Yin 和 Hassett（1986，1989）、Chin 和 Gschwend（1992）、Herbert 等（1993）所进行的实验研究表明，化学物质的K_{doc}与K_{ow}成正比，且小于K_{ow}。当无法获得K_{doc}的测定值时，可以利用下列公式进行估算。

$$K_{doc} \approx K_{ow} \times 0.08 \quad (4\text{-}4\text{-}4)$$

Eadie 等（1990，1992）和 Dean 等（1993）所进行的实验研究表明，化学物质的K_{poc}大约等于K_{ow}。当无法获得K_{poc}的测定值时，可以利用下列公式进行估算。

$$K_{poc} \approx K_{ow} \quad (4\text{-}4\text{-}5)$$

将式（4-4-4）和式（4-4-5）代入式（4-4-3），可得到下列公式。

$$f_{fd} = \frac{1}{1 + POC \cdot K_{ow} + DOC \cdot 0.08 \cdot K_{ow}} \quad (4\text{-}4\text{-}6)$$

Burkhard 等（1997）评价了用式（4-4-6）推导适用于多个地点的基线生物累积系数的有效性。在其研究中，Burkhard 等（1997）测定了路易斯安那州卡尔克苏（Calcasieu）河系地得河口（Bayou d’Inde）支流中 3 种觅食鱼类和蓝蟹体内氯丁二烯、氯苯和六氯乙烷的生物累积系数。运用式（4-4-6），可将野外测定的生物累积系数转换为基线生物累积系数，并与另外两项野外研究中其他营养级的 3 个物种确定的基线生物累积系数进行比较（Pereira et al.，1988；Oliver and Niimi，1988）。由 Pereira 等（1988）所开展的这些野外研究中的一项研究是在卡尔克苏河系的不同地点进行的；另外一项研究是由 Oliver 和 Niimi（1988）在安大略湖进行的。Burkhard 等（1997）在研究中所确定的基线生物累积系数与 Pereira 等（1988）所确定的基线生物累积系数之间没有发现显著差异（t 检验，$\alpha = 0.05$）。然而，对于 1 种化学物质（六氯丁二烯），在基线生物累积系数的两项研究之间发现了约 1 个数量级的差异。Burkhard 等（1997）进一步注意到，他们确定的基线生物累积系数与为安大略湖中类似营养级的鱼类推导的基线生物累积系数没有实质上的区别，这表明恰当推导出的基线生物累积系数具有更广泛的适用性。

EPA 生物累积系数方法学包括了与三相分配模型有关的 4 项决定/假设，来估算水环境中自由溶解态非离子性有机化学物质的浓度。这 4 项决定/假设是：

（1）化学物质吸附至溶解性有机碳和颗粒性有机碳上降低了水生生物中化学物质的生物有效性。

（2）水中自由溶解相中的化学物质与水中溶解性有机碳和颗粒性有机碳（包括浮游生物）相中有关的化学物质处于平衡状态。

（3）$K_{poc} = K_{ow}$

（4）$K_{doc} = 0.08 \bullet K_{ow}$

这些假设基于上述引用的实验证据。对支持这些假设的证据所进行的详细讨论以及其他相关信息见下列各节：假设 1 见第 4.2.2 节，假设 2 见第 4.2.3 节，假设 3 和假设 4 分别见第 4.2.4 节和第 4.2.5 节。

4.2.2 化学物质吸附至 DOC 和 POC 对化学物质生物有效性的影响

许多报告均证明疏水性非离子性有机化学物质可分配到溶解性有机碳（DOC）和颗粒性有机碳（POC）上（见第 4.2.4 节）。在疏水性非离子性有机化学物质分配到 POC 和 DOC 的研究进行的同时，研究力量还集中在 POC 和 DOC 存在的情况下鱼类和其他水生生物中疏水性非离子性有机化学物质的生物有效性的研究。此项研究的结果表明，自由溶解于沉积物孔隙水和地表水环境中的化学物质的浓度是目前测定水生生物摄取的非离子性有机化学物质有效性分数的最佳可用方法（Suffet et al.，1994；DiToro et al.，1991）。

对于环境水体和含有添加 DOC 的水体，在 DOC 存在的情况下水生生物摄取的化学物质减少的情况已有广泛的报道（Leversee et al.，1983；Landrum et al.，1985；McCarthy and Jimenez，1985b；McCarthy et al.，1985；Carlberg et al.，1986；Black and McCarthy.，1988；Servos and Muir，1989；Kukkonen et al.，1989）。如据报道，虹鳟鱼体内苯并[*a*]芘和 2,2′,5,5′-四氯联苯的鱼鳃吸收率下降的百分比与 DOC 存在的情况下自由溶解态化学物质浓度下降的百分比相等（Black and McCarthy，1988）。本项研究的作者得出结论：只有自由溶解在水中的化学物质才能被鱼类吸收。类似的是，Landrum 等（1985）、McCarthy 等（1985）以及 Servos 和 Muir（1989）所做的报告指出，在 DOC 存在时化学物质的吸收率降低，且自由溶解于水中的化学物质浓度的下降与水中存在的 DOC 量成比例。显然这些研究支持了 EPA 的假设，即在 DOC 和 POC 存在的情况下，非离子性有机化学物质对水生生物的生物有效性降低。Hamelink 等（1994）和 Kukkonen（1995）对生物有效性的科学性进行了很好的评论。

科学文献有些报道指出，在低浓度 DOC 存在的情况下，非离子性有机化学物质在水生生物中的生物有效性增加（Haitzer et al.，1998）。在其评论中，Haitzer 等（1998）将运用实验室用水确定的生物富集系数与运用湖水和作为暴露介质的、添加了 DOC 的实验室用水确定的生物富集系数进行了比较。当实验室用水实验推导出的生物富集系数小于其他水体推导出的生物富集系数时，研究人员得出的结论是生物有效性提高了。EPA 认为这些研究结果中的某些结果是实验设计造成的假象。如 Haitzer 等（1998）曾报告当 DOC 较低时虹鳟鱼体内的七氯二苯并-*p*-二噁英和八氯二苯并-*p*-二噁英的生物有效性增加。然而，Servos 等（1989）对原报告进行了认真审查，发现实验中超出了七氯二苯并-*p*-二噁英和八氯二苯并-*p*-二噁英的溶解度，因此，有关生物有效性增加的任何结论显然是值得怀疑的。EPA 还认为其他因素可以解释生物有效性明显增加的报告。Verhaar 等（1999）和其他研究人员指出，在进行推导生物富集系数的任何实验时，生物体会将 DOC（如从黏液层、排泄物）带入水相中。由于确定生物富集系数而进行的测定通常不测定“生物可利用的”化学物质（即自由溶解态化学物质浓度），而是测定暴露水体中的化学物质总浓度，因此实验期间通过生物而添加的 DOC 必定无疑会混淆实际上 DOC 浓度低的假设。完全有可能的是，实验中运用实验室用水的自由溶解态化学物质浓度本质上有别于运用湖水和添加 DOC 的实验室用水所做的实验结果。1998 年评论的作者（Haitzer et al.）最近的一份报告支持 EPA 的看法，即测定生物富集系数时在低浓度 DOC 存在的情况下生物有效性的提高是由实验假象造成的。在对 DOC 低浓度情况下所做的生物富集系数测定进行非常认真的研究之后，Haitzer 等（2001）得出结论：“……文献中所报道的生物富集系数增加更多的可能是随机实验变化的结果而不是生物富集系统增加的结果”。

基于上述信息，EPA 假定，在 DOC 和 POC 存在的情况下，非离子性有机化学物质在水生生物中的生物有效性降低。EPA 承认科学文献中有些关于生物有效性增加的报道，并认为生物有效性增加的原因很可能是生物富集系数测定过程中的实验假象。

4.2.3 水体中的 DOC 和 POC（包括浮游生物）与非离子性有机化学物质的吸附特性

在运用三相分配模型来确定水体中自由溶解态化学物质浓度的过程中，EPA 假设水体中自由溶解态化学物质同与 DOC 和 POC 相关的化学物质处于平衡状态。对此假设的理论基础介绍如下。

在研发测定自由溶解态化学物质和 DOC 之间分配情况的荧光法的过程中，研究人员研究了多环芳烃与 DOC 平衡所需要的时间。Gauther 等（1986）、McCarthy 和 Jimenez（1985a）以及 Schlautman 和 Morgan（1993）报告指出，多环芳烃与 DOC 平衡的时间范围从不到 1 min 至大约 10 min。这些很短的平衡时间表明，非离子性有机化学物质与环境中的 DOC 之间应当存在平衡条件。

K_{poc} 数据是相当有限的，然而，EPA 并不知道在 POC 和水中自由溶解相之间非离子性有机化学物质分配的动力学研究方面有任何的研究尝试。通过审查沉积物/土壤中非离子性有机化学物质分配的实验证据，可以了解 POC 分配的行为和动力学特征。Karickhoff 等（1979）以及 Gschwend 和 Wu（1985）指出非离子性有机化学物质吸附到沉积物和土壤有机碳与解吸现象是可逆的。在 20 世纪 80 年代，大多数研究人员认为化学物质在自由溶解相和有机碳相之间达到平衡需要几小时到几天的时间（Tomson and Pignatello，1999）。最近，研究人员发现在这些系统中达到稳定状态/平衡状态需要相当长的时间期限（如 100 d 以上），且时间期限取决于系统中悬浮固体的浓度（Jepsen et al.，1995）。

大量调查研究了非离子性有机化学物质吸附到沉积物和土壤有机碳以及解吸的动力学特征，这些研究表明存在快速与慢速吸附和解吸相（Pignatello and Xing，1996）。解吸过程的特征是化学物质初始时快速释放，然后是化学物质持续很久的缓慢释放。已经开发出了许多模型来解释这种行为（Chen et al.，1999）。许多研究者模拟了在水体中有机碳表面和自由溶解态化学物质之间快速达到平衡的有机碳表面吸附过程（Schwarzenbach et al.，1993）。研究案例包括 Lick 和 Rapaka（1996）的延迟扩散模型以及 Wu 和 Gschwend（1986）的径向扩散模型。

在描述非离子性有机化学物质在颗粒性有机碳（或沉积物/土壤颗粒）和自由溶解相之间分配的动力学模型方面尚未达成明确共识（有关模型清单见 Chen et al.，1999）。这样一个模型应当能够解释快速和缓慢的吸附/解吸过程。由于 K_{poc} 数据以及与 POC 的吸附/解吸过程有关的动力学数据有限，选择适当的动力学模型显然是有问题的。从不确定性角度来看，利用平衡状态假设来模拟非平衡状态会导致化学物质的自由溶解态浓度太小，因为动力学状态的 K_{poc} 会小于平衡状态的 K_{poc}。

在某些情况下，运用三相模型确定的自由溶解态化学物质浓度可能太大。正如 Gustafsson 等（1997）所论述的那样，多环芳烃向烟灰（即不完全燃烧产生的有机碳）分配比向沉积物中的有机碳分配更为强烈，而其他类型的化学物质，如多氯联苯，则不受烟灰相的影响。令人遗憾的是，自然水体中的烟灰含量在很大程度上是不为人知的。在大量烟灰存在的情况下，可能对三相模型进行改进，以便包括一个由烟灰构成的第四相。Gustafsson 等（1997）叙述了估算烟灰分配系数的方法。

根据定义，颗粒性有机碳（POC）是通过过滤或离心法分离所保留的物质。因此，POC 包括浮游生物。由于 EPA 假设与 POC 相关联的化学物质与水中自由溶解态化学物质处于平衡状态，通过过滤保留在浮游生物中的化学物质必需与水中自由溶解态化学物质保持平衡。在某些条件下，如藻类大量繁殖时，浮游生物可能与水中自由溶解态化学物质处于不平衡的状态。然而，由于 EPA 推导环境水质基准的基础涉及长期均衡、稳定状态或近似稳态条件，EPA 认为有理由假设与浮游生物（POC 中的）相关联的化学物质通常与水中自由溶解态化学物质保持平衡。应当指出的是，较大的浮游生物不包括在 POC 样本中，因为在通过过滤或离心法分离 POC 之前通常采用预过滤步骤除去较大的颗粒；如可参见 Broman 等（1991），其运用了一个 100 μm 的预滤器来界定去除颗粒的大小上限。

EPA 在运用三相模型确定自由溶解态化学物质浓度时假设与 POC 相关联的化学物质与自由溶解态化学物质之间存在平衡。这种假设是基于这样的考虑，即环境中的 POC 不断地暴露于所关注的化学物质中，化学物质吸附至 POC 并从其解吸的过程主要受快速相动力学控制，快速平衡过程在有机碳表面发生（Schwarzenbach et al.，1993）。由于快速相动力学，解释了自然水体中环境浓度的短期快速波动。此外，环境水质基准的制定基于这样的假设，即水环境状况能代表长期的平均值，运用稳态或近似稳态条件最能反映这种状况。EPA 认为三相分配模型对这些类型的条件可以提供合理的近似值。

与自由溶解态浓度计算相关的误差可以按照 EPA 推导国家生物累积系数方法通过两次运用三相分配模型在某种程度上进行补偿。首先，基线生物累积系数根据测定的总生物累积系数计算，其中测定的总生物累积系数是脂质标准化的，并且可以通过采用自由溶解态化学物质分数为生物有效性的考虑进行校正。其次，国家总生物累积系数可以通过在美国所食用物种的平均脂质含量以及在美国水体自由溶解态化学物质分数进行计算。EPA 认为，运用自由溶解态浓度转换至中间的基线生物累积系数值并由其转换，即从测定的生物累积系数至基线生物累积系数的转换，再从基线生物累积系数至国家生物累积系数的转换，抵消了与计算自由溶解态浓度相关的误差。

基于上述考虑，EPA 决定运用三相分配模型计算非离子性有机化学物质的自由溶解态浓度，假设处于平衡状态，理由如下：

（1）可用的数据表明完全、快速地分配到溶解性有机碳中；

（2）初始分配到颗粒性有机碳也是快速的，而且近似完全，虽然化学物质与颗粒性有机碳分配存在某些动力学限制，但这些对适用于人体健康水质基准的时间范围来说不太可能是重要的；

（3）对于颗粒性有机碳可用的特定动力学模型尚未达成共识；

（4）在推导国家生物累积系数时两次运用自由溶解态分数可以抵消模型的误差。

4.2.4 颗粒性和溶解性有机碳分配系数 K_{poc} 和 K_{doc} 值

在运用三相分配模型计算水中自由溶解态化学物质浓度分数方面，EPA 对 K_{poc} 和 K_{doc} 作出如下定义：

$K_{poc} = K_{ow}$，双侧系数为 8 的 95%置信限；

$K_{doc} = 0.08 \cdot K_{ow}$，双侧系数为 20 的 95%置信限。

这些关系的理论基础介绍如下。

颗粒性有机碳从水样中的溶解性有机碳分离是通过操作性的过滤或离心来界定的。对于这两种方法，颗粒性有机碳和溶解性有机碳部分之间的操作界限是有所不同的，取决于膜的选择和硬件；如在一项研究中可能运用 0.45 μm 的滤膜，而在另一项研究中可能运用大小为 1.0 μm 或更大的滤膜来保留所有颗粒的离心法。通常，颗粒性有机碳和溶解性有机碳部分之间的大小界限为 0.1～1 μm。溶解性有机碳的主要成分：碳水化合物、羧酸、氨基酸、碳氢化合物、亲水性酸类、腐殖酸以及富里酸。颗粒性有机碳的主要成分：一些较大的腐殖酸、微生物、小型浮游生物、植物碎屑和木质物（Suffet et al.，1994；Thurman，1985）。通过过滤或离心所保留的物质为颗粒性有机碳部分。对颗粒性有机碳部分进行有机碳和化学物质特性分析，以分别确定 POC 和 C_{poc}。溶解性有机碳部分被定义为进行过滤或离心之后留下的环境水。溶解性有机碳分数包括自由溶解态化学物质以及与溶解性有机碳相关的化学物质。为确定溶解性有机碳分数中自由溶解态化学物质浓度，有各种分析方法可供运用，如荧光法、吹洗或喷射法、固相微量萃取法（solid phase microextraction，SPME）、平衡渗析法、增溶法、超滤法、反相分离法、分子筛层析法以及液-液萃取法。其中有些方法可直接测定自由溶解态化学物质浓度，而另外一些物理分离方法可从自由溶解态化学物质分数中将与溶解性有机碳结合的化学物质分数分离开来。

测定水中自由溶解态化学物质的所有方法均存在可能导致 K_{poc} 和 K_{oc} 的不确定性的局限性。然而，与某些方法相关的局限性可能导致比其他方法更大的不确定性。出现较小偏差的方法有喷射法、荧光法、固相微量萃取法以及或许还有平衡渗析法。Suffet 等（1994）对各种方法（除固相微量萃取法之外）及其局限性进行了很好的评述。有关固相微量萃取法的更多信息读者可参见 Poerschmann 等（1997）或 Ramos 等（1998）。

科学文献的评论显示 K_{poc} 的测定不如 K_{doc} 和 K_{oc} 的测定普遍。K_{oc} 的定义为：在去除固相后，土壤或沉积物中的化学物质浓度（以有机碳为基础）与水中的化学物质浓度之间的分配系数。K_{oc} 以 L/kg 表示。K_{poc} 的定义为：水体颗粒中的化学物质浓度（以有机碳为基础）与水中自由溶解态化学物质浓度之间的分配系数。K_{poc} 以 L/kg 表示。不得假设所测定的 K_{oc} 值等于 K_{poc}，因为：①土壤和沉积物中有机碳的类型与水体中的类型有很大差异；②它们的分母是不同的。沉积物和土壤比水体颗粒物趋于更加风化，因为后者包括其来源各异的有机质，如刚死亡的或存活的浮游生物、藻类以及来自水生生物的排泄物。然而，在某些情况下，组成 K_{oc} 和 K_{poc} 的有机物可能非常相似，因为沉积物再悬浮和腐蚀物输入可能是水体中颗粒物的主要原因。在所有情况下，用于测定 K_{oc} 和 K_{poc} 的水体中化学物质浓度是不同的。K_{poc} 的测定基于水中自由溶解态化学物质浓度（见第 4.2.1 节），而 K_{oc} 是通过运用水中"溶解的"操作性定义来确定的。这种操作性定义包括自由溶解态化学物质和在水相中吸附到溶解性有机碳的化学物质。

K_{poc} 的数据有限，这有多种原因。第一，在野外条件下测定 K_{poc} 通常是非常困难的，因为自然水体中疏水性污染物的浓度极低，常常为 1 ng/kg 或更低。由于浓度低，必需处理大量的水，以便获得足够的化学物质来进行测定。如 Broman 等（1991）处理了约 2 000 L 波罗的海海水，以便通过过滤所保留的颗粒和通过滤器的水来获得可测定数量的多氯二噁英和呋喃。第二，为测定自然水体中自由溶解态化学物质浓度所研发的方法不适用于需要处理大量水的野外取样情景。第三，在实验室研究中，许多研究人员运用沉积物颗粒来替代水体中自然存在的颗粒，假设沉积物颗粒相当于水体中的颗粒在某种程度上还是有些牵强。第四，由于操作和分析方面的因素，所报道的 K_{oc} 和 K_d（K_{oc} 的表述基于干重，而不是固体有机碳，即 $K_{oc} = K_d / f_{oc}$）通常多于 K_{poc} 值，因为 K_{oc} 和 K_d 更易于测定。

搜索科学文献发现的 K_{poc} 测定值列于表 4-4-1 并绘于图 4-4-1。这些数值是运用反相法、喷射法和超滤法所测定的，其样本主要来自五大湖生态系统。运用几何平均值回归法（Ricker，1973）按 $\lg K_{poc} = a + b{\bullet}\lg K_{ow}$ 形式表示的公式进行计算，此公式如下。

$$\lg K_{poc} = +1.19(\pm 2.18) + 0.81(\pm 0.11){\bullet}\lg K_{ow} \qquad df = 14, r = 0.84, s_{xy} = 0.40$$

之所以运用几何平均值回归法，是因为测定 X 变量（$\lg K_{ow}$）有误差。每个测算 $\lg K_{poc}$ 的公式及其 95%置信限见图 4-4-1。此回归线的斜率与 1.0 没有显著差异（$\alpha = 0.05$）。假设斜率为 1.0，则得出：$\lg K_{poc} = \lg K_{ow} + B$。此公式经重新排列后，可得到：

$B = \lg K_{poc} - \lg K_{ow} = \lg(K_{poc} / K_{ow})$，将单个化学物质的 $\lg K_{poc}$ 和 $\lg K_{ow}$ 的差异进行平均或将单个化学物质的 K_{poc} 与 K_{ow} 比值的对数进行平均可得到 B 值。对于此数据集，可得出平均差（标准差，数据点的数量）为 0.023（0.426，16）。将平均差变换为反对数，则可得到预测关系式：$K_{poc} = 1.05 \cdot K_{ow}$，预测的平均 K_{poc} 值双侧系数为 8 的 95%置信限为：$[10^{(标准差 \cdot t(\alpha=5\%, df=15))} = 10^{(0.426 \cdot 2.131)}]$。

基于上述数据，EPA 运用下列关系式确定用于三相分配模型的 K_{poc} 值。

$K_{poc} = 1.0 \cdot K_{ow}$，预测的平均 K_{poc} 值双侧系数为 8 的 95%置信限。

推导上述关系式所用的数据主要来自五大湖生态系统。Butcher 等（1998）从哈德逊河获得的 K_{poc} 数据（未用于推导预测性关系式）也被标绘于图 4-4-1 中（空心圆），与从五大湖获得的 K_{poc} 数据很好吻合。从哈德逊河获得的数据与从五大湖生态系统获得的数据的相似性表明，确定 K_{poc} 的上述关系式比五大湖生态系统本身具有更广泛的适用性。

表 4-4-1 K_{poc} 数据

化合物	生态系统	$\lg K_{ow}$	$\lg K_{poc}$	*sd*	*n*	测定方法	参考文献
灭蚁灵	安大略湖	6.89	6.81			喷射法	Yin & Hassett，1989
灭蚁灵	安大略湖	6.89	6.54			喷射法	Yin & Hassett，1989
灭蚁灵	奥斯威戈河	6.89	6.72			喷射法	Yin & Hassett，1989
灭蚁灵	奥斯威戈河	6.89	6.38			喷射法	Yin & Hassett，1989
4-氯联苯	密歇根湖	4.69	4.71	0.50	73	反相法	Eadie et al.，1990
芘	密歇根湖	5.11	5.65	0.46	73	反相法	Eadie et al.，1990
2,2',5,5'-四氯联苯	密歇根湖	5.84	5.83	0.40	73	反相法	Eadie et al.，1990
苯并[*a*]芘	密歇根湖	6.13	6.66	0.40	73	反相法	Eadie et al.，1990
p,p'-DDT	密歇根湖	6.91	6.36	0.31	73	反相法	Eadie et al.，1990
2,2',4,4',5,5'-六氯联苯	密歇根湖	6.92	6.76	0.30	73	反相法	Eadie et al.，1990
4-氯联苯	格林湾	4.69	4.70	0.29	23	反相法	Eadie et al.，1992
芘	格林湾	5.11	5.79	0.19	23	反相法	Eadie et al.，1992
2,2',5,5'-四氯联苯	格林湾	5.84	5.74	0.19	23	反相法	Eadie et al.，1992
苯并[*a*]芘	格林湾	6.13	6.38	0.15	23	反相法	Eadie et al.，1992
p,p'-DDT	格林湾	6.91	6.24	0.12	23	反相法	Eadie et al.，1992
2,2',4,4'-四氯联苯	密歇根湖	5.85	6.78	0.11	2	超滤法	Dean et al.，1993
2-氯联苯	哈德逊河	4.46	5.65			计算法	Butcher et al.，1998
2,4'-二氯联苯	哈德逊河	5.07	5.67			计算法	Butcher et al.，1998
2,2',5-三氯联苯	哈德逊河	5.24	5.40			计算法	Butcher et al.，1998
2,4,4'-三氯联苯	哈德逊河	5.67	5.84			计算法	Butcher et al.，1998
2,4',5-三氯联苯	哈德逊河	5.67	5.80			计算法	Butcher et al.，1998
2,2',3,3'-四氯联苯	哈德逊河	5.75	5.85			计算法	Butcher et al.，1998
2,2',5,6'-四氯联苯	哈德逊河	5.62	5.82			计算法	Butcher et al.，1998
2,3',4,4'-四氯联苯	哈德逊河	6.20	6.27			计算法	Butcher et al.，1998

化合物	生态系统	$\lg K_{ow}$	$\lg K_{poc}$	*sd*	*n*	测定方法	参考文献
2,3',4',5-四氯联苯	哈德逊河	6.20	6.15			计算法	Butcher et al.，1998
2,2',4,5,5'-五氯联苯	哈德逊河	6.38	6.18			计算法	Butcher et al.，1998
2,3',4,4',5-五氯联苯	哈德逊河	6.74	6.41			计算法	Butcher et al.，1998
2,2',3,4,4',5-六氯联苯	哈德逊河	6.83	6.43			计算法	Butcher et al.，1998
2,2',3,5,5',6-六氯联苯	哈德逊河	6.64	6.55			计算法	Butcher et al.，1998
2,2',4,4',5,5'-六氯联苯	哈德逊河	6.92	6.38			计算法	Butcher et al.，1998

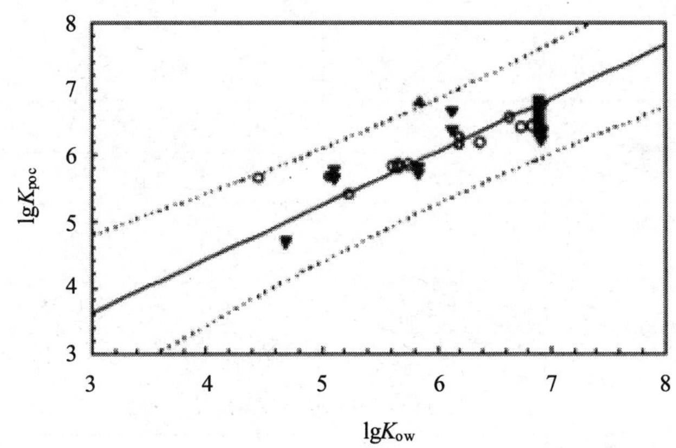

图 4-4-1　运用反相法（▼）、喷射法（■）、超滤法（▲）和模型推导法（○）确定 K_{poc}，绘制几何平均值回归线及其 95%预测置信限

与 K_{poc} 数据相比，科学文献中有许多 K_{doc} 测定的报道。通过运用多个来源的溶解性有机碳对疏水性有机化学物质吸附到溶解性有机碳进行了研究。溶解性有机碳的来源包括环境水体、沉积物和土壤孔隙水以及从环境水体、沉积物和土壤中分离出来的腐殖酸和富里酸。一般来说，腐殖质是水和土壤系统中天然有机碳的主要成分，如 50%～80%（Perminova et al.，1999；Thurman，1985）。由于这个原因，大量的研究均集中于确定疏水性有机化学物质与腐殖质的吸附与约束关系，特别是与腐殖质的成分和结构的关系，如芳香性、氢-碳（H/C）与氧-碳（O/C）的原子比、紫外线吸收率、pH 值以及分子量。

为了建立预测 K_{doc} 的关系式，对非离子性有机化学物质的 K_{doc} 数据进行文献研究，收集了 70 多个参考文献的 K_{doc} 数据（Burkhard，2000）。运用基于自然存在的溶解性有机碳的 K_{doc} 数据，建立了预测关系式：$K_{doc}=0.08\cdot K_{ow}$，双侧系数为 20 的 95%置信限。下面简要概述了文献研究与预测公式的制定情况。有关 K_{doc} 数据的更多细节与完整清单参见 Burkhard，2000。

在图 4-4-2 中，绘制了 5 个溶解性有机碳来源的化学物质 $\lg K_{ow}$ 与 $\lg K_{doc}$ 的函数关系：①Aldrich 腐殖酸；②从沉积物、自然水和土壤分离出的腐殖酸和富里酸；③沉积物孔隙水；

④土壤孔隙水和地下水；⑤地表水。对于由 Aldrich 腐殖酸和沉积物孔隙水组成的溶解性有机碳，lg K_{doc} 和 lg K_{ow} 之间的关系是线性的，两者的斜率大约为 1，相关系数分别为 0.77 和 0.64（表 4-4-2）。相比之下，对于不含 Aldrich 腐殖酸的腐殖酸和富里酸（即 Aldrich 腐殖酸的数据不包括在内）、土壤孔隙水和地下水以及地表水，lg K_{doc} 在某种程度上只取决于 lg K_{ow}；也就是说，虽然斜率近似于 1，但关系式的相关系数相当小，α= 0.3。对于自然水体中的溶解性有机碳，K_{doc} 对 K_{ow} 的依赖性较小，这与 Kukkonen 和 Oikari（1991）以及 Evans（1988）的发现相一致，这说明非离子性有机化学物质与地表水溶解性有机碳的吸附或关联方面重要的是分配系数而不是疏水性。

表 4-4-2　K_{doc}（几何平均值）与 K_{ow} 回归方程式

溶解性有机碳来源	几何平均值回归方程式	n	r	s_{xy}
Aldrich 腐殖酸	$\lg K_{doc} = 0.85(\pm0.03)^{a} \cdot \lg K_{ow} + 0.27(\pm0.20)$	269	0.77	0.52
不含 Aldrich 腐殖酸的腐殖酸和富里酸	$\lg K_{doc} = 0.88(\pm0.06) \cdot \lg K_{ow} - 0.11(\pm0.31)$	230	0.29	0.65
沉积物孔隙水	$\lg K_{doc} = 0.99(\pm0.04) \cdot \lg K_{ow} - 0.88(\pm0.23)$	396	0.64	0.66
土壤孔隙水和地下水	$\lg K_{doc} = 0.91(\pm0.13) \cdot \lg K_{ow} - 0.22(\pm0.68)$	47	0.31	0.61
地表水	$\lg K_{doc} = 0.97(\pm0.06) \cdot \lg K_{ow} - 1.27(\pm0.40)$	210	0.32	0.99
包括 Aldrich 腐殖酸在内的所有溶解性有机碳	$\lg K_{doc} = 0.85(\pm0.04) \cdot \lg K_{ow} - 0.11(\pm0.21)$	223	0.78	0.52
自然生成的溶解性有机碳（不含 Aldrich 腐殖酸）	$\lg K_{doc} = 0.85(\pm0.06) \cdot \lg K_{ow} - 0.25(\pm0.34)$	127	0.67	0.60

n= 数据点的数量，r= 相关系数，s_{xy}= 计算值的标准误差，[a]（±标准差）。

从地表水的溶解性有机碳得出的 K_{doc} 数据似乎比其他溶解性有机碳来源所观察到的变化性更大（图 4-4-2）。在岩化作用的基础上，水体中的溶解性有机碳预计会比沉积物和腐殖酸以及富里酸中的溶解性有机碳变化更大，因为地表水中的溶解性有机碳含有最近死亡的浮游生物、藻类和大型植物之类的残渣。图 4-4-2 中 5 个图形的某些变化是由于测定方法的差异性引起的。Landrum 等（1984）、Kukkonen 和 Pellinen（1994）对反相法和渗析法进行的比较表明这两种方法之间可能存在一个或更大数量级的差异，但是通常渗析法提供的数值，其系数高 2～5。lg K_{ow} 为 4.09 的联苯对这两种方法之间可能存在的差异提供了例子。Landrum 等（1984）利用从伊利湖和休伦湖采集的水样，对联苯的 K_{doc} 进行了平行测定。运用这两种方法获得 K_{doc} 数据的差异在于，伊利湖水样的系数为 3，休伦湖水样的系数为 34。从这些地表水的溶解性有机碳获得的 K_{doc} 数据的变化性也可能与测定的时期有关系。大部分测定的时间是在 20 世纪 80 年代，当时测定 K_{doc} 的方法较新或正在研发之中。

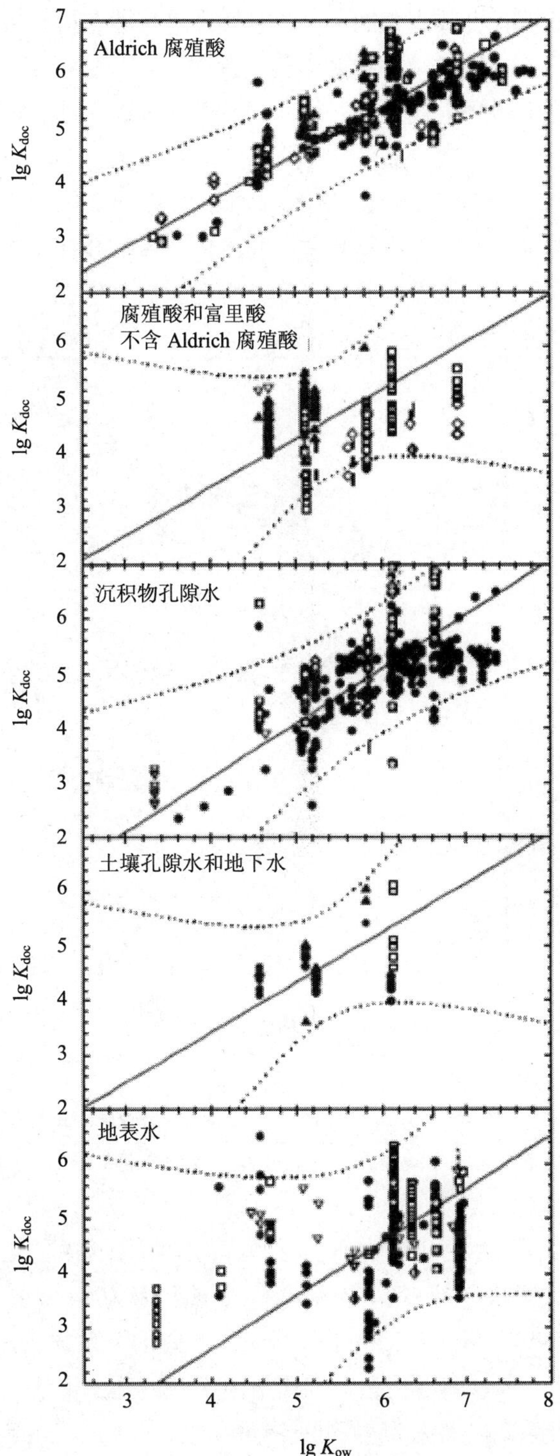

图 4-4-2　运用反相法（●）、平衡渗析法（□）、喷射法（◆）、计算/模型推导法（▽）、荧光法（▲）、增溶法（◇）、生物法（■）和固相微量萃取法（◈）对不同来源的溶解性有机碳确定 K_{doc} 值，绘制几何平均值回归线及其 95%预测置信限

为了比较所有溶解性有机碳来源的 K_{doc}，对每种溶解性有机碳来源用不同的分析方法测定的每种化学物质的 K_{doc} 值进行平均并绘图（图 4-4-3）。在某种程度上运用了 K_{doc} 的平均值，因为每种化学物质的测定数量不一样。如对于从地表水获得的溶解性有机碳，联苯和苯并[*a*]芘分别有 4 次和 49 次 K_{doc} 测定值。$\lg K_{doc}$ 与 $\lg K_{ow}$ 的绘图显示出相当大的一致性，显然 K_{doc} 对 K_{ow} 的依赖性很大（图 4-4-3）。Aldrich 腐殖酸的平均 K_{doc} 平均高于从自然来源推导出的数值（图 4-4-3）。这些结果与 Aldrich 腐殖酸和在文献资料里对非极性有机化学物质报道的自然存在的有机碳方面存在的差异相一致（Suffet et al.，1994）。

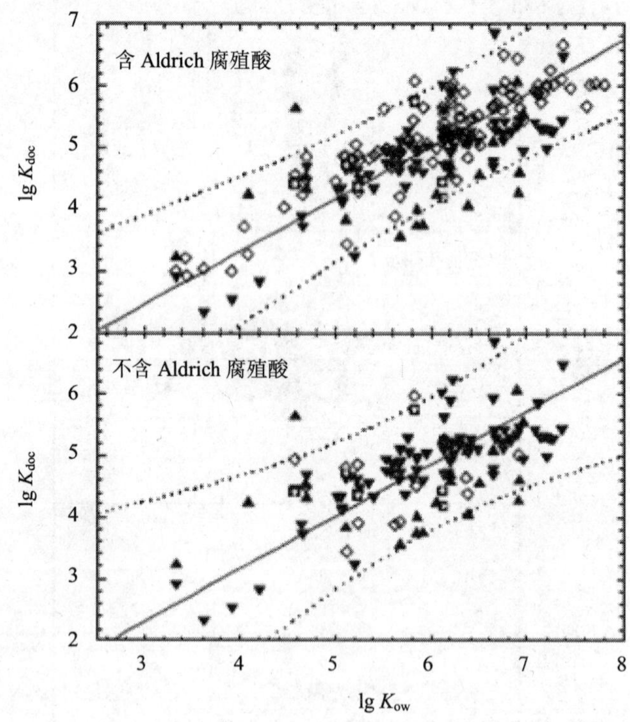

图 4-4-3　对溶解性有机碳不同来源：腐殖酸和富里酸（◇）、沉积物孔隙水（▼）、土壤孔隙水和地下水（■）和地表水（▲）的单个化学物质的 K_{doc} 进行平均，绘制几何平均值回归线及其 95%预测置信限

理论上，当具有不同 K_{ow} 的化学物质在正辛醇与有机碳相中的化学物质活性系数的比值为常数时，公式 $\lg K_{doc}$、K_{poc} 或 $K_{oc} = A \cdot \lg K_{ow} + B$ 的斜率为 1（Seth et al.，1999）。Seth 等（1999）、DiToro 等（1991）和 Karickhoff（1984）推导的关系式 $\lg K_{oc} = A \cdot \lg K_{ow} + B$ 斜率为 1，显然与此假设相一致，即活性系数的比值为常数。基于上述理论基础和实验数据，在这个研究中，假设关系式的斜率为 1，即 $\lg K_{doc} = \lg K_{ow} + B$。此等式经重新排列后，可得到：$B = \lg K_{doc} - \lg K_{ow} = \lg(K_{doc} / K_{ow})$，将单个化学物质的 $\lg K_{doc}$ 与 $\lg K_{ow}$ 的差异进行平均或将单个化学物质的 K_{doc} 与 K_{ow} 比值的对数进行平均可得到 B 值。对于由自然存在的溶解性有机碳（不含 Aldrich 腐殖酸）组成的数据集，得到的平均差（标准差、数据点的数量）为−1.11（0.659，127）。将平均差变换为反对数，则可得到预测关系式：$K_{doc} = 0.08 \bullet K_{ow}$，预测的平均 K_{doc} 值双侧系数为 20 的 95%置信限。当包括 Aldrich 腐殖酸时，可以得到的平均差（标准差，0.578；数据点的数量，223）为−0.966，从而得出预测关系式：$K_{doc} = 0.11 \cdot K_{ow}$，双侧系数为 14 的 95%置信限。

基于上述数据，EPA 运用下列关系式，确定用于三相分配模型的 K_{doc} 值：

$$K_{doc} = 0.08 \bullet K_{ow}$$

对于预测的 $\lg K_{doc}$，其 95%置信限为：

$$\pm\text{标准差}\bullet t_{(\alpha=5\%, df=127)} = \pm 0.659 \bullet 1.979 = \pm 1.30$$

将 95%置信限变换为反对数，则可得到双侧系数为 20 的预测平均 K_{doc} 值。

在图 4-4-4 中，绘制出了余值，即测定的 $\lg K_{doc}$ 减去运用关系式 $K_{doc} = 0.08 \bullet K_{ow}$ 预测出的 $\lg K_{doc}$，以及 95%置信限。余值的分布是正态分布（$\alpha = 10\%$），有 64 个负余值 63 个正余值。对于自然存在的溶解性有机碳，预测的 $\lg K_{doc}$ 余值对 K_{ow} 的依赖性可以忽略（图 4-4-4）。

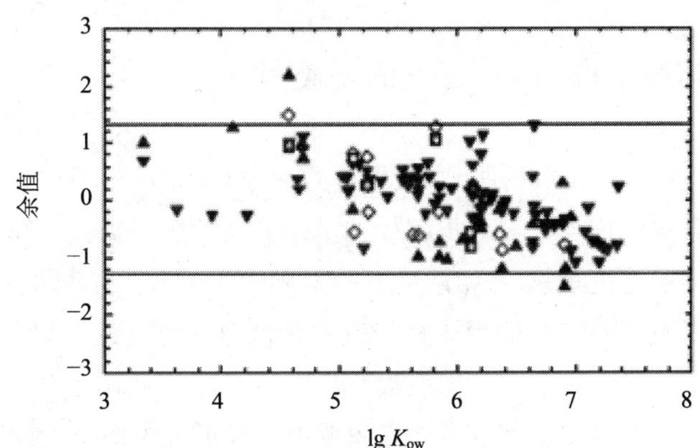

图 4-4-4 测定的 $\lg K_{doc}$ 和运用关系式 $K_{doc}=0.08 \bullet K_{ow}$ 预测的 $\lg K_{doc}$ 之间的余值。溶解性有机碳来源：不含 Aldrich 腐殖酸的腐殖酸和富里酸（◇）、沉积物孔隙水（▼）、土壤孔隙水和地下水（■）和地表水（▲），并绘制出 95%置信限

Seth 等（1999）最近在对 K_{oc} 数据进行评价时，发现 $K_{oc} = 0.35 \bullet K_{ow}$，双侧系数为 2.5 的 95%置信限。上述 K_{doc} 的预测关系式的变化性远大于 Seth 等（1999）报道的系数 2.5，而且大于只用 Aldrich 腐殖酸观测到的变化性（图 4-4-2），其双侧系数大约为 14 或 $(s_{xy} \bullet t_{(\alpha=5\%, df=190)} = 0.59 \times 1.972)$。然而，这种较大的变化性与 Kukkonen 和 Oikari（1991）以及其他研究者的发现相一致，他们发现化学物质的疏水性并不是影响非离子性有机化学物质与溶解性有机碳关联性的唯一因素。

4.2.5 选择适当的 K_{ow} 进行分配（生物有效性）预测

分配理论的基础及其与 lg K_{ow} 的关系的讨论见第 3 章、第 4.2 节和附录 A。在生物累积系数方法学的几个部分当中均采用 K_{ow}，如评价生物累积系数、疏水性、水中分配情况以及其他程序（包括生物-沉积物累积系数法和食物链模型的应用）。因此，对于特定的化学物质，选择最适当的 K_{ow} 是非常重要的。有多种方法可用来估算或预测 K_{ow} 值。这些方法的可靠性依据化学物质的 K_{ow} 而有所变化。

在 1998 年版的技术支持文件草案（USEPA，1998a）中，EPA 对选择可靠的 K_{ow} 值给出建议并就两种选择方案征求意见。第一种选择方案是发表在《五大湖水质倡议》中的指南（USEPA，1995a）。第二种选择方案是更为详细的选择 K_{ow} 值的方法，这是由 EPA 提出的，最近业界同行对其进行了评价。根据 EPA 的科学原理以及收到的同行评论意见，EPA 将依据在最近编制的报告中提出的指南选择 K_{ow} 值。EPA 选择 K_{ow} 值的方法学将 K_{ow} 值的范围分成三组，以反映具有不同疏水性的化学物质在性质与行为方面的差异。K_{ow} 指南的具体细节见附录 B。

4.3 沉积物-水相浓度商（Π_{socw}）的重要性

在生态系统中，表层沉积物与水体之间的化学物质分布可用沉积物-水相浓度商（Π_{socw}）进行最为有效的描述，进一步解释如下：非离子性有机化学物质的生物累积系数对生态系统中化学物质的沉积物-水相浓度商的差异较为灵敏，与疏水性成比例。第 5 章所描述的 4 种生物累积系数方法中的每一种，或者含蓄地（通过野外测定的生物累积系数）或者明确地（通过模型推导的生物累积系数）涉及沉积物-水相浓度商。非离子性有机化学物质的国家生物累积系数程序涉及在几个关键参数（包括沉积物-水相浓度商）目前的国家平均值基础上将生物累积系数设定在可能的范围内。在生物累积系数方法 1 和方法 2 的情况下，是通过将来自不同生态系统测定的生物累积系数进行平均做到的。对于方法 3 和方法 4，EPA 在从 3 种不同生态系统高质量测定基础上所选定的沉积物-水相浓度商国家值与 Gobas 食物链模型（Gobas，1993）共同运用来确定食物链倍增系数。

水生生物中疏水性非离子性有机化学物质的生物累积取决于许多生态系统条件，包括食物链的长度（Rasmussen et al.，1990）、食物链的构成（Vander Zanden and Rasmussen，1996；Burkhard，1998）以及化学物质在沉积物和水之间的分配（Thomann，1992；Endicott and Cook，1994）。食物链的构成与化学物质在沉积物和水之间的分配的影响是互相关联的，因为沉积物和水分别是食物链中底栖生物和浮游生物的主要暴露介质（Burkhard，1998）。对于底栖食物链，化学物质在底栖食物链底层的底栖无脊椎动物中的浓度直接受控于沉积物中的化学物质浓度。化学物质在浮游生物食物链底层（如浮游植物和硅藻）中的浓度直接受控于水中的化学物质浓度。因此，化学物质在沉积物和水之间分配的差异以及底栖与浮游生物食物链构成的差异，会影响草食性鱼类和肉食性鱼类体内的非离子性有机化学物质的生物累积。

化学物质在水体中的沉积物与上覆水或水体内的参照区域之间的分配可通过沉积物-水相浓度商（Π_{socw}）来描述，其定义如下。

$$\Pi_{\text{socw}} = \frac{C_{\text{soc}}}{C_{\text{w}}^{\text{fd}}} \tag{4-4-7}$$

式中：C_{soc}——化学物质在干沉积物中的有机碳标准化浓度；

C_{w}^{fd}——化学物质在水中的自由溶解态浓度。

通过化学物质在沉积物中的有机碳标准化浓度以及化学物质在水中的自由溶解态浓度的表达，此商数是对表层沉积物与水体之间化学物质的分布接近或偏离水体热力学平衡状态的程度的测定。失衡的程度是与化学物质的 $\Pi_{\text{socw}} / K_{\text{ow}}$ 偏离 1.0（$\Pi_{\text{socw}} = K_{\text{ow}}$）的程度成比例的。

在水生环境中，有 3 个因素是造成 Π_{socw} 在各个生态系统中不同的主要因素。首先，非离子性有机化学物质在水体和沉积物中的浓度是熟知的归趋和迁移过程的结果，例如颗粒沉降与再悬浮、化学物质吸附到悬浮颗粒和沉积物上并解吸，以及生态系统的水动力特性。这些过程在各个生态系统之间有所不同。其次，化学物质在生态系统中的负荷史对其 Π_{socw} 有重要作用。如在水体中增加化学物质的负荷会马上引起水中化学物质的浓度上升，随着时间的推移，沉积物中化学物质的浓度会通过沉淀过程逐渐增加。如果水体中化学物质的负荷降低，则水体中化学物质的浓度会迅速降低，而化学物质在沉积物中的浓度会通过较新的、污染物较低的沉积物掩埋较早的、污染物较多的沉积物而缓慢下降。最后，水体颗粒（或悬浮固体）以及表层沉积物中有机碳含量的差异在各个生态系统中会有所变化。由于新近沉淀的表层沉积物的岩化作用过程，有机碳含量的比值（水体至表层沉积物）接近生态系统 $\Pi_{\text{socw}} / K_{\text{ow}}$ 的稳态值。

在 3 种不同的负荷情境下，化学物质负荷对 Π_{socw} 的重要性见图 4-4-5：①随着时间的推移化学物质在生态系统中的恒定负荷；②在 50 年时化学物质在生态系统中的负荷加倍的恒定负荷；③在 50 年时化学物质在生态系统中的负荷降低 80%的恒定负荷。通过运用由不可代谢化学物质（$\lg K_{\text{ow}}$ 为 6）在沉积物表层和水体组成的两相质量平衡模型，并采用大型湖泊生态系统的条件和参数，来创建这些图形。在所有 3 种负荷情境下，水体中化学物质的浓度对负荷的变化作出迅速响应，与其形成对比的是，沉积物中的化学物质浓度的响应程度相对较慢。在这些情境下，沉积物和水体颗粒的有机碳含量分别为 3%和 15%。在所有 3 种情境中，$\Pi_{\text{socw}} / K_{\text{ow}}$ 达到较高的稳定值 4.91，几乎等于有机碳在悬浮颗粒与表层沉积物中的百分比的比值。已经成为沉积物污染物多年的、现在已经不再生产或使用的许多化学物质，如多氯联苯和 DDT，常常发现存在于浓度超过水体热力学平衡的沉积物中。

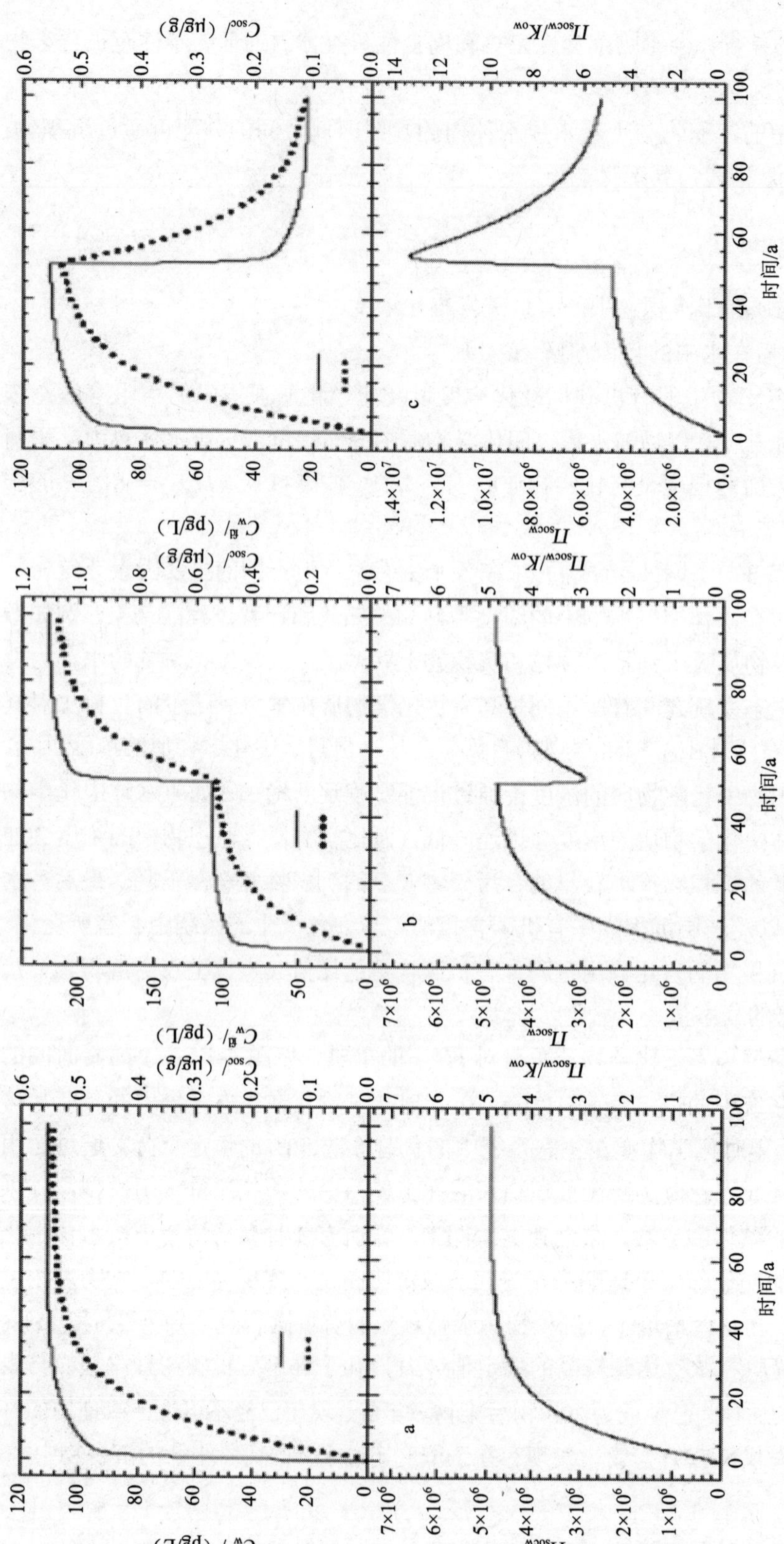

图 4-4-5　3 种不同的化学物质负荷情境的沉积物-水相浓度商（Π_{socw}）：（1）随着时间的推移化学物质在生态系统中的恒定负荷；（2）在 50 年时化学物质在生态系统中的负荷加倍的恒定负荷；（3）在 50 年时化学物质在生态系统中的负荷降低 80%的恒定负荷。

运用安大略湖的条件和参数对 lg K_{ow} 为 6 的化学物质进行模拟试验

上述情境 3 的后半部分（即在 50 年时化学物质在生态系统中的负荷降低 80%的恒定负荷）表明了 Π_{socw} 是如何随着时间的推移而发生变化的。生态系统各参数和条件的差异，例如水力滞留率、沉淀与再悬浮率、水体和表层沉积物分层体积以及各生态系统之间的化学物质负荷率，影响特定时间范围和随着时间推移化学物质负荷变化相关的 C_w^{fd}、C_{soc} 和 Π_{socw} 的斜率变化。

处于热力学平衡的生态系统，实际上是极少存在的一种情况，理论上 Π_{socw} 应等于化学物质的 K_{ow}。因此，生态系统模型通常运用 Π_{socw} 与 K_{ow} 的比值作为测定生态系统失衡的程度（Thomann et al.，1992）或者测定逸度比（Campfens and Mackay，1997）来描述 Π_{socw} 的特征。Π_{socw}/K_{ow} 比值为 1 等于沉积物和水体之间的平衡状态。比值为 25（自 1970 年以来安大略湖的多氯联苯和 DDT 的典型状态）是一种失衡状态，在这种状态下，由于化学物质过去在生态系统中的负荷较大，相对于水体而言，化学物质在沉积物中出现富集情况。对于比值小于 1 的情况，相对于沉积物而言，化学物质在水体中出现富集情况；在这种状态下，水生生态系统加载有化学物质，但沉积物并未与水达到稳定状态（Π_{socw} 恒定）。随着持续加载，沉积物中污染物增加，直到达到稳定状态（Π_{socw} 恒定），且 Π_{socw}/K_{ow} 比值在 2～10。下限值 2 是由水体与沉积物中颗粒物的有机碳含量的预计最小差异得出的。上限值 10 是由水体中的化学物质梯度与相对较高的有机碳量得出的。格林湾，一个相当浅的、垂直混合良好的生态系统，受纳来自威斯康星州受污染的福克斯河多氯联苯的持续排入。格林湾的 Π_{socw}/K_{ow} 比值大约为 5。此比值表明该系统近似稳态，大部分或全部失衡状态是由于水与沉积物中的有机碳差异引起的。

Π_{socw} 的采样和测定指南与第 1.2 节和第 5.1 节中描述的生物累积系数方法 1 对 C_w^{fd} 的采样和测定指南以及第 5.2 节中描述的生物累积系数方法 2 对 C_{soc} 的采样和测定指南相同。由于表层沉积物中生物累积性化学物质的浓度在大多数含碳的细沉积物沉积区域相对恒定（以年计），对在有时间波动的系统中确定适当的平均 C_w^{fd} 是在测定或估算 Π_{socw} 过程中的最大挑战。在监测报告和历史负荷数据的基础上，EPA 预测最不易分解的非离子性有机化学物质的 Π_{socw}/K_{ow} 比值在 2～40。当此类化学物质在生态系统中存在的时间没有足够长，以至于在表层沉积物中不能达到预期的稳态浓度时，上述预测即不适用。在这种情况下，Π_{socw}/K_{ow} 比值要远低于 2，这表明经由底栖食物链的低暴露可能性。由于国家生物累积系数方法学假设生物累积系数是在近似于长期平衡的状态下测定的，小于 2 的 Π_{socw}/K_{ow} 值是不太可能与持久性的疏水性化学物质有关的。

4.4　食物链倍增系数的推导与应用

在人们认为或假设化学物质在食物链中的新陈代谢可以忽略不计的情况下，可运用程序 1 中的食物链倍增系数（图 4-3-1）来估算化学物质沿食物链的食物性迁移情况。在程序 1 中，推导国家生物累积系数 4 种方法中的 2 种方法运用了食物链倍增系数。运用食物链模型和/或野外数据来确定食物链倍增系数，食物链倍增系数表示化学物质在水生食物链生物放大作用趋势的测定。食物链倍增系数可定义如下。

$$\mathrm{FCM} = \frac{基线\mathrm{BAF}}{K_{\mathrm{ow}}} \approx \frac{基线\mathrm{BAF}}{基线\mathrm{BCF}} \tag{4-4-8}$$

此公式假设用生物富集系数对生长稀释进行校正并用脂质标准化对生物有效性进行校正，即基线生物富集系数等于 K_{ow}。此项假设的科学依据见第 5.4.2 节。由于所测定的基线生物富集系数采用的是只经水暴露的化学物质，它代表了第 1 营养级的生物暴露。当生物在食物链中处于较高的营养级时，由于食物对化学物质的吸收，使得生物组织中某些化学物质的浓度可能会超过只暴露于水中的浓度。当基线生物富集系数乘以生物营养级的食物链倍增系数时，可以解释生物对食物摄取的影响。当化学物质的疏水性超过 $\lg K_{\mathrm{ow}}$ 值 4 并且生物对化学物质的代谢率较小时，食物对化学物质的吸收通常是重要的。因此，对于非离子性有机化学物质，程序 1 的方法 3 和方法 4 仅适用于 $\lg K_{\mathrm{ow}}$ 为 4 或更大的化学物质。

4.4.1 运用食物链模型推导食物链倍增系数

运用食物链模型推导食物链倍增系数，必需选择一个模型及其输入参数。下列各节讨论了 EPA 如何选择食物链模型应用于《2000 年人体健康方法学》。还描述了食物链结构模型采用的参数 Π_{socw}（或 $C_{\mathrm{w}}^{\mathrm{fd}}$ 和 C_{soc}）以及食物链中的化学物质代谢率。由于所有食物链模型均需要上述输入参数，所以这些输入参数并不是 EPA 所选择的食物链模型所特有的。

4.4.1.1 选择食物链模型

要使食物链模型提供有用的预测，它必需具备下列一般特征和性能。第一，模型必需包括食物链的所有生物成分，即浮游生物、底栖无脊椎动物、草食性鱼类和肉食性鱼类。第二，模型必需能够说明所有生物从食物和水摄取化学物质和清除的情况。第三，模型必需包括化学物质在沉积物和水体中的浓度，因为这些环境相分别是底栖无脊椎动物和浮游植物的主要暴露介质，而且这些生物都栖息在水底和浮游生物食物链的基质中。第四，因为保护人体健康的环境水质基准是为水环境的长期均衡状态而设计的，那么预测食物链模型中生物累积的稳态溶液是优先于食物链模型随时间而变化的动态溶液的（见第 1.2 节）。期望具备的其他性能包括：①模型易于普通用户运用；②模型不将归趋迁移模型与食物链模型相混合；③在每次运用时，模型代码不需要大量验证；④模型参数易于确定。

以上食物链模型包括 Gobas（1993）和 Thomann 等（1992）模型。还有其他模型可供运用，如一级、二级和三级逸度模型（Mackay，1991）、RIVER/FISH（Abbott et al.，1995）、AQUATOX（USEPA，2000c，d）、Iannuzzi 等（1996）、Ecofate（Gobas et al.，1998）和 BASS/FGETS（Barber，2000）模型。AQUATOX（USEPA，2000c，d）、Iannuzzi 等（1996）和 Ecofate（Gobas et al.，1998）模型包括模拟化学物质吸收与清除的 Gobas（1993）和 Thomann 等（1992）子模型。RIVER/FISH（Abbott et al.，1995）、AQUATOX（USEPA，

2000c，d）、Ecofate（Gobas et al.，1998）和 BASS/FGETS（Barber，2000）模型有范围广泛的输入数据要求，主要用于食物链的时空变化动态解析。时空变化模型包括与生物累积子模型一起运用的归趋迁移子模型，因此，模型预测包括 2 个子模型有关的不确定性。逸度模型（Mackay，1991）用于评价化学物质在模型环境中的一般特征。基于上述特征，EPA 选择 Gobas（1993）和 Thomann 等（1992）模型，以进一步考虑和评价食物链倍增系数的计算结果。这 2 个模型在科学界被广泛认可，并正在运用于多项科学与管理应用之中。

Burkhard（1998）对 Gobas（1993）和 Thomann 等（1992）预测水生食物链中化学物质浓度的稳态食物链模型进行了全面评价。Burkhard（1998）评价了①模型的准确性和精确度；②预测浓度对输入参数变化的灵敏度；③与模型预测的浓度相关的不确定性。这些评价是运用从安大略湖及其食物链结构获得的野外数据而进行的。本技术支持文件提供了此项评价的简要概述。更多详细资料可参见 Burkhard（1998）。

（1）模型的范围与理论基础

Gobas 和 Thomann 模型在许多方面十分相似。这 2 个模型均包括底栖和浮游生物食物链部分，因此包括生物从沉积物和水体暴露于化学物质的情况。这 2 个模型均包括计算稳态条件的速率方程，但是也将某些化学物质的分配按平衡分配进行处理。2 个模型均要求食物链结构的详细描述以及脂质含量和生物重量等指标。2 个模型还包括沉积物和水体的有机碳含量。然而，这 2 个模型也有明显的差异。主要差异是有关用于预测化学物质在底栖无脊椎动物和浮游动物中浓度的方法。Gobas（1993）模型运用平衡分配来预测浓度，而 Thomann（1992）模型则是运用基于呼吸、饮食消费和生物生长的吸收与清除率来预测浓度。

Gobas 和 Thomann 模型不包括对化学物质的溶解度限制或控制化学物质在任何相中的浓度。因此，对于化学物质在沉积物与水体中的浓度的特定比值，模型将预测出同样的生物累积系数和生物-沉积物累积系数，无论所采用的化学物质浓度数值如何，条件是比值保持不变。如果将这些模型用于预测化学物质在水生生物体内的浓度，需要沉积物和水体中实际的化学物质浓度。

（2）模型的精确性

Burkhard（1998）运用从安大略湖得到的野外数据（Oliver and Niimi，1988）所做的评价证明，Gobas 和 Thomann 模型对于 $\lg K_{ow}$ 值范围在 3～8 的所有化学物质具有相似的预测性能（图 4-4-6）。运用 Gobas 模型预测的基线生物累积系数与测定的基线生物累积系数（运用安大略湖的野外数据）的一致性比运用 Thomann 模型预测的结果稍微好一些。对于 $\lg K_{ow}$ 值≥8 的化学物质，模型的预测结果有显著差异。对于 Gobas 模型，杜父鱼的预测与测定的基线生物累积系数的平均比值为 1.6，灰西鲱为 1.0，小胡瓜鱼为 1.4，大胡瓜鱼为 1.2，肉食性鱼类为 1.2。对于 Thomann 模型，杜父鱼的预测与测定的基线生物累积系数的平均比值为 4.0，灰西鲱为 2.2，小胡瓜鱼为 3.1，大胡瓜鱼为 3.0，肉食性鱼类为 2.5。总的来说，Thomann 模型预测的基线生物累积系数稍高于 Gobas 模型预测的数值。对于肉食性鱼类，Thomann 模型的第 10 百分位和第 90 百分位的比值（预测/测定）分别为 0.4 和 5.6，而 Gobas 模型分别为 0.3 和 2.1。假设肉食性鱼类体内的预测浓度为 5 μg/kg，那么 Thomann 模型将基线生物累积系数的这些范围转换为鱼体中的浓度为 2～28 μg/kg，而 Gobas 模型则为 1.5～10.5 μg/kg。这些范围相对较窄，变化系数大约为 10。

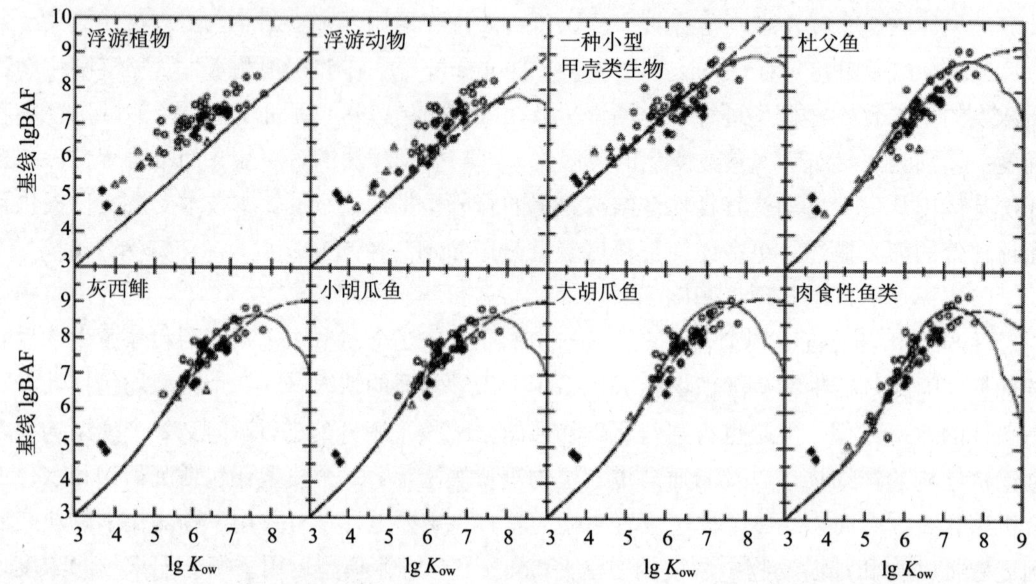

图 4-4-6 对于所有生物，运用 Gobas（— —）和 Thomann（——）模型从 Oliver 和 Niimi（1988）的数据和预测的 BAF_l^{fd}，对多氯联苯（○）、氯代农药（◆）、氯苯类、氯甲苯类和六氯丁二烯（△）测定的基线生物累积系数，按 K_{ow} 值绘图（Burkhard，1998）。对于浮游植物，2 个模型所预测的基线生物累积系数相同，因此，在浮游植物绘图中，2 条线重叠

（3）模型的灵敏度

进行灵敏度分析以评价哪些输入参数对模型影响最大。对 Thomann 模型和 Gobas 模型所采用的输入参数进行的灵敏度分析表明，对于这些模型来说，Π_{socw}、K_{ow}、生物的脂质含量、草食性鱼类对底栖无脊椎动物的摄食偏好以及底栖无脊椎动物的摄食偏好（仅 Thomann 模型）是最灵敏的输入参数。

运用多种输入参数的偏差（即±10%、±25%、±50%和±75%）进行灵敏度分析。对于 2 个模型而言，Π_{socw}、生物重量以及生物的摄食偏好的特定变化对整个模型结果的影响大小与每个输入参数的变化成正比。中等非比例性的输入参数为脂质含量（Thomann 模型）和温度（Gobas 模型）。较大非比例性的输入参数为脂质含量（Gobas 模型）和 K_{ow}（2 个模型）。对于 2 个模型来说，Π_{socw}、脂质含量以及草食性鱼类的摄食偏好对于 lg K_{ow} 值小于 4 的化学物质很少有或者没有灵敏度，对于 lg K_{ow} 值介于 4～6 的化学物质灵敏度急剧增加（或降低），而对于 lg K_{ow} 值超过 6 的化学物质灵敏度大致为 1（或−1）。灵敏度为 1

意味着输入参数发生 10%的变化会导致预测的基线生物累积系数发生 10%的变化。模型对 K_{ow} 输入参数的灵敏度较大是符合逻辑的，因为所有子模型运用化学物质的疏水性来界定化学物质的吸收与清除率。一般来说，K_{ow} 参数发生+10%的变化会导致 lg K_{ow} 值达到 7 或 7 以上的化学物质在鱼类中的浓度发生+10%～+20%的变化。Thomann 模型也对底栖无脊椎动物对浮游植物的摄食偏好极其灵敏。对于 lg K_{ow} 超过 4 的化学物质，灵敏度变得非常大，而对于 lg K_{ow} 为 6 或更大的化学物质，灵敏度近似–20（对输入参数+10%变化的响应）。此输入参数会出现较大的灵敏度，是因为沉积物对底栖无脊椎动物来说是化学物质的主要来源，但沉积物只是生物食物中的次要部分。对其他输入参数[如生物重量、温度（Gobas 模型）以及其他摄食偏好]的灵敏度相对较小。

（4）模型的不确定性

运用蒙特卡罗模拟和安大略湖食物链所进行的不确定性分析证明输入参数 K_{ow} 和 Π_{socw} 是模型预测肉食性鱼类基线生物累积系数不确定性的主要来源（Burkhard，1998）。通过运用基于野外数据的每个输入变量的分布和差异进行分析，每个模拟是由 10 万次迭代完成的。为了评价单组或数组单个参数的重要性，通过将单组或数组单个输入参数的差异设定为零来进行模拟，并比较未归零与归零变化所预测的基线生物累积系数的范围。

对于肉食性鱼类和 lg K_{ow} 小于 7.6 的化学物质，预测的基线生物累积系数总不确定性系数范围在 Gobas 模型中为 3.3～5.5，在 Thomann 模型中为 3.3～8.7（依据在可能值的分布中第 10 百分位至第 90 百分位的比例预测）。为了解释在不同模型及其不确定性之间预测的差异，可以假设对于肉食性鱼类，lg K_{ow} 为 5.0 的化学物质 Gobas 模型预测的浓度为 4 μg/kg（第 10 百分位和第 90 百分位预测浓度分别为 1.8 μg/kg 和 9.4 μg/kg），lg K_{ow} 为 6.6 的化学物质预测浓度为 4 μg/kg（分别为 2.1 μg/kg 和 7.6 μg/kg）。而 lg K_{ow} 为 5.0 的化学物质 Thomann 模型预测的浓度为 2.6 μg/kg（分别为 1.2 μg/kg 和 4.6 μg/kg），lg K_{ow} 为 6.6 的化学物质的预测浓度为 16.1 μg/kg（分别为 8.5 μg/kg 和 30.1 μg/kg）。总的来说，这些差异并不大，而且从定量分析这些浓度的角度来看，这些差异几乎是不易察觉的。

Burkhard（1998）对 Gobas 和 Thomann 食物链模型的评价表明，模型对食物链中的所有生物提供了十分相似的预测，而且对于肉食性鱼类来说预测没有显著差异。依据从安大略湖取得的野外数据，对预测和实测的基线生物累积系数进行的比较表明，Gobas 模型的预测比 Thomann 模型的预测稍微准确一些。除了底栖无脊椎动物的摄食偏好之外，2 个模型输入参数的灵敏度是相似的。Thomann 模型对这一输入参数的微小变化极其灵敏，而 Gobas 模型则不采用这一输入参数，因为它假设底栖无脊椎动物处于平衡分配之中。对这 2 个模型进行的不确定性分析表明，在预测基线生物累积系数的过程中，K_{ow} 和 Π_{socw} 是不确定性的主要来源。这些分析表明，与 Gobas 模型预测相关的不确定性要比 Thomann 模型预测的不确定性稍微小一些。

基于上述对 Gobas 和 Thomann 食物链模型的评价，EPA 运用 Gobas 模型来计算食物链倍增系数，其考虑如下：

（1）Gobas 模型包括底栖和浮游生物食物链，因此包括生物通过沉积物和水体对化学物质的暴露。

（2）运行模型所需要的输入数据易于确定。

（3）运用模型预测的化学物质基线生物累积系数与野外测定的基线生物累积系数有非常好的一致性，即使是 lg K_{ow} 非常高的那些化学物质。

（4）与 Thomann 模型相比，Gobas 模型得出的鱼类基线生物累积系数相关的不确定性较小。

（5）通过因特网在网址 http：//www.rem.sfu.ca/toxicology/models.htm.很容易地得到 Windows 格式的 Gobas 模型。

（6）该模型运用平衡分配理论来预测底栖生物体内的化学物质浓度，这与 EPA 平衡分配沉积物基准草案相一致（USEPA，2000b）。

由于模型不断完善，将来 EPA 可能会考虑运用其他适当的经过验证的食物链模型来推导食物链倍增系数。所考虑的任何模型均需具有第 4.4 节所概述的特征和性能，并且应当经过验证以解决下列问题：①模型预测的准确性和精确度；②输入参数的灵敏度；③与模型预测相关的不确定性。

4.4.1.2 选择沉积物-水相浓度商（Π_{socw}）

运用 Gobas 食物链模型计算食物链倍增系数需要化学物质在沉积物中的浓度（基于有机碳）与其在水体中的浓度（基于自由溶解态）之比值。遗憾的是，所测定的 Π_{socw} 在生态系统类型、化学物质类别和质量方面相当有限，其因素多种多样。这些因素包括：①测定自然水体中疏水性有机化学物质的浓度有种种困难，因为其浓度非常低，即小于 1 ng/L；②沉积物和水样的采集没有时间和/或空间关联性；③采集大量沉积物样品而不是最上面 1 cm 或 2 cm 的沉积物；④事实是颗粒性有机碳和溶解性有机碳的测定不是运用分析疏水性有机化学物质时所用的水样进行的；⑤缺乏对沉积物有机碳含量的测定；⑥专门用于测定 Π_{socw} 而设计的研究并不经常进行的事实。此外，由于分析方法的差异（如回收率校正所采用的不同替代物、不同标准），将一项研究中的沉积物测定结果与另一项研究中水的测定结果相结合可能导致 Π_{socw} 有非常大的偏差。

正如 Burkhard（1998）所描述的那样，审查多个数据集后发现有 3 个适当质量的数据集可用于确定 Π_{socw}。这些数据集来自安大略湖（Oliver and Niimi，1988）、哈德逊河（USEPA，1997；USEPA，1998b）和密歇根湖生态系统的格林湾（www.epa.gov/grtlakes/gbdata/）。格林湾和哈德逊河的数据集只包括多氯联苯的数据，安大略湖的数据集包括有机氯农药、多氯联苯、几种氯苯、甲苯和丁二烯。安大略湖数据集中的氯苯、甲苯和丁二烯的数据没有用于本次分析，因为与较高分子量的多氯联苯和有机氯农药相比，这些化学物质挥发到大气中相对容易一些。

图 4-4-7 显示在格林湾 5 个不同区域内所选择的多氯联苯同系物的 Π_{socw}。对于单个的多氯联苯同系物，利用格林湾 5 个不同区域的数据进行几何平均值回归，因为两个变量的

测定都是有误差的（Ricker，1973）。不同区域 $\lg \Pi_{socw} - \lg K_{ow}$ 回归的斜率在 5 个区域内没有显著差异（斜率检验比较，$\alpha = 5\%$）。因此，运用从所有区域获得的数据测定每个多氯联苯同系物的平均 Π_{socw}（图 4-4-8）。每个区域和所有区域平均的几何平均值回归统计见表 4-4-3。分析图 4-4-7、图 4-4-8 和表 4-4-3 可以看出，多氯联苯的 Π_{socw} 在很大程度上取决于 K_{ow}，得到稍微小于 1 的斜率。分析安大略湖和哈德逊河的 Π_{socw}，呈现出与格林湾的 Π_{socw} 类似的趋势，多氯联苯和有机氯农药的 Π_{socw} 在很大程度上取决于 K_{ow}（图 4-4-8、图 4-4-9 和表 4-4-3），得到稍微小于 1 的斜率。

表 4-4-3　多氯联苯和有机氯农药的几何平均值回归方程式（$\lg \Pi_{socw} = A \cdot \lg K_{ow} + B$）

生态系统	斜率（±*sd*）	截距（±*sd*）	*n*	*r*	s_{xy}
格林湾（多氯联苯）					
1 区	0.95（±0.04）	1.21（±0.22）	46	0.97	0.17
2a 区	0.92（±0.09）	1.13（±0.61）	31	0.82	0.34
3a 区	0.87（±0.06）	1.61（±0.36）	63	0.86	0.37
3b 区	0.83（±0.06）[a]	1.88（±0.36）	60	0.85	0.33
4 区	0.86（±0.08）	1.31（±0.53）	46	0.76	0.46
所有区域，同系物平均值	0.92（±0.06）	1.20（±0.38）	77	0.82	0.43
哈德逊河（多氯联苯）					
RM 189	0.87（±0.08）	1.81（±0.45）	32	0.86	0.13
RM 194	0.72（±0.08）[a]	3.16（±0.42）	27	0.84	0.16
安大略湖（多氯联苯和有机氯农药）	1.05（±0.08）	0.83（±0.49）	55	0.84	0.46

n=数据点的数量，*r*=相关系数，*sd*=标准差，s_{xy}=计算值的标准误差。[a] 斜率显著不同于 1.0，$\alpha = 1\%$。

在格林湾生态系统中，化学物质在沉积物和水体中的浓度随着区域编号的增加而下降。1 区在福克斯河的河口，这里是格林湾多氯联苯的源头，4 区将格林湾与密歇根湖相连。在格林湾所有采样区域中，1 区是化学物质浓度最高的区域，在此区域实测的 Π_{socw} 值变化性非常小，而 $\lg \Pi_{socw}$ -$\lg K_{ow}$ 关系式的斜率最大。对 1 区～4 区所存在的变化性进行的比较（如图 4-4-7 中 95%置信区间所表明的那样）显示随着离多氯联苯源头距离的增加，变化性也增大（表 4-4-4），而且这种趋势与格林湾浓度梯度的变化趋势相似。由于与分析测定相关的不确定性较低，在 1 区的数据中所观察到的 Π_{socw}-K_{ow} 关系式的紧密性、一致性和斜率可能比其他区域更能说明 Π_{socw}-K_{ow} 的关系。

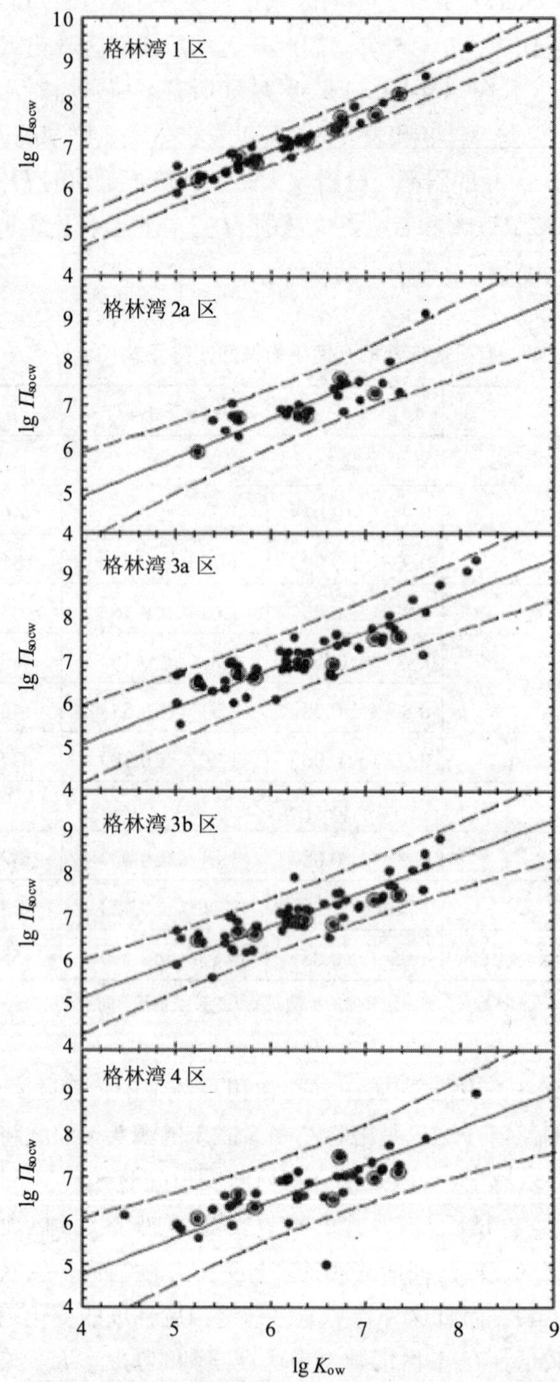

图 4-4-7 密歇根湖格林湾 5 个不同地理区域多氯联苯的沉积物-水相浓度商（Π_{socw}）。以下数据为多氯联苯同系物编号（lg K_{ow}）：18（5.24），28+31（5.67），52（5.84），101（6.38），118（6.74），149（6.67），174（7.11）和 180（7.36）。绘制出几何平均值回归线及其 95%置信限

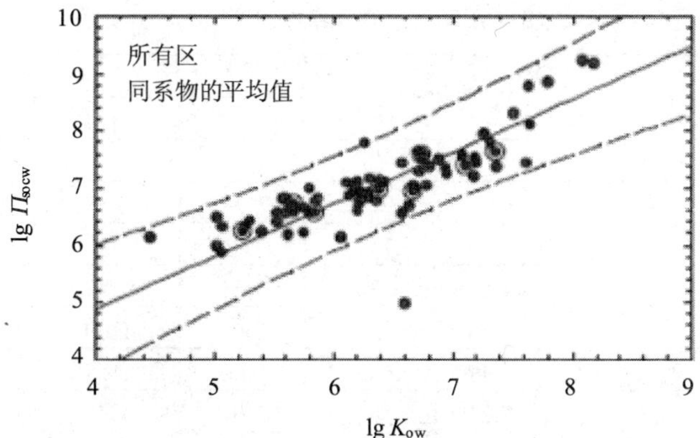

图 4-4-8　密歇根湖格林湾 5 个不同地理区域单个多氯联苯同系物的平均沉积物-水相浓度商（Π_{socw}）。以下数据为多氯联苯同系物编号（lg K_{ow}）：18（5.24），28+31（5.67），52（5.84），101（6.38），118（6.74），149（6.67），174（7.11）和 180（7.36）。绘制出几何平均值回归线及其 95%置信限

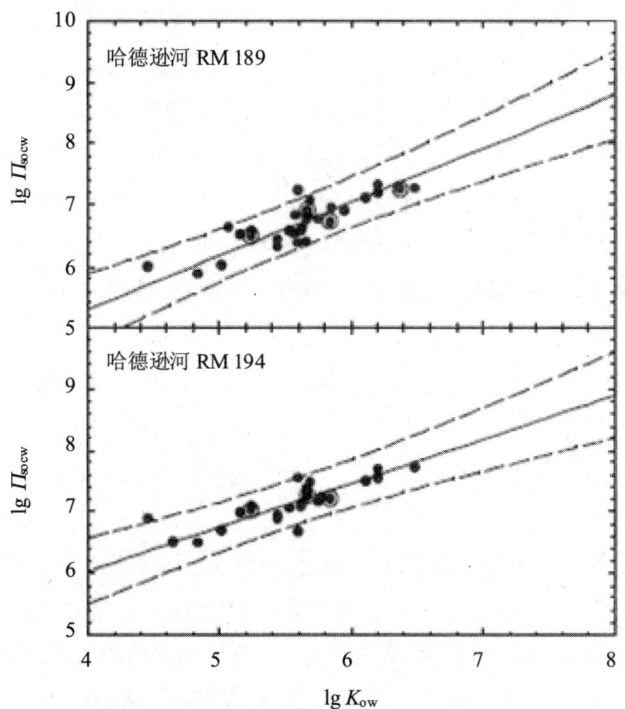

图 4-4-9　在 RM 189 和 RM 194 测点多氯联苯的沉积物-水相浓度商（Π_{socw}）。以下数据为多氯联苯同系物编号（lg K_{ow}）：18（5.24），28+31（5.67），52（5.84），101（6.38），118（6.74），149（6.67），174（7.11）和 180（7.36）。绘制出几何平均值回归线及其 95%置信限

表 4-4-4 3 个不同的生态系统平均 Π_{socw}/K_{ow} 比值

生态系统	平均比值（±*sd*）	百分比/%			
		5	10	90	95
格林湾（多氯联苯）					
1 区	9.15（±4.97）	4.34	5.55	13.8	17.3
2a 区	6.35（±6.73）	1.24	1.37	13.1	21.0
3a 区	10.3（±13.3）	1.27	1.88	21.7	25.6
3b 区	9.48（±10.6）	1.68	2.00	20.1	29.9
4 区	4.49（±6.68）	0.60	0.75	6.95	8.10
所有区，同系物平均值	7.21（±6.68）	1.01	1.76	13.3	16.5
哈德逊河（多氯联苯）					
RM 189	14.3（±8.98）	6.03	7.36	23.4	34.7
RM 194	48.4（±47.6）	18.9	22.6	69.5	83.6
安大略湖（多氯联苯和有机氯农药）	23.4（±25.1）	2.96	3.57	52.6	82.4
总平均值 Π_{socw}/K_{ow}	23.3（±18.0）				

sd=标准差。

从理论角度看，如果生态系统处于平衡状态，则 $\lg\Pi_{socw}$ -$\lg K_{ow}$ 的关系式斜率为 1。此外，EPA 认为处于稳态或近似于较长期限均衡状态的生态系统的斜率也几乎等于 1。有许多因素可能导致斜率小于 1，其中包括挥发损失（随着分子量的增加，挥发速率降低）、吸附/解吸滞后（随着分子量的增加，解吸率降低）、计算水体中自由溶解态化学物质浓度（Π_{socw} 中的分母）过程的不准确性以及确定沉积物和/或水体中化学物质浓度的测定误差。在哈德逊河、安大略湖和格林湾生态系统的 $\lg\Pi_{socw}$ -$\lg K_{ow}$ 关系式中，多氯联苯和有机氯农药的斜率为 1 或略小于 1（表 4-4-3）。最小的斜率是在哈德逊河生态系统数据中观察到的。由于水流随着时间的推移而变化以及多氯联苯负荷近期发生的变化，哈德逊河生态系统的动态变化比安大略湖和格林湾生态系统的动态变化更大，而且可能更加偏离稳态环境。由于所有 3 个生态系统之间的斜率相似，哈德逊河的状态与其他 2 个生态系统的状态相比没有显现出很大差异。

鉴于格林湾、哈德逊河和安大略湖的 $\lg\Pi_{socw}$ -$\lg K_{ow}$ 关系式中斜率近似于 1 以及随着时间的推移生态系统斜率理论上趋向于 1 的事实，EPA 认为此关系式的斜率为 1。这使得关系式 $\lg\Pi_{socw}=A\cdot\lg K_{ow}+B$ 变成 $\lg\Pi_{socw}=\lg K_{ow}+B$。重新排列此关系式，即可得到 $B=\lg K_{doc}-\lg K_{ow}=\lg(K_{doc}/K_{ow})$，通过将单个化学物质的 $\lg K_{doc}$ 与 $\lg K_{ow}$ 的差异进行平均或将单个化学物质的 K_{doc} 与 K_{ow} 比值的对数进行平均，可得到 B 值。这 3 个生态系统的平均值见表 4-4-4，格林湾 Π_{socw}/K_{ow} 平均比值为 7.21，哈德逊河平均比值为 14.3 和 48.4，安大略湖平均比值为 23.4。哈德逊河 2 个采样测点之间 Π_{socw}/K_{ow} 的平均比值差异较大，表明这 2 个采样测点的特性有显著不同，因此，未计算哈德逊河的总比值。通过运用格林湾和安大略湖的平均值和哈德逊河的 2 个比值计算出 3 个生态系统的 Π_{socw}/K_{ow} 的平均比值。这 3 个生态系统的 Π_{socw}/K_{ow} 的平均比值为 23.3，标准差为 18.0（表 4-4-4）。

EPA 认为，在此处所评价的 3 个生态系统中 Π_{socw}/K_{ow} 平均比值的差异表明了在全国生态系统中存在的变化性范围。由于 Π_{socw} 是生态系统中当前和过去化学物质负荷的反映，在美国 Π_{socw}/K_{ow} 比值或大于或小于那些观测的比值。对于高度污染地点，如化学物质在沉积物中有较高浓度的超级基金地点，Π_{socw}/K_{ow} 比值可能非常大。对于正在或者已经排放到环境中的新化学物质，Π_{socw}/K_{ow} 比值不大，因为沉积物中存在的化学物质非常少。降解过程（如水解、光解和代谢）可能对 Π_{socw}/K_{ow} 比值有强烈影响，取决于这些过程的发生地点（如沉积物和/或水体）。

由于多氯联苯和有机氯农药在环境中的降解速率极其缓慢，这 3 个生态系统的 Π_{socw}/K_{ow} 平均比值 23.3 代表了降解极其缓慢（或在环境中半衰期很长）的化学物质。降解速率较高的化学物质很可能具有不同于多氯联苯和有机氯农药的 Π_{socw}/K_{ow} 比值，EPA 认为此类化学物质的 Π_{socw}/K_{ow} 比值平均小于多氯联苯和有机氯农药的 Π_{socw}/K_{ow} 比值。

根据上述数据和信息，EPA 将运用平均值为 23 的 Π_{socw}/K_{ow} 比值并利用 Gobas 模型来推导食物链倍增系数。

4.4.1.3 选择食物链结构

运用 Gobas 模型确定食物链倍增系数，需要食物链结构方面的数据。构建食物链所需信息包括组成食物链的单个生物的食物及其重量与脂质含量。运用 Gobas 模型进行的灵敏度分析表明，相对来说，模型预测对生物重量不够灵敏（最大灵敏度<0.1），对所有 K_{ow} 来说对肉食性鱼类的摄食偏好不够灵敏（最大灵敏度≤0.3）。预测对 Π_{socw}、草食性鱼类对底栖无脊椎动物的饵料偏好以及 lg K_{ow} 较高的化学物质的脂质含量更为灵敏（Burkhard，1998）。更加灵敏的输入参数得到的灵敏度：lg K_{ow} 为 6（Π_{socw}）约为 1 或–1、5（草食性鱼类对底栖无脊椎动物的摄食偏好）和 7（脂质含量）。最灵敏的输入参数是草食性鱼类的摄食偏好，即其食物中的浮游动物（浮游部分）和底栖无脊椎动物（底栖部分）的百分比。EPA 认为，食物链的底栖/浮游部分是界定肉食性鱼类食物链结构的最重要特征，因为化学物质从沉积物转移到肉食性鱼类几乎只能通过其食物才能发生。

对 Gobas 模型所进行的不确定性分析表明，Π_{socw} 和 K_{ow} 输入参数是与模型预测有关的不确定性的主要来源。与 Π_{socw} 和草食性鱼类摄食偏好有关的较高灵敏度是同与 Π_{socw} 输入参数有关的不确定性的较高来源相关的。正如上 节所总结的那样，由于从前的化学物质负荷与生态系统的相互作用，相对于水体来说美国境内许多沉积物目前已富集了许多化学物质（即 Π_{socw}/K_{ow}=23）。这种热力学差异导致底栖生物和浮游生物（浮游动物）中的化学物质浓度有相当大的差异。在 Gobas 模型中，底栖生物与浮游生物之间脂质标准化的化学物质浓度的差异系数是 23，恰恰是化学物质在沉积物和水体中的浓度失衡状态。因此，草食性鱼类食物的底栖生物部分的小变化将会引起草食性鱼类及其捕食者食物中的化学物质含量有很大差异。这种较大的浓度差异是界定食物链中的底栖和浮游生物构成的压倒一切重要性的原因。然而，在失衡（Π_{socw}/K_{ow}）较小（或近似平衡状态）的生态系统中，底栖生物与浮游生物之间脂质标准化的化学物质浓度的差异将小得多。在平衡状态下（$\Pi_{socw}/K_{ow}=1$），底栖生物与浮游生物中脂质标准化的化学物质浓度相等，但在湿重基础上由于生物的脂质分数比例不同而有所不同。因此，对于处于平衡或近似平衡状态的生态系统，食物链中底栖/浮游生物构成是非常不重要的，因为在底栖和浮游生物体内化学物质浓度之间的差异不大。

不同的生态系统、各个物种以及某一生态系统之内不同年龄段的物种之中，食物链在底栖/浮游生物构成方面普遍存在差异。在所有生态系统类型中，纯浮游生物食物链对肉食性鱼类可能是最少见的。然而，在偏远的安大略湖发现了湖红点鲑的纯浮游生物食物链（Rasmussen et al.，1990），并在艾迪龙达克湖发现了溪红点鲑和黄鲈的纯浮游生物食物链（Havens，1992）。纯底栖生物食物链比纯浮游生物食物链更为常见，但在自然界中仍然相当有限。在潮汐和河口生态系统中可以发现某些纯底栖生物食物链的例子，例如新贝德福德港的比目鱼食物链（Connolly, 1991）以及在潮汐的帕塞伊克河的条纹鲈食物链（Iannuzzi et al.，1996）。混合型食物链常见于各个生态系统，EPA 认为混合型食物链在数量上远远超过了纯浮游生物和底栖生物食物链。混合型底栖/浮游生物食物链有许多例子，例如在五大湖中的湖红点鲑食物链（Flint，1986；Morrison et al.，1997），在新贝德福德港的龙虾食物链（Connolly，1991），弗雷泽河的白鱼和虹鳟鱼食物链（Gobas et al.，1998），切萨皮克湾的白鲈食物链（Baird and Ulanowicz, 1989）以及小岩湖的鲈鱼和莓鲈食物链（Martinez, 1991）。纯浮游生物和/或底栖物种能够生存于含有混合的底栖/浮游生物食物链物种的生态系统中，例如新贝德福德港的比目鱼和龙虾（Connolly，1991）。

普通水生食物链的特征可能包括多个营养级、草食性鱼类和肉食性鱼类的存在、混合的底栖-浮游生物结构以及底栖无脊椎动物等重要组成。从美国人均食用的鱼类和贝类的角度来看，EPA 认为刚才所描述的普通食物链对人体可能暴露于食物链中的不同环节（如虾和蛤等底栖滤食性动物/食腐动物以及鳟鱼和鲑鱼等上层捕食者）作出了合理的描述。对于鸟类和野生生物，此类食物链也许不够合理，因为它们的食物很有可能不同于美国人的食物。

为了确定生物累积系数方法学程序 1 中方法 3 所运用的食物链倍增系数而选择食物链结构时，EPA 考虑了推导或选择食物链的多种方法。这些方法包括：①建立一个符合上述期望特征的假设食物链结构；②建立不同生态系统类型的食物链结构，然后将获得的数据平均以推导出国家典型的食物链结构；③运用鱼类消耗调查数据，建立美国人所食用的不同物种的食物链结构，进行平均以推导出国家典型的食物链结构；④简单地选择具有上述期望特征的现有食物链。在选择全国平均/典型的食物链结构时，所有这些方法都有点问题，因为全国范围内的食物链结构有很大差异。因此，EPA 大力鼓励各州和部落对 EPA 制定的国家生物累积系数针对特定地点进行修正（USEPA，2000a）。

运用 Π_{socw}/K_{ow} 值为 23 的国家生物累积系数方法学的纯底栖生物食物链结构会得出鱼类最大的食物链倍增系数。相比之下，运用 Π_{socw}/K_{ow} 为 23 的国家生物累积系数方法学的纯浮游生物食物链结构在运用 Gobas 模型时会得出鱼类最小的食物链倍增系数。由于 EPA 国家生物累积系数方法学的目标是反映出美国人通常食用的水生生物体内污染物的长期平均生物累积可能性，纯底栖生物或纯浮游生物食物链结构均不能反映均衡状况。更确切地说，纯底栖生物和纯浮游生物食物链结构是食物链结构中的极端情况，会分别得出最大的和最小的食物链倍增系数。

基于上述信息和讨论，EPA 将运用安大略湖生态系统中的混合食物链结构作为有代表性的食物链结构以便为国家方法学确定食物链倍增系数（表 4-4-5）（Flint，1986；Gobas，1993）。此项选择基于下列考虑：

（1）安大略湖的食物链具有上述平均/典型的食物链特征，即 4 个营养级以及对于肉食性鱼类的底栖生物/浮游生物组成比值为 55∶45（表 4-4-5）。

（2）安大略湖的食物链结构并非过于复杂，但确实包括被肉食性鱼类所捕食的且食物不同的多种草食性鱼类（表 4-4-5）。

（3）对测定的基线生物累积系数与运用基于安大略湖数据的食物链倍增系数所预测的基线生物累积系数进行比较，证明对其他生态系统（如格林湾、哈德逊河和地得河口）有很好的一致性。

（4）EPA 在推导全国平均或典型的食物链所考虑的其他方法中没有一种比与运用安大略湖食物链有关的方法的不确定性低得多。

（5）可以运用 Gobas 模型对此特定食物链结构的灵敏度和不确定性进行详细研究（Burkhard，1998），而为选择食物链结构运用上述的其他可能的方法不适用于此类分析。

（6）这个所选定的食物链并不能代表底栖生物/浮游生物组成的极端情况，因此符合 EPA 反映水生食物链中污染物的长期平均生物累积可能性的国家方法学目标。

表 4-4-5　国家生物累积系数方法学的食物链结构（Flint，1986；Gobas，1993）

物种	营养级	脂质含量/%	重量	食物
浮游植物	1	0.5		
浮游动物（糠虾 *Mysis relicta*）	2	5.0	100 mg	
底栖无脊椎动物（*Diporeia*）	2	3.0	12 mg	
杜父鱼（*Cottus cognatus*）	3	8.0	5.4 g	18%浮游动物，82%底栖无脊椎动物
灰西鲱（*Alosa pseudoharengus*）	3	7.0	32 g	60%浮游动物，40%底栖无脊椎动物
胡瓜鱼（*Osmerus mordax*）	3～4	4.0	16 g	54%浮游动物，21%底栖无脊椎动物，25%杜父鱼
鲑鱼类（*Salvelinus namaycush*、*Oncorhynchus mykiss*、*Oncorhynchus velinus namaycush*）	4	11.0	2 410 g	10%杜父鱼，50%灰西鲱，40%胡瓜鱼

4.4.1.4 计算食物链倍增系数

在运用 Gobas 食物链模型确定食物链倍增系数之前，需要另外一个输入参数。此项参数（草食性鱼类和肉食性鱼类的代谢速率）难以确定，因为普遍缺乏单个化合物代谢速率常数的数据。EPA 生物累积系数方法学程序 1（见第 3.1 节，图 4-3-1）假设所关注化学物质的代谢速率非常低。因此，EPA 假设无代谢，即当为程序 1 的方法 3 和方法 4 计算食物链倍增系数时，设定代谢速率等于模型中的零值。

Gobas 模型（MS-DOS 版本）的输入参数包括沉积物中化学物质的浓度（以湿重计）和水体中化学物质的浓度（以总浓度计）。因为 Gobas 模型对任何相（即沉积物、水和生物）中化学物质的浓度均没有溶解度限制或控制，模型中所运用的水中化学物质浓度是主观用来确定生物累积系数的。换句话说，对于特定的 K_{ow}，运用 1 ng/L 化学物质浓度得出的生物累积系数将等于运用 150 μg/L 化学物质浓度得出的生物累积系数。因此，在推导食物链倍增系数时，运用 1 ng/L（水体中自由溶解态化学物质浓度，C_{w}^{fd}），并通过运用 $\Pi_{socw} / K_{ow} = 23$ 或 $C_{s} = 23 \cdot K_{ow} \cdot f_{oc}$ 的关系式来计算沉积物中相应的化学物质浓度。

在 Gobas 模型应用方面，EPA 不运用 Gobas 方法来解释生物有效性。Gobas 方法有关水中化学物质自由溶解态（有效态）浓度的测定没有对颗粒性有机碳相和溶解性有机碳相加以区别，而是将这两相当做一相来对待。本文件第 4.2 节介绍了确定水环境中自由溶解态化学物质浓度（C_{w}^{fd}）的《2000 年人体健康方法学》中所运用的程序。为了避免运用 Gobas 方法来解释生物有效性，EPA 将模型中溶解性有机碳的浓度设为一个极小值，即 1.0×10^{-30} kg/L。Gobas 模型计算输入模型的水中化学物质总浓度，在做任何预测之前，先通过计算 C_{w}^{fd} 对生物有效性进行校正。其次在模型随后的所有各项计算中均运用 C_{w}^{fd}。通过将溶解性有机碳浓度设为 1.0×10^{-30} kg/L，输入到模型中的化学物质总浓度本质上等于 C_{w}^{fd}，因为运用 Gobas 方法所进行的生物有效性校正是极其小的。

对于输入 Gobas 模型中的每个 K_{ow} 值，模型对食物链中的每个生物均可报告出预测的基线生物累积系数。可以运用下列公式由预测的生物累积系数来计算食物链倍增系数。

$$\text{FCM} = \frac{\text{基线BAF}}{K_{ow}} \tag{4-4-9}$$

式中：基线 BAF——基于水中自由溶解态化学物质浓度（C_{w}^{fd}）和组织中脂质分数的化学物质浓度的生物累积系数；

K_{ow}——正辛醇-水分配系数。

运用式（4-4-9）和所报告的生物累积系数，对安大略湖食物链中的每种生物计算出食物链倍增系数（Oliver and Niimi，1988）。表 4-4-6 列出了第 2 营养级（浮游动物）、第 3 营养级（草食性鱼类）和第 4 营养级（肉食性鱼类）的食物链倍增系数。第 3 营养级草食性鱼类的食物链倍增系数是由杜父鱼和灰西鲱的食物链倍增系数的几何平均值确定的。胡瓜鱼的食物链倍增系数没有用于确定草食性鱼类的食物链倍增系数平均值，因为此种生物的食物包括小杜父鱼。这种食物使胡瓜鱼的营养级略高于第 3 营养级，但低于第 4 营养级。

相比之下，杜父鱼和灰西鲱的食物仅仅是第 2 营养级的生物，即浮游动物和端足类动物单孢子虫（*Diporeia* sp.）。

运用 Gobas 模型、表 4-4-5 中的食物链结构、Π_{socw}/K_{ow}=23 以及表 4-4-7 所列的环境参数和条件来确定食物链倍增系数。用于国家生物累积系数方法学的食物链倍增系数如表 4-4-6 所示。

表 4-4-6　营养级 2、3 和 4 的食物链倍增系数

（混合的浮游/底栖食物链结构，Π_{socw}/K_{ow} = 23）

$\lg K_{ow}$	营养级 2	营养级 3[a]	营养级 4	$\lg K_{ow}$	营养级 2	营养级 3[a]	营养级 4
4.0	1.00	1.23	1.07	6.6	1.00	12.9	23.8
4.1	1.00	1.29	1.09	6.7	1.00	13.2	24.4
4.2	1.00	1.36	1.13	6.8	1.00	13.3	24.7
4.3	1.00	1.45	1.17	6.9	1.00	13.3	24.7
4.4	1.00	1.56	1.23	7.0	1.00	13.2	24.3
4.5	1.00	1.70	1.32	7.1	1.00	13.1	23.6
4.6	1.00	1.87	1.44	7.2	1.00	12.8	22.5
4.7	1.00	2.08	1.60	7.3	1.00	12.5	21.2
4.8	1.00	2.33	1.82	7.4	1.00	12.0	19.5
4.9	1.00	2.64	2.12	7.5	1.00	11.5	17.6
5.0	1.00	3.00	2.51	7.6	1.00	10.8	15.5
5.1	1.00	3.43	3.02	7.7	1.00	10.1	13.3
5.2	1.00	3.93	3.68	7.8	1.00	9.31	11.2
5.3	1.00	4.50	4.49	7.9	1.00	8.46	9.11
5.4	1.00	5.14	5.48	8.0	1.00	7.60	7.23
5.5	1.00	5.85	6.65	8.1	1.00	6.73	5.58
5.6	1.00	6.60	8.01	8.2	1.00	5.88	4.19
5.7	1.00	7.40	9.54	8.3	1.00	5.07	3.07
5.8	1.00	8.21	11.2	8.4	1.00	4.33	2.20
5.9	1.00	9.01	13.0	8.5	1.00	3.65	1.54
6.0	1.00	9.79	14.9	8.6	1.00	3.05	1.06
6.1	1.00	10.5	16.7	8.7	1.00	2.52	0.721
6.2	1.00	11.2	18.5	8.8	1.00	2.08	0.483
6.3	1.00	11.7	20.1	8.9	1.00	1.70	0.320
6.4	1.00	12.2	21.6	9.0	1.00	1.38	0.210
6.5	1.00	12.6	22.8				

[a] 第 3 营养级的食物链倍增系数是杜父鱼和灰西鲱食物链倍增系数的几何平均值。

表 4-4-7 国家生物累积系数方法学用于确定食物链倍增系数的环境参数和条件

平均水温	8℃
沉积物中有机碳含量	2.7%
水中溶解性有机碳含量	1.0×10^{-30} kg/L
脂质密度	0.9 kg/L
有机碳密度	0.9 kg/L
代谢转化速率常数（所有生物）	$0.0\ d^{-1}$
$\Pi_{socw}=23\bullet K_{ow}$	

4.4.2 用野外数据推导食物链倍增系数

除采用食物链倍增系数模型来推导估算值之外，野外数据也可用来推导非离子性有机化学物质的食物链倍增系数。与前面所描述的以模型为基础的食物链倍增系数相比，野外数据推导的食物链倍增系数可以用来解释用于计算食物链倍增系数的水生生物体内所关注污染物的新陈代谢过程。

运用适当的捕食者和被捕食者物种体内非离子性有机化学物质的脂质标准化浓度来计算野外推导的食物链倍增系数时应运用下列公式。

$$FCM_{TL2}=BMF_{TL2} \tag{4-4-10}$$

$$FCM_{TL3}=(BMF_{TL3})(BMF_{TL2}) \tag{4-4-11}$$

$$FCM_{TL4}=(BMF_{TL4})(BMF_{TL3})(BMF_{TL2}) \tag{4-4-12}$$

式中：FCM——选定营养级（营养级 2、3 或 4）的食物链倍增系数。

食物链倍增系数与生物放大系数之间的基本差异在于：食物链倍增系数与第 1 营养级[或第 2 营养级，正如 Gobas 模型（1993）所假定的那样]相关，而生物放大系数则总是与低一营养级相关。对于非离子性有机化学物质，生物放大系数可根据下列公式对某一地点生物组织中的化学物质脂质标准化浓度进行计算。

$$BMF_{TL2}=(C_{l,TL2})/(C_{l,TL1}) \tag{4-4-13}$$

$$BMF_{TL3}=(C_{l,TL3})/(C_{l,TL2}) \tag{4-4-14}$$

$$BMF_{TL4}=(C_{l,TL4})/(C_{l,TL3}) \tag{4-4-15}$$

式中：C_l——选定营养级（营养级 2、3 或 4）的组织或整个生物中的化学物质脂质标准化浓度。

除有关野外测定的生物累积系数的合理性指南之外，还有下列应用于野外测定的食物链倍增系数的程序和质量保证指南。

（1）应当有可用的信息用于确定特定地点食物链倍增系数所需的水生生物适当营养级与捕食者-被捕食者的适当关系。当有关营养状态的信息是从所关注的地点获得时，此信息是非常准确的，因为某些物种的捕食者-被捕食者关系随着时空的变化可能有很大的变化。当捕食物种捕食特定营养级的多个被捕食物种时，被捕食物种中的化学物质浓度在用于计算野外测定的食物链倍增系数时应进行适当的衡量（如果有可用的数据）。有关确定水生生物营养级的常规信息见 USEPA（2000 e～g）。

（2）来自各个营养级的水生生物样本应体现人类通过食用水生生物所遭受暴露的最重要暴露途径。用于计算食物链倍增系数的较高营养级（如营养级 3 和 4）的水生生物应当是人类日常食用的那些水生生物。不同物种的样本也应当体现人类典型消费模式的大小和年龄范围。

（3）推导食物链倍增系数的研究应含有足够的支持信息来确定运用恰当、灵敏、正确和精确的方法来采集和分析组织样本。

（4）用于确定食物链倍增系数的组织脂质分数应由测定或可靠估算得出。

（5）用于计算食物链倍增系数的组织/生物体内的化学物质浓度应当反映所关注的化学物质长期平均暴露于目标物种的情况；较大疏水性的化学物质通常需要更长的平衡周期。

4.4.3　食物链倍增系数的不确定性

Burkhard（1998）对 Gobas 模型预测相关的不确定性进行了评价，见第 4.4.1 节。利用不同的各种输入参数（K_{ow} 和 Π_{socw} 除外）进行了蒙特卡罗分析，分析结果见图 4-4-10。由于食物链倍增系数是由 Gobas 模型预测的基线生物累积系数计算出来的，图 4-4-10 所示的不确定性直接适用于食物链倍增系数。这些结果表明，食物链倍增系数的不确定性相当低，因为在其计算过程中，Π_{socw} 是固定的，并且假设 K_{ow} 没有误差。如当 lg K_{ow} 为 6.5，第 90 百分位至第 10 百分位的预测基线生物累积系数的蒙特卡罗分析比值为 1.74（图 4-4-10）。对于第 4 营养级的鱼类，食物链倍增系数为 22.8，第 10 百分位和第 90 百分位的食物链倍增系数分别为 17.3 和 30.1。将运用假设的食物链（表 4-4-5）和失衡的 23（Π_{socw}/K_{ow}）计算出的食物链倍增系数，应用于具有极大差异的食物链和/或失衡的生态系统和/或生物体，可能对运用程序 1 中的方法 3 和方法 4 预测的基线生物累积系数造成很大偏差。虽然偏差的程度和大小在不同地点会有所不同，但可以对与这些偏差有关的方向和相对不确定性作出某种常规性的解释。浮游生物较多的食物链倾向于具有较小的食物链倍增系数，而底栖生物较多的食物链倾向于具有较大的食物链倍增系数。通过修正假设的安大略湖食物链并重新运行 Gobas 模型所建立的有关纯浮游生物和纯底栖生物食物链的食物链倍增系数与表 4-4-6 中的食物链倍增系数如图 4-4-11 所示。这两个经修正的食物链体现了底栖生物/浮游生物组成的极端情况。减小失衡（Π_{socw}/K_{ow}）会使食物链倍增系数变小，而增大失衡（Π_{socw}/K_{ow}）会使食物链倍增系数变大（图 4-4-12）。《2000 年人体健康方法学》的食物链倍增系数是在假设食物链中的化学物质无代谢的情况下推导出来的。如果食物链中确实存在代谢，那么食物链倍增系数将会小于无代谢情况下计算出的食物链倍增系数。

从野外测定值推导出的食物链倍增系数（见第 4.4.2 节）没有上述偏差，因为测定值包括了野外测定的现有条件。这包括现有失衡、化学物质代谢以及食物链结构（即捕食者-被捕食者关系和底栖生物-浮游生物组成）的影响。

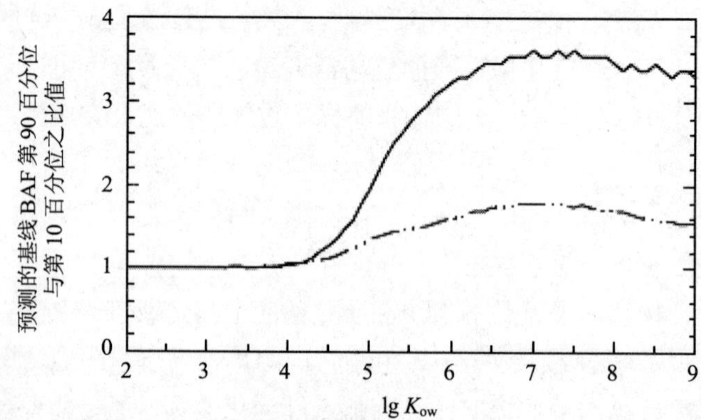

图 4-4-10 运用 Gobas 模型作为正辛醇-水分配系数（K_{ow}）的一项函数，从 100 000 个蒙特卡罗模拟中对肉食性鱼类预测的基线 BAF 第 90 百分位至第 10 百分位的比值（Burkhard，1998）。所有参数[K_{ow}除外（——）、Π_{socw}与 K_{ow}除外（—··）]变化的比值

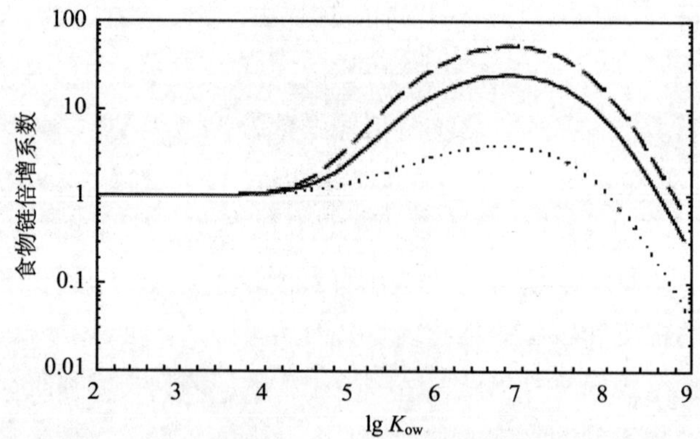

图 4-4-11 通过修正安大略湖食物链（——）推导的纯浮游（……）和纯底栖（——）食物链的食物链倍增系数

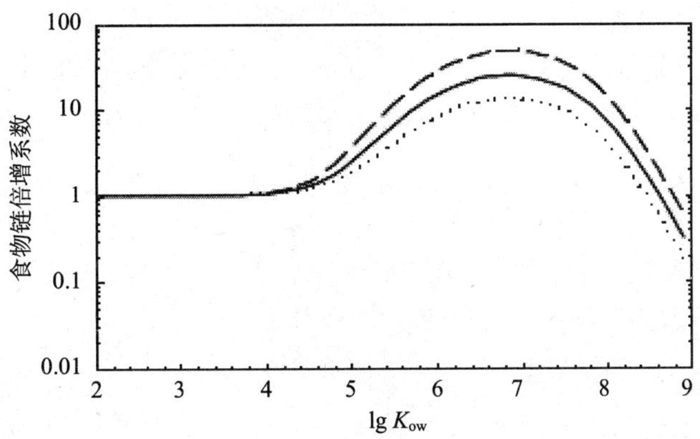

图 4-4-12 运用失衡的 11.5（——）、23（——）和 46（……）的安大略湖食物链预测的食物链倍增系数

5 运用 4 种方法计算非离子性有机化学物质的基线生物累积系数

本章阐述了程序 1 中适用于非离子性有机化学物质的 4 种生物累积系数方法。程序 1 中 4 种生物累积系数方法的应用通常比程序 2～程序 4 更复杂，因此，对如何恰当地应用这些方法作出了更加详细的描述。尽管如此，适用于程序 1 中生物累积系数方法的同样的常规数据质量考虑、假设、优点及局限性通常均与程序 2～程序 4 相关，即使每种方法不是以相同方式（或者可能根本不能运用）适用于其他 3 个程序。本章列出了程序 1 中每种生物累积系数方法的公式，讨论了每种方法预测生物累积系数的性能以及每种方法固有的假设及其局限性。

5.1 方法 1：用总生物累积系数（BAF_T^t）推导基线生物累积系数

如前所述，由野外采集样品的总生物累积系数数据推导生物累积系数是推导单个基线生物累积系数时 EPA 的第一选择。在第 2 章中，总生物累积系数（BAF_T^t）指“野外测定的”生物累积系数。总生物累积系数（BAF_T^t）定义如下。

$$BAF_T^t = \frac{C_t}{C_w} \tag{4-5-1}$$

式中：C_t——组织中化学物质的总浓度；

C_w——水中化学物质的总浓度。

式（4-5-1）所示的总生物累积系数是基于所采集的水生生物适当的湿组织中化学物质总浓度和采样地点水环境中的化学物质总浓度计算出来的。

基线生物累积系数是运用所研究生物关注的组织脂质分数（f_l）和自由溶解于所研究水体中的总化学物质分数（f_{fd}）的数据从式（4-5-2）所示的BAF_T^t计算出来的。附录 A 对基线生物累积系数推导公式提供了更多详细信息。

$$基线BAF = \left(\frac{BAF_T^t}{f_{fd}} - 1\right) \cdot \frac{1}{f_l} \qquad (4\text{-}5\text{-}2)$$

式中：BAF ——总生物累积系数（$BAF_T^t = C_t / C_w$）；

f_{fd}——水中自由溶解态化学物质总浓度分数；

f_l——组织中的脂质分数。

在运用方法 1 计算生物累积系数的过程中，当有足够的信息来表明数据的质量和可用性时，EPA 会运用来自公开的文献资料（例如同行评论期刊、政府报告、专业团体文献汇编）获得合适的总生物累积系数数据。一般来说，所运用的生物累积数据应当可以用来计算可靠的总生物累积系数，并可以对总生物累积系数值的总不确定性作出某些评价。

5.1.1 采样和数据质量的考虑事项

应当彻底审核用于计算总生物累积系数的数据，以便对数据的质量和生物累积系数值的总不确定性作出评价。下列一般准则适用于确定总生物累积系数的可接受性。由于任何指南均不能解决实验设计以及在文献中发现的数据的所有变化，所以需要最佳专业判断以补充在选择最佳可用信息方面的这些数据质量指南并适当地对其加以运用。

（1）用来计算野外测定的总生物累积系数的水生生物通常应该是美国一般居民日常食用的那些水生生物的代表性物种。如果生物被认为是日常所食用生物的合理替代品，那么水生生物即使不是一般美国人日常所食用的生物，也可以用来计算野外测定的总生物累积系数。在评价某种水生生物是否是日常所食用生物的合理替代品时，应审核该生物有关的生态学、生理学和生物学信息。

（2）所研究生物的营养级确定应综合考虑其生命阶段、饮食以及所研究地点的食物链结构。在评价生物的营养状态时，首选从研究地点（或类似地点）所得到的信息。如果缺乏这类信息，评价水生生物营养状态的一般信息可参见 USEPA（2000 e～g）。

（3）某些情况下，在对所研究生物指定适当的营养级的过程中，对生物的大小、龄期和繁殖状态的评价可能是有用的。此外，由于不同的生长速率和产卵前后等其他因素的影响，化学物质的生物累积可能发生变化。因此，上述辅助信息在决定所研究生物是否是野外地点的适当代表方面是有用的。

（4）需要知道用来确定总生物累积系数的组织脂质分数，要么是在野外研究中的测定值，要么是可靠的估算值。在推导基线生物累积系数时，这一参数是必需的以便对组织中的化学物质浓度进行脂质标准化。

（5）推导总生物富集系数的研究应当含有充分的支持性信息，以确认组织和水样是依据适当、灵敏、精确和准确的分析方法进行采集和分析的。

（6）野外研究的地点不应当如此不寻常，以至于无法将总生物累积系数合理地外推到国家生物累积系数和由此得出的环境水质基准所适用的其他地点。

（7）用来推导总生物累积系数的水浓度应该反映所研究生物遭受的均衡暴露。对水样必要的时空均衡范围是生态系统中化学物质浓度变化性的一项变量。一般来说，随着 K_{ow} 的增加，水中化学物质浓度将需要更大的时空均衡范围。对于 K_{ow} 较高的化学物质，随着时间的推移和空间的变化，对于化学物质浓度变化性较大的生态系统要比化学物质浓度变化性较小的生态系统需要更多的水样（即更多的均衡）。对于 K_{ow} 值较高的化学物质，采用不同时间的混合水样确定的总生物累积系数通常要比运用单个的"随机采集样品"测定的总生物累积系数更加精确。对于 K_{ow} 值较低的化学物质，采用不同时间的混合水样确定的总生物累积系数通常同样要比运用单个的"随机采集样品"测定的总生物累积系数更加精确。

（8）应该确定或估计为确定总生物累积系数而采集的水生生物的活动范围，以便在水生生物的活动范围内评价空间采样设计的合理性。生物活动范围越大，通常需要更大的空间均衡。

（9）应该测定或可靠地估算所研究水体中的颗粒性有机碳和溶解性有机碳的浓度，以便可以推导基线生物累积系数。

（10）不应当在化学物质负荷或流量最近经历大的变化或破坏的生态系统中（例如百年一遇的洪水或除去主要化学物质来源）进行野外研究，因为生态系统需要时间恢复到长期的均衡状态或稳定状态。响应时间取决于许多因素，包括破坏的性质、化学物质进出生态系统的负荷、生态系统的流体力学状态和固体输移以及鱼类的具体参数，如生长速率、化学物质的吸收和净化速率及化学物质的 K_{ow} 值。对于 K_{ow} 值较高的化学物质，响应时间可能长达数月或数年，而对于 K_{ow} 值较低的化学物质，响应时间则较短，可能不到 1 年。

EPA 目前正在编制为确定野外测定的总生物累积系数而设计和实施的野外研究以及为确定最低数据质量和数量要求的指南。本指南将提供如何设计野外采样研究的详细信息，以便得出的总生物累积系数能够代表生态系统的长期均衡状态，并具有较低的偏差和较好的精确性。

5.1.2　假设与局限性

利用总生物累积系数推导非离子性有机化学物质的国家生物累积系数时，存在几个假设和局限。第一，假设推导适当的总生物累积系数可以合理地估算生态系统生存的长期环境下发生的生物累积。这一假设非常重要，因为人体健康环境水质基准通常用来保护人体免受水和鱼体中长期（慢性）暴露于化学物质浓度的影响。针对这一假设，水和组织中化学物质的浓度必需在适当的时间和空间范围达到均衡，以便能够得到合理的趋于稳定或长期的生物累积系数。相对于组织中的化学物质浓度而言，在水中化学物质浓度的变化性较高的情形下（通常高疏水性化学物质就是这种情况），当化学物质进入生态系统的负荷发生快速变化，且生物在化学物质暴露差异较大的区域间活动时，会出现种种复杂性。正如第 5.1.1 节所述，可以针对具体的化学性质、物种和所研究地点为确定总生物累积系数获得最适当的时空均衡。在这方面，遵循有关时空均衡的上述采样和数据质量指南，是保证总生物累积系数能够反映稳态或近似稳态生物累积情况的最佳方法。

与运用非离子性化学物质的总生物累积系数相关的第二个主要假设是，通过生物的脂质含量和自由溶解态化学物质浓度对总生物累积系数进行校正，可能合理地预测不同物种（同一营养级内）和地点的生物累积。事实上，还有其他因素影响生物累积，包括化学物质负荷史的差异（即沉积物-水失衡）、食物链结构、生物健康状况与生理学、水质因素（如温度）以及食物质量等，所有这些因素可能随着生态系统的不同而有所不同。

Burkhard 等（2003a）对由脂质分数和自由溶解态化学物质浓度来校正总生物累积系数以增加生物累积系数外推至其他生态系统和物种的可靠性的效果进行了评价。比较的结果（见第 5.1.3 节的进一步讨论）表明通过脂质分数和自由溶解态化学物质浓度的校正大幅度地降低了总生物累积系数的变化性。而且，此分析还表明生物累积系数可以在同一营养级内的各个物种之间以及不同的生态系统之间合理地准确外推。然而，由于“其他因素”，如上述提及的因素，可以使总生物累积系数发生某些变化。

在运用总生物累积系数推导国家生物累积系数的过程中涉及的第三个假设是，在合理限度内，总生物累积系数与暴露浓度无关（即总生物累积系数不随着暴露浓度的变化而变化）。此假设是由一组化学物质暴露浓度推导的总生物累积系数应用于另一组浓度（如从较高的化学物质浓度到较低浓度或反之）时提出的。对于非离子性化学物质，这一假设与化学物质的吸收机理（如透过细胞膜的被动扩散）相一致，并获得文献报道的广泛支持。然而，如果这些浓度很高而影响了生物的健康并因此影响其对化学物质的吸收、排出或新陈代谢，在理论上总生物累积系数可能与暴露浓度有关。虽然这个问题主要与生物富集系数的研究相关（在此类研究中暴露浓度由研究者控制），在数据审核过程中将会考虑这个问题，以避免运用有明显的毒性迹象的生物得出的总生物累积系数。虽然在某些情况下，浓度偏离的独立性假设可能是可以的，但 EPA 仍不知道在现实环境的暴露条件下可能违反这一假设的数据范围。此外，由于其他因素的存在，尤其是随着时空的变化生物累积的差异对总生物累积系数的变化性，测定浓度偏离独立性假设的程度可能是比较困难的。

目前，运用总生物累积系数来推导国家生物累积系数的最大局限性是缺乏高质量的野外数据。限制运用可利用的总生物累积系数数据的主要问题包括缺乏适当的时空均衡、辅助数据不足（如溶解性有机碳、颗粒性有机碳、生物的脂质含量）和缺乏时空在同一地点的样本。这些不足常常反映出可利用资源的局限性，还反映出研究设计与生物累积系数研究的目标不一致。期望这些数据的缺口可以得到弥补，即获得额外的野外测定数据以满足特定地点生物累积系数的要求，并且编制有关合理设计生物累积系数野外研究的指南。

5.1.3　方法 1 的验证

正如所提及的那样，运用非离子性有机化学物质的基线生物累积系数允许总生物累积系数在不同的物种和不同的地点之间进行推测，并提高这类推测的准确性。为了验证这一方法，Burkhard 等（2003a）和 EPA 进行了两个不同的评价。在第一个评价中，对密歇根湖格林湾的多氯联苯和几种水生物种的总生物累积系数在格林湾的不同地理区域和整个湾进行了比较。在第二个评价中，对 6 种多氯联苯同系物的总生物累积系数和基线生物累积系数在不同的物种和生态系统中进行了比较。

在格林湾的评价中，对多氯联苯同系物 18、52、149 和 180 在灰西鲱成鱼、4 年生大眼狮鲈和 10 年生鲤鱼中的总生物累积系数和基线生物累积系数进行了比较。选择这些物种是因为它们是在不同区域被最频繁采集到的物种。评价中所运用的多氯联苯同系物是格林湾现有的多氯联苯混合物的主要成分，且与测定相关的不确定性较低。此外，这些同系物的疏水性范围跨度较大：多氯联苯同系物 18 的 $\lg K_{ow}$ 为 5.24，同系物 52 为 5.84，同系物 149 为 6.67，同系物 180 为 7.36。计算了 6 个不同区域的总生物累积系数和基线生物累积系数。通过对不同区域的比较，发现基线生物累积系数的变化小于总生物累积系数的变化，即不同区域的基线生物累积系数比总生物累积系数更为恒定（图 4-5-1；Burkhard et al.，2003a）。从 1 区至 4 区总生物累积系数增加了（图 4-5-1；Burkhard et al.，2003a），对于更加疏水性的多氯联苯同系物 149 和 180 来说，差异性更为明显，这与平衡分配理论是一致的。在不同区域观察到的总生物累积系数增加的趋势是由于溶解的多氯联苯的生物有效性增加的缘故，这是由于不同区域的颗粒性有机碳和溶解性有机碳下降所引起的。随着将总生物累积系数校正到基线生物累积系数，这种趋势似乎会消失（图 4-5-1；Burkhard et al.，2003a），因为正如第 4 章所介绍的那样，化学物质浓度调整到自由溶解态的基线生物累积系数可以解释颗粒性有机碳和溶解性有机碳的差异。

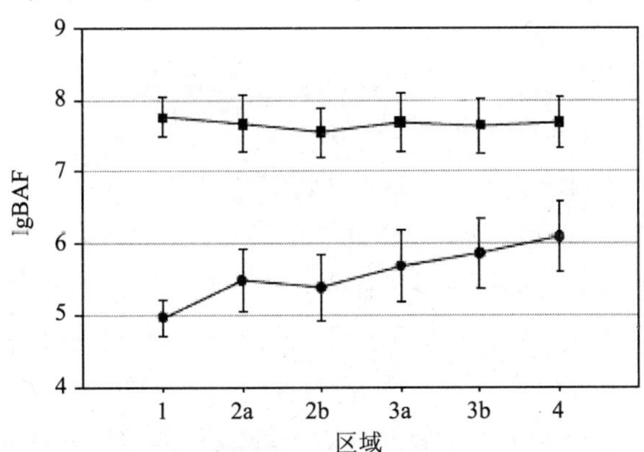

图 4-5-1　格林湾不同区域灰西鲱成鱼多氯联苯同系物 149（2,2′,3,4′,5′,6-六氯联苯（±1 *sd*）的总生物累积系数（●）和基线生物累积系数（■）

为了进一步评价与总生物累积系数和基线生物累积系数有关的相对变化，比较了格林湾的生物累积系数。运用每个地理区域的生物累积系数样本大小加权平均值计算格林湾的总生物累积系数和基线生物累积系数。Burkhard 等（2003a）对所计算的格林湾的总生物累积系数和基线生物累积系数的变化进行了详细描述。运用第 90 百分位至第 10 百分位和第 95 百分位至第 5 百分位的超过限度按不同物种对这些计算结果进行了总结，见表 4-5-1 和 Burkhard 等（2003a）。总的来说，基线生物累积系数的比值小于总生物累积系数的比值，总生物累积系数校正/转换成基线生物累积系数导致变化性下降了近 2 倍（Burkhard et al.，2003a）。

表 4-5-1　格林湾总生物累积系数与基线生物累积系数超过限度比值（所有区域）

多氯联苯同系物	第 90 百分位至第 10 百分位超过限度比		第 95 百分位至第 5 百分位超过限度比	
	总生物累积系数	基线生物累积系数	总生物累积系数	基线生物累积系数
灰西鲱成鱼				
18	4.98	3.11	7.86	4.30
52	5.48	2.85	8.90	3.84
149	3.33	1.88	4.70	2.26
180	4.08	2.20	6.10	2.76
4 年生大眼狮鲈				
18	3.57	3.50	5.14	5.00
52	4.04	2.74	6.01	3.65
149	3.11	2.12	4.30	2.62
180	3.96	2.12	5.87	2.63
10 年生鲤鱼				
18	4.87	4.23	7.65	6.39
52	6.75	3.49	11.6	4.99
149	5.96	1.87	9.91	2.24
180	7.09	2.17	12.4	2.71

为了评价整个生态系统的变化性，Burkhard 等（2000a）从格林湾、安大略湖和哈德逊河生态系统收集了 13 种鱼的 6 种多氯联苯同系物：多氯联苯 22、52、85、118、146 和 149 的总生物累积系数和基线生物累积系数（图 4-5-2）。如果有可能，收集各龄期的总生物累积系数，按标称/整数营养级对不同物种的营养级进行分配。这些分配使标称营养级之内的营养级位置稍低的物种（如平均营养级为 2.5 的真鲹成鱼）与营养级稍高的物种（如平均营养级为 3.5 的灰西鲱成鱼）归并在一起，见图 4-5-2。如图 4-5-2 所示，对于营养级为 3 和 4 的鱼类来说，基线生物累积系数的变化性大大低于总生物累积系数的变化性。营养级为 3 的基线生物累积系数的变异系数（算术间隔）对于多氯联苯 22 为 85%，多氯联苯 52 为 73%，多氯联苯 85 为 70%，多氯联苯 118 为 61%，多氯联苯 146 为 92%，多氯联苯 149 为 59%。对于总生物累积系数，这些值是：多氯联苯 22 为 116%，多氯联苯 52 为 97%，多氯联苯 85 为 104%，多氯联苯 118 为 104%，多氯联苯 146 为 615%，多氯联苯 149

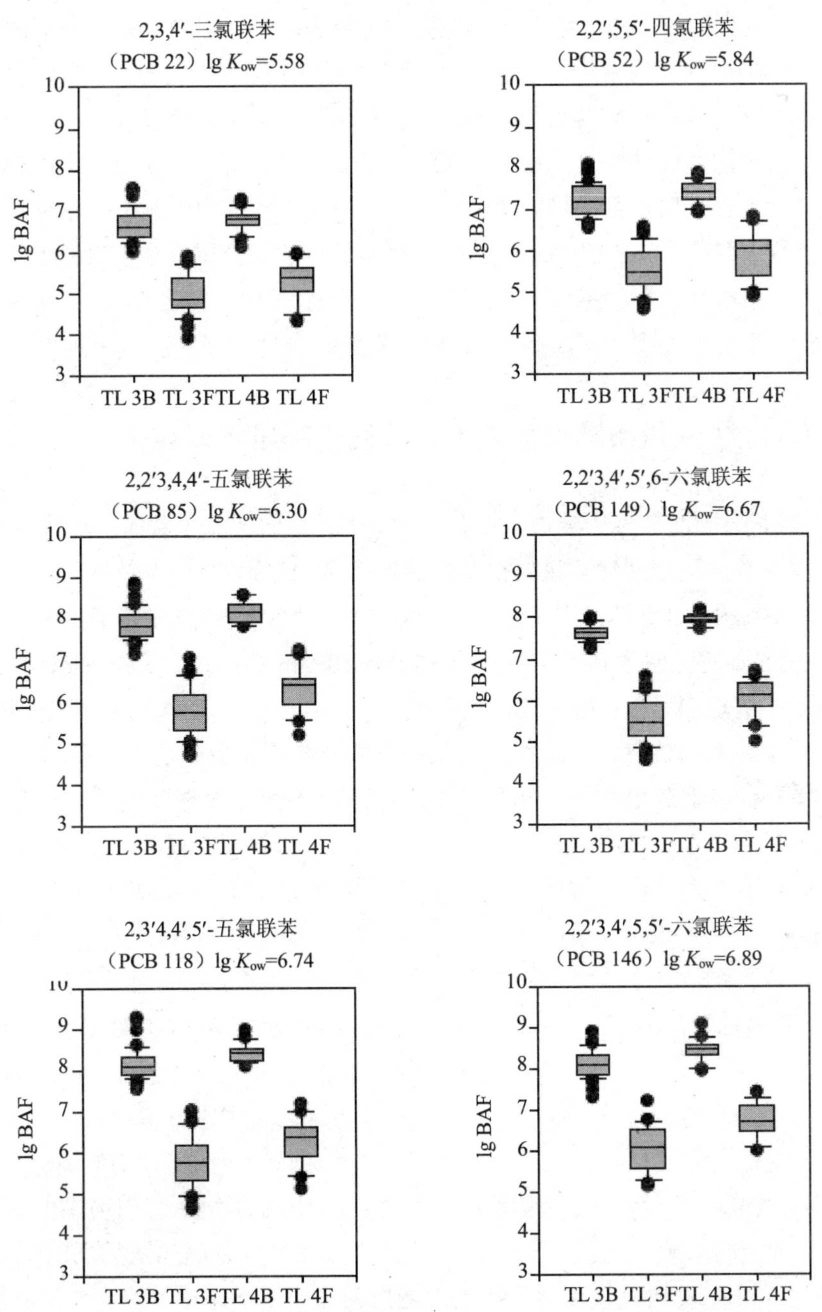

图 4-5-2　比较从格林湾、安大略湖和哈德逊河生态系统获得的 13 种鱼（按照鱼龄和采样地点对样品进行分离，如格林湾第 4 区 4 年生大眼狮鲈和哈德逊河 RM 194 测点的鲈鱼成鱼）体内的 6 种多氯联苯同系物的基线（TL 3 或 4 B）与野外测定的（TL 3 或 4 F）生物累积系数的箱形图。箱形图中，中位值是箱内的线，第 25 百分位和第 75 百分位是箱的末端，第 10 百分位和第 90 百分位是 T 线，异常值即第 10 百分位和第 90 百分位以外的圆点（●）

为 68%（Burkhard et al.，2003a）。对于营养级为 4 的鱼类也发现变异系数有类似的差异（Burkhard et al.，2003a）。平均来说，基线生物累积系数第 75/第 25 百分位和第 90/第 10 百分位范围比总生物累积系数的范围小 2*x*～5*x*。这些结果表明，当在类似营养级和整个生态系统的物种中外推生物累积系数时，用组织或生物脂质含量（f_l）与水中自由溶解态化学物质浓度分数（f_{fd}）进行校正可以降低变化性。非脂质含量和自由溶解态化学物质浓度的差异引起的变化性（即每个营养级的基线生物累积系数的剩余范围）如图 4-5-2 所示。变化性的来源可能包括单个物种的标称营养级与实际营养级分配的差异、生态系统的失衡差异以及单个生物的年龄、大小、生长速率和/或生殖状况等差异。

5.2 方法 2：用生物-沉积物累积系数推导基线生物累积系数

当 $\lg K_{ow} \geqslant 4$ 的非离子性有机化学物质没有可接受的总生物累积系数时，EPA 推荐运用生物-沉积物累积系数法预测基线生物累积系数作为程序 1 或程序 2 中生物累积系数数据优先等级中的第 2 种方法。尽管该方法可用于直接测定表层沉积物中化学物质的浓度并预测生物累积，也可用来估算基线生物累积系数（USEPA，1995b; Cook and Burkhard，1998）。基于野外数据的生物-沉积物累积系数考虑了新陈代谢、生物放大、生长和其他因素的影响，因此用生物-沉积物累积系数估算出的基线生物累积系数也会考虑所有这些因素。生物-沉积物累积系数法特别有利于制定在鱼类和贝类组织中可检出但在水环境中难以检测的化学物质的环境水质基准。该方法也有利于测定诸如多氯代二苯并-*p*-二噁英、二苯并呋喃、某些联苯同系物和多环芳烃等化学物质由于所关注的食物链或物种的新陈代谢作用而使生物累积下降的程度。

从生物-沉积物累积系数推导基线生物累积系数需要一个或多个参照化学物质的数据，这些化学物质在水环境以及沉积物中的浓度可以测定，常见的沉积物-水-生物数据集更好。实际上，这一方法是在化学物质的基线生物累积系数不能测定时，将测定的 2 种化学物质的生物-沉积物累积系数间的相对差转换为 2 种化学物质的基线生物累积系数的相对差。当每种化学物质的浓度是由适合此目的的地点采集的相同或同等的环境样品进行分析得出时，可以准确测定生物累积的相对差。必需测定所关注化学物质的生物-沉积物累积系数以便进行其生物累积潜力的基础测定。明确地说，该方法通过测定参照化学物质的沉积物-水相浓度商（Π_{socw}）来估算所关注化学物质不能测出的自由溶解态浓度值（C_w^{fd}）。需要每种化学物质的辛醇-水分配系数，因为 Π_{socw} / K_{ow} 比值奠定了参照化学物质与所关注化学物质关联的基础。下列各节更为全面地描述了生物-沉积物累积系数值的测定、基线生物累积系数与生物-沉积物累积系数的关系、生物-沉积物累积系数法公式的推导、采样和数据质量的考虑、与本方法相关的假设和局限性以及利用从安大略湖和其他生态系统获得的数据所估算的基线生物累积系数对本方法进行的验证。

5.2.1　确定生物-沉积物累积系数值

如式（4-5-3）所示，将组织或生物体内化学物质的标准化脂质浓度与表层沉积物中化学物质的有机碳标准化浓度联系起来以确定生物-沉积物累积系数。生物-沉积物累积系数用沉积物有机碳克数/组织脂质克数表示。

$$\text{BSAF} = \frac{C_1}{C_{\text{soc}}} \tag{4-5-3}$$

式中：C_1——组织中化学物质的脂质标准化浓度；

C_{soc}——干沉积物中化学物质的有机碳标准化浓度。

生物体内化学物质的脂质标准化浓度（C_1）由下列公式确定。

$$C_1 = \frac{C_t}{f_1} \tag{4-5-4}$$

式中：C_t——组织中化学物质的浓度；

f_1——组织中的脂质分数。

沉积物有机碳标准化浓度（C_{soc}）由下列公式确定。

$$C_{\text{soc}} = \frac{C_s}{f_{\text{soc}}} \tag{4-5-5}$$

式中：C_s——干沉积物中化学物质的浓度；

f_{soc}——干沉积物中有机碳的分数。

适当地运用生物-沉积物累积系数来计算基线生物累积系数并不需要沉积物中化学物质的质量负荷与浓度之间达到稳定状态。然而，在水中化学物质的浓度与沉积物中缓慢变化的浓度相关联的情况下测定的生物-沉积物累积系数是非常有用的。当水中浓度迅速变化时，无论是通过污染发生，还是向水中的输入突然停止，此时所测定的生物-沉积物累积系数在没有额外的模型将数值推测到更长期限或稳态条件的情况下很有可能是不可靠的。

热力学平衡状态下的生态系统极少测定生物-沉积物累积系数，因此生物-沉积物累积系数自然地包括测定与生态系统中化学物质的分配相关的“失衡状况”。生物-沉积物累积系数偏离预测的平衡值 1～2 的情况，可以通过造成沉积物和水生生物之间失衡的各种因素的净效应来确定。通过生物放大作用或当表层沉积物未与水达到稳定状态时，会出现大 1～2 的数值。沉积物中的有机碳发生岩化作用、化学物质从沉积物转移到水中或从水中转移到食物链中的动力学限制以及生物学过程（如化学物质在生物或其食物链中的产物或代谢/生物转化），则会出现小 1～2 的数值。

5.2.2　基线生物累积系数与生物-沉积物累积系数的关系

如果以适当的生物、沉积物和水样品浓度的准确测定为基础，那么生物-沉积物累积系数和基线生物累积系数均可以对疏水性有机化学物质的相对生物累积潜力进行很好的测定。当根据普通的生物-沉积物-水样品集进行计算时，生物-沉积物累积系数或基线生物累积系数中的特定化学物质差异反映了生物放大、新陈代谢、生物能和生物有效性等因素对每种化学物质生物累积的净效应。方法 2 的目的是将测定的生物-沉积物累积系数中包含的生物累积信息变换为化学物质相应的基线生物累积系数。所测定的化学物质的生物-沉积物累积系数与其基线生物累积系数之间的关系完全取决于化学物质的沉积物-水相浓度商（Π_{socw}）。方法 2 运用参照化学物质（r）的沉积物-水相浓度商（Π_{socw}）的测定值（Π_{socw}）$_r$，来确定所关注的无法测定的化学物质（i）的 Π_{socw} 值。$(\Pi_{\text{socw}})_r$ 由下列公式确定。

$$(\Pi_{\text{socw}})_r = \frac{(C_{\text{soc}})_r}{(C_{\text{w}}^{\text{fd}})_r} \tag{4-5-6}$$

式中：$(C_{\text{soc}})_r$——干沉积物中参照化学物质的有机碳标准化浓度；

$(C_{\text{w}}^{\text{fd}})_r$——水中参照化学物质的自由溶解态浓度。

由 $\text{BAF}_{\text{l}}^{\text{fd}}$（式 4-2-5）、BSAF（式 4-2-14）和 Π_{socw}（式 4-2-18）的定义，可以推导出化学物质（i）的 Π_{socw}、$\text{BAF}_{\text{l}}^{\text{fd}}$ 与 BSAF 之间的关系。

$$(\Pi_{\text{socw}})_i = \frac{(C_{\text{soc}})_i}{(C_{\text{w}}^{\text{fd}})_i} = \frac{(\text{BAF}_{\text{l}}^{\text{fd}})_i}{(\text{BSAF})_i} \tag{4-5-7}$$

重新整理式（4-5-7），可得到：$(\text{BAF}_{\text{l}}^{\text{fd}})_i = (\text{BSAF})_i \cdot (\Pi_{\text{socw}})_i$。用 $(\text{BSAF})_i \cdot (\Pi_{\text{socw}})_i$ 替代式（4-2-4）中的 $(\text{BAF}_{\text{l}}^{\text{fd}})_i$ 来表达化学物质（i）的基线生物累积系数，可以得到：

$$(\text{基线BAF})_i = (\text{BSAF})_i (\Pi_{\text{socw}})_i - \frac{1}{f_{\text{l}}} \tag{4-5-8}$$

式（4-5-8）表明，如果可以合理地估算化学物质的沉积物-水相浓度商，则基线生物累积系数可以直接由生物-沉积物累积系数来估算。由于生态系统常常不能处于稳态的化学物质负荷条件下，所以当 $(\Pi_{\text{socw}})_i$ 是依据具有类似辛醇-水分配系数的化学物质的测定值时，预期的不确定性会小一些。

5.2.3 方法 2 基线生物累积系数推导公式

在许多情况下，参照化学物质和所关注化学物质在沉积物和水中的逸度比值（$\Pi_{\text{socw}} / K_{\text{ow}}$）是极为相似的。事实上，这种相似性为参照化学物质的选择提供了有用的准则。在证明存在明显差异的情况下，可通过 $D_{i/r}$ 来表示差异：

$$D_{i/r} = \frac{(\Pi_{\text{socw}})_i / (K_{\text{ow}})_i}{(\Pi_{\text{socw}})_r / (K_{\text{ow}})_r} \tag{4-5-9}$$

由此得出：

$$\left(\Pi_{\text{socw}}\right)_i = \frac{\left(D_{i/r}\right)\left(\Pi_{\text{socw}}\right)_r\left(K_{\text{ow}}\right)_i}{\left(K_{\text{ow}}\right)_r} \tag{4-5-10}$$

将式（4-5-10）代入式（4-5-8），即可得到方法 2 的式（4-5-11）。对于每个水生物种，所关注化学物质（i）的野外测定的生物-沉积物累积系数是可得到的，那么运用合适的 $(\Pi_{\text{socw}}/K_{\text{ow}})_r$ 值，可由下列公式计算出基线生物累积系数。

$$\left(\text{基线BAF}\right)_i = \left(\text{BSAF}\right)_i \frac{\left(D_{i/r}\right)\left(\Pi_{\text{socw}}\right)_r\left(K_{\text{ow}}\right)_i}{\left(K_{\text{ow}}\right)_r} - \frac{1}{f_1} \tag{4-5-11}$$

式中：$(\text{BSAF})_i$——所关注化学物质（i）的生物-沉积物累积系数；

$(\Pi_{\text{socw}})_r$——参照化学物质（r）的沉积物-水相浓度商；

$(K_{\text{ow}})_i$——所关注化学物质（i）的正辛醇-水分配系数；

$(K_{\text{ow}})_r$——参照化学物质（r）的正辛醇-水分配系数；

$D_{i/r}$——化学物质（i）和（r）之间的 $\Pi_{\text{socw}}/K_{\text{ow}}$ 比值（通常选择 $D_{i/r}=1$）。

5.2.4 采样和数据质量的考虑事项

方法 2 优先选择 $\Pi_{\text{socw}}/K_{\text{ow}}$ 与所关注化学物质相似的参照化学物质，且这些化学物质通常容易找到。理论上，当没有满足逸度等值条件的可靠的参照化学物质可供利用时，可以运用两种化学物质（i）和（r）的沉积物-水逸度比值之间的差异（$D_{i/r}$）。水和表层沉积物中浓度近似稳态的非离子性有机化合物，应当具有相等或相似的与表层沉积物和悬浮固体中的有机碳含量有关的 Π_{socw}/K_{ow} 值。当稳态条件不存在时，这是常有的情况，相关化学物质的 $\Pi_{\text{socw}}/K_{\text{ow}}$ 可能是相似的。分子结构相似可以表明两种化学物质的 $\Pi_{\text{socw}}/K_{\text{ow}}$ 相似，导致它们在水中的物理化学行为（持久性和挥发性）相似、质量负荷史相似以及在沉积物柱芯中的浓度分布曲线相似。在许多情况下，多氯联苯可作为有效的参照化学物质。

当运用野外测定的生物-沉积物累积系数来预测生物累积系数时，应该满足下列采样与数据质量方面的考虑事项：

（1）参照化学物质与所关注化学物质在水和沉积物中应该具有相似的理化性质和持久性。

（2）如果可能，具有相似的辛醇-水分配系数的几种参照化学物质的沉积物-水相浓度商数据应从相同的水和沉积物样品中得到，以确保预测值比只从一种参照化学物质得到的预测值更为合理。

（3）几种参照化学物质和所关注化学物质的数据应来自特定地点的一般生物-水-沉积物数据集。参照化学物质和所关注化学物质的沉积物有机碳应当从相同的沉积物样品中测定得到，因为这排除了引起沉积物有机碳空间异质性的不确定性。

（4）应当按照本技术支持文件的要求选择目标和参照化学物质的辛醇-水分配系数。

（5）只要可能，参照化学物质和所关注化学物质的负荷史应当相似，那么它们的沉积物-水失衡的比值（Π_{socw}/K_{ow}）不会差异太大（$D_{i/r}\approx 1$）。

（6）表层沉积物的样品（0～1 cm 是理想的）应该在碳质的、含有参照化学物质和所关注化学物质的、有规律沉淀的且能代表生物附近的均衡表层沉积物的地点采集。

（7）第 5.1.1 节所描述的为确定总生物累积系数的各项采样和数据质量考虑事项也应当满足。

5.2.5 假设与局限性

虽然 EPA 目前限定将此方法用于推导 $\lg K_{ow}\geqslant 4$ 的非离子性有机化学物质的基线生物累积系数，这种限定主要是考虑到缺乏对本方法用于 $\lg K_{ow}<4$ 的化学物质的验证。此外，$\lg K_{ow}$ 较高的化学物质对此方法的需求较大，因为难以测定水环境中的此类化学物质。本方法未来的开发与评价会使其适用于范围更广的化学物质。

第 5.1.2 节所讨论的有关方法 1 的主要假设和局限性也适用于方法 2。方法 2 计算和应用基线生物累积系数的主要局限性，即自由溶解态浓度（C_w^{fd}）的变化性，也是预测和测定生物累积系数的所有方法与模型所共有的局限性。在推导式（4-5-10）的过程中，假设沉积物-水相浓度商是从普通的沉积物数据集（即生物-沉积物累积系数和沉积物-水相浓度商均基于沉积物有机碳标准化浓度的同一数值）中选择出来的。在不能做到的情况下，与沉积物有机碳标准化浓度变化有关的基线生物累积系数的相对误差百分比将等于用于生物-沉积物累积系数和沉积物-水相浓度商的沉积物有机碳标准化浓度差异的 100 倍，除以用于生物-沉积物累积系数测定的沉积物有机碳标准化浓度。

虽然 EPA 建议沉积物有机碳标准化浓度值代表影响生物暴露区域的空间均衡表层沉积物的污染水平，方法 2 应该是准确的，即使是在用于生物-沉积物累积系数和沉积物-水相浓度商的沉积物有机碳值不能很好地代表空间均衡条件的情况下。这是因为沉积物有机碳只需要反映沉积物中的污染随着时间推移的相对水平。与自由溶解态浓度波动相关的误差幅度对于方法 2 和方法 1 来说都是一样的。自由溶解态浓度的时间变化是生物、水和沉积物之间偏离稳态的最大原因。

方法 2 运用参照化学物质的 Π_{socw}/K_{ow} 来估算所关注化学物质的自由溶解态浓度带来的误差对基线生物累积系数的准确性有线性影响。例如，如果 Π_{socw}/K_{ow} 是 10，但所用的估算值是 20，则计算的基线生物累积系数比真实值高 2 倍。目前 Π_{socw}/K_{ow} 的测定表明，在大多数污染情境下预期范围在 5～40。如果遵循选择所关注化学物质的 Π_{socw}/K_{ow} 的数据质量考虑事项，那么与选择 Π_{socw}/K_{ow} 相关的误差幅度不应当超过 2 倍。

方法 2 的优点是它运用了结构相似的化学物质之间生物累积相对差异的测定。在采样合理的情况下，可以得到水生生态系统中持久性生物累积性化学物质浓度的时间稳定的测定。方法 2 目前是估算具有下列性质的非离子性有机化学物质的基线生物累积系数的唯一可行方法：①$\lg K_{ow}\geqslant 4$；②水中的浓度通常是无法检出的；③生物对化学物质新陈代谢的速率是值得注意的。具有这些性质的重要化学物质有多氯二苯并-*p*-二噁英、多氯二苯并呋喃和非邻位多氯联苯。

5.2.6　方法 2 的验证

对于方法 2 来说，运用从美国 3 个水生生态系统（安大略湖、威斯康星州格林湾/福克斯河和纽约州哈德逊河）收集的数据进行了验证工作。EPA 先前发布过有关方法 2 的验证信息，验证所运用的数据来自从安大略湖和格林湾中部区域采集的多氯联苯、氯苯、杀虫剂和 2,3,7,8-四氯二苯并-*p*-二噁英（TCDD）（USEPA，1995c）。根据安大略湖鲑鱼的生物-沉积物累积系数，对多氯联苯、氯苯和某些杀虫剂的基线生物累积系数进行了预测，并与从相同系统测定的基线生物累积系数进行了比较。从生物-沉积物累积系数预测的基线生物累积系数是在测定的基线生物累积系数的 4 倍以内。此外，对格林湾鲑鱼与安大略湖褐鳟的四氯二苯并-*p*-二噁英（TCDD）和多氯联苯的预测的基线生物累积系数进行了比较，发现从生物-沉积物累积系数预测的基线生物累积系数通常在测定的基线生物累积系数的 2 倍以内。虽然在研究趋势方面出现几个异常值，此项验证工作的结果表明方法 2 通常是非常有效的，不仅可以利用相同生态系统（安大略湖）的数据来预测基线生物累积系数，而且也可以预测不同系统（格林湾和安大略湖）之间的基线生物累积系数。

就此技术支持文件，Burkhard 等（2003a）运用从格林湾/福克斯河和哈德逊河收集的多氯联苯数据对野外测定的基线生物累积系数与从生物-沉积物累积系数预测出的基线生物累积系数进行比较的结果，扩展了对方法 2 先前所做的验证。本次最新验证工作的数据集选自 1989—1990 年格林湾质量平衡研究（http：//www.epa.gov/grtlakes/gbdata）和哈德逊河多氯联苯再评价修复调查/可行性研究（USEPA，1998）。先前的研究包括从福克斯河下游和格林湾内区、中区和外区获得的数据。若干联邦与州立机构以及私人团体先后用了数年的时间收集了哈德逊河的数据，并汇编成一个数据库（USEPA，1998），本项研究的数据即选自该数据库。本项验证工作中所运用的参照多氯联苯同系物包括先前验证所运用过的那些多氯联苯同系物 52、105、118（USEPA，1995b）以及多氯联苯同系物 18、28、149、174 和 180。通过运用上述 8 种参照多氯联苯同系物预测的基线生物累积系数的几何平均值进行了此项验证。如前所述（见第 5.2.4 节），EPA 建议在方法 2 中运用多种参照化学物质，且 K_{ow} 应尽可能相配，因为当所关注化学物质与参照化学物质有更加紧密匹配的 K_{ow} 时，在验证研究中所观察到的预测误差要稍微小一些（Burkhard et al.，2003a）。Burkhard 等（2003a）近期所做的验证工作除鲑鱼外还包括几种鱼类（如鲤鱼、大眼狮鲈、鲱鱼、灰西鲱、黄鲈、白鲈、太阳鱼、红胸太阳鱼和阔嘴鲈）的基线生物累积系数，其中有些鱼类跨了几个龄期。

本节对验证进行了概述，Burkhard 等（2003a）进行了详细的讨论。用方法 2 预测的基线生物累积系数是根据野外测定的基线生物累积系数进行测算。从生物-沉积物累积系数对预测的几何平均基线生物累积系数进行测算，由于同系物特有的 Π_{socw} 差异，这些值仅在垂直替代方面有别于单个参照化学物质的预测值。运用预测与测定的特定同系物的基线生物累积系数的比值（预测生物累积系数/测定生物累积系数）来评价方法 2 推导的基线生物累积系数与野外测定的基线生物累积系数之间的一致性。表 4-5-2 介绍了预测生物累积系数/测定生物累积系数比值的特定区域（格林湾数据）和地点（哈德逊河数据）的统计值。表 4-5-2 还介绍了指定分配范围内的预测生物累积系数/测定生物累积系数比值的百分比。一般来说，方法 2 预测的基线生物累积系数和野外测定的基线生物累积系数之间有很好的一致性，大部分预测的生物累积系数值在野外测定的基线生物累积系数的 2 倍以内。此外，方法 2 预测的生物累积系数 90%以上（格林湾 95%，哈德逊河 91%）在野外测定的基线生物累积系数的 5 倍以内。表 4-5-3 介绍了每种鱼类和生态系统区域/地点的预测与测定的特定同系物基线生物累积系数的比值（预测生物累积系数/测定生物累积系数）的超过水平（即数据分布内的某些点）。对于格林湾的大多数区域，95%超过水平（即预测生物累积系数/测定生物累积系数值的 95%）在 0.2（预测基线生物累积系数的 1/5）至 5.0（预测基线生物累积系数的 5 倍）的范围内。哈德逊河的结果表明方法 2 预测的基线生物累积系数与野外测定的基线生物累积系数之间通常具有相似的一致性，尽管在 RM 169 测点超过水平明显高一些。运用方法 2 在 RM 122 和 RM 114 测点似乎也会过度预测生物累积系数，这两个地点是此方法中出现偏差的唯一两个地点。总的来说，这些分析支持运用方法 2 从野外测定的生物-沉积物累积系数来估算基线生物累积系数。

表 4-5-2 方法 2 的验证统计：预测的基线生物累积系数与测定的基线生物累积系数[a]的比值

地点	方法 2：超过水平与比较统计					
	95%	平均值	中位数	5%	在 $2x$ 内的百分比/%	在 $5x$ 内的百分比/%
格林湾						
1 区	0.39	0.88	0.88	1.66	87.6	100
2a 区	0.25	1.27	0.89	3.47	69.8	92.8
3a 区	0.21	1.25	0.73	3.78	51.5	94.1
3b 区	0.16	1.08	0.69	2.71	53.0	91.4
4 区	0.31	3.33	1.07	3.79	31.9	97.4
所有区	0.22	1.53	0.81	3.29	55.7	94.5
哈德逊河						
RM 194	0.46	1.12	0.99	2.12	81.9	95.2
RM 189	0.33	1.00	1.03	1.55	87.5	100
RM 169	0.11	2.01	0.59	9.91	19.0	68.3
RM 144	0.67	1.19	0.97	2.14	92.3	100
RM 122	0.70	2.43	2.16	4.81	45.8	95.8
RM 114	1.20	3.86	3.78	6.91	16.7	83.3
所有测点	0.13	1.50	1.10	4.42	64.9	90.7

[a] 包括物种的数量和 n 个地点的范围；

RM＝ 河英里。

表 4-5-3　方法 2 预测的基线生物累积系数（几何平均值）与总生物累积系数的比值超过水平

地点	百分比/%			
	5	10	90	95
格林湾 1 区				
灰西鲱成鱼	0.34	0.45	1.27	1.39
1 年生鲤鱼	0.40	0.48	1.21	1.40
1 年生大眼狮鲈	0.40	0.50	1.26	1.61
3 年生大眼狮鲈	0.40	0.49	1.26	1.63
4 年生大眼狮鲈	0.40	0.49	1.20	1.40
格林湾 2a 区				
灰西鲱当年幼鱼	0.27	0.37	2.88	3.22
灰西鲱成鱼	0.29	0.42	2.89	3.28
2 年生鲤鱼	0.33	1.42	2.89	3.31
8 年生鲤鱼	0.27	0.37	2.88	3.22
鲱鱼当年幼鱼	0.20	0.30	2.88	3.19
胡瓜鱼当年幼鱼	0.27	0.36	2.89	3.25
胡瓜鱼成鱼	0.27	0.37	2.88	3.22
3 年生大眼狮鲈	0.27	0.37	2.88	3.22
4 年生大眼狮鲈	0.27	0.37	2.88	3.22
格林湾 3a 区				
灰西鲱当年幼鱼	0.22	0.30	2.62	3.87
灰西鲱成鱼	0.22	0.31	2.45	3.25
1 年生鲤鱼	0.24	0.28	2.44	2.94
胡瓜鱼当年幼鱼	0.20	0.27	2.74	3.93
胡瓜鱼成鱼	0.20	0.26	2.53	3.82
2 年生褐鳟	0.20	0.26	2.45	3.21
3 年生褐鳟	0.20	0.26	2.59	3.85
4 年生大眼狮鲈	0.20	0.26	2.44	3.17
格林湾 3b 区				
灰西鲱成鱼	0.15	0.26	2.27	2.66
8 年生鲤鱼	0.15	0.23	2.18	2.67
10 年生鲤鱼	0.17	0.27	2.25	2.65
胡瓜鱼当年幼鱼	0.15	0.23	2.25	2.65
胡瓜鱼成鱼	0.15	0.23	2.25	2.65
2 年生褐鳟	0.15	0.23	2.25	2.65
3 年生褐鳟	0.15	0.23	2.25	2.65

地点	百分比/%			
	5	10	90	95
3 年生大眼狮鲈	0.17	0.27	2.26	2.66
4 年生大眼狮鲈	0.15	0.23	2.24	2.65
格林湾 4 区				
灰西鲱成鱼	0.31	0.33	2.92	3.79
10 年生鲤鱼	0.33	0.34	2.91	3.37
胡瓜鱼当年幼鱼	0.31	0.33	2.92	3.44
胡瓜鱼成鱼	0.29	0.33	3.00	3.81
2 年生褐鳟	0.31	0.33	2.91	3.29
3 年生褐鳟	0.32	0.34	2.96	3.80
4 年生大眼狮鲈	0.32	0.34	2.91	3.34
5 年生大眼狮鲈	0.32	0.34	2.91	3.32
哈德逊河 RM 194				
鲤鱼	0.46	0.53	1.78	2.02
黄鲈	0.51	0.66	1.85	2.06
红胸太阳鱼	0.46	0.54	1.77	2.01
阔嘴鲈	0.46	0.54	1.77	2.01
哈德逊河 RM 189				
黄鲈	0.32	0.46	1.53	1.78
太阳鱼	0.33	0.48	1.52	1.75
红胸太阳鱼	0.33	0.50	1.52	1.73
阔嘴鲈	0.33	0.50	1.52	1.73
哈德逊河 RM 169				
黄鲈	0.11	0.12	4.79	6.85
太阳鱼	0.11	0.12	4.97	7.09
红胸太阳鱼	0.11	0.12	4.79	6.85
阔嘴鲈	0.11	0.12	4.79	6.85
哈德逊河 RM 144				
黄鲈	0.67	0.70	1.82	2.14
哈德逊河 RM 122				
黄鲈	0.86	1.05	4.41	5.37
白鲈	0.64	0.77	3.29	4.01
哈德逊河 RM 114				
白鲈	1.20	1.43	4.99	6.91

5.3 方法 3：用实验室测定的生物富集系数和食物链倍增系数推导基线生物累积系数

程序 1 中的方法 3 是适用于具有中高疏水性（$\lg K_{ow} \geq 4$）且新陈代谢率低的非离子性有机化学物质。方法 3 采用实验室测定的总生物富集系数和食物链倍增系数来预测基线生物累积系数。实验室测定的总生物富集系数必需与食物链倍增系数共同运用是因为对于适用程序 1 的各类化学物质来说，非水暴露途径及其引发的生物放大作用是值得关注的。虽然总生物富集系数可以说明用于计算总生物富集系数的生物体内发生的化学物质新陈代谢，但是无法说明水生食物链中其他生物体内可能发生的代谢。方法 3 运用下列基线生物累积系数和生物富集系数计算公式。

$$\text{基线BAF} = \text{FCM} \cdot \left(\frac{\text{BCF}_\text{T}^\text{t}}{f_\text{fd}} - 1 \right) \cdot \frac{1}{f_\text{l}} \tag{4-5-12}$$

式中：$\text{BCF}_\text{T}^\text{t}$——总生物富集系数（$\text{BCF}_\text{T}^\text{t} = C_\text{t} / C_\text{w}$）；

f_fd——水中自由溶解态化学物质总分数；

f_l——组织中的脂质分数；

FCM——由线性内推法（表 4-4-6）或适当的野外数据得出的合适营养级的食物链倍增系数。

式（4-5-12）的技术基础见附录 A。下面是有关选择适当的总生物富集系数和食物链倍增系数以及运用食物链模型和野外数据推导食物链倍增系数的详细讨论与信息。

5.3.1 采样和数据质量的考虑事项

应当运用生物组织中化学物质总浓度和实验室实验用水中化学物质总浓度的信息来计算总生物富集系数。应对用于计算总生物富集系数的数据进行彻底审核，从而评价数据的质量和生物富集系数值的总不确定性。在确定总生物富集系数的合理性时应遵循下列基本准则。由于任何指南均不能解释实验设计和文献中发现的数据的所有变化，所以需要最佳专业判断，以补充这些数据质量方面的指南，选择出最佳可用信息并适当地加以运用。

（1）用来计算总生物富集系数的水生生物应该是美国人普遍食用的有代表性的水生生物。对于非美国人普遍食用的水生生物，只有在认为此生物是普遍食用的水生生物的合理替代品时才能用于计算可接受的总生物富集系数。在评价某种水生生物是否是合理的替代品时，应审核该生物有关的生态学、生理学和生物学信息。

（2）试验生物不应是患病的、不健康的或者是受到化学物质浓度产生的不良影响的生物，因为这些情况可能会改变化学物质的累积。

（3）试验生物应暴露于流水式或换水式条件下的化学物质中。

（4）化学物质在实验室测试用水中的浓度不得超过该化学物质在水中的溶解度。暴露水体中不应当存在表明化学物质未被溶解的胶团。对于高疏水性化学物质（如 $\lg K_{ow}>6$），较早的总生物富集系数测定值通常是不可靠的，因为超过了溶解度界限或者化学物质以胶团的形式存在于暴露水体中。

（5）应在暴露期间测定水中的化学物质总浓度且化学物质应处于相对稳定的状态。

（6）应当测定或可靠地估算出所研究水样中的颗粒性有机碳和溶解性有机碳的浓度。

（7）应当测定或可靠地估算出组织或生物的脂质分数并用脂质标准化浓度表示。

（8）计算总生物富集系数时应适当地考虑生长稀释，这对不易净化的化学物质尤其重要。

（9）本方法学的其他方面应与美国试验材料协会（ASTM，1990）和 EPA《生态效应测试指南》（USEPA，1996）的描述相似。

（10）如果总生物富集系数随着试验溶液中化学物质浓度的增加而持续增加或减少（而且这一变化并非是由于生物的脂质分数、水中化学物质自由溶解分数的变化或生物健康状况的变化引起的），则应从化学物质测试浓度中选择最接近预期的环境水质基准的浓度来确定生物富集系数。

（11）只有当总生物富集系数包括代谢物时，才以放射性核素测定来获得总生物富集系数，在确定母体化合物的代谢物不会产生干扰或所进行的研究确定代谢程度后，可做适当修正。

（12）第 4.4.2 节所描述的为确定食物链倍增系数的所有考虑事项也应当满足。

5.3.2 假设与局限性

在运用方法 3 的过程中，EPA 假设：①高质量的总生物富集系数比简单假设的基线生物富集系数等于辛醇-水分配系数（即方法 4 中所运用的一种假设）能更好地反映化学物质的生物富集潜力；②测定的总生物富集系数和运用方法 3 预测的基线生物累积系数与水中化学物质的浓度无关；③食物链倍增系数考虑了水生食物链中食用受污染的食物所导致的生物放大过程。与食物链倍增系数有关的假设、局限性和不确定性以及总生物富集系数和总生物累积系数的浓度独立性方面的讨论见第 4.4.1 节。

被试验生物代谢的化学物质的总生物富集系数包括新陈代谢对生物累积的化学物质的浓度的影响。然而，对于新陈代谢的发生来说，如果需要导入新陈代谢系统或共同存在的污染物（即存在于环境中），那么总生物富集系数的测定就不用考虑新陈代谢的影响。因此，新陈代谢对总生物富集系数的影响程度将由化学物质特性所决定。然而，EPA 认为高质量的总生物富集系数比简单假设的基线生物富集系数等于化学物质的辛醇-水分配系数能更好地反映化学物质的生物富集潜力，因为总生物富集系数潜力包括代谢过程的影响。此外，对于所关注的特定物种可以获得总生物富集系数。这一特性可以降低与已知或怀疑在代谢途径或能力存在差异的物种中推测生物累积系数相关的不确定性。

对于方法 3，基线生物累积系数是用食物链倍增系数和总生物富集系数计算出来的。正如第 4.4 节所讨论的那样，EPA 在推导国家生物累积系数时所运用的食物链倍增系数是运用带有许多假设和输入参数（即没有代谢、假设的食物链结构和 Π_{socw}/K_{ow}=23）的 Gobas 食物链模型推导出来的。与食物链倍增系数相关的局限性和不确定性在前面已经讨论过（见第 4.4.1 节），这些局限性和不确定性包括在运用方法 3 推导基线生物累积系数的过程中。

运用方法 3 推导被代谢的化学物质的基线生物累积系数将不包括所有代谢过程的影响，因为推导食物链倍增系数过程中所采用的假设是没有新陈代谢。但是，该方法在生物富集系数的测定过程中包括了新陈代谢过程或影响。由测定的生物富集系数来预测被代谢化学物质的基线生物累积系数，比由具有相同疏水性但不被代谢的化学物质的测定生物富集系数所预测的基线生物累积系数要小一些。

方法 3 的一个主要局限性是目前缺乏有关高疏水性化学物质在任何生物种类中的高质量测定的生物富集系数数据。这类数据缺乏主要是因为高度不溶性（疏水性）化学物质的生物富集系数难以测定。进行这种测定的适当条件见第 5.3.1 节的描述。在评价文献中的生物富集系数数据时，人们常常发现所进行的测定具有下列不足之处：①不符合当前标准的条件，如运用溶剂介质（如丙酮）将化学物质介入到水相中或者超过化学物质在水中的溶解度；②有关测定条件和参数的报告匮乏和/或不完整，例如无脂质数据、无颗粒性有机碳和溶解性有机碳数据和/或无法确定在试验中是否达到稳态条件。此外，一些生物富集系数是用化学物质混合物测定的结果（如多氯联苯），并且解决共同存在的化学物质对胶团构成的影响通常是很难处理的。由于将来可以获得高疏水性化学物质的生物富集系数数据，那么这种局限性的影响将会减少。

5.3.3　方法 3 的验证

迄今为止，由于缺乏适当质量的生物富集系数数据，EPA 仅对方法 3 进行了有限次数的评价，正如第 5.1.2 节和第 5.3.2 节所描述的那样。如 EPA 投入了相当大的精力来查证有关多氯联苯同系物测定的生物富集系数的科学文献，但未能发现适当质量的生物富集系数。

Burkhard 等（1997）运用从路易斯安那州查尔斯湖地得河口现场的氯苯、丁二烯和六氯乙烷的数据对方法 3 进行了评价。此项评价的结果表明，野外测定的基线生物累积系数是运用方法 3 预测的基线生物累积系数 3 倍以内的占 88%和 5 倍以内的占 94%（$n = 32$）（图 4-5-3）。野外测定的基线生物累积系数与预测的基线生物累积系数的比值中位数为 1.03，预测的基线生物累积系数的大约一半小于测定的基线生物累积系数（53%，$n = 32$）。野外测定的基线生物累积系数与预测的基线生物累积系数存在最小一致性的化学物质是青蟹（*Callinectes sapidus*）中的六氯乙烷、*Z*-五氯丁二烯和六氯丁二烯。这些化学物质通过青蟹的新陈代谢可以看做是野外测定的基线生物累积系数与运用方法 3 预测的基线生物

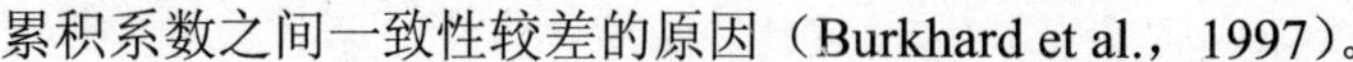

累积系数之间一致性较差的原因（Burkhard et al.，1997）。

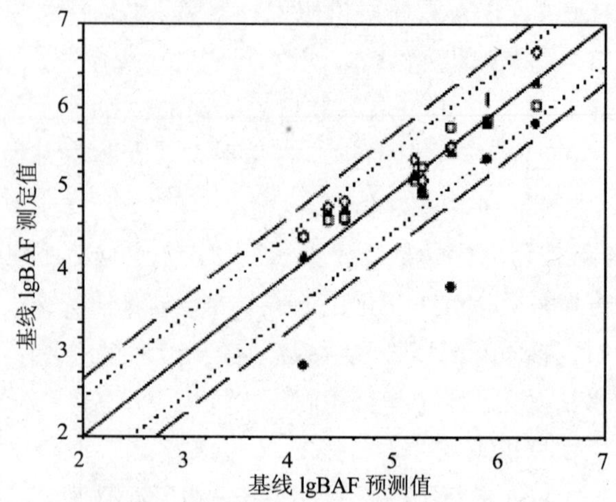

图 4-5-3　测定的基线生物累积系数与运用方法 3 预测的基线生物累积系数之间的关系。虚线和短划线表示测定的和预测的基线生物累积系数之间分别有 3 倍和 5 倍的差异。基线生物累积系数是运用青蟹（*Callinectes sapidus*）（●）、细须石首鱼（*Micropoganias undulatus*）（◆）、侧边底鳉（*Fundulus heteroclitus*）（○）和大鳞油鲱（*Brevoortia patronus*）（◇）测定的

5.4　方法 4：用辛醇-水分配系数与食物链倍增系数推导基线生物累积系数

程序 1 中的方法 4 是运用辛醇-水分配系数和适当的食物链倍增系数来估算基线生物累积系数。在程序 1 中，这一方法仅用于新陈代谢可忽略或未知的非离子性中高疏水性化学物质。在该方法中，假设辛醇-水分配系数与基线生物富集系数相等，因此不需要有机碳和脂质标准化程序。为了解释方法 4 中的生物放大作用，将辛醇-水分配系数与适当的食物链倍增系数相乘。方法 4 运用下列公式计算基线生物累积系数。

$$\text{基线BAF} = K_{ow} \times \text{FCM} \tag{4-5-13}$$

式中：FCM——适当营养级的食物链倍增系数，用线性内插法（表 4-4-6）或合适的野外数据得出；

K_{ow}——正辛醇-水分配系数。

有关选择适当的食物链倍增系数和辛醇-水分配系数的详细信息分别见第 4.4 节和附录 B。

5.4.1　假设与局限性

与方法 4 预测基线生物累积系数相关的若干假设包括：①假设化学物质不被生物代谢，

其辛醇-水分配系数与其基线生物富集系数相等；②假设食物链中化学物质没有发生新陈代谢；③假设包括在食物链倍增系数中，即 $\Pi_{\text{socw}} / K_{\text{ow}} = 23$，混合的底栖和浮游生物食物链以及合适的 Gobas 模型，被直接包括在方法 4 所进行的预测中。下面讨论这些假设和局限性。

方法 4 假设辛醇-水分配系数与化学物质的基线生物富集系数相等。平衡分配理论支持用辛醇-水分配系数来替代基线生物富集系数。该理论假设：①生物富集过程可以看做是化学物质在水生生物脂质和水之间的分配过程，且辛醇-水分配系数是这一分配过程的有用替代；②辛醇-水分配系数与生物富集系数之间存在线性关系。Mackay（1982）提出生物富集分配过程的热力学原理并证明了辛醇-水分配系数作为这一分配过程替代的有效性。理论上讲，基线生物富集系数（BCF 依据化学物质在生物体中的脂质浓度和水中自由溶解态浓度）如果不等于有机化学物质的辛醇-水分配系数，也应当相似。许多研究都提供了支持这一理论的实验数据。正如 Isnard 和 Lambert（1988）所总结的那样，许多研究已证明有机化合物的 $\lg K_{\text{ow}}$ 与暴露于这些化学物质的鱼类和其他水生生物体内所测定的 lg BCF 之间存在线性关系。此外，用脂质标准化的生物富集系数构建回归方程时，斜率和截距分别与 1 和 0 没有明显差异。如 de Wolf 等（1992）将 Mackay（1982）报道的关系式调整为 100%脂质理论（脂质标准化理论）得到了下列关系式。

$$\lg \text{BCF} = 1.00 \lg K_{\text{ow}} + 0.08 \tag{4-5-14}$$

对于 $\lg K_{\text{ow}} > 6.0$ 的化学物质，即使不发生新陈代谢，报道的生物富集系数通常不等于辛醇-水分配系数，因为测定没有在适当的实验条件下进行和/或报道。当所报道的生物富集系数经脂质标准化，确定运用暴露用水中自由溶解态化学物质浓度，校正生长稀释，稳态条件下测定或准确测定化学物质的吸收速率常数（k_1）和清除速率常数（k_2），以及确定在暴露过程中没有溶剂介质时，那么不被代谢的化学物质的生物富集系数等于辛醇-水分配系数。在审查生物富集系数文献时，如果 EPA 不能证实测定的生物富集系数是在合适的条件下测定的，如第 5.3.1 节所描述的那样，EPA 将会运用辛醇-水分配系数作为基线生物富集系数的近似值。

如第 3.1.4 节所述，方法 4 仅适用于 $\lg K_{\text{ow}} \geq 4.0$ 且新陈代谢速率低的非离子性有机化学物质（图 4-3-1）。方法 4 的应用只局限于不发生新陈代谢的化学物质实际上是依据辛醇-水分配系数等于生物富集系数是仅对不发生代谢的化学物质有效的这一假设。在生物富集系数的测定期间，当化学物质被生物代谢时，所测定的生物富集系数会小于辛醇-水分配系数。此外，正如第 4.4 节所讨论的那样，食物链倍增系数也是运用食物链中化学物质不发生新陈代谢作用的假设来计算的。当食物链中化学物质发生新陈代谢作用时，如果运用方法 4，则预测的生物累积系数会比野外测定的生物累积系数大。有关食物链倍增系数所包括的假设的详细信息可参见第 4.4 节。

5.4.2 方法 4 的验证

如第 5.2.6 节所述，Burkhard 等（2003a）验证了方法 2 和方法 4 的预测能力。验证所运用的数据收集自安大略湖、格林湾/福克斯河、哈德逊河以及路易斯安那州地得河口。根据这些数据集，将运用方法 4 预测的基线生物累积系数与野外测定的基线生物累积系数值进行比较。对于格林湾来说，运用方法 4 预测的基线生物累积系数和野外测定的基线生物累积系数值之间通常有较好的一致性，虽然其一致性不如方法 2 好（见第 5.2.5 节和 Burkhard et al.，2003a）。在格林湾，运用方法 4 预测的基线生物累积系数的 59%在测定的基线生物累积系数的 2 倍以内，93%在测定的基线生物累积系数的 5 倍以内（表 4-5-4）。运用格林湾/福克斯河和哈德逊河数据进行的验证详见 Burkhard 等（2003a）。

表 4-5-4 方法 4 的验证统计：预测的基线生物累积系数与测定的基线生物累积系数的比值

地点	方法 4：超过水平与比较统计					
	95%	平均值	中位数	5%	在 2x 内的百分比/%	在 5x 内的百分比/%
格林湾						
1 区	0.32	1.17	0.89	2.75	69.8	98.1
2a 区	0.17	1.17	0.74	3.40	54.6	91.0
2b 区	0.23	1.18	0.83	3.01	61.0	94.9
3a 区	0.33	1.58	1.05	4.71	64.0	94.7
3b 区	0.23	1.35	0.90	4.15	60.5	94.0
4 区	0.15	1.43	0.61	5.28	40.5	82.2
所有区	0.21	1.30	0.84	3.90	58.6	92.7
哈德逊河						
RM 194	0.06	0.16	0.11	0.38	3.6	25.3
RM 189	0.12	0.26	0.20	0.55	9.0	55.0
RM 169	0.10	0.95	0.41	1.89	35.3	76.5
RM 144	0.42	0.72	0.67	1.14	76.5	100
RM 122	0.40	0.70	0.67	1.27	80.0	100
RM 114	0.40	0.78	0.73	1.29	76.9	100
所有测点	0.08	0.50	0.24	1.07	26.3	60.7

RM=河英里。

用方法 4 在哈德逊河不同地点预测的基线生物累积系数的准确性有所不同。通常，预测的基线生物累积系数偏低，这种情况在表 4-5-4 较为明显，其中在所有测点的预测/测定比值的平均值和中位数均小于 1。在哈德逊河 6 个测点中的 3 个（RM 114、122 和 144），预测的和测定的基线生物累积系数之间有很好的一致性（75%以上在 2 倍之内，100%在 5 倍之内，表 4-5-4）。但是，在 RM 169 测点，一致性没有那么好（35%在 2 倍之内，76%

在 5 倍之内）。最后，在 RM 189 和 RM 194 这两个测点，运用方法 4 测定的基线生物累积系数明显偏低。另一方面，对于哈德逊河数据集，运用方法 4 预测的基线生物累积系数相关的变异性通常小于方法 2 预测的生物累积系数相关的变异性（见第 5.2.5 节和 Burkhard et al.，2003a）。

运用方法 4 对 RM 169、RM 189 和 RM 194 测点的基线生物累积系数预测偏低相关的因素可能包括：①运用国家的而不是哈德逊河的条件和参数推导的食物链倍增系数（表 4-4-6）；②运用时间和/或空间未协调的和/或不能代表该生态系统的野外样品；③在由于 1991 年艾伦磨坊大门倒塌的最近经历致使条件迅速改变的生态系统中采样。Burkhard 等（2003a）运用数值分别为 40、13 和 40 的 Π_{socw}/K_{ow} 推导特定地点 RM 169、RM 189 和 RM 194 测点的食物链倍增系数，并与国家值 23 进行了比较（见第 4.4.1 节），评价了在计算食物链倍增系数方面最重要的特定地点参数（即特定地点的 Π_{socw}/K_{ow} 值）的影响（Burkhard，1998）。方法 4 利用特定地点的食物链倍增系数进行的预测仍然太小。将 RM 189 和 RM 194 测点的 Π_{socw}/K_{ow} 值增至 80 或 120，可以导致预测的和测定的基线生物累积系数之间的一致性，可与方法 4 在格林湾所观测到的结果相比（表 4-5-4）。与较大的 Π_{socw} 值有更好的一致性表明样品不能代表生态系统的可能性。然而，1993 年在野外样品采集前 2 年艾伦磨坊大门倒塌（见下文）对河中现有状况大幅度增加了无法解析的不确定性。

大门倒塌事件导致河水中多氯联苯浓度升高（几个数量级）且易变大约 15 个月（QEA，1999），1992—1993 年水中所有同系物的平均浓度大幅度下降。由于艾伦磨坊大门位于本研究中所有测点的上游，这一偶然负荷对上游测点的最大影响是可以观测到的，随着下游距离的增加其影响逐渐减弱。发现一致性随着下游距离的增加变得更好，且符合预期的影响随着下游距离的增加而逐渐减弱。与大门倒塌巧合的是，1991 年阔嘴鲈（及其他鱼类）的脂质含量下降到极低值 0.25%，在 1992 年和 1993 年则分别恢复到 1.0%和 1.5%。虽然脂质含量快速下降的要因尚不清楚，但似乎是由于食物链被严重破坏。运用可以利用的数据无法充分评价大门倒塌、1992 年和 1993 年化学物质浓度迅速下降以及在 RM 189 和 RM 194 测点鱼类的异常脂质含量对运用方法 4 在 RM 189 和 RM 194 测点观测到的偏差的总体重要性。可以推断，RM 189 和 RM 194 测点受到大门倒塌事件的强烈影响，河中的状态是不稳定的（如沉积物-水体的化学物质关系、水中的化学物质浓度以及鱼类脂质含量迅速变化）。在用方法 4 推导食物链倍增系数时，运用食物链中的稳态条件，且随着时间的推移沉积物和水中的化学物质浓度保持不变。RM 189 和 RM 194 测点目前的状况显然违反了后一种假设，即随着时间的推移沉积物和水中化学物质的浓度保持相对稳定。上述某些因素或所有因素包括样品的代表性可能是 RM 169、RM 189 和 RM 194 测点所观测到的偏差形成的原因。运用复杂的与时间相关的食物链生物累积模型，按照方法 4 根据哈德逊河相同的地点在相同的时期的食物链动力学特定地点的数据、特定物种的生物能学以及化学物质的吸收和清除数据进行校正后，也观测到了这些偏差（QEA，1999）。这些结果进一步表明了河中的异常状态。

Burkhard 等（1997）根据从地得河口采集的第 3 营养级鱼类所选定的氯苯、氯丁二烯和六氯乙烷的野外测定的基线生物累积系数对方法 4 的预测性进行了评价。地得河口是一个洼地河道蜿蜒流过受潮水影响的一个微咸淡水沼泽。这个生态系统与五大湖或哈德逊河有很大差异，它对方法 4 在不同生态系统中的适用性提供了有用的论证。因为对方法 4 的这一评价是在《国家生物累积系数方法学》终稿编写之前进行的，其中所运用的是食物链倍增系数和颗粒性有机碳与溶解性有机碳的默认值，而这些值与《国家生物累积系数方法学》（USEPA，2000a）中所运用的数值略微有所差别。Burkhard 等（1997）发现所采集的鱼类和无脊椎动物的预测和测定的基线生物累积系数之间有很好的一致性。总的来说，预测的基线生物累积系数约 90%在测定的基线生物累积系数的 5 倍以内，且预测的基线生物累积系数和测定的基线生物累积系数的比值中位数为 1.64。正如在评价方法 2 时所观察到的那样，运用方法 4 对青蟹（*C. sapidus*）体内的六氯乙烷、*Z*-1,1,2,3,4-五氯-1,3-丁二烯和六氯-1,3-丁二烯预测的基线生物累积系数小于所测定的基线生物累积系数。这类氯代化合物在这一物种中较高的第二阶段新陈代谢活动是预测的和测定的生物累积系数之间的差异的形成原因。

EPA 还对安大略湖生态系统运用方法 4 预测的基线生物累积系数和测定的生物累积系数进行了比较（表 4-5-5）。草食性鱼类和肉食性鱼类的测定和预测的基线生物累积系数之间的平均差异不大，运用方法 4 预测的基线生物累积系数 90%以上在测定的生物累积系数的 5 倍以内。除大胡瓜鱼之外，剩余误差（预测值减去测定值）是均匀分布的。大胡瓜鱼的营养级估算在 3.5 左右，由于它吃较小的草食性鱼类，因此，可以预期的是对这一物种来说用营养级 3 的食物链倍增系数预测的基线生物累积系数略低于测定的生物累积系数。

表 4-5-5 汇总统计：lgK_{ow}超过 4 的化学物质用方法 4 预测的基线生物累积系数对数值与安大略湖测定的基线生物累积系数对数值（Oliver and Niimi，1988）之间的差异

统计值	生物				
	杜父鱼	灰西鲱	小胡瓜鱼	大胡瓜鱼	肉食性鱼类
平均值	≤0.01	≤0.04	0.09	≤0.28	≤0.08
标准差	0.35	0.36	0.37	0.35	0.36
数量	51	49	46	47	57
中位数	≤0.02	≤0.06	0.14	≤0.30	≤0.08
在 2*x* 内	63%	59%	61%	47%	58%
在 5*x* 内	94%	94%	94%	92%	96%
负剩余误差	53%	53%	59%	72%	56%
正剩余误差	47%	47%	41%	28%	44%

如上所述，利用 4 种不同的生态系统的野外数据对方法 4 预测的准确性进行了评价。对于安大略湖、格林湾/福克斯河和地得河口生态系统，方法 4 预测的基线生物累积系数与测定的生物累积系数有很好的一致性。预测的基线生物累积系数 90%以上在测定的基线生

物累积系数的 5 倍以内。在哈德逊河的 3 个采样点，运用方法 4 预测的基线生物累积系数与测定的生物累积系数有很好的一致性，预测值 100%在测定的基线生物累积系数的 5 倍以内。在哈德逊河的另外 3 个采样点，运用方法 4 预测的基线生物累积系数比测定的生物累积系数小得多，但预测值与基于复杂的特定地点与时间相关的食物链生物累积模型的预测值相一致。

总的来说，EPA 认为方法 4 对近期在化学物质负荷或流量方面未经历重大变化或破坏的生态系统可以提供很好的预测。在被调查的所有生态系统中，对于哈德逊河的几个重要因素（如鱼类脂质含量、食物链结构、暴露浓度）所观测到的极端时间动态变化使这一地点成为所有生物累积系数方法学中的严峻考验。事实上，哈德逊河的数据集可能无法满足第 5.1.1 节所规定的从野外数据推导基线生物累积系数的采样和数据质量考虑事项要求。但是，EPA 认为在此地点应用生物累积系数方法是一个有益的经历，它表明了在具有极端时间动态变化的生态系统中运用方法 4 进行有用的预测是可能的。

6 非离子性有机化学物质的国家生物累积系数的推导

运用第 5 章中描述的方法确定所有合适的单个基线生物累积系数之后，就可确定非离子性有机化学物质的国家生物累积系数。本章介绍了国家生物累积系数的推导过程和技术文件。国家生物累积系数和基线生物累积系数之间的区别是重要的，见第 3 章图 4-3-2。明确地说，基线生物累积系数是经过组织的脂质含量和水中化学物质的自由溶解态浓度校正过的生物累积系数。正如第 4 章所解释的那样，这两个因素在影响非离子性有机化学物质的生物累积方面都是重要的。但是，基线生物累积系数不能直接用于确定国家的人体健康环境水质基准，因为其不能反映基准适用地点的目标水生生物的脂质含量和水中化学物质的自由溶解态分数。实际上，基线生物累积系数是经脂质分数“标准化的”且基于自由溶解态化学物质（即以 100%的脂质和 100%的自由溶解态来表示）。此外，基线生物累积系数需要转化为用组织和水中总浓度表示的生物累积系数，以便符合基于水中化学物质总浓度的国家人体健康环境水质基准。

由基线生物累积系数推导国家生物累积系数需要两个步骤：首先，运用第 5 章中所描述的方法计算所有合适的单个基线生物累积系数，确定各营养级的最终基线生物累积系数。确定最终基线生物累积系数的有关指南见第 6.1 节。在选定各营养级的最终基线生物累积系数之后，运用环境水质基准适用地点的水生生物的脂质分数和水中化学物质自由溶解态分数的信息计算各营养级的国家生物累积系数。由最终基线生物累积系数计算国家生物累积系数的公式见式（4-6-1）。

$$国家BAF_{(TL,n)} = [(最终基线BAF)_{TL,n} \cdot (f_l)_{TL,n} + 1] \cdot (f_{fd}) \tag{4-6-1}$$

式中：最终基线BAF——营养级 n 的平均基线生物累积系数；

$(f_l)_{TL,n}$——营养级 n 的水生生物的组织脂质分数；

f_{fd}——化学物质在水中自由溶解态总浓度分数。

EPA 运用各特定营养级脂质分数的国家默认值来推导国家生物累积系数。脂质分数的国家默认值是：营养级 2 为 0.019，营养级 3 为 0.026，营养级 4 为 0.030。

这些国家默认值反映了美国人普遍消费的水生生物脂质分数的消费-权重平均值。EPA 脂质分数国家默认值的技术依据见第 6.2 节。

这里可运用为推导基线生物累积系数（式（4-4-6））而估算化学物质自由溶解态分数的同一公式来估算为推导国家生物累积系数所需的化学物质自由溶解态分数。为了推导国家生物累积系数，EPA 运用溶解性有机碳和颗粒性有机碳的国家默认值来估算美国地表水体中化学物质自由溶解态的代表性分数。溶解性有机碳和颗粒性有机碳的国家默认值是：DOC 2.9 mg/L，POC 0.5 mg/L。

这些国家默认值反映了美国各地分布的水体中溶解性有机碳和颗粒性有机碳估算值的集中趋势。EPA 溶解性有机碳和颗粒性有机碳国家默认值的技术依据见第 6.3 节。

每个营养级的国家生物累积系数确定之后，即运用于《2000 年人体健康方法学》中的式（2-1-1）、式（2-1-2）或式（2-1-3），以推导出国家人体健康的环境水质基准。正如本文件前文所述，组织脂质分数和化学物质的自由溶解态分数是各州和部落可以校正的 2 个参数，以反映当地或区域条件。有关校正国家生物累积系数以反映所食用水生生物的脂质分数以及所关注地点化学物质自由溶解态分数的当地或特定区域值的详细情况，见本技术文件的随后一卷（第 3 卷：特定地点生物累积系数的推导）。

6.1 选择最终基线生物累积系数

在适用的生物累积系数推导程序内采用适当的生物累积系数方法确定了单个基线生物累积系数后，推导非离子性有机化学物质的国家生物累积系数的下一步是为各营养级选择最终基线生物累积系数（第 3 章，图 4-3-2）。如式（4-6-1）所示，最终基线生物累积系数通过调整美国水体预期的代表性的有机碳含量和普遍食用的水生生物的脂质含量而被用于推导国家生物累积系数。从单个基线生物累积系数来确定每个营养级的最终基线生物累积系数本质上涉及一系列数据的集成步骤。首先，对每个生物累积系数推导方法和营养级来说，计算每个物种相应的单个基线生物累积系数平均值，以产生一组“物种-平均基线生物累积系数”。然后，计算相应的物种-平均基线生物累积系数平均值，以产生一组“营养级-平均基线生物累积系数”。最后，从可用的营养级-平均基线生物累积系数中为每个营养级选择或推导一个“最终基线生物累积系数”。虽然概念简单，但计算最终基线生物累积系数的过程涉及最佳专业判断的应用并与其他考虑事项相结合，包括数据优先等级、生物累积系数估算的相对不确定性以及生物累积系数不同方法间的证据效力。确定最终基线生物累积系数的步骤概要见《2000 年人体健康方法学》第 5.4 节。确定最终基线生物累积系数的指南见下文。

6.1.1　各种生物累积系数方法计算物种-平均基线生物累积系数

对每个营养级和生物累积系数方法组合来说，计算可接受的基线生物累积系数的几何平均值作为物种-平均基线生物累积系数。本步骤的图解见图 4-6-1 程序 1 的 4 种生物累积系数方法。程序 1 是适用于中高疏水性且新陈代谢速率可忽略或未知的非离子性有机化学物质的推导程序。程序 1 中的所有 4 种生物累积系数方法均可应用。图 4-6-1 中每个独特的物种-营养级-生物累积系数方法组合“子立方体”可以由多个基线生物累积系数组成（见图 4-6-1 中整个立方体右侧营养级 4 的生物累积系数方法 1、方法 2 和方法 3 的图解说明）。方法 4（辛醇-水分配系数×食物链倍增系数）缺乏物种描述，因为这一方法可以推导出每个营养级的单个基线生物累积系数。这一点可以通过方法 4 每个营养级的单一的“基线生物累积系数柱”而非每个物种的子立方体加以说明。为了图解之目的，从图 4-6-1 可以看出，对于每个适用的生物累积系数方法，营养级 4 中每个子立方体均有一个或多个基线生物累积系数可供利用。实际上，某个生物累积系数方法可能不能得出可接受的基线生物累积系数，或仅对一个或两个营养级可以得出基线生物累积系数。

在计算物种-平均基线生物累积系数时，应认真评价单个基线生物累积系数的质量、变化性和总不确定性。这一评价将为是否从国家生物累积系数的计算中去掉某些基线生物累积系数的决定提供支持。这一评价通常是定性的，因为目前许多化学物质可用的生物累积数据是有限的。不应当运用高度不确定的基线生物累积系数。特定物种的单个基线生物累积系数存在较大的差异（如大于 10 倍）应当进一步研究。不得运用特定物种的某些或全部基线生物累积系数。虽然第 5 章描述的所有程序和质量保证指南均适用于评价基线生物累积系数的质量、变化性和不确定性，但要对特别关注的几个问题进行如下讨论。这些问题包括：

（1）化学物质浓度的时间和空间均衡性；

（2）样品的空间和时间关联性；

（3）化学物质负荷史和稳定状态；

（4）食物链结构的差异；

（5）脂质和有机碳测定的可靠性。

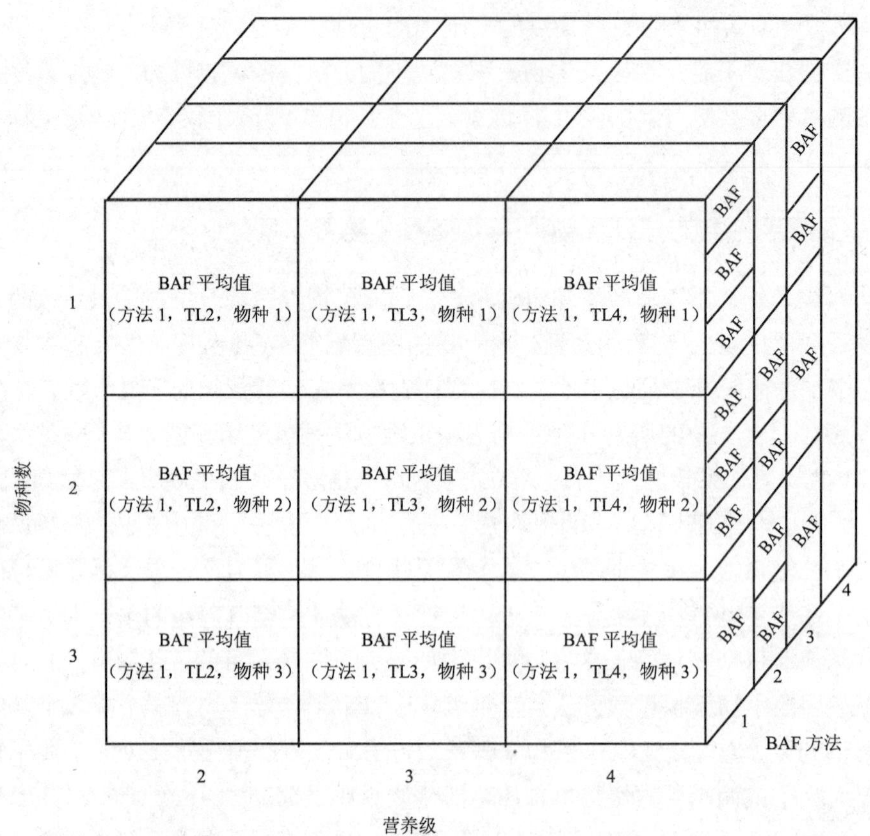

图 4-6-1　按物种、营养级和程序 1 非离子性有机化学物质的生物累积系数方法类型的基线生物累积系数数据集合示意图

6.1.1.1　化学物质浓度的时间和空间均衡性

作为确定基线生物累积系数总体可靠性（或不确定性）的一部分，应当明确地评价用于计算每个基线生物累积系数的化学物质浓度的时间和空间均衡程度。化学物质浓度充分的时间和空间均衡对于从总生物累积系数和生物-沉积物累积系数（即程序 1 中的方法 1 和方法 2）准确地确定基线生物累积系数来说是非常重要的。正如先前所讨论的那样，理想的均衡程度是根据化学物质的性质（如疏水性）和生态系统各相（如水、沉积物和组织）中的化学物质浓度变化而变化。生态系统中化学物质浓度变化性高的高疏水性化学物质比生态系统中化学物质浓度变化性低的低疏水性化学物质需要更大的时间和空间来均衡（见第 1.2 节）。化学物质浓度的空间采样应该尽所有可能覆盖水生物种毗邻的/当地的栖息范围。如图 4-1-1 所示，水中化学物质浓度的变化性不一定与沉积物和生物体内的化学物质浓度的变化性相同，特别是高疏水性化学物质在沉积物和生物体内化学物质浓度与在水中相比其变化性趋向于被抑制的状态。因此，反映稳态条件的基线生物累积系数的准确估算所需要的化学物质浓度的时间均衡程度可能根据环境相的变化而变化。生物累积系数方法

1 和方法 2 推导的基线生物累积系数考虑了水环境中化学物质浓度的测定，因此水中化学物质浓度的变化性可能尤其重要。

在无法很好地描述化学物质浓度的变化特征情况下，可以从生态系统的总体流体动力学和化学物质负荷方式得出某些推论。如河口和河流通常比大型湖泊系统显示出较大的水文波动，所有的其他条件相同时，通常预期在水、沉积物以及可能在生物体内的化学物质浓度有较大的变化性。与较为恒定和均匀的负荷情况（如广阔的地理区域内以相似的量级持续释放，如多氯联苯从安大略湖沉积物中释放）相比，随时间变化很大和/或空间复杂（如不同地点的多个点源）的化学物质负荷也会造成生态系统的化学物质浓度变化性较大。对于新陈代谢速率低的中高疏水性化学物质，极少的或没有经过空间或时间均衡的研究推导出的基线生物累积系数与那些更为均衡的研究得出的基线生物累积系数相比通常可信度较小（不确定性较大），除非浓度的总体变异非常小。环境中持久性不足的中高疏水性化学物质可能需要较小的空间或时间均衡程度，其分布与具有类似疏水性的较高持久性的化学物质相比是有限的。由于快速的吸收和清除动力学，低疏水性（即 $\lg K_{ow} \leqslant 3$）的化学物质在水和组织中的浓度暂时性地趋于平衡。因此，低疏水性化学物质在水和组织中的同期浓度需要较小的时间和空间均衡以得到可靠的生物累积系数。

6.1.1.2　样品的空间与时间关联性

应当评价样品在空间和时间上的关联性以评价准确地代表稳态生物累积的基线生物累积系数的可靠性。根据化学物质和生态系统的特性，由空间或时间上普遍与水样分离的组织样品推导出的总生物累积系数的不确定性可能是非常高的。应当特别关注浓度的地理梯度已知或可疑的情况，因为在这些情况下组织和水样的地理不同时性可能导致总生物累积系数的估算错误或存在偏差。例如，如果水样采集自高浓度暴露梯度的区域（如排放口附近）而鱼类样品采集自低梯度区域（如预期的水中暴露浓度相当低的区域），则由于水中的化学物质相对于组织中的浓度被过高估算而使总生物累积系数的估算可能过低。即使水、沉积物和生物样品在空间上共处于同一地方，当存在很强的化学物质浓度梯度时，生物（如鱼类）的迁移性可能是成问题的。对于新陈代谢不重要的高疏水性化学物质，模型的结果表明鱼类组织样品应该在水样采集时限即将终止时进行采样，以考虑与这些化合物的缓慢累积动力学相关的时间滞后。对于低疏水性化学物质而言，迅速的吸收和清除动力学表明，组织样品和水样在时间和空间上应紧密结合起来以可靠地估算总生物累积系数（即在同样的时间和地点采集鱼类样品和水样）。

6.1.1.3　化学物质负荷史与稳定状态

正如第 4.3 节所讨论的那样，生态系统中化学物质的负荷史与化学物质浓度在水和沉积物之间的不平衡程度（Π_{socw}/K_{ow}）有直接关系。这反过来会影响非离子性有机化学物质的总生物累积系数的数量级（Burkhard et al.，2003b）。此外，若没有足够的时间使组织、水和沉积物浓度接近于稳态，或浓度没有随着合适的空间和时间而均衡时，生态系统的化学物质负荷的迅速变化会导致长期总生物累积系数的估算出现偏差。鱼类体内高疏水性化学物质达到稳态所需要的时间通常比水中低疏水性化学物质达到稳态所需要的时间要更长一些。对于总生物累积系数的测定来说，当运用稳态法对稳定状态进行评估是尤其重要的，因为高疏水性化学物质达到或近似稳态所需要的时间比许多生物累积实验典型的 28 d 实验周期要长很多。因此，当评估给定物种的基线生物累积系数的变化性和不确定性时，应该特别关注化学物质负荷史的差异以及总生物累积系数（或总生物富集系数）反映稳态条件作为可能的解释性因素的可能性。对于高疏水性化学物质（例如 lg K_{ow} 近似或大于 5），化学物质负荷或浓度最近有相当程度变化的生态系统野外测定推导的基线生物累积系数可能会有较大偏差。如果已知或怀疑总生物累积系数值与代表稳态生物累积条件相比偏差相当大，则不应用于计算物种-平均基线生物累积系数。

6.1.1.4　食物链结构

在比较由总生物累积系数或生物-沉积物累积系数推导的基线生物累积系数时，另一个评价因素是相同物种在不同区域（或甚至不同季节）可能存在的食物链结构的差异。尽管没有一个“正确”的食物链结构来判断基线生物累积系数的可接受性，但是食物链结构的差异可能有助于解释给定物种在不同地点的基线生物累积系数所观察到的某些变化。模型预测与野外观测表明食物链结构可能影响生物累积的量级，尤其是高疏水性有机化学物质。虽然给定生物的营养状态（甚至于食物暴露的量级）会由于其年龄、大小和生殖状态的变化而变化，被捕食物种可得性的变化及生存竞争可能直接影响食物暴露。在某些情况下，同一物种大小或龄期不同的个体生物由于捕食偏好和食物的大小或龄期的有关差异可划分为单独的营养级。最后，对于水和沉积物浓度之间存在明显失衡的高疏水性化学物质，模型表明摄取海底食物的物种比摄取浮游食物的同一物种趋向于累积较高的浓度（见第 4.4 节和 Burkhard et al.，2003b）。

6.1.1.5　有机碳与脂质的测定

评估基线生物累积系数的不确定性时，审核有机碳（溶解性有机碳、颗粒性有机碳）和脂质测定的可靠性也是非常重要的。因为这两个参数直接用于由野外或实验室数据推导基线生物累积系数的过程中。预计伴随着时间的流逝，水体中的溶解性有机碳和颗粒性有机碳的浓度会随着降雨活动、季节、流体动力学和流域的许多其他特征的变化而变化。因此，需要随着时间和空间的推移采集足够的溶解性有机碳和颗粒性有机碳浓度样品以便能够代表基线生物累积系数的估算值，采样的程度随着特殊生态系统的变化性和所研究化学物质的疏水性而变化。溶解性有机碳和颗粒性有机碳的分析样品应该与所关注化学物质的分析水样同时采集。对于高疏水性化学物质，用来确定表征长期状态总生物累积系数的化学物质需要较大的时空均衡，在计算研究地点相应的基线生物累积系数时，需对所用的溶解性有机碳和颗粒性有机碳的浓度进行类似的平均。这对高疏水性化学物质尤其重要，因为溶解性有机碳和颗粒性有机碳对这些化学物质的基线生物累积系数计算的影响是最大的（见第 6.3 节）。

估算脂质含量用于推导基线生物累积系数时，应认真审核用于测定给定物种在不同研究之间的脂质含量在提取方法上的差异。如第 4.1 节所述，从组织中提取脂质所用的溶剂极性的不同可能会造成脂质提取量的不同。这样可能导致脂质标准化浓度的变化，并由此因为所用的溶剂系统导致基线生物累积系数的变化。要特别关注在极瘦组织（如＜1%～2%脂质）中脂质和化学物质的溶剂提取效率的差异。在这类组织中，极性较大（或混合的极性/非极性）的溶剂系统会比非极性溶剂系统提取的脂质更多。这种现象被认为是因为与多脂组织相比，较瘦组织中所含的极性脂质分数的比例较大。当使用不同极性的溶剂对脂质含量和目标分析物进行定量时，可能加剧溶剂提取效率的变化（Randall et al.，1998）。因此，基线生物累积系数的某些变化可能归因于用于提取脂质的溶剂系统的差异。排除主要由于提取方法不同而造成的基线生物累积系数差异的某些数据也许是恰当的。

6.1.2　各种生物累积系数方法计算营养级-平均基线生物累积系数

如前所述，计算物种-平均基线生物累积系数之后，确定最终基线生物累积系数的下一步涉及运用每个可能的生物累积系数方法来计算营养级-平均基线生物累积系数。计算出来的营养级-平均基线生物累积系数为该营养级可接受的物种-平均基线生物累积系数的几何平均值。如图 4-6-1 所示，这一计算的结果是图 4-6-1 每个竖列的单独的平均基线生物累积系数。应该计算营养级 2、3 和 4 的营养级-平均基线生物累积系数，因为美国消费者对鱼类和贝类的可用数据表明在这些营养级中的生物消费是值得注意的。应特别关注营养级的划分，因为许多水生生物的营养级划分某种程度上可能是不明确的，特别是由于营养状态实际上是生物的食物随着时间推移而连续变化的而不是非连续的。

6.1.3　选择最终营养级-平均基线生物累积系数

最终基线生物累积系数是从各营养级的营养级-平均基线生物累积系数中选择出来的，选择时要运用最佳专业判断并考虑下列几个方面：

（1）适用于所关注化学物质的数据优先等级；

（2）与基线生物累积系数相关的不确定性；

（3）由不同的生物累积系数推导方法确定的生物累积系数所推荐的证据效力。

每个生物累积系数推导程序的数据优先等级概要见图 4-3-1 和表 4-6-1。它是基于每个生物累积系数方法的相对优点和局限性，并反映野外测定的数据通常优先于实验室或模型的生物累积估算。重要的是，这种优先等级可作为选择最终基线生物累积系数的指南而不是作为一项不变的规则。当对证据的不确定性和效力的考虑表明较低等级的方法更优先于较高等级的方法时，违反这一数据优先等级则是完全恰当的做法。

总的来说，当某个给定营养级可采用多个生物累积系数方法得出营养级-平均基线生物累积系数时，应当按照适用的推导程序的数据优先等级的规定，从最优先的生物累积系数方法中选择出最终营养级-平均基线生物累积系数（图 4-3-1；表 4-6-1）。如果经判断基于较高等级（更优先）方法得出的营养级-平均基线生物累积系数的不确定性远大于较低等级方法的不确定性，且不同方法的证据效力表明较低等级方法得出的生物累积系数值可能是更为准确的，那么该营养级的最终基线生物累积系数应该从较低等级方法中进行选择。

表 4-6-1 非离子性有机化学物质选择最终基线生物累积系数的数据优先等级

生物累积系数推导程序	适用性	数据优先等级
1	K_{ow}≥4，代谢可以忽略或未知	1. 由可接受的总生物累积系数推导基线生物累积系数（方法 1）； 2. 由可接受的生物-沉积物累积系数推导基线生物累积系数（方法 2）； 3. 由可接受的总生物富集系数和食物链倍增系数推导基线生物累积系数（方法 3）； 4. 由可接受的辛醇-水分配系数和食物链倍增系数推导基线生物累积系数（方法 4）
2	K_{ow}≥4，代谢重要	1. 由可接受的总生物累积系数推导基线生物累积系数（方法 1）； 2. 由可接受的生物-沉积物累积系数推导基线生物累积系数（方法 2）； 3. 由可接受的总生物富集系数推导基线生物累积系数（方法 3）
3	K_{ow}<4，代谢可以忽略或未知	1. 由可接受的总生物累积系数（方法 1）或总生物富集系数（方法 3）推导基线生物累积系数； 2. 由可接受的辛醇-水分配系数推导基线生物累积系数（方法 4）
4	K_{ow}<4，代谢重要	1. 由可接受的总生物累积系数（方法 1）或总生物富集系数（方法 3）推导基线生物累积系数

在考虑不同的生物累积系数方法之间的证据效力时，如果某一给定营养级多个方法得到的基线生物累积系数是一致的，则通常认为最终基线生物累积系数具有较大的置信度。但是，不同的方法推导的基线生物累积系数之间缺乏一致性不一定表明置信度较低，如果这种不一致可以被充分地解释。例如，如果所关注的化学物质通过以基线生物累积系数值所代表的水生生物代谢，则可以预计到由总生物累积系数（最高优先数据）推导的基线生物累积系数与由辛醇-水分配系数和模型推导的食物链倍增系数预测出的基线生物累积系数之间存在不一致性。此外，还应该考虑作为营养级-平均基线生物累积系数计算基础的生物累积测定的数量和多样性。因为这与国家生物累积系数试图反映美国地表水体预期的生物累积估算值的集中趋势密切相关。在某些情况下，与较高优先方法非常有限的生物累积系数数据有相关的不确定性可通过给定数据优先等级的其他较低优先方法可利用的较大数量和多样性的数据来补偿。

6.2 普遍食用的鱼类和贝类的国家默认脂质分数的技术依据

本节提供了 EPA 用于推导非离子性有机化学物质的国家生物累积系数所推荐的脂质分数国家默认值的技术依据（营养级 2 的生物为 0.019，营养级 3 的生物为 0.026，营养级 4 的生物为 0.030）。正如式（4-6-1）和图 4-3-2 所表明的那样，需要普遍食用的水生物种的脂质分数，以便将基线生物累积系数（反映在 100%脂质中的分布情况）调整到能够反映美国消费者通常食用的水生生物脂质分数的生物累积系数。有关脂质含量的信息可用于校正非离子性化学物质的生物累积系数，因为已经显示出它能够影响水生生物中生物累积的大小（Mackay，1982；Connolly and Pederson，1988；Thomann，1989）。因此，所食用的水生生物中的脂质含量被认为是描述人体可能暴露于非离子性有机化学物质特征的一个重要因素。

虽然 EPA 利用脂质分数的国家默认值来推导国家人体健康的环境水质基准，但是 EPA 鼓励各州和授权部落在将基准转换成各自的水质标准时运用所食用的水生物种的脂质含量和消费量的地方或区域数据。与全国范围的数据相比，鼓励运用这类地方或区域性推导数据，因为地方或区域对鱼类和贝类（以及与此有关的水生生物脂质含量）的消费模式可能与全国范围的消费模式有所差别。有关制定地方或特定区域脂质分数值（包括许多通常食用的水生生物的脂质分数数据库）的指南参见本技术文件的随后一卷（第 3 卷：特定地点生物累积系数的推导）。不过，EPA 认识到会出现这样的情况，即没有这类地方或区域数据可供利用或者这些数据不足以推导出用于制定州或部落水质标准的脂质分数典型值。在这些情况下，EPA 建议运用脂质分数的国家默认值来推导生物累积系数和水质基准。

6.2.1 脂质含量的变化性

有关设置所食用的水生生物脂质分数的国家默认值方面的一个问题是如何处理物种内和物种间脂质含量的变化性。如湖红点鲑（*Salvelinus namaycush*）（一个众所周知的“多脂”物种）鱼片中的平均脂质百分比据估算大约为 12%。此值大约是白斑狗鱼（*Esox lucius*）鱼片中发现的脂质平均百分比（0.7%）的 18 倍。脂质含量的较大变化也会在一个物种内出现。根据本节下面部分介绍的数据，脂质百分比的变异系数在一个物种之内可能会接近，或者在某些情况下甚至超过 100%，即使是在数据只限定于特定的组织类型的情况下。

若干因素均可导致水生生物脂质含量的变化。其中的许多因素主要是与物种之间或物种之内的生理学、新陈代谢、生物健康状况和摄食生态环境方面的差异相关。因此，这些因素与特定组织中的脂质含量可能随着季节、温度、生殖状况、迁徙方式、采样地点（水体之内和多个水体）、年龄、大小、生命阶段、猎物的可得性以及其他因素的变化而变化。此外，在所有组织类型中特定的水生生物的脂质分布并非均匀，因此导致脂质分数的差异取决于所采集的组织（如鱼片、整个鱼体、肌肉）。最后，用于提取和测定脂质的分析方法之间的差异及相关的分析误差可能导致脂质分数报告值的变化（见第 6.2.2 节）。

为了推导脂质分数的国家默认值，EPA 以几种方式解决了脂质含量变化的问题。第一，只考虑在美国最普通食用的水生物种的数据。美国农业部所开展的个体食物摄入连续调查（简称 CSFII）（USDA，1998）于 1994—1996 年确定了这些物种的身份（本分析当时的最新数据）。第二，数据限定于一个物种内最普遍食用的组织。第三，当有大小信息可用时，数据进一步限定于美国消费者典型食用的水生物种的大小。第四，将每个物种（或物种群）

的脂质分数的个体平均值与美国人适当的消费量进行加权来确定脂质分数的国家默认值。这样，与每个物种相等的简单加权的脂质分数相比，EPA 的脂质分数国家默认值能更好地反映水生生物的国家消费模式。

下列各节介绍了与推导国家默认脂质值相关的数据来源、分析、假设和不确定性等。

6.2.2 数据来源

通过运用三类国家级集合数据来推算脂质分数的国家默认值：

（1）水生生物的全国人均消费量；

（2）所食用的水生生物的脂质分数；

（3）所食用的水生生物的营养状态。

本信息的概要和描述见下文。

6.2.2.1 全国人均鱼类消费量

有关美国消费的水生生物类型和数量方面的信息来自 CSFII（USDA，1998）。此项全国性调查提供了美国每日人均食用鱼类[包括河口、淡水和海水鱼类及贝类(其他食物类型)]的数量的估算值。虽然还有其他区域或地方调查可供利用，但选择了 CSFII，因为它提供了全国性的消费信息，并包括最新数据可供利用。此外，美国农业部的相同调查信息用来推导鱼类消费量的国家默认值，以便制定国家人体健康的环境水质基准。依据同样的鱼类消费调查结果保证了所推导的脂质分数国家默认值与鱼类消费量的国家默认值之间的一致性。

表 4-6-2 显示了 CSFII 中的生境类别、消费种类、人均消费量估算值以及河口和淡水生物消费量每个类别的总分数。对年满 18 岁及以上的个体所食用的淡水和河口水生生物的人均消费量进行了估算。此相同类别的消费者用来计算普通成年人和垂钓者的鱼类消费量的国家默认值[也就是正如《2000 年人体健康方法学》所描述的那样，第 90 百分位总摄取量为 17.5 g/（人·d）]。但是，在 CSFII 调查中没有足够的数据可供利用以便恰当地描述构成第 90 百分位个体的鱼类消费量的模式（相对于鱼类和贝类的总消费量）。因此，此项分析中选择了以人均消费量为代表的消费模式。在计算平均消费量的估算值时，CSFII 调查中有两个消费类别分类为“未知”类（即“未知的鱼类”和“未知的海产品”）。在推导鱼类消费量的国家默认值时采用了相同的方式，这两种“未知”鱼类消费类别的 39%按消费量权重分配到淡水和河口消费类别中。CSFII 调查数据的人均消费量以及鱼类和贝类的栖息地名称等更多细节请参见技术支持文件的暴露评价卷。

由表 4-6-2 可明显看出，不同类别之间所估算的人均消费量变化很大，而且相对较少类别的消费量在淡水和河口生物的总体消费模式中是占有重要地位的。如“虾类”的消费量在淡水和河口生物的人均总消费量估算值中大约占 35%。类似的是，与鲽鱼、鲶鱼（淡水和河口）以及比目鱼类别相应的消费量在淡水和河口生物的总消费量中大约占 30%。为了说明 CSFII 调查中所披露的全国人均消费量不成比例性，按照本节下面部分所描述的那样，在消费量加权的基础上确定了脂质分数的国家默认值。

表 4-6-2　美国农业部个体食物摄入连续调查类别与人均消费量

栖息地	USDA CSFII 消费类别	计算的平均消费量/[g/（人·d）]	淡水与河口消费量的总比例/%
河口	虾	2.654 92	35.4
	鲽鱼	0.734 82	9.8
	鲶鱼（河口）	0.603 35	8.0
	比目鱼（河口）	0.451 73	6.0
	螃蟹（河口）	0.421 11	5.6
	鲈鱼（河口）	0.223 31	3.0
	石首鱼	0.177 92	2.4
	牡蛎	0.174 85	2.3
	鲱鱼	0.164 28	2.2
	鳟鱼（河口）	0.153 05	2.0
	鲑鱼（河口）	0.059 15	0.8
	凤尾鱼	0.058 15	0.8
	岩鱼	0.054 28	0.7
	胭脂鱼	0.045 12	0.6
	蛤（河口）	0.017 32	0.2
	胡瓜鱼（河口）	0.008 80	0.1
	鳗鱼	0.004 66	0.06
	扇贝（河口）	0.001 40	0.02
	虹香鱼（河口）	0.000 76	0.01
	鲟鱼（河口）	0.000 18	0.002
淡水	鲶鱼（淡水）	0.603 35	8.0
	鳟鱼（虹鳟）	0.253 61	3.4
	鲈鱼（淡水）	0.223 31	3.0
	鲤鱼	0.190 71	2.5
	鳟鱼（淡水）	0.153 05	2.0
	梭鱼	0.040 21	0.5
	白鱼（淡水）	0.013 09	0.2
	螯虾	0.010 28	0.1
	蜗牛（淡水）	0.002 07	0.03
	白鲑	0.001 79	0.02
	鲑鱼（淡水）	0.001 18	0.02
	虹香鱼（淡水）	0.000 76	0.01
	鲟鱼（淡水）	0.000 18	0.002
合计		7.502 73	100.0

注：（1）估算值是依据 2 天的平均值，是在 3 年联合调查期间对美国年满 18 岁及以上的 190 931 846 人中的 9 596 人抽样所做的估算。重量是指未烹调过的鱼类和贝类。（2）含有鱼类的食物中的鱼类成分是运用美国农业部的个体食物摄入连续调查营养数据库中的食谱文件夹中的数据计算出来的。（3）数值反映“未知的鱼类”和“未知的海产品”消费量的 39%为淡水和河口类别。（4）数字的位数并不表明其统计学上的重要性。有关个体食物摄入连续调查（CSFII）和栖息地类别的其他信息见第 6.2.2 节和技术支持文件的暴露评价卷。

来源：美国农业部 1994—1996 年个体食物摄入连续调查（USDA，1998）。

6.2.2.2 所食用的水生物种的脂质含量

在审查现有的文献资料时，EPA 无法找到含有所消费的水生生物（淡水和河口）脂质含量信息的单一综合数据库。因此，从各种各样的原始文献和二次文献中得到水生生物脂质分数方面的信息。下列主要来源的脂质数据用于推导脂质分数的国家默认值。

（1）EPA 全国沉积物质量调查数据库（USEPA，2001a）；

（2）EPA 鱼类中化学物质残留全国性调查（USEPA，1992a）；

（3）EPA 格林湾质量平衡研究（USEPA，1992b，1995c）；

（4）美国农业部营养物数据库（Exler，1987）；

（5）美国国家海洋和大气管理局《国家海洋渔业局评论》（Sidwell，1981）；

（6）2 个加州数据库（加州有毒物质监测计划和海湾保护与有毒物质清除计划）。

对某些物种来说当上述来源的数据不够充足时，即查询目标文献资料，运用原始文献的数据。重要的是，在各种数据来源中应注意避免数据重复。如对全国沉积物质量调查脂质数据和哈德逊河各种研究数据的审查发现明显存在大量的重复信息。类似的是，许多文献综述（如美国农业部与美国国家海洋和大气管理局的报告）不得用于某一给定物种，除非明确的是所依据的每个物种的原始文献是唯一的。对这些数据的每个来源的更多讨论见下文。

全国沉积物质量调查。有关脂质含量的数据摘录于 1980—1998 年 EPA 全国沉积物质量调查（National Sediment Quality Survey，NSQS）数据库发行版。有关 NSQS 数据库的描述参见 USEPA（2001a）。NSQS 中所包括的原始来源的数据是 EPA STORET（美国水道参数数据的存储与检索）数据库，近期更名为“遗留数据中心数据库”。STORET 是一个与水道有关的监测数据库，包括来自多个联邦政府和州政府机构的数据。从地理学上讲，摘录自 NSQS 数据库的脂质数据大部分局限于淡水生境中的生物。摘录了 47 000 多个脂质含量的记录，代表了 200 多个物种和分类群体。尽管数据库中所代表的物种数量较大，但脂质数据的数量在各个物种之间的分布并不均匀。如 10 个物种（主要是鲶鱼、鲈鱼和鲑鱼）占总记录数目的 60%。有关脂质含量（如脂质百分率、组织类型）、生物学属性（如通用名、拉丁名和可得到的年龄、重量、长度和性别）以及采样点（如纬度、经度、采样日期、研究者姓名）等方面的数据摘录出来汇集在 MS ACCESS®数据库中。在 NSQS 数据库中没有报告脂质分析方法方面的信息。

鱼类中化学物质残留全国性调查（National Study of Chemical Residues in Fish，NSCRF）。有关水生生物脂质含量的数据摘录自 EPA 鱼类中化学物质残留全国性调查（USEPA）。本项研究包括一次性筛选调查以确定鱼类中选定的生物累积性污染物的现状。样本采集自美国 388 个地点，包括点源和非点源污染源附近的目标地点、预期最低污染源的背景地点以及与美国地质勘探局国家河流水质报告网（National Stream Quality Accounting Network，NASQAN）中对应的几个地点，以便获得全国性的数据。本项研究中具有代表性的物种主要包括在水体底部摄食的鱼类和可垂钓的鱼类物种。鲤鱼是最常见的采样物种，其次是大口黑鲈、白亚口鱼、沟鲶和小口黑鲈。从每个测点采集 3～5 条鱼，用于每个混合样本。对于每个混合样本，得到脂质含量的两个测定值，其中一个来自于二噁英/呋喃的实验，另一个来自于其他外来化合物的实验。两个脂质数值的平均值用来代表脂质数据库中每个样本的数据点。包括地点和采样日期信息以及所采集物种的通用名和采样组织类型（整个鱼体、鱼片）等信息。用己烷和二氯甲烷（1∶1）提取后，按重量分析法测定脂质。

美国农业部（U.S.Department of Agriculture，USDA）。Exler（1987）运用美国农业部营养物数据库中的数据，概括了有鳍鱼类和贝类产品成分方面的信息（包括脂质含量）。这些数据特别有用，因为它们包括其他数据库中少见的河口物种。Exler（1987）所总结的数据来源包括期刊论文、技术报告以及其他科学技术文献（发表的和未发表的）。Exler 未报道有关脂质含量的原始数据，只报道了概要性的统计数字（平均值、标准误差和样本数量）。由于不可能将 Exler（1987）的概要性数据与其他来源的单个记录结合起来且仍保持统计学上的可靠性，Exler（1987）数据专门用于给定物种。组织类型限定于物种的“可食部分”。虽然有各种脂质分数（如饱和、单饱和与多元未饱和脂肪酸，胆固醇）的数据可以运用，只有总脂质数据用于原始（未经处理的）样本。所采用的脂质分析方法的信息未做报道。

国家海洋渔业管理局。美国国家海洋和大气管理局国家海洋渔业管理局有关河口物种脂质含量的数据可参见 Sidwell（1981）的评述。该评述由原始文献来源的数据汇编构成。这些评述中没有具体地点和每个值的个体数量方面的信息。当信息可以使数据加以区分时，数据则局限于在北美洲采集的物种。信息中包括物种的通用名和拉丁名、组织类型和制作方法（如未加工、烹调）。只有注明为新鲜或未加工（或没有制作信息）的样本才用于脂质数据的分析。没有样本的个体数量及其年龄、重量和性别等其他信息。重要的是，对于给定物种，Sidwell（1981）数据未与美国农业部的数据结合运用，因为两种数据均为对原始文献的评述，可能包括冗余数据。国家海洋渔业管理局随后还有一个评述（Kryznowek and Murphy，1987）；然而，这一评述并未运用，因为其数据是按汇总格式介绍的。

加州有毒物质监测计划。脂质数据来自加州水资源管理委员会加州环境保护局主办的有毒物质监测计划（Toxic Substances Monitoring Program，TSMP）数据库，可以通过其网址（www.swrcb.ca.gov）下载。有毒物质监测计划启动于1976年，为全州提供统一的方法，通过鱼类组织和其他水生生物的分析监测淡水以及河口和海洋水域有限范围内的有毒物质。每年采集样本，并在可能的情况下采集由6条鱼组成的混合样。该数据库提供了有关鱼龄、样本采集日期、地点、每个样本的生物数量、重量和长度等方面的信息。所关注物种的大多数样本均为鱼片样本，虽然也有一些整体生物样本。脂质是运用石油醚溶剂通过重量分析法测定的。有毒物质监测计划数据库的完整描述见 Rasmussen（1998）。

海湾保护与有毒物质清除计划。有关脂质含量的相关信息摘自海湾保护与有毒物质清除计划（Bay Protection and Toxic Cleanup Program，BPTCP）的两个小型数据库（见 www.swrcb. ca.gov）。其中一个数据库包括取自旧金山湾的样本，另一个数据库包括旧金山湾和加州其他地点的样本。脂质是运用二氯甲烷作为提取溶剂通过重量分析法测定的。

格林湾质量平衡研究。1989—1990 年格林湾质量平衡研究得出了模拟密歇根湖格林湾几种有毒化学物质（包括多氯联苯）的归趋、迁移和生物累积等方面的综合性数据集。该数据库中含有 6 个代表性物种（大眼狮鲈、褐鳟、鲤鱼、灰西鲱、彩虹胡瓜鱼和真鲹）的脂质含量数据。所有数据均来自整个鱼体组织的混合样本。该数据库中包括采集日期、样本采集海湾区域、鱼龄以及混合样本中鱼的数量等方面的信息。数据检索自格林湾关系数据库，该数据库由 EPA 研究与发展办公室管理。脂质是运用己烷/二氯甲烷（1∶1）提取后通过重量分析法测定的。

6.2.3 数据分析

按照下列步骤计算脂质分数的国家默认值：

（1）去除可疑数据（如重复的记录、极端值）；

（2）将物种划分为 CSFII 消费类别；

（3）去除非典型消费的脂质类型和大小范围的数据；

（4）计算 CSFII 物种的平均脂质分数；

（5）营养级分配到物种与 CSFII 消费类别；

（6）计算每个营养级脂质分数的消费加权值。

对这些步骤进一步作如下说明。

6.2.3.1 去除可疑数据

对来自全国沉积物质量调查（NSQS）数据库的数据进行筛选，以保证数据库中的各项记录至少包括通用名、拉丁名、物种代码、脂质含量、组织类型、样本数据以及采样地点等信息。大多数 NSQS 记录均包括此子集以外的附加信息。反复核对有关通用名、拉丁名和物种代码等方面的记录以保持一致性，对有错误的条目予以更正，如果含糊不清则予以清除。此外，对 1980 年以前收集的数据均从各数据库来源中清除。脂质含量的极端值（如有鳍鱼类零值和大于 35%的数值，湖红点鲑除外）予以清除，以便将可疑异常值对分析造成的影响降低到最小程度。对于湖红点鲑来说，高达 45%的值是可以接受的，因为众所周知这一物种的鱼片脂肪含量很高，实际上很少能达到这一数值。对高极端值的清理所去除的记录极少（即 47 000 多个记录中小于 30 个）。最后，将多个来源的记录进行比较，以识别并去除重复性的记录。

6.2.3.2 将物种划分为 CSFII 消费类别

计算脂质分数国家默认值的下一步是将物种划分为 CSFII 消费类别，如表 4-6-2 所示。这一步骤的目的是为了保持用于确定鱼类和贝类的国家默认消费量以及脂质分数方面数据的一致性。在大多数情况下，CSFII 中的信息并不能确切地说明表 4-6-2 所列出的消费量是由哪些物种代表的。因此，将一个物种划分为 CSFII 类别基于如下几个因素：①物种的分类和公众认知与 CSFII 类别的关系；②物种在美国被捕获（无论是娱乐行为还是商业行为）并被消费的可能性；③物种在其生命周期中至少某一阶段在淡水或河口水域栖息的可能性。来自多个发布源的信息用于帮助确定某一物种是否符合这些标准。由于 CSFII 物种类别中有几个类别在可能包括的物种类别方面较为宽泛，有些物种被划分到多个 CSFII 类别。如鲽鱼既适于划分为河口比目鱼类，也适于划分为鲽鱼类。在这种情况下，适当的记录被包括在两个 CSFII 类别中。不能被明确地划分为 CSFII 消费类别的物种数据则从分析中删除。显而易见，这导致某些在美国普遍消费的但与 CSFII 类别无关的物种（如阔嘴黑鲈和大眼狮鲈）的脂质数据被排除在外。

6.2.3.3　按组织类型和大小范围筛选

正如前文所述，由于所测定的组织类型的不同，脂质含量会有很大的差别。为了推导能够代表人体暴露潜力的脂质分数国家默认值和国家生物累积系数，按照美国人消费最普遍的组织类型进行脂质数据筛选。因为脂质数据的来源多种多样，这些来源所用的组织类型分类术语有所差异，可接受多种普遍消费的组织，这取决于物种和数据的可用性。在脂质分数国家默认值的推导过程中包括各种数据来源所报告的下列组织类型：

（1）有鳍鱼类（凤尾鱼和胡瓜鱼除外）：标准鱼片、鱼片（带皮的，不带皮的，未标明的）、可食部分；

（2）凤尾鱼和胡瓜鱼：整个鱼体；

（3）蛤：整体/未加工的、内收肌；

（4）螃蟹：可食部分、肌肉、标准肉片、肌肉和肝胰腺；

（5）小龙虾、牡蛎、扇贝、虾：可食部分；

（6）蜗牛：整体/未加工的。

6.2.3.4　CSFII 类别中物种的脂质含量

根据上述来源的脂质数据，对 CSFII 消费类别中的每个物种均计算出脂质平均百分比（表 4-6-3）。然后，确定每个 CSFII 类别中所有物种的脂质平均百分比，即单个物种-平均脂质值相对应的平均值。之所以确定脂质含量的平均值是因为国家生物累积系数旨在反映估算值的集中趋势。从理论上讲，如果物种级有充分的国家消费数据可供利用，则每个 CSFII 类别的总平均脂质值可以在消费加权的基础上确定。然而，在全国范围内 CSFII 类别下没有充分的消费数据可供利用。因此，相等权重分配给每个物种的平均脂质值。如有几种鳟鱼（如虹鳟、褐鳟等）的脂质数据可供利用，而 CSFII 中只将鳟鱼作为一组消费量可供利用。因此，所有鳟鱼物种的平均脂质百分比进行平均，并与 CSFII 中的鳟鱼消费量相结合。

6.2.3.5　营养级分配到物种与 CSFII 消费类别

CSFII 中全国鱼类和贝类消费数据（见表 4-6-2）表明，平均来说，个体消费各营养级的水生生物（如第 2 营养级的牡蛎和蛤、第 3 营养级的白鱼和鲱鱼以及第 4 营养级的鲈鱼和鳟鱼）。由于营养状态（尤其是食物成分）会影响水生生物生物累积的程度，所以分别推导每个营养级的国家生物累积系数。同样，由于脂质含量随物种不同而有所变化，所以分别推导每个营养级的脂质分数国家默认值。为了估算营养级-脂质分数的特定值，营养级必需分配给每个 CSFII 消费类别如表 4-6-2 所示。运用这种相同的营养级分配方法来理解每个营养级的鱼类消费量国家默认值（17.5 g/d）（见《2000 年人体健康方法学》。

表 4-6-3　用于推导脂质分数国家默认值的水生生物脂质含量

CSFII 消费类别（栖息地）[a]	通用名	拉丁名	物种平均脂质含量/%	变异系数	观测数量	数据来源[b]	CSFII 平均脂质含量/%
凤尾鱼（河口）	条纹鳀	*Anchoa hepsetus*	2.8	NR	23	1	6.1
	欧洲鳀	*Engraulis encrasicholus*	4.8	0.34	26	2	
	北方鳀	*Engraulis mordax*	10.7	NR	16	1	
鲤鱼（淡水）	鲤鱼	*Cyprinus carpio*	5.4	0.86	2 792	3	5.4
鲶鱼（淡水）	白鲶	*Ameiurus catus*	4.3	0.58	204	3，4，5	2.9
	大头鲶	*Ameiurus melas*	1.1	0.70	113	3，4，5	
	黄色大头鲶	*Ameiurus natalis*	1.4	0.99	95	3，5	
	褐色大头鲶	*Ameiurus nebulosus*	2.6	0.72	988	3，4，5	
	沟鲶	*Ictalurus punctatus*	5.3	0.71	1 427	3，4，5	
鲶鱼（河口）	白鲶	*Ameiurus catus*	4.3	0.58	204	3，4，5	4.0
	褐色大头鲶	*Ameiurus nebulosus*	2.6	0.72	988	3，4，5	
	沟鲶	*Ictalurus punctatus*	5.3	0.71	1 427	3，4，5	
白鲑（淡水）	白鲑	*Coregonus artedii*	1.9	0.65	69	2	1.9
蛤（河口）	硬壳蛤	*Mercenaria mercenaria*	0.7	NR	47	1，6	1.3
	软壳蛤	*Mya arenaria*	1.2	NR	3	1	
	文蛤（日本小帘蛤）	*Tapes*（*venerupis*）*decussatus*	1.2	NR	15	1	
	文蛤（短颈）	*Tapes japonica*	1.8	NR	3	1	
	文蛤（缀绵蛤）	*Tapes philippinarum*	2.6		3	1	
	文蛤	*Venus gallina*	0.9	NR	29	1	
	文蛤（硬）	*Venus lusoria*	0.6	NR	5	1	
螃蟹（河口）	青蟹	*Callinectes sapidus*	1.3	1.19	101	3	1.1
	邓杰内斯蟹	*Cancer magister*	1.0	0.26	24	2	
	雪花蟹	*Chionoectes opilio*	1.2	0.30	6	2	

CSFII 消费类别（栖息地）[a]	通用名	拉丁名	物种平均脂质含量/%	变异系数	观测数量	数据来源[b]	CSFII 平均脂质含量/%
小龙虾（淡水）	小龙虾（混合种）	*Astacus and Orconectes*	1.1	NR	5	2	1.1
石首鱼（河口）	白姑鱼	*Genyonemus lineatus*	4.2	0.88	37	4，5，6，7	3.0
	细须石首鱼	*Micropogonias undulatus*	3.2	0.47	8	2	
	黄鳍短须石首鱼	*Umbrina roncador*	1.8	0.70	3	5	
鳗鱼（河口）	鳗鱼，混合种	*Anguilla* sp.	11.7	0.28	14	2	11.7
鲽鱼（河口）	鲆和比目鱼	*Bothidae and Pleuronectidae*	1.2	0.80	596	2	1.2
比目鱼（河口）	鲆和比目鱼	*Bothidae and Pleuronectidae*	1.2	0.80	596	2	1.2
鲱鱼（河口）	蓝背鲱	*Alosa aestivalis*	7.2	0.45	92	3	10.0
	大西洋鲱	*Clupea harengus*	9.0	0.51	2 524	2	
	太平洋鲱	*Clupea pallasi*	13.9	0.39	128	2	
鲻鱼（淡水）	条纹鲻	*Mugil cephalus*	3.8	0.62	43	2	3.8
牡蛎（河口）	太平洋牡蛎	*Crassostrea gigas*	2.3	0.33	13	2	2.4
	东部牡蛎	*Crassostrea virginica*	2.5	0.56	193	2	
鲈鱼（河口和淡水）	白鲈	*Morone americana*	3.5	0.72	682	3，4	2.3
	黄鲈	*Perca flavescens*	1.0	0.79	841	3，5	
梭子鱼（淡水）	北梭鱼	*Esox lucius*	0.6	1.01	904	3，4	0.7
	大梭鱼	*Esox masquinongy*	1.1	0.87	35	3	
	黑狗鱼	*Esox niger*	0.4	0.74	72	3，4	
岩鱼（河口）	条纹鲈	*Morone saxatilis*	5.3	0.59	7 657	3，4，5，7	3.5
	岩鱼	*Sebastes* sp.	1.6	NR	81	2	
鲑鱼（河口和淡水）	粉红鲑	*Oncorhynchus gorbuscha*	3.5	0.49	144	2	4.7
	狗鲑	*Oncorhynchus keta*	3.8	0.62	13	2	
	银鲑	*Oncorhynchus kistuch*	2.9	0.75	617	3	
	红鲑	*Oncorhynchus nerka*	8.6	0.32	48	2	

CSFII 消费类别（栖息地）[a]	通用名	拉丁名	物种平均脂质含量/%	变异系数	观测数量	数据来源[b]	CSFII 平均脂质含量/%
鲑鱼（河口和淡水）	奇努克鲑	*Oncorhynchus tshawytscha*	3.4	0.93	873	3	
	大西洋鲑	*Salmo salar*	6.3	0.74	7	2	
扇贝（河口）	扇贝，混合种	*Pectinidae*	0.8	0.35	114	2	0.8
虾（河口）	虾，混合种	*Panaeidae and Pandalidae*	1.7	0.39	100	2	1.7
虹香鱼（河口和淡水）	虹香鱼	*Osmerus mordax mordax*	4.1	0.46	130	3，8	4.1
蜗牛（淡水）	蜗牛，混合种	*Vivaparadidae*，*Helixidae*[c]	1.4	0.75	11	1	1.4
鲟鱼（河口和淡水）	湖鲟	*Acipenser fulvescens*	9.4	0.63	51	3	5.4
	白鲟	*Acipenser transmontanus*	1.3	0.67	7	4，5，7	
鳟鱼，混合种（淡水）	虹鳟	*Oncorhynchus mykiss*	5.1	0.67	556	3，4，5	6.0
	切喉鳟	*Salmo clarki clarki*	1.2	0.79	15	3	
	褐鳟	*Salmo trutta*	7.4	0.73	615	3，4，5	
	溪鲑	*Salvelinus fontinalis*	4.0	0.56	96	3，4，5	
	湖鳟	*Salvelinus namaycush*	12.3	0.62	910	3，4，5	
鳟鱼，混合种（河口）	虹鳟	*Oncorhynchus mykiss*	5.1	0.67	556	3，4，5	3.2
	切喉鳟	*Salmo clarki clarki*	1.2	0.79	15	3	
鳟鱼（淡水）[d]	虹鳟	*Oncorhynchus mykiss*	5.1	0.67	556	3，4，5	5.1
白鱼	白鱼，混合种	*Coregonus* sp.	5.9	0.64	68	2	5.9

[a] CSFII 消费类别栖息地分类（淡水、河口）。详情见技术支持文件的暴露评价卷。

[b] 数据来源：1——Sidwell（1981），2——Exler（1987），3——NSI（USEPA，2001a），4——USEPA（1992a），5——CATSMP，6——一次文献，7——BPTCP，8——GBMB。数据来源的说明见第 6.2.2 节。

[c] 除这两个科以外，具体属包括壶螺属（*Ampullaria*）、田螺属（*Vivaparus*）、玛瑙螺属（*Achatina*）、紫螺属（*Murex*）、泰螺属（*Thais*）、橄榄螺属（*Nassa*）和鹈足螺属（*Aporrhais*）。

[d] CSFII 调查信息表明虹鳟适合于“鳟鱼，淡水”分类。

EPA 认识到由于物种的大小、年龄、生活史、季节和水体食物链结构的不同，水生生物的食物成分（及其营养状态）会有所变化。正如第 6.2 节一开始所讨论的推导脂质分数值的情况那样，通常鼓励各州和部落运用地方或区域性信息来估算所消费的水生生物的营养状态，以确定地方或区域基准。之所以鼓励运用这类地方或区域性信息是因为影响营养状态的因素常常基于地方或区域情况而有所变化。

在推导国家环境水质基准时，在没有充足的地方或区域数据可供利用的情况下，对所消费的水生生物的营养状态进行评价是必要的。估算水生生物的营养级位置需要所消费的单个水生物种的名称、大小、年龄和食物等方面的信息。正如前面所讨论的那样，进一步描述表 4-6-2 中每个 CSFII 类别内所消费的物种名称和大小所需要的可供利用的数据非常有限。对于大部分 CSFII 类别来说，信息缺乏并不被认为是一个问题，因为非常明确的营养状态会分配给这些类别（如所有牡蛎均被看做是第 2 营养级）。但是，对于其他 CSFII 类别来说，分配营养级需要做某些假设，这又会产生较大的不确定性。为了有助于评价 CSFII 消费调查中物种所代表的营养状态，EPA 依据一篇题为《选定的食鱼鸟类和哺乳动物的营养级和暴露分析》（USEPA，2000e～g）报告中所概述的信息。虽然集中在食鱼鸟类和哺乳动物，但本报告包括水生食物链中许多物种的食物成分和营养状态方面的信息，其优势在于实际上水生食物链是食鱼类野生生物的食物主要成分。在对 CSFII 消费类别分配营养状态的过程中运用下列程序。

①物种营养级分配。物种营养级分配按下列规定进行：

a. 对于与 CSFII 类别相应的垂钓鱼类，采用的数据是可食用的大小范围（约 20 cm 或更大）。

b. 对于有多个大小范围的物种，在确定物种营养级时优先选择较大的样本。

c. 如果适当的营养级数据范围在 1.6～2.4，则给该物种分配为第 2 营养级；如果营养级数据范围在 2.5～3.4，则为第 3 营养级；如果营养级数据为 3.5 或更大，则为第 4 营养级。这与《五大湖水质倡议指南》（USEPA，1995b）中所采取的做法是一致的。

②CSFII 消费类别营养级分配。当营养级分配给与 CSFII 消费类别相对应的每个物种之后，此信息用于将营养级分配给每个 CSFII 消费类别，按以下规定：

a. 在单一营养级内的大多数物种能代表一个 CSFII 类别的情况下，该营养级分配给 CSFII 类别（如鳟鱼、梭子鱼、胡瓜鱼）。

b. 对于某些 CSFII 消费类别，代表性物种的营养状态跨 2 个营养级。在这种情况下，该类别的消费量在 2 个营养级之间平均划分（如对于鲽鱼来说，50%分配到第 3 营养级，50%分配到第 4 营养级）。这种情况出现在随机性的物种中，如鲽鱼、比目鱼、鲶鱼、石首鱼（在营养级 3 和 4 之间平均划分）以及虾（在营养级 2 和 3 之间平均划分）。

③营养级分配的结果见表 4-6-4。

表 4-6-4 与 CSFII 消费类别对应的水生物种的营养级分配

CSFII 消费类别	通用名	拉丁名	大小	营养级[a]（平均）	营养级[a]（范围）	注释[a]	物种分配的营养级[b]	CSFII 分配的营养级[c]
风尾鱼	海湾凤尾鱼	*Anchoa mitchilli*	成鱼	2.8	—	9%小型无脊椎动物，58%浮游动物，33%有机残渣	3	2（50%） 3（50%）
	北方凤尾鱼	*Engraulis mordax*	—	2.3	2.1～2.5	主要捕食浮游植物和某些浮游动物	2	
鲤鱼	鲤鱼	*Cyprinus carpio*	—	—	2.2～3.1	幼鱼捕食浮游动物，小鲤鱼捕食底栖无脊椎动物和残渣，较大的鲤鱼更喜好食草	3	3
			10～23 cm	3	2.8～3.1	可长到 23 cm，主要捕食底栖无脊椎动物		
			＞ 23 cm	2.4	2.2～2.6	较大的鲤鱼（约＞23 cm）主要食植物和残渣（60%～70%）、底栖无脊椎动物（15%～35%）和某些浮游动物（＜15%）		
鲶鱼	黑色大头鲶	*Ameiurus melas*	—	3	2.9～3.2	似乎终生捕食浮游动物和底栖无脊椎动物。大于 15 cm 的个体可能捕食一些小鱼，但也食植物	3	3（50%） 4（50%）
	蓝鲶鱼	*Ictalurus furcatus*	—	3	—	假设	3	
	褐色大头鲶	*Ameiurus nebulosus*	—	—	2.7～3.3	食物随着大小而变化	3	
			＞10 cm	3.0	2.7～3.2	大于 10 cm 的个体食 20%～30%的植物和 70%～100%的底栖无脊椎动物（穴居蜉蝣，甲壳类片脚动物，摇蚊类）。有些也食小鱼		
	沟鲶	*Ictalurus punctatus*	36～54 cm	—	2.8～4	随年龄变化，可长到 50 cm 以上。三项研究表明它食植物，另一项表明它不食植物	4	
			5～30 cm	3.1	—	主要捕食底栖无脊椎动物（60%～80%）、残渣（10%～15%）和浮游动物（10%～25%）		
			30～35 cm	3.3	3～3.5	捕食鱼类（32%）、底栖无脊椎动物（40%）、浮游动物（12%）和残渣（15%）。有些种群食 25%的藻类		

CSFII 消费类别	通用名	拉丁名	大小	营养级[a]（平均）	营养级[a]（范围）	注释[a]	物种分配的营养级[b]	CSFII 分配的营养级[c]
鲶鱼	沟鲶	*Ictalurus punctatus*	35～45 cm	3.8	3.5～3.9	捕食鱼类（67%）、底栖无脊椎动物（25%）和残渣（8%）。有些种群食 25%的藻类		
			＞ 45 cm	4	4.0～4.2	捕食鱼类（100%）		
	扁大头鲶	*Ictalurus platycephalus*	—	3.2	3～4	可以长到很大，捕食软体动物（主要是蛤）、苔藓虫和蠕虫	4	
	扁头鲶	*Pylodictis olivaris*	—	3.8	—	主要捕食鱼类、小龙虾和软体动物	4	
	黄色大头鲶	*Ictalurus natalis*	30～46 cm	2.6	—	食腐动物，常捕食小鱼、小龙虾、昆虫幼虫、蠕虫和藻类	3	
白鲑	白鲑	*Coregonus artedii*	20～30 cm	3.0	3.0～3.1	主要是食浮游生物，偶尔吃卵和小鱼	3	3
蛤	蛤（普通）	—	—	2.2	2.1～2.4	滤食性动物，食浮游生物、残渣，包括浮游动物	2	2
	硬壳蛤	*Mercenaria* sp.	—	2.2	2.1～2.3	选择性滤食性动物，主要食浮游微型藻类	2	
	软壳蛤	*Mya arenaria*	—	2.2	2.1～2.3	非选择性滤食动物	2	
	马尼拉蛤蜊	*Venerupis japonica*	—	2.2	2.1～2.3	非选择性滤食动物	2	
	陆蛤	*Panopea abrupta*	—	2.2	2.1～2.3	滤食性动物	2	
	宝石文蛤	—	—	2.2	2.1～2.3	滤食性动物	2	
	大西洋蛤	*Rangia cuneata*	—	2.2	2.1～2.3	滤食性动物	2	
	波罗的海白樱蛤	*Maccma balthica*	—	2.2	2.1～2.3	滤食性动物	2	
	小浪蛤	*Mulina lateralis*	—	2.2	2.1～2.3	滤食性动物	2	
螃蟹	青蟹	*Callinectes sapidus*	—	3.2	3.0～3.4	主要捕食双壳类、有机残渣、鱼类、甲壳动物、植物和蠕虫	3	3
	岩蟹	*Cancer* sp.	—	3.3	3.1～3.5	捕食草食性蜗牛、片脚类动物、虾、多毛纲环节动物和海胆	3	
	邓杰内斯蟹	*Cancer magister*	—	3.5～3.7	3.3～4.1	肉食性动物；虾是首选猎物	4	
	石蟹	*Menippe* sp.	—	3.4	3.2～3.7	肉食性动物；主要捕食软体动物	3	

CSFII 消费类别	通用名	拉丁名	大小	营养级[a]（平均）	营养级[a]（范围）	注释[a]	物种分配的营养级[b]	CSFII 分配的营养级[c]
小龙虾	小龙虾	*Astacidae*	—	2.4	2.0～2.7	主要食草、杂食动物；如果有植物可以食用，动物性食物成为食物的次要部分	2	2
石首鱼	白姑鱼	*Genyonemus lineatus*	—	3.4	3.2～3.7	随机性的底栖捕食者，捕食小鱼、鱿鱼、虾、多毛类动物、螃蟹和蛤	3	3（50%） 4（50%）
	细须石首鱼	*Micropogonias undulatus*	—	3.7～4.0	3.3～4.7	随机性的底栖捕食者，主要捕食多毛类动物、桡足类动物、糠虾和小蛤蜊	4	
鳗鱼	美洲鳗	*Anguilla rostrata*	—	3.9	3.7～4.3	食小鱼、灰西鲱仔鱼、鲑鳟鱼苗、虾和螃蟹	4	4
比目鱼和鲽鱼	海湾比目鱼	*Paralichthys albigutta*	—	3.5～3.9	3.3～4.1	牙鲆属，成鱼主要食鱼，但也吃多毛类动物、甲壳类动物、棘皮动物和软体动物	4	3（50%） 4（50%）
	加亚大比目鱼	*Paralichthys californicus*	＞56 cm	3.5	3.3～4.0	捕食风尾鱼和其他小型鱼类	4	
	夏季比目鱼	*Paralichthys dentatus*	—	3.5～3.9	3.3～4.1	见海湾比目鱼	4	
	南方比目鱼	*Paralichthys lethostigma*	—	3.5～3.9	3.3～4.1	见海湾比目鱼	4	
	星突江鲽	*Platichthys stellatus*	—	3.2～3.6	2.7～3.8	主要捕食小型甲壳类动物、多毛类动物、双壳类和棘皮动物，少量鱼类	3	
	冬季比目鱼	*Pseudopleuronectes americanus*	—	3.0～3.6	2.7～3.8	主要捕食底栖多毛类动物、端足类动物、腔肠动物、虾、植物和残渣	3	
鲱鱼	大西洋鲱	*Clupea harengus*	—	3.2	3.1～3.3	主要捕食桡足类动物和磷虾	3	3
	太平洋鲱	*Clupea pallasi*	—	3.2	3.1～3.3	主要捕食桡足类动物和磷虾	3	
鲻鱼	鲻鱼	*Mugil* sp.	—	2.1	2.0～2.3	在水底食草/食腐；捕食某些底栖动物	2	2
牡蛎	美洲牡蛎	*Crassostrea virginica*	—	2.2	2.1～2.3	滤食浮游植物、残渣和细菌	2	2
	太平洋牡蛎	*Crassostrea gigas*	—	2.2	2.1～2.3	滤食浮游植物、残渣和细菌	2	
鲈鱼	银鲈	*Bairdiella chrysoura*	＞8 cm	3.6	3.3～4.2	捕食多毛类动物、虾和软体动物；随着鱼龄增长更偏好食鱼	4	4
	白鲈	*Morone americana*	成鱼	3.6	3.3～4.2	底栖捕食者，随着鱼龄增长更偏好食鱼	4	
	金鲈	*Perca flavescens*	20～30 cm	3.4	3.1～3.8	捕食 10%浮游动物、50%底栖无脊椎动物和34%鱼类（某些种群）；其他种群近 100%鱼类	3	

CSFII 消费类别	通用名	拉丁名	大小	营养级[a]（平均）	营养级[a]（范围）	注释[a]	物种分配的营养级[b]	CSFII 分配的营养级[c]
梭鱼	北方梭鱼	*Esox lucius*	＞10 cm	4	—	主要捕食各种鱼类	4	4
	美洲狗鱼（带纹狗鱼）	*Esox cmericanus*	较大的样本	4	—	较大的样本食用小鱼	4	
岩鱼	条纹鲈	*Morone saxatilis*	＞10 cm	3.9	—	捕食 85%～97%的鱼类	4	4
鲑鱼	粉鲑	*Oncorhynchus gorbuscha*	—	3.8	—	在海洋捕食；捕食磷虾、端足类动物、鱿鱼和桡足类动物	4	4
	银鲑	*Oncorhynchus kistuch*	45～60 cm	4	4.0～4.5	成鱼主要捕食灰西鲱和胡瓜鱼。在密歇根湖可导致较高的营养级灰西鲱捕食糠虾	4	
	红鲑	*Oncorhynchus nerka*	—	4	—	假设大的样本营养级为 4	4	
	奇努克鲑	*Oncorhynchus tshawytscha*	仔鱼	3	—	淡水幼鲑捕食水面上的陆栖昆虫	3	
			成鱼	4	—	海生成鲑主要捕食鱼类、某些端足类动物和其他无脊椎动物	4	
扇贝	海湾扇贝	*Argopecten irradians*	—	2.2	2.1～2.3	小于海洋扇贝的小型捕食者	2	2
	大扇贝	*Placopecten magellanicus*	—	2.2	2.1～2.4	滤食性动物，主要食用藻类，也捕食浮游动物、细菌和碎屑	2	
虾	北部虾	*Pandalus borealis*	—	2.7	2.3～2.9	体大；捕食多毛类动物、桡足类动物、底栖和浮游微生物及藻类	3	2（50%） 3（50%）
	褐虾	*Pandalus aztecus*	—	2.7	2.3～3.0	杂食性动物/食肉动物，捕食多毛类动物、片脚类动物、碎屑及藻类	3	
	粉红虾	*Panaeus duorarum*	—	2.4	2.1～2.9	底栖杂食动物，捕食多毛类动物、其他甲壳类动物、软体动物、藻类以及维管束植物碎屑	2	
	白虾	*Penaeus setiferus*	—	2.3	2.1～2.7	杂食动物，但比其他虾类食用更多的植物	2	
胡瓜鱼	银汉鱼	*Atherinopsis californiensis*	成鱼	2.5	2.2～2.8	杂食动物，食藻类、硅藻、碎屑和小型甲壳动物	3	3
	海公鱼	*Hypomesus pretiosus*	—	3.1	3.0～3.2	主要捕食端足类动物、磷虾、桡足类动物和其他浮游动物	3	

CSFII 消费类别	通用名	拉丁名	大小	营养级[a]（平均）	营养级[a]（范围）	注释[a]	物种分配的营养级[b]	CSFII 分配的营养级[c]
胡瓜鱼	虹香鱼	*Osmerus mordax*	—	3.4	3.2～3.8	捕食磷虾、端足类动物、多毛类动物、植物碎屑和小鱼，包括鲱鱼、青鲈、凤尾鱼和银河鱼	3	
	蜡烛鱼	*Thaleichthys pacificus*	成鱼	3.1	3.0～3.2	主要捕食浮游动物，包括磷虾和桡足类动物	3	
蜗牛	蜗牛	—	—	2	—	大多数蜗牛是严格的食草动物，食用固着生物或其他植物	2	2
鲟鱼	尖吻鲟	*Acipenser medirostris*	＞ 1 m	3.7	3.5～4.0	底栖食肉动物，捕食无脊椎动物和小鱼	4	4
	白鲟	*Acipenser transmontanus*	＞ 1.2 m	3.7	3.5～4.0	成鱼为底栖食肉动物，捕食无脊椎动物，包括虾和双壳类动物。较大的幼鱼和成鱼捕食鱼类，包括蜡烛鱼、凤尾鱼、鲦鱼和胭脂鱼	4	
	湖鲟	*Acipenser rubicundus*	—	—	3～4	能长到 100 磅，成鱼平均重约 40～50 磅；主要在水底捕食，据报道捕食小型腹足类动物、甲壳动物、昆虫幼虫和小鱼	4	
鳟鱼	溪红点鲑	*Salvelinus fontinalis*	10～40 cm	3.2	—	大多数情况下，食物中鱼占 7%～8%，其余主要是底栖无脊椎动物和某些浮游动物	3	4
	切喉鳟	*Salmo clarki*	＜ 40 cm	3	—	捕食无脊椎动物	4	
			＞ 40 cm	3.2	—	变为食鱼性鱼类		
			老年成鱼	4	—	假设是最老的样本		
	花羔红点鲑	*Salvelinus malma*	—	—	3～4	随着鱼龄增长，营养级发生变化	4	
			10～30 cm	3	—	捕食 100%底栖无脊椎动物		
			30～40 cm	3.75	—	捕食 75%鱼类和 17%底栖无脊椎动物		
			＞ 40 cm	4	—	食物 100%为鱼类		
	湖红点鲑	*Salvelinus namaycush*	20～30 cm	3.7	3.5～4.0	主要捕食小鱼（70%）和底栖无脊椎动物（30%）	4	
			30～40 cm	3.9	3.7～4.1	主要捕食鱼类（90%）和某些底栖无脊椎动物（10%）		
			＞40 cm	4.2	4.0～4.5	其食物完全为鱼类；密歇根湖红点鲑捕食灰西鲱，灰西鲱捕食糠虾，糠虾捕食浮游动物		

CSFII 消费类别	通用名	拉丁名	大小	营养级[a]（平均）	营养级[a]（范围）	注释[a]	物种分配的营养级[b]	CSFII 分配的营养级[c]
鳟鱼	虹鳟	*Oncorhynchus mykiss*	< 30 cm	3	—	其食物完全为底栖无脊椎动物或无脊椎动物和浮游动物	4	
			30～50 cm	3.6	—	捕食 35%～90%鱼类、25%～75%底栖无脊椎动物、浮游动物和陆栖昆虫		
			> 50 cm	4	—	食物 100%为鱼类		
白鱼	圆白鲑	*Prosopium cylindraceum*	20～30 cm	3	—	幼鱼可能捕食浮游动物，成鱼主要捕食底栖无脊椎动物	3	3
	山地白鲑	*Prosopium williamsoni*	> 30 cm	3.5	—	捕食较大的无脊椎动物和小鱼	4	

[a] 除另有说明外，有关营养状态的信息来源于 USEPA（2000e～g）。可垂钓的鱼类数据限定于能代表可食用大小范围（即 20 cm 或更大）的样本。

[b] 在确定物种的营养级分配时，优先考虑较大样本的数据。第 4 营养级可分配给营养级为 3.5 或更高的物种；第 3 营养级可分配给营养级为 2.5～3.4 的物种；第 2 营养级可分配给营养级为 1.5～2.4 的物种。

[c] 在确定 CSFII 类别营养级时，采用了最佳专业判断。如鲶鱼的 CSFII 类别包括第 3 营养级的 4 个物种和第 4 营养级的 3 个物种。因此，假设鲶鱼 CSFII 类别消费量的一半（50%）为第 3 营养级，另一半为第 4 营养级。除虾以外，所有其他 CSFII 类别包括的物种是一个营养级专有的或占优势的物种（如鳟鱼、河口比目鱼和胡瓜鱼）。

6.2.3.6 按营养级计算消费加权脂质含量

按下列公式计算每个营养级的国家消费加权平均脂质分数(即脂质分数的国家默认值)。

$$f_1 = \sum \left[\frac{CR_i}{CR_{tot}} \cdot f_{1,i} \right] \qquad (4\text{-}6\text{-}2)$$

式中：f_1——给定营养级所消费的水生生物的国家消费加权平均脂质分数；

CR_i——相同营养级 CSFII 消费类别（i）中物种的人均消费量；

CR_{tot}——相同营养级所有 CSFII 消费类别中物种的人均消费量；

$f_{1,i}$——CSFII 消费类别（i）中物种的平均脂质分数。

运用式（4-6-2），计算了营养级 2、3 和 4 的脂质分数国家默认值，见表 4-6-5。

这些数据是运用下列数据计算的，即表 4-6-2 源自美国农业部 CSFII 的消费量数据（CR_i 和 CR_{tot}）、表 4-6-3 显示的水生物种脂质分数平均值和表 4-6-4 显示的每种 CSFII 消费类别的营养级分配。脂质分数国家默认值的计算如表 4-6-6 所示。

表 4-6-5 脂质分数国家默认值

营养级	国家默认值（百分比）/%
2	1.9
3	2.6
4	3.0

表 4-6-6 消费加权平均脂质分数国家默认值的计算

栖息地	CSFII 消费类别	分配的营养级	营养级权重系数	平均脂质比/%	平均消费量/[g/（人·d）]	营养级加权消费量/[g/（人·d）]	CSFII 类别权重	消费加权脂质比/%
河口	凤尾鱼	2	0.5	6.1	0.058 15	0.029 07	0.018 09	0.110 57
河口	蛤	2	1	1.3	0.017 32	0.017 32	0.010 77	0.013 80
淡水	小龙虾	2	1	1.1	0.010 28	0.010 28	0.006 40	0.006 78
河口	鲻鱼	2	1	3.8	0.045 12	0.045 12	0.028 07	0.106 38
河口	牡蛎	2	1	2.4	0.174 85	0.174 85	0.108 77	0.259 41
河口	扇贝	2	1	0.8	0.001 40	0.001 40	0.000 87	0.000 66
河口	虾	2	0.5	1.7	2.654 92	1.327 46	0.825 75	1.428 55
淡水	蜗牛	2	1	1.4	0.002 07	0.002 07	0.001 29	0.001 81
河口	凤尾鱼	3	0.5	6.1	0.058 15	0.029 07	0.008 44	0.051 62
淡水	鲤鱼	3	1	5.4	0.190 71	0.190 71	0.055 38	0.296 71
河口	鲶鱼	3	0.5	4.0	0.603 35	0.301 68	0.087 61	0.352 92
淡水	鲶鱼	3	0.5	2.9	0.603 35	0.301 68	0.087 61	0.255 41
淡水	白鲑	3	1	1.9	0.001 79	0.001 79	0.000 52	0.000 99
河口	螃蟹	3	1	1.1	0.421 11	0.421 11	0.122 29	0.139 28
河口	石首鱼	3	0.5	3.0	0.177 92	0.088 96	0.025 84	0.078 65
河口	比目鱼	3	0.5	1.2	0.451 73	0.225 86	0.065 59	0.078 06

栖息地	CSFII 消费类别	分配的营养级	营养级权重系数	平均脂质比/%	平均消费量/[g/（人·d）]	营养级加权消费量/[g/（人·d）]	CSFII 类别权重	消费加权脂质比/%
河口	鲽鱼	3	0.5	1.2	0.734 82	0.367 41	0.106 70	0.126 97
河口	鲱鱼	3	1	10.0	0.164 28	0.164 28	0.047 71	0.478 98
河口	虾	3	0.5	1.7	2.654 92	1.327 46	0.385 51	0.666 93
河口	胡瓜鱼	3	1	4.1	0.008 80	0.008 80	0.002 56	0.010 48
河口	虹香鱼	3	1	4.1	0.000 76	0.000 76	0.000 22	0.000 90
淡水	虹香鱼	3	1	4.1	0.000 76	0.000 76	0.000 22	0.000 90
淡水	白鱼	3	1	5.9	0.013 09	0.013 09	0.003 80	0.022 28
河口	鲶鱼	4	0.5	4.0	0.603 35	0.301 68	0.123 05	0.495 66
淡水	鲶鱼	4	0.5	2.9	0.603 35	0.301 68	0.123 05	0.358 71
河口	石首鱼	4	0.5	3.0	0.177 92	0.088 96	0.036 29	0.110 46
河口	鳗鱼	4	1	11.7	0.004 66	0.004 66	0.001 90	0.022 18
河口	比目鱼	4	0.5	1.2	0.451 73	0.225 86	0.092 12	0.109 63
河口	鲽鱼	4	0.5	1.2	0.734 82	0.367 41	0.149 86	0.178 33
河口	鲈鱼	4	1	2.3	0.223 31	0.223 31	0.091 08	0.205 99
淡水	鲈鱼	4	1	2.3	0.223 31	0.223 31	0.091 08	0.205 99
淡水	梭子鱼	4	1	0.7	0.040 21	0.040 21	0.016 40	0.011 90
河口	岩鱼	4	1	3.5	0.054 28	0.054 28	0.022 14	0.076 38
河口	鲑鱼	4	1	4.7	0.059 15	0.059 15	0.024 12	0.114 20
淡水	鲑鱼	4	1	4.7	0.001 18	0.001 18	0.000 48	0.002 27
河口	鲟鱼	4	1	5.3	0.000 18	0.000 18	0.000 07	0.000 39
淡水	鲟鱼	4	1	5.3	0.000 18	0.000 18	0.000 07	0.000 39
淡水	鳟鱼（虹鳟）	4	1	5.1	0.253 61	0.253 61	0.103 44	0.530 28
河口	鳟鱼，混合种	4	1	3.2	0.153 05	0.153 05	0.062 42	0.197 88
淡水	鳟鱼，混合种	4	1	6.0	0.153 05	0.153 05	0.062 42	0.374 25
					营养级	消费量/[g/（人·d）]	权重合计	消费加权平均脂质/%
					2	1.607 57	1.000 00	1.9
					3	3.443 41	1.000 00	2.6
					4	2.451 75	1.000 00	3.0
					合计	7.502 73	—	—

6.2.4 不确定性与灵敏度分析

本节讨论了与前一节所描述的脂质分数国家默认值计算相关的不确定性和灵敏度。其目的是识别当前分析中不确定性的主要来源，并且在可能的情况下，就不确定性对脂质分数国家默认值的影响的可能量级和趋势提供一些见解。通过这种方式，可对脂质默认值的总置信度进行评价（至少定性），并可确定降低这种不确定性的步骤。虽然理想的是能够定量分析每个来源的不确定性，但可供利用的数据和来源无法对不确定性进行完全的定量分析。在本节结尾处提供了对选定来源的不确定性所进行的定量分析。

6.2.4.1 定性分析

鱼类消费量数据的适用性。EPA 对脂质分数国家默认值计算的一个基本部分涉及对美国人所消费的鱼类和贝类的种类和数量作出评价。正如前文所述，有关鱼类和贝类消费的数据来源于 1994—1996 年美国农业部开展的个体食物摄入连续调查（CSFII）（USDA，1998）。许多不确定性是与运用 CSFII 消费数据相关的，在技术支持文件的暴露评价卷中对其中某些不确定性作出了更为详细的描述。首先，从 CSFII 推导的鱼类和贝类的人均消费量是全国范围的。结果，根据 CSFII 制定的全国鱼类和贝类消费模式可能有别于各类人口亚群所代表的消费模式，特别是地方或区域性范围的消费模式。尽管本文未对这种不确定性的大小进行定量，但其对脂质分数国家默认值的影响被认为是双向的（即导致高估或低估适用于地方或区域的脂质分数）。由于 CSFII 消费量对较瘦的水生生物（如虾、鲽鱼、比目鱼）是加权的，可以想象的是，与对脂质分数的过高估算相比，它们可能导致脂质分数国家默认值更大趋向于低估与某些地方和区域消费模式相关的脂质分数。将 CSFII 消费量应用到地方或区域情况下不确定性的大小将取决于地方消费模式与 CSFII 所代表的消费模式的差异程度。

尤为重要的是，地方消费的水生生物的脂质含量与促使 EPA 计算国家脂质默认值所运用的物种（如虾、鲽鱼、比目鱼、鲶鱼）相应的脂质含量差异的程度。有趣的是，五大湖区特定的脂质分数的消费加权值的类比推导得出估算值类似于国家默认值（即营养级 3 为 1.8%，营养级 4 为 3.0%），尽管消费模式方面有相当大的差异（USEPA，1995b）。为了解决消费模式和相关脂质分数的潜在差异相关的不确定性，EPA 建议各州和部落无论何时尽可能地运用有关鱼类和贝类消费方面的地方或区域信息来计算脂质分数值。

鱼类消费量数据的特征。与导致脂质分数国家默认值不确定性的 CSFII 推导的消费量相关的另一个特征是缺乏消费量类别（鳟鱼、比目鱼、鲶鱼）的特征。确切地说，没有物种级（如湖红点鲑、溪红点鲑）的消费量信息可供利用。因此，在 CSFII 消费类别内，假设各物种间的脂质分数权重相等。显然，如果违反这个假设，将把不确定性引入到脂质分数默认值中。

为了说明违反 EPA 各物种脂质值之间相等权重的假设对脂质分数国家默认值所造成的影响，假设在 CSFII 消费类别内具有最高平均脂质值的物种 100%加权，然后假设具有最低平均脂质值的物种 100%加权，分别重新计算脂质分数的默认值。运用具有最低和最高平均脂质值的物种计算的脂质分数值，以及 EPA 脂质分数国家默认值（运用物种平均脂质值计算出来的平均值），见表 4-6-7。

显然这种计算结果表明，对 CSFII 消费类别内有关物种平均脂质值加权迥然不同的假设对脂质分数国家默认值的影响相对较小（即增加或减少＜50%）。但是，这种分析受到 CSFII 一个消费类别内多个物种的脂质数据可用性有限的约束。特别是，在构成总消费量主要部分的消费类别（虾、鲶鱼、鲽鱼、比目鱼）中，只有鲶鱼类别是由多个物种所代表的。因此，本分析可能低估了有关物种平均脂质值权重不同假设的影响。

表 4-6-7　脂质分数国家默认值对各物种不同的权重假设的灵敏度

营养级	采用最低物种平均脂质值计算	采用物种脂质平均值计算[a]	采用最高物种平均脂质值计算
2	1.9	1.9	2.0
3	2.1	2.6	3.1
4	1.8	3.0	4.4

[a] 用于计算脂质分数国家默认值的权重假设。

在 CSFII 推导的鱼类消费量方面模型的不确定性、测定误差及变化性。EPA 脂质分数国家默认值的不确定性的其他来源包括与 CSFII 研究中平均鱼类消费量估算相关的模型不确定性、测定误差及变化性。虽然数据和来源的局限性妨碍了 EPA 对这些不确定性来源的大小和趋势的评价，但讨论其总体特征仍然是有益的。模型不确定性这一术语在此处用于表示源自 CSFII 研究的设计及其应用于环境水质基准推导的不确定性。特别是，CSFII 研究中的鱼类消费量是基于对美国人 2 天饮食回忆的分层随机抽样。在许多情况下，推导环境水质基准的目的是防止化学物质长期（慢性）暴露源（包括鱼类消费）所产生的不利影响。在这些水环境质量基准的应用过程中，在估算鱼类消费量时，如果 2 天期间估算的每日人均消费量偏离长期的“真实的”每日消费量，则引入所谓的模型不确定性。

测定误差这一术语指与实际消费的鱼类和贝类的类型和数量的回忆相关的误差。有趣的是，虽然模型不确定性的先前讨论可能会使人们赞成更长的回忆期（如周、月）的调查设计，但是调查回忆期越长，测定误差就会随之大幅度增加。

最后，人们可以预料到与估算的人均消费量对脂质分数国家默认值推导的影响相关的变化性。这种变化性反映个体之间实际消费的鱼类和贝类的数量与类型的变化情况，个体回忆过去所吃食物的能力差异除外（测定误差）。为了评价这种来源的变化性对消费量默认值的影响，需要对 CSFII 每个类别的人均消费量变化作出某种估算。但是，CSFII 研究方面的局限性妨碍了对 CSFII 类别级的这种变化的准确评价。

与运用 CSFII 研究数据相关的不确定性的更多详细讨论见技术支持文件的暴露评价卷。

营养级划分的不确定性。如表 4-6-4 所示，在普遍消费的水生生物的营养状态方面存在变化性。这种变化性来源归因于多个因素，包括生物的大小和生命阶段、季节、生物的生活史（如迁徙行为）以及食物链结构的空间异质性。EPA 依据有关水生生物营养状态的综合数据（USEPA，2000e～g）计算脂质分数的国家默认值。营养状态的这些综合数据最终四舍五入为标称值（如 1、2、3、4），而事实上生物的营养状态是连续的（如 1.3、2.6、3.7）。如果不同地点所消费的水生生物的营养状态有别于 EPA 对营养状态的评价，则不确定性会被引入到国家脂质默认值的推导过程中。对于某些生物（如蛤、牡蛎、扇贝），营养状态的变化性似乎不大（表 4-6-3），预计对脂质分数默认值的可能影响是最小的。对于其他生物（如凤尾鱼、鲶鱼、石首鱼、比目鱼、鲽鱼和虾），在物种之内和物种之间营养状态存在较大的变化性，部分原因是由于其随机摄取食物的方式。对于这些 CSFII 类别，EPA 将多个营养级之间的消费量均等加权（表 4-6-6）。可能这些更为“随机的”物种在淡水和河口物种的总消费量中占很大一部分。为了评价 EPA 脂质分数国家默认值对选定物种（凤尾鱼、鲶鱼、石首鱼、比目鱼、鲽鱼和虾类别）各营养级相同加权假设的灵敏度，假设 100%的消费量发生在较低营养级，然后再假设 100%的消费量发生在较高营养级，分别重新计算脂质分数的国家默认值。如假设鲶鱼物种所有的消费均发生在第 3 营养级，进行计算，然后再假设发生在第 4 营养级进行计算。灵敏度分析结果如表 4-6-8 所示。

表 4-6-8 脂质分数国家默认值对各营养级不同的权重假设的灵敏度[a]

营养级	假设较低营养级按 100%消费计算	假设较低和较高营养级按 50%消费计算[b]	假设较高营养级按 100%消费计算
2	2.5	1.9	1.9
3	2.3	2.6	2.8
4	2.8	3.0	3.7

[a] 不同的权重假设是针对 CSFII 消费类别的凤尾鱼、鲶鱼、石首鱼、比目鱼、鲽鱼和虾作出的。

[b] 为计算脂质分数的国家默认值而选择的权重假设。

显然从表 4-6-8 可以看出，脂质分数国家默认值对营养状态变化特别大的物种（凤尾鱼、鲶鱼、石首鱼、比目鱼、鲽鱼和虾）的营养状态所作的假设相对来说不够灵敏。

脂质数据的局限性。脂质数据方面的许多局限性导致了脂质分数国家默认值的不确定性。首先，用来计算脂质分数国家默认值的脂质数据最初是为不同的目的、运用不同的方法得出来的。这些数据几乎肯定不能代表对潜在重要的变量（如年龄、组织类型和季节）进行适当分层的水生生物的随机采样。因此，数据集可能包括隐藏性的偏差，在不与真正的随机分层样本进行比较的情况下，对隐藏性的偏差难以进行评价。如在有多个组织类型被消费的情况下（如带皮的鱼片和不带皮的鱼片），某些物种的数据集可能过多地由一个或多个组织类型所代表。其他物种的数据集可能包括某些脂质测定方法的过多运用而导致的偏差。其次，对于许多物种来说，样本量较小（如对蛤、小龙虾、石首鱼、鲟鱼和鲑鱼等某些物种来说，样本量＜10）。通常，这些物种较低的样本量会导致物种脂质分数平均值的置信度较低。在某个特定的 CSFII 消费类别中某些普遍食用的物种可能根本没有被代表，只不过是因为没有脂质数据可供利用。再次，某些 CSFII 消费类别中所代表的物种数量不大或未知。后面这种情况出现在虾、鲽鱼、比目鱼、小龙虾、鳗鱼和白鱼类别中，在这些类别中脂质数据只能以汇总的方式加以运用（如虾的脂质数据按科而非物种类别加以运用）。最后，某些脂质数据的质量（尤其是基于 STORET 的 NSQS 数据）未加以记录，无法直接核实。

6.2.4.2 定量分析

脂质数据的变化性。如表 4-6-3 所示，对于大多数物种来说，可以对物种脂质含量平均值的变化进行估算。变化的多个来源被认为是造成物种脂质含量的可观测变化的原因。在一个物种之内，这些来源包括测定误差、脂质提取与定量方法的差别，举例来说，包括物种的不同组织类型、年龄和大小以及一个物种内个体之间不同的饮食习惯方面的数据。

为了评价脂质含量方面这些及其他来源的变化性如何影响 EPA 脂质分数国家默认值计算的不确定性，运用估算的变化和表 4-6-2 所示的平均值进行了基于概率的不确定性分析。此项分析依据下列几个假设：

①物种脂质含量的平均值和变异系数是根据表 4-6-3 总结的数据确定的。②假设每个物种的脂质含量值是对数正态分布的。这一假设与百分比数据的正偏态（与非负性）是相一致的，并得到所选脂质数据集概率分布的目视检查支持。③在少数情况下（如条纹鳀、北方鳀、岩鱼），没有对平均值的变化进行估算。在这些情况下，假设变异系数等于从相同的 CSFII 消费类别中另一物种的计算值。④对于两个 CSFII 消费类别（蛤、小龙虾），任何物种均没有变化性方面的信息可供利用。因此，假设平均值没有变化。⑤营养级分配和人均消费量保持恒定。⑥假设所有输入分布是相互独立的（即各分布之间并无相关性）。

运用上述信息和支持性假设，并利用计算脂质分数国家默认值的蒙特卡罗模拟法，进行概率的不确定性分析。蒙特卡罗模拟法运用 Crystal Ball® 4.0 版软件（Decisioneering，Inc.，Denver，Colorado）和 Microsoft Excel® 97 电子数据表应用软件。对于模拟的每次迭代，运用每个物种输入分布随机选择的脂质分数值，计算每个营养级脂质分数的消费加权平均值（即脂质分数默认值）。模拟进行了 10 000 次迭代，从而得出每个营养级的脂质分数默认值的分布。重复模拟表明 10 000 次迭代得到了脂质默认平均值和极端百分比的高度稳定估算。

图 4-6-2 和图 4-6-3 显示了蒙特卡罗模拟的结果。图 4-6-2 的 X 轴表示脂质分数（以百分比表示）的默认值，Y 轴表示概率。显然脂质分数的默认值由 3 个不同的但有所重叠的分布组成。为清楚起见，图 4-6-3 以反向累积概率的形式显示了同样的信息。Y 轴显示脂质分数默认值（X 轴）的给定值在数据集中被超过的概率。从图 4-6-3 可以估算出脂质分数默认值超过特定值的可能性。

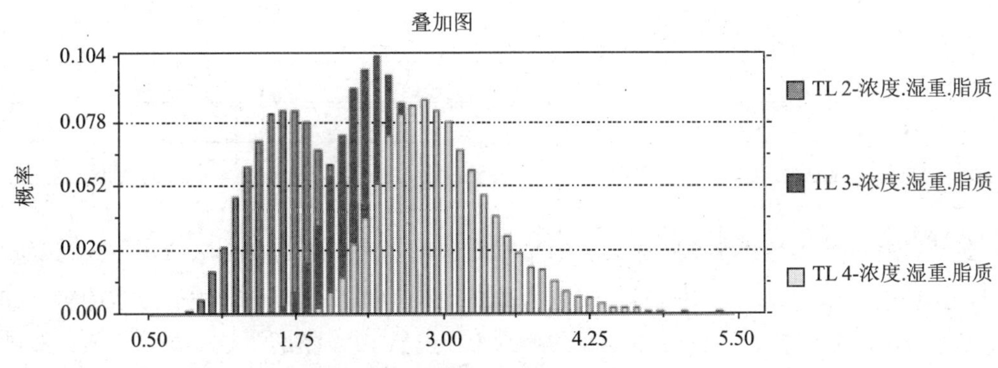

图 4-6-2　脂质分数国家默认值的概率分布（10 000 次迭代）

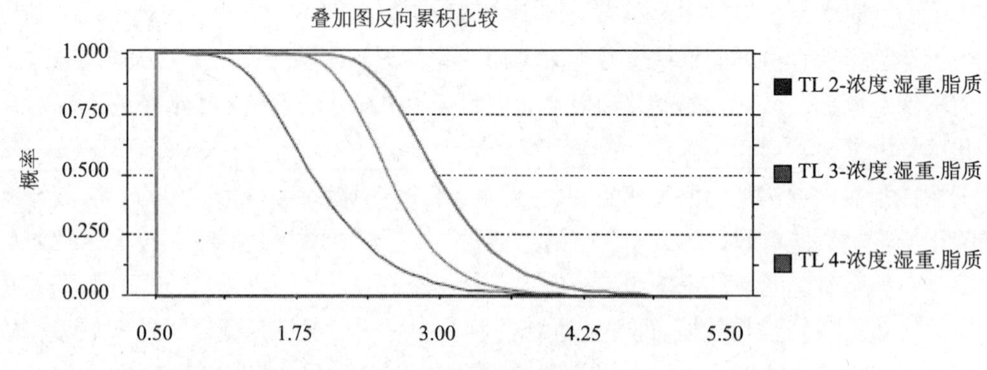

图 4-6-3 脂质分数国家默认值的反向累积比较（10 000 次迭代）

脂质分数默认值输出分布方面的有关描述性统计如表 4-6-9 所示。正如预期的那样，由蒙特卡罗模拟产生的平均值与只运用物种平均值作为输入参数所计算的国家默认值（表 4-6-5）是相同的（达 2 位有效数字）。有关平均值的变化情况，评价第 5 百分位和第 95 百分位之间的分布范围常常是有用的。根据这一测定情况，显然脂质分数平均值的变化性相对较小（系数为 2.5）。对计算的脂质分数默认值最灵敏的输入分布为虾（第 2 营养级）、虾和鲤鱼（第 3 营养级）以及虹鳟（第 4 营养级）。这些输入分布的每一种分布对计算的脂质默认值造成了约 25%或更大的变化。

表 4-6-9 脂质分数国家默认值的蒙特卡罗模拟描述性统计（10 000 次迭代）

统计值/百分位	第 2 营养级	第 3 营养级	第 4 营养级
平均值	1.9	2.6	3.0
中位数	1.8	2.5	2.9
变异系数	0.30	0.17	0.17
第 5 百分位	1.2	2.0	2.3
第 95 百分位	3.0	3.4	3.9
第 95 百分位/第 5 百分位	2.5	1.7	1.7
最小值	0.7	1.4	1.6
最大值	6.1	5.9	6.5

最后，EPA 承认各营养级的脂质分数国家默认值之间（即 1.9、2.6、3.0）存在相似性，且不确定性有些重叠。这一相似性程度可能支持这样的观点，即计算脂质分数的单一的国家默认值，而不是保持在各营养级之间的差别上。虽然 EPA 考虑了这一选项，但最终被否定，而赞成保持各营养级有单独的脂质分数国家默认值。原因如下：首先，保持营养级在脂质分数中的专一性与 EPA 推导国家生物累积系数是一致的，生物累积系数是按营养级 2、3 和 4 分别计算的。正如《2000 年人体健康方法学》（USEPA，2000a）所阐述的那样，推导特定营养级的生物累积系数，以说明可能影响水生食物链中处于不同营养状态的水生生

物的生物累积的因素（如生物放大和广泛的生理学差异，如蛤与鱼之间的差异）。除了与应用特定营养级脂质分数值有关的技术精确性提高以外，保持各营养级的个别差异也为各州和部落提供了校正 EPA 脂质国家默认值的灵活性。特别是可以对一个特定营养级脂质分数值的计算进行校正，而不影响其他营养级的确定值。如某州或部落可能希望增加或减少不同的顶级捕食物种的脂质数据（第 4 营养级），而不改变其他营养级的脂质分数值。因此，EPA 认为特定营养级的脂质分数值的应用不仅可以比单一估算值得到更大的技术精确度，还可以为各州和部落希望对 EPA 脂质分数国家默认值予以校正方面提供更大的灵活性。

6.3 溶解性有机碳和颗粒性有机碳国家默认值的技术依据

本节提供了 EPA 计算美国淡水和河口地表水中溶解性有机碳和颗粒性有机碳浓度国家默认值的技术依据。正如在《国家人体健康环境水质基准方法学》（USEPA，2000a）中所概述的那样，EPA 溶解性有机碳（2.9 mg/L）和颗粒性有机碳（0.5 mg/L）的国家默认值是用来计算非离子性有机化学物质的国家生物累积系数的。有必要运用有关溶解性有机碳和颗粒性有机碳的信息将反映组织中的脂质分数浓度和水中自由溶解态浓度的基线生物累积系数校正为以水和组织中总化学物质表示的国家生物累积系数（第 3 章，图 4-3-2）。国家生物累积系数将反映美国人所消费的鱼类和贝类的脂质含量值与有代表性的美国地表水中溶解性有机碳和颗粒性有机碳有关的化学物质的影响相关联。为了推导国家人体健康环境水质基准，EPA 运用具有代表性的美国地表水中的溶解性有机碳和颗粒性有机碳的国家默认值来计算非离子性有机化学物质的自由溶解分数（见式（4-4-3））。

虽然 EPA 运用溶解性有机碳和颗粒性有机碳的国家默认值来推导非离子性有机化学物质的国家人体健康环境水质基准，但是 EPA 鼓励各州和授权部落在将基准用于各自的水质标准时运用所适用水体的有机碳含量的地方或区域数据。EPA 鼓励在合理推导的地方或区域的溶解性有机碳和颗粒性有机碳数值与国家推导值之间优先运用前者，因为影响溶解性有机碳和颗粒性有机碳浓度的地方或区域条件可能与国家推导值所代表的条件有明显差异。有关确定溶解性有机碳和颗粒性有机碳的地方或特定区域数值的附加指南见本技术支持文件的随后一卷（第 3 卷：特定地点生物累积系数的推导）。但是，EPA 认识到会出现这样的情况，即在推导溶解性有机碳和颗粒性有机碳的地方或区域数值时没有此类地方或区域数据可供利用或此类数据不够充分。在这些情况下，EPA 建议各州和部落在推导用于确定州或部落的水质基准和标准的生物累积系数时运用 EPA 溶解性有机碳和颗粒性有机碳的国家默认值。

下列各节介绍了与 EPA 溶解性有机碳和颗粒性有机碳的国家默认值推导相关的数据来源、分析与不确定性。

6.3.1 数据来源

有关美国地表水中溶解性有机碳和颗粒性有机碳浓度的数据来源于两个数据库：

（1）美国地质调查局（U.S.Geological Survey，USGS）WATSTORE 数据库；

（2）EPA 历史性 STORET 数据库[近期更名为遗留数据中心（Legacy Data Center，LDC）数据库]。

虽然 EPA 历史性 STORET 数据库（以下简称“LDC”，以便与目前 EPA 的命名保持一致）包括来源于 USGS WATSTORE 数据库的数据，但查询表明在 LDC 数据库中包含的 USGS 数据是已过时至少 2 年的数据。因此，非 USGS 数据可以从 LDC 数据库中检索，而 USGS 数据则可以从 WATSTORE 数据库中检索，以便获得全面的数据检索而无重复记录。下面对每个数据库进行更详细的介绍。

（1）WATSTORE 数据库

USGS 开发了 WATSTORE 数据库（国家水数据存储与检索系统）以便存储和检索通过各项活动所收集的水数据。WATSTORE 数据库建立于 1972 年，其目的是为处理和维护通过 USGS 的活动所收集的水数据而提供一个有效的手段，并便于向公众发布数据。系统设置在弗吉尼亚州雷斯顿国家中心 USGS 中央计算机设备上，由相关的文件夹和数据库组成。为检索溶解性有机碳和颗粒性有机碳的数据，查询了水质文件夹。此文件夹含有约 200 万项水样分析，其中记述了地表水和地下水的化学、物理学、生物学和放射性特征。颗粒性有机碳的分析方法采用标准方法#5310D“总有机碳湿式氧化法”（APHA，1995），其中做了两项修订。第一，用银滤器代替玻璃纤维滤器。第二，1997 年增加了超声处理步骤以促进有机碳的完全氧化（USGS，1997；Burkhardt et al.，1999）。为了分析溶解性有机碳，湿式氧化法（标准方法#5310D）也用于过滤的样本，直到约 1983 年。1983 年以后，过硫酸盐紫外氧化法（标准方法#5310C）用于过滤的样本，其中包括运用紫外辐射来减少加热/消解的步骤（APHA，1995；Kammer，2000）。

（2）LDC 数据库

EPA LDC 数据库是一个与水道相关的监测数据库，它包括由联邦、州和地方机构、印第安部落、志愿者小组和专业学者等收集的数据。该数据库包括美国 50 个州、地区和管辖区以及加拿大和墨西哥部分地方的数据。本分析中运用的数据库称为历史的或“旧的”STORET 数据库，但近期已经更名为“遗留数据中心（LDC）数据库”。LDC 数据库包括历史上的水质数据，可以追溯到 20 世纪初，收集数据的时间截止到 1998 年年底。该数据库包括地表水和地下水的原始生物学数据和理化数据。每个样本的结果均附有下列信息：采样地点（纬度、经度、州、县、水文单位代码和地点简要说明）、采样时间、采样介质（如水、沉积物、鱼类组织）以及实施监测的机构名称。LDC 数据库中没有用来量化溶解性有机碳和颗粒性有机碳的分析方法信息可用。虽然 1999 年启动了较新版的 STORET 数据库，其中含有本信息和其他质量保证/质量控制信息，但在此次检索时该数据库仍没有充足的数据可供利用（如新的 STORET 数据库含有自 1999 年开始收集的数据以及来自 LDC 数据库的经选择并备有适当的证明文件的较早数据）。

6.3.2 数据检索与筛选

2000 年 1 月对 LDC 和 WATSTORE 数据库的数据进行了检索，并合并成为一个单独的关系数据库。起初，自 1970 年开始检索一直持续到近年（1999 年的 WATSTORE 数据库，1998 年的 LDC 数据库），检索到大约 80 万条记录含有颗粒性有机碳、溶解性有机碳或总有机碳的数据可供利用。此项检索局限于从地表环境水体采集的样本（即不包括从水井、泉水、废水和其他非环境来源采集的样本）。此外，此次初始检索包括颗粒性有机碳和溶解性有机碳测定的多种类型，以保证初始数据检索具有充分的综合性。

这些数据检索出来之后，将这两个数据检索合并为一个单独的数据库。然后采取了许多步骤来处理和筛选溶解性有机碳和颗粒性有机碳的数据，以便使最适当的数据保留下来用于计算国家默认值。这些处理和筛选步骤概述如下：

（1）有机碳参数。下列参数编码保留在数据库中：00680（总有机碳）；00681（溶解性有机碳）；00684（溶解性有机碳-Whatman GF/F）；00689（悬浮性有机碳）；80102（颗粒性有机碳）。所有单位均以 mg/L（以 C 计）表示。

（2）不确定的数值。以下列方式编码表示测定的不确定性的数值即从数据库中删除。如编码为“估算值”、“在空白和样本中检出的分析物”、“超过正常保留时间的样本”、“已知实际值为较大的报告值”以及类似此类指标的数值均被删除。

（3）水体和监测点类型。数据库更多地限定于下列水体类型：河口、湖泊、水库和溪流（包括河流）。本步骤不包括其他“环境”地表水类型，如海洋、淡水湿地和水渠。监测点类型只限定于编码为“环境”的类型。本步骤不包括所谓的专业的监测点（即专用于特殊目的如暴雨径流、生物和沉积物监测的监测点）。

（4）采样期。虽然初始检索包括可追溯到 1970 年的数据，但最终数据库的时间期限限定在 1980—1999 年。之所以去除 1980 年以前的数据，是因为用这些数据来代表目前可能影响地表水（如二次处理的废水）中的有机碳浓度的条件，则不确定性较大。

（5）检测限。据报告，颗粒性有机碳和溶解性有机碳的某些值低于分析检测限。在这种情况下，假定该值为所报告的检测限的 半。从数据库中删除有“高”检测限的数值（例如，溶解性有机碳＞1.0 mg/L，颗粒性有机碳＞0.2 mg/L），这是因为在这些情况下与估算确定的溶解性有机碳和颗粒性有机碳数值相关的不确定性较大。

（6）计算值。审核这些数据明显可以看出，相当大一部分样本含有溶解性有机碳和总有机碳的数值，但不含颗粒性有机碳的数值。通过从某一给定样本确定的总有机碳浓度减去溶解性有机碳浓度来确定颗粒性有机碳浓度，这种方式显然并不少见。在这些情况下，所关注的参数（颗粒性有机碳或溶解性有机碳）通过另外两个测定值的差值来计算（即 POC＝TOC－DOC；DOC＝TOC－POC）。只运用来自相同样本的数据进行此项计算，以避免在计算颗粒性有机碳值的过程中产生误差。最终结果是数据库中颗粒性有机碳值中大约 40%是通过差值确定的。相反的情况（即有总有机碳和颗粒性有机碳的数值，但没有溶解性有机碳的数值）很少存在，导致溶解性有机碳总样本中仅有 0.4%是通过差值确定的。

（7）极端值。作为最后一项质量控制步骤，对累积概率分布极高端的溶解性有机碳和颗粒性有机碳进行审查，以审查其与所报告的美国自然地表水中极端值的一致性情况。LDC 数据库中的一小部分溶解性有机碳和颗粒性有机碳浓度超过了所报告的美国水体中溶解性有机碳和颗粒性有机碳浓度所代表的浓度上限（即溶解性有机碳浓度中 0.2%超过 60 mg/L，颗粒性有机碳浓度中 0.6%超过 30 mg/L）。这些极端值基于 Thurman（1985）对有机碳数据的审核，他所报告的溶解性有机碳浓度的极端值在寡营养湖泊中高达 50 mg/L，在支流排水湿地系统中则高达 60 mg/L。颗粒性有机碳浓度在 1～30 mg/L 的占世界河流水系的 99%，是所报告的美国河流中颗粒性有机碳浓度的上限（依据 Thurman 的审核，1985）。

对极端值的评价发现颗粒性有机碳的某些“负”值（如颗粒性有机碳数值总数中大约 7%）。这些数值的出现几乎全部是通过差值计算颗粒性有机碳数值的人为现象[见上述（6）]和测定误差对这一过程的影响。例如，如果总有机碳和溶解性有机碳均接近分析检测限或大小非常相近，那么所报告的溶解性有机碳数值偶尔略高于作为测定误差的结果的那些总有机碳则并不令人惊奇。绝大多数负值相对接近于零（即在–1～0 mg/L）。

为了解决所关注的极端值对溶解性有机碳和颗粒性有机碳国家默认值计算的影响，删除各自分布中的极端值。特别是，从数据库中删除了溶解性有机碳大于 60 mg/L 的数值和颗粒性有机碳大于 30 mg/L 的数值。这些值分别代表溶解性有机碳和颗粒性有机碳分布累积百分位的 99.8%和 99.4%。为了避免删除分布的一侧而使溶解性有机碳和颗粒性有机碳的中位数出现偏离，同时也分别删除了 0.2%和 0.6%的较低溶解性有机碳和颗粒性有机碳数值。这种删除颗粒性有机碳分布界限低端的做法部分而非全部地消除了“负”颗粒性有机碳数值的影响。

6.3.3 结果

运用上述筛选的数据库计算的溶解性有机碳和颗粒性有机碳的国家默认值分别为 2.9 mg/L 和 0.5 mg/L。这些值代表美国淡水和河口地表水中对溶解性有机碳约 110 000 次测定和颗粒性有机碳约 86 000 次测定的中位数（第 50 百分位）。数据库中含有所有 50 个州的数据。EPA 选定溶解性有机碳和颗粒性有机碳的中位数作为国家默认值，以便与国家生物累积系数的目标（即集中趋势估算值）相一致。

除特定水体类型值以外，表 4-6-10 显示了与溶解性有机碳和颗粒性有机碳中位数相关的描述性统计。显然从表 4-6-10 可以看出，溶解性有机碳和颗粒性有机碳的浓度变化相对较大。如平均值的变异系数均大于 100%，在某些情况下接近或等于 200%。第 95 百分位至第 5 百分位数值的比例范围为 5～30 倍，这取决于水体类型和参数。鉴于数据库所表现的时空高度异质性，这种变化并不意外。水体类型（湖泊、溪流、河口）对溶解性有机碳和颗粒性有机碳分布有一定的影响，这一点也很明显。如标明为“溪流/河流”的样本中溶解性有机碳和颗粒性有机碳的中位数几乎是标明为“湖泊”样本的 2 倍。这种差异或许与溪流和湖泊不同的水文、生物地球化学和流域特性有关。鉴于美国地表水中溶解性有机碳和颗粒性有机碳浓度的较高变化性，EPA 建议各州和部落在有充足数据可供利用的情况下通过运用地方或区域数据来考虑推导适当的溶解性有机碳和颗粒性有机碳数值。但是，为了推导国家环境水质基准，当各州和部落缺乏充足的地方或区域数据时，EPA 建议运用溶解性有机碳和颗粒性有机碳的国家默认值。

表 4-6-10 美国淡水和河口地表水中颗粒性有机碳和溶解性有机碳的国家默认值

统计值	DOC/（mg/L）				POC/（mg/L）			
	所有类型	溪流/河流	湖泊/水库	河口	所有类型	溪流/河流	湖泊/水库	河口
中位数	2.9	3.8	2.1	2.7	0.5	0.6	0.3	0.9
平均值	4.6	5.6	2.9	3.4	1.0	1.3	0.5	1.2
标准差	5.1	5.9	3.0	2.6	2.0	2.5	1.0	1.8
变异系数/%	111	105	103	76	200	192	200	150
n	111 059	69 589	25 704	15 766	86 540	48 238	23 483	14 819
第 5 百分位	0.8	0.7	1.0	1.7	0[a]	0[a]	0.08	0.1
第 10 百分位	1.2	1.0	1.4	2.0	0	0[a]	0.1	0.3
第 25 百分位	2.0	2.1	1.8	2.3	0.2	0.2	0.2	0.5
第 75 百分位	5.4	6.9	2.6	3.2	1.1	1.4	0.5	1.4
第 90 百分位	9.7	11.6	5.0	5.0	2.3	3.1	0.8	2.2
第 95 百分位	14	16.5	7.8	9.0	3.9	5	1.3	3.0
第 95 百分位/第 5 百分位	17.5	23.6	7.8	5.3	—	—	16.3	30.0

[a] 由于测定误差，计算值小于零，见第 6.3.2 节的说明。

来源：EPALDC 和 USGS WATSTORE 数据库。数据检索：2000 年 1 月；见第 6.3.1 节和第 6.3.2 节的说明。

6.3.4 国家默认值的不确定性/局限性

本节描述了在确定国家人体健康环境水质基准时与 EPA 推导溶解性有机碳和颗粒性有机碳的国家默认值相关的不确定性的来源。本次不确定性的讨论并非详尽也并非完全是定量的。相反，本次集中讨论有可能对溶解性有机碳和颗粒性有机碳国家默认值的推导和应用产生最大影响的不确定性来源。下面按其特征将不确定性来源分为下列几类：①采样偏差；②测定误差；③溶解性有机碳和颗粒性有机碳浓度的自然变化性。

（1）采样偏差

溶解性有机碳和颗粒性有机碳国家默认值是为了反映美国地表水中溶解性有机碳和颗粒性有机碳浓度的集中趋势估算值。在理想的情况下，用于得出这些数值的数据应当是来自美国地表水的随机样本，而且应当适当分层且通过预计影响水生生态系统（如水体类型、水文与流域特征、生态区和季节）中有机碳浓度的时空因子进行加权。但是，这种类型的数据库在全国范围内并不存在。因此，EPA 依据 USGS WATSTORE 数据库和 EPA LDC 数据库来计算溶解性有机碳和颗粒性有机碳的国家默认值。这些数据库的优点是含有大量的记录（有 110 000 多个溶解性有机碳数值和 86 000 多个颗粒性有机碳数值）、含有全部 50 个州的溶解性有机碳和颗粒性有机碳的代表值以及相当长的期间所收集的数据（与本次分析有关的 1980—1999 年的数据）。

WATSTORE 和 LDC 数据库的一个重大局限性是实际上它们并不能反映美国地表水的随机样本（即由于采样设计不同而可能产生偏差）。如数据库中溶解性有机碳和颗粒性有机碳数值中大约一半是采自马里兰州、纽约州、俄亥俄州、佛罗里达州和特拉华州。因此，某些州所代表的比例不均衡，即使考虑到每个州内可能有相当面积的地表水区域。此外，这些数据库中的有机碳数据在计算国家默认值（中位数）之前未以任何方式进行加权或合计。鉴于基础数据方面可能存在的这些偏差，因此解决好下列明显的问题是非常重要的：EPA 溶解性有机碳和颗粒性有机碳的国家默认值如何能很好地代表全美国的平均状况？

为了处理采样偏差的问题及其对 EPA 溶解性有机碳和颗粒性有机碳国家默认值的代表性的影响，运用 WATSTORE/LDC 数据库进行了两种类型比较。首先，将国家默认值与从相关科学文献的自由评论中获得的溶解性有机碳和颗粒性有机碳的集中趋势估算值进行了比较。通过比较得出了国家默认值与文献描述的预期值可比性的定性评价。第二项比较在设计上更为定量，包括 WATSTORE/LDC 数据库独特的地理子集与 EPA 环境监测与评价计划（Enviroment Nonitoring and Assessment Program，EMAP）所得数据的类似地理子集的比较。EMAP 数据库中所包括的数据是通过分层的随机抽样设计而进行抽样的，这将抽样设计方面的偏差对数据统计分布所产生的影响降低至最小。对每项比较描述如下。

与文献数据的比较。Thurman（1985）审阅了全球地表水中溶解性有机碳和颗粒性有机碳浓度的文献资料。发现地表水中的溶解性有机碳和颗粒性有机碳的浓度随着水体类型、营养状态（湖泊）、气候、流域大小和植被以及季节等因素而变化。特别是，Thurman（1985）报告某些原始状态溪流中溶解性有机碳的平均值范围在 1～3 mg/L，而河流和湖泊中的平均值范围通常在 2～10 mg/L。据报告，河口中溶解性有机碳浓度范围在涨潮极限时最高（即基本上与河流中的溶解性有机碳浓度相当），而在与海水稀释完成时变得最低（即平均大约为 1 mg/L）。对于沼泽、湿地和泥沼，据报告溶解性有机碳浓度范围在 10～30 mg/L。据报告湖泊中颗粒性有机碳浓度范围大约在 0.1～1.0 mg/L，而小溪中浓度范围在 0.1～0.3 mg/L，或者说大约为溶解性有机碳浓度的 10%。最后，据报告，河流中颗粒性有机碳浓度大约为溶解性有机碳浓度的一半（即 1～5 mg/L），尽管在最大河流高流量期间颗粒性有机碳浓度可能等同于溶解性有机碳浓度。虽然 Thurman（1985）所报告的溶解性有机碳和颗粒性有机碳浓度范围包括除美国之外的地表水，但是根据 Thurman（1985）所总结的美国特有的数据，它们似乎也能代表美国地表水的特点。

尽管 EPA 溶解性有机碳和颗粒性有机碳数据库可能在样本偏差方面存在上述局限性，但是 EPA 溶解性有机碳（2.9 mg/L）和颗粒性有机碳（0.5 mg/L）的国家默认值与 Thurman（1985）所总结的溶解性有机碳和颗粒性有机碳浓度范围相一致。此项比较表明 EPA 溶解性有机碳和颗粒性有机碳国家默认值在代表美国河流、溪流、湖泊和河口中发现的典型有机碳浓度方面是合理的。在湿地（沼泽）方面，由于其在溶解性有机碳和颗粒性有机碳数据库中的代表性较差，国家默认值有可能严重低估这些系统中的溶解性有机碳和颗粒性有机碳的浓度。对国家生物累积系数的这种低估的影响将随着化学物质的辛醇-水分配系数的不同而有所变化（见下文“溶解性有机碳和颗粒性有机碳浓度的自然变化性”）。对于某些高疏水性有机化学物质，这种低估可能导致对这些系统的环境水质基准的保守估算（即环境水质基准低于必要的基准），这是因为有可能高估生物有效性分数和国家生物累积系数。

与 EMAP 数据的比较。EPA 环境监测与评价计划（EMAP）得到的数据是基于分层随机抽样方案，旨在将样本偏差对数据的影响降低至最小，并使基于统计的外推法用于各地理区域（Herlihy et al.，2000）。但是，当前 EMAP 数据库包括溶解性有机碳的测定值（但不包括颗粒性有机碳的测定值），并局限于较小的地理范围和特定的水体类型。因此，将 EMAP 1997—1998 年对大西洋中部溪流与河流的溶解性有机碳的样本数据（http：//www.epa.gov/emap/html/dataI/surfwatr/data）与 WATSTORE/LDC 数据库中类似的地理子集进行比较。之所以选择大西洋中部 EMAP 数据库，是因为有关河流和溪流中的溶解性有机碳有充足的数据可供利用，以便在州和生态区水平上进行有意义的比较。同样，大西洋中部地区在 WATSTORE/LDC 数据库中还具有很好的代表性。

图 4-6-4 显示 EMAP 大西洋中部数据库中所含有的溶解性有机碳累积频数分布（上部）与宾夕法尼亚州、弗吉尼亚州和西弗吉尼亚州河流和溪流的 WATSTORE/LDC 数据库（下部）。对大西洋中部生态区（皮德蒙特高原、岭谷地区、阿巴拉契亚山脉中部、阿利根尼高原西部；图 4-6-5）进行了类似的比较。描述性统计见表 4-6-11 和表 4-6-12。从这两组比较，明显可以看出 WATSTORE/LDC 和 EMAP 数据之间的一致性在分布的中部至下尾部最佳，而在分布的较高端最差。在分布的下尾部（如第 10 百分位、第 25 百分位），WATSTORE/LDC 溶解性有机碳数据通常在 EMAP 数据的 30%以内（生态区 70 是唯一的例外）。WATSTORE/LDC 数据中的溶解性有机碳中位数与 EMAP 数据的中位数相比略高一些，但通常在 1.5 倍以内（生态区 47 和生态区 70 大约为 2 倍以上）。对于在第 75 百分位和第 90 百分位所进行的大多数比较，WATSTORE/LDC 溶解性有机碳值比 EMAP 数据相应百分比大约大 2 倍。这种结果是可以预料的，因为与 EMAP 采样地点相比而言，WATSTORE/LDC 采样点更多集中在较大的河流和溪流水系以及受人为影响较大的区域。

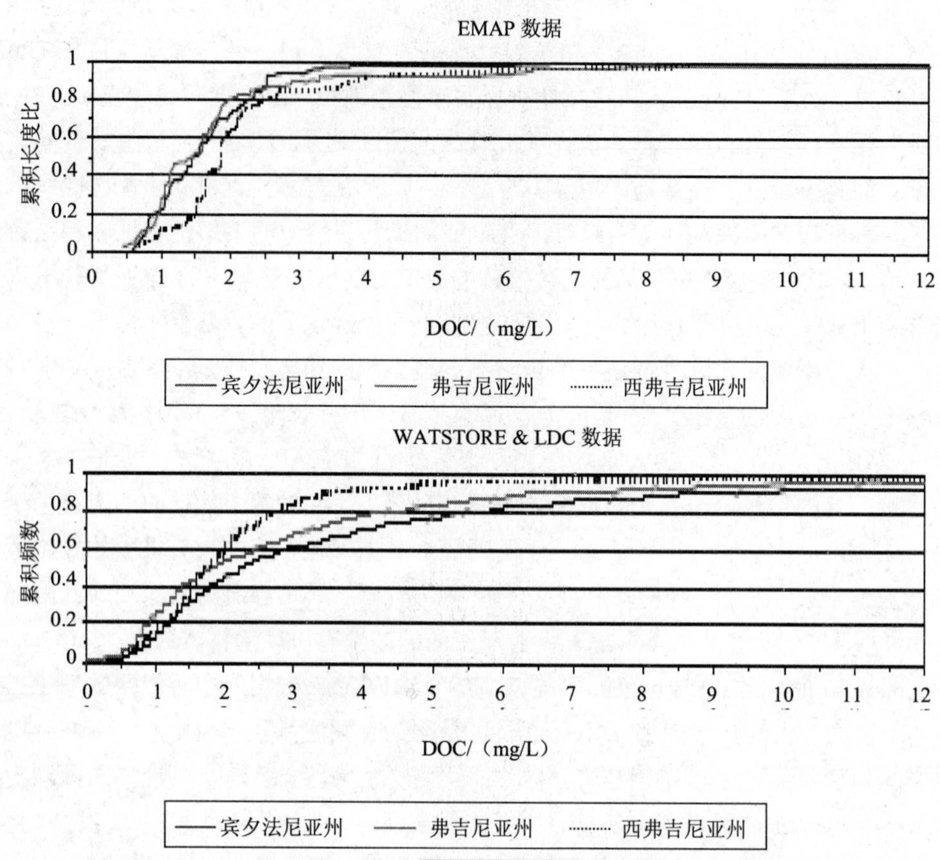

图 4-6-4 EPA WATSTORE/LDC 和 EMAP 数据库中河流和溪流的州水平溶解性有机碳分布

来源：EMAP 数据来源于 EPA 环境监测与评价计划，大西洋中部综合评价，1997—1998 年（http：//www.epa.gov/emap/html/dataI/surfwatr/data.）。USGS WATSTORE 和 EPA LDC 检索说明见第 6.3.2 节

大西洋中部 EMAP 和 WATSTORE/LDC 数据库中溶解性有机碳浓度的上述比较在评价可能的样本偏差对 EPA 溶解性有机碳和颗粒性有机碳的国家默认值的影响显然是有限的（即比较局限于大西洋中部地区，且没有对颗粒性有机碳进行比较）。尽管有这些局限性，本分析表明，至少有 3 个州在 WATSTORE/LDC 数据库中有很好的代表性，中位数的样本偏差程度没有过度夸大。两个数据库之间的最佳一致性出现在分布的中位数或之下的百分位。假设 EMAP 数据代表无偏差的结果，在 WATSTORE/LDC 数据中会出现明显且某种程度可以预料到的偏差，主要出现在较高的百分位。在生态区水平的结果是混合的；4 个溶解性有机碳分布中的 2 个在两个数据库之间是相匹配的（此处规定百分位值在 2 倍以内）。生态区 45 和生态区 70 的溶解性有机碳浓度之间较大的差异似乎与几个监测点的不成比例的影响相关，与其他监测点相比，这几个监测点进行了大量的测定。

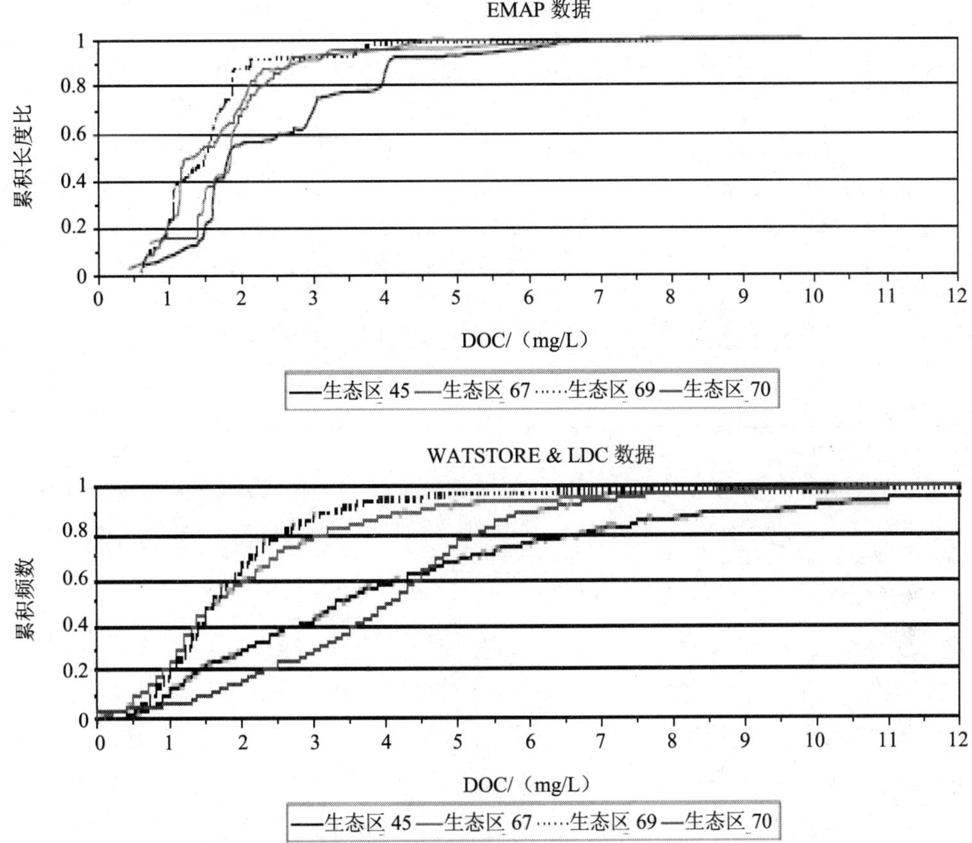

图 4-6-5 EPA WATSTORE/LDC 和 EMAP 数据库中河流和溪流的生态区水平溶解性有机碳分布

来源：EMAP 数据来源于 EPA 环境监测与评价计划，大西洋中部综合评价，1997—1998 年（http：//www.epa.gov/emap/html/dataI/surfwatr/data）。生态区 45 为皮德蒙特高原，生态区 67 为岭谷地区，生态区 69 为阿巴拉契亚山脉中部，生态区 70 为阿利根尼高原西部。USGS WATSTORE 和 EPA LDC 检索说明见第 6.3.2 节

表 4-6-11 州水平上溶解性有机碳分布描述性统计

统计值	EMAP（1997—1998 年）[a]			WATSTORE & LDC（1980—1999 年）		
	宾夕法尼亚州	弗吉尼亚州	西弗吉尼亚州	宾夕法尼亚州	弗吉尼亚州	西弗吉尼亚州
n	89	80	59	1 359	634	682
平均值	1.7	2.0	2.3	3.8	3.1	2.0
第 10 百分位	0.8	0.8	1.0	0.9	0.7	0.7
第 25 百分位	1.0	1.0	1.5	1.3	1.0	1.2
第 50 百分位	1.5	1.5	1.8	2.2	1.8	1.7
第 75 百分位	2.1	1.9	2.2	4.6	3.7	2.5
第 90 百分位	2.5	3.2	3.7	8.9	6.5	3.5

[a] EMAP 数据的长度加权统计。

表 4-6-12 生态区水平上溶解性有机碳分布描述性统计

统计值	EMAP MAIA（1997—1998 年）[a]				WATSTORE & LDC（1980—1999 年）			
	生态区				生态区			
	45	67	69	70	45	67	69	70
n	38	64	36	43	309	733	864	1 795
平均值	2.6	1.7	1.7	2.1	4.4	2.2	1.9	4.0
第 10 百分位	1.1	0.8	0.7	＜0.7	1.0	0.6	0.7	1.6
第 25 百分位	1.6	1.1	1.0	1.4	1.7	1.0	1.1	2.7
第 50 百分位	1.8	1.3	1.5	1.8	3.4	1.7	1.6	4.1
第 75 百分位	3.1	2.0	1.8	2.1	5.9	2.8	2.3	5.0
第 90 百分位	4.0	2.7	2.1	2.7	9.3	4.5	3.3	6.1

[a] EMAP 数据的长度加权统计。

生态区 45 为皮德蒙特高原，生态区 67 为岭谷地区，生态区 69 为阿巴拉契亚山脉中部，生态区 70 为阿利根尼高原西部。

来源：EMAP 数据来源于 EPA 环境监测与评价计划，大西洋中部综合评价，1997—1998 年（http://www.epa.gov/emap/html/dataI/surfwatr/data.）。USGS WATSTORE 和 EPA LDC 检索说明见第 6.3.2 节

（2）测定误差

EPA 溶解性有机碳和颗粒性有机碳浓度国家默认值不确定性的其他来源包括与溶解性有机碳和颗粒性有机碳浓度测定相关的误差。测定误差指对所关注的特定变量（如溶解性有机碳）进行定量相关的误差，包括与样本采集、处理和分析方法相关的误差。测定误差会随着分析方法、实验室以及在某种程度上所分析的每批样本的不同而有所变化。对于 LDC 数据，用于确定溶解性有机碳和颗粒性有机碳浓度的分析方法在数据库中没有报告。对于构成 WATSTORE 数据基础的分析方法来说，准确度（回收率）和精确度（相对标准偏差）的估算对总有机碳和颗粒性有机碳的分析是可供利用的。据报告，运用湿式氧化法（标准方法#5310D）测定总有机碳相关的平均回收率和相对标准偏差为 103%±3.4%（APHA，1995）。同样，据报告，运用过硫酸盐-紫外氧化法（标准方法#5310C）测定总有机碳，在两种介质中进行测定的平均回收率和相对标准偏差为 93%±7%和 106%±6%（APHA，1995）。最后，运用银过滤超声处理湿式氧化法测定颗粒性有机碳所报告的平均回收率和相对标准偏差为 97%±11%（USGS，1997；Burkhardt et al.，1999）。相对于溶解性有机碳和颗粒性有机碳国家默认值方面的不确定性的其他来源，与分析方法相关的误差似乎较小，至少它已被定量化。

（3）溶解性有机碳和颗粒性有机碳浓度的自然变化性

正如人们所预料的那样，美国地表水中溶解性有机碳和颗粒性有机碳浓度中位数有相当大的变化性（表 4-6-10）。特别是，在几种类型的地表水中第 95 百分位对第 5 百分位的估算值范围接近或超过 20 倍。尽管测定误差在这种变化性中有所反映，但变化性主要源于自然存在的条件和过程，它们导致地表水中有机碳迁移和生物地球化学循环的时空变化性。这些因素包括气候（如干旱、极寒、高山和热带特色）、营养状态（如贫营养、中营

养和寡营养湖泊)、流量和来源（对于溪流和河流而言)、流域大小和景观特征、季节以及潮汐影响的程度（对于河口而言)。为了解决由溶解性有机碳和颗粒性有机碳浓度的自然变化性导致的生物累积系数的不确定性，EPA 鼓励各州和部落在将基准用于各自的水质标准时适当采用适用水体中有机碳含量的地方或区域数据。不过，EPA 认识到在充分的数量或质量方面并不总是有合适的地方或区域数据可供利用。因此，应当适当探讨溶解性有机碳和颗粒性有机碳浓度的变化性对国家生物累积系数的影响程度。

图 4-6-6 表明溶解性有机碳和颗粒性有机碳的浓度变化对具有不同的辛醇-水分配系数的非离子性有机化学物质的自由溶解态分数产生的影响。自由溶解态分数是按照《2000 年人体健康方法学》(USEPA，2000a）中的式（2-5-12）计算出来的，并对国家生物累积系数有 1∶1 的影响（见《2000 年人体健康方法学》中的式（2-5-28)。

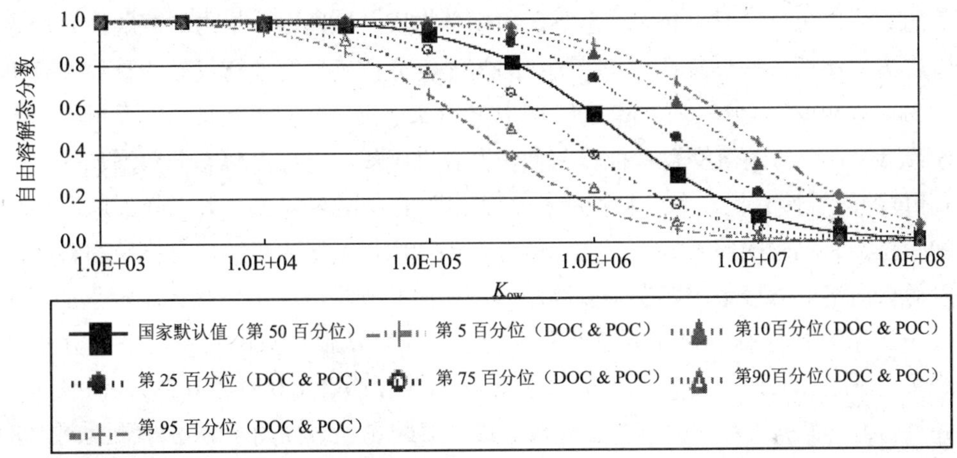

图 4-6-6　溶解性有机碳、颗粒性有机碳和辛醇-水分配系数对自由溶解态分数的影响。实线（■）为与 EPA 溶解性有机碳（2.9 mg/L）和颗粒性有机碳（0.5 mg/L）国家默认值相对应的自由溶解态分数。虚线反映用于推导国家默认值的溶解性有机碳和颗粒性有机碳浓度分布的不同百分位（如表 4-6-10 中第 5 百分位、第 10 百分位、第 25 百分位、第 75 百分位、第 90 百分位和第 95 百分位）

* 基于颗粒性有机碳分布统计参数的估算值（见表 4-6-10），假设数据为对数正态分布。

对图 4-6-6 进行审视，可以对有机碳浓度的变化性如何影响非离子性有机化学物质的自由溶解态分数（和国家生物累积系数）的预测作出几项观察。首先，溶解性有机碳和颗粒性有机碳浓度对自由溶解态分数的影响高度取决于辛醇-水分配系数。对于 lg K_{ow} 值约为 4 或更小的非离子性有机化学物质，在第 5 百分位至第 95 百分位内的溶解性有机碳和颗粒性有机碳浓度的变化对自由溶解态分数的影响极小。进一步的分析（此处未显示）表明，这种不灵敏性适用于溶解性有机碳和颗粒性有机碳值远远超过第 5 百分位和第 95 百分位的情况。因此，溶解性有机碳或颗粒性有机碳浓度的不确定性对辛醇-水分配系数低的化学物质的国家生物累积系数的影响极小。

第二项观察是，对具有较高疏水性（如 $\lg K_{ow}>4$）的非离子性有机化学物质，溶解性有机碳和颗粒性有机碳对自由溶解态分数的影响随着辛醇-水分配系数的增加而增大。虽然与溶解性有机碳和颗粒性有机碳的第 5 百分位和第 95 百分位相应的自由溶解态分数绝对范围在 $\lg K_{ow}$ 约为 6 时处于峰值（即从第 5 百分位的 0.89 到第 95 百分位的 0.17），自由溶解态分数的相对差（根据测定的不同的溶解性有机碳和颗粒性有机碳百分位的自由溶解态分数的比值）随着辛醇-水分配系数的增加而增大。由于自由溶解态分数用于乘法步骤来计算国家生物累积系数，自由溶解态分数的相对差对于解释有机碳浓度的变化对国家生物累积系数的影响是更有意义的。

表 4-6-13 显示了相对于运用溶解性有机碳和颗粒性有机碳的国家默认值计算而言有机碳对自由溶解态分数差异的影响。此处相对差指溶解性有机碳和颗粒性有机碳（来自表 4-6-10）的不同百分位计算的自由溶解态分数与溶解性有机碳和颗粒性有机碳的国家默认值计算的数值之比值。对于 $\lg K_{ow}$ 为 5.0 的化学物质，这些百分位内的溶解性有机碳和颗粒性有机碳的相对影响仍然是相当小的（即第 5 百分位的溶解性有机碳和颗粒性有机碳值增加 10%，而第 95 百分位则下降 30%）。对于 $\lg K_{ow}$ 为 6.0 的化学物质，有机碳的影响更大，导致第 5 百分位的溶解性有机碳和颗粒性有机碳值的自由溶解态分数增加 50%。与第 95 百分位的溶解性有机碳和颗粒性有机碳值相关的自由溶解态分数下降到运用溶解性有机碳和颗粒性有机碳的国家默认值计算的分数的 30%。较低的溶解性有机碳和颗粒性有机碳浓度对自由溶解态分数的影响与较高的浓度相比某种程度上仍然是无足轻重的，部分原因是由于运用溶解性有机碳和颗粒性有机碳的国家默认值计算的自由溶解态分数仍然较高（辛醇-水分配系数为 5.0 时为 0.93，辛醇-水分配系数为 6.0 时为 0.58），而且其增加值不会超过 1.0。有机碳对自由溶解态分数的最大影响见于最高的辛醇-水分配系数（8.0），其第 5 百分位和第 95 百分位计算的自由溶解态分数大小与溶解性有机碳和颗粒性有机碳数值方面的变化相似（即溶解性有机碳浓度增加 5 倍和颗粒性有机碳浓度增加 8 倍导致自由溶解态分数大约下降 7 倍）。

表 4-6-13 DOC 和 POC 浓度对自由溶解态分数的影响与 DOC 和 POC 的国家默认值相比

百分位	DOC/（mg/L）	POC/（mg/L）	自由溶解态分数（f_{fd}）和[与国家默认值之比值] $\lg K_{ow}$ 5.0	6.0	7.0	8.0
第 50 百分位（国家默认值）	2.9	0.5	0.93	0.58	0.12	0.014
第 5 百分位	0.8	0.06[a]	0.99[1.1]	0.89[1.5]	0.44[3.7]	0.08[5.5]
第 10 百分位	1.2	0.09[a]	0.98[1.1]	0.84[1.5]	0.35[2.9]	0.05[3.8]
第 25 百分位	2.0	0.2	0.97[1.0]	0.74[1.3]	0.22[1.8]	0.03[2.0]
第 75 百分位	5.4	1.1	0.87[0.9]	0.40[0.7]	0.06[0.5]	0.006 [0.5]
第 90 百分位	9.7	2.3	0.77[0.8]	0.25[0.4]	0.03[0.25]	0.003 [0.24]
第 95 百分位	14.0	3.9	0.67[0.7]	0.17[0.3]	0.02[0.16]	0.002 [0.15]

[a] 基于颗粒性有机碳分布统计参数的估算值（见本文件）。

最后一项观察是对于高疏水性化学物质，自由溶解态分数对颗粒性有机碳的变化最为灵敏（相对于溶解性有机碳）。从式（4-4-5）可以看出这个事实是明显的，而且与有机化学物质对颗粒性有机碳较高的分配系数（$K_{poc} = 1.0 \cdot K_{ow}$ L/kg）有关（与溶解性有机碳相比，$K_{doc} = 0.08 \cdot K_{ow}$ L/kg）。因此，就降低与溶解性有机碳和颗粒性有机碳的国家默认值的应用相关的总不确定性而言，应当将资源投入到具有较高疏水性的化学物质（如 lg K_{ow} 约为 5 或更大）的特定地点或区域的有机碳测定。虽然溶解性有机碳和颗粒性有机碳的测定都是需要的，但结果表明应特别注意对颗粒性有机碳的代表性测定进行定量。

7 生物累积系数计算示例

本章给出的示例阐明如何运用程序 1 中的 4 种生物累积系数方法推导所关注的化学物质（化学物质 *i*）用于计算人体健康环境水质基准的国家生物累积系数。此处所描述的一般过程也适用于程序 2～程序 4 的化学物质。此处给出的示例中所运用的公式见第 4 章和第 5 章，公式中所运用的术语定义见第 2 章。此处所提供的公式编号指公式最初给出或推导的章节，以供参考。

7.1 示例 1：用野外测定的生物累积系数（总生物累积系数）计算国家生物累积系数（方法 1）

本示例阐明如何运用方法 1 来推导疏水性非离子性化学物质（化学物质 *i*）第 4 营养级的国家生物累积系数。运用方法 1 计算国家生物累积系数需要用到总生物累积系数（通常也称为“野外测定的”生物累积系数）。确定总生物累积系数需要化学物质 *i* 在鱼类组织中总浓度和水环境中总浓度的信息。

7.1.1 计算总生物累积系数

本示例中，可供利用的数据来自约翰·多伊湖（一个假设的湖泊）有关化学物质 *i* 在湖红点鲑中的总浓度（100 μg/kg）和在水体中的总浓度（1.6×10^{-4} μg/L）。对普通美国人通常所食用的湖红点鲑较大的食物偏好的综述确认该生物属于第 4 营养级（USEPA，2000 e～g）。从野外研究得到的数据表明化学物质在水体中的平均浓度反映了适当的时空均衡，这是依据该化学物质的辛醇-水分配系数以及化学物质 *i* 对目标鱼类的平均暴露的代表性。经计算化学物质 *i* 的总生物累积系数为 6.2×10^5 L/kg，如下所示。

$$\text{BAF}_\text{T}^\text{t} = \frac{100}{1.6\times10^{-4}} = 6.2\times10^5 \text{ L/kg} \qquad \text{（见 4-2-2）}$$

7.1.2 计算基线生物累积系数

通过考虑特定地点水环境中化学物质的自由溶解态分数（f_{fd}）和所采集的组织或水生生物的脂质分数（f_l），将总生物累积系数转化为特定营养级的基线生物累积系数。从总生物累积系数计算基线生物累积系数的公式如下。

$$\text{基线BAF} = \left(\frac{\text{BAF}_T^t}{f_{fd}} - 1\right) \cdot \frac{1}{f_l} \qquad \text{（见 4-5-2）}$$

确定水环境中化学物质 i 的自由溶解态分数（f_{fd}）需要搜集水环境中颗粒性有机碳和溶解性有机碳的信息以及化学物质 i 的辛醇-水分配系数。如约翰·多伊湖的颗粒性有机碳浓度中位数是 0.6 mg/L（6.0×10^{-7} kg/L），溶解性有机碳浓度中位数是 8.0 mg/L（8.0×10^{-6} kg/L）。重要的是，应当从生物累积系数研究中所运用的水体确定用于计算基线生物累积系数的自由溶解态分数所运用的颗粒性有机碳和溶解性有机碳浓度。由总生物累积系数推导基线生物累积系数时不适合运用颗粒性有机碳和溶解性有机碳浓度的国家默认值。化学物质 i 的辛醇-水分配系数为 1.0×10^5 或 $\lg K_{ow}$ 为 5。根据这些数据，计算得出化学物质 i 在水中的自由溶解态分数为 0.89，如下所示。

$$f_{fd} = \frac{1}{1 + 6.0\times10^{-7} \cdot 1\times10^5 + 8.0\times10^{-6} \cdot 0.08 \cdot 1\times10^5} = 0.89 \qquad \text{（见 4-4-6）}$$

从约翰·多伊湖采集的鱼类的平均脂质分数为 0.08（8%）。运用这个脂质分数以及上面计算得出的总生物累积系数和自由溶解态分数，计算湖红点鲑的基线生物累积系数为 8.7×10^6 L/kg，如下所示。

$$\text{基线BAF} = \left(\frac{6.2\times10^5}{0.89} - 1\right) \cdot \frac{1}{0.08} = 8.7\times10^6\ \text{L/kg} \qquad \text{（见 4-5-2）}$$

本示例假设第 4 营养级的生物只有一个可接受的生物累积系数值可供利用。因此，第 4 营养级的基线生物累积系数就是湖红点鲑的基线生物累积系数。如果第 4 营养级的其他生物也有可接受的总生物累积系数可供利用，则计算第 4 营养级各物种的基线生物累积系数，然后计算这些基线生物累积系数的几何平均值作为第 4 营养级的基线生物累积系数。在 EPA 生物累积系数方法学中，生物累积系数是与特定营养级有关的。因此，各营养级的计算是相似的。

7.1.3 计算国家生物累积系数

推导化学物质 i 的所有可接受的基线生物累积系数并为第 4 营养级选择最终基线生物累积系数之后，下一步骤是计算将用于推导环境水质基准的营养级国家生物累积系数。本示例中，假定上面计算的基线生物累积系数代表第 4 营养级的最终基线生物累积系数。对于给定的营养级，计算国家生物累积系数涉及校正最终基线生物累积系数以反映预期的美国水环境中影响化学物质 i 的生物有效性的条件。这是通过运用国家集中趋势估算的脂质分数和自由溶解态分数的国家默认值来完成的。对各营养级来说，推导国家生物累积系数的常用公式如下。

$$\text{国家BAF}_{\text{TL},n}=[\left(\text{最终基线BAF}\right)_{\text{TL},n}\bullet\left(f_1\right)_{\text{TL},n}+1]\bullet f_{\text{fd}} \qquad \text{（见 4-3-2）}$$

本示例中，只计算了一个营养级（营养级 4）的水生生物的国家生物累积系数。在《2000 年人体健康方法学》中，EPA 将鱼类摄入量默认值分为营养级 2、3 和 4 的特定值。因此，在推导国家环境水质基准的过程中，EPA 将推导营养级 2、3 和 4 的国家生物累积系数。

对于化学物质 i，计算得出的第 4 营养级的基线生物累积系数为 8.7×10^6 L/kg。运用式（4-4-6）以及颗粒性有机碳和溶解性有机碳的国家默认值 5×10^{-7} kg/L 和 2.9×10^{-6} kg/L（第 6.3 节）、化学物质 i 的辛醇-水分配系数 1.0×10^5（$\lg K_{\text{ow}}$ 为 5）来计算美国所有水体化学物质 i 的自由溶解态分数。如下所示，计算值为 0.93。

$$f_{\text{fd}}=\frac{1}{1+5.0\times10^{-7}\bullet1\times10^5+2.9\times10^{-6}\bullet0.08\bullet1\times10^5}=0.93 \qquad \text{（见 4-4-6）}$$

第 4 营养级的脂质分数国家默认值为 0.03（3%；见第 6.2 节）。在国家生物累积系数公式中运用上述计算得出的自由溶解态分数和脂质分数的国家默认值，计算出第 4 营养级生物的国家生物累积系数为 2.4×10^5 L/kg，如下所示。

第 4 营养级的国家生物累积系数 $=(8.7\times10^6\times0.03+1)\times0.93=2.4\times10^5$ L/kg

这一国家生物累积系数与水中和第 4 营养级生物组织中化学物质的总浓度有关。

7.2 示例 2：用野外测定的生物-沉积物累积系数计算国家生物累积系数（方法 2）

本示例阐明如何运用方法 2 计算多氯联苯同系物 126 的第 4 营养级的国家生物累积系数。运用方法 2 计算国家生物累积系数需要采用参照化学物质和所关注化学物质的野外测定的生物-沉积物累积系数。在第 5.2.4 节中，建议运用方法 2 计算多种参照化学物质的基线生物累积系数，因为这样会更为准确地预测基线生物累积系数（见第 5.2.4 节）。

在本例中，运用来自安大略湖的数据由在水中不易被直接测定的 PCB 126 等化学物质的生物-沉淀物累积系数来推导基线生物累积系数（USEPA，1995b；Cook and Burkhard，1998）。为简化本示例，只推导第 4 营养级生物的基线生物累积系数，即 5～7 年鱼龄的湖红点鲑。对普通美国人通常所食用的湖红点鲑较大的食物偏好的综述确认该生物属于第 4 营养级。从前，多氯联苯同系物 52、105 和 118 曾被作为计算 PCB 126 的基线生物累积系数的参照化学物质（USEPA，1995b；Cook and Burkhard，1998）。之所以选择这些同系物是因为：①它们具有相似的理化性质；②它们在沉积物和生物中都易于定量；③可供利用的数据表明它们具有与 PCB 126 相似的负荷史，因此它们的 $(\Pi_{\text{socw}})_{\text{r}}/(K_{\text{ow}})_{\text{r}}$ 值应当是相似的。在本例中，只显示了参照化学物质 PCB 118 的公式中每个组分的详细计算过程。实际上，所有参照同系物均按相同的步骤进行计算，但本例只显示 PCB 52 和 PCB 105 的最终基线生物累积系数。

7.2.1 计算野外测定的生物-沉积物累积系数

运用式（4-5-3），将 5～7 年鱼龄的湖红点鲑中化学物质的脂质标准化浓度（C_l）与表层沉积物中化学物质的平均有机碳标准化浓度（C_{soc}）相关联来确定 PCB 126 的生物-沉积物累积系数。根据从安大略湖收集的数据，PCB 126 在 5～7 年鱼龄的湖红点鲑中的 C_l 是 12.3 ng/g，PCB 126 在沉积物中的 C_{soc} 为 3.83 ng/g（此处未显示这些标称值的实际计算过程）。计算如下。

$$\mathrm{BSAF}_{126} = \frac{12.3}{3.8} = 3.2 \qquad \text{（见 4-5-3）}$$

7.2.2 确定沉积物-水相浓度商 $(\Pi_{socw})_r$

运用式（4-5-6）确定参照化学物质的沉积物-水相浓度商。这一计算需要参照化学物质在水中的自由溶解态浓度$(C_w^{fd})_{PCB\ 118}$。为了计算$(C_w^{fd})_{PCB\ 118}$，需要参照化学物质在水中的自由溶解态分数，可以运用式（4-4-6）进行计算。测定的溶解性有机碳值为 2.0×10^{-6} kg/L；将颗粒性有机碳值设为 0（因为用过滤器除去了所有颗粒物）；PCB 118 的 $K_{ow} = 5.5\times10^6$（$\lg K_{ow}$ 为 6.7）。运用式（4-4-6），计算水中 PCB 118 的自由溶解态分数，如下所示。

$$(f_{fd})_{PCB118} = \frac{1}{1 + 0 \cdot 5.5\times10^6 + 2.0\times10^{-6} \cdot 0.08 \cdot 5.5\times10^6} = 0.53 \qquad \text{（见 4-4-6）}$$

在本例中，过滤的安大略湖水中参照同系物 PCB 118 的测定浓度为 34 pg/L。因此，$(C_w^{fd})_{PCB\ 118} = 34 \times 0.53 = 18$ pg/L 或 1.8×10^{-5} μg/L。$(C_{soc})_{PCB\ 118}$ 平均值为 555 μg/kg。将这些值代入式（4-5-6），计算参照化学物质 PCB 118 的沉积物-水相浓度商。

$$(\Pi_{socw})_{118} = \frac{555}{1.8\times10^{-5}} = 3.1\times10^7\ \mathrm{L/kg} \qquad \text{（见 4-5-6）}$$

7.2.3 计算基线生物累积系数

对于每个具有可接受的野外测定的$(\mathrm{BSAF})_i$的物种来说，可以运用下列公式与合适的$(\Pi_{socw})_r/(K_{ow})_r$值来计算所关注化学物质的基线生物累积系数。

$$(\text{基线BAF})_i = (\mathrm{BSAF})_i \cdot \frac{(D_{i/r})(\Pi_{socw})_r (K_{ow})_i}{(K_{ow})_r} - \frac{1}{f_l} \qquad \text{（见 4-5-11）}$$

通过运用一个常规有效的假设即 PCB 118 和 PCB 126 的 $D_{i/r}$ 约为 1；将 PCB 126 的 BSAF 值（3.2）、PCB 118 的 Π_{socw} 值（3.1×10^7）、PCB 126 的 K_{ow} 值（7.8×10^6 或 $\lg K_{ow} = 6.9$）和 PCB 118 的 K_{ow} 值（5.5×10^6 或 $\lg K_{ow} = 6.7$）以及湖红点鲑的脂质分数 0.20（20%）代入

基线生物累积系数式（4-5-11），可计算出 PCB 126 的基线生物累积系数。

$$\left(\text{基线BAF}\right)_{126}=3.2\cdot\frac{1\cdot3.1\times10^{7}\cdot7.8\times10^{6}}{5.5\times10^{6}}-\frac{1}{0.20}=1.4\times10^{8}\,\text{L/kg} \qquad \text{（见 4-5-11）}$$

用同样的方法运用参照 PCB 52 和 PCB 105 来推导 PCB 118 的基线生物累积系数。运用 PCB 52 和 PCB 105 预测的基线生物累积系数分别为 3.7×10^{8} L/kg 和 1.6×10^{8} L/kg。推导了所有的基线生物累积系数后，通过计算这 3 个基线生物累积系数的几何平均值得出最终基线生物累积系数，本例的计算结果为 2.0×10^{8} L/kg。

7.2.4　计算国家生物累积系数

推导化学物质 i 的所有可接受的基线生物累积系数并为第 4 营养级选择最终基线生物累积系数之后，下一步骤是计算该营养级的国家生物累积系数以便用于推导国家环境水质基准。本例中，假定上述计算的基线生物累积系数代表第 4 营养级的最终基线生物累积系数。对于给定的营养级，计算国家生物累积系数涉及校正最终基线生物累积系数以反映预期的美国水环境中影响化学物质 i 的生物有效性的条件。这是通过运用国家集中趋势估算的脂质分数和自由溶解态分数的国家默认值来完成的。对各营养级来说，推导国家生物累积系数的常用公式如下。

$$\text{国家BAF}_{\text{TL},n}=[\left(\text{最终基线BAF}\right)_{\text{TL},n}\cdot\left(f_{1}\right)_{\text{TL},n}+1]\cdot f_{\text{fd}} \qquad \text{（见 4-3-2）}$$

本例中，只计算了一个营养级（营养级 4）的水生生物的国家生物累积系数。在《2000 年人体健康方法学》中，EPA 将鱼类摄入量默认值分为营养级 2、3 和 4 的特定值。因此，在推导国家环境水质基准的过程中，EPA 将推导营养级 2、3 和 4 的国家生物累积系数。

PCB 126 第 4 营养级的基线生物累积系数为 2.0×10^{8} L/kg。运用式（4-4-6）以及颗粒性有机碳和溶解性有机碳的国家默认值 5×10^{-7} kg/L 和 2.9×10^{-6} kg/L（第 6.3 节）、PCB 126 的 K_{ow} 值 7.8×10^{6} 或 $\lg K_{\text{ow}}=6.9$ 来计算适用于美国所有水体的 PCB 126 的自由溶解态分数。按下列公式计算的自由溶解态分数为 0.15。

$$f_{\text{fd}}=\frac{1}{1+5.0\times10^{-7}\cdot7.8\times10^{6}+2.9\times10^{-6}\cdot0.08\cdot7.8\times10^{6}}=0.15 \qquad \text{（见 4-4-6）}$$

第 4 营养级的脂质分数国家默认值为 0.03（3%；见第 6.2 节）。在国家生物累积系数公式中运用上述计算的自由溶解态浓度和脂质分数的国家默认值，计算第 4 营养级生物的国家生物累积系数为 9.0×10^{5} L/kg，如下所示。

第 4 营养级的国家生物累积系数 $=(2.0\times10^{8}\times0.03+1)\times0.15=9.0\times10^{5}$ L/kg

本例 PCB 126 的国家生物累积系数将水中化学物质的总浓度与第 4 营养级生物组织中化学物质的总浓度联系起来。

7.3 示例 3：用总生物富集系数和食物链倍增系数计算化学物质的国家生物累积系数（方法 3）

这一示例阐明对于疏水性非离子性化学物质（化学物质 i）用方法 3 计算第 4 营养级的国家生物累积系数。运用方法 3 计算国家生物累积系数需要运用总生物富集系数（通常也称为实验室测定的总生物富集系数）和食物链倍增系数。确定总生物富集系数需要鱼类组织和实验室试验用水中化学物质 i 总浓度的信息。

7.3.1 计算实验室测定的总生物富集系数

在本例中，运用来自约翰・多伊实验室（一个假设的实验室）的可用数据，即化学物质 i 在鱼类组织中的总浓度（10 μg/kg）与实验室试验用水中的总浓度（3.0×10^{-3} μg/L）。化学物质 i 的实验室测定的总生物富集系数计算结果是 3.3×10^{3} L/kg，如下所示。

$$\mathrm{BCF}_{\mathrm{T}}^{\mathrm{t}}=\frac{10}{3.0\times10^{-3}}=3.3\times10^{3}\,\mathrm{L/kg} \qquad \text{（见 4-2-8）}$$

7.3.2 计算基线生物累积系数

通过考虑试验用水中化学物质的自由溶解态分数（f_{fd}）和受试的组织或水生生物的脂质分数（f_{l}）的特定地点的信息以及化学物质的食物链倍增系数，将总生物富集系数转化为特定营养级的基线生物累积系数。由总生物富集系数计算基线生物累积系数的公式如下。

$$\text{基线BAF}=\mathrm{FCM}\cdot\left(\frac{\mathrm{BCF}_{\mathrm{T}}^{\mathrm{t}}}{f_{\mathrm{fd}}}-1\right)\cdot\frac{1}{f_{\mathrm{l}}} \qquad \text{（见 4-5-12）}$$

确定试验用水中化学物质 i 的自由溶解态分数（f_{fd}）需要试验用水中颗粒性有机碳、溶解性有机碳及化学物质 i 的辛醇-水分配系数的信息。本例中，试验用水中颗粒性有机碳浓度中位数是 0.6 mg/L（6.0×10^{-7} kg/L），溶解性有机碳浓度中位数是 8.0 mg/L（8.0×10^{-6} kg/L）。重要的是应当从生物富集系数研究所用水体确定基线生物累积系数而计算自由溶解态分数所运用的颗粒性有机碳和溶解性有机碳浓度。由总生物富集系数推导基线生物累积系数时不适合运用颗粒性有机碳和溶解性有机碳浓度的国家默认值。化学物质 i 的辛醇-水分配系数是 1×10^{4} 或 $\lg K_{\mathrm{ow}}$ 是 4.0。根据这些数据计算得出化学物质 i 的自由溶解态分数为 0.99，如下所示。

$$f_{\mathrm{fd}}=\frac{1}{1+6.0\times10^{-7}\cdot1\times10^{4}+8.0\times10^{-6}\cdot0.08\cdot1\times10^{4}}=0.99 \qquad \text{（见 4-4-6）}$$

本例中实验室所采集的鱼类样本的脂质分数是 0.08（8%）。基于 $\lg K_{\mathrm{ow}}=4$ 的食物链倍增系数是 1.07，如表 4-4-6 所示（假设受试生物为混合的底栖与浮游食物链结构且营养级为 4）。利用上述计算的脂质分数和食物链倍增系数以及总生物富集系数和自由溶解态分数，计算基线生物累积系数为 4.5×10^4 L/kg，如下所示。

$$\text{基线BAF} = 1.07 \cdot \left(\frac{3.3 \times 10^3}{0.99} - 1 \right) \cdot \frac{1}{0.08} = 4.5 \times 10^4 \text{ L/kg} \qquad \text{（见 4-5-12）}$$

本例假设第 4 营养级的生物只有一个可接受的生物富集系数研究可供利用。因此，第 4 营养级的基线生物累积系数值就是受试生物的基线生物累积系数。如果第 4 营养级的其他生物有可接受的总生物富集系数可用，则计算第 4 营养级具有可接受数据的每种生物的基线生物累积系数，求出这些基线生物累积系数的几何平均值即为第 4 营养级的基线生物累积系数。在 EPA 生物累积系数方法学中，生物累积系数是与特定营养级有关的。因此，各营养级的计算是相似的。

7.3.3　计算国家生物累积系数

推导化学物质 i 的所有可接受的基线生物累积系数并为第 4 营养级选择最终基线生物累积系数之后，下一步骤是计算该营养级的国家生物累积系数。本例中，假定上述计算的基线生物累积系数代表第 4 营养级的最终基线生物累积系数。对于给定的营养级，计算国家生物累积系数涉及校正最终基线生物累积系数以反映预期的美国水环境中影响化学物质 i 的生物有效性的条件。这是通过运用国家集中趋势估算的脂质分数和自由溶解态分数的国家默认值来完成的。对各营养级来说，推导国家生物累积系数的常用公式如下。

$$\text{国家BAF}_{\text{TL},n} = [(\text{最终基线BAF})_{\text{TL},n} \cdot (f_1)_{\text{TL},n} + 1] \cdot f_{\text{fd}} \qquad \text{（见 4-3-2）}$$

本例中，只计算一个营养级（营养级 4）的水生生物的国家生物累积系数。在《2000 年人体健康方法学》中，EPA 将鱼类摄入量默认值分为营养级 2、3 和 4 的特定值。因此，在推导国家环境水质基准的过程中，EPA 将推导营养级 2、3 和 4 的国家生物累积系数。

对于化学物质 i，计算得出的第 4 营养级的基线生物累积系数为 4.5×10^4 L/kg。用式（4-4-6）以及颗粒性有机碳和溶解性有机碳的国家默认值 5×10^{-7} kg/L 和 2.9×10^{-6} kg/L（第 6.3 节）、化学物质 i 的辛醇-水分配系数 1×10^4（$\lg K_{\text{ow}} = 4.0$），计算美国所有水体中化学物质 i 的自由溶解态分数。计算值为 0.99，如下所示。

$$f_{\text{fd}} = \frac{1}{1 + 5.0 \times 10^{-7} \cdot 1 \times 10^4 + 2.9 \times 10^{-6} \cdot 0.08 \cdot 1 \times 10^4} = 0.99 \qquad \text{（见 4-4-6）}$$

第 4 营养级的脂质分数国家默认值为 0.03（3%，见第 6.2 节）。在国家生物累积系数公式中运用上述计算得出的自由溶解态分数和脂质分数的国家默认值，计算得出的第 4 营养级生物的国家生物累积系数为 1.3×10^3 L/kg，如下所示。

$$\text{第 4 营养级的国家生物累积系数} = (4.5 \times 10^4 \times 0.03 + 1) \times 0.99 = 1.3 \times 10^3 \text{ L/kg}$$

这一国家生物累积系数将水中化学物质的总浓度与第 4 营养级生物组织中化学物质的总浓度联系起来。

7.4 示例 4：用辛醇-水分配系数和食物链倍增系数计算化学物质的国家生物累积系数（方法 4）

本例阐明运用方法 4 制定疏水性非离子性化学物质（化学物质 i）第 4 营养级的国家生物累积系数。运用方法 4 计算国家生物累积系数不需要知道试验用水中化学物质的自由溶解态分数（f_{fd}）或所采集物种的脂质分数（f_1）。这是因为假定辛醇-水分配系数与基线生物富集系数相等，正如第 5.4 节和附录 A 所讨论的那样。方法 4 要求选择有关化学物质适当的辛醇-水分配系数乘以适当的食物链倍增系数来解释生物放大作用。

7.4.1 选择辛醇-水分配系数和食物链倍增系数

在选择化学物质的辛醇-水分配系数的过程中 EPA 将遵循附录 B 中详细描述的程序。本例中，选定化学物质 i 的辛醇-水分配系数值为 1×10^4（$\lg K_{ow} = 4.0$）。基于 $\lg K_{ow}$ 为 4，食物链倍增系数为 1.07，如表 4-4-6 所示（假设受试物种是混合的底栖和浮游生物食物链结构且营养级为 4）。

7.4.2 计算基线生物累积系数

方法 4 不需要运用自由溶解态分数和脂质分数来校正野外或实验室推导的生物累积系数。利用选定的辛醇-水分配系数和食物链倍增系数，来直接计算基线生物累积系数，如下所示。

$$\text{基线BAF} = K_{ow} \times \text{FCM} = (1\times10^4)\times1.07 = 1.1\times10^4\ \text{L/kg} \qquad \text{（见 4-5-13）}$$

本例中，只提供了一个辛醇-水分配系数。正如附录 B 所讨论的那样，确定几个辛醇-水分配系数值是有可能的。附录 B 中所提供的数据质量考虑事项用来判断各个辛醇-水分配系数值的质量，且附录 B 中所概述的程序用来选择质量可接受的辛醇-水分配系数值。在 EPA 生物累积系数方法学中，生物累积系数是与特定营养级有关的。因此，对每个营养级来说，运用适当的食物链倍增系数计算生物累积系数的方法是相似的。

7.4.3 计算国家生物累积系数

推导化学物质 i 的所有可接受的基线生物累积系数并为第 4 营养级选择最终基线生物累积系数之后，下一步骤是计算该营养级的国家生物累积系数。本例中，假定上述计算的基线生物累积系数代表第 4 营养级的最终基线生物累积系数。对于给定的营养级，计算国家生物累积系数涉及校正最终基线生物累积系数以反映预期的影响美国水环境中化学物质 i 的生物可利用性的条件。这是通过运用国家集中趋势估算的脂质分数和自由溶解态分数的国家默认值来完成的。对于各营养级来说，推导国家生物累积系数的常用公式如下。

$$国家\mathrm{BAF}_{\mathrm{TL},n}=[(最终基线\mathrm{BAF})_{\mathrm{TL},n}\cdot(f_1)_{\mathrm{TL},n}+1]\cdot f_{\mathrm{fd}} \quad （见 4-3-2）$$

本例中，只计算了一个营养级（营养级 4）的水生生物的国家生物累积系数。在《2000 年人体健康方法学》中，EPA 将鱼类摄入量默认值分为营养级 2、3 和 4 的特定值。因此，在推导国家环境水质基准的过程中，EPA 将推导营养级 2、3 和 4 的国家生物累积系数。

对于化学物质 i，第 4 营养级的基线生物累积系数计算结果为 1.1×10^4 L/kg。运用式（4-4-6）以及颗粒性有机碳和溶解性有机碳的国家默认值 5×10^{-7} kg/L 和 2.9×10^{-6} kg/L（第 6.3 节）、化学物质 i 的辛醇-水分配系数 1×10^4（$\lg K_{\mathrm{ow}}=4.0$），计算预期适用于美国所有水体的化学物质 i 的自由溶解态分数。计算值为 0.99，如下所示。

$$f_{\mathrm{fd}}=\frac{1}{1+5.0\times10^{-7}\cdot1\times10^4+2.9\times10^{-6}\cdot0.08\cdot1\times10^4}=0.99 \quad （见 4-4-6）$$

第 4 营养级的脂质分数国家默认值为 0.03（3%；见第 6.2 节）。在国家生物累积系数公式中运用上述计算得出的自由溶解态浓度和脂质分数的国家默认值，得出第 4 营养级生物的国家生物累积系数为 3.3×10^2 L/kg，如下所示。

$$第 4 营养级的国家生物累积系数=(1.1\times10^4\times0.03+1)\times0.99=3.3\times10^2\ \mathrm{L/kg}$$

这一国家生物累积系数将水中化学物质总浓度与第 4 营养级生物组织中化学物质的总浓度联系起来。

8 参考文献

[1] Abbott J. D.，Hinton S. W.，Borton D. L.. 1995. Pilot scale validation of the RIVER/FISH bioaccumulation modeling program for nonpolar hydrophobic organic compounds using the model compounds 2,3,7,8-TCDD and 2,3,7,8-TCDF. Environ Toxicol Chem 14：1999-2012.

[2] Amrhein J. F.，Stow C. A.，Wible C.. 1999. Whole-fish versus filet polychlorinated-biphenyl concentrations：An analysis using classification and regression tree models. Environ Toxicol Chem 18：1817-1823.

[3] American Society of Testing and Materials. 1990. Standard Practice for Conducting Bioconcentration Tests with Fishes and Saltwater Bivalve Molluscs. Designation E 1022-84. In：Annual Book of ASTM Standards. Section 11，Water and Environmental Technology. 11（04）：606-6622. West Conshohocken，PA.

[4] APHA. 1995. Standard Methods for the Examination of Water and Wastewater. 19th ed. American Public Health Association，American Water Works Association，Water Environment Federation，Washington，DC.

[5] Baird D.，Ulanowicz R. E.. 1989. The seasonal dynamics of the Chesapeake Bay ecosystem. Ecol Monogr 59：329-364.

[6] Barber M. C.. 2000. Bioaccumulation and Aquatic System Simulator（BASS）User's Manual，Beta Test Version 2.1. Ecosystems Research Division，U.S. Environmental Protection Agency，Athens，GA.

[7] Barber M. G.，Suarez L. A.，Lassiter R. R.. 1991. Modeling bioaccumulation of organic pollutants in fish with an application to PCBs in Lake Ontario salmonids. Can J Fish Aquat Sci 48：318-337.

[8] Baron M. G.. 1990. Bioconcentration. Environ Sci Technol 24：1612-1618.

[9] Bergen B. J.，Nelson W. G.，Quinn J. G.，et al.. 2001. Relationships among total lipid，lipid classes，and polychlorinated biphenyl concentrations in two indigenous populations of ribbed mussels（Geukensia demissa）over an annual cycle. Environ Toxicol Chem 20：575-581.

[10] Black M. C.，McCarthy J. F.. 1988. Dissolved organic macro molecules reduce the uptake of hydrophobic organic contaminants by the gills of rainbow trout（Salmo gairdneri）. Environ Toxicol Chem 7：593-600.

[11] Bligh E. G.，Dyer W. J.. 1959. A rapid method of total lipid extraction and purification. Can J Biochem Physiol 37：911-917.

[12] Broman D.，Carina N.，Rolff C.，et al.. 1991. Occurrence and dynamics of polychlorinated dibenzo-*p*-dioxins and dibenzofurans and polycyclic aromatic hydrocarbons in the mix surface layer of remote coastal and offshore waters of the Baltic. Environ Sci Technol 25：1850-1864.

[13] Burkhard L. P.. 1998. Comparison of two models for predicting bioaccumulation of hydrophobic organic chemicals in aquatic food webs. Environ Toxicol Chem 17：383-393.

[14] Burkhard L. P.. 2000. Estimating dissolved organic carbon partition coefficients for nonionic organic chemicals. Environ Sci Technol 34：4663-4668.

[15] Burkhard L. P.. 2003. Factors influencing the design of BAF and BSAF field studies. Environ Toxicol Chem 22：351-360.

[16] Burkhard L. P.，Sheedy B. R.，McCauley D. J.，et al.. 1997. Bioaccumulation factors for chlorinated benzene，chlorinated butadienes and hexachloroethane. Environ Toxicol Chem 16：1677-1686.

[17] Burkhard L. P.，Endicott D. D.，Cook P. M.，et al.. 2003a. Evaluation of two methods for prediction of bioaccumulation factors. Environ Sci Technol 37：4626-4634.

[18] Burkhard L. P.，Cook P. M.，Mount D. R.. 2003b. The relationship of bioaccumulative chemicals in water and sediment to residues in fish：A visualization approach. Environ Toxicol Chem 22：351-360.

[19] Burkhardt M. R.，Brenton R. W.，Kammer J. A.，et al.. 1999. Improved method for the determination of nonpurgeable suspended organic carbon in natural water by silver filter filtration，wet chemical oxidation，and infrared spectrometry. Water Res 35：329-334.

[20] Butcher J. B.，Garvey E. A.，Bierman V. J. Jr. 1998. Equilibrium partitioning of PCB congeners in the water column：Field measurements from the Hudson River. Chemosphere 15：3149-3166.

[21] Campfens J.，Mackay D.. 1997. Fugacity-based model of PCB bioaccumulation in complex aquatic food

webs. Environ Sci Technol 31：577-583.

[22] Carlberg G. E.，Martinsen K.，Kringstad A.，et al.. 1986. Influence of aquatic humus on the bioavailability of chlorinated micropollutants in Atlantic salmon. Arch Environ Contam Toxicol 15：543-548.

[23] Carter C. W.，Suffet I. H.. 1982. Binding of DDT to dissolved humic materials. Environ Sci Technol 16：735-740.

[24] Chefurka W.，Gnidec E. P. P.. 1987. Binding of [14C]DDT by submitochondrial particles. Comp Biochem Physiol 88C：213-217.

[25] Chen W.，Kan A. T.，Fu G.，et al.. 1999. Adsorption-desorption behaviors of hydrophobic organic compounds in sediments of Lake Charles，Louisiana，USA. Environ Toxicol Chem 18：1610-1616.

[26] Chin Y.，Gschwend P. M.. 1992. Partitioning of polycyclic aromatic hydrocarbons to marine porewater organic colloids. Environ Sci Technol 26：1621-1626.

[27] Chiou G. T.. 1985. Partition coefficients of organic compounds in lipid-water systems and correlation with fish bioconcentration factors. Environ Sci Technol 19：57-62.

[28] Connolly J. P.. 1991. Application of a food chain model to polychlorinated biphenyl contamination of the lobster and winter flounder food chains in New Bedford Harbor. Environ Sci Technol 25：760-770.

[29] Connolly J.，Pedersen C.. 1988. A thermodynamic-based evaluation of organic chemical accumulation in aquatic organisms. Environ Sci Technol 22：99-103.

[30] Cook P. M.，Burkhard L. P.. 1998. Development of bioaccumulation factors for protection of fish and wildlife in the Great Lakes. In：U.S. Environmental Protection Agency. National Sediment Bioaccumulation Conference Proceedings. Office of Water，Washington，DC. EPA/823/R98/002.

[31] Dean K. E.，Shafer M. M.，Armstrong D. E.. 1993. Particle-mediated transport and fate of a hydrophobic organic contaminant in southern Lake Michigan：The role of major water column particle species. J Great Lakes Res 19：480-496.

[32] de Boer J.. 1988. Chlorobiphenyls in bound and non-bound lipids of fishes；comparison of different extraction methods. Chemosphere 17：1803-1810.

[33] de Wolf W.，de Bruijn J. H. M.，Seinen W.，et al.. 1992. Influence of biotransformation on the relationship between bioconcentration factors and octanol-water partition coefficients. Environ Sci Technol 26：1197-1201.

[34] DiToro D. M.，Zarba C. S.，Hansen D. J.，et al.. 1991. Technical basis for establishing sediment quality criteria for nonionic organic chemicals using equilibrium partitioning. Environ Toxicol Chem 10：1541-1583.

[35] Eadie B. J.，Morehead N. R.，Landrum P. F.. 1990. Three-phase partitioning of hydrophobic organic compounds in Great Lake waters. Chemosphere 20：161-178.

[36] Eadie B. J.，Morehead N. R.，Val Klump J.，et al.. 1992. Distribution of hydrophobic organic compounds between dissolved and particulate organic matter in Green Bay waters. J Great Lakes Res 18：91-97.

[37] Endicott D. D., Cook P. M.. 1994. Modeling the partitioning and bioaccumulation of TCDD and other hydrophobic organic chemicals in Lake Ontario. Chemosphere 28：75-87.

[38] Evans H. E.. 1988. The binding of three PCB congeners to dissolved organic carbon in freshwaters. Chemosphere 12：2325-2338.

[39] Ewald G., Bremle G., Karlsson A.. 1998. Differences between Bligh and Dyer and Soxhlet extractions of PCBs and lipids from fat and lean fish muscle：Implications for data evaluation. Marine Pollut Bull 36：222-230.

[40] Ewald G., Larsson P.. 1994. Partitioning of 14C-labelled 2，2'，4，4'-tetrachlorobiphenyl between water and fish lipids. Environ Toxicol Chem 13：1577-1580.

[41] Exler J.. 1987. Composition of Foods：Finfish and Shellfish Products；Raw，Processed，Prepared. U.S. Department of Agriculture，Human Nutrition Information Service. Agriculture Handbook Number 8-15.（available at：http：//www.nal.usda.gov/fnic/foodcomp/data/sr14/sr14.html.）

[42] Fisk A. T., Norstron R. J., Cymbalisty C. C., et al.. 1998. Dietary accumulation and depuration of hydrophobic organochlorines：Bioaccumulation parameters and their relationship with the octanol/water partition coefficient. Environ Toxicol Chem 17：951-961.

[43] Flint R.. 1986. Hypothesized carbon flow through the deep water Lake Ontario food web. J Great Lakes Res 12：344-354.

[44] Gauther T. D., Shane E. C., Guerin W. F., et al.. 1986. Fluorescence quenching method for determining equilibrium constants for polycyclic aromatic hydrocarbons binding to dissolved humic materials. Environ Sci Technol 20：1162-1166.

[45] Gobas F. A. P. C.. 1993. A model for predicting the bioaccumulation of hydrophobic organic chemicals in aquatic food-webs：Application to Lake Ontario. Ecol Mod 69：1-17.

[46] Gobas F. A. P. C., Pasternak J. P., Lien K., et al.. 1998. Development and field-validation of a multi-media exposure assessment model for waste load allocation in aquatic ecosystems：Application to TCDD and TCDF in the Fraser River Watershed. Environ Sci Technol 32：2442-2449.

[47] Gschwend P. M., Wu S-C.. 1985. On the constancy of sediment-water partition coefficients of hydrophobic organic pollutants. Environ Sci Technol 19：90-96.

[48] Gustafsson O., Haghseta F., Chan C., et al.. 1997. Quantification of the dilute sedimentary soot-phase：Implications for PAH speciation and bioavailability. Environ Sci Technol 31：203-209.

[49] Haitzer M., Hoss S., Traunspurger W., et al.. 1998. Effects of dissolved organic matter（DOM）on the bioconcentration of organic chemicals in aquatic organisms：A review. Chemosphere 37：1335-1362.

[50] Haitzer M., Akkanen J., Steinberg C., et al.. 2001. No enhancement in bioconcentration of organic contaminants by low levels of DOM. Chemosphere 44：165-171.

[51] Hamelink J. L., Landrum P. F., Bergman H. L., et al.. eds. 1994. Bioavailability：Physical，Chemical and Biological Interactions. Lewis Publishers，Boca Raton，FL. pp. 73-170.

[52] Hara A.，Radin N.. 1978. Lipid extraction of tissues with a low-toxicity solvent. Anal Biochem 90：420-426.

[53] Hassett J. P.，Anderson M. A.. 1979. Association of hydrophobic organic compounds with dissolved organic matter in aquatic systems. Environ Sci Technol 13：1526-1529.

[54] Havens K.. 1992. Scale and structure in natural food webs. Science 257：1107-1109.

[55] Hebert C. E.，Keenleyside K. A.. 1995. To normalize or not to normalize？ Fat is the question. Environ Toxicol Chem 14：801-808.

[56] Henderson R. J.，Tocher D. R.. 1987. The lipid composition and biochemistry of freshwater fish. Prog Lipid Res 26：281-347.

[57] Herbert B. E.，Bertsch P. M.，Novak J. M.. 1993. Pyrene sorption by water-soluble organic carbon. Environ Sci Technol 27：398-403.

[58] Herlihy A. T.，Larsen D. P.，Paulsen S. G.，et al.. 2000. Designing a spatially balanced，randomized site selection process for regional stream surveys：The EMAP Mid-Atlantic Pilot Study. Environ Monitor Assess 63：95-113.

[59] Iannuzzi T. J.，Harrington N. W.，Shear N. M.，et al.. 1996. Distribution of key exposure factors controlling the uptake of xenobiotic chemicals in an estuarine food web. Environ Toxicol Chem 15：1979-1992.

[60] Isnard P.，Lambert S.. 1988. Estimating bioconcentration factors from octanol-water partition coefficients and aqueous solubility. Chemosphere 17：21-34.

[61] Jepsen R.，Borglin S.，Lick W.，et al.. 1995. Parameters affecting the adsorption of hexachlorobenzene to natural sediments. Environ Toxicol Chem 9：1487-1497.

[62] Kammer J. A.. 2000. Personal communication with Amy Benson，Abt Associates，Inc.，Bethesda，MD，January 28.

[63] Karickhoff S. W.. 1984. Organic pollutant sorption in aquatic systems. J Hydraul Div Am Soc Civ Eng 110：707-735.

[64] Karickhoff S. W.，Brown D. S.，Scott T. A.. 1979. Sorption of hydrophobic pollutants on natural sediments. Water Res 13：241-248.

[65] Krzynowek J.，Murphy J.. 1987. Proximate Composition，Energy，Fatty Acid，Sodium，and Cholesterol Content of Finfish，Shellfish，and Their Products. NOAA Technical Report NMFS 55. Department of Commerce，National Oceanic and Atmospheric Administration，National Marine Fisheries Service. July.

[66] Kukkonen J.. 1995. The role of natural organic material on the fate and toxicity of xenobiotics in aquatic environment. In：The Contaminants and the Nordic Ecosystem：Dynamics，Processes and Fate. Ecovision World Monographs Series. M. Munawar and M. Luotola（eds.）. Academic Publishing，Amsterdam. pp. 95-108.

[67] Kukkonen J.，Oikari A.. 1991. Bioavailability of organic pollutants in boreal waters with varying levels of

dissolved organic material. Water Res 23：455-463.

[68] Kukkonen J.，Oikari A.，Johnsen S.，et al.. 1989. Effects of humus concentrations on benzo[*a*]pyrene accumulation from water to Daphnia magna：Comparison of natural waters and standard preparations. Sci Total Environ 79：197-207.

[69] Kukkonen J.，Pellinen J.. 1994. Binding of organic xenobiotics to dissolved organic macromolecules：Comparison of analytical methods. Sci Total Environ 152：19-29.

[70] Landrum P. F.，Nihart S. R.，Eadie B. J.，et al.. 1984. Reverse-phase separation method for determining pollutant binding to Aldrich humic acid and dissolved organic carbon of natural waters. Environ Sci Technol 18：187-192.

[71] Landrum P. F.，Reinhold M. D.，Nihart S. R.，et al.. 1985. Predicting the bioavailability of organic xenobiotics to Pontoporeia hoyi in the presence of humic and fulvic materials and natural dissolved organic carbon. Environ Toxicol Chem 4：459-467.

[72] LeBlanc G. A.. 1995. Trophic-level differences in the bioconcentration of chemicals：Implications in assessing environmental biomagnification. Environ Sci Technol 29：154-160.

[73] Leversee G. J.，Landrum P. F.，Giesy J. P.，. et al.. 1983. Humic acids reduce bioaccumulation of some polycyclic aromatic hydrocarbons. Can J Fish Aquat Sci 40：63-69.

[74] Lick W.，Rapaka V.. 1996. A quantitative analysis of the dynamics of the sorption of hydrophobic organic chemicals to suspend the sediments. Environ Toxicol Chem 15：1038-1040.

[75] Mackay D.. 1982. Correlation of bioconcentration factors. Environ Sci Technol 16：274-278.

[76] Mackay D.. 1991. Multimedia Environmental Models：The Fugacity Approach. Lewis Publishers，Chelsea，MI.

[77] Martinez N. D.. 1991. Artifacts or attributes？ Effects of resolution on the Little Rock Lake food web. Ecolog Monogr 61：367-392.

[78] McCarthy J. F.，Jimenez B. D.. 1985a. Interactions between polycyclic aromatic hydrocarbons and dissolved humic material：Binding and dissociation. Environ Sci Technol 19：1072-1076.

[79] McCarthy J. F.，Jimenez B. D.. 1985b. Reduction in bioavailability to bluegills of polycyclic aromatic hydrocarbons bound to dissolved humic material. Environ Toxicol Chem 4：511-521.

[80] McCarthy J. F.，Jimenez B. D.，Barbee T.. 1985. Effect of dissolved humic material on accumulation of polycyclic aromatic hydrocarbons：Structure-activity relationships. Aquat Toxicol 7：15-24.

[81] Morrison H. A.，Gobas F. A. P. C.，Lazar R.，et al.. 1997. A food web bioaccumulation model for organic contaminants in western Lake Erie. Environ Sci Technol 31：3267-3273.

[82] Niimi A. J.. 1985. Use of laboratory studies in assessing the behavior of contaminants in fish inhabiting natural ecosystems. Wat Poll Res J Can 20：79-88.

[83] Oliver B. G.，Niimi A. J.. 1983. Bioconcentration of chlorobenzenes from water by rainbow trout：Correlations with partition coefficients and environmental residues. Environ Sci Technol 17：287-291.

[84] Oliver B. G.，Niimi A. J.. 1988. Trophodynamic analysis of polychlorinated biphenyl congeners and other chlorinated hydrocarbons in the Lake Ontario ecosystem. Environ Sci Technol 22：388-397.

[85] Pereira W. E.，Rostad C. E.，Chiou C. T.，et al.. 1988. Contamination of estuarine water，biota，and sediment by halogenated organic compounds：A field study. Environ Sci Technol 22：772-778.

[86] Perminova I. V.，Grechishcheva N. Y.，Petrosyan V. S.. 1999. Relationships between structure and binding affinity of humic substances for polycyclic aromatic hydrocarbons：Relevance of molecular descriptors. Environ Sci Technol 33：3781-3787.

[87] Pignatello J. J.，Xing B.. 1996. Mechanisms of slow sorption of organic chemicals to natural particles. Environ Sci Technol 30：1-11.

[88] Poerschmann J.，Zhang Z.，Kopinke F-D.，et al.. 1997. Solid phase microextraction for determining the distribution of chemicals in aqueous matrices. Anal Chem 69：597-600.

[89] QEA. 1999. PCBs in the Upper Hudson River. Volume 2 - A Model of PCB Fate，Transport，and Bioaccumulation. Prepared for General Electric，Albany，New York.

[90] Ramos E. U.，Meijer S. N.，Vaes W. H. J.，et al.. 1998. Using solid phase microextraction to determine partition coefficients to humic acids and bioavailable concentrations of hydrophobic chemicals. Environ Sci Technol 32：3430-3435.

[91] Randall R. C.，Lee II H.，Ozretich R. J.，et al.. 1991. Evaluation of selected lipid methods for normalizing pollutant bioaccumulation. Environ Toxicol Chem 10：1431-1436.

[92] Randall R. C.，Young D. R.，Lee II H.，et al.. 1998. Lipid methodology and pollutant normalization relationships for neutral nonpolar organic pollutants. Environ Toxicol Chem 17：788-791.

[93] Rasmussen D.. 1998. Toxic Substances Monitoring Program（TSMP）：Data Base Description. California Environmental Protection Agency，State Water Resources Control Board，Water Quality Division. 16.

[94] Rasmussen J. B.，Rowan D. J.，Lean D. R. S.，et al.. 1990. Food chain structure and Ontario Lakes determines PCB levels in lake trout（Salvelinus namaycush）and other pelagic fish. Can J Fish Aquat Sci 47：2030-2038.

[95] Reinert R. E.. 1969. Insecticides and the Great Lakes. Limnos 2：3-9.

[96] Reinert R. E.，Stewart D.，Seagran H. L.. 1972. Effects of dressing and cooking on DDT concentrations in certain fish from Lake Michigan. J Fish Res Board Can 29：525-529.

[97] Ricker W. E.. 1973. Linear regressions in fishery research. J Fish Res Board Can 30：409-434.

[98] Russell R. W.，Gobas F. A. P. C.，Haffner G. D.. 1999. Role of chemical and ecological factors in trophic transfer of organic chemicals in aquatic food webs. Environ Toxicol Chem 18：1250-1257.

[99] Schlautman M. A.，Morgan J. J.. 1993. Effects of aqueous chemistry on the binding of polycyclic aromatic hydrocarbons by dissolved humic materials. Environ Sci Technol 27：961-969.

[100] Schwarzenbach R. P.，Gschwend P. M.，Imboden D. M.. 1993. Environmental Organic Chemistry. Wiley，New York.

[101] Servos M. R.，Muir D. C. G.. 1989. Effect of dissolved organic matter from Canadian shield lakes on the bioavailability of 1,3,6,8-tetrachlorodibenzo-*p*-dioxin to the amphipod Cranconyx laurentianus. Environ Toxicol Chem 8：141-150.

[102] Servos M. R.，Muir D. C. G.，Webster G. R. B.. 1989. The effect of dissolved organic matter on the bioavailability of polychlorinated dibenzo-p-dioxins. Aquatic Toxicol 14：169-184.

[103] Seth R.，MacKay D.，Muncke J.. 1999. Estimating the organic carbon partition coefficient and its variability for hydrophobic chemicals. Environ Sci Technol 33：2390-2394.

[104] Sidwell V. D.. 1981. Chemical and Nutritional Composition of Finfishes，Whales，Crustaceans，Mollusks，and Their Products. NOAA Technical Memorandum NMFS F/SEC-11. Department of Commerce，National Oceanic and Atmospheric Administration，National Marine Fisheries Service. January.

[105] Stow C. A.，Jackson L. J.，Amrhein J. F.. 1997. An examination of the PCB：lipid relationship among individual fish. Can J Fish Aquat Sci 54：1031-1038.

[106] Suffet I. H.，Jafvert C. T.，Kukkonen J.，et al.. 1994. Chapter 3：Synopsis of Discussion Session：Influences of Particulate and Dissolved Material on the Bioavailability of Organic Compounds. In：Bioavailability：Physical，Chemical and Biological Interactions，Hamelink J. L.，Landrum P. F.，Bergman H. L.，et al..（eds.）. Lewis Publishers，Boca Raton，FL. pp. 155-170.

[107] Swackhamer D. L.，Hites R. A.. 1988. Occurrence and bioaccumulation of organochlorine compounds in fishes from Siskiwit Lake，Isle Royale，Lake Superior. Environ Sci Technol 22：543-548.

[108] Thomann R. V.. 1989. Bioaccumulation model of organic chemical distribution in aquatic food chains. Environ Sci Technol 23：699-707.

[109] Thomann R. V.，Connolly J. P.，Parkerton T. F.. 1992. An equilibrium model of organic chemical accumulation in aquatic food webs with sediment interaction. Environ Toxicol Chem 11：615-629.

[110] Thurman E. M.. 1985. Organic Geochemistry of Natural Waters，Martinus Nijhoff/Dr. W. Junk，Dordrecht，The Netherlands. 497.

[111] Tomson M. B.，Pignatello J. J.. 1999. Editorial：Causes and effects of resistant sorption in natural particles. Environ Toxicol Chem 8：1609.

[112] USDA（U.S. Department of Agriculture）. 1998. 1994-1996 Continuing Survey of Food Intakes by Individuals and 1994-1996 Diet and Health Knowledge Survey. U.S. Department of Agriculture，Agricultural Research Service.（Available from National Technical Information Service，Springfield VA，NTIS Document Number：PB98-500457）.

[113] USEPA（U.S. Environmental Protection Agency）. 1980. Appendix C—Guidelines and Methodology Used in the Preparation of Health Effect Assessment Chapters of the Consent Decree Water Criteria Documents. Federal Register 45：79347-79357. November 28.

[114] USEPA（U.S. Environmental Protection Agency）. 1992a. National Study of Chemical Residues in Fish（Volumes I and II）. Office of Water，Washington，DC. EPA/823/R-92/008a and EPA/823/R-92/008b.

[115] USEPA（U.S. Environmental Protection Agency）. 1992b. Development and application of a model of PCBs in the Green Bay，Lake Michigan Walleye and Brown Trout and their food webs. Manhattan College，Riverdale，New York. USEPA Large Lakes Research Station，Grosse Ile，Michigan.（Technical Report prepared by J.P. Connolly et al.，Manhattan College，under cooperative agreement No. CR-815396）.

[116] USEPA（U.S. Environmental Protection Agency）. 1993. Interim Report on Data and Methods for Assessment of 2,3,7,8-Tetrachlorodibenzo-*p*-Dioxin Risks to Aquatic Life and Associated Wildlife. Office of Research and Development，Washington，DC. EPA/600/R-93/055.

[117] USEPA（U.S. Environmental Protection Agency）. 1995a. Final Water Quality Guidance for the Great Lakes System. Federal Register 60：15366-15425. March 23.

[118] USEPA（U.S. Environmental Protection Agency）. 1995b. Great Lakes Water Quality Initiative Technical Support Document for the Procedure to Determine Bioaccumulation Factors. Office of Water. Washington，DC. EPA/820/B-95/005.

[119] USEPA（U.S. Environmental Protection Agency）. 1995c. Addendum to Green Bay Final Report Food Chain Model Projections. USEPA Large Lakes Research Station，Grosse Ile，MI.（Technical Report prepared by HydroQual Inc.，Mahwah，NJ.，Contract No. 68-C3-0332）.

[120] USEPA（U.S. Environmental Protection Agency）. 1996. Ecological Effects Test Guidelines OPPTS 850.173 0 Fish BCF. Office of Prevention，Pesticides，and Toxic Substances. Washington，DC. EPA-512-C-96-129.

[121] USEPA（U.S. Environmental Protection Agency）. 1997. Further site characterization and analysis. Volume 2C - Data evaluation and interpretation report. Hudson River PCBs Reassessment RI/FS. USEPA，Region II，New York.

[122] USEPA（U.S. Environmental Protection Agency）. 1998a. Ambient Water Quality Criteria Derivation Methodology-Human Health，Technical Support Document. Final Draft. Office of Water，Washington，DC. EPA/822/B-98/005.（Report available at：http：//www.epa.gov/waterscience/humanhealth/）.

[123] USEPA（U.S. Environmental Protection Agency）. 1998b. Database for the Hudson River PCBs Reassessment RI/FS - Phase 2 Report；Release 4.1. USEPA，Region II，New York.

[124] USEPA（U.S. Environmental Protection Agency）. 2000a. Methodology for Deriving Ambient Water Quality Criteria for the Protection of Human Health（2000）. Office of Water，Washington，DC. EPA-822-B-00-004.

[125] USEPA（U.S. Environmental Protection Agency）. 2000b. Draft Technical Basis for the Derivation of Equilibrium Partitioning Sediment Benchmarks（ESBs）for the Protection of Benthic Organisms：Nonionic Organics. Draft. Office of Water，Washington，DC. EPA-822-R02-047.

[126] USEPA（U.S. Environmental Protection Agency）. 2000c. AQUATOX for Windows：A Modular Fate and Effects Model for Aquatic Ecosystems，Release 1. Vol. 1：User's Manual. Office of Water，Washington，DC.

[127] USEPA（U.S. Environmental Protection Agency）. 2000d. AQUATOX for Windows：A Modular Fate and Effects Model for Aquatic Ecosystems，Release 1. Vol. 2：Technical Documentation. Office of Water，Washington，DC.

[128] USEPA（U.S. Environmental Protection Agency）. 2000e. Trophic Level and Exposure Analyses for Selected Piscivorous Birds and Mammals. Volume I：Analyses of Species for the Great Lakes. Draft. Office of Water，Washington，DC.

[129] USEPA（U.S. Environmental Protection Agency）. 2000f. Trophic Level and Exposure Analyses for Selected Piscivorous Birds and Mammals. Volume II：Analyses of Species in the Conterminous United States. Draft. Office of Water，Washington，DC.

[130] USEPA（U.S. Environmental Protection Agency）. 2000g. Trophic Level and Exposure Analyses for Selected Piscivorous Birds and Mammals. Volume III：Appendices. Draft. Office of Water，Washington，DC.

[131] USEPA（U.S. Environmental Protection Agency）. 2001a. National Sediment Quality Survey Database，1980-1999：Fact Sheet. Office of Water，Office of Science and Technology. EPA823-F-01-002. Database available at http：//www.epa.gov/ost/cs/nsidbase.html.

[132] USEPA（U.S. Environmental Protection Agency）. 2002. Draft Action Plan for the Development of a Framework for Metals Assessment and Guidance for Characterizing and Ranking Metals（External Review Draft）. Office of Research and Development，Washington，DC. 55. EPA/630/P-02/003A.

[133] USGS（U.S. Geological Survey）. 1997. Methods of Analysis by the U.S. Geological Survey National Water Quality Laboratory—Determination of Nonpurgeable Suspended Organic Carbon by Wet-Chemical Oxidation and Infrared Spectrometry. Open-File Report 97-380. U.S. Geological Survey，National Water Quality Laboratory，Denver，Co.

[134] van den Heuvel M. R.，McCarty L. S.，Lanno R. P.，et al.. 1991. Effect of total body lipid on the toxicity and toxicokinetics of pentachlorophenol in rainbow trout（Oncorhynchus mykiss）. Aquat Toxicol 20：235-252.

[135] van Wezel A. P.，Opperhuizen A.. 1995. Narcosis due to environmental pollutants in aquatic organisms：Residue-based toxicity，mechanisms，and membrane burdens. Crit Rev Toxicol 25：255-279.

[136] Vander Zanden M. J.，Rasmussen J. B.. 1996. A trophic position model of pelagic food webs：Impact on contaminant bioaccumulation in lake trout. Ecol Monogr 66：451-477.

[137] Veith G. D.，Austin N. M.，Morris R. T.. 1979a. A rapid method for estimating log P for organic chemicals. Water Res 13：43-47.

[138] Veith G. D.，DeFoe D. F. L.，Bergstedt B. V.. 1979b. Measuring and estimating the bioconcentration factor in fish. J Fish Res Board Can 36：1040-1045.

[139] Verhaar H. J. M.，de Jongh J.，Hermans J. L. M.. 1999. Modeling the bioconcentration of organic compounds by fish：A novel approach. Environ Sci Technol 33：4069-4072.

[140] Wu S-C，Gschwend P. M.. 1986. Sorption kinetics of hydrophobic organic compounds to natural

sediments and soils. Environ Sci Technol 20：717-725.

[141] Yin C.，Hassett J. P.. 1986. Gas-partitioning approach for laboratory and field studies of Mirex fugacity in water. Environ Sci Technol 20：1213-1217.

[142] Yin C.，Hassett J. P.. 1989. Fugacity and phase distribution of Mirex in Oswego River and Lake Ontario waters. Chemosphere 19：1289-1296.

附录A 有机化学物质生物富集与生物累积基础公式推导

本附录详细介绍了有机化学物质生物富集和生物累积基础公式推导，这些公式是EPA生物累积系数方法学中生物富集系数和生物累积系数推导方法的基础。公式以广泛认可并经同行审核的科学原理和理论为基础，正如本附录所提及的那样。编写本附录旨在介绍技术支持文件的更多背景。因此，将某些附加符号（例如下标和上标）添加到公式上，以提供公式推导的明确讨论。

A.1 生物富集

适用于所有类别的化学物质的基础生物富集系数定义如下。

$$\mathrm{BCF}_{\mathrm{T}}^{\mathrm{t}}=\frac{C_{\mathrm{B}}^{\mathrm{t}}}{C_{\mathrm{w}}^{\mathrm{t}}} \tag{4-A-1}$$

式中：$\mathrm{BCF}_{\mathrm{T}}^{\mathrm{t}}$——总生物富集系数（即基于水中和水生生物中化学物质总浓度的生物富集系数）；

$C_{\mathrm{B}}^{\mathrm{t}}$——水生生物中化学物质的总浓度，基于水生生物的湿重；

$C_{\mathrm{w}}^{\mathrm{t}}$——水生生物周围水体中化学物质的总浓度。

随着更多的生物富集信息被科学家得到和审核，大家意识到如果生物富集系数依据暴露在原始的生物富集试验中的水生生物的脂质含量进行标准化，那么将有机化学物质的生物富集系数从一个物种外推到另一个物种将更为准确，因为许多非极性有机化学物质是疏水性的，其与脂质含量成正比累积在给定的水生生物中（Mackay，1982；Connolly and Pederson，1988；Thomann，1989）。大家也意识到，如果生物富集系数是基于水生生物周围水体中有机化学物质的自由溶解态浓度计算的话，则有机化学物质的生物富集系数从一个水体外推到另一个水体将更为准确。因此，定义并运用了另外两个生物富集系数。

$$\mathrm{BCF}_{\mathrm{l}}^{\mathrm{t}}=\frac{C_{\mathrm{l}}}{C_{\mathrm{W}}^{\mathrm{t}}} \tag{4-A-2}$$

$$\mathrm{BCF}_{\mathrm{l}}^{\mathrm{fd}}=\frac{C_{\mathrm{l}}}{C_{\mathrm{w}}^{\mathrm{fd}}} \tag{4-A-3}$$

式中：$\mathrm{BCF}_{\mathrm{l}}^{\mathrm{t}}$——脂质标准化的总生物富集系数（即标准化为100%脂质，基于生物周围水体中化学物质的总浓度）；

C_{l}——水生生物中化学物质的脂质标准化浓度；

$\mathrm{BCF}_{\mathrm{l}}^{\mathrm{fd}}$——基于脂质标准化和自由溶解态的生物富集系数；

$C_{\mathrm{w}}^{\mathrm{fd}}$——水生生物周围水体中化学物质的自由溶解态浓度。

C_l 的实验定义如下。

$$C_l = \frac{\text{化学物质在水生生物中的总量}}{\text{水生生物的脂质总量}} = \frac{B \cdot C_B^t}{L} = \frac{B \cdot C_B^t}{f_l \cdot B} = \frac{C_B^t}{f_l} \qquad (4\text{-A-4})$$

式中：B——水生生物的湿重；

L——水生生物的脂质总量；

f_l——水生生物的脂质分数，$f_l = L/B$。

用式（4-A-4）来替代式（4-A-2）中的 C_l，然后运用式（4-A-1）。

$$\mathrm{BCF}_l^t = \frac{C_B^t}{C_w^t \cdot f_l} = \frac{\mathrm{BCF}_T^t}{f_l} \qquad (4\text{-A-5})$$

假设 f_{fd} 为水生生物周围水体中化学物质的自由溶解态分数，则有下式。

$$f_{fd} = \frac{C_w^{fd}}{C_w^t} \qquad (4\text{-A-6})$$

用式（4-A-4）和式（4-A-6）来替代式（4-A-3）中的 C_l 和 C_w^{fd}，然后运用式（4-A-1）。

$$\mathrm{BCF}_l^{fd} = \frac{C_B^t}{f_l \cdot C_w^t \cdot f_{fd}} = \frac{\mathrm{BCF}_T^t}{f_l \cdot f_{fd}} \qquad (4\text{-A-7})$$

式（4-A-1）、式（4-A-5）和式（4-A-7）显示了三个不同的 BCF 之间的关系。

水环境中有机化学物质的脂质标准化与自由溶解态浓度的应用在理论上的合理性证明是建立在平衡分配的概念之上的，而实际的合理性证明是由物种与水体间有机化学物质的 BCF_l^{fd} 值的一般相似性提供的。该平衡分配概念在下节中有进一步讨论。但是，在第 A.2 节中将证明，平衡分配理论的较为全面的应用显示 BCF_l^{fd} 只对 K_{ow} 大于 1 000 的化学物质外推良好，而不同的 BCF（BCF_L^{fd}）对 K_{ow} 大于 1 000 的有机化学物质以及 K_{ow} 小于 1 000 的化学物质均外推良好。

A.2　分配理论与生物富集

平衡分配理论提供了确保在推导有机化学物质水质基准过程中正确运用 K_{ow}、BCF 和 BAF 所需的理解。为了应用分配理论，水生生物可被建成为由水、脂质和非脂质有机物质组成的模型（Barber et al.，1991）。在该模型中，有机化学物质在水生生物中分为三个相：

（1）生物体内水中自由溶解态化学物质；

（2）分配至生物体内脂质中的化学物质；

（3）分配至生物体内非脂质有机物中的化学物质。

生物体内水中的化学物质总浓度包括分配至水中脂质和非脂质有机物中的化学物质。

根据该模型有下式。

$$C_{\mathrm{B}}^{\mathrm{t}} = f_{\mathrm{w}} \cdot C_{\mathrm{wB}}^{\mathrm{fd}} + f_{\mathrm{l}} \cdot C_{\mathrm{L}} + f_{\mathrm{N}} \cdot C_{\mathrm{N}} \tag{4-A-8}$$

式中：f_{w}——水生生物的水分数；

$C_{\mathrm{wB}}^{\mathrm{fd}}$——水生生物体内水中有机化学物质的自由溶解态浓度；

f_{l}——水生生物的脂质分数；

C_{L}——脂质中的有机化学物质浓度；

f_{N}——水生生物的非脂质有机物分数；

C_{N}——水生生物的非脂质有机物中有机化学物质浓度。

水生生物体内有机化学物质最重要的分配是脂质和水之间的分配，由下式进行描述。

$$K_{\mathrm{LW}} = \frac{C_{\mathrm{L}}}{C_{\mathrm{wB}}^{\mathrm{fd}}} \tag{4-A-9}$$

式中：K_{LW}——脂质-水分配系数。

此处采用“K_{LW}”（Gobas，1993）是因为它比 DiToro 等（1991）采用的“K_{L}”更具描述性。该分配系数对于用来推导沉积物质量基准（DiToro et al.，1991）的平衡分配法、基于Gobas模型的食物链倍增系数以及此处给出的用于推导国家生物累积系数方法学中的生物富集系数和生物累积系数的公式是至关重要的。

为了确保式（4-A-8）和式（4-A-9）正确，分配理论需要脂质中有机化学物质的浓度（C_{L}），定义如下。

$$C_{\mathrm{L}} = \frac{\text{化学物质在水生生物脂质中的含量}}{\text{水生生物的脂质含量}}$$

难以通过实验来确定 C_{L}，因为不容易只测定分配到脂质中的化学物质（即根据模型不容易区分化学物质分配进入水生生物体内的三个不同部分）。因为在确定 C_{l} 时水生生物中所有有机化学物质均被测定，所以 C_{l} 可以很容易确定，且 C_{l} 高于 C_{L}。

将另一个 BCF 定义如下是有用的。

$$\mathrm{BCF}_{\mathrm{L}}^{\mathrm{fd}} = \frac{C_{\mathrm{L}}}{C_{\mathrm{w}}^{\mathrm{fd}}} \tag{4-A-10}$$

由于 C_{L} 小于 C_{l}，故 $\mathrm{BCF}_{\mathrm{L}}^{\mathrm{fd}} < \mathrm{BCF}_{\mathrm{l}}^{\mathrm{fd}}$。

K_{LW} 和 $\mathrm{BCF}_{\mathrm{L}}^{\mathrm{fd}}$ 之间的唯一区别在于 K_{LW} 中的分母是 $C_{\mathrm{wB}}^{\mathrm{fd}}$，而 $\mathrm{BCF}_{\mathrm{L}}^{\mathrm{fd}}$ 中的分母是 $C_{\mathrm{w}}^{\mathrm{fd}}$。但是，如果分配理论适用，则所有相都处于平衡状态之中，故得出下式。

$$C_{\mathrm{w}}^{\mathrm{fd}} = C_{\mathrm{wB}}^{\mathrm{fd}} \tag{4-A-11}$$

因此，当有机化学物质没有被水生生物代谢且生长稀释可被忽略时有下式。

$$\mathrm{BCF}_{\mathrm{L}}^{\mathrm{fd}} = K_{\mathrm{LW}} \tag{4-A-12}$$

在实验室试验中已证明化学物质辛醇是脂质的有用替代物，因此合理的近似值如下。

$$K_{LW} = K_{ow} \tag{4-A-13}$$

式中：K_{ow}——正辛醇-水分配系数。

故得出下式。

$$\mathrm{BCF}_{L}^{fd}\ \text{预测值} = K_{LW} = K_{ow} \tag{4-A-14}$$

用式（4-A-9）和式（4-A-11）来替代式（4-A-8）中的 C_L 和 C_{wB}^{fd}。

$$C_B^t = f_w \bullet C_w^{fd} + f_l \bullet \mathrm{BCF}_L^{fd} \bullet C_w^{fd} + f_N \bullet C_N \tag{4-A-15}$$

用式（4-A-6）来替代式（4-A-15）中的 C_w^{fd}。

$$C_B^t = f_w \bullet f_{fd} \bullet C_w^t + f_l \bullet \mathrm{BCF}_L^{fd} \bullet f_{fd} \bullet C_w^t + f_N \bullet C_N \tag{4-A-16}$$

除以 C_w^t 得到下式。

$$\frac{C_B^t}{C_w^t} = f_w \bullet f_{fd} + f_l \bullet \mathrm{BCF}_L^{fd} \bullet f_{fd} + \frac{f_N \bullet C_N}{C_w^t} \tag{4-A-17}$$

用式（4-A-1）并重新整理后得到下式。

$$\mathrm{BCF}_T^t = f_{fd} \bullet \left(f_w + f_l \bullet \mathrm{BCF}_L^{fd} + \frac{f_N \bullet C_N}{f_{fd} \bullet C_w^t} \right) \tag{4-A-18}$$

用式（4-A-6）则得出下式。

$$\mathrm{BCF}_T^t = f_{fd} \bullet \left(f_w + f_l \bullet \mathrm{BCF}_L^{fd} + \frac{f_N \bullet C_N}{C_w^{fd}} \right) \tag{4-A-19}$$

代入 $x = f_w + f_N \bullet C_N / C_w^{fd}$，并重新整理后得到下式。

$$\mathrm{BCF}_T^t = f_{fd} \bullet (x + f_l \bullet \mathrm{BCF}_L^{fd}) \tag{4-A-20}$$

“$f_l \bullet \mathrm{BCF}_L^{fd}$”代表水生生物脂质中所分配的有机化学物质的量；而在“x”中，“f_w”代表水生生物体内水中自由溶解态有机化学物质的量；“$f_N \bullet C_N / C_w^{fd}$”代表水生生物非脂质有机物中所分配的有机化学物质的量。这三个量的相对量级取决于下列因素：

（1）由于构成生物总质量的骨头和其他无机物存在的缘故，$f_w + f_l + f_N$ 之和必需小于 1；

（2）f_w 通常为 0.7～0.9；

（3）如果要用到 BAF 或 BCF，则必需在相关生物体内测定 f_l，或必需从其他类似水生生物中估算 f_l，f_l 通常在 0.03～0.15；

（4）“C_N / C_w^{fd}”类似于 BCF_L^{fd}[参见式(4-A-10)]，因此可能与 K_{ow} 相关[参见式(4-A-14)]，尽管化学物质对非脂质有机物的亲和性可能要比对脂质的亲和性小得多。

虽然这种考虑有助于理解式（4-A-20）中的“x”，但“x”的大小只对 $\lg K_{ow}$ 范围在 1～3 的化学物质是重要的。对于 $\lg K_{ow}$ 大约为 1 的有机化学物质而言，f_{fd} 大约为 1。此外，这类化学物质的分布使得化学物质本身在水生生物体内水中和不同的有机相中具有类似的浓度，这意味着如果新陈代谢和生长稀释均是可以忽略的话，那么 BCF_T^t 将大约为 1。$\lg K_{ow}$ 小于 1 的有机化学物质也会有 1 个量级的 BCF_T^t，因为水是水生生物中的主要成分。在 $\lg K_{ow}$ 的范围不可忽略的情况下，将“ x ”设为等于 1 大约是正确的（参见 McCarty et al.，1992）。

将 $x=1$ 代入式（4-A-20）。

$$BCF_T^t = f_{fd} \cdot (1 + f_l \cdot BCF_L^{fd}) \tag{4-A-21}$$

重新整理后得到下式。

$$BCF_L^{fd} = \left(\frac{BCF_T^t}{f_{fd}} - 1 \right) \cdot \frac{1}{f_l} \tag{4-A-22}$$

由于 BCF_L^{fd} 对化学物质的水生生物脂质含量和自由溶解态分数进行了标准化，所以其被称之为“基线 BCF”。基线 BCF 对于具有较高和较低 K_{ow} 值的有机化学物质从一个物种外推至另一个物种以及从一个水体外推至另一个水体是最有用的 BCF。基线 BCF 旨在将有机化学物质的生物富集引入到脂质和水之间进行分配。

式（4-A-12）、式（4-A-13）和式（4-A-22）显示 K_{ow} 和

$$\left(\frac{BCF_T^t}{f_{fd}} - 1 \right) \cdot \frac{1}{f_l}$$

均是基线 BCF 的有用近似值。虽然几年内这两个近似值将可能会有所改进，但这些改进不会从本质上影响 BCF，且可能不需要对公式或术语的其余部分作出改变。

当 BCF_T^t 大于 1 000 时，式（4-A-22）中的“−1”是可以忽略的，因此该公式变得相当于式（4-A-7）（即当 BCF_T^t 较大时，它通常表示化学物质易于分配并累积在水生生物的脂质部分，因此 BCF_l^{fd} 是基线 BCF 的一个有用近似值）。

A.3 推导 BAF 和基线 BAF 的基础公式

正如前面提到的那样，生物累积表示来自所有暴露来源的化学物质的摄取和滞留，包括只是水（即生物富集）和食物链在内，因此通过类似方法用 BAF 替代式（4-A-21）和式（4-A-22）中的 BCF。

$$BAF_T^t = f_{fd} \cdot (1 + f_l \cdot BAF_L^{fd}) \tag{4-A-23}$$

$$BAF_L^{fd} = \left(\frac{BAF_T^t}{f_{fd}} - 1 \right) \cdot \frac{1}{f_l} \tag{4-A-24}$$

如同 BCF 一样，BAF_L^{fd} 可被称之为“基线 BAF”，因为它将水生生物脂质含量和水中化学物质的自由溶解态分数标准化。它也是具有较高和较低 K_{ow} 值的化学物质从一个物种外推至另一个物种以及从一个水体外推至另一个水体最有用的 BAF。

A.4 基准的计算

基线 BCF 和 BAF 可在物种和水体之间外推，但它们不能直接用在基于水中化学物质总浓度的基准计算过程中。计算基准所需的 BCF 和 BAF 可以根据测定得到的或预测得到的基线 BCF 和 BAF，运用由式（4-A-21）和式（4-A-23）推导出的下列公式进行计算。

$$\mathrm{BCF}_{\mathrm{T}}^{\mathrm{t}} = f_{\mathrm{fd}} \bullet (1 + \text{基线}\mathrm{BCF} \bullet f_{\mathrm{l}}) \tag{4-A-25}$$

$$\mathrm{BAF}_{\mathrm{T}}^{\mathrm{t}} = f_{\mathrm{fd}} \bullet (1 + \text{基线}\mathrm{BAF} \bullet f_{\mathrm{l}}) \tag{4-A-26}$$

A.5 推导 FCM 和 BMF 的基础公式

食物链倍增系数（FCM）用于 BAF 方法 3 和方法 4 中（参见第 5.3 节和第 5.4 节）来估算生物放大食物链的化学物质的 BAF。FCM 可定义如下。

$$\mathrm{FCM} = \frac{\text{基线}\mathrm{BAF}}{\text{基线}\mathrm{BCF}} = \frac{\mathrm{BAF}_{\mathrm{L}}^{\mathrm{fd}}}{\mathrm{BCF}_{\mathrm{L}}^{\mathrm{fd}}} \tag{4-A-27}$$

由式（4-A-27）得出的一些结果如下。

（1）将式（4-A-22）和式（4-A-24）代入式（4-A-27）。

$$\mathrm{FCM} = \frac{\mathrm{BAF}_{\mathrm{T}}^{\mathrm{t}} - f_{\mathrm{fd}}}{\mathrm{BCF}_{\mathrm{T}}^{\mathrm{t}} - f_{\mathrm{fd}}} \tag{4-A-28}$$

因此，只有当 f_{fd} 比 $\mathrm{BAF}_{\mathrm{T}}^{\mathrm{t}}$ 和 $\mathrm{BCF}_{\mathrm{T}}^{\mathrm{t}}$ 小得多时，$\mathrm{BAF}_{\mathrm{T}}^{\mathrm{t}} = \mathrm{FCM} \bullet \mathrm{BCF}_{\mathrm{T}}^{\mathrm{t}}$。

（2）当 FCM = 1 时（如 Gobas 模型中的营养级 2）得到下式。

$$\text{基线}\mathrm{BAF} = \text{基线}\mathrm{BCF} \tag{4-A-29}$$

（3）基线 BAF 预测值可运用 FCM 和式（4-A-27）重新整理得到下式。

$$\text{基线}\mathrm{BAF}\text{预测值} = \mathrm{FCM} \bullet \text{基线}\mathrm{BCF} \tag{4-A-30}$$

a. 在式（4-A-22）中运用实验室测定的 BCF 得到下式。

$$\text{基线}\mathrm{BAF}\text{预测值} = \mathrm{FCM} \bullet \text{基线}\mathrm{BCF}\text{实测值} \tag{4-A-31}$$

$$= \mathrm{FCM} \bullet \left(\frac{\mathrm{BCF}_{\mathrm{T}}^{\mathrm{t}}}{f_{\mathrm{fd}}} - 1 \right) \bullet \frac{1}{f_{\mathrm{l}}} \tag{4-A-32}$$

b. 在式（4-A-14）中运用 BCF 预测值得到下式。

$$\text{基线}\mathrm{BAF}\text{预测值} = \mathrm{FCM} \bullet \mathrm{BCF}_{\mathrm{L}}^{\mathrm{fd}}\text{预测值} \tag{4-A-33}$$

$$= \mathrm{FCM} \bullet K_{\mathrm{ow}} \tag{4-A-34}$$

对于基线 BAF 预测值所适用的水生生物营养级来说，用于计算基线 BAF 预测值的 FCM 必需是合适的。

虽然可用 FCM 使 BAF 与 BCF 相关，但 BAF 与 BCF 也可用生物放大系数（BMF）

相关联。这两个系统是完全兼容的，但是如果所用术语不一致或不明确的话，可能造成混淆。因为 FCM 和 BMF 均被用在指南文件和其他文件中，在此处解释这两者之间的关系是有必要的。根本区别在于 FCM 总是与营养级 1（TL1）相关，而 BMF 则总是与低一营养级相关。在 FCM 系统中有下式。

$$BAF_{TL1} = BCF$$

$$BAF_{TL2} = FCM_{TL2} \bullet BAF_{TL1}$$

$$BAF_{TL3} = FCM_{TL3} \bullet BAF_{TL1}$$

$$BAF_{TL4} = FCM_{TL4} \bullet BAF_{TL1}$$

在 BMF 体系中有下式。

$$BAF_{TL1} = BCF$$

$$BAF_{TL2} = BMF_{TL2} \bullet BAF_{TL1}$$

$$BAF_{TL3} = BMF_{TL3} \bullet BAF_{TL2}$$

$$BAF_{TL4} = BMF_{TL4} \bullet BAF_{TL3}$$

故有下式。

$$BMF_{TL2} = FCM_{TL2}$$

$$BMF_{TL3} = FCM_{TL3} / FCM_{TL2}$$

$$BMF_{TL4} = FCM_{TL4} / FCM_{TL3}$$

新陈代谢和生长稀释均可导致 BMF 小于 1。

A.6 参考文献

[1] Barber M. G.，Suarez L. A.，Lassiter R. R.. 1991. Modeling bioaccumulation of organic pollutants in fish with an application to PCBs in Lake Ontario salmonids. Can J Fish Aquat Sci 48：318-337.

[2] Connolly J.，Pedersen C.. 1988. A thermodynamic-based evaluation of organic chemical accumulation in aquatic organisms. Environ Sci Technol 22：99-103.

[3] DiToro D. M.，Zarba C. S.，Hansen D. J.，et al.. 1991. Technical basis for establishing sediment quality criteria for nonionic organic chemicals using equilibrium partitioning. Environ Toxicol Chem 10：1541-1583.

[4] Gobas F. A. P. C.. 1993. A model for predicting the bioaccumulation of hydrophobic organic chemicals in aquatic food-webs：Application to Lake Ontario. Ecol Mod 69：1-17.

[5] Mackay D.. 1982. Correlation of bioconcentration factors. Environ Sci Technol 16：274-278.

[6] McCarty L. S.，Mackay D.，Smith A. D.，et al.. 1992. Residue-based interpretation of toxicity and bioconcentration QSARs from aquatic bioassays：neutral narcotic organics. Environ Toxicol Chem 11：917-930.

[7] Thomann R.V.. 1989. Bioaccumulation model of organic chemical distribution in aquatic food chains. Environ Sci Technol 23：699-707.

附录 B　$\lg K_{ow}$ 值＞5 的化合物的辛醇-水分配系数的确定方法

B.1　引言

辛醇-水分配系数（K_{ow}）是最为广泛运用的化学参数之一。已发现化学物质的 K_{ow} 代表化学物质分配到环境中的生物和非生物组分内的倾向以及化学物质在活体生物中累积的倾向。由于这些关系，K_{ow} 被广泛用于预测化学物质在环境中的行为并用来评价化学物质对人体健康的影响。

辛醇-水分配系数（K_{ow}）是一个无量纲的量度，被定义为化学物质在由正辛醇和水组成的系统的两个相中在标准温度和压力（standard temperature and pressure，STP，25℃，1 个标准大气压）下的平衡浓度 C 的比值：

$$K_{ow}=C_{oct}/C_{w}$$

式中：C_{oct} 代表正辛醇相中的浓度；C_{w} 代表水中的浓度。相应相中的浓度以同样的单位（即 mg/ml、mol/L 等）来表示，因此，K_{ow} 是无量纲属性。由于分配系数值跨越几个数量级，所以它通常以对数（底数为 10）来表示，如此一个给定的化学物质的 $\lg K_{ow}$ 值可从 1 至大于 8。该参数也被称之为 $\lg P$ 值。

K_{ow} 在 EPA 内的一些具体应用包括：评价化学物质在水生生物、野生生物和人体内生物累积的可能性；模拟化学物质在环境中的归趋、迁移与分布；预测污染物在活体生物体内的分布；持久性生物累积物的监管措施分类；推导土壤筛选值；计算水质基准；推导沉积物质量建议值。

虽然看似一个简单的实验测定，但 K_{ow} 测定困难重重。直接测定 K_{ow} 的实验室方法的适用性和准确性受到许多因素的影响，包括 K_{ow} 值本身的大小在内。对于 $\lg K_{ow}$ 值等于或大于 5 的化学物质而言，误差的常见来源包括：①未能达到平衡；②采样过程中相位分离不完全或相间混合；③由污染物“过度”混合或导致的乳液效应；④化学物质自我聚集、发生互变或形成水合物的倾向；⑤存在少量具有较低 K_{ow} 值的污染物。这些误差往往不是随机的，而是使测定的数值低于真正的数值，常常要低一个数量级或更多。误差的可能性和程度随着 K_{ow} 增加而增加，同时似乎对某些类型的化学物质更为普遍（如卤代化合物或酞酸酯类）。因此，除了直接的实验测定方法之外，已开发出了间接的实验测定或估算 K_{ow} 值的技术。

B.1.1　实验测定技术

直接的实验测定技术包括摇瓶法、发生柱法和缓慢搅拌法。

摇瓶法是经典方法，对于 $\lg K_{ow}<5$ 的化学物质相当直接。对于具有较高 $\lg K_{ow}$ 值的

化学物质而言，摇瓶法需要大量的水，且乳状液的形成是精确测定的一大阻碍。

发生柱法用于测定更具疏水性的化学物质（即具有较高 lg K_{ow} 值的化学物质）的分配系数。这是一个繁琐的方法，对于具有较高 lg K_{ow} 值的化学物质可得到比摇瓶法更为可靠的数据，但是也曾观察到较高的氯代多氯联苯同系物的数据中有些是不连续的。

第三个直接测定技术为缓慢搅拌法。在该方法中，细心的搅动和严密的温度控制可以防止或限制乳状液的形成，可以较容易地获得可靠的非常高的分配系数。

B.1.2 间接的实验测定技术

一个间接的实验测定技术是将放射性标记物融入化学物质内，并运用放射性示踪剂检验来评价化合物在辛醇相和水相之间的分布。当有少量化合物时可运用该方法。然而，放射性示踪剂检验不是直接测定该化合物，且较低的 K_{ow} 值通常是由于存在杂质或化合物的不稳定性所造成的。

B.1.3 基于计算机的估算技术

由于难以直接准确地测定 K_{ow} 值，所以存在多种基于计算机的估算方法。可将这些方法分为两个类型：一类是基于基础化学热力学的方法，一类是需要一个具有测得 K_{ow} 值的化学物质的训练集。

B.1.3.1 基于基础热力学的技术

基于基础化学结构理论的计算机方法，不受具有测得 K_{ow} 值的化学物质训练集的限制，也不需要具有测得 K_{ow} 值的化学物质训练集。如 SPARC①模型由一组描述分子内和分子间相互作用的核心模型组成。这些模型由适当的热力学关系联系在一起，以提供期望条件下（如温度、压力和溶剂等）活性参数的估算值。

B.1.3.2 运用化学物质训练集的技术

需要化学物质训练集的方法运用定量的属性-属性关系（quantitative property-property ralationship，QPPR）或定量的结构活性关系（quantitative structure activity relationship，QSAR）来推导 K_{ow}。在 QPPR 中，K_{ow} 值可通过采用化学物质训练集的可用数据与其他化学物质参数值（无论是测定得到的，还是计算得到的）相关联。在 QSAR 中，K_{ow} 值可根据从化学物质训练集中获得的片段常数推导得出。

QPPR 的一个应用就是根据其他实验的测定值来间接估算 K_{ow}。在该方法中，K_{ow} 与不同的被测定的属性相关联。这些技术包括运用反相高效液相色谱法（high performance liquid chromatography，HPLC）和反相薄层色谱法（thin-layer chromatography，TLC）。在应用这些方法时，K_{ow} 根据在反相柱上的停留时间与 K_{ow} 值相关联的线性公式来估算。公式是根据一组其 K_{ow} 值已确定的参照化学物质而建立的。这些是比较有效的方法，因为它们不需要浓度定量，但是线性公式不能外推至公式从中推导出来的参照化学物质所代表的 K_{ow} 值

---

① SPARC（SPARC 实施化学自动推理）是由 EPA 研究与发展办公室国家暴露研究实验室生态系统研究部的 Sam Karickhoff、Lionel Carreira 及其合作者开发的一个机械模型。一个没有可用的 *Kow* 估算性能数据的原型版本已被运用。该模型是上述模型的补充，因为开发、训练和测试是在没有 *Kow* 数据的情况下完成的（有关模型描述参见 Hilal，Carreira and Karickhoff，1994）。

范围之外。在应用过程中，参照化学物质的数值通常是从文献中得到的摇瓶值，从而导致具有较高 lg K_{ow} 值的化学物质的 K_{ow} 估算值不可靠。

除了直接和间接的测定方法外，QPPR 也可用来建立 K_{ow} 与计算得到的属性之间的关联。如 Hawker 和 Connell（1988）运用大约 20 种多氯联苯建立了 lg K_{ow} 与分子表面积之间的相关关系。他们随后通过输入各个多氯联苯的分子表面积估算了其他多氯联苯的 lg K_{ow}。该技术局限于估算与建立关系过程中所采用的化学物质相类似的化学物质的 K_{ow} 值。

在 QSAR 中，疏水性片段值是从一个测得 K_{ow} 值的大型数据库中推导得出的。这些片段常数以两种方式用于估算 K_{ow}：①一种方式是通过将构成化学物质的所有片段值相加来估算 K_{ow}，不管是通过原子还是通过官能团；②另一种方式是从一个结构类似的化合物所测的 K_{ow} 值开始，加上或减去官能团或原子的片段常数来估算特定化合物的 K_{ow}。在这两种情况下，计算得到的 K_{ow} 值也必需针对结构相近的取代基之间的邻近效应进行修正，且推导出来的 K_{ow} 值只不过与训练集的化学物质相关的数据一样。该方法也局限于预测与训练集内的化学物质结构类似的化学物质的 K_{ow} 值。存在应用 QSAR 法来估算 K_{ow} 值的计算机模型。CLOGP[①]和 LOGKOW[②]数据库均是这一方法的应用。

B.1.4 推荐法

考虑到许多可用于确定 K_{ow} 的技术及其在 EPA 内的众多重要应用，EPA 成立了一个 K_{ow} 工作组来确定与 EPA 各种计划相关的化学物质的推荐性 K_{ow} 值。在确定这些推荐性 K_{ow} 值的过程中，更可取的选择是推荐实际的测定值。对于 lg $K_{ow}<5$ 的化学物质，经典的摇瓶法是获得这些测定值的适当方法。但是，对于具有较高 lg K_{ow} 值（lg $K_{ow}>5$）的化合物而言，可靠的测得数据严重不足，且这些化学物质通常表现出累积在活体组织内或结合到土壤和沉积物中的倾向。由于这些原因，所以推荐法只限于 lg K_{ow} 值等于或大于 5 的化学物质。

B.2 确定推荐性 K_{ow} 值的方法

在确定推荐性 K_{ow} 值时，测定值要优于估算值。但是，可靠的数据缺乏或不足使得在评价数据和分配 K_{ow} 时必需用到估算法。所用到的 K_{ow} 估算法包括：计算法（如 CLOGP、LOGKOW、SPARC 和片段加减法）和 QPPR 法（如 HPLC 和 TLC 法）。所有这些方法除 SPARC 法（基于基础化学结构理论的估算法）之外，均需要化学物质训练集的 K_{ow} 测定值。

从这些数据中分配一个 K_{ow} 值将必然涉及评价所有输入数据的可靠性以及支持推荐性 K_{ow} 值的证据增加/具体化的科学判断。将为各个推荐值提供支持性理由。

---

① CLOGP 是由波莫纳学院（Pomona College）Albert Leo、Corwin Hansch 及其合作者开发的分子片段模型。该模型经历了广泛的开发和详尽的测试，本次应用中采用版本 3.1（有关模型描述和性能数据参见 Hansch and Leo，1995）。

② LOGKOW 本质上是 CLOGP 采用较新的训练数据和其他片段常数进行的扩展。开发人员为 Syracuse 开发公司的 Philip Howard、William Meylan 及其合作者。本次应用中运用版本 1.51（有关模型详情和性能信息参见 Meylan and Howard，1994）。

B.2.1 操作指南

（1）“高质量”测定值要优先于估算值。对于 lg K_{ow}>5 的化学物质，极不可能找到多个“高质量”测定值（注：“高质量”是指根据附录 I 中介绍的指南判断为可靠的数据）。由于“高质量”数据极少，所以可能有必要用估算法分配 K_{ow}。

（2）缓慢搅拌法得到的 K_{ow} 测定值可高达 10^8。充分注意微乳液效应，摇瓶法得到的 K_{ow} 测定值可高达 10^6；对于对乳液效应不是十分灵敏的化学物质而言（即多环芳烃类），K_{ow} 测定值的范围可高达 $10^{6.5}$。

（3）lg K_{ow} 数据（测定数据或估算数据）的合理一致性主要取决于 lg K_{ow} 值的大小。因此，确定下列可接受的变化范围：lg K_{ow}>7 为 0.5；6≤lg K_{ow}≤7 为 0.4；lg K_{ow}<6 为 0.3。

（4）应酌情对数据运用统计学方法。但是，大家公认的是运用统计学方法受到数据缺乏以及大多数测定误差的确定/方法性质的限制。

B.2.2 选择 K_{ow} 值的分级程序

B.2.2.1 收集/评价实验数据和计算数据（如 CLOGP、LOGKOW、SPARC）。

B.2.2.2 如果计算得到的 lg K_{ow}>8：

（1）确定独立的估算值

①有“适当”标准的液相色谱法（LC）（参见附录 I，了解 LC 应用指南）。②从具有可用的“高质量”测定值的类似化学物质外推出结构活性关系（SAR）估算值。③根据其他测定属性（溶解度等）得出的属性响应关系（PRC）估算值。

（2）如果计算得到的数据合理一致（见第 B2.1 节的定义），并获得上述独立估算值的支持，则报告计算值的平均值。

（3）如果计算/估算得到的数据不一致，则采用专业判断对计算和估算的数据进行评价/混合/加权，来分配 K_{ow} 值。

（4）记录原理，包括相关统计在内。

B.2.2.3 如果计算得到的 lg K_{ow} 范围在 6～8：

（1）查找“高质量”测定值。这些通常是缓慢搅拌法测定值，例外情形是微乳液往往是不成为问题的某类化合物（即多环芳烃类；对这些化合物而言，摇瓶法得到的测定值对于 lg K_{ow} 为 6.5 的化合物较好）。

（2）如果可获得合理一致的测定数据（测定值与计算值），则报告测定值的平均值。

（3）如果测定数据合理一致，但与计算值不同，则确定独立的估算值，并应用专业判断对测定、计算和估算的数据进行评价/混合/加权，来分配 K_{ow} 值。

（4）如果测定数据没有合理一致（或者如果只有一个测定值可用），则采用第 B.2.2.2 节步骤（1）～（3）来得到一个“最佳估算值”；运用该值来评价/筛选测定的 K_{ow} 数据。报告筛选数据的平均值。如果没有测定值符合“最佳估算值”，则应用专业判断对测定、计算和估算的数据进行评价/混合/加权，来分配 K_{ow} 值。

（5）如果没有可用的测定数据，则按照第 B.2.2.2 节步骤（1）～（3）进行，并报告“最佳估算值”。

（6）记录原理，包括相关统计在内。

B.2.2.4 如果计算得到的 lg K_{ow}<6：

按第 B.2.2.3 节的步骤进行。缓慢搅拌法是最佳方法，但是如果在测定过程中充分注意乳液问题，则所有化学物质也可考虑摇瓶法得到的数据。

B.3 参考文献

[1] Hansch C.，Leo A.. Exploring QSAR，American Chemical Society，1995.

[2] Hawker D. W.，Connell D.W.. Environ. Sci. Technol.. 1988，22，382-387.

[3] Hilal S. H.，Carreira L. A.，Karickhoff S. W.. Quantitative Treatments of Solute/Solvent Interactions，Theoretical and Computational Chemistry，Vol. 1，291-353，1994 Elsevier Science.

[4] Meylan W. M.，Howard P. H.. J. Pharm. Sci. 1995，84，83-92.

附件 I 测定与估算 K_{ow} 值的评价指南

I.1 对测定 K_{ow} 值的评价

I.1.1 分子形态

为了解释测定的数据，必需理解辛醇相和水相中出现的分子形态，包括离子化、自我聚合、互变异构体和水合物形成。由于这些原因，所以难以对组成未知的混合物或结构未知的单个分子开展测定或解释它们的测定值。由多个分子形态构成的溶质也可能表现出 K_{ow} 真实的温度依赖性，反映辛醇相和水相中分子形态的相对变化。

（1）离子化：本方法主要目的是为中性（非离子性）有机化合物分配一个 lg K_{ow} 值。在弱酸性或弱碱性化合物的情况下，一部分分子会在环境 pH 下电离，在生物或非生物中的分配将相应减少。对于弱离子化分子而言，摇瓶测定法是在一种抑制离子化的、稳定的、不可萃取的缓冲液中进行的。对弱离子化分子的测定也可采用电位滴定法进行（Avdeef，1992，1993；Slater et al.，1994）。

（2）自我聚合——本方法主要是针对其自我聚合通常没有得到预期所关注的中性（非离子性）有机化学物质。在某些情况下，极高 lg K_{ow} 溶质可发生自我聚合，因为将足量的溶质释放到水相中进行成功的测定将需要在极少量的辛醇中具有相当高浓度的溶质。对于这些类型的分子而言，确信辛醇相中没有发生自我聚合，如果不是不可能的，也将是十分困难的。对于在辛醇相中高浓度下能参与这类自我聚合并含有氢键的供体与受体基团的分子来说也会发生自我聚合。对于后一基团的分子，如胺类、羧酸类和酚类，尤其是当环状二聚物可形成时，测定必需在一个足够低的浓度下进行，以便 K_{ow} 只反映在水相和辛醇相中分子未聚合的形态。在任何一种自我聚合情况下，建议采用辛醇相和水相中几个溶质浓度进行测定。溶质浓度不同但 K_{ow} 没有变化则表示测定是运用分子未聚合的形态进行的。如果 K_{ow} 随着辛醇中溶质浓度的降低而降低，则建议外推至无限稀释。

（3）互变异构体：本方法主要针对其互变异构化通常没有得到预期所关注的中性（非离子性）有机化合物。最常见的互变异构现象（酮-烯醇互变异构现象）涉及一个具有连接到双键碳原子（烯醇）上的—OH 基结构，双键碳原子（烯醇）很快转换为酮结构，其中—OH 基变为—C=O 基，而氢则连接到之前存在的双键碳原子的另一个碳上。如果分子很可能是以多个互变异构体形式存在，则辛醇相和水相中互变异构体的比值通常是相当不同的。化学物质互变异构体的测定值是有意义的。但是，在大多数情况下，测定值位于单个互变异构形式测定值之中的某处；从本质上看，测定的是互变异构体比值的平均值。互变异构形式单个值在大多数情况下必需计算，因为单个互变异构形式很快平衡为互变异构混合物，不能进行单个互变异构形式的测定。有时分子既表现出离子化，又表现出互变异构化，导致更为复杂化。

（4）水合物生成：与互变异构体的情况类似，水合物可不同程度地存在于水相和辛醇相中，从而对测定值的解释造成混淆。

（5）光降解：如果化合物是光敏性的并且会受到光降解影响的，则在实验过程中应小心避光。

I.1.2 对摇瓶法或缓慢搅拌法的考虑事项

①水相和辛醇相应没有杂质；②应混合足够长的时间（如邻苯二甲酸二辛酯为 7 d）以达到稳态平衡，尤其是对非常疏水性的化学物质更是如此；③当采用挥发性溶质时，对两相进行分析测定尤其重要；④避免在混合过程中形成乳液以及在测定之前离心；⑤对于 lg K_{ow} 测定值 4～6 的化学物质，应特别认真地审查实验方案；⑥对于高 K_{ow} 的化学物质，应降低辛醇与水的比例；⑦操作过程中吸附到玻璃上（如拟除虫菊酯）是个问题。

I.1.3 常规考虑事项

在实验过程中，溶质应对水解作用是稳定的。如果不能确保稳定，则可运用计算值。溶质应是高纯的，因为较少的亲脂性杂质的存在会对 K_{ow} 测定值产生显著影响。因此，除了色谱法外，不能测定诸如氯代石蜡（含有数千种同分异构体、同系物和氯代次数）等混合物。

I.1.4 潜在关注指标

与其他测定值不一致、与估算值不一致或估算值之间不一致。在进行最佳 K_{ow} 分配时，再怎么重视专业判断和化学知识的重要性都不过分。如当后来有更好的数据可供利用时，测定值和预测值之间的不一致只可能反映依据较差实验值的训练集所存在的问题。

I.1.5 参考文献

下面列出了在 EPA 实验规程中规定的并被多个政府机构采用的摇瓶法和缓慢搅拌法测定 K_{ow} 的有关参考文献，包括采用电位滴定法测定离子性化合物 K_{ow} 的精选文献。

[1] OECD. 1994. OECD Guidelines for Testing of Chemicals，2nd Ed. Method：107. Partition Coefficient（n-octanol/water）（Flask-shaking Method（30 May 89）.

[2] US-Environmental Protection Agency. 1996. Product Properties Test Guidelines. OPPTS 830.7550. Partition Coefficient（n Octanol/water），shake flask method. EPA 712-C-96-310（1701），Public Draft.

[3] OECD. 1998. OECD Guidelines for Testing of Chemicals，Partition Coefficient（n-octanol/water），Slow-stirring method，Review Draft.

[4] Avdeef A.. 1992. Quant. Struct.-Act. Relat. 11：510-517.

[5] Avdeef A.. 1993. J. Pharm. Sci. 82：183-190.

[6] Slater B.，McCormack A.，Avdeef A.，et al.. 1994. J. Pharm. Sci. 83：1280-1283.

I.2 对液相色谱法估算 K_{ow}值的评价

如果在其测定过程中存在下列实验条件，则估算的 K_{ow} 值将被认为是“适当的”。

I.2.1 用于参照化合物的 K_{ow} 值是由“高质量”缓慢搅拌测定值组成的。

（1）当参照化学物质和受试化学物质相似时，获得较好的 K_{ow} 估算值。

（2）当溶质含有氢受体和/或两性取代基时，从容量因子对数（采用非氢键溶质建立的关系）预测 lg K_{ow} 值通常会导致预测的 lg K_{ow} 值过大或过小（Yamagami et al.，1994）。测定含有氢受体和/或两性取代基的溶质的 lg K_{ow} 值的色谱特性已被 Yamagami 及其合作者广泛研究。这些研究得出的结论是“在极性官能团存在时，大部分情况下需要对氢键的影响进行修正”，色谱系统的溶剂组成可能大大改变这些化学物质与非氢键合化学物质的容量因子。

I.2.2 在建立容量因子（k'）对数-K_{ow} 对数校准关系时，最少运用 5 种化学物质。参照化学物质的 K_{ow} 值应均匀分布，且应跨越 3～4 个数量级。

I.2.3 lg k'-lg K_{ow} 校准曲线是线性的，且相关系数在 0.95 以上。

I.2.4 如果没有充分的理由，估算的受试化学物质的 K_{ow} 值应在参照化合物的 K_{ow} 值范围之内，或者不超出参照化合物的 K_{ow} 值范围上限 0.5 个对数单位。

I.2.5 在进行测定的过程中，必需考虑化学物质的形态。如对于可离子化的化学物质，必需通过运用一种 pH 值低于某种酸的 pK 值而高于某种碱的 pK 值的适当缓冲液对其非离子化形态进行测定。

I.2.6 已知参照和受试化学物质的纯度和结构。参照和受试化学物质的性质与纯度的独立证实是必需的或十分有必要的。

I.2.7 如果准确的性质可被分配至单个色谱成分，则化学物质混合物可用作受试化学物质的来源。

I.2.8 参考文献

下列有关液相色谱法的参考文献包括各政府机构推荐的方法，当测定过程中所采用的参照化合物与受试化合物相似时，这些方法将是测定 K_{ow} 的适用方法。

[1] ASTM. 1997. Standard test method for partition coefficient（n-octanol/water）estimation by liquid chromatography，Designation：E 1147 - 92. Annual Book of ASTM Standards，Section 11，Water and Environmental Technology，Volume 11.05. ASTM，West Conshohocken，PA.

[2] OECD. 1994. OECD Guidelines for Testing of Chemicals，2nd Ed. Method：117. Partition Coefficient（n-octanol/water），HPLC method（30 May 89）.

[3] U.S. Environmental Protection Agency. 1995. Product Properties Test Guidelines. OPPTS 830.757 0. Partition Coefficient（*n*-Octanol/H_2O），estimation by liquid chromatography. EPA 712-C-95-040（1701）. Public Draft.

[4] Yamagami C.，Ogura T.，Tako N.. 1990. J. Chromatogr. 514：123-126.

[5] Yamagami C.，Yokota M.. 1991. Chem. Pharm. Bull. 39：1217-1221.

[6] Yamagami C.，Yokota M.. 1991. Chem. Pharm. Bull. 39：2924-2929.

[7] Yamagami C.，Yokota M.. 1992. Chem. Pharm. Bull. 40：925-929.

[8] Yamagami C.，Yokota M.. 1993. Chem. Pharm. Bull. 41：694-698.

[9] Yamagami C.，Yokota M.，Tako N.. 1994. J. Chromatogr. 662：49-60.

[10] Yamagami C.，Yokota M.. 1994. Chem. Pharm. Bull. 42：907-912.

[11] Yamagami C.，Yokota M.. 1995. Chem. Pharm. Bull. 43：2238-2242.

[12] Yamagami C.，Yokota M.. 1996. Chem. Pharm. Bull. 44：1338-1343.

附件Ⅱ 从分子片段估算 K_{ow} 值

要计算热力学特性，将一个分子看做是分子片段的集合，每一个片段都对相关特性作出特殊贡献，且相对独立于分子的其他部分通常是有用的。本方法的基本原理是较少数量的片段可以生成大量的结构，因此，从较少的实验测定的片段常数可以推导出大量的估算值。但是，估算值的精确度随着片段环境的特异性增加而必然增加，这需要增加片段的个数或必需考虑的修正系数。本方法可应用于不同的复杂程度中。用户可采用一些片段常数来生成“一阶”估算值，而另一个用户可进行众多修正或调整，以反映给定分子环境的更多片段特异性。有关分组片段方法更全面的讨论应参见 Hansch 和 Leo（1995）。在本演示中，这些方法将被用于分子至分子的外推（通过增加或减少片段/取代基），而不是预先估算。

Ⅱ.1 增加环状片段

对于多环芳烃类化合物，环是通过下列公式增加的。

$$f^{\alpha}_{(C_4H_2)} = \lg K_{ow}(蒽) - \lg K_{ow}(萘) \approx 1.20$$

$$f^{\beta}_{(C_3H)} = 0.5[\lg K_{ow}(芘) - \lg K_{ow}(萘)] \approx 0.85$$

$$f^{\gamma}_{(C_2)} = \lg K_{ow}(芘) - \lg K_{ow}(菲) \approx 0.50$$

式中：$f^{\alpha}_{(C_4H_2)}$、$f^{\beta}_{(C_3H)}$、$f^{\gamma}_{(C_2)}$ 分别是（C_4H_2）、（C_3H）和（C_2）缩合片段附加常数。

Ⅱ.2 增加取代基

增加一个取代基 S（替代一个 H 原子）是本方法的一个主要应用。在这种情况下有下式。

$$\Pi_S = \lg K_{ow}(R - S) - \lg K_{ow}(R - H)$$

式中：R 是基础分子；Π_S 是取代基常数，通过实验测定。常用取代基的表格易于得到或易于从测定数据中确定得出。必需区别 R 对脂肪烃、烯烃、炔烃和芳香烃碳原子的连接（即具有不同的取代基常数）。如果是连接至相同或相邻的碳，则必需对多个取代作用进行修正。下面是 K_{ow} 估算的一个示例。连接至芳香烃碳上的 Cl 的片段常数可通过下列公式推导。

$$\Pi_{\mathrm{Cl}}^{\mathrm{arom}} = \lg K_{\mathrm{ow}}(\text{氯苯}) - \lg K_{\mathrm{ow}}(\text{苯}) \approx 0.71$$

用这个常数，可推导出下式。

$$\lg K_{\mathrm{ow}}(1,3,5\text{-三氯苯}) \approx \lg K_{\mathrm{ow}}(\text{苯}) + 3(0.71) = 4.26$$

取代基常数的详尽列表包括在上述 Hansch 和 Leo（1995）参考文献中。

应当注意的是，Π_{S} 值最经常表述的是取代母分子苯上的一个氢原子（如上）。但是，当作为强电子供体或受体的取代基，如氯被结合在另一个母分子芳香烃上时，则有不同的 Π_S 值。如在 4-氯代类似物与其母分子苯、苯胺、硝基苯和苯氧基乙酸之间分别得到不同的 $\lg K_{\mathrm{ow}}$ 值为 0.71、0.99、0.71 和 0.85。该文献有充足的计算，使得这类误差及对母分子运用正确 Π_{S} 值的重要性必需充分重视。

缩 略 词

缩略词	英 文	中 文
ACR	acute-chronic ratio	急性-慢性比
ADI	acceptable daily intake	每日允许摄入量
AEL	adverse-effect level	有害效应剂量
ASTM	American Society of Testing and Materials	美国试验材料协会
AWQC	ambient water quality criteria	水环境质量基准
BAF	bioaccumulation factor	生物累积系数
BAF_l^{fd}	baseline bioaccumulation factor	基线生物累积系数
BAF_T^t	total bioaccumulation factor	总生物累积系数
BCF	bioconcentration factor	生物富集系数
BCF_l^{fd}	baseline bioconcentration factor	基线生物富集系数
BCF_T^t	total bioconcentration factor	总生物富集系数
BMC	benchmark concentration	基准浓度
BMD	benchmark dose	基准剂量法
BMDL	lower-bound confidence limit on the BMD	基线剂量的置信下限
BMF	biomagnification factor	生物放大系数
BMR	benchmark response level	基准响应剂量
BPTCP	Bay Protection and Toxic Cleanup Program	海湾保护与有毒物质清除计划
BSAF	biota-sediment accumulation factors	生物-沉积物累积系数
BW	body weight	体重
CCC	criterion continuous concentration	基准连续浓度
CDC	U.S. Centers for Disease Control and Prevention	美国疾病控制预防中心
CFR	Code of Federal Regulations	美国联邦法规
C_l	lipid-normalized concentration	脂质标准化浓度
CMC	criterion maximum concentration	基准最大浓度
CR	consumption rate	消费量
CSFII	continuing survey of food intake by individuals	个体食物摄入连续调查

缩略词	英 文	中 文
C_{soc}	organic carbon-normalized concentration	有机碳标准化浓度
C_t	concentration of the chemical in the specified wet tissue	特定湿组织中化学物质浓度
C_w	concentration of the chemical in water	水中化学物质浓度
CWA	Clean Water Act	《清洁水法》
C_w^{fd}	freely dissolved concentration	自由溶解态浓度
DDD	1,1-dichloro-2,2-bis(p-chlorophenyl)ethane	滴滴滴；1,1-二氯-2,2-二（对-氯苯基）乙烷
DDE	1,1-dichloro-2,2-bis(p-chlorophenyl)ethylene	滴滴伊；1,1-二氯-2,2-二（对-氯苯基）乙烯
DDT	1,1,1-trichloro-2,2-bis(p-chlorophenyl)ethane	滴滴涕；1,1,1-三氯-2,2-二（对-氯苯基）乙烷
DI	drinking water intake	饮用水摄入量
DNA	deoxyribonucleic acid	脱氧核糖核酸
DNOC	2,4-dinitro-o-cresol	2,4-二硝基邻甲酚
DOC	dissolved organic carbon	溶解性有机碳
EC_{50}	50% of effective concentration	半效应浓度
ED_{10}	dose associated with a 10 percent extra risk	10%额外风险剂量
EMAP	Environmental Monitoring and Assessment Program	环境监测与评价计划
EPA	Environmental Protection Agency	美国国家环境保护局
ER	extra risk	额外风险
FAV	final acute value	最终急性值
FCM	food chain multiplier	食物链倍增系数
FCV	final chronic value	最终慢性值
FDA	Food and Drug Administration	美国食品药品管理局
FEL	frank effect level	显著影响剂量
f_{fd}	fraction freely dissolved	自由溶解态分数
FI	fish intake	鱼类摄入量
FIFRA	Federal Insecticide, Fungicide, and Rodenticide Act	《美国联邦杀虫剂、杀菌剂和杀鼠剂法》
f_l	fraction lipid	脂质分数
FPV	final plant value	最终植物值
FRV	final residue value	最终残留值
GI	gastrointestinal	胃肠

缩略词	英 文	中 文
GLI	Great Lakes Water Quality Initiative	五大湖水质倡议
GMAV	genus mean acute value	属平均急性值
GMCV	genus mean chronic value	属平均慢性值
HA	health advisory	卫生建议
HCBD	hexachlorobutadiene	六氯丁二烯
HPLC	high performance liquid chromatography	高效液相色谱法
IARC	International Agency for Research on Cancer	国际癌症研究机构
ILSI	International Life Sciences Institute	国际生命科学学会
IRIS	Integration Risk Information System	综合风险信息系统
K_{ow}	octanol -water partition coefficient	辛醇-水分配系数
LAS	linear alkylbenzesulfonate	直链十二烷基苯磺酸钠
LC	liquid chromatography	液相色谱法
LC_{50}	lethal concentration to 50 percent of the population	半致死浓度
LD_{50}	lethal dose to 50 percent of the population	半致死剂量
LDC	Legacy Data Center	遗留数据中心
LED_{10}	lower 95 percent confidence limit on a dose associated with a 10 percent extra risk	10%额外风险剂量的95%置信下限
LMS	linear multistage model	线性多级模型
LOAEL	lowest observed adverse effect level	最低可见有害效应剂量
LOEC	lowest observed effect concentration	最低可见效应浓度
LR	lifetime risk	终生风险
MCL	maximum contaminant level	最大污染物浓度
MCLG	maximum contaminant level goal	最大污染物浓度目标
MF	modifying factor	修正系数
M_l	mass of lipid in specified tissue	特定组织的脂质含量
MLE	maximum likelihood estimate	最大可能估算值
MOA	mode of action	作用模式
MOE	margin of exposure	暴露边界
M_t	mass of specified tissue (wet weight)	特定组织重量（湿重）
NASQAN	National Stream Quality Accounting Network	美国国家河流水质报告网
NCHS	National Center for Health Statistics	美国国家卫生统计中心
NCI	National Cancer Institute	美国国立癌症研究所

缩略词	英　文	中　文
NFCS	Nationwide Food Consumption Survey	全国食物消费调查
NHANES	National Health and Nutrition Examination Survey	国家健康和营养检测调查
NOAEL	no observed adverse effect level	无可见有害效应剂量
NOEL	no observed effect level	无可见效应剂量
NPDES	National Pollutant Discharge Elimination System	国家污染物排放削减系统
NSCRF	National Study of Chemical Residues in Fish	鱼类中化学物质残留全国性调查
NSQS	National Sediment Quality Survey	全国沉积物质量调查
NTIS	National Technical Information Service	美国国家技术情报社
OECD	Organization for Economic Cooperation and Development	经济合作发展组织
OSTP	Office of Science and Technology Policy	美国白宫科技政策办公室
PAH	polycyclic aromatic hydrocarbon	多环芳烃
PCB	polychlorinated biphenyls	多氯联苯
POC	particulate organic carbon	颗粒性有机碳
POD	point of departure	起始点
PRC	property reactivity correlation	属性响应关系
q_1^*	cancer potency factor	致癌潜力系数
QPPR	quantitative property-property relationship	定量的属性-属性关系
QSAR	quantitative structure activity relationships	定量的结构活性关系
RDA	recommended daily allowance	推荐的每日摄入量
RfC	reference concentration	参考浓度
RfD	reference dose	参考剂量
RfD_{DT}	reference dose for developmental effects	发育毒性参考剂量
RPF	relative potency factor	相对潜力系数
RSC	relative source contribution	相对源贡献
RSD	risk-specific dose	特定风险剂量
SAB	Science Advisory Board	科学咨询委员会
SAR	structure activity relationship	结构活性关系
SDWA	Safe Drinking Water Act	《安全饮用水法》
SF	safety factor	安全系数
SMAV	species mean acute value	种平均急性值
SMCV	species mean chronic value	种平均慢性值

缩略词	英 文	中 文
SPME	solid phase microextraction	固相微量萃取法
STORET	storage retrieval	存储修复
STP	standard temperature and pressure	标准温度和压力
TEAM	total exposure assessment methodology	总暴露评价方法学
TEF	toxicity equivalency factor	毒性当量系数
TL	trophic level	营养级
TLC	thin-layer chromatography	薄层色谱法
TMDL	total maximum daily load	每日最大总负荷
TSD	technical support document	技术支持文件
TSMP	toxic substances monitoring program	有毒物质监测计划
UF	uncertainty factor	不确定性系数
USDA	United States Department of Agriculture	美国农业部
USEPA	United States Environmental Protection Agency	美国国家环境保护局
USGS	U.S. Geological Survey	美国地质调查局
WQBEL	water quality-based effluent limits	基于水质的排放限值
Π_{socw}	sediment-water column concentration quotient	沉积物-水相浓度商